- Aufgaben in drei Anforderungsbereichen: üben, anwenden und vernetzen lassen

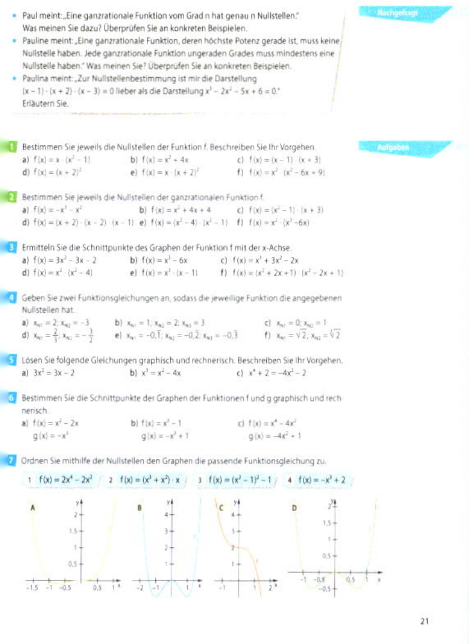

Rundreise

- Erkunden und entdecken lassen
- alternative Einstiege gestalten

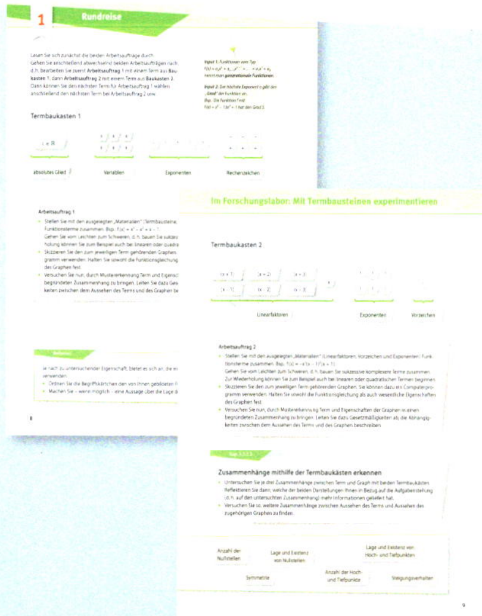

Horizonte

- Prozessbezogene Kompetenzen schulen
- Leitperspektiven verankern

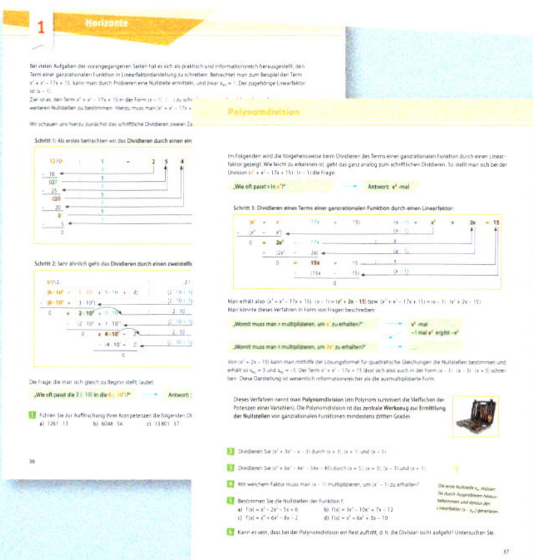

Am Ziel!

- Kompetenzzuwachs erlebbar machen und sichern
- Lösungen im Anhang

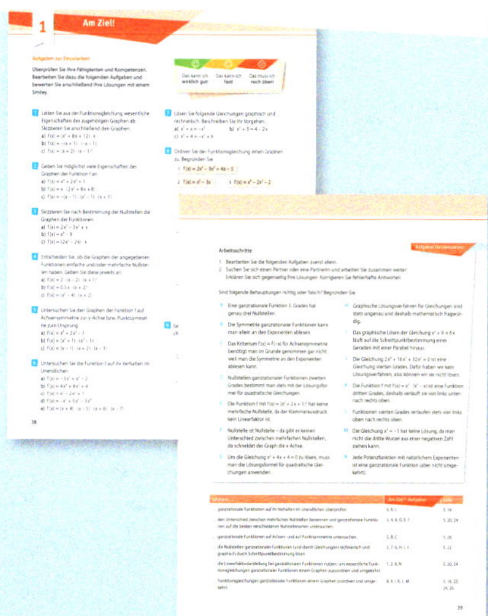

Der Anhang enthält u. a. das Grundwissen früherer Jahrgangsstufen.

mathe.delta 10

Mathematik für das Gymnasium

Baden-Württemberg

C.C.Buchner

mathe.delta – Baden-Württemberg

Mathematik für das Gymnasium
Herausgegeben von Michael Kleine, Hans-Stefan Siller und Almut Zwölfer

mathe.delta 10

Bearbeitet von Axel Goy, Christopher Kastner, Michael Kleine, Markus Ruppert, Angela Siller, Hans-Stefan Siller und Almut Zwölfer
unter Beratung von Axel Goy

Zu diesem Lehrwerk sind erhältlich:
- **Lösungsband 10**, ISBN 978-3-661-61030-6
- Digitales Lehrermaterial **click & teach 10** Einzellizenz, Bestell-Nr. 610301
- Digitales Lehrermaterial **click & teach 10** Box (Karte mit Freischaltcode), ISBN 978-3-661-61044-3

Weitere Materialien finden Sie unter www.ccbuchner.de.

Dieser Titel ist auch als digitale Ausgabe unter www.ccbuchner.de erhältlich.

1. Auflage, 1. Druck 2021
Alle Drucke dieser Auflage sind, weil untereinander unverändert, nebeneinander benutzbar.

Dieses Werk folgt der reformierten Rechtschreibung und Zeichensetzung. Ausnahmen bilden Texte, bei denen künstlerische, philologische oder lizenzrechtliche Gründe einer Änderung entgegenstehen.

An keiner Stelle im Schülerbuch dürfen Eintragungen vorgenommen werden.

Layout: tiff.any GmbH, Berlin
Satz: Wildner + Designer GmbH, Fürth
Illustrationen: Jacqueline Urban, Berlin
Umschlag: mgo360 GmbH & Co. KG, Bamberg
Druck: Firmengruppe Appl, aprinta Druck, Wemding

www.ccbuchner.de

ISBN 978-3-661-**61010**-8

1 Funktionen und ihre Graphen

1 Funktionen und ihre Graphen

2 Einführung in die Differentialrechnung

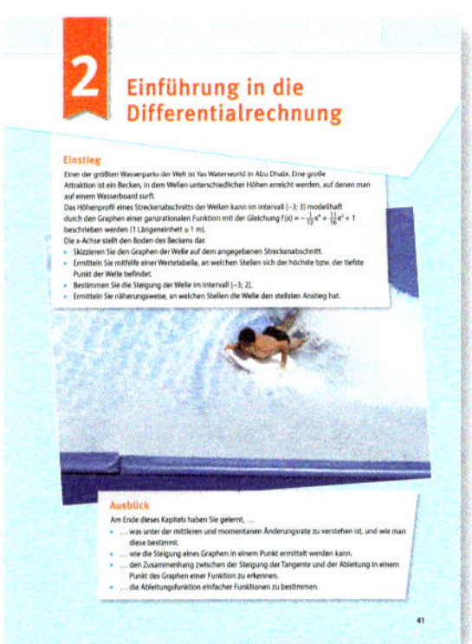
2 Einführung in die Differentialrechnung

3 Fortsetzung der Differentialrechnung

4 Trigonometrische Funktionen

5 Vektorrechnung und analytische Geometrie im Raum

6 Die Binomialverteilung

Aufgabe	Ich kann schon …	Grundwissen
1, 2	… das Distributivgesetz für Terme in beide Richtungen anwenden (d. h. ausklammern und ausmultiplizieren), auch im Kontext der binomischen Formeln.	S. 216
3, 4	… den Einfluss der Parameter bei linearen und quadratischen Funktionen sowie bei Potenz- und Exponentialfunktionen deuten.	S. 229, 230, 231
5, 6	… charakteristische Punkte von linearen und quadratischen Funktionen bestimmen.	S. 219

1 Multiplizieren Sie aus. Wenden Sie – wenn möglich – auch die binomischen Formeln an.
a) $(x-2)^2$ **b)** $(x-1)\cdot(x+2)$ **c)** $2\cdot\left(x-\sqrt{2}\right)^2-2$ **d)** $(x-1)\cdot(x-2)\cdot(x-3)$

2 Klammern Sie aus. Wenden Sie – wenn möglich – auch die binomischen Formeln rückwärts an.
a) x^2-6x+9 **b)** x^3-2x^2+x **c)** x^3-9x **d)** $4x^3+12x^2+9x$

3 Beschreiben Sie den Einfluss der Parameter bei den folgenden Funktionen. Vergleichen Sie dazu die angegebenen konkreten Beispiele.
a) Betrachten Sie für $f(x)=m\cdot x+c$ die Funktionsgleichungen $f_1(x)=2x-3$ und $f_2(x)=-2x+3$.
b) Betrachten Sie für $g(x)=(x+d)^2+e$ die Funktionsgleichungen $g_1(x)=(x+3)^2-2$ und $g_2(x)=(x-3)^2+2$.
c) Betrachten Sie für $h(x)=a\cdot x^n$ die Funktionsgleichungen $h_1(x)=3x^4$ und $h_2(x)=-4x^3$.
d) Betrachten Sie für $k(x)=a\cdot b^x$ die Funktionsgleichungen $k_1(x)=-2\cdot 3^x$ und $k_2(x)=3\cdot 2^{-x}$.

4 Ordnen Sie den angegebenen Funktionsgleichungen den passenden Graphen zu. Begründen Sie Ihre Zuordnung.

1 $f(x)=2x^4+1$ **2** $f(x)=x^2+2x+1$ **3** $f(x)=x^2-(x+1)^2$ **4** $f(x)=2^x-1$

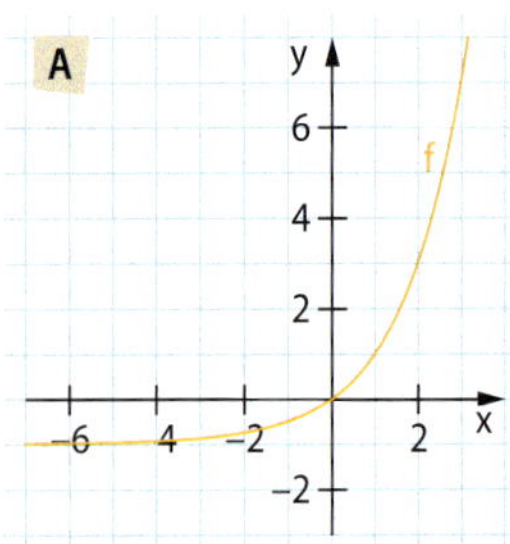

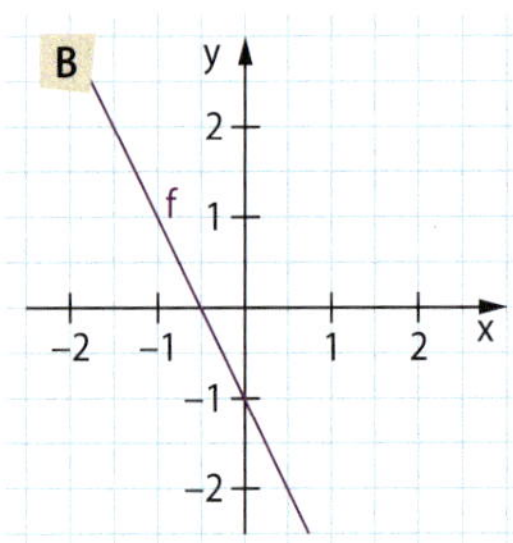

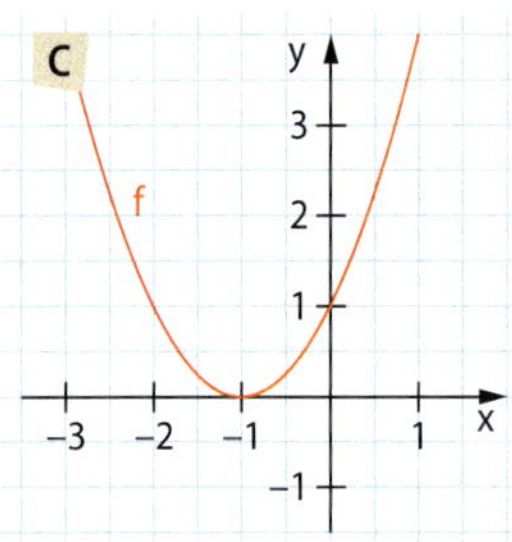

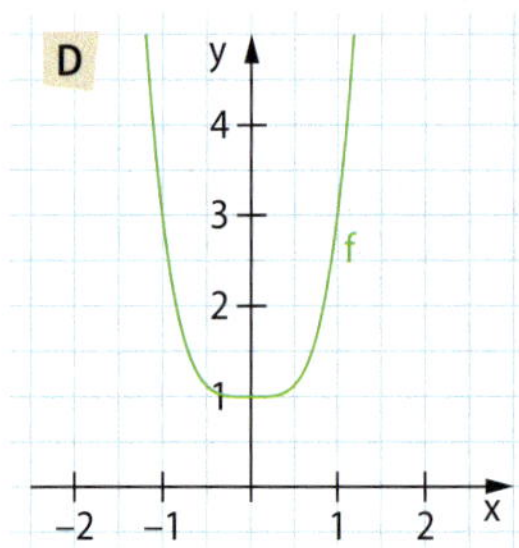

5 Berechnen Sie die Nullstellen der angegebenen Funktionen.
a) $f(x)=-3x+2$ **b)** $f(x)=x^2-2x-3$ **c)** $f(x)=x\cdot(x^3-4x)$ **d)** $f(x)=x^3+5x^2+6x$

6 Berechnen Sie durch geeignete Umformung der angegebenen Funktionen jeweils den Scheitelpunkt. Geben Sie weiter an, ob die Parabel nach oben oder nach unten geöffnet ist.
a) $f(x)=x^2-2x-2$ **b)** $f(x)=x^2+6x+8$ **c)** $f(x)=x\cdot(x-4)$ **d)** $f(x)=-(x+4)\cdot(x-4)$

1 Funktionen und ihre Graphen

Einstieg

Die weltweit höchste Achterbahn „Kingda Ka" mit maximal 139 Meter steht in den USA im Six Flags Great Adventure Park in Jackson (New Jersey). Die Fahrt auf den „Drop of Doome" ist kein Zuckerschlecken: Die Bahn beschleunigt in 3,9 Sekunden auf 206 Stundenkilometer. Dann nimmt sie den Anstieg im 90°-Winkel und fällt ebenso steil ab. Es folgt eine 270°-Spirale.

Das erste Teilstück der „Kingda Ka" ruht auf sechs senkrechten Stützen, die in Abständen von 5 m aufgestellt sind. Es lässt sich im Koordinatensystem durch die Funktionsgleichung $f(x) = 0{,}001x^4 - 0{,}044x^3 + 0{,}484x^2 + 2$ beschreiben (f(x): Höhe über dem Erdboden in m; Startpunkt: $x = 0$; Endpunkt: $x = 25$; 1 Längeneinheit $\cong$ 1 m).

- Skizzieren Sie den Graphen des ersten Teilstücks.
- Ermitteln Sie mithilfe einer Wertetabelle, an welchen Stellen sich der höchste bzw. der tiefste Punkt dieses Streckenabschnitts befindet, und an welcher Stelle die Bahn in diesem Streckenabschnitt das steilste Gefälle hat.
- Erläutern Sie anhand des Graphen, warum nur dieser Teilabschnitt mit dem angegebenen Funktionsterm modelliert werden kann. Gehen Sie dabei insbesondere darauf ein, wie der Graph für sehr große x weiterverlaufen würde.

Ausblick

Am Ende dieses Kapitels haben Sie gelernt, …

- … was man unter einer ganzrationalen Funktion versteht.
- … wie man die Nullstellen einer ganzrationalen Funktion bestimmen kann.
- … welche Eigenschaften mehrfache Nullstellen haben.
- … wie man Funktionen auf Achsen- und Punktsymmetrie untersuchen kann – und wie man dies speziell bei ganzrationalen Funktionen tun kann.
- … wie sich ganzrationale Funktionen im Unendlichen verhalten können.

1 Rundreise

Lesen Sie sich zunächst die beiden Arbeitsaufträge durch.
Gehen Sie anschließend abwechselnd beiden Arbeitsaufträgen nach, d. h. bearbeiten Sie zuerst **Arbeitsauftrag 1** mit einem Term aus **Baukasten 1**, dann **Arbeitsauftrag 2** mit einem Term aus **Baukasten 2**. Dann können Sie den nächsten Term für Arbeitsauftrag 1 wählen, anschließend den nächsten Term bei Arbeitsauftrag 2 usw.

Input 1: *Funktionen vom Typ* $f(x) = a_n x^n + a_{n-1} x^{n-1} + \ldots + a_1 x^1 + a_0$ *nennt man* ***ganzrationale Funktionen.***

Input 2: *Der höchste Exponent n gibt den „**Grad**" der Funktion an.*
Bsp.: Die Funktion f mit $f(x) = x^5 - 13x^3 + 1$ *hat den Grad 5.*

Termbaukasten 1

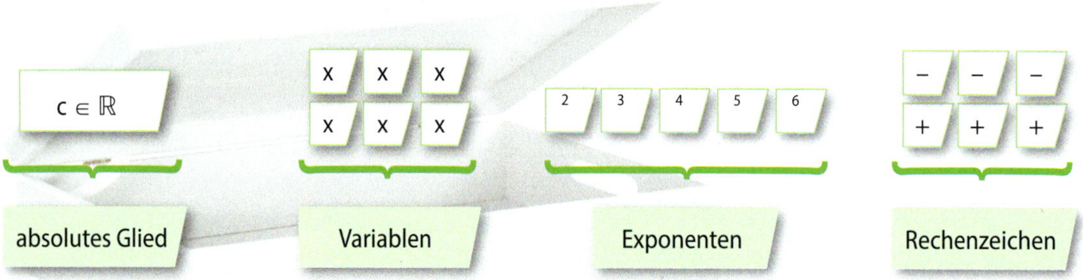

Arbeitsauftrag 1

- Stellen Sie mit den ausgelegten „Materialien" (Termbausteine, Rechenzeichen und Exponenten) Funktionsterme zusammen. Bsp.: $f(x) = x^3 - x^2 + x - 1$.
  Gehen Sie vom Leichten zum Schweren, d. h. bauen Sie sukzessive komplexere Terme. Zur Wiederholung können Sie zum Beispiel auch bei linearen oder quadratischen Termen beginnen.
- Skizzieren Sie den zum jeweiligen Term gehörenden Graphen. Sie können dazu ein Computerprogramm verwenden. Halten Sie sowohl die Funktionsgleichung als auch wesentliche Eigenschaften des Graphen fest.
- Versuchen Sie nun, durch Mustererkennung Term und Eigenschaften der Graphen in einen begründeten Zusammenhang zu bringen. Leiten Sie dazu Gesetzmäßigkeiten ab, die Abhängigkeiten zwischen dem Aussehen des Terms und des Graphen beschreiben.

Reflexion

Je nach zu untersuchender Eigenschaft, bietet es sich an, die eine oder die andere Termdarstellung zu verwenden.

- Ordnen Sie die Begriffskärtchen den von Ihnen gebildeten Funktionstermen zu.
- Machen Sie – wenn möglich – eine Aussage über die Lage der angesprochenen Stellen.

Im Forschungslabor: Mit Termbausteinen experimentieren

Termbaukasten 2

(x + 1) (x + 2) (x + 3)
(x – 1) (x – 2) (x – 3) x

Linearfaktoren

3 3 3
2 2 2

Exponenten

–

Vorzeichen

Arbeitsauftrag 2

- Stellen Sie mit den ausgelegten „Materialien“ (Linearfaktoren, Vorzeichen und Exponenten) Funktionsterme zusammen. Bsp.: $f(x) = -x^3(x-1)^2(x+1)$.
  Gehen Sie vom Leichten zum Schweren, d. h. bauen Sie sukzessive komplexere Terme zusammen. Zur Wiederholung können Sie zum Beispiel auch bei linearen oder quadratischen Termen beginnen.
- Skizzieren Sie den zum jeweiligen Term gehörenden Graphen. Sie können dazu ein Computerprogramm verwenden. Halten Sie sowohl die Funktionsgleichung als auch wesentliche Eigenschaften des Graphen fest.
- Versuchen Sie nun, durch Mustererkennung Term und Eigenschaften der Graphen in einen begründeten Zusammenhang zu bringen. Leiten Sie dazu Gesetzmäßigkeiten ab, die Abhängigkeiten zwischen dem Aussehen des Terms und des Graphen beschreiben.

Kap. 1.1-1.5

Zusammenhänge mithilfe der Termbaukästen erkennen

- Untersuchen Sie je drei Zusammenhänge zwischen Term und Graph mit beiden Termbaukästen. Reflektieren Sie dann, welche der beiden Darstellungen Ihnen in Bezug auf die Aufgabenstellung (d. h. auf den untersuchten Zusammenhang) mehr Informationen geliefert hat.
- Versuchen Sie so, weitere Zusammenhänge zwischen Aussehen des Terms und Aussehen des zugehörigen Graphen zu finden.

Anzahl der Nullstellen

Lage und Existenz von Nullstellen

Lage und Existenz von Hoch- und Tiefpunkten

Symmetrie

Anzahl der Hoch- und Tiefpunkte

Steigungsverhalten

Entdecken

Im Folgenden finden Sie verschiedene Graphen, Funktionsgleichungen sowie Eigenschaften von Graphen.

- Ordnen Sie die einzelnen Bausteine einander zu.
  Sie dürfen Eigenschaftskärtchen auch mehrfach verwenden.

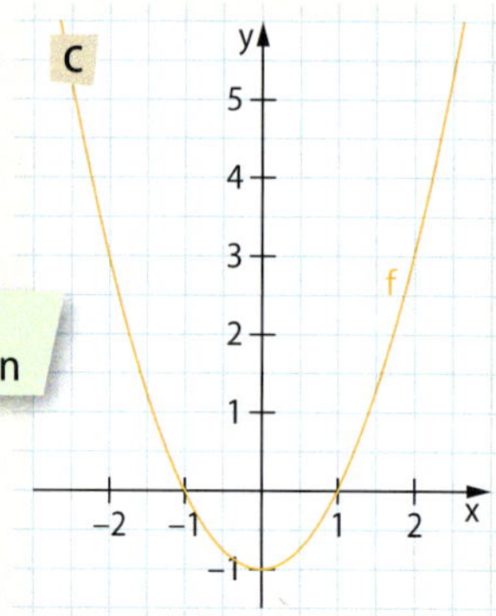

achsensymmetrisch

punktsymmetrisch

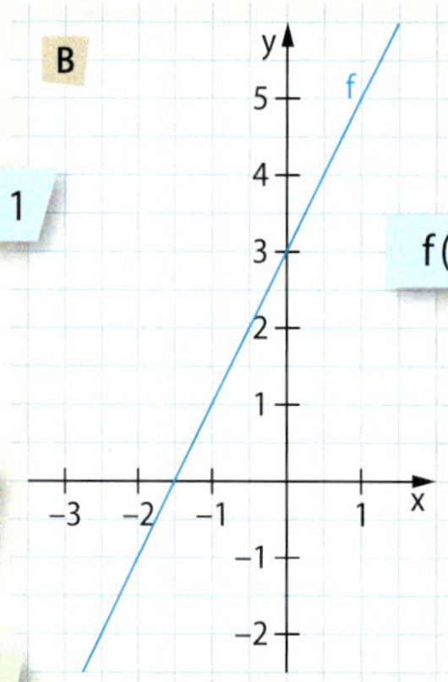

zwei Nullstellen

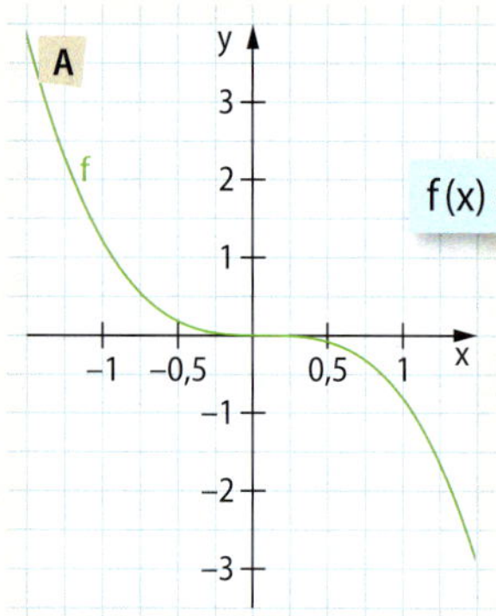

$f(x) = x^2 - 1$

$f(x) = 2x + 3$

$f(x) = 2^x$

$f(x) = -x^3$

ein Scheitelpunkt

genau eine Nullstelle

keine Nullstelle

keine Symmetrie

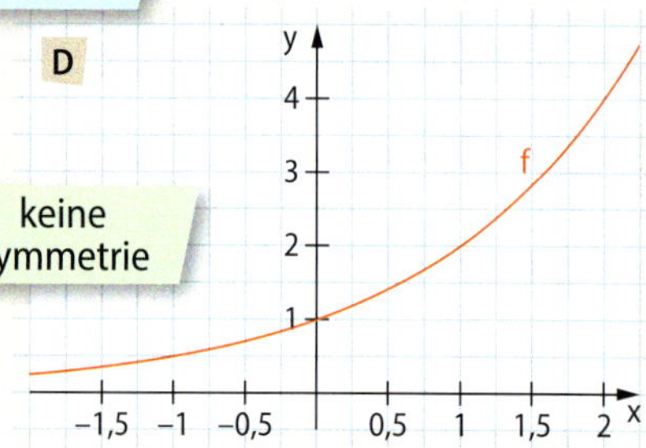

Verstehen

Die Graphen der verschiedenen Funktionsklassen unterscheiden sich in vielerlei Hinsicht, zum Beispiel bezüglich der Anzahl der Nullstellen und in Bezug auf Symmetrien.

Quadratische Funktionen der Form $a \cdot x^2$ sind Spezialfälle von Potenzfunktionen, nämlich Potenzfunktionen mit $k = 2$.

Nullstellen sind Schnittpunkte des Graphen mit der x-Achse

Funktionsklasse	Lineare Funktionen	Quadratische Funktionen	Potenzfunktionen	Exponentialfunktionen
Term	$f(x) = m \cdot x + c$; mit $c, m \in \mathbb{R}$	$f(x) = a(x-d)^2 + e$ bzw. $f(x) = ax^2 + bx + c$; mit $a \neq 0$, $b, c, d, e \in \mathbb{R}$	$f(x) = a \cdot x^k$; $k \in \mathbb{Z}; a \neq 0$	$f(x) = a \cdot b^x$; $a, b \in \mathbb{R}$, $b > 0, b \neq 1$
Anzahl der Nullstellen	max. eine	max. zwei	max. zwei	keine
Symmetrie	für $m, c \neq 0$ weder punktsymmetrisch zum Ursprung noch achsensymmetrisch zur y-Achse	achsensymmetrisch zur y-Achse für $b = 0$ bzw. $d = 0$	k gerade: achsensymmetrisch zur y-Achse; k ungerade: punktsymmetrisch zum Ursprung	keine

Beispiel

Skizzieren Sie den Graphen der Funktion f mit $f(x) = -2x^3$ und beschreiben Sie seine Eigenschaften.

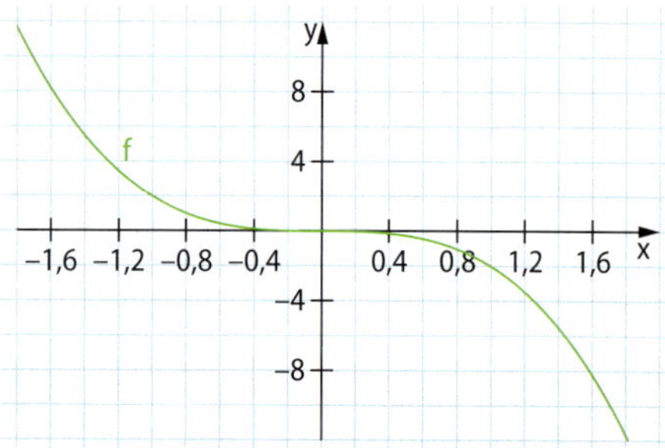

Lösung:
Es handelt sich um eine Potenzfunktion mit ungeradem Exponenten und negativem Vorzeichen. Deshalb verläuft der Graph von links oben nach rechts unten und ist punktsymmetrisch. Er besitzt außerdem eine Nullstelle in $x = 0$.

Nachgefragt

- Emilia meint: „Der Graph einer Funktion kann maximal zwei Nullstellen haben." Hat sie recht? Argumentieren Sie.
- Gibt es bei Potenzfunktionen einen Zusammenhang zwischen der Anzahl der Nullstellen und dem Grad der Funktion, d. h. der höchsten Potenz von x? Begründen Sie.
- Der Scheitelpunkt einer quadratischen Funktion wird auch Hoch- bzw. Tiefpunkt genannt. Erklären Sie die Bezeichnung. Gibt es derartige Punkte auch bei den anderen Funktionsklassen? Begründen Sie.

Aufgaben

1 Legen Sie eine Wertetabelle an und skizzieren Sie den Graphen der Funktion f. Beschreiben Sie seine Eigenschaften.

a) $f(x) = -2x - 2$ b) $f(x) = x^2 + 1$ c) $f(x) = -2x^2 + x$

2 Entscheiden Sie, mit welchem der angegebenen Werkzeuge Sie die Nullstellen der vorgegebenen Funktionen am günstigsten bestimmen können. Begründen Sie.

„abc-Formel" | $f_1(x) = 2x^2 + 3x$ | $f_2(x) = x^2 + 6x + 9$ | Satz vom Nullprodukt | Ausklammern

$f_3(x) = x^2 + 5x + 6$ | $f_4(x) = x^2 + 4x + 3$ | Satz von Vieta | Binomische Formeln | $f_5(x) = 4x^2 - 9$

Satz von Vieta
$(x - x_1) \cdot (x - x_2) = x^2 - (x_1 + x_2)x + x_1x_2$

Satz vom Nullprodukt
Ein Produkt ist genau dann gleich null, wenn mindestens einer der Faktoren gleich null ist.

3 Skizzieren Sie die Graphen der quadratischen Funktionen, indem Sie zunächst die Nullstellen bestimmen.

a) $f(x) = x^2 + 6x + 9$ b) $f(x) = x^2 - \frac{2}{3}x + \frac{1}{9}$ c) $f(x) = 2x^2 + 6x + 4{,}5$
d) $f(x) = -2x^2 - 2x$ e) $f(x) = x^2 - x - 2$ f) $f(x) = -x^2 - 8x - 16$
g) $f(x) = 0{,}5x^2 - 3x + 2{,}5$ h) $f(x) = -x^2 + 4x - 2$ i) $f(x) = \frac{1}{9}x^2 + \frac{5}{9}x + \frac{1}{3}$

4 Die folgende Umformung bringt eine quadratische Funktion von der Normal- auf die Scheitelpunktform.

Beispiel:
$f(x) = x^2 + 6x + 5 = x^2 + 6x + 9 - 9 + 5 = (x^2 + 6x + 9) - 9 + 5 = (x + 3)^2 - 4$
$\Rightarrow$ Der Scheitelpunkt liegt bei S (−3 | −4).

a) Beschreiben und begründen Sie das Vorgehen im Kasten.
b) Bringen Sie die angegebenen Funktionen ebenfalls auf Scheitelpunktform. Nutzen Sie das Beispiel als Vorlage.

1 $f(x) = x^2 + 4x + 3$ **2** $f(x) = x^2 - 8x + 13$ **3** $f(x) = -x^2 + 6x + 3$
4 $f(x) = x^2 + 2x - 7$ **5** $f(x) = x^2 - 5x + 9$ **6** $f(x) = 2x^2 + 4x + 4$

5 Bestimmen Sie den Scheitelpunkt der quadratischen Funktion f.

a) $f(x) = -2x^2 - 2$ b) $f(x) = x^2 + 5x + 5$ c) $f(x) = -2x^2 + 6x - 6$
d) $f(x) = 3x^2 + 6x + 4$ e) $f(x) = -x^2 + 5x - 1$ f) $f(x) = -2x^2 + 14x$

6 Zählen Sie die wichtigsten Eigenschaften des Graphen der Funktion f auf.

a) $f(x) = -2 \cdot (x - 1)^2$ b) $f(x) = (x + 1) \cdot (x - 2)$ c) $f(x) = -2x^2 + 8$
d) $f(x) = 5x^2 + 5x + 5$ e) $f(x) = -(x + 2)^2 - x$ f) $f(x) = -(x + 1)^2 - 3x^2 + 1$
g) $f(x) = x^2 + 7x + 12$ h) $f(x) = -(x + 1) \cdot (-x - 1)$ i) $f(x) = -3x^2 + 6x$

7 Formulieren Sie Aussagen über die Funktionsgleichungen der Funktionen, die die angegebenen Eigenschaften haben.

a) Die Parabel ist nach oben geöffnet und hat ihre Nullstellen bei $x_1 = -2$ und $x_2 = +1$.
b) Die Parabel hat ihren Scheitelpunkt bei $(2\,|\,-2)$.
c) Die Parabel hat keine Nullstellen, ihr Scheitelpunkt liegt bei $(1\,|\,1)$.
d) Die Parabel ist um 2 Einheiten nach rechts und 2 Einheiten nach unten verschoben und mit dem Faktor 2 gestreckt.
e) Der Koordinatenursprung ist der Scheitelpunkt der nach unten geöffneten Parabel, zu deren Graph der Punkt $(1\,|\,-4)$ gehört.
f) Die Parabel hat die Nullstellen $x_1 = +3$ und $x_2 = -2$, ist nach unten geöffnet und schneidet die y-Achse in $(0\,|\,5)$.

8 Ordnen Sie den Graphen jeweils eine Funktionsgleichung zu. Begründen Sie Ihre Entscheidung. Stellen Sie für übriggebliebene Graphen jeweils eine mögliche Funktionsgleichung auf und beschreiben Sie, wie Sie dabei vorgehen.

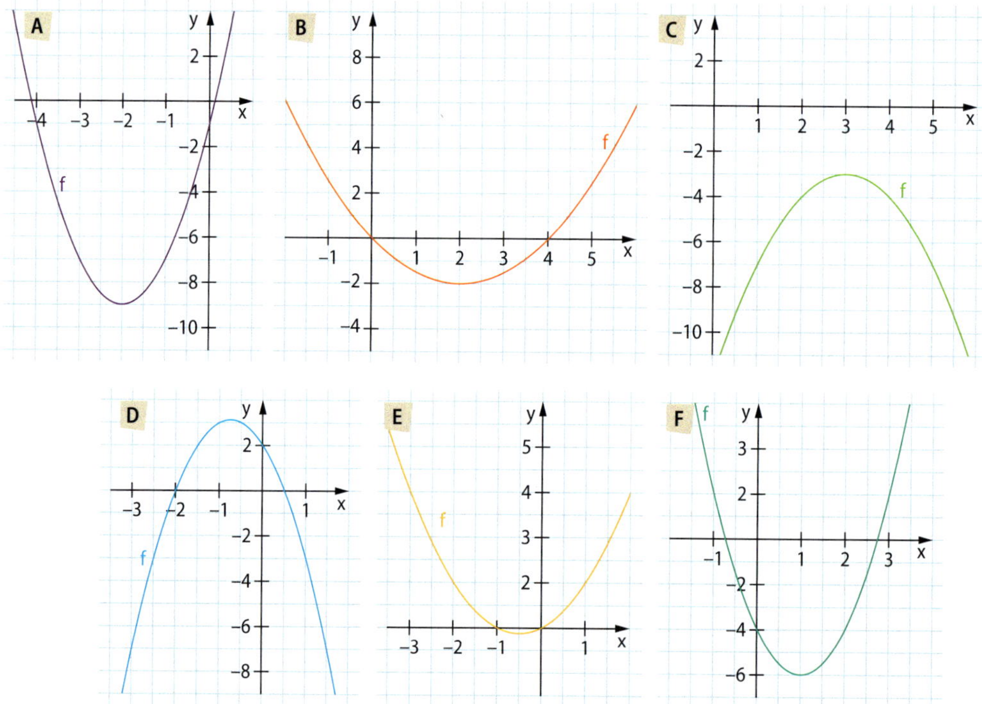

1 $f(x) = -(3-x)^2 - 3$

2 $f(x) = 2x^2 + 8x - 1$

3 $f(x) = 0{,}5 \cdot (x-2)^2 - 1$

4 $f(x) = -(x+2) \cdot (2x-2)$

5 $f(x) = (x-3)^2 + 7x - 9$

6 $f(x) = 2x^2 - 4x - 4$

9 Bestimmen Sie – falls vorhanden – die Schnittpunkte der Graphen von f und g. Überlegen Sie anschließend, wie Sie die zugrunde liegende Gleichung am geschicktesten lösen können.

a) $f(x) = 3x^2 - 3;\ g(x) = 3 \cdot (x+1)$
b) $f(x) = x^2 - 4;\ g(x) = x - 4$
c) $f(x) = x^2 - 2x + 1;\ g(x) = -x$
d) $f(x) = 2x^2 + 1;\ g(x) = (x+1)^2$
e) $f(x) = x^2 - x;\ g(x) = (x-1)^2$
f) $f(x) = -x^2 - 4x - 4;\ g(x) = (x+1)^2 - 4$

10 Das Schaubild zeigt vier verschiedene Funktionsgraphen, die sich untereinander schneiden.

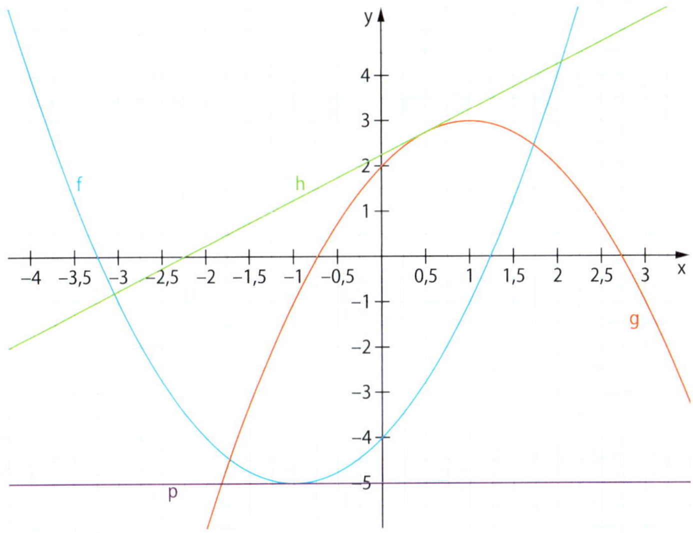

a) Bestimmen Sie die den jeweiligen Graphen zugrunde liegenden Funktionsterme.
b) Lesen Sie näherungsweise die jeweiligen Schnittpunkte ab.
c) Stellen Sie zu jedem Schnittpunktproblem die zugehörige Gleichung auf und bestimmen Sie deren Lösung rechnerisch.

11 Untersuchen Sie die gegebenen Funktionen auf wichtige Eigenschaften.

a) $f(x) = 2x^3$
b) $f(x) = \frac{1}{2}x^3$
c) $f(x) = -2x^{-3}$
d) $f(x) = -0{,}5x^4$
e) $f(x) = \frac{4}{x^4}$
f) $f(x) = -\frac{3}{x^{-3}}$

12 a) Skizzieren Sie den Graphen der Funktion f mit $f(x) = \frac{4}{x^2}$ für $-3 \le x \le +3$.
b) Berechnen Sie die Werte von x, für die $\frac{4}{x^2} = 9$ ist.
c) Ermitteln Sie graphisch die Werte von x, für die $\frac{4}{x^2} \le 3$ ist.

13 Die Abbildungen zeigen jeweils Graphen zweier Funktionen, deren zugehörige Funktionsgleichungen die Form $y = a \cdot x^r$; $a \in \mathbb{R}$; $r \in \mathbb{Q}$, haben.

Zur Erinnerung:
Sie haben auch schon Potenzfunktionen mit rationalen Exponenten kennengelernt.
$x^{\frac{1}{2}} = \sqrt{x}$
$x^{\frac{2}{3}} = \sqrt[3]{x^2}$

1

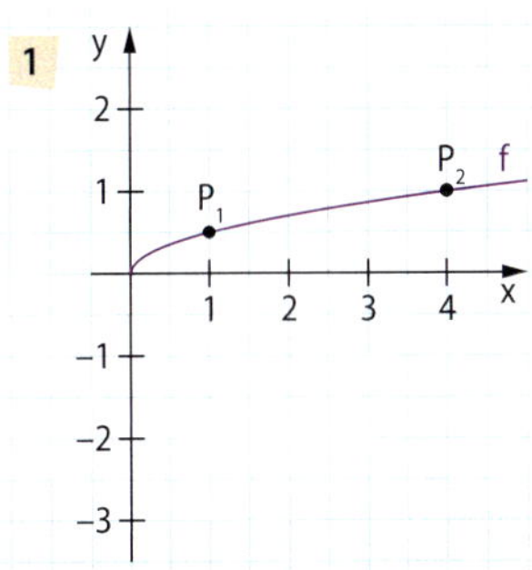

2

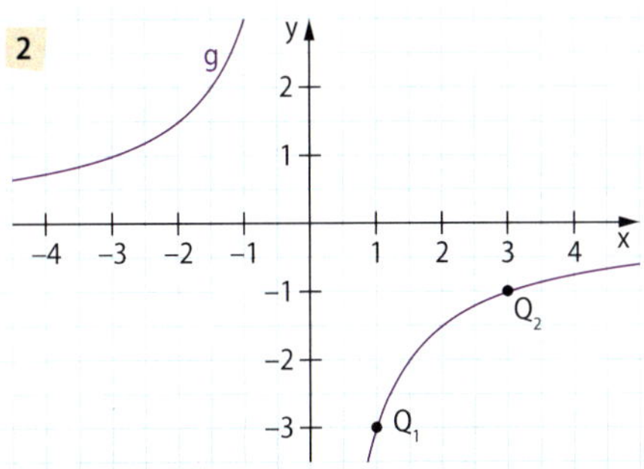

1 Die Funktion f verläuft durch die Punkte P_1 und P_2.
2 Die Funktion g verläuft durch die Punkte Q_1 und Q_2.
Bestimmen Sie jeweils die Parameter a und r.

14 Die Funktion f ist gegeben durch $f(x) = \frac{1}{2}x^{-2}$; $x \neq 0$. Skizzieren Sie den Graphen von f. Ermitteln Sie, um wie viel Prozent sich der Funktionswert verändert, wenn x (x > 0) verdoppelt wird.

15 Gegeben ist der Graph einer Potenzfunktion der Form $f(x) = a \cdot x^k$; $a \in \mathbb{R}$; $k \in \mathbb{Z}$. Beschreiben Sie, wie sich die Parameter a und k auf den Graphen der Funktion auswirken. Begründen Sie Ihre Ausführungen.

16 Die Abbildung zeigt die Graphen der Funktionen f_1 und f_2. Ihre zugehörigen Funktionsgleichungen haben beide die Form $f_i(x) = a \cdot x^k$; $a \in \mathbb{R}$; $k \in \mathbb{Z}$. Bestimmen Sie mithilfe der markierten Punkte P und Q bzw. R und S für beide Funktionen die Parameter a und k.

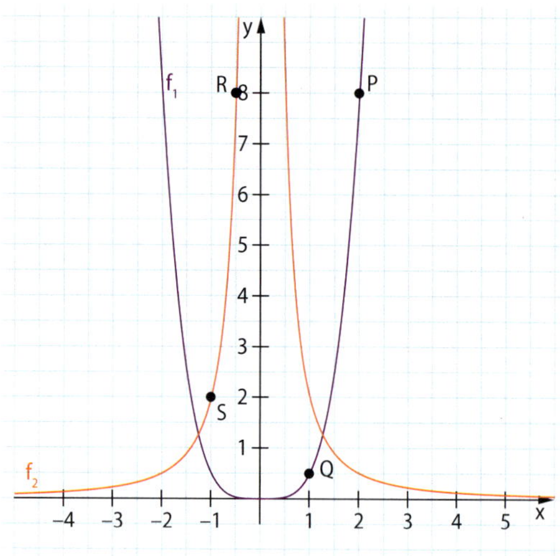

17 Die abgebildeten Graphen lassen sich durch Funktionen der Form $f_i(x) = a \cdot x^k$; $a \in \mathbb{R}$; $k \in \mathbb{Z}$, beschreiben. Bestimmen Sie jeweils die zugehörigen Funktionsterme mithilfe der eingezeichneten Punkte.

a)

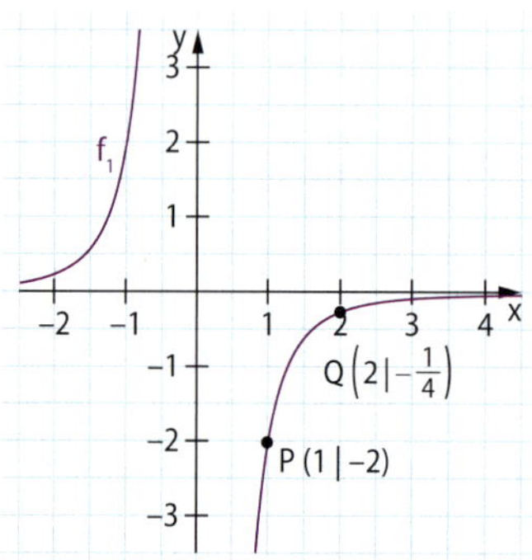

b)

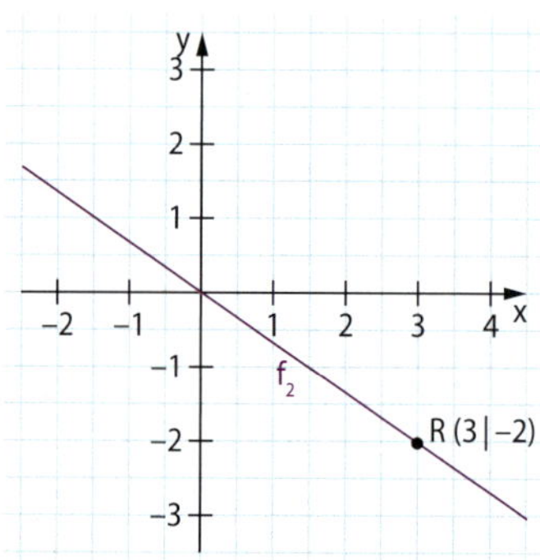

18 Nebenstehend ist für x > 0 der Graph der Funktion f mit $f(x) = a \cdot x^k$; $a \in \mathbb{R}$; $k \in \mathbb{Z}$, gezeichnet.

a) Bestimmen Sie die Parameter a und k mithilfe der eingezeichneten Punkte A und B.

b) Ermitteln Sie, in welchem Punkt der Graph die Gerade …

1 $x = \frac{1}{2}$ **2** $y = \frac{1}{16}$

schneidet.

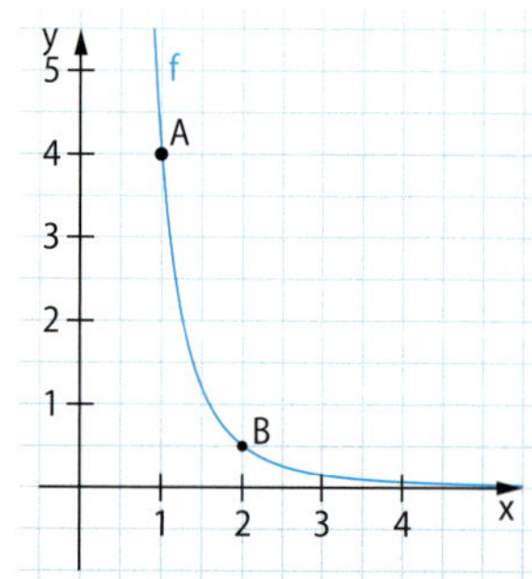

19 Gegeben sind die Funktionen f_1 mit $f_1(x) = 3^x$, f_2 mit $f_2(x) = 3^{-x}$ und f_3 mit $f_3(x) = 3^{x+1}$.

a) Skizzieren Sie die Graphen von f_1, f_2 und f_3. Beschreiben Sie weiter, wie man die Graphen von f_2 und f_3 aus dem von f_1 erhalten kann, was also die Veränderung im Exponenten bewirkt.

b) Entwickeln Sie daraus einen allgemeinen Satz und überprüfen Sie ihn anhand dreier selbstgewählter Beispiele.

20 Ordnen Sie den Graphen jeweils eine passende Funktionsgleichung zu. Begründen Sie.

1 $f(x) = 0{,}5^x$ 2 $f(x) = 1{,}5^x$ 3 $f(x) = -0{,}5^x$ 4 $f(x) = 1{,}5^{-x}$

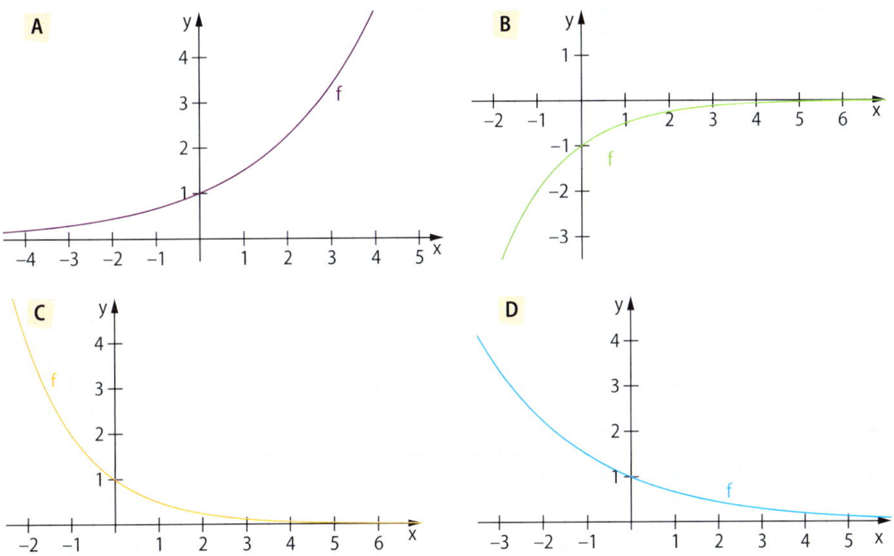

21 Im Funktionenlabor werden, wie in der Rundreise, Funktionsgleichungen systematisch verändert und die daraus resultierenden Veränderungen des Graphen beobachtet.

a) Untersuchen Sie die angegebenen Funktionen f_1 bis f_4.

1
$f_1(x) = 3^x$
$f_2(x) = 3^x + 1$
$f_3(x) = 3^x + 3$
$f_4(x) = 3^x - 1$

2
$f_1(x) = 3^x$
$f_2(x) = 2 \cdot 3^x$
$f_3(x) = -2 \cdot 3^x$
$f_4(x) = 0{,}2 \cdot 3^x$

b) Fassen Sie Ihre Beobachtungen in einem Satz zusammen und begründen Sie, warum eine bestimmte Veränderung in der Funktionsgleichung eine bestimmte Veränderung im Graphen bewirkt.

22 Laut Definition muss bei einer Exponentialfunktion f mit $f(x) = a \cdot b^x$ die Basis $b > 0$ sowie $b \neq 1$ sein. Warum ist dies sinnvoll?
Begründen Sie anhand selbst ausgewählter Funktionen, bei denen die beiden angegebenen Bedingungen nicht erfüllt sind.

Entdecken

Wenn Sie die Termbausteine (x – 1) und (x + 2) multiplizieren und den entstandenen Term als Funktionsterm interpretieren, erhalten Sie mit $f_2(x) = (x - 1) \cdot (x + 2)$ eine quadratische Funktion f_2. Ausmultipliziert hat diese Funktionsgleichung das Aussehen $f_1(x) = x^2 + x - 2$.
Nehmen Sie nun in einem ersten Schritt den Termbaustein (x – 2) und in einem zweiten Schritt auch noch den Termbaustein (x + 3) hinzu. Multiplizieren Sie die Terme miteinander. Sie erhalten $f_3(x) = (x - 1) \cdot (x + 2) \cdot (x - 2)$ und $f_4(x) = (x - 1) \cdot (x + 2) \cdot (x - 2) \cdot (x + 3)$.

- Multiplizieren Sie die zu f_3 und f_4 gehörigen Terme jeweils aus. Was ist die höchste Potenz, in der x vorkommt?
- Zeichnen Sie jeweils den Graphen von f_2 und f_3. Beschreiben Sie den Verlauf in Worten.
- Versehen Sie f_3 und f_4 jeweils mit einem negativen Vorzeichen. Zeichnen Sie anschließend wiederum die Graphen.
- Beschreiben Sie jeweils den Kurvenverlauf der so gewonnenen Graphen. Können Sie ein Muster erkennen?

Verstehen

Verknüpft man die Terme verschiedener Potenzfunktionen miteinander, entsteht eine neue Funktionsklasse.

Eine Funktion f der Form $f(x) = a_n \cdot x^n + a_{n-1} \cdot x^{n-1} + \ldots + a_1 \cdot x + a_0$ nennt man **ganzrationale Funktion.** Die reellen Zahlen a_n ($a_n \neq 0$), $a_{n-1}, \ldots, a_1, a_0$ heißen **Koeffizienten.** Die höchste Potenz von x bezeichnet man als den **Grad n** ($n \in \mathbb{N}$) der Funktion.

Das Verhalten für $x \rightarrow \pm\infty$ wird vom Summanden $a_n \cdot x^n$ bestimmt:

n gerade		**n ungerade**	
$a_n > 0$	$a_n < 0$	$a_n > 0$	$a_n < 0$
„von links oben nach rechts oben"	„von links unten nach rechts unten"	„von links unten nach rechts oben"	„von links oben nach rechts unten"
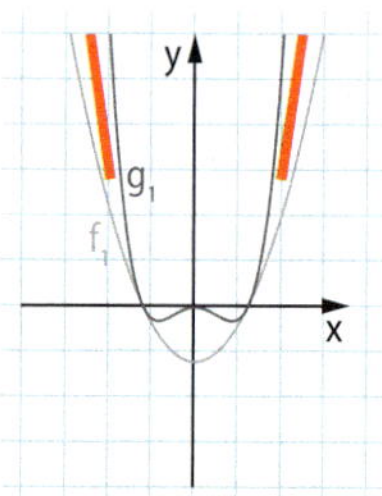	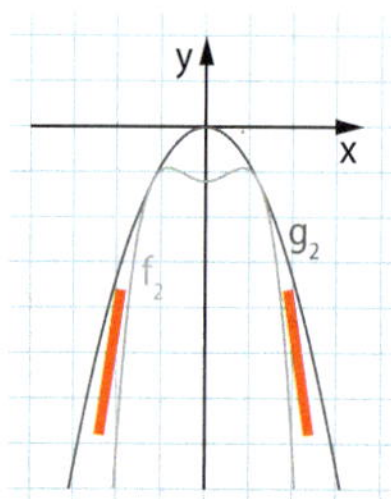	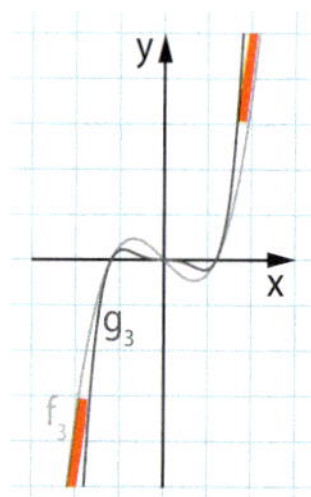	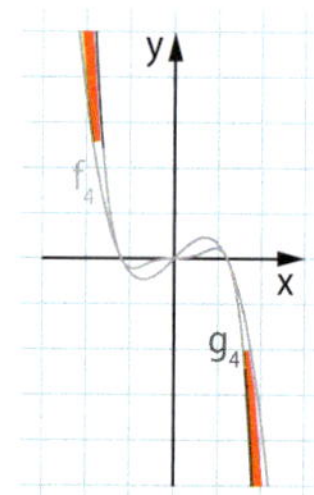

Beispiel

Bestimmen Sie den Grad der Funktion f. Beschreiben Sie weiter das Verhalten des Funktionsgraphen für $x \rightarrow \pm\infty$.

a) $f(x) = x^3 \cdot (x - 1) \cdot (x + 2)$

b) $f(x) = -(x + 1)^2 \cdot (x - 2)^2$

Lösung:

a) Es handelt sich um eine Funktion 5. Grades. Der Graph von f verläuft wegen des positiven Vorfaktors (hier: +1) von links unten nach rechts oben.

b) Es handelt sich um eine Funktion 4. Grades. Dies erkennt man gut an der ausmultiplizierten Form $f(x) = -x^4 + 2x^3 + 3x^2 - 4x - 4$. Der Funktionsgraph verläuft wegen des negativen Vorzeichens vor dem Summanden mit dem höchsten Exponenten von x von links unten nach rechts unten.

- Kann man aus dem Verhalten im Unendlichen auf den Grad der Funktion schließen? Argumentieren Sie.
- Sind ganzrationale Funktionen, die von links oben nach rechts oben verlaufen, stets achsensymmetrisch? Untersuchen Sie.
- Sind ganzrationale Funktionen, die von links unten nach rechts oben verlaufen, stets punktsymmetrisch? Untersuchen Sie.

Nachgefragt

Aufgaben

1 Untersuchen Sie, ob es sich bei der vorgegebenen Funktion f um eine ganzrationale Funktion handelt. Bestimmen Sie gegebenenfalls ihren Grad.

a) $f(x) = 3x^3 + 2x^2$ **b)** $f(x) = x^2 + \sqrt{3}\,x - \sqrt{2}$ **c)** $f(x) = \sqrt{x^3} + 4$
d) $f(x) = (x^3 + 2) \cdot (x^2 - 2)$ **e)** $f(x) = \sqrt{3x^2 + 2x}$ **f)** $f(x) = x^{-3} + \frac{1}{x^2}$

2 Machen Sie auf Basis des Grades der Funktion f und auf Basis des relevanten Koeffizienten Aussagen über das Verhalten der Funktion im Unendlichen.

a) $f(x) = -2x^5 + x^2$ **b)** $f(x) = x^2 + 2x^3 - 4x$ **c)** $f(x) = 2 \cdot (x - 2) \cdot (x + 2)$
d) $f(x) = 0{,}5(x + 2) \cdot \frac{1}{2}(x - 2)$ **e)** $f(x) = -3x^3 - 4x^4 - 1$ **f)** $f(x) = -x^3 - \frac{x^5}{3}$

3 Richtig oder falsch? Nehmen Sie begründet Stellung zu den folgenden Aussagen.

a) „Der Graph der Funktion f mit $f(x) = -2x^5 + x^2$ verläuft von links unten nach rechts oben."
b) „Der Graph der Funktion f mit $f(x) = -3x^3 - 4x^4 - 1$ verläuft wegen dem Vorfaktor −3 und dem Grad 3 von links oben nach rechts unten."
c) „Der Graph der Funktion f mit $f(x) = (x + 2) \cdot (x - 2) \cdot (x - 1)$ ist eine Gerade und verläuft von links unten nach rechts oben."

4 Bestimmen Sie möglichst viele Eigenschaften des Graphen der gegebenen Funktion f.

a) $f(x) = x^3 + 2x^2 + x$ **b)** $f(x) = x^2 - 2x + 1$ **c)** $f(x) = x^4 + 2x^2 - 1$
d) $f(x) = (x - 2)^3 \cdot (-x - 1)$ **e)** $f(x) = -3 \cdot (x^3 - 2x)^2$ **f)** $f(x) = (x - 1)^2 \cdot (x + 1)^2$

5 Schließen Sie vom gegebenen Graphen auf einen möglichen Grad der zugrundeliegenden Funktion f. Begründen Sie Ihre Entscheidung.

a)
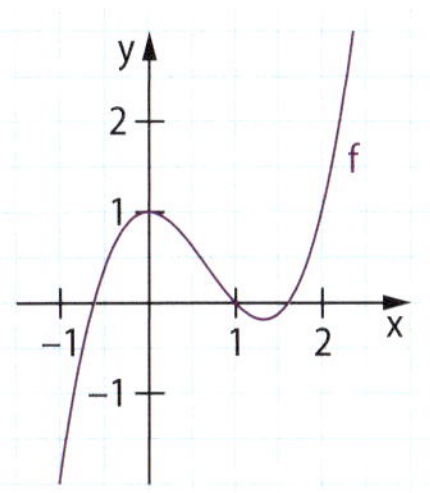

b)
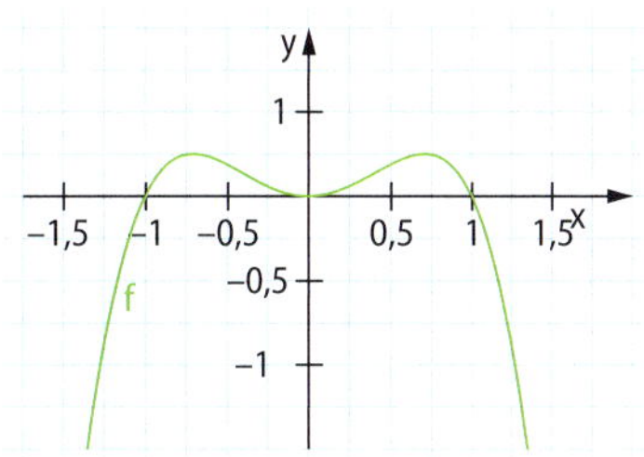

c)
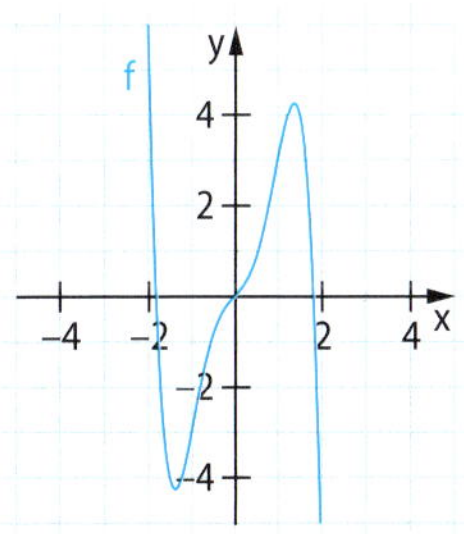

d)
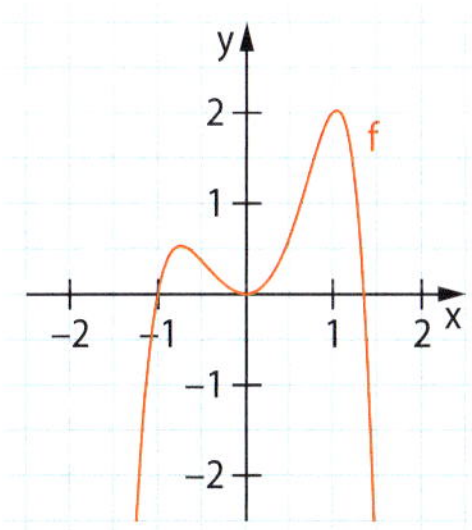

6 Geben Sie eine ganzrationale Funktion f an, die die gegebenen Bedingungen erfüllt.

a) f hat den Grad 3. Der Graph von f geht für $x \to +\infty$ gegen $-\infty$ und für $x \to -\infty$ gegen $+\infty$.

b) f hat den Grad 4. Der Graph von f geht für $x \to +\infty$ gegen $-\infty$, für $x \to -\infty$ gegen $-\infty$ und schneidet die x-Achse in $x = 0$.

c) f hat den Grad 5. Der Graph von f geht für $x \to +\infty$ gegen $+\infty$, für $x \to -\infty$ gegen $-\infty$ und verläuft durch den Ursprung.

7 Ordnen Sie jedem Graphen die passende Funktionsgleichung zu. Begründen Sie Ihre Entscheidung und führen Sie möglichst viele Argumente an.

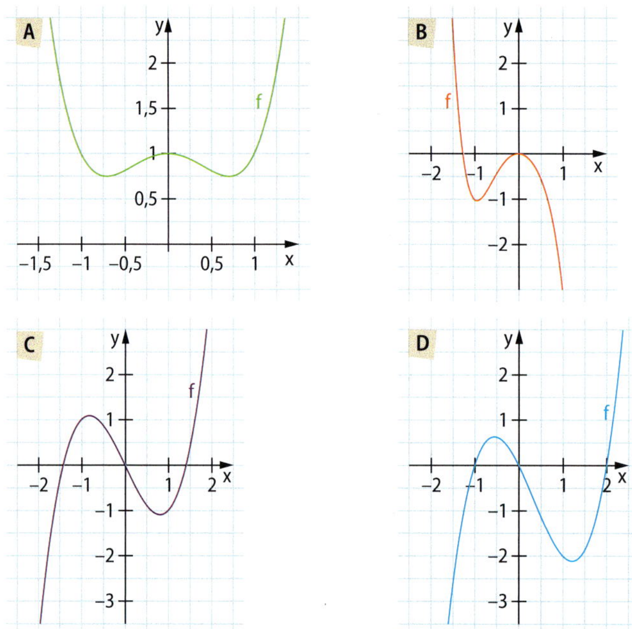

1 $f(x) = x^3 - 2x$

2 $f(x) = x^4 - x^2 + 1$

3 $f(x) = -x^5 - 2x^2$

4 $f(x) = x \cdot (x - 2) \cdot (x + 1)$

8 Ordnen Sie jeder Funktionsgleichung den passenden Graphen zu. Begründen Sie Ihre Entscheidung und führen Sie möglichst viele Argumente an.

1 $f(x) = -2x^3 + x$

2 $f(x) = x^5 + 3x^2$

3 $f(x) = x^4 - x^3 - x^2$

4 $f(x) = (x - 1) \cdot (x + 1) \cdot (x - 2)^2$

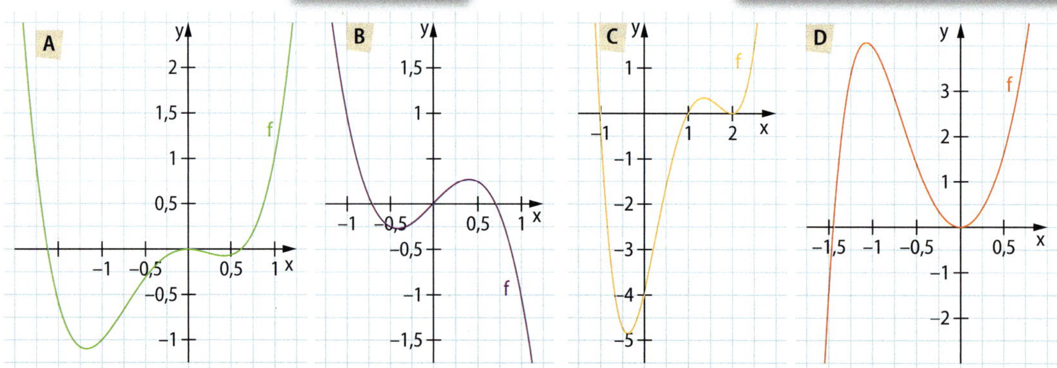

9 Gibt der gegebene Ausschnitt den Graphen einer der angegebenen Funktionen gut wieder? Argumentieren Sie.

1 $f(x) = x^3 - x^2$

2 $f(x) = x^4 + 2x^2 + 1$

3 $f(x) = x^5 + 3x^3 - 2x^2$

4 $f(x) = (x^2 - 1) \cdot (x^2 - 4x + 4)$

A

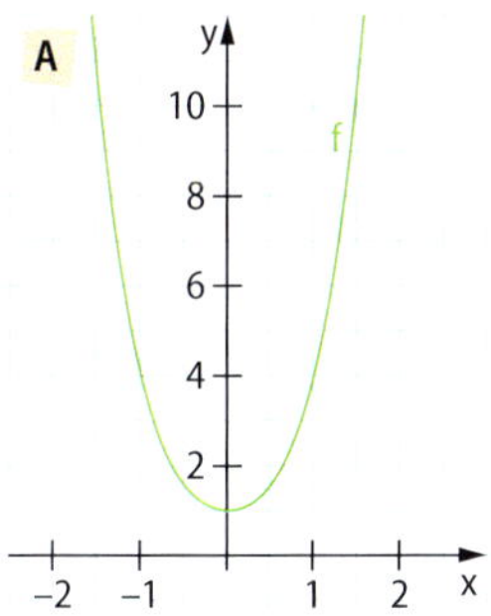

B

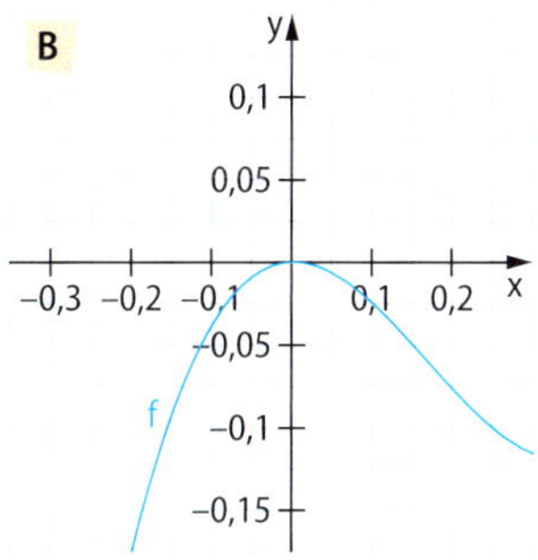

C

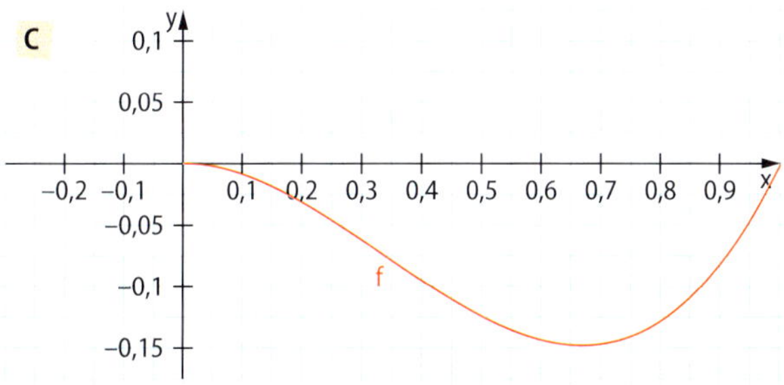

D

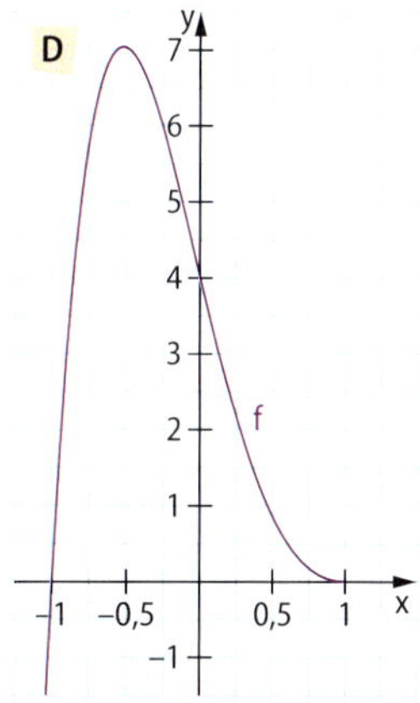

10 Abgebildet ist ein Ausschnitt des Graphen der angegebenen Funktion f. Vervollständigen Sie diesen so, dass die wesentlichen Eigenschaften des Funktionsgraphen wiedergegeben werden.

a) $f(x) = x^3 - x^2 - x$

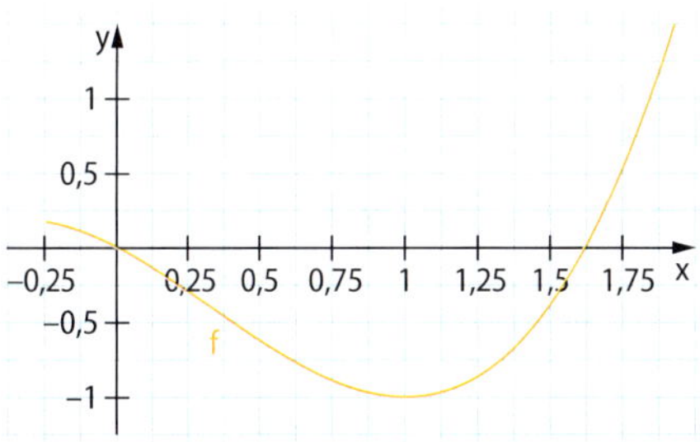

b) $f(x) = x^4 - 2x^2$

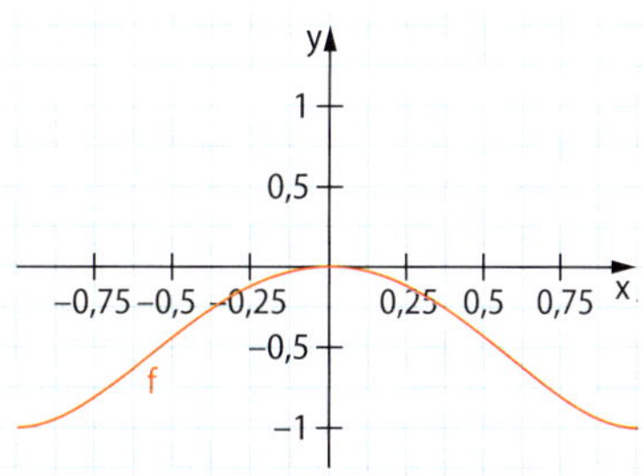

c) $f(x) = x^5 - 2x^4 - 1$

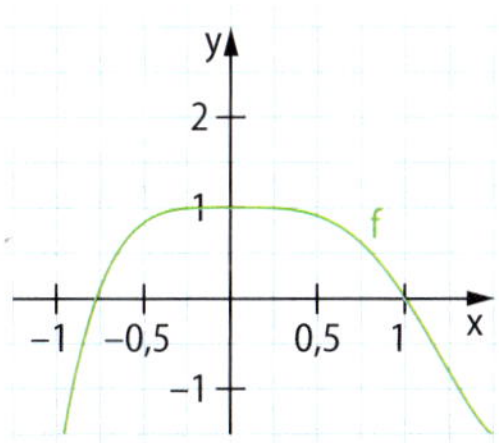

d) $f(x) = (x - 1) \cdot (x + 1) \cdot (x - 2) \cdot (x + 2)$

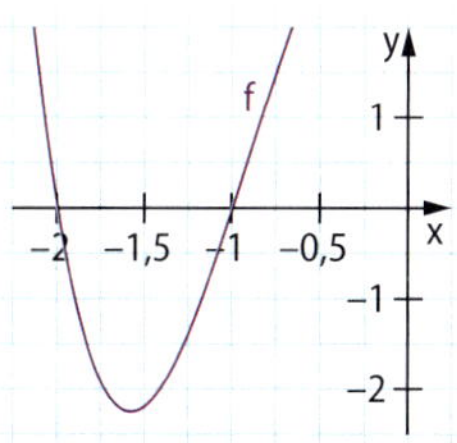

Entdecken

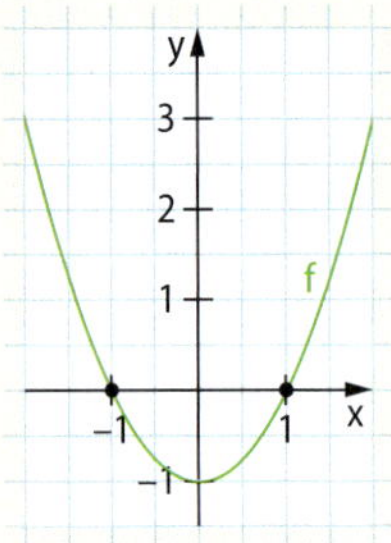

f(x) = x² − 1

Nullstellen sind besondere Punkte des Graphen einer Funktion. Für quadratische Funktionen haben Sie bereits in Jahrgangsstufe 8 Verfahren und Möglichkeiten kennengelernt, um Nullstellen zu bestimmen. Nebenstehend finden Sie verschiedene Funktionsgleichungen und Verfahren zur Nullstellenbestimmung.

1 $f(x) = x^2 - 4$

Ausklammern mithilfe des **Satzes von Vieta** und Anwendung des **Satzes vom Nullprodukt**

Ausklammern

2 $f(x) = x^2 - 4x + 3$

3 $f(x) = x^2 - 4x + 4$

Ausklammern mithilfe der **binomischen Formeln** und Anwendung des **Satzes vom Nullprodukt**

4 $f(x) = x^2 - 4x$

5 $f(x) = x^2 - 4x + 7$

Einfaches Wurzelziehen

Lösungsformel für quadratische Gleichungen

- Begründen Sie, welches Verfahren zur Nullstellenbestimmung Sie jeweils anwenden würden.
- Bestimmen Sie anschließend zu jedem Graphen mit dem Verfahren Ihrer Wahl die Nullstellen.
- Übertragen Sie Ihre Kenntnisse auf die Nullstellenbestimmung von $f_1(x) = (x-2)\cdot(x+1)\cdot(x-1)$ und $f_2(x) = x^3 + 4x^2 + 4x$. Beschreiben Sie Ihr Vorgehen.

Verstehen

Zur Nullstellenbestimmung bei ganzrationalen Funktionen eines Grades größer als 2, kann man Vorgehensweisen wählen, die schon bei quadratischen Funktionen zielführend sind.

*Lässt sich eine ganzrationale Funktion in **Linearfaktordarstellung** überführen, d. h. in die Form $f(x) = a\cdot(x-x_1)\cdot(x-x_2)\cdot\ldots\cdot(x-x_n)$, kann man die Nullstellen mithilfe des Satzes vom Nullprodukt sofort ablesen.*

Um von einer Funktion f die Nullstellen zu bestimmen, löst man die Gleichung $f(x) = 0$. Je nach Aussehen der Funktionsgleichung, bieten sich unterschiedliche Verfahren an:

Art des Funktionsterms	Verfahren, Vorgehensweise	Beispiel
Gleichungen, bei denen in jedem Summanden ein x (bzw. eine Potenz von x) auftaucht	Ausklammern erzeugt ein Produkt, von dessen Faktoren man die Nullstellen (leichter) bestimmen und auf das man den Satz vom Nullprodukt anwenden kann.	$0 = x^3 - 2x^2 - x = x\cdot(x^2 - 2x - 1)$ Nach dem Satz vom Nullprodukt ist $x_{N1} = 0$, die anderen beiden Nullstellen erhält man aus $x^2 - 2x - 1 = 0$ mithilfe der Lösungsformel.
Gleichungen der Art $x^n - c = 0$	Umformen zu $x^n = c$ und ziehen der n-ten Wurzel	$0 = x^4 - 16 \Leftrightarrow x^4 = 16$ $\Rightarrow x_{N1,2} = \pm\sqrt[4]{16} = \pm 2$
Gleichungen, die auf binomische Formeln zurückzuführen sind	Das Distributivgesetz rückwärts anwenden und dann die Nullstelle(n) eines jeden Faktors bestimmen.	$0 = 4x^4 - 9 = (2x^2 + 3)\cdot(2x^2 - 3)$ liefert nach dem Satz vom Nullprodukt für $2x^2 - 3 = 0$ die beiden Nullstellen $x_{N1,2} = \pm\sqrt{1{,}5}$.

Beispiel

Ermitteln Sie die Nullstellen der Funktion f mit $f(x) = -2x^3 + 12x^2 - 18x$ rechnerisch und graphisch.

Lösung:

$f(x) = -2x^3 + 12x^2 - 18x = -2x\cdot(x^2 - 6x + 9) = -2x\cdot(x-3)^2$

Nach dem Satz vom Nullprodukt erhält man als Nullstellen $x_{N1} = 0$ und $x_{N2} = 3$.

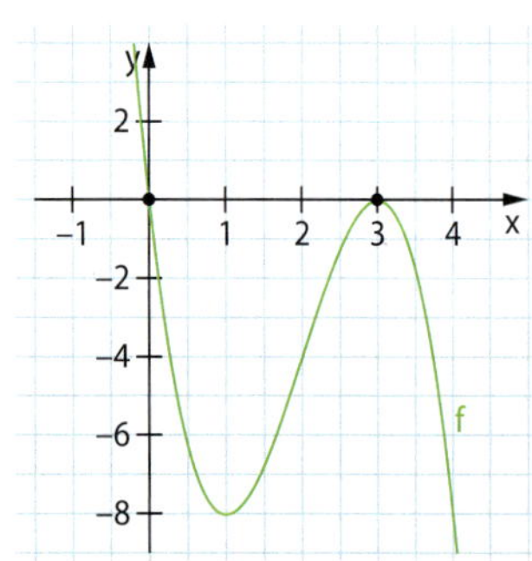

- Paul meint: „Eine ganzrationale Funktion vom Grad n hat genau n Nullstellen."
  Was meinen Sie dazu? Überprüfen Sie an konkreten Beispielen.
- Pauline meint: „Eine ganzrationale Funktion, deren höchste Potenz gerade ist, muss keine Nullstelle haben. Jede ganzrationale Funktion ungeraden Grades muss mindestens eine Nullstelle haben." Was meinen Sie? Überprüfen Sie an konkreten Beispielen.
- Paulina meint: „Zur Nullstellenbestimmung ist mir die Darstellung
  $(x-1)\cdot(x+2)\cdot(x-3)=0$ lieber als die Darstellung $x^3-2x^2-5x+6=0$."
  Erläutern Sie.

Nachgefragt

Aufgaben

1 Bestimmen Sie jeweils die Nullstellen der Funktion f. Beschreiben Sie Ihr Vorgehen.

a) $f(x) = x\cdot(x^2-1)$ **b)** $f(x) = x^2+4x$ **c)** $f(x) = (x-1)\cdot(x+3)$
d) $f(x) = (x+2)^2$ **e)** $f(x) = x\cdot(x+2)^2$ **f)** $f(x) = x^2\cdot(x^2-6x+9)$

2 Bestimmen Sie jeweils die Nullstellen der ganzrationalen Funktion f.

a) $f(x) = -x^3-x^2$ **b)** $f(x) = x^2+4x+4$ **c)** $f(x) = (x^2-1)\cdot(x+3)$
d) $f(x) = (x+2)\cdot(x-2)\cdot(x-1)$ **e)** $f(x) = (x^2-4)\cdot(x^2-1)$ **f)** $f(x) = x^2\cdot(x^3-6x)$

3 Ermitteln Sie die Schnittpunkte des Graphen der Funktion f mit der x-Achse.

a) $f(x) = 3x^2-3x-2$ **b)** $f(x) = x^3-6x$ **c)** $f(x) = x^3+3x^2-2x$
d) $f(x) = x^2\cdot(x^2-4)$ **e)** $f(x) = x^3\cdot(x-1)$ **f)** $f(x) = (x^2+2x+1)\cdot(x^2-2x+1)$

4 Geben Sie zwei Funktionsgleichungen an, sodass die jeweilige Funktion die angegebenen Nullstellen hat.

a) $x_{N1} = 2;\ x_{N2} = -3$ **b)** $x_{N1} = 1;\ x_{N2} = 2;\ x_{N3} = 3$ **c)** $x_{N1} = 0;\ x_{N2} = 1$
d) $x_{N1} = \frac{2}{3};\ x_{N2} = -\frac{3}{2}$ **e)** $x_{N1} = -0,\overline{1};\ x_{N2} = -0,\overline{2};\ x_{N3} = -0,\overline{3}$ **f)** $x_{N1} = \sqrt{2};\ x_{N2} = \sqrt[3]{2}$

5 Lösen Sie folgende Gleichungen graphisch und rechnerisch. Beschreiben Sie Ihr Vorgehen.

a) $3x^2 = 3x-2$ **b)** $x^3 = x^2-4x$ **c)** $x^4+2 = -4x^2-2$

6 Bestimmen Sie die Schnittpunkte der Graphen der Funktionen f und g graphisch und rechnerisch.

a) $f(x) = x^2-2x$, $g(x) = -x^3$ **b)** $f(x) = x^3-1$, $g(x) = -x^3+1$ **c)** $f(x) = x^4-4x^2$, $g(x) = -4x^2+1$

7 Ordnen Sie mithilfe der Nullstellen den Graphen die passende Funktionsgleichung zu.

1 $f(x) = 2x^4-2x^2$ **2** $f(x) = (x^3+x^2)\cdot x$ **3** $f(x) = (x^2-1)^2-1$ **4** $f(x) = -x^3+2$

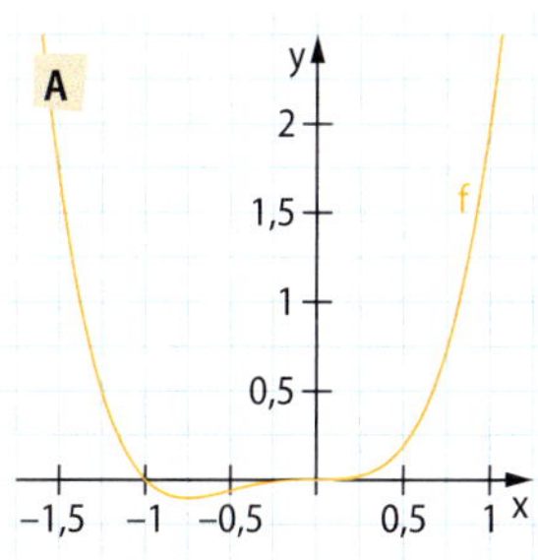

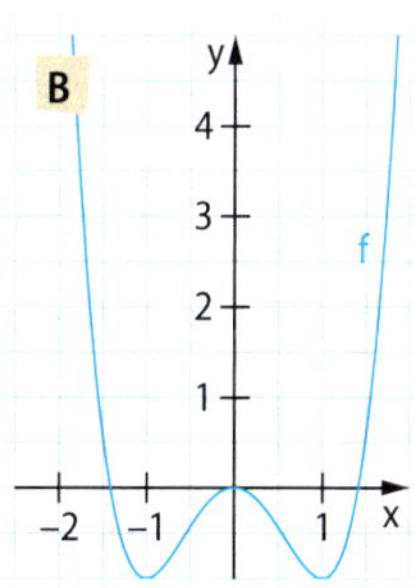

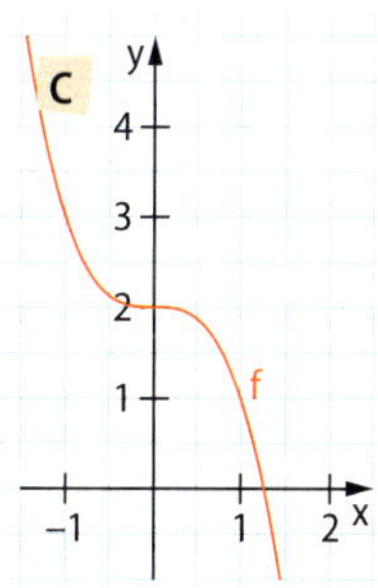

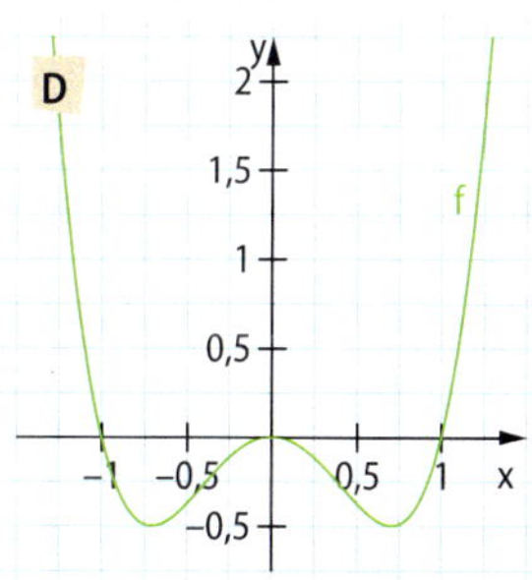

8 Bestimmen Sie die Nullstellen der Funktion f. Skizzieren Sie anschließend den Graphen von f.

a) $f(x) = 2x^3 - 3x^2 + x$ **b)** $f(x) = x^4 - 16$ **c)** $f(x) = x^3 - 2x$

d) $f(x) = (x - 3) \cdot (x - 2)$ **e)** $f(x) = x^3 \cdot (x - 1)$ **f)** $f(x) = x^5 - 8x^2$

9 Die Lösung von Gleichungen kann graphisch mithilfe von Funktionsgraphen bestimmt werden.

a) Ordnen Sie den Gleichungen den zugehörigen Graphen zu. Begründen Sie Ihre Zuordnung.

1 $x^3 + x = 2x^2$ 2 $x^4 + x^2 = -2x^3$ 3 $-1 = x^2 + 2x$ 4 $-1 = -x^3 - 2$

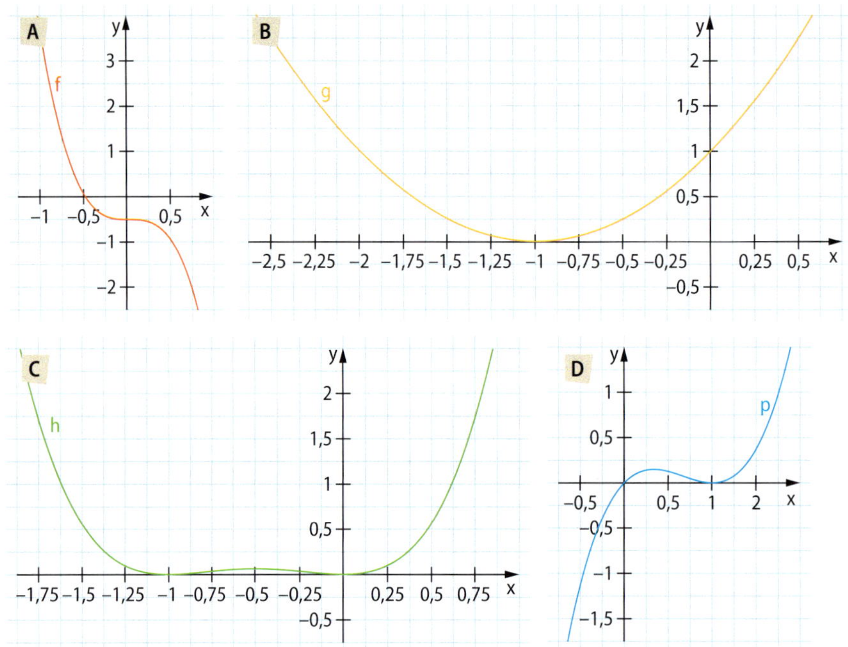

b) Ordnen Sie den Graphen die zugehörige Gleichung zu. Begründen Sie Ihre Zuordnung.

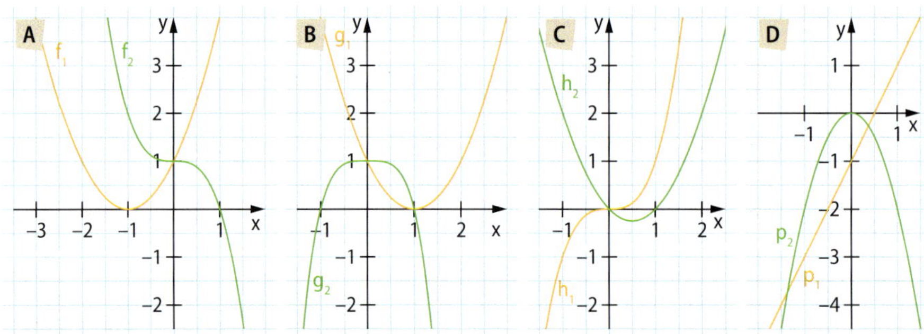

1 $2x - 2 = -x^2$ 2 $x^3 = x^2 - x$ 3 $(x - 1)^2 = -x^4 + 1$ 4 $x^2 + 2x + 1 = -x^3 + 1$

10 Geben Sie an, für welchen Wert des Parameters $t \in \mathbb{R}$ die Funktion f …

1 keine Nullstellen hat. 2 genau eine Nullstelle hat. 3 zwei Nullstellen hat.

a) $f(x) = x^2 + 6x + t$ **b)** $f(x) = -x^2 - 4x + t$ **c)** $f(x) = (x - t)^2 - 1$

d) $f(x) = (x - t)^2$ **e)** $f(x) = x^3 - 2x + t$ **f)** $f(x) = x^4 + 2tx^2$

11 Manche Gleichungsarten können mithilfe des Verfahrens der sogenannten Substitution gelöst werden.

Weiterdenken

substituere (lat.): ersetzen

Gleichungen wie $x^4 + 3x^2 - 4 = 0$ lassen sich mithilfe der **Substitution** lösen. Hierzu *substituiert*, d. h. *ersetzt* man x^2 durch z, wodurch aus der ursprünglichen Gleichung die Gleichung $z^2 + 3z - 4 = 0$ wird.

Aus einer Gleichung vierten Grades, für welche wir kein Lösungsverfahren kennen, wurde so eine Gleichung zweiten Grades, d. h. eine quadratische Gleichung. Diese kann man nun mit einem bekannten Verfahren lösen.
Abschließend muss man wieder resubstituieren, d. h. die Ersetzung rückgängig machen.

Substitution: $x^4 + 3x^2 - 4 = 0 \xrightarrow[z = x^2]{\text{Substitution}} z^2 + 3z - 4 = 0$
$\Rightarrow z_1 = 1; z_2 = -4$
(Lösungsformel)

Resubstitution: $x^2 = z_1 = 1 \Rightarrow x_1 = 1; x_2 = -1$
$x^2 = z_2 = -4 \Rightarrow$ keine Lösung

Die Lösungen der Gleichung $x^4 + 3x^2 - 4 = 0$ sind $x_1 = 1$ und $x_2 = -1$.

a) Lösen Sie mithilfe der angegebenen Substitution.
   1 $0 = x^4 - 6x^2 + 9$ mit $z = x^2$
   2 $0 = x^6 + 2x^3 + 1$ mit $z = x^3$
   3 $0 = x^8 - 5x^4 + 6$ mit $z = x^4$
   4 $0 = 2x^{10} + 2x^5 - 24$ mit $z = x^5$

b) Lösen Sie mithilfe einer Substitution.
   1 $0 = 9x^4 + 5x^2 - 4$
   2 $0 = x^4 + 11x^2 + 10$
   3 $0 = x^4 - 13x^2 + 36$
   4 $0 = x^6 + 3x^4 + 2x^2$

c) Manchmal geht es auch ohne Substitution. Lösen Sie die Gleichungen durch Anwenden der binomischen Formeln oder durch Ausklammern.
   1 $x^4 - 3x^2 = 0$
   2 $x^4 - 6x^2 + 9 = 0$
   3 $4x^4 - 16x^2 = 0$

d) Beschreiben Sie, wie Gleichungen aufgebaut sein müssen, damit Sie eine Substitution anwenden können.

12 Unter den bisher behandelten Gleichungen waren auch einige **biquadratische Gleichungen**. Die Vorsilbe „bi-" bedeutet „doppelt". Biquadratisch heißt also „doppelt quadratisch". Das Doppelte bezieht sich auf die Potenzen der Variablen. Insbesondere ist bei quadratischen Gleichungen die höchste Potenz der Variablen 2, bei biquadratischen Gleichungen demnach 4. Biquadratische Gleichungen löst man in der Regel mithilfe einer Substitution.
Lösen Sie die angegebenen biquadratische Gleichungen.

a) $x^4 + 3x^2 - 40 = 0$
b) $4x^4 - 17x^2 + 4 = 0$
c) $x^4 = 0{,}25 \cdot (x^2 - 25)$
d) $x^4 = 3x^2$
e) $x^4 - 24x^2 + 100 = 0$
f) $(x^2 + 8)^2 = 5 \cdot (3x^2 + 13)$

13 Manchmal können Bruchgleichungen auf Gleichungen zurückgeführt werden, die man mittels Substitution lösen kann. Lösen Sie so die folgenden Gleichungen.
Hinweis: Beachten Sie bei Bruchgleichungen die gültige Definitionsmenge.

a) $x^3 - \frac{1}{x} = \frac{99}{10}x$
b) $\frac{x^2}{x^2 - 1} = \frac{x^2 + 1}{2}$
c) $\frac{7 - x}{x^3} - \frac{x}{x + 7} = 0$
d) $\frac{1}{3x^2} - 1 = \frac{x^2}{3}$
e) $x^2 + \frac{4}{x^2} = 4$
f) $(x - 4)^2 - \frac{1}{(x + 4)^2} = 0$

Entdecken

Nutzen Sie, wenn möglich, ein Computerprogramm.

Was passiert, wenn Sie einen Linearfaktor einer gegebenen Funktion mit 2 potenzieren (d. h. quadrieren) oder mit einer anderen Potenz versehen? Das sollen Sie nun untersuchen.

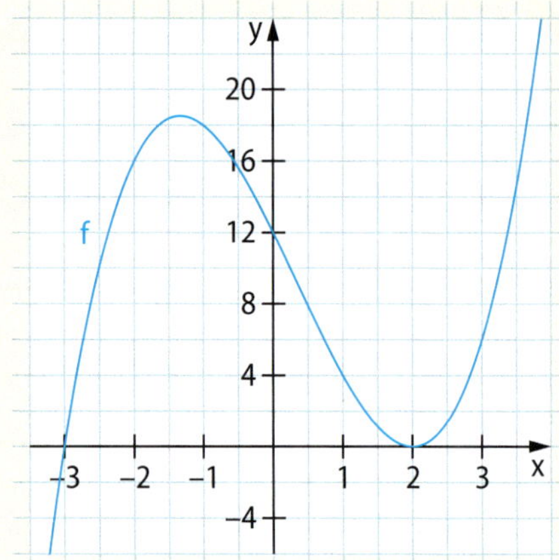

- Skizzieren Sie in einem ersten Schritt den Graphen der Funktion f_1 mit $f_1(x) = (x - 2) \cdot (x + 3)$.
- Skizzieren Sie nun die Graphen der Funktionen f_2 mit $f_2(x) = (x - 2)^2 \cdot (x + 3)$ und f_3 mit $f_3(x) = (x - 2) \cdot (x + 3)^2$.
  Vergleichen Sie mit dem Graphen von f_1.
- Skizzieren Sie die Graphen der Funktionen f_4 mit $f_4(x) = (x - 2)^3 \cdot (x + 3)$ und f_5 mit $f_5(x) = (x - 2) \cdot (x + 3)^3$.
  Vergleichen Sie mit den anderen Graphen.
- Skizzieren Sie die Graphen der Funktionen f_6 mit $f_6(x) = (x - 2)^4 \cdot (x + 3)$ und f_7 mit $f_7(x) = (x - 2) \cdot (x + 3)^4$. Vergleichen Sie mit den anderen Graphen.
- Beschreiben Sie Zusammenhänge. Überprüfen Sie die Zusammenhänge an weiteren Beispielen.

Verstehen

Ist eine ganzrationale Funktion in Linearfaktordarstellung gegeben, bewirkt das Potenzieren eines Linearfaktors mitunter (je nach Aussehen der Potenz), dass der Graph der Funktion die x-Achse berührt oder schneidet.

Ganzrationale Funktionen f kann man zuweilen in der Form $f(x) = (x - x_1) \cdot (x - x_2) \cdot (x - x_3) \cdot \ldots \cdot (x - x_n)$ schreiben ($x_i \in \mathbb{R}$). Dann sind $x_1, x_2, \ldots, x_n$ Nullstellen von f. Wird der Linearfaktor $(x - x_i)$ mit k ($k \in \mathbb{N}$) potenziert, nennt man x_i eine **k-fache Nullstelle**. Es gilt:

- Ist die Potenz k **gerade** (also $k = 2, 4, \ldots$), so **wechselt** f an der Stelle $x = x_i$ das Vorzeichen **nicht**, d. h. der Graph von f **berührt** die x-Achse an der Stelle x_i.
- Ist die Potenz k **ungerade** (also $k = 1, 3, \ldots$), so **wechselt** f an der Stelle $x = x_i$ das Vorzeichen, d. h. der Graph von f **schneidet** die x-Achse an der Stelle x_i.

Beispiel

Skizzieren Sie den Graphen der Funktion f mit $f(x) = (x + 1) \cdot (x^2 - 1)$ mithilfe der Nullstellen.

Lösung:

Die Nullstellen des Graphen kann man aus den Linearfaktoren ablesen. Der Faktor $(x^2 - 1)$ ist ein Binom und lässt sich als $(x + 1) \cdot (x - 1)$ schreiben. Man erhält also $f(x) = (x + 1)^2 \cdot (x - 1)$. $x_{N1,2} = -1$ ist also eine doppelte Nullstelle, $x_{N3} = 1$ eine einfache. Insgesamt handelt es sich um eine Funktion dritten Grades mit positivem Vorzeichen vor der höchsten Potenz. Sie verläuft demnach von links unten nach rechts oben.

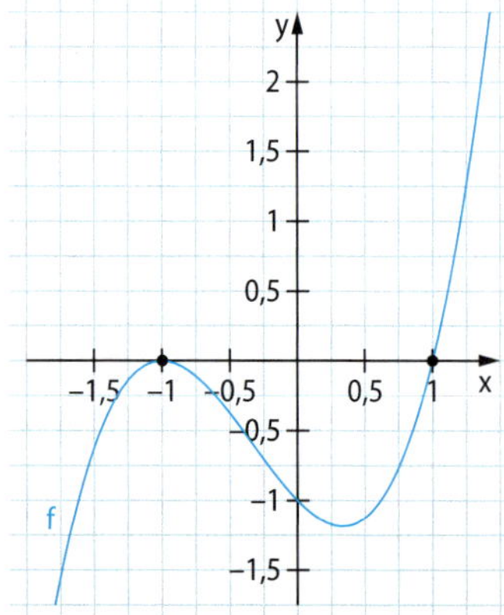

- „Eine ganzrationale Funktion kann $x_0 = 0$ nicht als doppelte Nullstelle haben." Nehmen Sie Stellung zu dieser Aussage.
- Wie groß muss der Grad einer ganzrationalen Funktion mindestens sein, damit garantiert eine Nullstelle existiert. Wie groß muss er sein, dass eine doppelte Nullstelle existiert? Untersuchen Sie.
- Wie viele verschiedene Nullstellen kann eine ganzrationale Funktion vom Grad 4 haben? Untersuchen Sie.

Nachgefragt

Aufgaben

1 Geben Sie einfache und mehrfache Nullstellen der Funktionen an.

a) $f(x) = (x-1) \cdot (x+2)^2$ **b)** $f(x) = (x-1)^2 \cdot (x+2)^3$
c) $f(x) = (x-1)^3 \cdot (x+2)^4$ **d)** $f(x) = (x^2 - 2x + 1) \cdot (x^2 + 2x + 1)$
e) $f(x) = (x^2 - 4) \cdot x$ **f)** $f(x) = (x^2 - 4) \cdot (x+2) \cdot (x-2)$

2 Geben Sie jeweils zwei Funktionsgleichungen an, die die angegebenen einfachen und doppelten Nullstellen haben.

	a)	b)	c)	d)
Einfache Nullstelle(n)	$x_{N1} = 0$	$x_{N1} = 1$	$x_{N1} = 0{,}5$ $x_{N2} = -\frac{1}{2}$	$x_{N1} = \sqrt{2}$
Doppelte Nullstelle(n)		$x_{N2,3} = 2$	$x_{N3,4} = -1$	$x_{N2,3} = \sqrt{3}$ $x_{N4,5} = -\sqrt{3}$

3 Entscheiden Sie, ob die Graphen der angegebenen Funktionen einfache und/oder mehrfache Nullstellen haben. Geben Sie diese jeweils an.

a) $f(x) = 2 \cdot (x-1) \cdot (x+2)^2$ **b)** $f(x) = 0{,}5 \cdot (x-1)^2 \cdot x$ **c)** $f(x) = (x^2 - 9) \cdot (x+2)$
d) $f(x) = (x^2 - 2x + 1) \cdot (x+2)^2$ **e)** $f(x) = (x-1)^3 \cdot (x-1)^2$ **f)** $f(x) = (x-1)^3 \cdot (x-1)^3$

4 Ordnen Sie den Funktionsgleichungen ihren entsprechenden Graphen zu. Begründen Sie Ihre Entscheidung.

1 $f(x) = (x^2 - 1) \cdot (x+2)$ **2** $f(x) = (x-2)^2 \cdot (x^2 + 4x + 4)$ **3** $f(x) = (x-1) \cdot (x+2)^2$

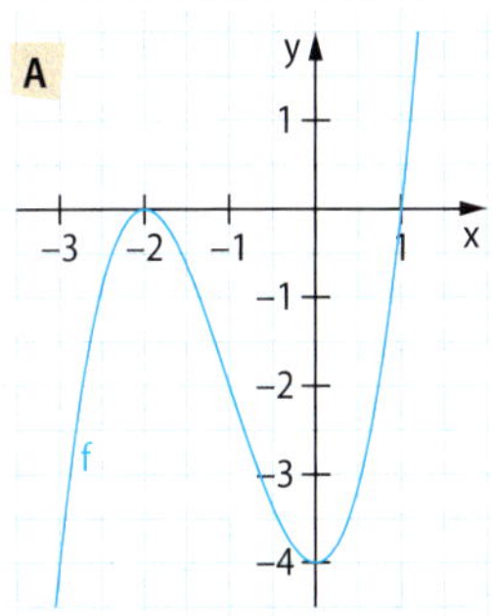

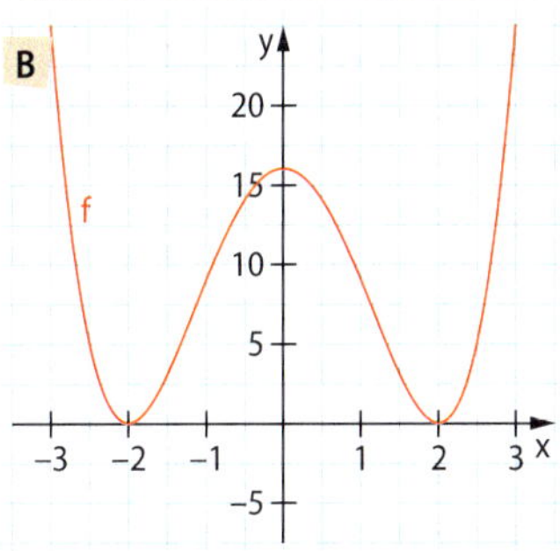

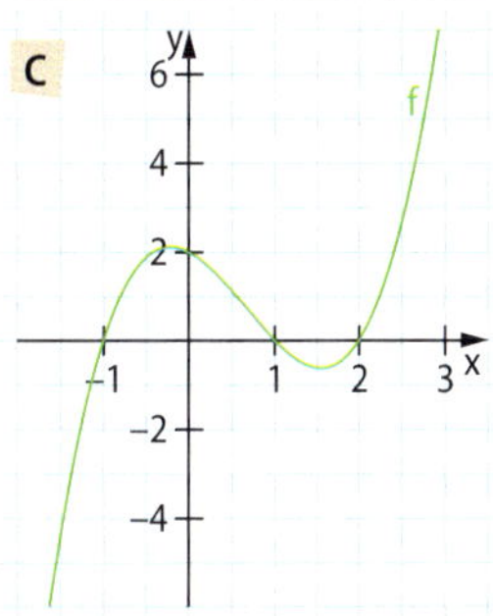

5 Skizzieren Sie zu den gegebenen Funktionsgleichungen jeweils einen passenden Graphen.

$f_1(x) = -(x+3)^2 \cdot (x-1)$
$f_2(x) = -x \cdot (x^2 - 1) \cdot (x^2 - 4)$
$f_3(x) = (x+1)^3 \cdot (x-2)^2$
$f_4(x) = -x \cdot (x-2)^3$

Entdecken

Wählen Sie zwei, drei oder noch mehr Termbausteine des Kastens aus, verknüpfen Sie diese durch Addition miteinander und interpretieren Sie das Ergebnis als Funktionsterm. Zum Beispiel erhalten Sie so die Funktionsgleichung $f(x) = 2x^3 + 3x^2 + 1$.

x	x^2	x^3	x^4
$2x$	$2x^2$	$2x^3$	$2x^4$
$3x$	$3x^2$	$3x^3$	$3x^4$
1	2	3	4

- Skizzieren Sie die Graphen der so ermittelten Funktionen. Sie können dazu eine Wertetabelle oder ein Computerprogramm nutzen.
- Vergleichen Sie die Graphen bzgl. ihrer Symmetrie und ordnen Sie sie entsprechend.
- Finden Sie einen Zusammenhang zwischen dem Aussehen des Funktionsterms und der möglichen Symmetrie des Graphen.

Verstehen

Untersucht man die Graphen von ganzrationalen Funktionen auf Symmetrie, stellt man fest, dass diese von den auftretenden Exponenten abhängig ist.

Beachten Sie: Der Exponent in $a_0 = a_0 \cdot x^0$ gilt als gerader Exponent, denn dieser Summand bewirkt eine Verschiebung des Graphen in y-Richtung. Folglich verändert er eine vorhandene Achsensymmetrie nicht, wohl aber eine Punktsymmetrie zum Ursprung.

Der Graph einer ganzrationalen Funktion f mit $f(x) = a_n \cdot x^n + a_{n-1} \cdot x^{n-1} + \ldots + a_1 \cdot x + a_0$ ist genau dann …

- **achsensymmetrisch zur y-Achse**, wenn alle Exponenten gerade sind.
- **punktsymmetrisch zum Ursprung**, wenn alle Exponenten ungerade sind.

Beispiele

I. Untersuchen Sie die Funktionen f und g auf Symmetrie.

a) $f(x) = 2x^4 - 8x^2 + 4$

b) $g(x) = 10x^5 + 2x$

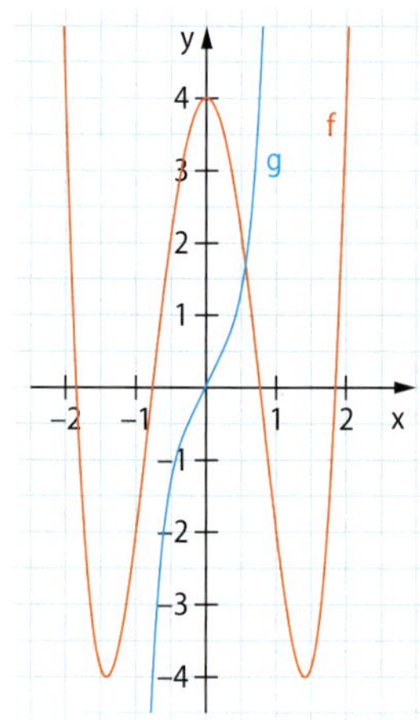

Lösung:

a) Da der Funktionsterm der ganzrationalen Funktion f nur gerade Exponenten aufweist, ist f achsensymmetrisch zur y-Achse.

b) Da der Funktionsterm der ganzrationalen Funktion g nur ungerade Exponenten aufweist, ist g punktsymmetrisch zum Ursprung.

II. Wie können Sie die Termbausteine x^3, x^2, x und 1 so miteinander kombinieren, dass daraus …

a) eine achsensymmetrische

b) eine punktsymmetrische

Funktion entsteht?

Lösung:

Die Funktion f mit $f(x) = x^3 + x^2 + x + 1$ besitzt aufgrund der geraden und ungeraden Exponenten weder einen achsen- noch einen punktsymmetrischen Graphen.

a) Die Funktion f mit $f(x) = x^3 \cdot x^2 \cdot x + 1 = x^6 + 1$ hat nur gerade Exponenten. Damit ist ihr Graph achsensymmetrisch (zur y-Achse).

b) Die Funktion $f(x) = x^3 + x^2 \cdot x \cdot 1 = 2x^3$ hat nur ungerade Exponenten. Damit ist ihr Graph punktsymmetrisch (zum Ursprung).

Nachgefragt

- Überprüfen Sie, ob es Graphen ganzrationaler Funktionen gibt, die sowohl punkt- als auch achsensymmetrisch sind.
- Doreen meint: „Wenn in einem Funktionsterm nur ungerade Hochzahlen vorkommen, ist der zugehörige Graph punktsymmetrisch zum Ursprung." Nehmen Sie Stellung zur Aussage.
- Die Funktion f wird durch $f(x) = \frac{x^5 - x^3}{x^2}$ beschrieben. Albina schließt aus der Existenz von sowohl geraden als auch ungeraden Hochzahlen, dass der Graph von f weder achsen- noch punktsymmetrisch ist. Nehmen Sie Stellung hierzu.

Aufgaben

1 Untersuchen Sie auf Achsensymmetrie zur y-Achse bzw. Punktsymmetrie zum Ursprung.

a) $f(x) = x^3 - 3x$ **b)** $f(x) = x^4 + 2x^2 - 3$ **c)** $f(x) = -x^3 - 3x^2$
d) $f(x) = (x - 2)^2$ **e)** $f(x) = (x^2 - 1) \cdot (x + 1)$ **f)** $f(x) = x \cdot (x - 2) + 2x - 2$

2 Ordnen Sie jeder Funktionsgleichung einen passenden Graphen zu. Begründen Sie Ihre Entscheidung. Nutzen Sie dabei – wenn möglich – vor allem Symmetrieüberlegungen.

1 $f(x) = x \cdot (x^2 + 2)$ 2 $f(x) = 2x \cdot (x - 1)^2 + 4x^2$ 3 $f(x) = (x + 3) \cdot (x - 3) + 2x^4$

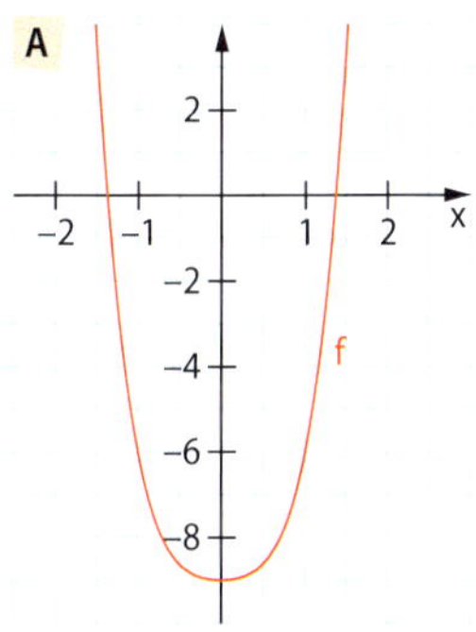

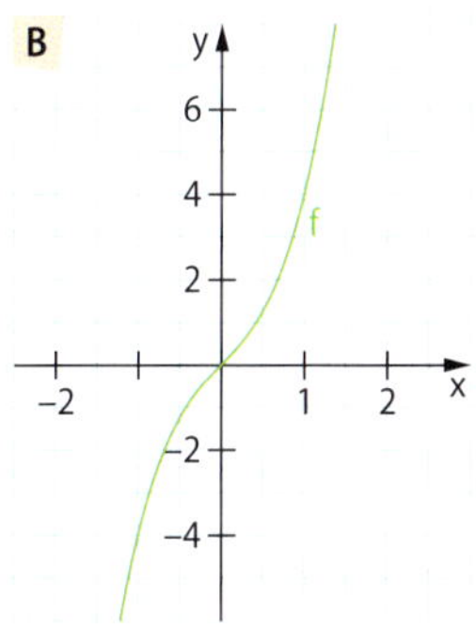

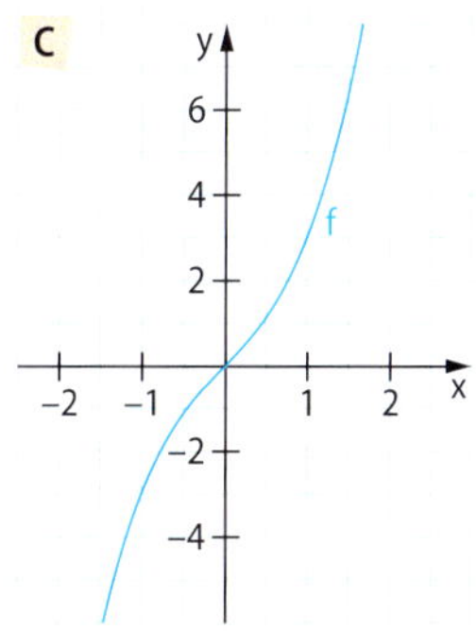

3 Setzen Sie in das Kästchen einen Ausdruck so ein, dass der Graph der Funktion f achsensymmetrisch zur y-Achse bzw. punktsymmetrisch zum Ursprung ist. Begründen Sie Ihre Entscheidung.

a) $f(x) = x^5 +$ **b)** $f(x) = x \cdot (x^2 + 2) + x^2 +$ **c)** $f(x) = (x + 1)^2 + x^4 +$

4 Wie können Sie die Termbausteine x^4, $2x^3$, $3x^2$, $4x$ und 5 miteinander kombinieren (d. h. durch Rechenzeichen miteinander verknüpfen), dass daraus …
a) eine zur y-Achse achsensymmetrische
b) eine zum Ursprung punktsymmetrische
Funktion entsteht?
Verwenden Sie dabei möglichst viele der Termbausteine.

x^4 $2x^3$ $3x^2$
$4x$ 5

5 Untersuchen Sie auf Achsensymmetrie zur y-Achse bzw. auf Punktsymmetrie zum Ursprung.

a) $f(x) = -x^3 - 3x$ **b)** $f(x) = x^2 \cdot (x^2 - 9)$ **c)** $f(x) = 2x^4 - 4x^2$
d) $f(x) = (x - 1)^2 \cdot (x^2 - 1)$ **e)** $f(x) = 2x^4 + 3x^2 + 4$ **f)** $f(x) = 5x^5 - 3x^3 - x$

6 Geben Sie eine mögliche Funktionsgleichung an.

a) Eine ganzrationale Funktion vierten Grades ist achsensymmetrisch zur y-Achse und hat bei $x_1 = -2$ und $x_2 = 2$ doppelte Nullstellen.

b) Eine ganzrationale Funktion dritten Grades ist punktsymmetrisch zum Ursprung und hat bei $x_1 = -3$, $x_2 = 0$ und $x_3 = 3$ jeweils Nullstellen.

7 Der Graph einer Funktion f mit $f(x) = a \cdot x^5 + b \cdot x^2 - 3x^c$ soll punktsymmetrisch zum Ursprung sein und für $x \to -\infty$ gegen $+\infty$ streben. Argumentieren Sie, was infolgedessen für die Parameter a, b und c gelten muss.

8 Das **Exponentenvergleichskriterium** aus dem Verstehen-Kasten ist nur für ganzrationale Funktionen anwendbar. Will man eine beliebige Funktion auf Symmetrie untersuchen, muss man allgemeine Kriterien anwenden. Diese gelten insbesondere auch für ganzrationale Funktionen und können anhand von Graphen plausibilisiert werden.

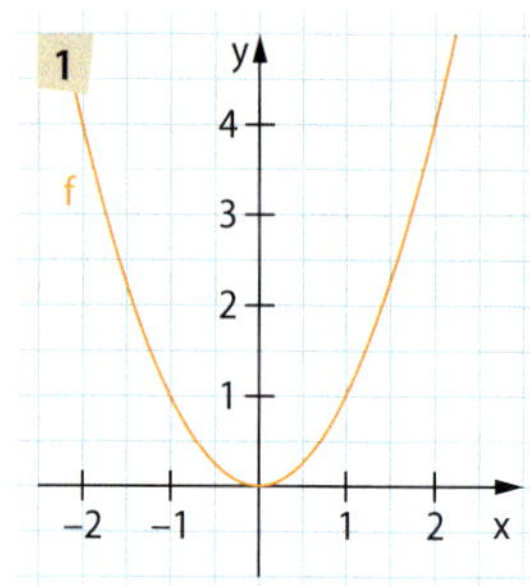

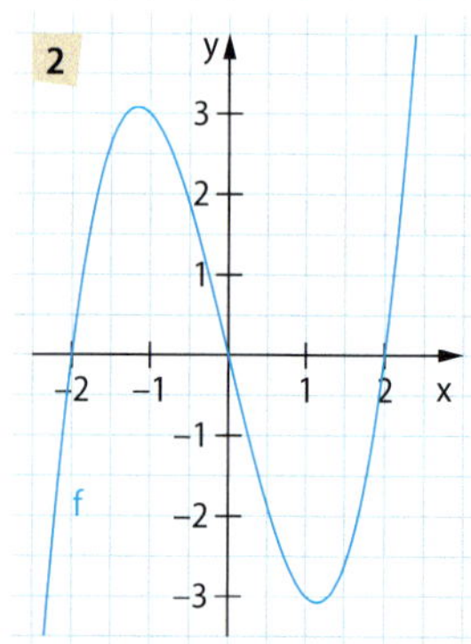

a) Betrachten Sie nebenstehenden zur y-Achse achsensymmetrischen Graphen in Abbildung 1. Die Funktionswerte von x-Werten, die sich nur durch ihr Vorzeichen unterscheiden (also $f(x)$ und $f(-x)$), sind offensichtlich gleich. Entwickeln Sie hieraus ein formales Kriterium der Form „Eine Funktion f ist genau dann achsensymmetrisch, wenn $f(-x) = \ldots$"

b) Betrachten Sie nebenstehenden zum Ursprung punktsymmetrischen Graphen in Abbildung 2. Die Funktionswerte von x-Werten, die sich nur durch ihr Vorzeichen unterscheiden (also $f(x)$ und $f(-x)$), unterscheiden sich offensichtlich ebenfalls durch ihr Vorzeichen. Entwickeln Sie hieraus ein formales Kriterium der Form „Eine Funktion f ist genau dann punktsymmetrisch, wenn $f(-x) = \ldots$"

c) Wenden Sie die allgemeinen Kriterien auf folgende Funktionen an.

1 $f(x) = \frac{1}{x^2}$ 2 $f(x) = \frac{x^2 - 1}{x}$ 3 $f(x) = \frac{3x}{x^3 - 3}$

Verwenden Sie die allgemeinen Kriterien aus Aufgabe 8.

9 Der Graph einer Funktion f ist achsensymmetrisch zur y-Achse. Untersuchen Sie, ob auch der Graph von h_i achsensymmetrisch zur y-Achse ist.

a) 1 $h_1(x) = -f(x) - 2$ 2 $h_2(x) = (f(x))^2$ 3 $h_3(x) = f(x) \cdot x$
4 $h_4(x) = -2 \cdot f(x) + 2x$ 5 $h_5(x) = \frac{f(x)}{x}$ 6 $h_6(x) = f(x) \cdot x^2$

b) Überprüfen Sie die Aussage.

> f_1 ist eine ganzrationale, zur y-Achse achsensymmetrische Funktion und f_2 ist eine ganzrationale, zum Ursprung punktsymmetrische Funktion. Dann gilt: $f_1 \cdot f_2$ und $\frac{f_1}{f_2}$ sind punktsymmetrisch zum Ursprung.

10 Der Graph einer Funktion f mit $f(x) = x^2 + 1$ ist symmetrisch zur y-Achse. Untersuchen Sie, was das Potenzieren des Terms $(x^2 + 1)$ in Bezug auf die Symmetrie bewirkt, d. h. untersuchen Sie die Graphen der Funktionen g_n mit $g_n(x) = (x^2 + 1)^n$, $n = 2, 3, 4, \ldots$ auf Symmetrie.

Ganzrationale Funktionen und ihr Verhalten im Unendlichen

Seite 16

Das Verhalten des Graphen einer **ganzrationalen Funktion f** mit
$f(x) = a_n \cdot x^n + a_{n-1} \cdot x^{n-1} + \ldots + a_1 \cdot x + a_0$
für $x \to \pm\infty$ bestimmt der Summand $a_n x^n$:

- n ungerade, $a_n > 0$: Graph verläuft von links unten nach rechts oben
- n ungerade, $a_n < 0$: Graph verläuft von links oben nach rechts unten
- n gerade, $a_n > 0$: Graph verläuft von links oben nach rechts oben
- n gerade, $a_n < 0$: Graph verläuft von links unten nach rechts unten

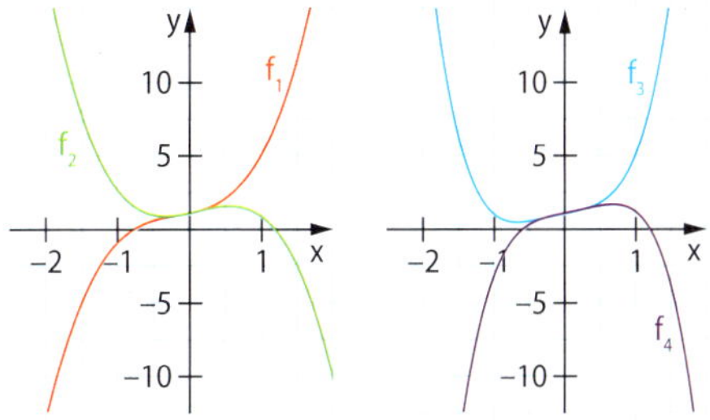

$f_1(x) = 2x^3 + x^2 + x + 1$ $\quad f_3(x) = 2x^4 + x^3 + x + 1$
$f_2(x) = -2x^3 + x^2 + x + 1$ $\quad f_4(x) = -2x^4 + x^3 + x + 1$

Nullstellen ganzrationaler Funktionen

Seite 20

- Gleichungen, bei denen in jedem Summanden eine Potenz von x auftaucht: **Ausklammern**, dann die Nullstelle(n) eines jeden Faktors bestimmen.
  - $0 = x^3 - 2x^2 - x = x \cdot (x^2 - 2x - 1)$
    Satz vom Nullprodukt: $x_{N1} = 0$
    x_{N2} und x_{N3} erhält man aus $x^2 - 2x - 1 = 0$
    (Lösungsformel für quadratische Gleichungen)
- Gleichungen der Art $x^n - c = 0$: **Umformen** zu $x^n = c$ und **Ziehen der n-ten Wurzel**
  - $0 = x^4 - 16$, d. h. $x^4 = 16$
    $\Rightarrow x_{N1,2} = \pm\sqrt[4]{16} = \pm 2$
- Gleichungen, die auf binomische Formeln zurückzuführen sind: **Distributivgesetz rückwärts**, dann die Nullstelle(n) eines jeden Faktors bestimmen
  - $0 = 4x^4 - 9 = (2x^2 + 3) \cdot (2x^2 - 3)$
    Satz vom Nullprodukt für $2x^2 - 3 = 0$:
    $x_{N1,2} = \pm\sqrt{1{,}5}$

Mehrfache Nullstellen ganzrationaler Funktionen

Seite 24

Ganzrationale Funktionen kann man zuweilen in der **Linearfaktordarstellung**
$f(x) = (x - x_1) \cdot (x - x_2) \cdot (x - x_3) \cdot \ldots \cdot (x - x_n)$
schreiben ($x_i \in \mathbb{R}$). Dann sind $x_1, x_2, \ldots, x_n$ Nullstellen von f. Wird der Linearfaktor $(x - x_i)$ mit k ($k \in \mathbb{N}$) potenziert, nennt man x_i eine **k-fache Nullstelle**.

Ist die Potenz gerade (ungerade), so berührt (schneidet) der Graph die x-Achse in x_i.

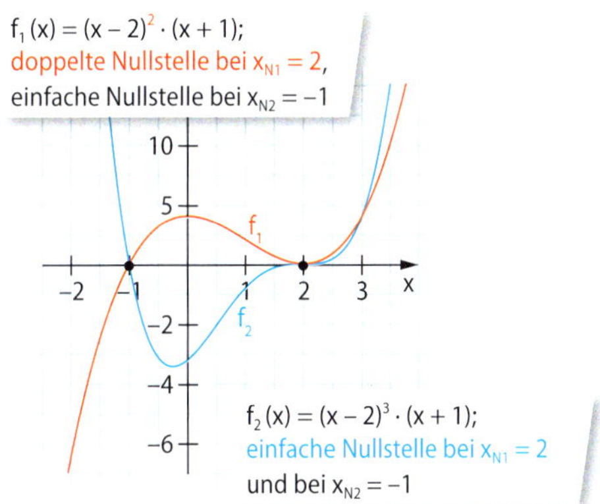

Symmetrie ganzrationaler Funktionen

Seite 26

Der Graph einer ganzrationale Funktion f ist genau dann …

- **achsensymmetrisch zur y-Achse**, wenn alle Exponenten gerade sind.
- **punktsymmetrisch zum Ursprung**, wenn alle Exponenten ungerade sind.

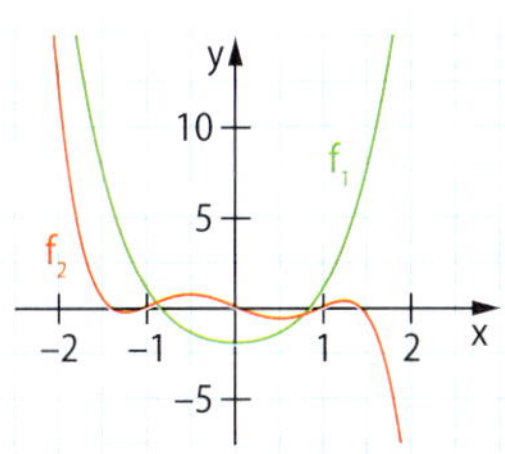

$f_1(x) = x^4 + 2x^2 - 2$
$f_2(x) = -x^5 - 3x^3 - 2x^1$

1 Auf unterschiedlichen Wegen

1 Untersuchen Sie den Graphen der Funktion f auf sein Verhalten im Unendlichen.

a) $f(x) = x^5 - 2x^2$
b) $f(x) = -x^3 + 3x$
c) $f(x) = x^2 \cdot (-x - 1)$

a) $f(x) = -(x^2 - 1) \cdot x^2$
b) $f(x) = (x + 2)^2 + 3x^3$
c) $f(x) = -x^3 \cdot (x - 1)^2 - x^5$

2 Untersuchen Sie den Graphen der Funktion f auf Achsensymmetrie zur y-Achse bzw. auf Punktsymmetrie zum Ursprung.

a) $f(x) = x^2 + 3$
b) $f(x) = x^2 + 2x + 3$
c) $f(x) = (x - 2)^2 - 4x$

a) $f(x) = (x + 2)^2 - 1$
b) $f(x) = x^3 - 2x + 1$
c) $f(x) = (x^2 + 1)^2$

3 Hier haben sich Fehler eingeschlichen. Finden und korrigieren Sie diese.

$f(x) = x^3 \cdot \frac{1}{x^2}$ strebt für $x \to +\infty$ gegen 1, weil sowohl x^3 als auch x^2 gegen unendlich streben. Das ergibt gekürzt insgesamt 1.

$(x^2 + 2x + 1) \cdot (x+2) = 0 \quad | \cdot (x+2)$
$x^2 + 2x + 1 = 0$
Die Gleichung hat keine Lösung, denn wenn ich für x die Zahlen 1, 2, 3 usw. einsetze, entfernt sich das Ergebnis immer weiter von 0.

$f(x) = 2 + \frac{x^3 - x^2}{x^4}$ strebt für $x \to +\infty$ gegen 0, weil der Nenner schneller gegen unendlich strebt als der Zähler.

$x^3 + x^2 - x + 2 = x + 2$
$(x^2 - x + 1) \cdot (x + 2) = x + 2 \quad | : (x + 2)$
$x^2 - x + 1 = 0$
$x^2 = x - 1$
Die Gleichung hat keine Lösung, denn die Graphen von x^2 und von $x - 1$ schneiden sich nicht.

4 Geben Sie möglichst viele Eigenschaften des Graphen der Funktion f an.

a) $f(x) = x^2 + 3$
b) $f(x) = x^3 + 3x$
c) $f(x) = (x - 1) \cdot (x + 2)$

a) $f(x) = x^2 + 4x + 4$
b) $f(x) = x^3 + 6x^2 + 9x$
c) $f(x) = -x^3 + x^4 - 2x$

5 Ordnen Sie jedem Graphen die passende Funktionsgleichung zu. Begründen Sie Ihre Entscheidung und führen Sie möglichst viele Argumente an. Skizzieren Sie weiter den Graphen zu derjenigen Funktionsgleichung, die keinen Partner gefunden hat.

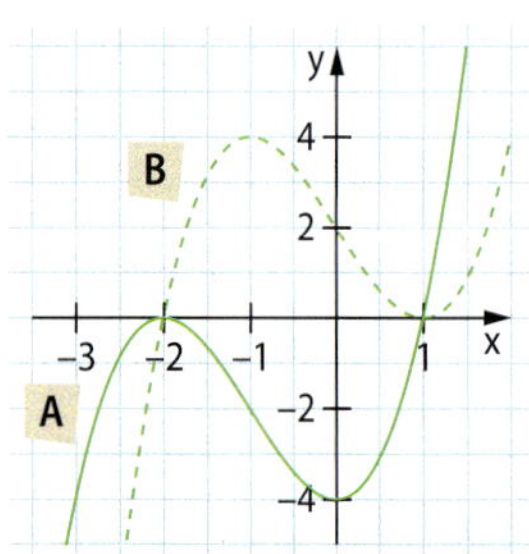

1 $f(x) = (x - 1) \cdot (x + 2)^2$

2 $f(x) = -(x + 1) \cdot (x - 2)^2$

3 $f(x) = (x - 1)^2 \cdot (x + 2)$

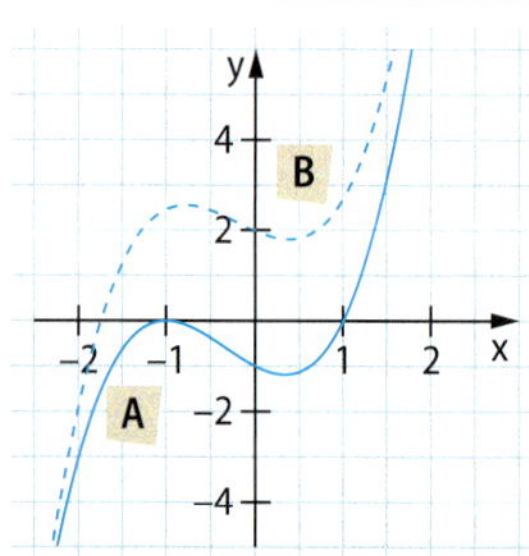

1 $f(x) = (x^2 - 1) \cdot x + 1$

2 $f(x) = (x^2 - 1) \cdot (x + 1)$

3 $f(x) = -(x - 1) \cdot (x + 1)^2$

6 Untersuchen Sie die Funktion f auf einfache und mehrfache Nullstellen.

a) $f(x) = x^2 + 8x + 16$
b) $f(x) = x^2 + 3x - 4$
c) $f(x) = (x^2 - 1) \cdot x$
d) $f(x) = 4x^3 - 9x$

a) $f(x) = 2x^2 - 12x + 18$
b) $f(x) = x^2 + 2x + 4$
c) $f(x) = (x^2 - 1) \cdot (-x - 1)$
d) $f(x) = 2x^5 - 8x^3 + 8x^2$

7 Lösen Sie folgende Gleichungen bzw. Ungleichungen graphisch und rechnerisch.

a) $x^2 = x + 2$ b) $x + x^2 = -3$
c) $0 = (x + 1)^3$ d) $x^3 > x^2 - 2$

a) $-x^2 = -2x^2 + x - 1$ b) $x^3 - x^2 = -2$
c) $x \cdot (x - 1)^2 = 2x$ d) $x^3 + x^2 < x \cdot (x^2 - 1)$

8 Die Lösung einer Gleichungen kann graphisch mithilfe von Funktionsgraphen bestimmt werden. Ordnen Sie jeder Gleichung jeweils begründet die zugehörige Abbildung zu.

a) $x^2 = x^3 - 1$ b) $2x = x^2 - 1$

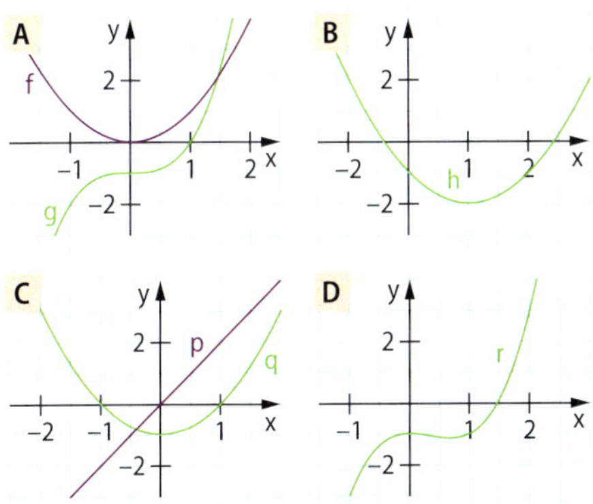

a) $(x - 1)^2 = x^3 - x$ b) $x^3 - 4x^2 + 4x = 1$

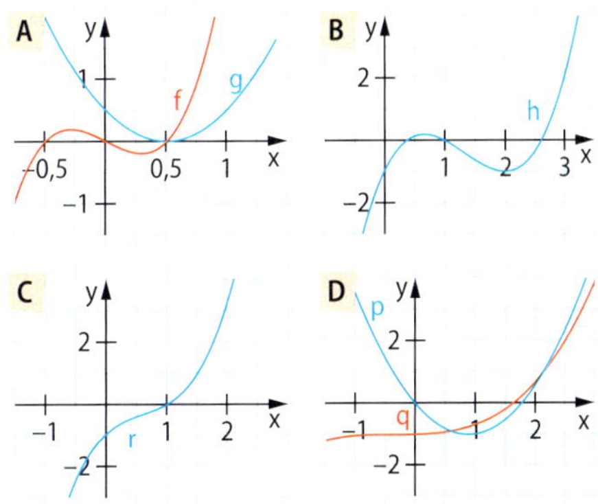

9 Die Abbildung zeigt die graphische Lösung einer Gleichung. Lesen Sie die graphische Lösung ab und bestimmen Sie anschließend eine zugehörige Gleichung. Überprüfen Sie Ihre Gleichung, indem Sie die Lösung rechnerisch bestimmen.

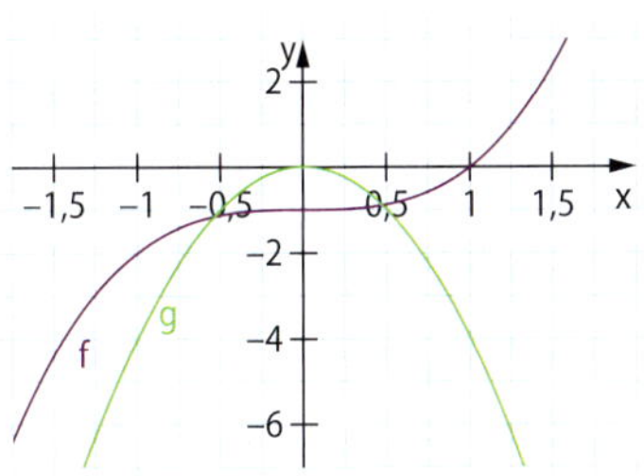

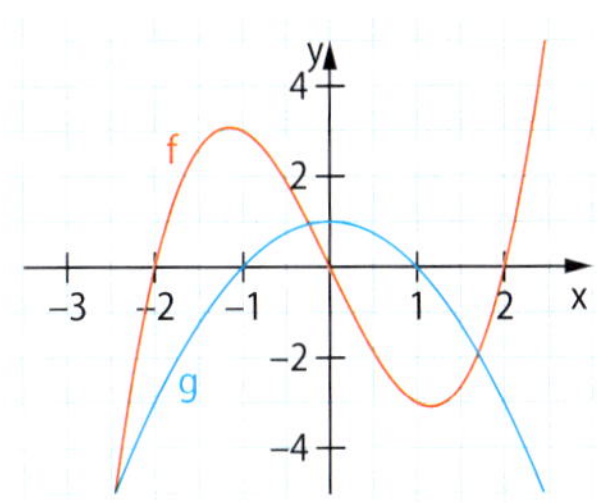

10 Setzen Sie in das Kästchen $\square$ einen Ausdruck so ein, dass der Graph der Funktion f achsensymmetrisch zur y-Achse bzw. punktsymmetrisch zum Ursprung ist.

a) $f(x) = -x^3 + \square$
b) $f(x) = x^4 - 2x^2 + \square$
c) $f(x) = (x+3)^2 + \square$
d) $f(x) = x^3 + (2x)^2 + x + \square$

a) $f(x) = x \cdot (x^2 - 1) + 2x^2 + \square$
b) $f(x) = (x^2 - x)^2 + \square$
c) $f(x) = (x + 2)^2 + 2x^4 + \square$
d) $f(x) = x^3 + (2x + 1)^2 + \square$

Kreuz und quer

1 Überprüfen Sie den Graphen der Funktion f auf Achsensymmetrie bezüglich der y-Achse bzw. Punktsymmetrie zum Ursprung des Koordinatensystems.

a) $f(x) = 4x^5 + 2x$ **b)** $f(x) = x^3 - 3x$ **c)** $f(x) = x^3 - 3x^2$
d) $f(x) = 2x^4 - 3x^3 + 4x^2 - 5x$ **e)** $f(x) = (x^2 + 1)^2 - x^2 + 1$ **f)** $f(x) = (x + 1)^3 - 3x^2 - 1$

2 Untersuchen Sie das Verhalten für $x \to \pm\infty$ und skizzieren Sie damit den Graphen von f.

a) $f(x) = -x^4 + 2x^2 + 5$ **b)** $f(x) = x^5 - 5x^4 - 3x^2$ **c)** $f(x) = -(x - 1)^2 - 3x^3 - 4x^4$
d) $f(x) = 2x^3 - x^2 + x + 4$ **e)** $f(x) = (x - 1)^3 - x^3$ **f)** $f(x) = (x^2 - 2)^2 - 2x^4$

3 Bestimmen Sie die Nullstellen der Funktion f, wenn möglich unter Benutzung algebraischer Umformungen.

a) $f(x) = 4x^4 + 2x^2$ **b)** $f(x) = x^4 - 4x^2 + 4$ **c)** $f(x) = 2x^6 - 4x^4$
d) $f(x) = 3x^2 - 9x$ **e)** $f(x) = x^3 - 2x^2 - 3x + 4$ **f)** $f(x) = 2x^3 - 8x^2 + 8x$

4 Untersuchen Sie die Funktion f auf mehrfache Nullstellen.

a) $f(x) = x \cdot (x - 1)^2 \cdot (x + 1)$ **b)** $f(x) = (x^2 - 1) \cdot (4 - x^2)$ **c)** $f(x) = (x^2 + 6x + 9) \cdot x^2$
d) $f(x) = (x^2 - 9) \cdot (x + 3)$ **e)** $f(x) = (2x + 1)^2 - 4x^2$ **f)** $f(x) = x^3 + 3x^2 + 3x + 1$

Denken Sie auch an den Satz von Vieta.

5 Zerlegen Sie die Funktionsgleichung in möglichst viele Faktoren.

a) $f(x) = x^3 + 6x^2 + 9x$ **b)** $f(x) = x^2 - 5x + 6$ **c)** $f(x) = x^3 - 2x^2 - 8x$
d) $f(x) = x^5 - 9x^3$ **e)** $f(x) = 4x^4 - 16x^2$ **f)** $f(x) = x^4 + 3x^3 + 3x^2 + x$

6 Zeichnen Sie den Graphen der Funktion f. Nutzen Sie hierfür die Eigenschaften des Graphen, die sich aus der Funktionsgleichung ergeben.

a) $f(x) = 4x^3 - 16x$ **b)** $f(x) = x^4 - 2x^3 + x^2$ **c)** $f(x) = -(x - 2) \cdot (2x + 3) \cdot x$
d) $f(x) = x \cdot (2x - 2)^2 \cdot x$ **e)** $f(x) = -(9x^3 - 4x) \cdot (x + 1)^2$ **f)** $f(x) = -x^4 + 2x^2 - 3$

7 Ordnen Sie jeder Funktionsgleichung einen Graphen zu. Begründen Sie Ihre Entscheidung. Skizzieren Sie den Graphen derjenigen Funktionsgleichung, die keinen Partner gefunden hat.

1 $f(x) = -0{,}1 \cdot x^3 + 0{,}6x^2 - 0{,}9x$
2 $f(x) = -0{,}01 \cdot (x - 4) \cdot (x - 2) \cdot (x + 1) \cdot (x + 3)$
3 $f(x) = -x^4 - x^3$
4 $f(x) = -(x^2 - 4) \cdot (x + 2)$

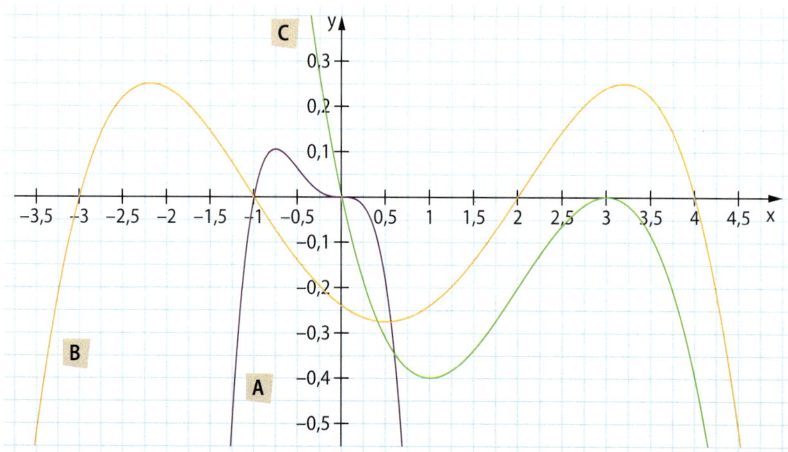

8 Lösen Sie die angegebenen Gleichungen graphisch auf mindestens zwei Arten. Beschreiben Sie Ihr Vorgehen.

a) $x^3 + x^2 - 2 = 0$ **b)** $(x + 1)^2 = -(x - 1)^2$ **c)** $2 = x^3 - x$
d) $(x - 2)^2 + 1 = -x^3$ **e)** $x^3 - x^2 = x - 1$ **f)** $x \cdot (x + 1)^2 = -x^2 + 4$

Die Gleichung $x^2 + 2x = 1$ kann man zum Beispiel umstellen zu $x^2 = -2x + 1$ und die linke Seite als Parabel, die rechte Seite als Gerade interpretieren. Die Gleichung lösen meint also, die x-Koordinate der Schnittpunkte der beiden Graphen zu bestimmen.

9 Überprüfen Sie folgende Aussagen für den Graphen der Funktion f mit $f(x) = x^3 - 2x^2 - 5x + 6$.

a) Der Graph von f hat in $(-2\,|\,0)$ eine Nullstelle.
b) Der Graph von f hat nur eine Nullstelle.
c) Der Graph von f ist achsensymmetrisch.
d) Der Graph von f ist punktsymmetrisch.

10 Begründen Sie, dass die Graphen der Funktionen f_k mit $f_k(x) = x^3 + k \cdot x + 1$ $(k > 0)$ nicht mehr als eine Nullstelle haben können.

11 Der Graph der Funktion g ist aus dem Graphen der Funktion f mit $f(x) = x^3$ entstanden. Bestimmen Sie jeweils eine Funktionsgleichung für g. Erläutern Sie Ihre Vorgehensweise.

a)

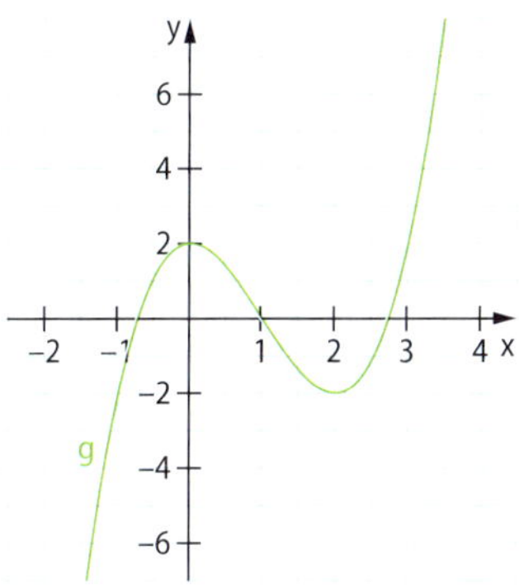

b)

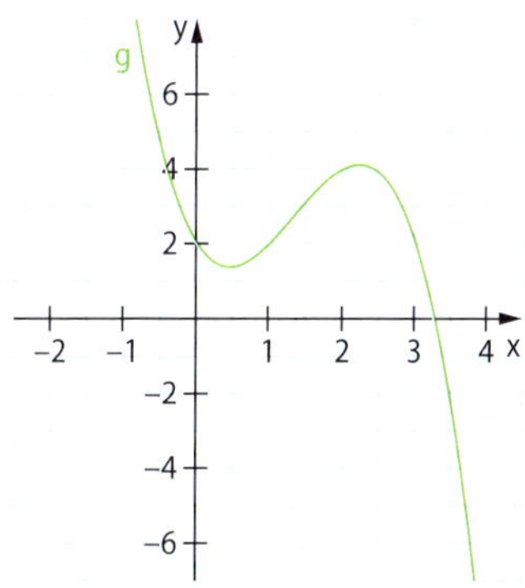

12 **a)** Erläutern Sie anhand der Stichpunkte **1** bis **4**, wie man den Graphen der Funktion f mit $f(x) = (x^2 - 2x + 1) \cdot (x^2 + x)$ sukzessive nach folgender Vorgehensweise „entstehen" lassen kann:

1 Verhalten der Funktion für $x \to \pm\infty$
2 Ermittlung mehrfacher Nullstellen
3 Ermittlung des Verhaltens der Funktion um die k-fache Nullstelle herum, wobei k ungerade ist.
4 Ermittlung des Verhaltens der Funktion um die k-fache Nullstelle herum, wobei k gerade ist.

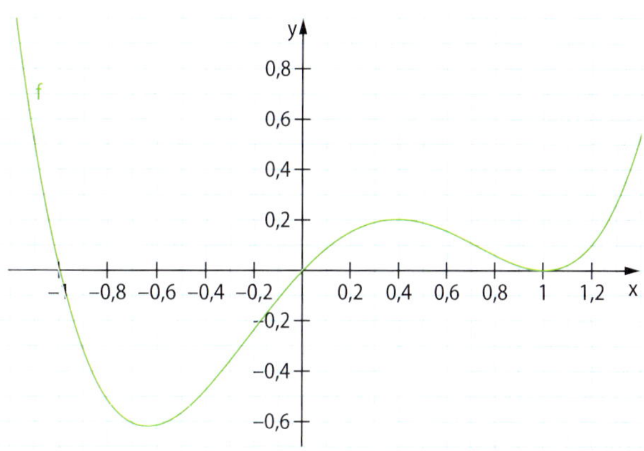

b) Übertragen Sie diese Vorgehensweise auf folgende Funktionen und skizzieren Sie so deren Graphen.

$f_1(x) = (x^2 - 1) \cdot (x - 2)$ $f_2(x) = -(x^2 - 2) \cdot (x^2 + 1)$ $f_3(x) = x^4 + 3x^3 + 3x^2 + x$

13 Die folgenden Graphen gehören allesamt zur selben Funktion f mit $f(x) = x^4 - 3x^3 + 2x^2 - 1$. Begründen Sie, welche Abbildung die Funktion am besten wiedergibt. Beachten Sie auch die Skalierung.

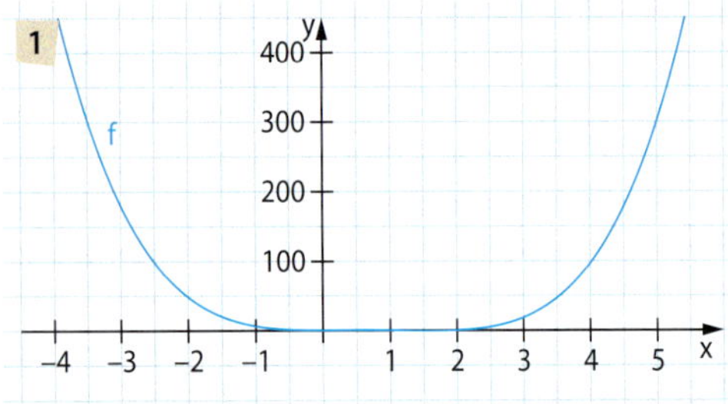

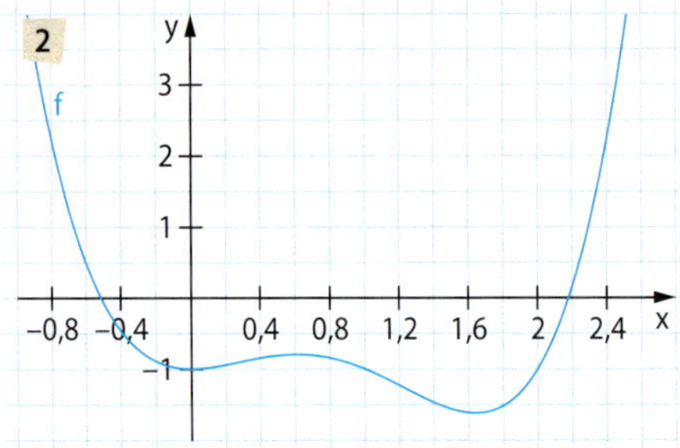

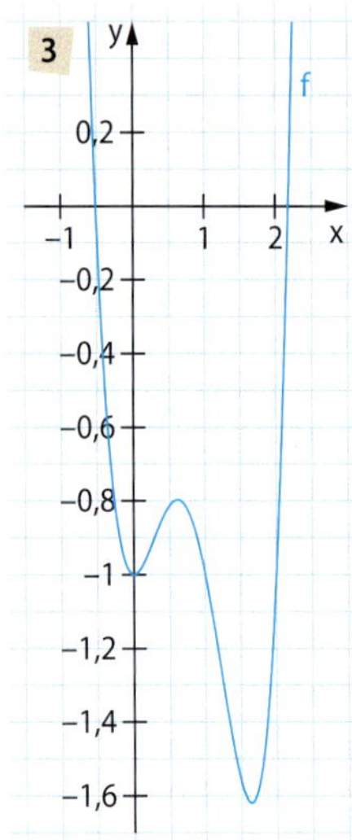

14 Beschreiben Sie, inwiefern die Abbildungen den Verlauf des Graphen der jeweiligen Funktion nur annähernd wiedergeben bzw. irreführend sind. Beschreiben Sie, wie Ihrer Meinung nach bessere Darstellungen des Graphen aussehen und fertigen Sie eine entsprechende Skizze an. Sie können dazu auch ein Computerprogramm nutzen.

a) $f(x) = x^3 - 2x^2 + 1$ **b)** $g(x) = x^5 - 2x^3 - x$ **c)** $h(x) = x^6 - x^4 - x^2 + 1$

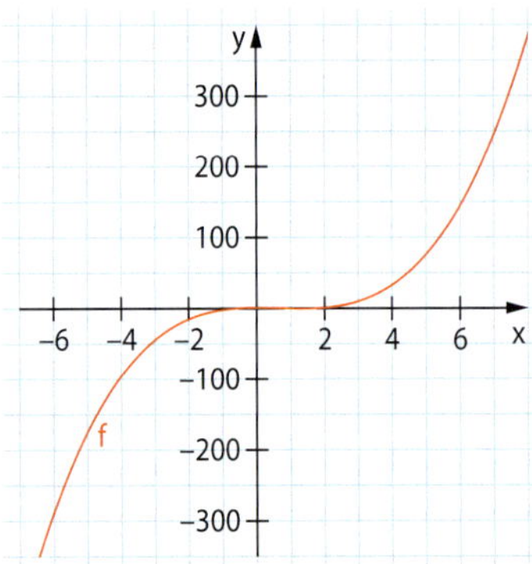

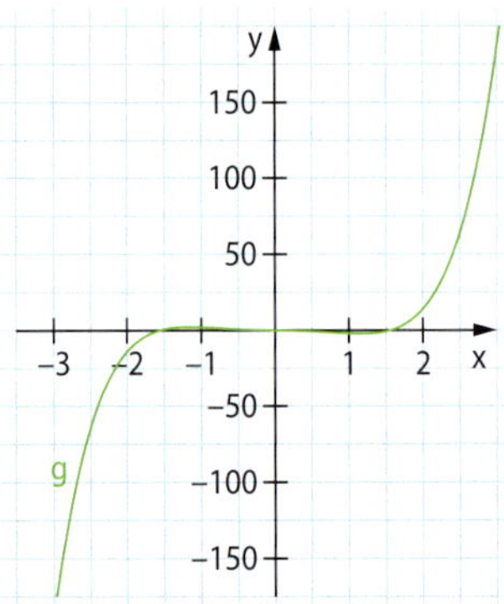

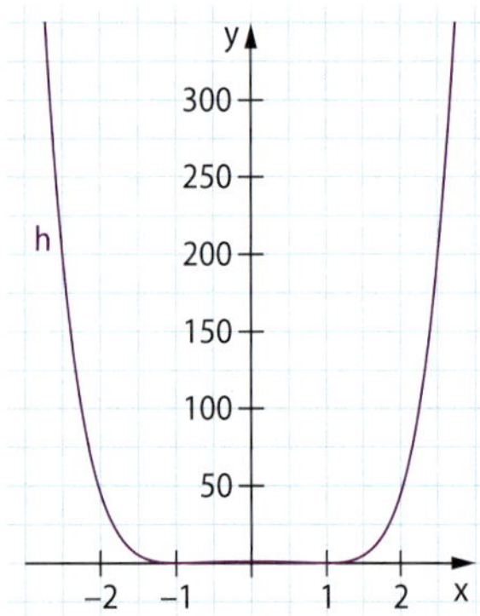

15 Untersuchen Sie, wie sich der Graph einer Funktion f mit $f(x) = x \cdot (x-3)^n$ verändert, wenn Sie für n die Zahlen 2, 3, 4 … einsetzen.

a) Zeichnen Sie die jeweiligen Graphen bis $n = 7$. Sie können dazu ein Computerprogramm nutzen.

b) Beschreiben Sie Gemeinsamkeiten und Unterschiede der Graphen unter Verwendung von Fachbegriffen wie Nullstellen, Verhalten im Unendlichen, …

c) Begründen Sie Ihre Befunde aus Teilaufgabe b).

d) Gelten ähnliche Beobachtungen und Gesetzmäßigkeiten auch für die Funktion g mit $g(x) = x^2 \cdot (x-3)^n$? Untersuchen Sie hierzu wieder die jeweiligen Graphen bis $n = 7$.

e) Begründen Sie, weshalb nur natürliche Zahlen größer als 2 betrachtet werden.

f) Setzen Sie nun negative ganze Zahlen für n ein.
Beschreiben Sie wieder wesentliche Änderungen an den Graphen. Vergleichen Sie mit Ihren Ergebnissen für natürliche Exponenten n größer als 2.

16 Eine allgemeine Form einer ganzrationalen Funktion vierten Grades ist
$f(x) = ax^4 + bx^3 + cx^2 + dx + e$. Mit $a = 1$ und $b = c = d = e = 0$ erhält man $f_0(x) = x^4$.
Je nach Aussehen der Parameter a, b, c, d und e entstehen aus der allgemeinen Form verschiedene typische Graphen. Im Folgenden sind zwei Typen dargestellt.

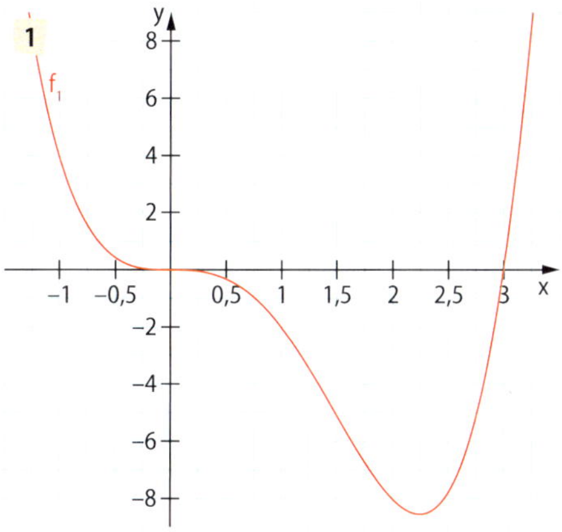

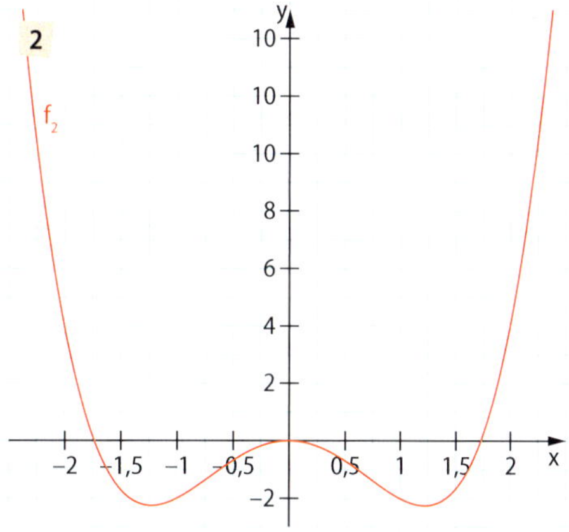

a) Geben Sie für die abgebildeten Graphen an, was Sie über die Parameter aussagen können.

b) Welche weiteren Typen gibt es und wie hängen Sie jeweils von den Parametern ab? Berücksichtigen Sie dabei die Anzahl der Nullstellen, das Verhalten im Unendlichen und mögliche Symmetrien.

17 Die folgenden Graphen gehören zu Funktionen, bei denen durch schrittweise Hinzunahme einer Nullstelle der Grad der Funktion jeweils um 1 erhöht wurde.

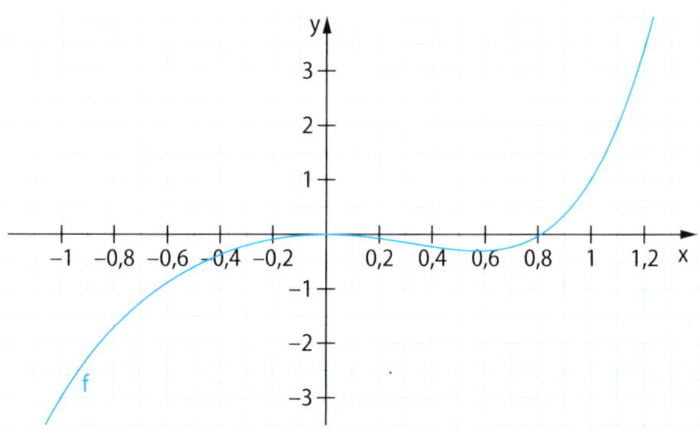

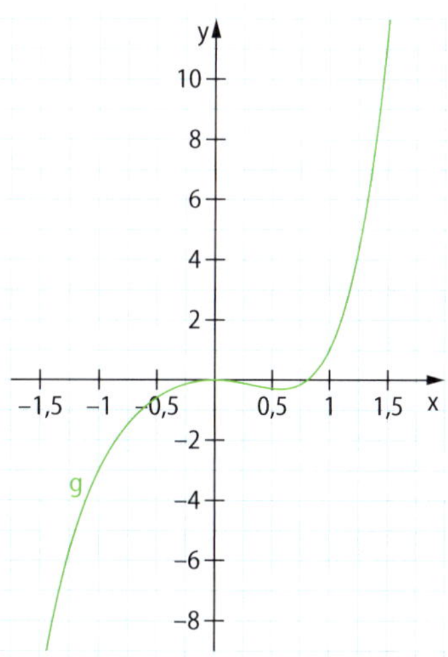

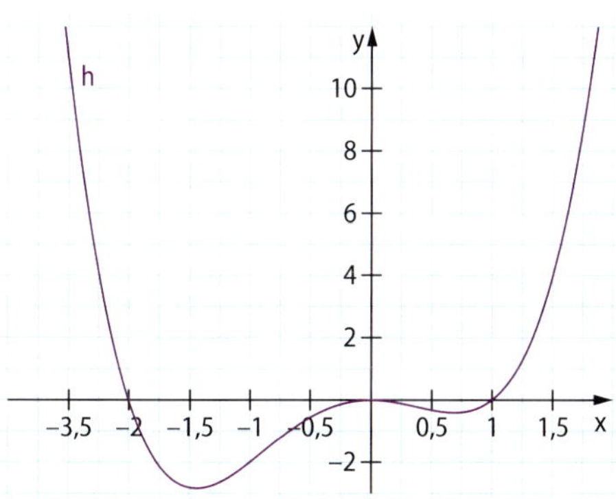

a) Geben Sie die zugehörigen Funktionsterme an.

b) Beschreiben Sie zunächst jeden Graphen für sich. Beschreiben Sie anschließend jeden Graphen im Vergleich zu seinem Vorgänger.

Horizonte

Bei vielen Aufgaben der vorangegangenen Seiten hat es sich als praktisch und informationsreich herausgestellt, den Term einer ganzrationalen Funktion in Linearfaktordarstellung zu schreiben. Betrachtet man zum Beispiel den Term $x^3 + x^2 - 17x + 15$, kann man durch Probieren eine Nullstelle ermitteln, und zwar $x_{N1} = 1$. Der zugehörige Linearfaktor ist $(x - 1)$.
Ziel ist es, den Term $x^3 + x^2 - 17x + 15$ in der Form $(x - 1) \cdot (\ldots)$ zu schreiben, um im Anschluss daran die weiteren Nullstellen zu bestimmen. Hierzu muss man $(x^3 + x^2 - 17x + 15)$ durch $(x - 1)$ dividieren.

Wir schauen uns hierzu zunächst das schriftliche Dividieren zweier Zahlen an.

Schritt 1: Als erstes betrachten wir das **Dividieren durch einen einstelligen Divisor:**

12705	:	5	=	2 5 4 1
		5	·	
− 10				
027	:	5		
		5	·	
− 25				
020	:	5		
		5	·	
− 20				
05	:	5		
		5	·	
− 5				
0				

Schritt 2: Sehr ähnlich geht das **Dividieren durch einen zweistelligen Divisor:**

6552	:	21	=	3 1 2
$(6 \cdot 10^3 + 5 \cdot 10^2 + 5 \cdot 10 + 2)$	:	$(2 \cdot 10 + 1)$	=	$3 \cdot 10^2 + 1 \cdot 10^1 + 2$
$-(6 \cdot 10^3 + 3 \cdot 10^2)$		$(2 \cdot 10 + 1) \cdot$		
$0 + 2 \cdot 10^2 + 5 \cdot 10$	:	$2 \cdot 10$		
$-(2 \cdot 10^2 + 1 \cdot 10^1)$		$(2 \cdot 10 + 1) \cdot$		
$0 + 4 \cdot 10^1 + 2$	:	$2 \cdot 10$		
$-(4 \cdot 10^1 + 2)$		$(2 \cdot 10 + 1) \cdot$		
0				

Die Frage, die man sich gleich zu Beginn stellt, lautet:

„Wie oft passt die 2 $(\cdot 10)$ in die 6 $(\cdot 10^3)$?" → Antwort: **3 $(\cdot 10^2)$**

1 Führen Sie zur Auffrischung Ihrer Kompetenzen die folgenden Divisionen durch.
a) 1261 : 13 **b)** 6048 : 54 **c)** 13 801 : 37 **d)** 24 642 : 111

Im Folgenden wird die Vorgehensweise beim Dividieren des Terms einer ganzrationalen Funktion durch einen Linearfaktor gezeigt. Wie leicht zu erkennen ist, geht das ganz analog zum schriftlichen Dividieren. So stellt man sich bei der Division $(x^3 + x^2 - 17x + 15) : (x - 1)$ die Frage:

„Wie oft passt x in x^3?" → Antwort: $\mathbf{x^2}$ -mal

Schritt 3: Dividieren eines Terms einer ganzrationalen Funktion durch einen Linearfaktor:

$(x^3$	$+$	x^2	$-$	$17x$	$+$	$15)$	:	$(x-1)$	$=$	$x^2 + 2x - 15$	
$-\ (x^3$	$-$	$x^2)$						$(x-1)\cdot$		← x^2	
0	$+$	$2x^2$	$-$	$17x$			:	x		→ $2x$	
	$-$	$(2x^2$	$-$	$2x)$				$(x-1)\cdot$		← $2x$	
		0	$-$	$15x$	$+$	15	:	x		→ -15	
			$-$	$(15x$	$-$	$15)$		$(x-1)\cdot$		← -15	
					0						

Man erhält also: $(x^3 + x^2 - 17x + 15) : (x - 1) = (x^2 + 2x - 15)$ bzw. $(x^3 + x^2 - 17x + 15) = (x - 1) \cdot (x^2 + 2x - 15)$.
Man könnte dieses Verfahren in Form von Fragen beschreiben:

„Womit muss man x multiplizieren, um x^3 zu erhalten?" → $\mathbf{x^2}$ -mal
-1 mal $\mathbf{x^2}$ ergibt $-x^2$

„Womit muss man x multiplizieren, um $2x^2$ zu erhalten?" → …

Von $(x^2 + 2x - 15)$ kann man mithilfe der Lösungsformel für quadratische Gleichungen die Nullstellen bestimmen und erhält so $x_{N2} = 3$ und $x_{N3} = -5$. Der Term $x^3 + x^2 - 17x + 15$ lässt sich also auch in der Form $(x - 1) \cdot (x - 3) \cdot (x + 5)$ schreiben. Diese Darstellung ist wesentlich informationsreicher als die ausmultiplizierte Form.

Dieses Verfahren nennt man **Polynomdivision** (ein Polynom summiert die Vielfachen der Potenzen einer Variablen). Die Polynomdivision ist das zentrale **Werkzeug zur Ermittlung der Nullstellen** von ganzrationalen Funktionen mindestens dritten Grades.

2 Dividieren Sie $(x^3 + 3x^2 - x - 3)$ durch $(x + 3)$, $(x + 1)$ und $(x - 1)$.

3 Dividieren Sie $(x^4 + 6x^3 - 4x^2 - 54x - 45)$ durch $(x + 5)$, $(x + 3)$, $(x - 3)$ und $(x + 1)$.

4 Mit welchem Faktor muss man $(x - 1)$ multiplizieren, um $(x^7 - 1)$ zu erhalten?

5 Bestimmen Sie die Nullstellen der Funktion f.

a) $f(x) = x^3 - 2x^2 - 5x + 6$ **b)** $f(x) = 3x^3 - 10x^2 + 7x - 12$
c) $f(x) = x^4 + 6x^2 - 8x - 2$ **d)** $f(x) = x^3 + 6x^2 + 3x - 10$

Die erste Nullstelle x_{N1} müssen Sie durch Ausprobieren herausbekommen und daraus den Linearfaktor $(x - x_{N1})$ generieren.

6 Kann es sein, dass bei der Polynomdivision ein Rest auftritt, d. h. die Division nicht aufgeht? Untersuchen Sie.

1 Am Ziel!

Aufgaben zur Einzelarbeit

Überprüfen Sie Ihre Fähigkeiten und Kompetenzen. Bearbeiten Sie dazu die folgenden Aufgaben und bewerten Sie anschließend Ihre Lösungen mit einem Smiley.

☺	😐	☹
Das kann ich **wirklich gut!**	Das kann ich **fast!**	Das muss ich **noch üben!**

1 Leiten Sie aus der Funktionsgleichung wesentliche Eigenschaften des zugehörigen Graphen ab. Skizzieren Sie anschließend den Graphen.

a) $f(x) = (x^2 + 8x + 12) \cdot x$

b) $f(x) = -(x + 1) \cdot (-x - 1)$

c) $f(x) = (x + 2) \cdot (x - 1)^2$

2 Geben Sie möglichst viele Eigenschaften des Graphen der Funktion f an.

a) $f(x) = x^4 + 2x^2 + 1$

b) $f(x) = x \cdot (2x^2 + 8x + 8)$

c) $f(x) = -(x - 1) \cdot (x^2 - 1) \cdot (x + 1)$

3 Skizzieren Sie nach Bestimmung der Nullstellen die Graphen der Funktionen.

a) $f(x) = 2x^3 - 3x^2 + x$

b) $f(x) = x^6 - 9$

c) $f(x) = (2x^3 - 2x) \cdot x$

4 Entscheiden Sie, ob die Graphen der angegebenen Funktionen einfache und/oder mehrfache Nullstellen haben. Geben Sie diese jeweils an.

a) $f(x) = 2 \cdot (x - 2) \cdot (x + 1)^2$

b) $f(x) = 0{,}5x \cdot (x + 2)^2$

c) $f(x) = (x^2 - 4) \cdot (x + 2)$

5 Untersuchen Sie den Graphen der Funktion f auf Achsensymmetrie zur y-Achse bzw. Punktsymmetrie zum Ursprung.

a) $f(x) = x^6 + 2x^2 - 1$

b) $f(x) = (x^2 + 1) \cdot (x^2 - 1)$

c) $f(x) = (x - 1) \cdot (x + 2) \cdot (x - 3)$

6 Untersuchen Sie die Funktion f auf ihr Verhalten im Unendlichen.

a) $f(x) = -3x^5 + x^2 - 2$

b) $f(x) = 4x^4 + 8x^2 + 4$

c) $f(x) = x^7 - 2x^2 + 1$

d) $f(x) = -x^2 + 5x^5 - 3x^4$

e) $f(x) = (x + 4) \cdot (x - 5) \cdot (x + 6) \cdot (x - 7)$

7 Lösen Sie folgende Gleichungen graphisch und rechnerisch. Beschreiben Sie Ihr Vorgehen.

a) $x^3 + x = -x^2$ **b)** $x^2 + 3 = 4 - 2x$

c) $x^4 + 4 = -x^2 + 6$

8 Ordnen Sie der Funktionsgleichung einen Graphen zu. Begründen Sie.

1 $f(x) = 2x^3 - 3x^2 + 4x - 5$

2 $f(x) = x^3 - 3x$ **3** $f(x) = x^4 - 2x^2 - 2$

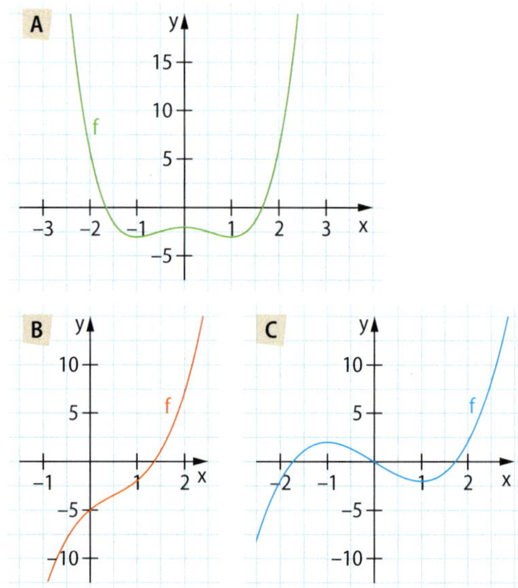

9 Geben Sie jeweils eine mögliche Funktionsgleichung an, die zum abgebildeten Graphen passt.

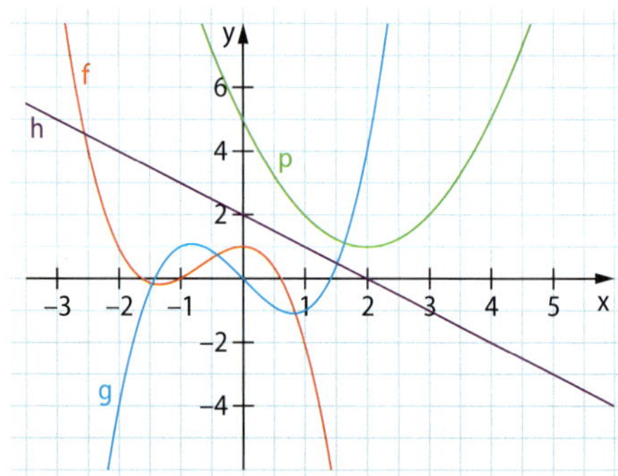

Arbeitsschritte

Aufgaben für Lernpartner

1. Bearbeiten Sie die folgenden Aufgaben zuerst allein.
2. Suchen Sie sich einen Partner oder eine Partnerin und arbeiten Sie zusammen weiter: Erklären Sie sich gegenseitig Ihre Lösungen. Korrigieren Sie fehlerhafte Antworten.

Sind folgende Behauptungen richtig oder falsch? Begründen Sie.

A Eine ganzrationale Funktion 3. Grades hat genau drei Nullstellen.

B Die Symmetrie ganzrationaler Funktionen kann man allein an den Exponenten ablesen.

C Das Kriterium $f(x) = f(-x)$ für Achsensymmetrie benötigt man im Grunde genommen gar nicht, weil man die Symmetrie an den Exponenten ablesen kann.

D Nullstellen ganzrationaler Funktionen zweiten Grades bestimmt man stets mit der Lösungsformel für quadratische Gleichungen.

E Die Funktion f mit $f(x) = (x^2 + 2x + 1)^2$ hat keine mehrfache Nullstelle, da der Klammerausdruck kein Linearfaktor ist.

F Nullstelle ist Nullstelle – da gibt es keinen Unterschied zwischen mehrfachen Nullstellen, da schneidet der Graph die x-Achse.

G Um die Gleichung $x^2 + 4x + 4 = 0$ zu lösen, muss man die Lösungsformel für quadratische Gleichungen anwenden.

H Graphische Lösungsverfahren für Gleichungen sind stets ungenau und deshalb mathematisch fragwürdig.

I Das graphische Lösen der Gleichung $x^2 + 9 = 6x$ läuft auf die Schnittpunktbestimmung einer Geraden mit einer Parabel hinaus.

J Die Gleichung $2x^4 + 16x^3 + 32x^2 = 0$ ist eine Gleichung vierten Grades. Dafür haben wir kein Lösungsverfahren, also können wir sie nicht lösen.

K Die Funktion f mit $f(x) = x^3 \cdot (x^3 - x)$ ist eine Funktion dritten Grades, deshalb verläuft sie von links unten nach rechts oben.

L Funktionen vierten Grades verlaufen stets von links oben nach rechts oben.

M Die Gleichung $x^3 = -1$ hat keine Lösung, da man nicht die dritte Wurzel aus einer negativen Zahl ziehen kann.

N Jede Potenzfunktion mit natürlichem Exponenten ist eine ganzrationale Funktion (aber nicht umgekehrt).

Ich kann …	„Am Ziel!"-Aufgaben	Hilfe
… ganzrationale Funktionen auf ihr Verhalten im Unendlichen überprüfen.	6, K, L	S. 16
… den Unterschied zwischen mehrfachen Nullstellen benennen und ganzrationale Funktionen auf die beiden verschiedenen Nullstellenarten untersuchen.	3, 4, A, D, E, F	S. 20, 24
… ganzrationale Funktionen auf Achsen- und auf Punktsymmetrie untersuchen.	5, B, C	S. 26
… die Nullstellen ganzrationaler Funktionen (und damit Gleichungen) rechnerisch und graphisch durch Schnittpunktbestimmung lösen.	3, 7, G, H, I, J	S. 22
… die Linearfaktordarstellung bei ganzrationalen Funktionen nutzen, um wesentliche Funktionsgleichungen ganzrationaler Funktionen einem Graphen zuzuordnen und umgekehrt.	1, 2, 8, N	S. 20, 24
… Funktionsgleichungen ganzrationaler Funktionen einem Graphen zuordnen und umgekehrt.	8, 9, I, K, L, M	S. 16, 20, 24, 26

Aufgabe	Ich kann schon …	Grundwissen
1, 2	… Steigungen von Geraden auf verschiedene Arten bestimmen.	S. 229
3, 4, 5	… die gegenseitige Lage von Punkten und Funktionsgraphen untersuchen.	S. 219, 220
6	… Nullstellen linearer Funktionen bestimmen.	S. 229

1 Gegeben sind die Punkte A (1 | 3), B (−3 | −5), C (0 | 6) und D (5 | 7). Je zwei der angegebenen Punkte liegen jeweils auf einer Geraden.

a) Zeichnen Sie alle möglichen Geraden in ein Koordinatensystem.

b) Bestimmen Sie rechnerisch die Steigung von jeder Geraden.

c) Erläutern Sie, wie man allgemein die Steigung einer Geraden durch zwei vorgegebene Punkte berechnet.

2

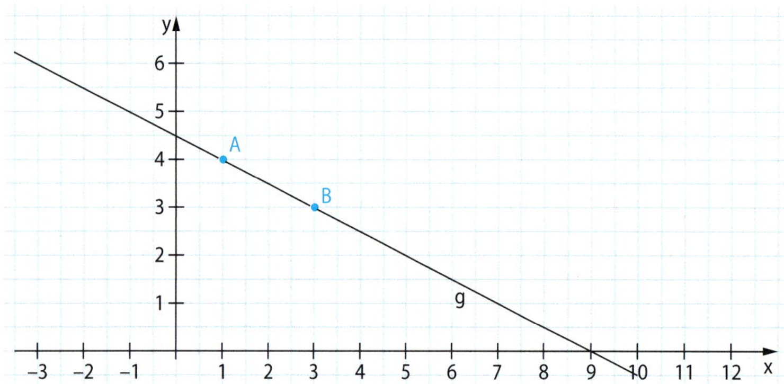

a) Ermitteln Sie anhand der Abbildung die Gleichung der Geraden g durch die Punkte A und B.

b) Bestimmen Sie den Schnittwinkel, den die Gerade g mit der x- bzw. y-Achse einschließt.

3 Überprüfen Sie, ob die Punkte A (1 | 4), B (2 | 0), C (3 | −2), D (−1 | −5) und E (0 | 4) auf, ober- oder unterhalb des Graphen der Funktion f liegen. Beschreiben Sie Ihr Vorgehen.

a) $f(x) = 3x^2 - 4x - 4$ **b)** $f(x) = 4 \cdot 2^x$ **c)** $f(x) = \frac{1}{x+2} + 1$

d) $f(x) = 5x - \frac{3}{x}$ **e)** $f(x) = -3x - 8$ **f)** $f(x) = x^3 + 2x^2 - 7x + 4$

4 Ermitteln Sie die fehlende Koordinate des Punktes A so, dass A auf dem Graphen der Funktion g liegt.

a) $g(x) = 4x + 8$; $A(x_A \mid 0)$ **b)** $g(x) = 7x + 14$; $A(-2 \mid y_A)$ **c)** $g(x) = 16x - 3$; $A(0 \mid y_A)$

5 Gegeben ist die Funktion f mit $f(x) = 5x^2$. Ergänzen Sie die fehlenden Koordinaten so, dass die Punkte auf dem Graphen von f liegen.

a) $A(2 \mid y_A)$ **b)** $B\left(\frac{1}{2} \mid y_B\right)$ **c)** $C(x_c \mid 0)$ **d)** $D(x_d \mid 25)$

6 Berechnen Sie die Nullstellen der Funktion g.

a) $g(x) = 2x$ **b)** $g(x) = -3x + 6$ **c)** $g(x) = 0{,}5x - 7$

2 Einführung in die Differentialrechnung

Einstieg

Einer der größten Wasserparks der Welt ist Yas Waterworld in Abu Dhabi. Eine große Attraktion ist ein Becken, in dem Wellen unterschiedlicher Höhen erreicht werden, auf denen man auf einem Wasserboard surft.
Das Höhenprofil eines Streckenabschnitts der Wellen kann im Intervall [−3; 3] modellhaft durch den Graphen einer ganzrationalen Funktion mit der Gleichung $f(x) = -\frac{1}{12}x^4 + \frac{11}{16}x^2 + 1$ beschrieben werden (1 Längeneinheit $\cong$ 1 m).
Die x-Achse stellt den Boden des Beckens dar.

- Skizzieren Sie den Graphen der Welle auf dem angegebenen Streckenabschnitt.
- Ermitteln Sie mithilfe einer Wertetabelle, an welchen Stellen sich der höchste bzw. der tiefste Punkt der Welle befindet.
- Bestimmen Sie die Steigung der Welle im Intervall [−3; 2].
- Ermitteln Sie näherungsweise, an welchen Stellen die Welle den steilsten Anstieg hat.

Ausblick

Am Ende dieses Kapitels haben Sie gelernt, …

- … was unter der mittleren und momentanen Änderungsrate zu verstehen ist, und wie man diese bestimmt.
- … wie die Steigung eines Graphen in einem Punkt ermittelt werden kann.
- … den Zusammenhang zwischen der Steigung der Tangente und der Ableitung in einem Punkt des Graphen einer Funktion zu erkennen.
- … die Ableitungsfunktion einfacher Funktionen zu bestimmen.

Kap. 2.1 und 2.2

Schnelle Fahrt

Für die Messung von Geschwindigkeiten wird durch die Polizei die Momentangeschwindigkeit eines Fahrzeuges an einer bestimmten Stelle gemessen. Ein weiteres Verfahren besteht darin, dass auf einem bestimmten Streckenabschnitt die Durchschnittsgeschwindigkeit des Fahrzeugs ermittelt wird.

- Informieren Sie sich über die beiden Verfahren und erklären Sie, wie sie technisch umgesetzt werden.
- Vergleichen Sie die beiden Verfahren miteinander. Erläutern Sie Vor- und Nachteile an einem selbst gewählten Beispiel.

Kap. 2.3

Auf der Rennstrecke unterwegs

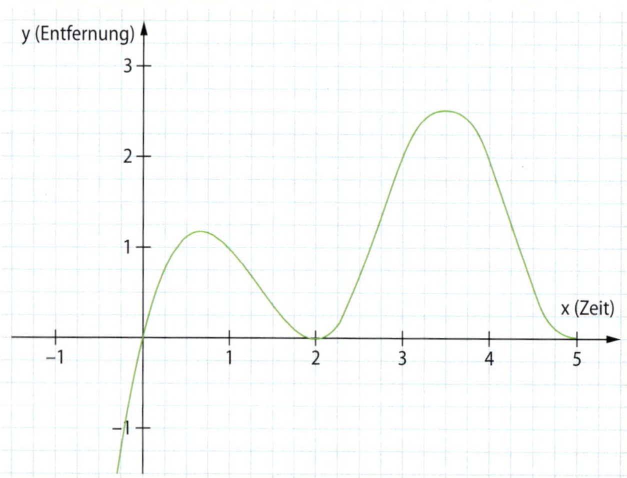

Ein Testauto fährt auf einer Rennstrecke. Für $0 < x < 5$ zeigt das Diagramm die Entfernung des Testautos vom Startpunkt.

- Skizzieren Sie eine mögliche Rennstrecke. Begründen Sie den Verlauf in Ihrer Skizze.
- Ermitteln Sie für besondere Punkte des Graphen graphisch den Wert der momentanen Änderung. Erklären Sie die Bedeutung dieses Werts.

Kap. 2.3

Nasse Wege

Im Sommer 2002 waren große Teile Tschechiens, Polens und Deutschlands von einem Hochwasser betroffen. Überschwemmungen an den Flussläufen der Elbe verursachten schwere Schäden und forderten zahlreiche Opfer.
Große Teile der Dresdner Altstadt standen bei der Jahrhundertflut unter Wasser. Die graphische Darstellung zeigt den Pegelstand (Wasserstand in cm über NN) der Elbe in Dresden in der Zeit vom 07.08. bis zum 23.08.2002.

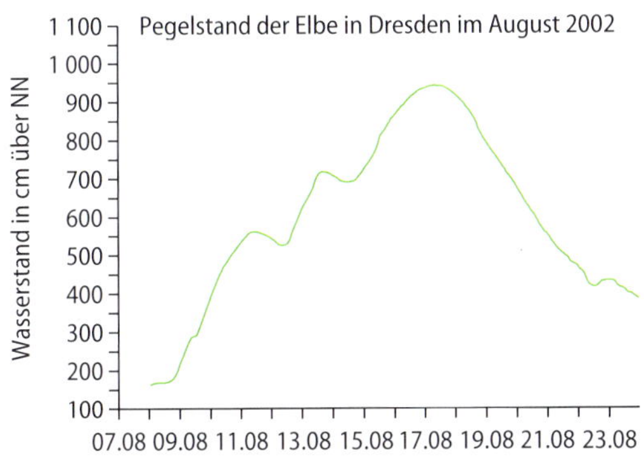

- Bestimmen Sie so genau wie möglich die Änderungsraten des Pegels an folgenden Tagen: 09.08., 15.08. und 17.08.2002. Geben Sie die Änderung in cm pro Stunde an.
- Ermitteln Sie den Tag an dem der Pegel die größte Änderung hatte. Begründen Sie Ihre Entscheidung.
- Ermitteln Sie die durchschnittliche Änderung des Pegels für die Zeit vom 09.08. bis zum 17.08.2002. Beschreiben Sie Ihr Vorgehen.

Entdecken

Rechts abgebildet ist das Höhenprofil der neuen Zugspitzbahn.

- Berechnen Sie den Anstieg der Bahnstrecke in den einzelnen Teilstücken.
- Bestimmen Sie den steilsten Anstieg der Bahnstrecke.

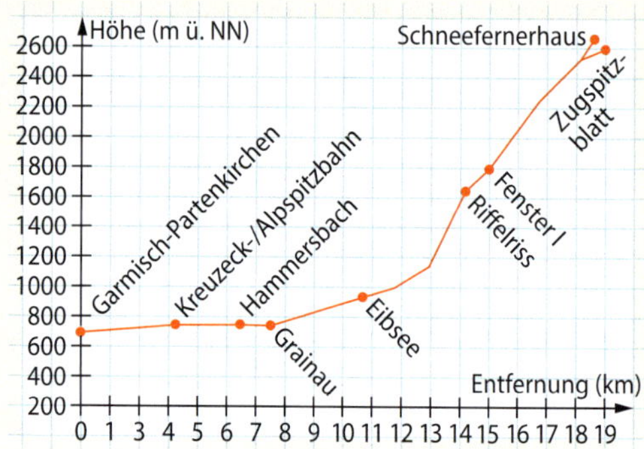

Verstehen

Liegen zwei Punkte P und Q auf dem Graphen einer Funktion f, dann gibt die Steigung der Geraden PQ den „durchschnittlichen" Anstieg des Graphen zwischen P und Q an.

Sind P (a | f(a)) und Q (b | f(b)) zwei Punkte des Graphen der Funktion f, so nennt man die Gerade PQ Sekante des Graphen von f durch P und Q.

Die **Steigung m_{PQ}** dieser Sekante bezeichnet man auch als **mittlere Änderungsrate** der Funktion f zwischen P und Q.

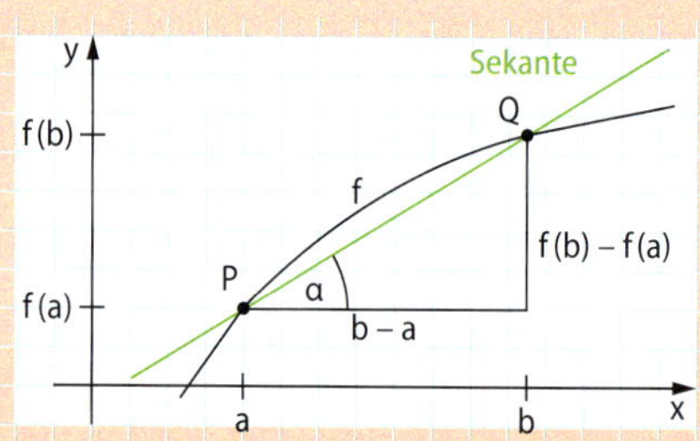

Beachten Sie: Die Definitionsmenge von f muss das Intervall [a; b] enthalten.

Allgemein ergibt sich die mittlere Änderungsrate einer Funktion f im Intervall [a; b] als Quotient der Differenz der Funktionswerte an den Intervallgrenzen und der Differenz der Intervallgrenzen: $m = \frac{f(b) - f(a)}{b - a}$.
Man bezeichnet diesen Quotienten auch als **Differenzenquotienten**.

Beispiel

Gegeben ist die Funktion f mit $f(x) = 1{,}5x^3 - 3x^2 + 2$; $D = \mathbb{R}$. Die Punkte A (–1 | f(–1)), B (0 | f(0)) und C (2 | f(2)) liegen auf dem Graphen von f.

a) Bestimmen Sie den Differenzenquotienten für die Intervalle $I_1 = [-1; 0]$ und $I_2 = [0; 2]$. Ermitteln Sie die Gleichungen der Sekanten AB und BC.

b) Skizzieren Sie den Funktionsgraphen und die beiden Sekanten aus Teilaufgabe a).

Lösung:

a) $f(-1) = -2{,}5$; $f(0) = 2$; $f(2) = 2$

Differenzenquotient im Intervall I_1:

$$m_{AB} = \frac{f(0) - f(-1)}{0 - (-1)} = \frac{2 - (-2{,}5)}{1} = 4{,}5$$

Sekantengleichung: $s_1(x) = 4{,}5 \cdot x + 2$

Differenzenquotient im Intervall I_2:

$$m_{BC} = \frac{f(2) - f(0)}{2 - 0} = \frac{2 - 2}{2} = 0$$

Sekantengleichung: $s_2(x) = 0 \cdot x + 2 = 2$

b)

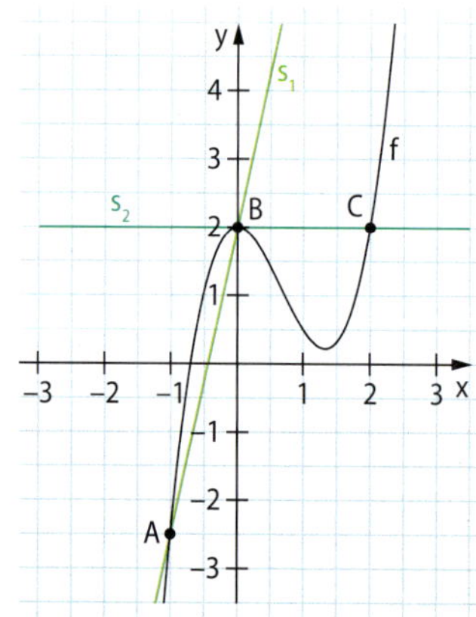

Nachgefragt

- Beschreiben Sie die Bedeutung der Sekantensteigung mit eigenen Worten.
- Begründen Sie, dass sich der Differenzenquotient auch für $b < a$ bestimmen lässt.
- Beurteilen Sie die Aussage: „Eine mittlere Änderungsrate von 0 bedeutet, dass die Funktion im betrachteten Bereich konstant ist."

Aufgaben

1 Berechnen Sie für die Funktion f in den angegebenen Intervallen den Differenzenquotienten.

	[−3; −2]	[−0,5; 1]	[0; 1]	[1; 4]	[2; 3,5]
a) $f(x) = 3$					
b) $f(x) = -4x - 7$					
c) $f(x) = x^2$					
d) $f(x) = -2x^3 + x$					
e) $f(x) = 3^x$					
f) $f(x) = \sqrt{x+5}$					

2 Skizzieren Sie den Graphen einer nichtlinearen Funktion f im Intervall [a; b], deren Differenzenquotient in diesem Intervall ...

a) positiv ist. **b)** negativ ist. **c)** gleich null ist.

3 Anfang 1970 lebten 61,00 Mio. Menschen in Deutschland, Anfang 2020 waren es 83,02 Mio. Menschen.

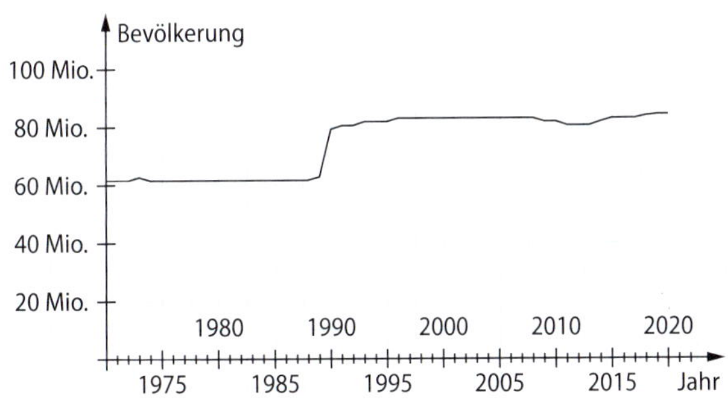

a) Beschreiben Sie die Bevölkerungsentwicklung mit eigenen Worten. Geben Sie anhand der Grafik Intervalle an, in denen die Bevölkerungszahl wuchs bzw. zurückging.

b) Berechnen Sie die mittlere Änderungsrate zwischen 1970 und 2020 sowie die mittlere Änderungsrate in 5-Jahres-Blöcken. Vergleichen Sie die Ergebnisse miteinander.

4 Gegeben ist der Graph der Funktion f mit $f(x) = 0{,}25x^3 - 2x$.

a) Ermitteln Sie die mittlere Änderungsrate von f in den Intervallen [0; 1], [−3; −2] und [2; 3].

b) Geben Sie Intervalle an, in denen der Graph die gleiche mittlere Änderungsrate besitzt wie im Intervall [0; 2]. Beschreiben Sie Ihr Vorgehen.

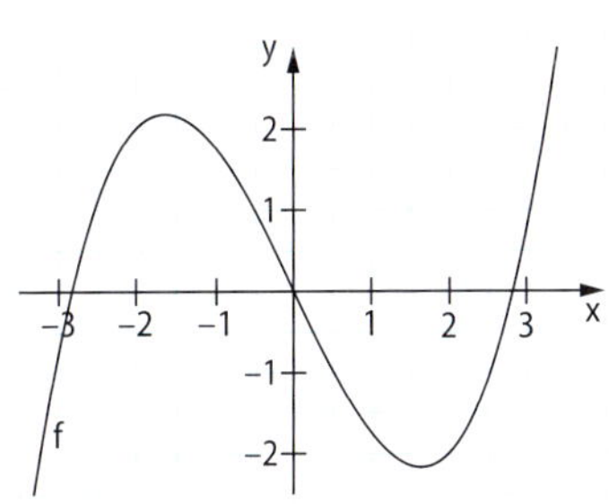

5 Erläutern Sie den Zusammenhang zwischen mittlerer Änderungsrate und Sekante.

6 Gegeben ist die Funktion f mit $f(x) = x^2 - 4$; $D = \mathbb{R}$.

a) Bestimmen Sie die Schnittpunkte mit der y-Achse, die Nullstellen und das Symmetrieverhalten des Graphen von f. Skizzieren Sie den Graphen von f im Intervall [−3 ; 3].

b) Ermitteln Sie eine Gleichung der Sekante im Intervall [−3; 2] und tragen Sie die Sekante in das Koordinatensystem aus Teilaufgabe a) ein.

7 Geben Sie jeweils zwei verschiedene Funktionen an, die im Intervall [0; 4] beide die mittlere Änderungsrate m haben.

a) $m = 0$ **b)** $m = 0{,}5$ **c)** $m = -2$

Beschreiben Sie, wie Sie die Funktionen bestimmt haben.

8 Berechnen Sie die mittlere Änderungsrate von f in Abhängigkeit von h im angegebenen Intervall I (mit $h \in \mathbb{R}$). Beschreiben Sie Ihr Vorgehen und beurteilen Sie die Bedeutung der mittleren Änderungsrate im angegebenen Intervall.

a) $f(x) = 3x^2$; $I = [-h; h]$ **b)** $f(x) = 2^{x+1}$; $I = [0{,}5; 0{,}5 + h]$ **c)** $f(x) = \frac{2}{x}$; $I = [0{,}5; 0{,}5 + h]$

9 Erläutern Sie, in welchem der Intervalle [0; 2], [2; 5] bzw. [5; 8] der Differenzenquotient einer Funktion mit dem abgebildeten Graphen …

a) positiv ist.

b) gleich null ist.

c) negativ ist.

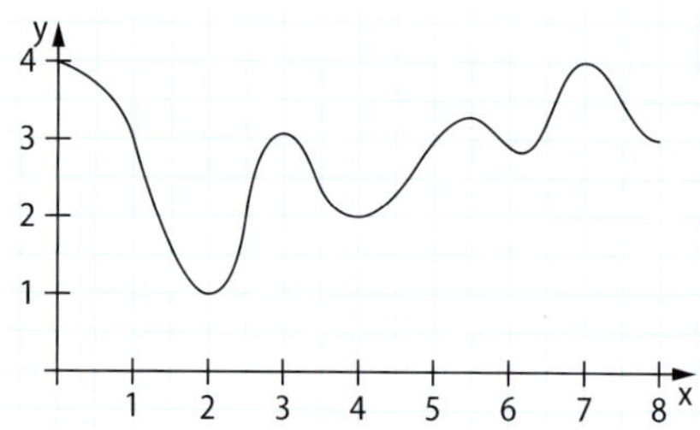

10 Ermitteln Sie aus den abgebildeten Diagrammen die jeweilige mittlere Änderungsrate im Intervall [2; 10]. Beschreiben Sie Ihr Vorgehen.

a)

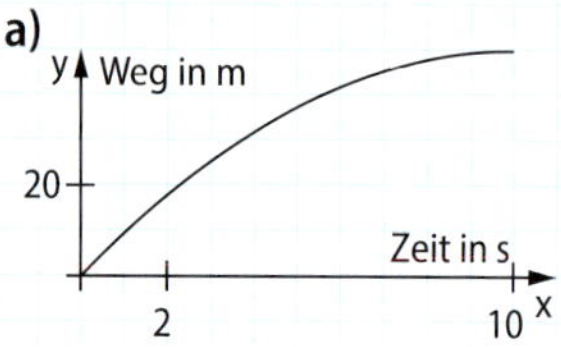

b)

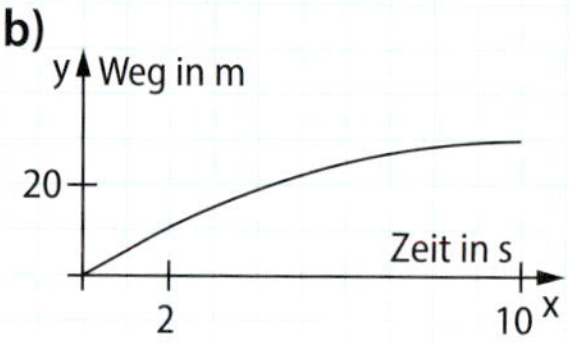

c)

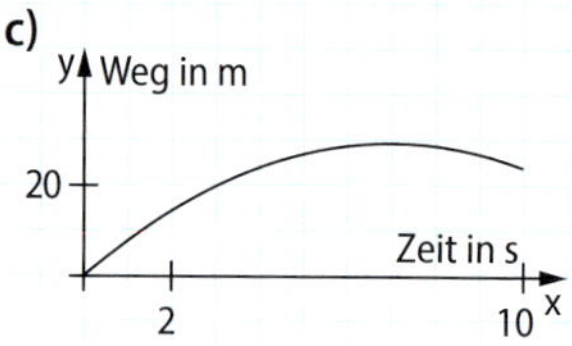

11

1

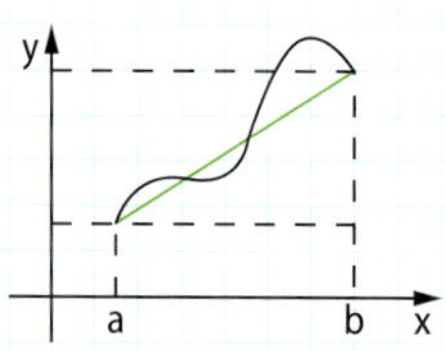

2

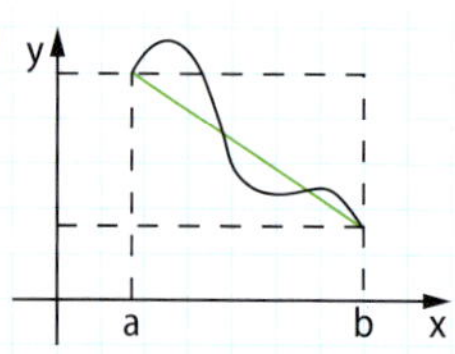

3

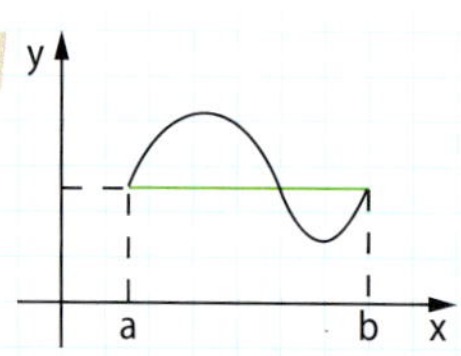

a) Die Abbildungen zeigen drei Funktionsgraphen im Intervall [a; b]. Vergleichen Sie die mittleren Änderungsraten dieser Funktionen im Intervall [a; b].

b) Skizzieren Sie die Abbildungen in Ihr Heft, wählen Sie jeweils $a < c < b$ und beschreiben Sie die mittleren Änderungsraten im Intervall [a; c].

c) Beschreiben Sie anhand der Abbildungen, welche Bedeutung die mittlere Änderungsrate einer Funktion f hat, wenn f(x) der in der Zeit x zurückgelegte Weg ist.

12 Interpretieren Sie die mittlere Änderungsrate im Sachzusammenhang. Übertragen Sie hierzu die Tabelle in Ihr Heft und ergänzen Sie sie.

x	y	mittlere Änderungsrate
Zeit	Weg	
Zeit		Durchschnittsbeschleunigung
	Flughöhe	durchschnittliche Steig- bzw. Sinkgeschwindigkeit
Zeit	Wassermenge	
	Benzinvolumen	durchschnittlicher Benzinverbrauch
	Luftdruck	durchschnittliche Luftdruckänderung

13 Gegeben ist eine Funktion f mit $f(x) = 2x^2$; $D = \mathbb{R}$. Geben Sie an, in welchem Verhältnis die Änderung des Funktionswerts f(x) zur Änderung des Arguments x im Intervall I steht.

a) $I = [1; 2]$ **b)** $I = [0; 10]$ **c)** $I = [10; 20]$ **d)** $I = [50; 100]$

14 Geben Sie den Differenzenquotienten der Funktion f mit $f(x) = mx + t$; $D = \mathbb{R}$; $m, t \in \mathbb{R}$, im Intervall [a; b] an. Beschreiben Sie Ihr Vorgehen.

15 Elena hat bei einer Autobahnfahrt mit dem Navigationssystem folgende Werte notiert:

verstrichene Zeit in h	0	1,5	4	4,7
zurückgelegter Weg in km	0	150	400	530

Berechnen Sie, in welchem Abschnitt der Fahrt die Durchschnittsgeschwindigkeit am größten war.

16 Ein kugelförmiger Luftballon (Radiuslänge 10 cm) wird auf Radiuslänge 15 cm aufgeblasen. Ermitteln Sie, in welchem Verhältnis…

a) die Zunahme seines Volumens

b) die Zunahme seines Oberflächeninhalts

zur Zunahme seiner Radiuslänge steht.

17 Eine Glasglocke wird von einer Vakuumpumpe leergepumpt. Der abgebildete Graph der Funktion f zeigt die Restmenge an Luft, die unterhalb der Glasglocke verbleibt (in g), in Abhängigkeit der abgelaufenen Zeit t (in min) an.

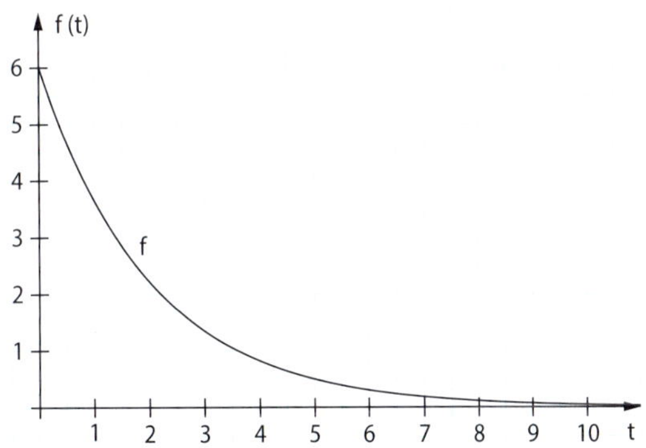

a) Geben Sie an, wie viel Luft zu Beginn unter der Glasglocke war.

b) Zeigen Sie, dass es sich näherungsweise um eine exponentielle Abnahme handelt.

c) Ermitteln Sie graphisch die mittlere Änderungsrate in den ersten vier Minuten. Interpretieren Sie die Bedeutung der mittleren Änderungsrate in diesem Sachkontext.

Entdecken

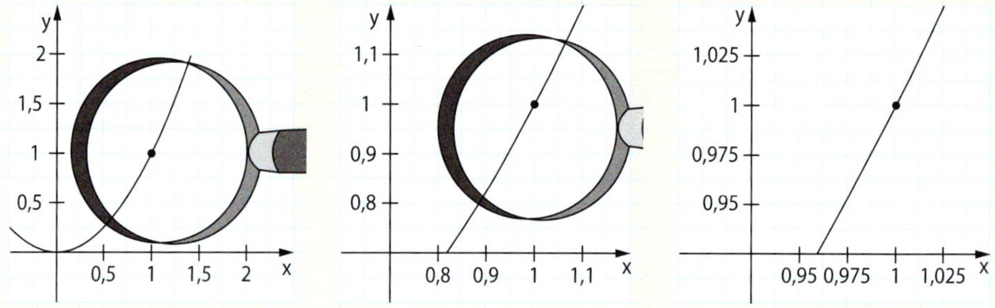

Die drei Bilder zeigen in immer stärkerer Vergrößerung den Graphen der Funktion f mit $f(x) = x^2$; $\mathbb{D} = \mathbb{R}$, in der Umgebung des Punktes P (1 | 1). Beschreiben Sie Auffälligkeiten, indem Sie den Verlauf der Graphen in den jeweiligen Abschnitten miteinander vergleichen.

Verstehen

Betrachtet man den Graphen einer Funktion f in einem immer kleiner werdenden Abschnitt, dann scheint sich der Graph in dem Ausschnitt immer mehr einer Gerade anzunähern.

limes (lat.): Grenze

Strebt der Differenzenquotient $\frac{f(x) - f(x_0)}{x - x_0}$ einer Funktion f, die auf dem Intervall I definiert ist, für $x \to x_0$ ($x_0 \in I$) gegen einen **Grenzwert**, so heißt dieser Grenzwert **Differentialquotient von f an der Stelle x_0**. Man bezeichnet diesen Grenzwert als **Ableitung von f an der Stelle x_0** und schreibt:
$f'(x_0) = \lim\limits_{x \to x_0} \frac{f(x) - f(x_0)}{x - x_0}$ ($\lim\limits_{x \to x_0}$: „Limes für x gegen x_0").

Falls dieser Grenzwert existiert, gilt: Bewegt sich der Punkt P (x | f(x)) entlang des Graphen von f auf den Punkt P_0 (x_0 | f(x_0)) zu, so strebt die Sekante durch P und P_0 einer Grenzgeraden durch P_0 zu, der Tangente im Punkt P_0.

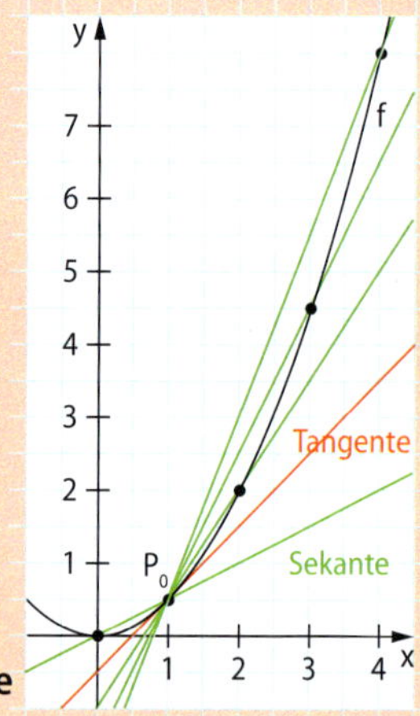

Der Differentialquotient wird auch als **momentane** oder **lokale Änderungsrate** bezeichnet, da $f'(x_0)$ die **Steigung der Tangente** von f an der Stelle x_0 angibt: $m(x_0) = f'(x_0)$. f heißt **an der Stelle x_0 differenzierbar**, wenn der Differentialquotient von f an der Stelle x_0 existiert.

Als Tangente des Graphen von f in P_0 wird diejenige Gerade durch P_0 bezeichnet, deren Steigung gleich dem Grenzwert $m(x_0) = f'(x_0)$ der Sekantensteigung ist.

Beispiel

a) Ermitteln Sie die momentane Änderungsrate der Funktion f mit $f(x) = x^2$; $D = \mathbb{R}$, in $x_0 = 1$.

b) Geben Sie eine Gleichung der Tangente t_P des Graphen von f im Punkt P an. Ermitteln Sie weiter die Größe des Winkels α, den die Tangente t_P mit der positiven x-Achse bildet.

Lösung:

a) $f'(1) = \lim\limits_{x \to 1} \frac{f(x) - f(1)}{x - 1} = \lim\limits_{x \to 1} \frac{x^2 - 1}{x - 1} = \lim\limits_{x \to 1} \frac{(x + 1) \cdot (x - 1)}{x - 1}$
$= \lim\limits_{x \to 1} (x + 1) = 2$

b) Tangentengleichung: $y = m \cdot x + n$
$m = 2$ an der Stelle $x_0 = 1$ (siehe Teilaufgabe a)), d. h. $y = 2 \cdot x + n$.
Für die Tangente im Punkt P (1 | 1) gilt: $1 = 2 \cdot 1 + n \Rightarrow n = -1$;
Tangentengleichung: t_P: $y = 2 \cdot x - 1$
$m = \tan \alpha = 2 \Rightarrow \alpha \approx 63{,}4°$

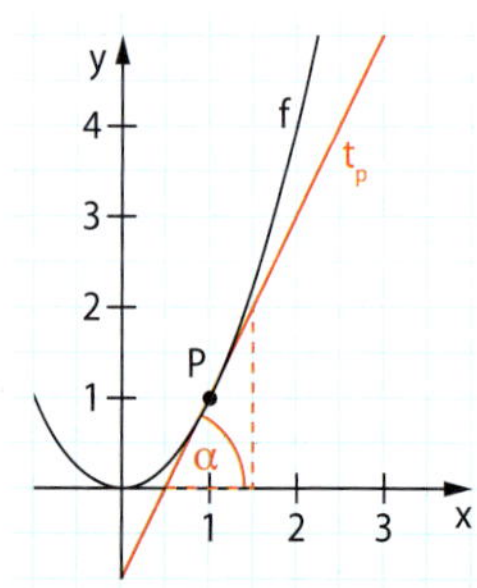

Nachgefragt

- Beschreiben Sie mit eigenen Worten den Zusammenhang zwischen mittlerer und momentaner Änderungsrate.
- Begründen Sie, ob es Funktionen gibt, bei denen die momentane Änderungsrate stets gleich null ist.
- Erklären Sie, welche momentane Änderungsrate eine lineare Funktion f mit $f(x) = mx + t$; $D = \mathbb{R}$; $m, t \in \mathbb{R}$, an einer Stelle $x_0 \in D$ besitzt.

Aufgaben

1 Gegeben ist die Funktion f mit $f(x) = 0{,}5x^2 - x - 0{,}5$; $D = \mathbb{R}$.

a) Skizzieren Sie den Graphen der Funktion in einem Koordinatensystem.

b) Berechnen Sie die momentane Änderungsrate in $x_0 = 2$ mithilfe des Differentialquotienten.

c) Bestimmen Sie die Gleichung der Tangente im Punkt $P\,(2\,|\,f(2))$.

2 Bestimmen Sie anhand der Abbildung näherungsweise den Wert der momentanen Änderungsrate von f an der Stelle x_0.

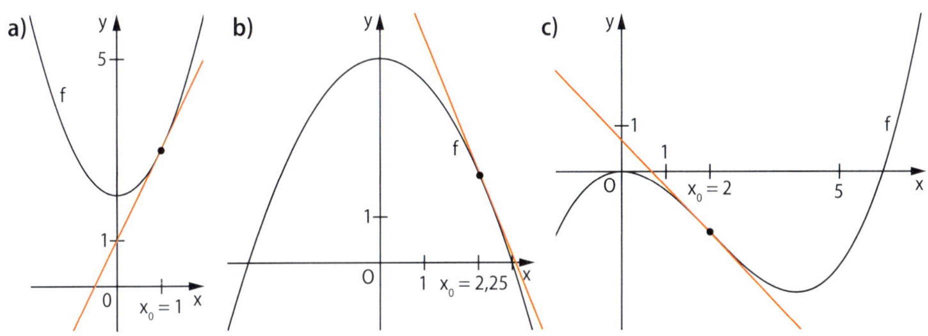

Die Schreibweise f'(x) geht auf den Mathematiker Joseph Louis Lagrange (1736 bis 1813) zurück.

3

1 $f(x) = -\frac{1}{3}x^2 + 1$	2 $f(x) = (x-3)^2$	3 $f(x) = \frac{1}{2x}$	4 $f(x) = x^2 - x$

a) Ermitteln Sie jeweils eine Gleichung der Tangente an den Graphen der Funktion f im Punkt $P\,(3\,|\,f(3))$. Bestimmen Sie auch die Definitionsmenge von f in $\mathbb{R}$.

b) Berechnen Sie jeweils die Größe des Winkels, den die Tangente aus Teilaufgabe a) mit der x-Achse einschließt. Beschreiben Sie Ihr Vorgehen.

4 Berechnen Sie die Ableitung von f an der Stelle x_0 mithilfe des Differentialquotienten.

a) $f(x) = \frac{1}{3}x^2$; $x_0 = 2$	**b)** $f(x) = (x-2)^2 + 1$; $x_0 = -1$	**c)** $f(x) = \sqrt{x}$; $x_0 = 9$
d) $f(x) = x^2 - (4 + x^2)$; $x_0 = 7$	**e)** $f(x) = 2x^2 - 7x + 1$; $x_0 = -2$	**f)** $f(x) = (x-2)^2 + x - 7$; $x_0 = 1$

5 Gegeben ist die Funktion f mit $f(x) = \frac{1}{2}x^2 - 2x$; $D = \mathbb{R}$, und $P\,(2\,|\,f(2))$.

a) Zeichnen Sie zunächst den Graphen von f im Intervall $[-2; 5]$.

b) Berechnen Sie anschließend folgende Werte und veranschaulichen Sie diese geometrisch am Graphen aus Teilaufgabe a).

1 $f'(1)$ **2** $f'(-1)$ **3** $f'(0)$ **4** $f'(2)$ **5** $f'(4)$ **6** $f'(3)$

6 Gegeben ist die Funktion f mit $f(x) = x^2 - 2x$; $D = \mathbb{R}$.
Die Tangente im Punkt $Q(-2 \mid f(-2))$ bildet mit den Koordinatenachsen ein Dreieck. Ermitteln Sie die Gleichung der Tangente und den Flächeninhalt dieses Dreiecks.

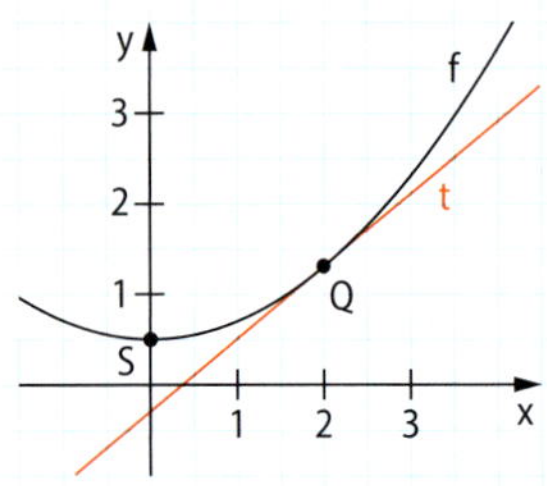

7 **a)** Ermitteln Sie mithilfe der nebenstehenden Abbildung näherungsweise die Steigung der Tangente t an den Graphen der Funktion f im Punkt $Q(2 \mid 1{,}3)$.
b) Der Graph von f ist eine zur y-Achse symmetrische Parabel, die die y-Achse im Punkt $S(0 \mid 0{,}5)$ schneidet.
1 Geben Sie eine Gleichung von f an.
2 Bestimmen Sie rechnerisch die Steigung der Tangente t im Punkt Q.
c) Vergleichen Sie die Ergebnisse der Teilaufgaben a) und b).

8 Die Abbildungen zeigen die Graphen der Funktionen f_2, f_3, f_4 und f_5 mit $f_2(x) = x^2$, $f_3(x) = x^3$, $f_4(x) = x^4$ und $f_5(x) = x^5$; $D = \mathbb{R}$, sowie jeweils die Tangente an den Funktionsgraphen im Punkt $P(1 \mid 1)$.

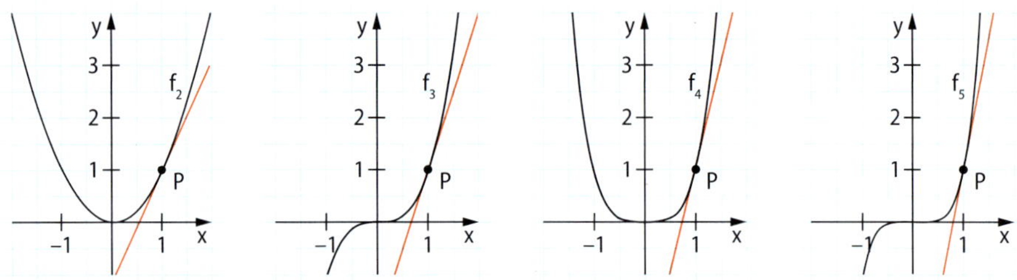

Berücksichtigen Sie Eigenschaften der Funktion sowie die Steigung der Tangenten.

a) Beschreiben und vergleichen Sie die vier Funktionsgraphen und die vier eingezeichneten Tangenten.
b) Bestimmen Sie $f'_2(1)$, $f'_3(1)$, $f'_4(1)$ und $f'_5(1)$. Beschreiben Sie Zusammenhänge und geben Sie eine Vermutung bezüglich $f'_{10}(1)$ und $f'_n(1)$; $n \in \mathbb{N}$, an. Überprüfen Sie Ihre Vermutung mithilfe eines Computerprogramms.
c) Ermitteln Sie jeweils eine Gleichung der Tangente an den Graphen von f_2, f_3, f_4 und f_5 im Punkt $P(1 \mid 1)$.
d) Berechnen Sie für jede der vier Tangenten die Koordinaten ihrer Schnittpunkte mit der x-Achse und mit der y-Achse. Beschreiben Sie Zusammenhänge.

9 Mithilfe der momentanen Änderungsrate lassen sich näherungsweise Funktionswerte berechnen, d. h. eine Funktion f lässt sich auf einem sehr kleinen Intervall durch eine lineare Funktion annähern (approximieren).

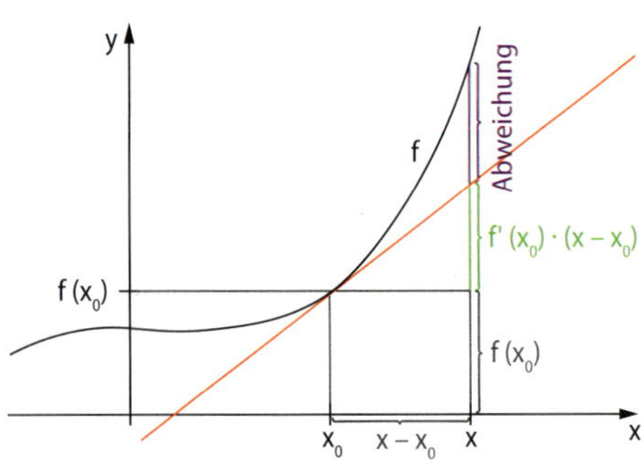

a) Begründen Sie, wie sich aus der Definition der momentanen Änderungsrate die lineare Näherung (Approximation) $f(x) \approx f(x_0) + (x - x_0) \cdot f'(x_0)$ herleiten lässt.
b) Erläutern Sie, warum diese lineare Näherung nur in einer sehr kleinen Umgebung von x_0 gilt.
c) Gegeben ist die Funktion f mit $f(x) = \frac{1}{3}x^3 - 2x + 3$.
Bestimmen Sie mithilfe der linearen Approximation Näherungswerte für $x = 3{,}1$ und $x = 3{,}5$. Vergleichen Sie die Näherungswerte mit den tatsächlichen Funktionswerten. Erläutern Sie, wann eine lineare Approximation Sinn macht.
d) Für die Gleichung der Tangente t an den Graphen der Funktion f in einem Punkt $B(x_B \mid y_B)$ gilt: $y = f'(x_b) \cdot (x - x_b) + f(x_b)$. Vergleichen Sie mit der linearen Approximation.

10 Gegeben ist die Funktion f mit $f(x) = x^2 + x + 1$; $D = \mathbb{R}$.

a) Skizzieren Sie den Funktionsgraphen.

b) Bestimmen Sie f'(3). Stellen Sie damit die Gleichung der Tangente an den Graphen von f durch den Punkt P (3 | f(3)) auf. Ergänzen Sie die Tangente in der Skizze aus Teilaufgabe a).

c) Ermitteln Sie graphisch die Gerade, die die Tangente aus Teilaufgabe b) im Punkt P senkrecht schneidet. Geben Sie mithilfe des Graphen die zugehörige Gleichung an.

11 a) Untersuchen Sie mithilfe eines Computerprogramms den Zusammenhang der Steigung zweier Geraden, die senkrecht aufeinander stehen.

Weiterdenken

Die Gerade, die auf der Tangente eines Graphen im Berührpunkt senkrecht steht, heißt **Normale**.
Für die Steigung von Tangente und Normale gilt:
$m_T \cdot m_N = -1$.

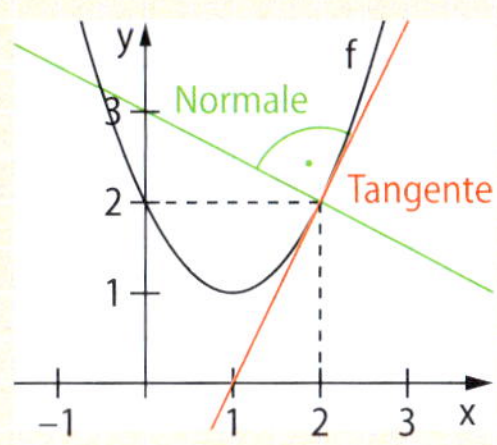

b) Bestätigen Sie mit Ihrem Ergebnis aus Teilaufgabe a) den angegebenen Zusammenhang.

12 Bestimmen Sie zunächst die Gleichung der Tangente und anschließend die Gleichung der Normalen im Punkt P. Gehen Sie bei der Bestimmung der Gleichung der Normalen wie bei der Tangente vor: **1** Steigung m bestimmen **2** Punkt P einsetzen
Überprüfen Sie Ihre Ergebnisse mithilfe eines Computerprogramms.

a) $f(x) = -\frac{1}{2}x^2$; P (2 | f(2)) b) $f(x) = x^2 + 3x$; P (−1 | f(−1)) c) $f(x) = x^2 + 2$; P (4 | f(4))

13 Die Abbildung zeigt den Graphen der Funktion f mit $f(x) = 0{,}25x^3 - 3x^2 + 9x$; $D = \mathbb{R}$, und den Graphen der Funktion g mit $g(x) = -x^2 + 5x$; $D = \mathbb{R}$.

a) Zeigen Sie rechnerisch, dass die beiden Graphen einander im Ursprung O (0 | 0) schneiden und sich im Punkt B berühren. Ermitteln Sie die Koordinaten des Punktes B.

b) Ermitteln Sie mithilfe des Differentialquotienten eine Gleichung der gemeinsamen Tangente t an die Graphen von f und g im Punkt B.

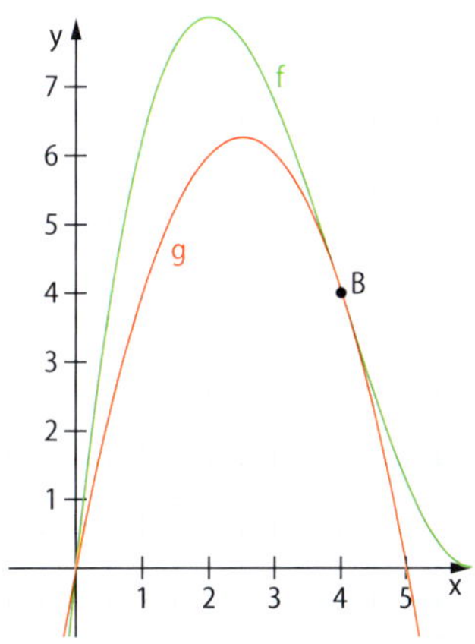

14 Der Differentialquotient existiert genau dann, wenn die Grenzwerte bei links- und rechtsseitiger Annäherung existieren und beide Grenzwerte übereinstimmen.

a) Zeigen Sie, dass die sogenannte „Betragsfunktion" f mit $f(x) = |x|$ an der Stelle $x_0 = 0$ nicht differenzierbar ist.

b) Geben Sie eine Gleichung einer Funktion an, die an der Stelle $x_0 = -5$ nicht differenzierbar ist.

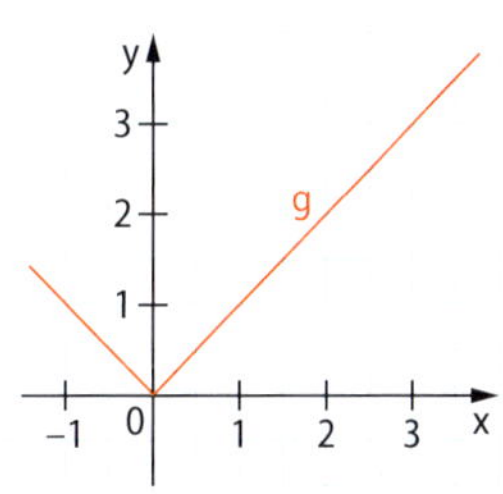

Entdecken

Sie können dazu auch ein Computerprogramm nutzen.

Untersuchen Sie die Steigung der Tangenten an verschiedenen Stellen $x \in D$ der Funktion f mit $f(x) = \frac{1}{6}x^3 + x^2$; $D = \mathbb{R}$.

- Übertragen Sie den Graphen der Funktion in Ihr Heft. Zeichnen Sie an mindestens acht verschiedene Stellen die Tangente an den Graphen von f und bestimmen Sie graphisch die Steigung der Tangente.
- Zeichnen Sie wie nebenan ein zweites Koordinatensystem unter das bisherige Koordinatensystem. Markieren Sie im neuen Koordinatensystem die Steigung der Tangenten als y-Wert zu jeder Stelle.
- Verbinden Sie die Punkte im zweiten Koordinatensystem miteinander. Beschreiben Sie den Verlauf des Graphen.

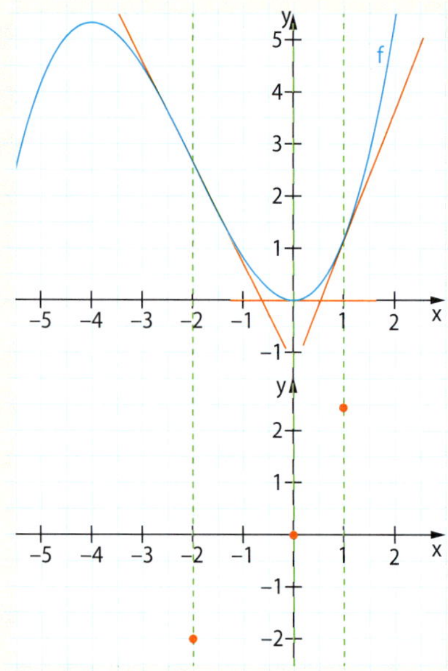

Verstehen

Existiert an jeder Stelle $x \in D$ einer Funktion f der Differentialquotient $f'(x)$, so erhält man eine neue Funktion, die jeder Stelle x die zugehörige Steigung der Tangente zuordnet.

Eine Funktion f heißt **differenzierbar**, wenn in jeder Stelle $x \in D$ der Differentialquotient existiert. Die Funktion f', die jeder Stelle $x \in D$ einer differenzierbaren Funktion f den Wert ihrer Ableitung in x zuordnet, nennt man die **Ableitungsfunktion f'** von f.

Beispiel

Gegeben ist der Graph einer Funktion f. Bestimmen Sie graphisch die zugehörige Ableitungsfunktion f'. Beschreiben Sie Ihr Vorgehen.

Lösung:

1. Zeichnen Sie die Tangente des Graphen der Funktion f an verschiedenen Stellen ein. *Tipp:* Nutzen Sie besondere Punkte des Graphen von f, z. B. solche, an denen die Steigung der Tangente gleich null ist.
2. Bestimmen Sie an jeder Stelle die Steigung der Tangente.
3. Ordnen Sie in einem neuen Koordinatensystem jeder Stelle x die zugehörige Steigung der Tangente als y-Wert zu.
4. Verbinden Sie die eingezeichneten Punkte zur Ableitungsfunktion f'.

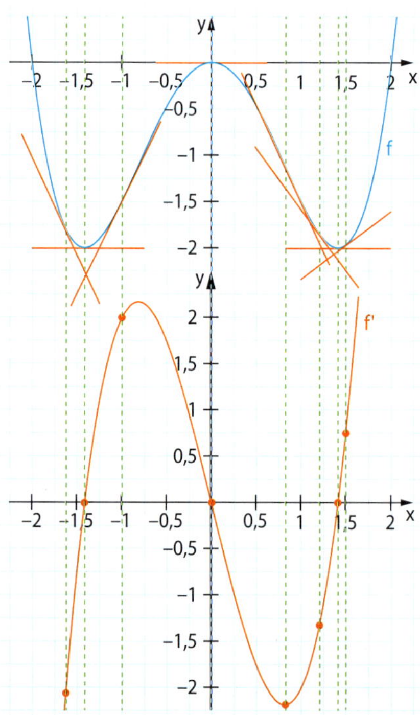

Nachgefragt

- Beschreiben Sie mit eigenen Worten den Zusammenhang zwischen dem Graphen einer Funktion f und dem Graphen ihrer Ableitungsfunktion f'.
- Beschreiben Sie, wie der Graph einer Funktion f an den Stellen verläuft, an denen der Graph der Ableitungsfunktion f' die x-Achse schneidet.
- Zeichnen Sie den Graphen einer Ableitungsfunktion f'. Beschreiben Sie damit den Verlauf des Graphen der Funktion f.

Aufgaben

1 Gegeben ist die Funktion f mit $f(x) = -0{,}5x^2 + 4x$; $D = \mathbb{R}$.

a) Zeichnen Sie den Graphen der Funktion im Intervall [0; 5].

b) Bestimmen Sie die momentane Änderungsrate für x = 3 näherungsweise zeichnerisch.

c) Ermitteln Sie f' (3) rechnerisch.

d) Ermitteln Sie, wann die momentane Änderungsrate gleich 2 ist.

e) Geben Sie an, wann die momentane Änderungsrate am größten ist.

2 Die Abbildungen zeigen vier Funktionsgraphen. Übertragen Sie jeden Graphen möglichst genau in Ihr Heft und skizzieren Sie dann dort den Graphen der zugehörigen Ableitungsfunktion. Erläutern Sie Ihr Vorgehen.

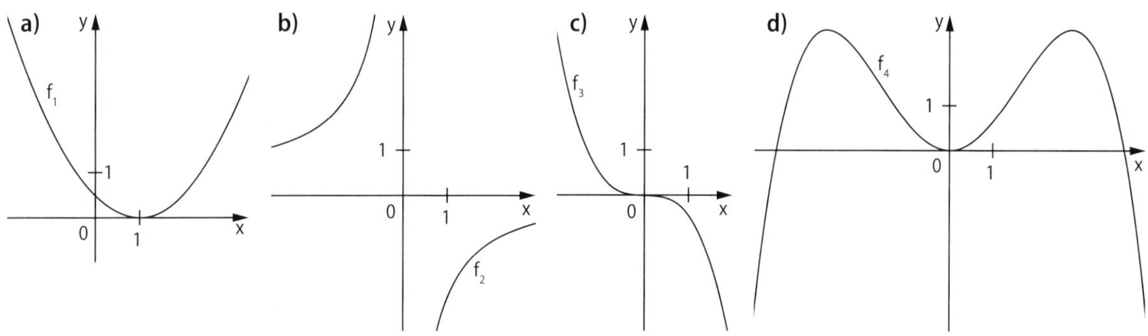

3 Begründen Sie den folgenden Zusammenhang:

> Die Ableitungsfunktion f' einer differenzierbaren Funktion f gibt für jedes $x \in D$ die Steigung m der Tangente an den Graphen der Funktion f im Punkt P (x | f (x)) an.

4 Überprüfen Sie graphisch, ob die Graphen der Funktionen f und g mit $f(x) = 2x^2 - 1$ und $g(x) = \frac{1}{x}$ Tangenten haben, die identisch oder parallel zur Geraden s mit $s(x) = 4x - 3$ verlaufen.

Sie können ein Computerprogramm nutzen.

5 In der nebenstehenden Abbildung sehen Sie den Graphen der Funktion f mit $f(x) = x^4 - 2x^2 + 2$ und den Graphen der Ableitungsfunktion f' mit $f'(x) = 4x^3 - 4x$.
Geben Sie an, welche Rückschlüsse man vom Verlauf des Ableitungsgraphen auf den Verlauf des Ausgangsgraphen und umgekehrt schließen kann.

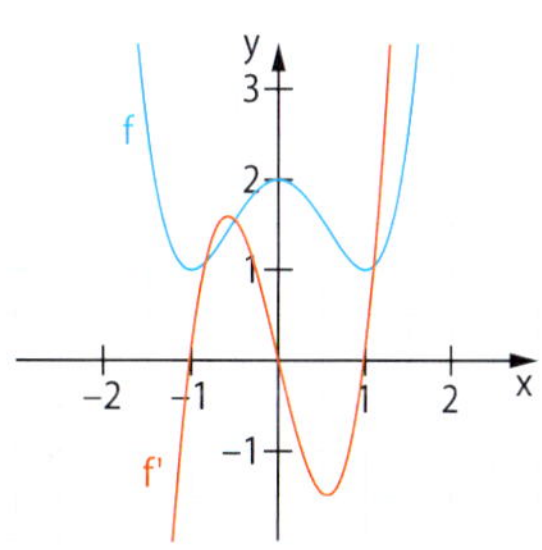

6 Für den Graphen einer Funktion f und den Graphen der dazugehörigen Ableitungsfunktion f' gelten folgende Zusammenhänge:

Weiterdenken

- Eine steigende Tangente an den Graphen von f in $x_0 \in D$ bedeutet, dass $f'(x_0) > 0$.
- Eine fallende Tangente an den Graphen von f in $x_0 \in D$ bedeutet, dass $f'(x_0) < 0$.
- Eine waagerechte Tangente an den Graphen von f in $x_0 \in D$ bedeutet, dass $f'(x_0) = 0$.

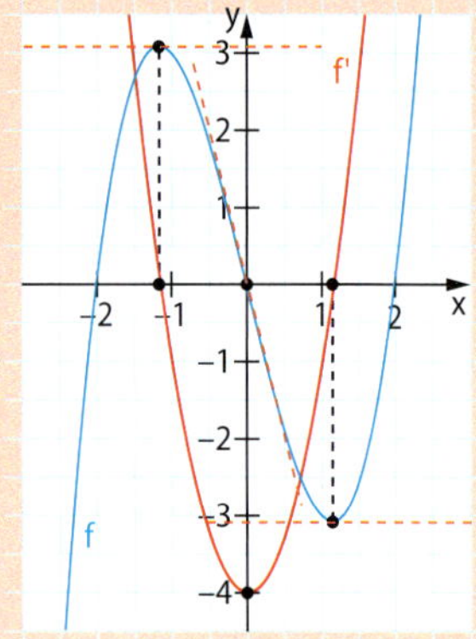

Die erste Abbildung zeigt den Graphen einer Ableitungsfunktion g'. Genau eine der Abbildungen **1** bis **3** stellt den Graphen der ursprünglichen Funktion g dar. Begründen Sie, welcher Graph dies ist.

a)

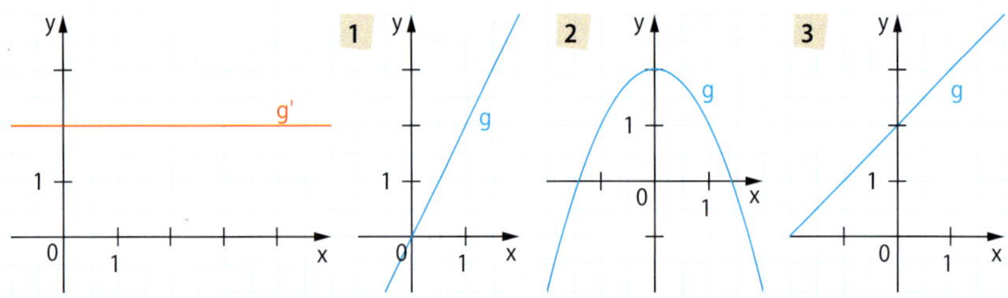

b)

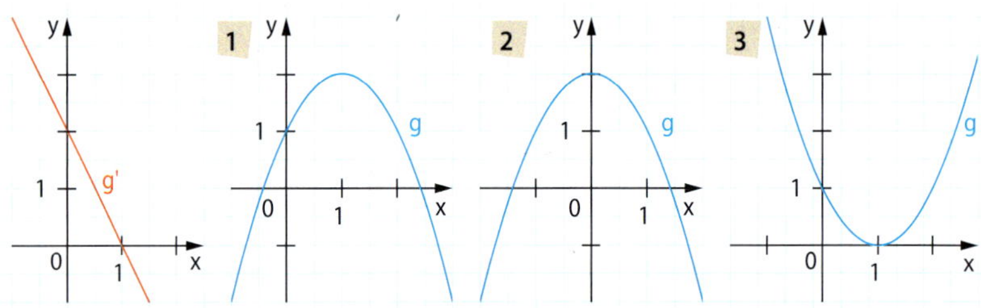

Tipp: Nutzen Sie ein Ausschlussverfahren.

7 Die erste Abbildung zeigt den Graphen einer Funktion f. Genau eine der vier Abbildungen **1** bis **4** stellt den Graphen der Ableitungsfunktion f' dar. Finden Sie heraus, welche der Abbildungen dies ist. Begründen Sie Ihre Entscheidung.

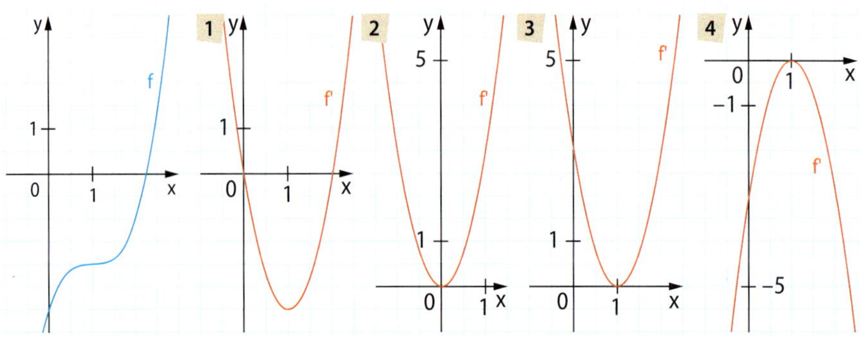

8 Für die Grenzwertbestimmung verwendet man häufig die sogenannte **h-Methode**.

Für die Ableitung an der Stelle x_0 einer Funktion f gilt:

$$f'(x_0) = \lim_{x \to x_0} \frac{f(x) - f(x_0)}{x - x_0} = \lim_{h \to 0} \frac{f(x_0 + h) - f(x_0)}{h}$$

und für die Gleichung der Ableitungsfunktion:

$$f'(x) = \lim_{h \to 0} \frac{f(x + h) - f(x)}{h};$$

h kann dabei positiv oder negativ sein.

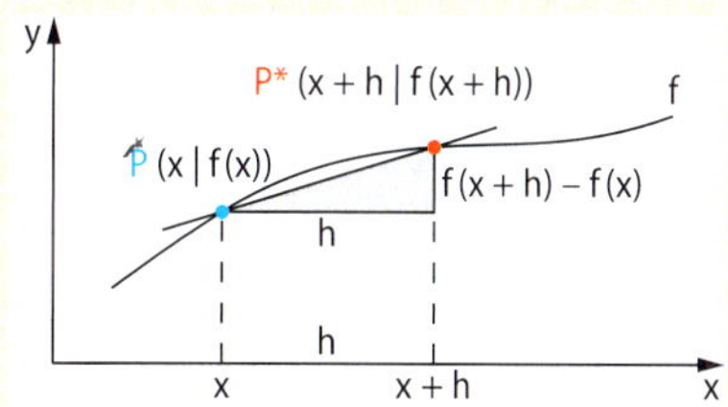

Beispiel: Bestimmung der Ableitungsfunktion f' zur Funktion f mit $f(x) = x^3$; $D = \mathbb{R}$.

Lösung:

$$f'(x) = \lim_{h \to 0} \frac{f(x + h) - f(x)}{h} = \lim_{h \to 0} \frac{(x + h)^3 - x^3}{h} = \lim_{h \to 0} \frac{x^3 + 3x^2h + 3xh^2 + h^3 - x^3}{h}$$

$$= \lim_{h \to 0} \frac{h \cdot (3x^2 + 3xh + h^2)}{h} = \lim_{h \to 0} (3x^2 + 3xh + h^2) = 3x^2$$

Die Ableitungsfunktion f' von f ist gegeben durch $f'(x) = 3 \cdot x^2$; $D = \mathbb{R}$.

Beschreiben Sie die Bedeutung von h bei der Bestimmung der Ableitungsfunktion.

Weiterdenken

Bei der h-Methode wird die Differenz $x - x_0$ durch h abgekürzt.

Beachten Sie:
Der Grenzwert kann schrittweise für jeden Summanden gebildet werden.

$$\begin{array}{ccccc} 3x^2 & + & 3xh & + & h^2 \\ \downarrow{\scriptstyle h \to 0} & & \downarrow{\scriptstyle h \to 0} & & \downarrow{\scriptstyle h \to 0} \\ 3x^2 & + & 0 & + & 0 \end{array}$$

9 Ermitteln Sie die Ableitungsfunktion f' mithilfe der h-Methode in x_0 und allgemein.

a) $f(x) = x^2 + 1$; $D = \mathbb{R}$; $x_0 = -2$

b) $f(x) = x^3 + x$; $D = \mathbb{R}$; $x_0 = 0$

c) $f(x) = x^3 + 2x - 1$; $D = \mathbb{R}$; $x_0 = -1$

d) $f(x) = \frac{1}{x^2}$; $D = \mathbb{R} \setminus \{0\}$; $x_0 = 1$

10 a) Ermitteln Sie jeweils die Ableitung der Funktionen f_1 bis f_4 ($D = \mathbb{R}$) mithilfe der h-Methode.

1 $f_1(x) = 0{,}5x^2$ **2** $f_2(x) = 0{,}5x^2 + 3$ **3** $f_3(x) = 0{,}5x^2 + \frac{1}{5}$ **4** $f_4(x) = 0{,}5x^2 + 1000$

b) Formulieren Sie einen Zusammenhang zwischen den Funktionen und Ableitungsfunktionen aus Teilaufgabe a).

11 Gegeben ist eine Funktion f mit $f(x) = x^2 + 2x - 1$; $D = \mathbb{R}$.

a) Zeigen Sie: $f'(x) = 2x + 2$; $D = \mathbb{R}$.

b) Zeigen Sie, dass jede Funktion g mit der Gleichung $g(x) = x^2 + 2x + a$ mit $a \in \mathbb{R}$ die Ableitungsfunktion f' hat.

12 Skizzieren Sie jeweils den Graphen einer Funktion f, deren Ableitungsfunktion f' die angegebene Eigenschaft besitzt.

a) f' hat keine Nullstellen

b) f' hat genau eine Nullstelle

c) f' ist stets negativ

d) f' ist niemals negativ

13 Gegeben ist der Graph einer Ableitungsfunktion mit $f'(x) = 2x$.

a) Ermitteln Sie die Gleichung einer dazugehörigen Funktion f.

b) Zeichnen Sie die Graphen von f und f' in ein Koordinatensystem. Überprüfen Sie den Zusammenhang zwischen dem tiefsten Punkt von f und der Nullstelle von f'.

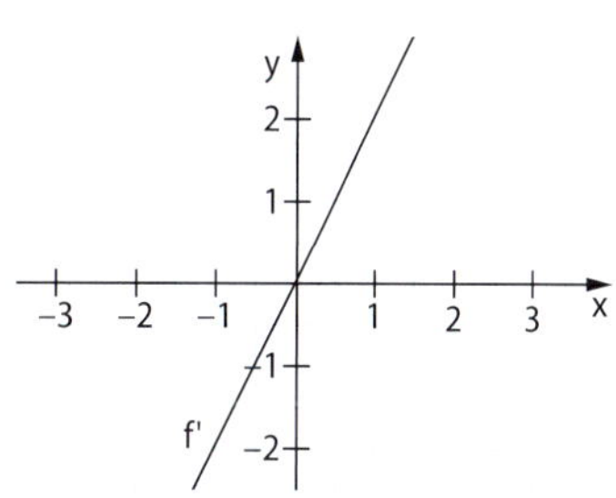

Entdecken

- Übertragen Sie die Tabelle in Ihr Heft und ergänzen Sie die Ableitungsfunktionen.

f (x)	x^4	x^3	x^2	x	1
f' (x)					

- Stellen Sie eine Vermutung für einen Zusammenhang zwischen den Potenzfunktionen und ihren Ableitungsfunktionen auf.
- Verallgemeinern Sie Ihre Vermutung für $f(x) = x^q$; $q \in \mathbb{Q}$. Verwenden Sie ein Computerprogramm, um Ihre Vermutung zu überprüfen.

Verstehen

Untersucht man Zusammenhänge zwischen einer Funktion f und deren Ableitungsfunktion f', so erkennt man, dass in manchen Fällen die Ableitungsfunktion einfach bestimmt werden kann.

> Eine Funktion f mit $f(x) = x^q$; $q \in \mathbb{Q}$, ist differenzierbar.
> Für ihre Ableitungsfunktion f' gilt: $f'(x) = q \cdot x^{q-1}$. Diese Regel nennt man **Potenzregel**.

Beispiele

I. Bestimmen Sie mithilfe der Potenzregel die Ableitungsfunktionen.

a) $f(x) = x^7$ **b)** $f(x) = x^{12}$ **c)** $f(x) = x$

Erinnern Sie sich:
$x = x^1$
$1 = x^0$

Lösung:

a) $f(x) = x^7$
$f'(x) = 7x^6$

b) $f(x) = x^{12}$
$f'(x) = 12x^{11}$

c) $f(x) = x^1$
$f'(x) = 1x^0 = 1$

II. Begründen Sie die Potenzregel für Exponenten $n \in \mathbb{N}$ mithilfe der h-Methode.

Lösung:

Es gilt:

1 $f'(x) = \lim\limits_{h \to 0} \frac{f(x+h) - f(x)}{h} = \lim\limits_{h \to 0} \frac{(x+h)^n - x^n}{h}$

1 Um mit h kürzen zu können, multiplizieren wir die Klammer im Zähler aus.

2 **Pascal'sches Dreieck** zum Ausmultiplizieren von $(x + y)^n$

1
1 1
1 2 1
1 3 3 1
1 4 6 4 1
1 5 10 10 5 1

$n = 2$: $(x + y)^2 = x^2 + 2xy + y^2$
(binomische Formel)

$n = 3$: $(x + y)^3 = x^3 + 3x^2y + 3xy^2 + y^3$

2 Mit dem Pascal'schen Dreieck gilt: Für $(x + h)^n$ erhält man nacheinander $x^n, hx^{n-1}, h^2x^{n-2}, \ldots, h^{n-1}x, h^n$.
Die Vorfaktoren für den ersten und letzten Term sind gleich 1, für den zweiten und vorletzten Term gleich n. Dazwischen hat man weitere Vorfaktoren.

3 $f'(x) = \lim\limits_{h \to 0} \frac{x^n + nhx^{n-1} + h^2(\ldots) - x^n}{h}$

$= \lim\limits_{h \to 0} \frac{h \cdot (nx^{n-1} + h(\ldots))}{h}$

$= \lim\limits_{h \to 0} [nx^{n-1} + h(\ldots)]$

$= nx^{n-1}$

Der Grenzwert kann schrittweise für jeden Summanden gebildet werden.

3 Im Zähler entfällt x^n wegen der Subtraktion mit x^n. Der erste verbleibende Term enthält ein h, ab dem zweiten Term ist sogar mindestens h^2 enthalten. So kann man h kürzen und erhält dann durch Bildung des Grenzwerts das Ergebnis.

Nachgefragt

- Beschreiben Sie die Potenzregel mit eigenen Worten.
- Erklären Sie die einzelnen Schritte in der Herleitung der Potenzregel in Beispiel II mit eigenen Worten. Nutzen Sie den Aufbau des Pascal'schen Dreiecks.

Aufgaben

1 Bilden Sie jeweils die Ableitungsfunktion f' der Funktion f mithilfe der Potenzregel.

a) $f(x) = x^6$ **b)** $f(x) = x^{14}$ **c)** $f(x) = x^{-12}$
d) $f(x) = x^{-5}$ **e)** $f(x) = x^3$ **f)** $f(x) = x$
g) $f(x) = x^{-1}$ **h)** $f(x) = x^{2020}$ **i)** $f(x) = \frac{1}{x^{-2}}$
j) $f(x) = x^{2n}$; $n \in \mathbb{N}$ **k)** $f(x) = x^{4n+1}$; $n \in \mathbb{N}$ **l)** $f(x) = \sqrt{x}$

2 Bestimmen Sie die Gleichung der Tangente an den Graphen der Funktion f im Punkt P. Beachten Sie den Zusammenhang zwischen Ableitungsfunktion und Steigung der Tangente im Punkt P.

a) $f(x) = x^5$; $P(-1 \mid f(-1))$ **b)** $f(x) = x^{-3}$; $P(2 \mid f(2))$ **c)** $f(x) = x^6$; $P(1 \mid f(1))$
d) $f(x) = x^4$; $P(\sqrt{2} \mid f(\sqrt{2}))$ **e)** $f(x) = \frac{1}{x^2}$; $P(0{,}5 \mid f(0{,}5))$ **f)** $f(x) = x^2$; $P(-2\sqrt{2} \mid f(-2\sqrt{2}))$

3 Fassen Sie die Terme der angegebenen Funktionen zunächst mithilfe der Potenzgesetze zu einer Potenz zusammen. Bestimmen Sie anschließend die Ableitungsfunktion.

a) $f(x) = x^7 \cdot x^5$ **b)** $f(x) = x^3 \cdot x^{-5}$ **c)** $f(x) = x^{-2} \cdot x^{-3}$
d) $f(x) = x^4 \cdot x^{-4}$ **e)** $f(x) = (x^7)^3$ **f)** $f(x) = (x^{-2})^{-4}$
g) $f(x) = (x^{-2})^3$ **h)** $f(x) = \frac{1}{x^4}$ **i)** $f(x) = \frac{x^2}{x^5}$
j) $f(x) = \frac{1}{x^{-4}}$ **k)** $f(x) = \left(\frac{1}{x^7}\right)^{-2}$ **l)** $f(x) = \left(\frac{1}{x^8}\right)^5$
m) $f(x) = x^2 + 2x - x \cdot (x + 1)$ **n)** $f(x) = \sqrt{x^6}$ **o)** $f(x) = \left(\sqrt[3]{x^{-9}}\right)^{-2}$

Erinnern Sie sich:
$a^m \cdot a^n = a^{m+n}$
$\frac{a^m}{a^n} = a^{m-n}$
$a^n \cdot b^n = (a \cdot b)^n$
$\frac{a^n}{b^n} = \left(\frac{a}{b}\right)^n$
$(a^m)^n = a^{m \cdot n}$

4 Auch die konstante Funktion kann man ableiten. Betrachten Sie dazu die angegebenen Funktionen f_1, f_2, f_3 und f_4.

1 $f_1(x) = 3$ **2** $f_2(x) = -2$ **3** $f_3(x) = 2{,}5$ **4** $f_4(x) = 0$

a) Zeichnen Sie die Graphen der Funktionen f_1 bis f_4 und untersuchen Sie die Steigung der Tangenten an verschiedenen Stellen x_0.
b) Begründen Sie den folgenden Zusammenhang:

> Jede konstante Funktion f mit $f(x) = a$; $D = \mathbb{R}$, ist differenzierbar für alle Werte aus ihrer Definitionsmenge. Ihre Ableitungsfunktion f' ist konstant gleich null, d. h. $f'(x) = 0$ für alle $x \in D$.

5 Und nun einmal umgekehrt: Gegeben ist die Ableitungsfunktion f' einer Funktion f. Bestimmen Sie eine zugehörige Funktionsgleichung von f und beschreiben Sie Ihr Vorgehen. Machen Sie die Probe, indem Sie Ihr Ergebnis ableiten.

1 $f'(x) = 4x^3$	2 $f'(x) = 17x^{16}$	3 $f'(x) = -3x^{-4}$	4 $f'(x) = -8x^{-9}$
5 $f'(x) = 0$	6 $f'(x) = 12x^{11}$	7 $f'(x) = -10x^{-11}$	8 $f'(x) = 2021x^{2020}$

Entdecken

Die Abbildung zeigt die Funktionsgraphen der Funktion f mit $f(x) = x^2$ und der Funktion g mit $g(x) = 2x^2$.

- Erläutern Sie, wie der Graph von g aus dem Graphen von f hervorgeht.
- Formulieren Sie eine Vermutung, welche Konsequenzen der Faktor 2 für die Steigung der Tangenten an den Graphen von g gegenüber denen an den Graphen von f hat.
- Bestimmen Sie die Ableitungsfunktionen von f und g. Beschreiben Sie den Einfluss des Vorfaktors 2 auf die Ableitungsfunktion von g.

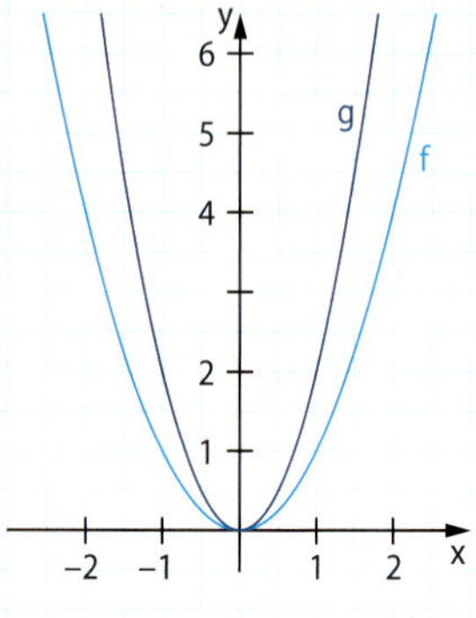

Verstehen

Multipliziert man einen konstanten Faktor zu einer differenzierbaren Funktion oder addiert man zwei differenzierbare Funktionen, so kann man für die entstandene Funktion ebenfalls Ableitungsregeln herleiten.

1 Faktorregel
Eine Funktion f mit $f(x) = a \cdot x^q$; $q \in \mathbb{Q}$, ist differenzierbar.
Für ihre Ableitungsfunktion f' gilt: $f'(x) = a \cdot q x^{q-1}$.

Allgemein gilt:
Ist g eine differenzierbare Funktion und $a \in \mathbb{R}$, so ist auch die Funktion f mit $f(x) = a \cdot g(x)$ differenzierbar mit $f'(x) = a \cdot g'(x)$.

2 Summenregel
Eine Funktion f mit $f(x) = x^r + x^s$; $r, s \in \mathbb{Q}$, ist differenzierbar.
Für ihre Ableitungsfunktion gilt: $f'(x) = r x^{r-1} + s x^{s-1}$.

Allgemein gilt:
Sind g und h differenzierbare Funktionen, so ist auch die Funktion f mit $f(x) = g(x) + h(x)$ differenzierbar mit $f'(x) = g'(x) + h'(x)$.

Beispiele

I. Bestimmen Sie die Ableitung der Funktion f.

a) $f(x) = 7x^4$ **b)** $f(x) = x^5 + x^{-4}$ **c)** $f(x) = 5x^3 + x + 1$

Lösung:

a) $f(x) = 7x^4$
$f'(x) = 7 \cdot 4x^3 = 28x^3$
(Faktorregel)

b) $f(x) = x^5 + x^{-4}$
$f'(x) = 5x^4 - 4x^{-5}$
(Summenregel)

c) $f(x) = 5x^3 + x + 1$
$f'(x) = 5 \cdot 3x^2 + 1x^0 + 0 = 15x^2 + 1$
(Faktorregel und Summenregel)

II. Nutzen Sie Faktor-, Summen- und Potenzregel, um die Ableitungsfunktion von f mit $f(x) = 6x^4 - 3x^2 + \frac{1}{2}x - 7$ zu bestimmen.

Lösung:

$f(x) = 6 \cdot x^4 + (-3) \cdot x^2 + \frac{1}{2} \cdot x + (-7)$

$f'(x) = 6 \cdot 4x^3 + (-3) \cdot 2x^1 + \frac{1}{2} \cdot 1x^0 + 0 = 24x^3 - 6x + \frac{1}{2}$

Bei jedem Summanden werden die Faktorregel und die Potenzregel angewendet.

- Erklären Sie, wie Sie die Ableitungsfunktion f' von f mit $f(x) = a \cdot x^q$ mithilfe der allgemeinen Faktorregel bilden.
- Clara meint: „Die Summenregel kann ich auch bei Differenzen anwenden."
  Hat sie recht? Begründen Sie Ihre Antwort.
- Beschreiben Sie mit eigenen Worten, wie die Faktor-, Summen- und Potenzregel in Beispiel II miteinander verknüpft werden.

Nachgefragt

Nutzen Sie:
$a - b = a + (-b)$

Aufgaben

1 Bilden Sie die Ableitungsfunktion f' von der Funktion f. Nutzen Sie dazu die Ableitungsregeln für Potenzen, Faktoren und Summen.

a) $f(x) = 2x^3$	b) $f(x) = 2x + 3x^3$	c) $f(x) = 7 - 14x + 21x^3$
d) $f(x) = 2x^4 - 3x^3 + x^2$	e) $f(x) = -x^6 + x^5 - x^4$	f) $f(x) = 1 + 2x^{-1} + 4x^{-3}$
g) $f(x) = 7x^5 + 6x^3 + 0{,}5x^2$	h) $f(x) = x^4 + x^3 - x^2 - 3$	i) $f(x) = \frac{1}{4}x^8 + \frac{1}{6}x^3 - 2$
j) $f(x) = 4 - 4x^{-1} + x^{-2}$	k) $f(x) = \frac{2}{3}x^3 + 1$	l) $f(x) = \sqrt{x} + 12x + 24$

2

1 $f(x) = (x + 1) \cdot (x - 4)$	2 $f(x) = x^2 \cdot (2 - x)$	3 $f(x) = -3x \cdot (x^4 + x^5)$
4 $f(x) = (2x + 0{,}5)^2$	5 $f(x) = \frac{x^2 + 4x}{x + 4}$	6 $f(x) = x^{-5} \cdot \left(x^{-3} - \frac{2}{x}\right)$

a) Formen Sie die Gleichung der Funktion f zunächst so um, dass Sie Summen- und Faktorregel anwenden können.
b) Leiten Sie die Funktion f ab. Nutzen Sie dazu Ihr Ergebnis aus Teilaufgabe a). Geben Sie auch die Definitionsmenge von f und f' an.
c) Bestimmen Sie – falls möglich – mithilfe der Ableitung die Steigung der Tangente an den Graphen der Funktion f an der Stelle $x_0 = 0$.

3

1 $f(x) = -0{,}5x^2 + 4x$	2 $f(x) = \frac{1}{6}x^3 - \frac{1}{4}x - \frac{1}{4}$	3 $f(x) = 0{,}5x - 7$	4 $f(x) = 3x^7$

a) Bestimmen Sie die Ableitungsfunktion f' von f.
b) Geben Sie mithilfe der Ableitungsfunktion alle Stellen an, an denen der Graph der Funktion f eine waagerechte Tangente besitzt, also Tangenten mit der Steigung $m = 0$.

4 Verdeutlichen Sie anhand einer geeigneten Skizze oder einem passenden Beispiel die …
a) Faktorregel. b) Summenregel.

5 a) Überprüfen Sie mithilfe der Ableitungsregeln:
Die Funktionen f_1 mit $f_1(x) = 4x^3 + 2x + 3$ und f_2 mit $f_2(x) = 4x^3 + 2x - 2$ besitzen beide dieselbe Ableitungsfunktion.
b) Vervollständigen Sie die Aussage von Thessa und begründen Sie diese.

Es gibt unendlich viele Funktionsgleichungen, die alle dieselbe Ableitungsfunktion haben. Die Gleichungen unterscheiden sich dabei nur …

Tipp: Multiplizieren Sie den Funktionsterm von f' aus, falls nötig.

6 Gegeben ist die Ableitungsfunktion f' einer Funktion f. Bestimmen Sie eine Funktionsgleichung von f. Ist Ihr Ergebnis eindeutig?

a) $f'(x) = x + 4x^2$ **b)** $f'(x) = 4$ **c)** $f'(x) = 0$

d) $f'(x) = 2 + 0{,}5x$ **e)** $f'(x) = (1 - x)^2$ **f)** $f'(x) = (x - 1)^2$

Begründen & verstehen

7 Auch die Faktorregel kann mithilfe der h-Methode hergeleitet werden.

Dazu betrachten wir allgemein eine differenzierbare Funktion g und eine reelle Zahl a. Dann ist die Funktion f mit $f(x) = a \cdot g(x)$ ebenfalls differenzierbar mit

$$f'(x) = \lim_{h \to 0} \frac{f(x+h) - f(x)}{h} = \lim_{h \to 0} \frac{a \cdot g(x+h) - a \cdot g(x)}{h} = \lim_{h \to 0} \frac{a \cdot [g(x+h) - g(x)]}{h}$$

$$= \lim_{h \to 0} \left(a \cdot \frac{g(x+h) - g(x)}{h}\right) = a \cdot g'(x)$$

a) Beschreiben Sie die einzelnen Umformungen bei der Herleitung der Faktorregel und begründen Sie jeweils deren Richtigkeit.

b) Lukas überlegt: „Auf diese Weise kann ich doch auch die Summenregel herleiten!"

Sind g_1 und g_2 differenzierbare Funktionen, so ist f mit $f(x) = g_1(x) + g_2(x)$ ebenfalls differenzierbar mit

$$f'(x) = \lim_{h \to 0} \frac{[g_1(x+h) + g_2(x+h)] - [g_1(x) + g_2(x)]}{h} = \ldots$$

Vervollständigen Sie die Herleitung in Ihrem Heft.
Erklären Sie alle Umformungen, die Sie dabei vornehmen.

8 Zeigen Sie, dass der Graph der Funktion f mit $f(x) = x^3 - x$; $D = \mathbb{R}$, punktsymmetrisch zum Ursprung O (0 | 0) ist. Zeichnen Sie den Graphen von f und ergänzen Sie dann Ihre Zeichnung fortlaufend.
Ermitteln Sie die Koordinaten der Schnittpunkte Z, O und K mit der x-Achse ($x_Z < x_O < x_K$) und je eine Gleichung der Tangenten an f in Z, O und K.
Die Tangente t_O schneidet die Tangente t_Z im Punkt I und die Tangente t_K im Punkt C.

a) Berechnen Sie die Länge des Streckenzugs ZICK.

b) Begründen Sie, dass die Tangenten t_Z und t_K zueinander parallel sind.

c) Spiegeln Sie den Punkt I an der x-Achse, der Spiegelpunkt heißt A. Berechnen Sie den Flächeninhalt des Trapezes ZACK.

9 Gegeben ist die Funktion f mit $f(x) = x^2 - 4x + 5$; $D = \mathbb{R}$.

a) Skizzieren Sie den Graphen der Funktion f.

b) Beschreiben Sie die Funktion anhand charakteristischer Eigenschaften wie Achsenschnittpunkte, mögliche Symmetrie, Scheitelpunkt, usw.

c) Begründen Sie mithilfe des Graphen von f, wie viele Punkte es gibt, deren Tangente durch den Koordinatenursprung verläuft.

d) Stellen Sie die Gleichung der Normalen im Punkt Q (3 | f(3)) auf. Bestimmen Sie anschließend den Schnittpunkt Y der Normalen mit der y-Achse.

e) Der Koordinatenursprung sowie die Punkte Q und Y aus Teilaufgabe d) legen ein Dreieck fest. Markieren Sie das Dreieck in der Skizze aus Teilaufgabe a). Bestimmen Sie anschließend den Flächeninhalt und die Länge des Umfangs dieses Dreiecks.

Mittlere Änderungsrate

Seite 44

Die **mittlere Änderungsrate** einer Funktion f im Intervall [a; b] entspricht der Steigung der Sekante zwischen den Punkten P (a | f (a)) und Q (b | f (b)). Man bestimmt die mittlere Änderungsrate mithilfe des **Differenzenquotienten**:

$$m = \frac{f(b) - f(a)}{b - a}$$

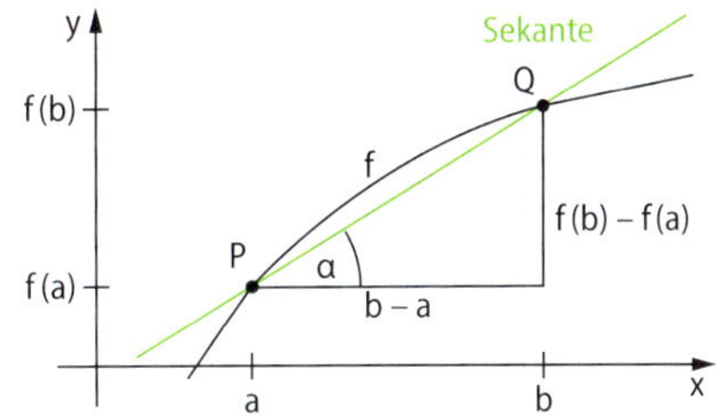

Momentane Änderungsrate

Seite 48

Die **momentane Änderungsrate** einer Funktion f an der Stelle x_0 bezeichnet man auch als **Ableitung von f an der Stelle x_0**. Sie gibt die Steigung der Tangente im Punkt P $(x_0 \mid f(x_0))$ an. Die Tangentensteigung kann mittels **Differentialquotient** bestimmt werden:

$$m = f'(x_0) \text{ mit } f'(x_0) = \lim_{x \to x_0} \frac{f(x) - f(x_0)}{x - x_0}$$

Gesucht ist die Steigung der Tangente an den Graphen der Funktion f in P.

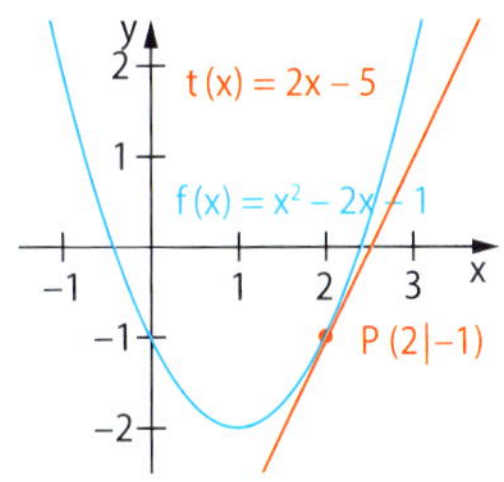

Ableitungsfunktion

Seite 52

Ordnet man jedem $x \in \mathbb{D}$ die Ableitung $f'(x)$ zu, so erhält man die **Ableitungsfunktion f' der Funktion f**.

Zusammenhänge zwischen f und f':

- Eine steigende Tangente an den Graphen von f in $x_0 \in D$ bedeutet, dass $f'(x_0) > 0$.
- Eine fallende Tangente an den Graphen von f in $x_0 \in D$ bedeutet, dass $f'(x_0) < 0$.
- Eine waagrechte Tangente an den Graphen von f in $x_0 \in D$ bedeutet, dass $f'(x_0) = 0$.

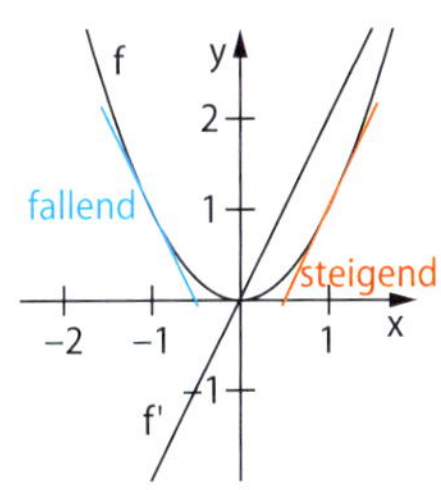

$f(x) = x^2$

$f'(x) = \lim\limits_{h \to 0} \frac{(x + h)^2 - x}{h} = 2x$

Ableitungsregeln

Seite 56, 58

- Potenzregel
  Die Funktion f mit $f(x) = x^q$; $q \in \mathbb{Q}$, hat die Ableitungsfunktion $f'(x) = qx^{q-1}$.
  $f(x) = x^{12}$
  $f'(x) = 12x^{11}$
- Faktorregel
  Die Funktion f mit $f(x) = ax^q$; $q \in \mathbb{Q}$, hat die Ableitungsfunktion $f'(x) = a \cdot qx^{q-1}$.
  $f(x) = 7x^4$
  $f'(x) = 7 \cdot 4x^3 = 28x^3$
- Summenregel
  Die Funktion f mit $f(x) = x^r + x^s$; $r, s \in \mathbb{Q}$, hat die Ableitungsfunktion $f'(x) = rx^{r-1} + sx^{s-1}$.
  $f(x) = x^5 + x^4$
  $f'(x) = 5x^4 + 4x^3$

Die einzelnen Regeln können auch miteinander kombiniert werden.

$f(x) = 6x^4 - 3x^2 + \frac{1}{2}x - 7$

$f'(x) = 24x^3 - 6x + \frac{1}{2}$

2 Auf unterschiedlichen Wegen

1 Gegeben ist die Funktion f mit $f(x) = \frac{3}{4}x^2 - 3x$; $D = \mathbb{R}$.

a) Berechnen Sie die mittlere Änderungsrate im Intervall [2; 5].
b) Zeichnen Sie den Graphen der Funktion f in ein Koordinatensystem.
c) Interpretieren Sie die in a) ermittelte Änderungsrate im Zusammenhang mit dem in b) gezeichneten Graphen.

Berechnen Sie die mittlere Änderungsrate in den Intervallen …
a) [2; 5].
b) [0; 4].
c) [2; t], mit $t \in \mathbb{R}$.
d) [3; 3 + h], mit $h \in \mathbb{R}$.

2 Im Folgenden soll die Ableitungsfunktion f' der Funktion f mit $f(x) = -2x^2 + x + 1$; $D = \mathbb{R}$, untersucht werden.

a) Skizzieren Sie den Graphen der Funktion f.
b) Zeichnen Sie die Tangente t an den Graphen von f an der Stelle $x_0 = -1$.
c) Ermitteln Sie graphisch die momentane Änderungsrate in $x_0 = 1$.
d) Zeichnen Sie bei $x_0 = -1$ die Normale zu t und bestimmen Sie mittels Steigungsdreieck deren Steigung.

a) Skizzieren Sie den Graphen der Funktion f.
b) Bestimmen Sie mithilfe des Differentialquotienten die momentane Änderungsrate an der Stelle $x_0 = -1$ und damit die Gleichung der zugehörigen Tangente.
c) Ermitteln Sie bei $x_0 = -1$ die Gleichung der zugehörigen Normalen.
d) Ergänzen Sie Tangente und Normale in Ihrem Koordinatensystem aus a).

3 Übertragen Sie den Graphen der Funktion f so genau wie möglich in Ihr Heft. Bestimmen Sie graphisch den Graphen der zugehörigen Ableitungsfunktion f'. Nutzen Sie dabei markante Punkte, wie z. B. Punkte, in denen der Graph waagrechte Tangenten besitzt.

a)
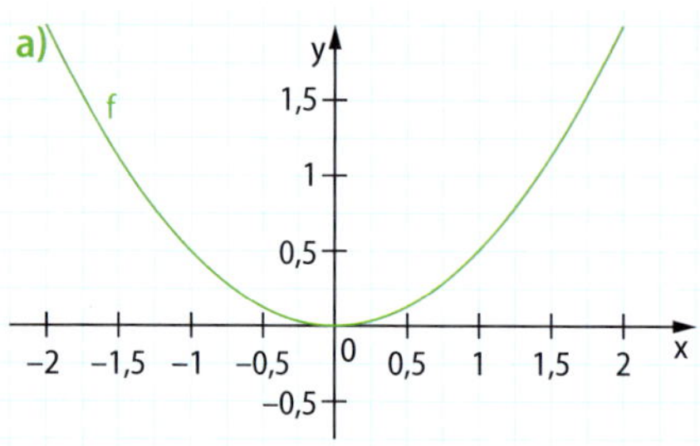

b)
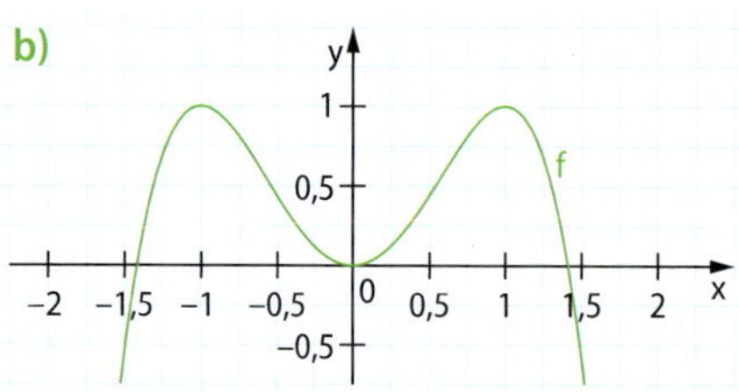

a)
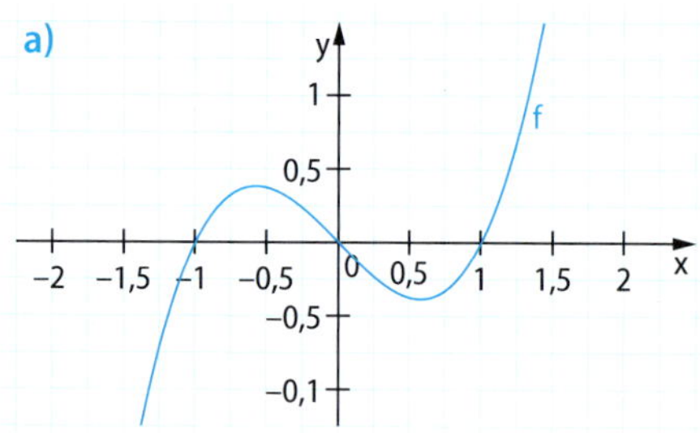

b)
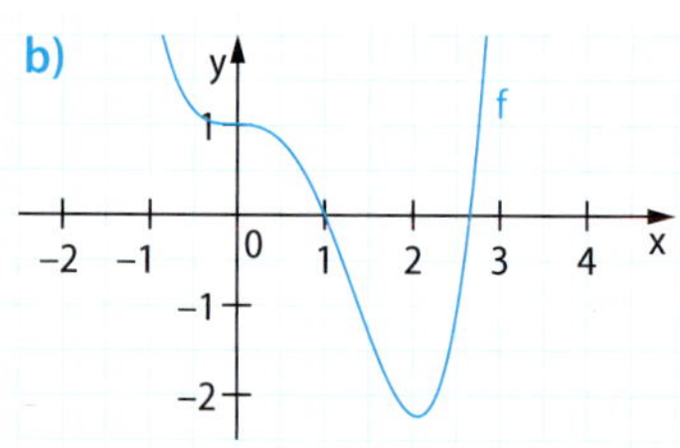

4 Gegeben ist der Graph einer Funktion f. Ermitteln Sie eine Gleichung der Tangente t an den Graphen von f im Punkt P sowie die Fläche des Dreiecks, das von t und den beiden Koordinatenachsen begrenzt wird.

a) $f(x) = x^3$; $P\,(1\,|\,f(1))$
b) $f(x) = 0{,}25x^2$; $P\,(2\,|\,f(2))$

a) $f(x) = 0{,}5x^4$; $P\,(-1\,|\,f(-1))$
b) $f(x) = \frac{1}{32}x^5$; $P\,(-2\,|\,f(-2))$

5 Gegeben ist die Funktion f mit $f(x) = x^3 + x + 1$; $D = \mathbb{R}$.

a) Skizzieren Sie den Graphen der Funktion f.
b) Treffen Sie anhand Ihrer Skizze aus a) Aussagen zur Ableitungsfunktion f'.
c) Geben Sie die Gleichung von f' an.
d) Zeichnen Sie den Graphen der Ableitungsfunktion und überprüfen Sie Ihre Aussagen aus b).

a) Skizzieren Sie den Graphen der Funktion f.
b) Skizzieren Sie den Graphen der Ableitungsfunktion f'.
c) Geben Sie die Gleichung der Ableitungsfunktion an. Zeichnen Sie deren Graphen und überprüfen Sie Ihr Ergebnis aus b).

6 Gegeben ist die Funktion f mit $f(x) = -x^2 + 4$; $D = \mathbb{R}$.

a) Bestimmen Sie die Stelle an der der Graph eine waagerechte Tangente besitzt.
b) Ermitteln Sie, welche Steigung die Tangente an den Graphen von f im Schnittpunkt mit der positiven x-Achse hat.

Gegeben ist die Funktion f mit $f(x) = \frac{1}{4}x^3 - x^2$; $D = \mathbb{R}$.

a) Bestimmen Sie alle Punkte des Graphen von f mit waagerechter Tangente.
b) Ermitteln Sie, unter welchem Winkel die Tangente an den Graphen von f im Punkt P (4 | 0) die x-Achse schneidet.

7 Ordnen Sie dem Graphen **A** einer Funktion f den Graphen seiner Ableitungsfunktion f' **1**, **2** oder **3** zu. Begründen Sie Ihre Entscheidung.

A
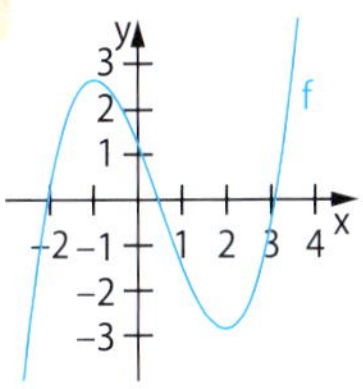

1
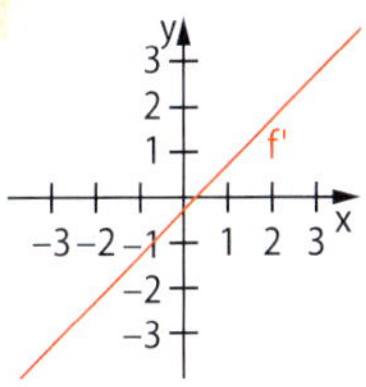

2
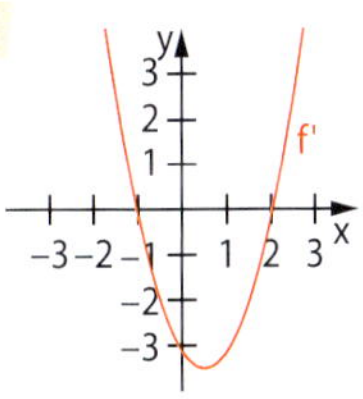

3
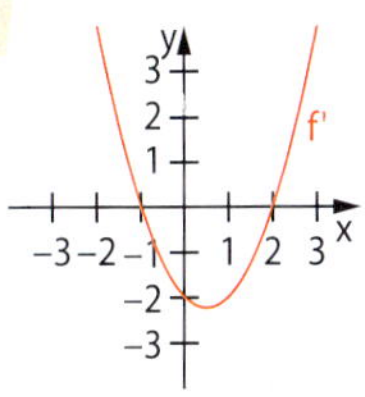

A
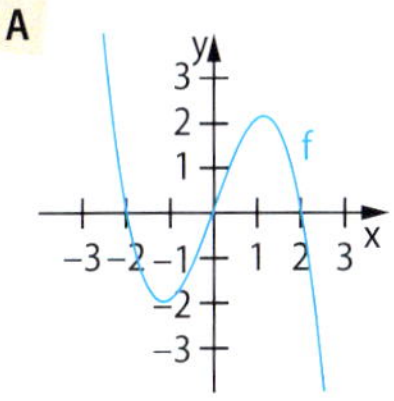

1
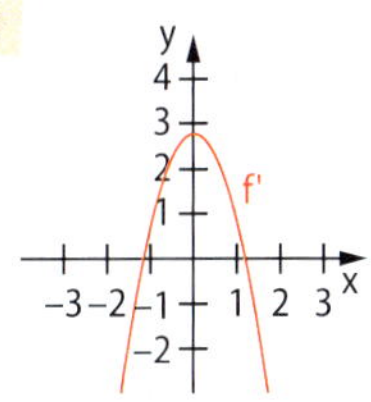

2
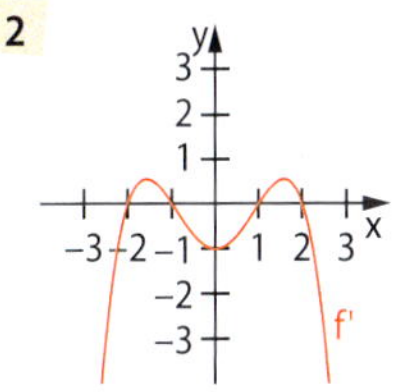

3
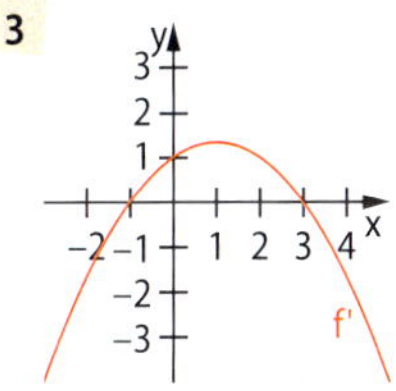

8 Geben Sie die Ableitungsfunktion von f an. Formen Sie, falls nötig, den Funktionsterm zunächst um.

a) $f(x) = x^{12}$
b) $f(x) = 2 + 0{,}5x$
c) $f(x) = x^3 + 4x^2 + 4x$
d) $f(x) = 4\sqrt{x} + x^{-3}$

a) $f(x) = 3x^3 + 3x^{\frac{1}{3}}$
b) $f(x) = 0{,}1 \cdot (10x^2 + 100)$
c) $f(x) = \frac{1}{4}x^{\frac{2}{5}} - 3x^{-2}$
d) $f(x) = (x + 1)^2 - (x - 1)^2$

9 Finden Sie heraus, für welche Werte des Parameters $a \in \mathbb{R}$ der Graph der Funktion f keine, genau eine bzw. mehr als eine waagrechte Tangente besitzt.

$f(x) = \frac{1}{3}x^3 - ax$; $D = \mathbb{R}$

$f(x) = 0{,}25x^4 + ax^2$; $D = \mathbb{R}$

1 Bestimmen Sie die mittlere Änderungsrate der Funktion f im Intervall I.

a) $f(x) = 4x^2 - 1; I = [2; 5]$
b) $f(x) = -5x^2 - 2x; I = [-3; 2]$
c) $f(x) = \frac{1}{6}x^3 - 4x; I = [-8; 0]$
d) $f(x) = 1{,}4^x; I = [-5; -1]$
e) $f(x) = \frac{2}{3x^2 + 1}; I = [-3; 4]$
f) $f(x) = \sqrt{3x - 1}; I = [2; 3]$
g) $f(x) = \log_{10}(x); I = [0{,}1; 10]$
h) $f(x) = 3 \cdot \sqrt{x}; I = [0; 2]$

2 a) Stellen Sie jeweils die Gleichung der Sekante an den Graphen von f durch die angegebenen Punkte P und Q auf.

1 $f(x) = -0{,}5x^2 + x; P\,(-2\,|\,f(-2)); Q\,(3\,|\,f(3))$

2 $f(x) = 3x^2 + 2; P\,(-1\,|\,f(-1)); Q\left(\frac{1}{2}\,|\,f\left(\frac{1}{2}\right)\right)$

3 $f(x) = -x^4 + 2x; P\,(0\,|\,f(0)); Q\left(\left(\frac{3}{4}\right)|\,f\left(\frac{3}{4}\right)\right)$

4 $f(x) = -0{,}5^{x+1}; P\,(-4\,|\,f(-4)); Q\,(1\,|\,f(1))$

b) Bestimmen Sie anschließend die Steigung der Sekante und deuten Sie ihre Bedeutung für den Graphen der Funktion f.

c) Berechnen Sie den Steigungswinkel, den die Sekante mit der x-Achse einschließt.

3 a) Ermitteln Sie für die Funktion f eine Gleichung der Tangente t an den Graphen von f an der angegebenen Stelle x_0.

1 $f(x) = 3; x_0 = 1{,}5$

2 $f(x) = 2x + 1; x_0 = -4$

3 $f(x) = -2x^2 - x; x_0 = -5$

4 $f(x) = 0{,}5x^2 + 0{,}25x; x_0 = 1$

5 $f(x) = 2x^{-4}; x_0 = 2$

6 $f(x) = x + \frac{1}{x}; x_0 = 5$

b) Bestimmen Sie den Steigungswinkel der Tangente t mit der x-Achse.

4 Bestimmen Sie mithilfe des Differentialquotienten die momentane Änderungsrate der Funktion f an der Stelle x_0.

a) $f(x) = 5; x_0 = -2$
b) $f(x) = -x - 2; x_0 = 0{,}5$
c) $f(x) = x^2 + 2; x_0 = 3$
d) $f(x) = -x^2 - x; x_0 = 4$
e) $f(x) = \frac{3}{x^2}; x_0 = 1$
f) $f(x) = -(x^2 + 4); x_0 = \frac{1}{2}\sqrt{2}$

5 Bestimmen Sie jeweils die Ableitungsfunktion mithilfe der Ableitungsregeln.

a) $f(x) = 2x^4$
b) $f(x) = -3x$
c) $f(x) = -4$
d) $f(x) = -5x$
e) $f(x) = -\frac{1}{x}$
f) $f(x) = \frac{2}{x}$
g) $f(x) = 5x^3 + 1$
h) $f(x) = x^2 - 4$
i) $f(x) = 3x^2 - x$
j) $f(x) = x - x^{-1}$
k) $f(x) = 4x^{-5}$
l) $f(x) = x \cdot (x + 1)$

6 Ermitteln Sie für die folgenden Funktionen die Stellen, an denen der Graph eine waagrechte Tangente besitzt. Begründen Sie, wenn dies nicht möglich ist.

a) $f(x) = x^2 + 2x + 5$
b) $f(x) = -3x^3 + 2x + 1$
c) $f(x) = \frac{1}{3}x^3 + x^2 + x$
d) $f(x) = \frac{2}{x^2}$

7 Übertragen Sie den abgebildeten Graphen einer Funktion f möglichst genau in Ihr Heft. Zeichnen Sie dann dort an mindestens vier Stellen Tangenten an den Graphen von f sowie je ein zugehöriges Steigungsdreieck. Ermitteln Sie die jeweilige Tangentensteigung und skizzieren Sie mithilfe dieser Werte den Graphen von f'.

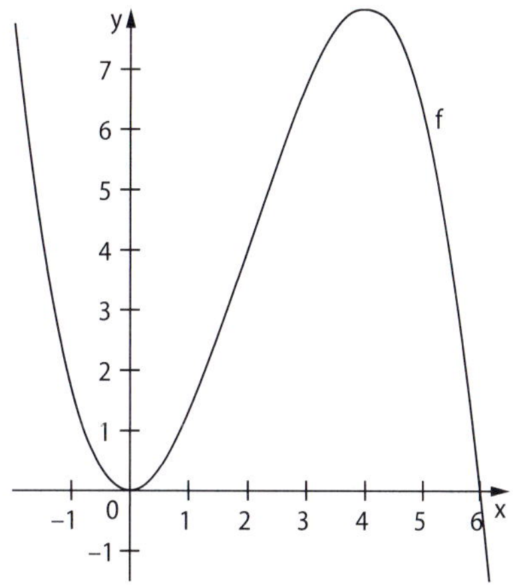

8 Die Abbildungen **1** bis **3** zeigen jeweils den Graphen einer Funktion f.

1

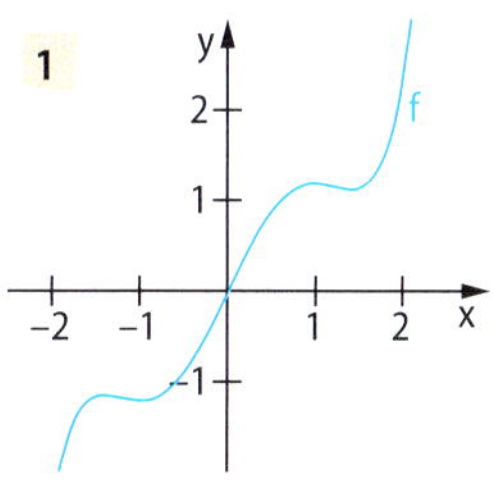

2

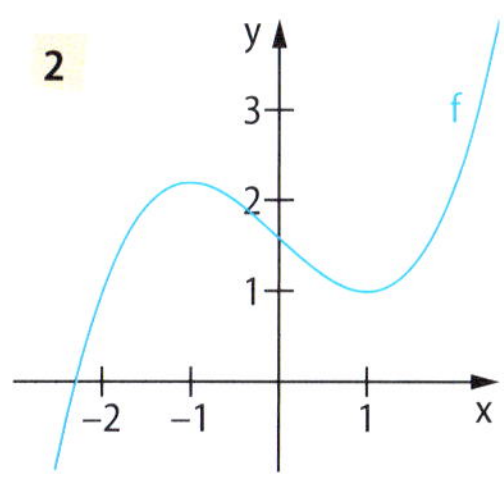

3

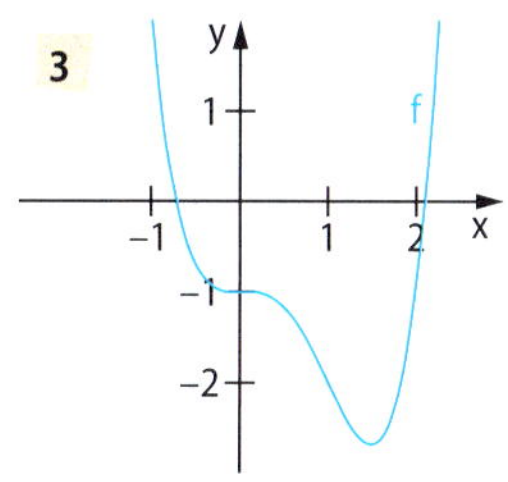

Skizzieren Sie den Graphen der Ableitungsfunktion. Beschreiben Sie Ihr Vorgehen.

9 Prüfen Sie, ob f' die Ableitungsfunktion von f ist.

a) $f(x) = 2x^3 - 4x^2 + x$; $f'(x) = 6x^2 - 8x + 1$

b) $f(x) = 2x^7 - 5x$; $f'(x) = 14x - 5$

c) $f(x) = 2x^7 + 5x^5 + 1$; $f'(x) = 14x^6 + 25x^4$

d) $f(x) = 3x^{-\frac{1}{2}} + \frac{1}{3}x + 7$; $f'(x) = 1{,}5x^{-\frac{3}{2}} + x$

e) $f(x) = 3x^2 + 4x^3 + 7$; $f'(x) = 6x + 12$

f) $f(x) = 4x^{-2} + 7x + 3$; $f'(x) = -8x + 7 + 3$

10 Der Punkt A (−2 | 4) liegt auf dem Graphen einer Funktion f, deren Ableitungsfunktion f' gegeben ist mit $f'(x) = 4x^{-4}$.

a) Erläutern Sie, wie Sie die Funktionsgleichung von f bestimmen können.

b) Bestimmen Sie eine Gleichung der Funktion f zur gegebenen Ableitungsfunktion.

c) Prüfen Sie, ob B (4 | 8) und C (0 | 3) auf, ober- oder unterhalb des Graphen von f liegen.

11 Begründen Sie, dass die Funktionen f mit $f(x) = 5x^2 + 2x + 1$ und g mit $g(x) = 5x^2 + 2x - 3$ dieselbe Ableitungsfunktion haben.

12 Bestimmen Sie für die Funktion f die Stelle x_0 aus dem Intervall I, für die die momentane Änderungsrate mit der mittleren Änderungsrate im Intervall I übereinstimmt. Fertigen Sie jeweils eine aussagekräftige Skizze an.

Informieren Sie sich im Internet über den Mittelwertsatz der Differentialrechnung.

a) $f(x) = x^2 - 2x + 1$; $I = [-3; 1]$

b) $f(x) = x^2 - 2x + 1$; $I = [0; 4]$

c) $f(x) = x^3 - x$; $I = [1; 4]$

d) $f(x) = \frac{2}{x^2} + 1$; $I = [-3; -1]$

e) $f(x) = 2x^2 - 7$; $I = [-4; 1]$

f) $f(x) = -3x + 1$; $I = [0; 5]$

g) $f(x) = \frac{1}{3}x^3 + x$; $I = [-1; 2]$

h) $f(x) = x^2 - x - 1$; $I = [-2; 1]$

13 Gegeben sind die vier Funktionen f_1, f_2, f_3 und f_4 sowie ihre Funktionsgraphen.

$f_1(x) = \frac{1}{x}$; $D = \mathbb{R}\setminus\{0\}$

$f_2(x) = \frac{1}{3-x}$; $D = \mathbb{R}\setminus\{3\}$

$f_3(x) = -(x-3)^2$; $D = \mathbb{R}$

$f_4(x) = 3 - x$; $D = \mathbb{R}$

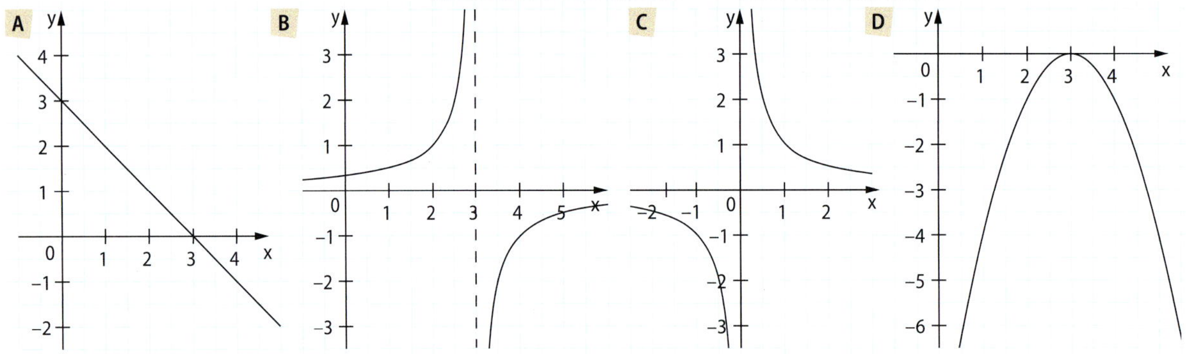

a) Ordnen Sie zunächst jeder der vier Funktionen ihren Funktionsgraphen zu. Begründen Sie Ihre Zuordnung.

b) Skizzieren Sie in Ihrem Heft zu jeder dieser vier Funktionen den Graphen ihrer Ableitungsfunktion. Beschreiben Sie Ihr Vorgehen.

14 Gegeben ist der Graph einer Funktion f. Skizzieren Sie jeweils den zugehörigen Graphen der Ableitungsfunktion f' in Ihr Heft. Beschreiben Sie Ihr Vorgehen.

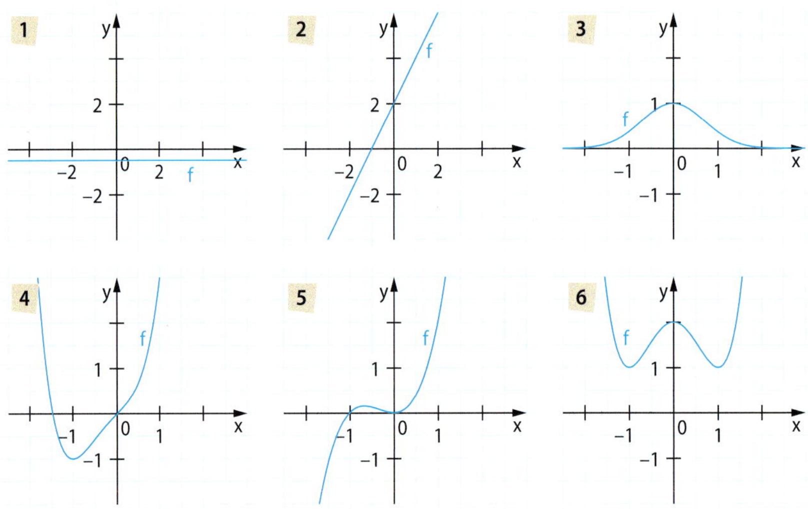

15 Gegeben ist der Graph der Funktion f mit $f(x) = x^3$; $D = \mathbb{R}$.

a) Zeichnen Sie den Graphen von f. Ermitteln Sie anhand des Graphen Näherungswerte für die Tangentensteigungen in $x_0 = 0$, $x_0 = 1$, $x_0 = -1$, $x_0 = 2$ und $x_0 = -2$.

b) Zeigen Sie, dass für jedes $x \in D$ gilt: $x^3 - x_0^3 = (x - x_0) \cdot (x^2 + xx_0 + x_0^2)$

c) Bestimmen Sie rechnerisch die Werte der momentanen Änderungsrate für $x_0 = 0$, $x_0 = 1$, $x_0 = -1$, $x_0 = 2$ und $x_0 = -2$. Berechnen Sie den prozentualen Unterschied zwischen dem berechneten Wert und dem graphischen Wert aus Teilaufgabe a).

16 Die Abbildung zeigt den Graphen einer Funktion f.

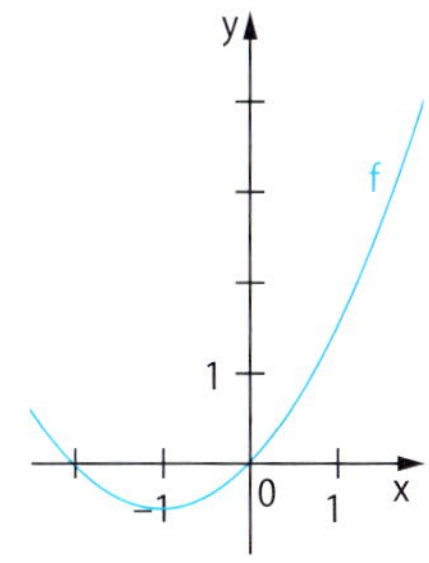

a) Beschreiben Sie Eigenschaften der Ableitungsfunktion f'.

b) Übertragen Sie den Graphen der Funktion in Ihr Heft und skizzieren Sie den Graphen der Ableitungsfunktion f' in dasselbe Koordinatensystem.

17 Geben Sie im Sachkontext die Bedeutung der Ableitung f' an, wenn die Funktion f folgendes beschreibt:

a) Geschwindigkeit in Abhängigkeit der Zeit

b) Zurückgelegte Strecke in Abhängigkeit der Zeit

c) Füllhöhe einer Wasserwanne in Abhängigkeit der Zeit

d) Höhe über dem Wasser beim Sprung vom 10 m-Turm

18 Stellen Sie mithilfe einer Wertetabelle folgende Funktionen graphisch dar. Überlegen Sie dann mit einem Partner oder einer Partnerin, wie der zugehörige Ableitungsgraph aussieht. Beschreiben Sie dessen Verlauf.

a) $f(x) = 2x$ **b)** $f(x) = -2x^2 + x + 5$ **c)** $f(x) = x^3 - 2x$

19 **a)** Geben Sie das Volumen $V_K(r)$ einer Kugel K mit Durchmesserlänge 2r sowie das Volumen $V_W(a)$ eines Würfels W mit Kantenlänge 2a an.

b) Bilden Sie dann die beiden Ableitungen $V_K'(r)$ und $V_W'(a)$. Beschreiben Sie, was Ihnen auffällt.

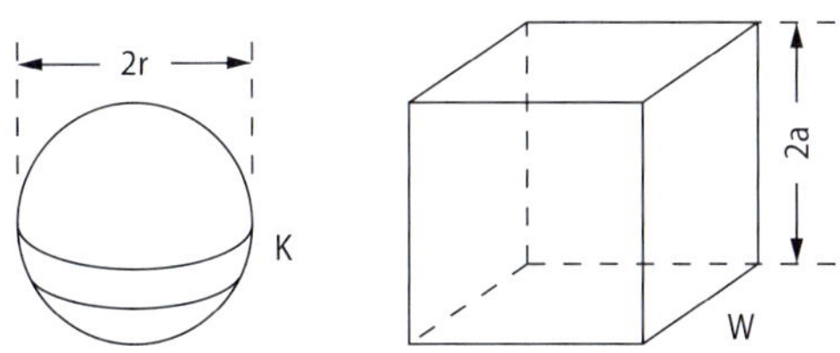

20 Nimmt ein Patient ein bestimmtes Medikament ein, so hängt die Konzentration K(t) dieses Medikaments im Blut von der Zeit t ab, die seit der Einnahme vergangen ist. Das Diagramm zeigt die Konzentration in mg pro Liter in Abhängigkeit der abgelaufenen Zeit in Stunden seit Medikamenteneinnahme.

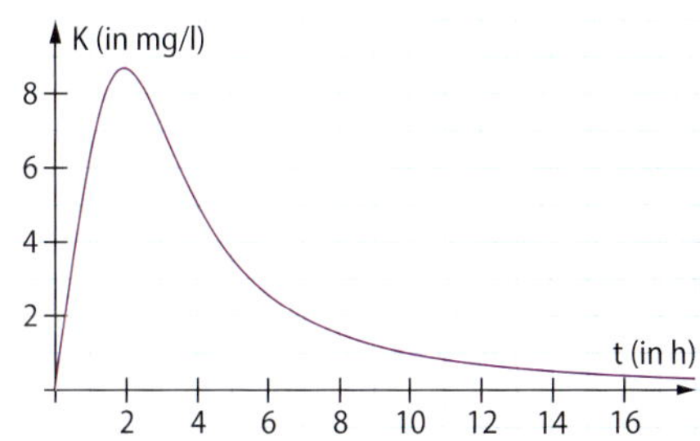

a) Ermitteln Sie, wann die Konzentration am größten ist.

b) Bestimmen Sie graphisch die mittlere Änderungsrate der Konzentration in den ersten beiden Stunden nach Einnahme.

c) Finden Sie den Zeitpunkt, an dem das Medikament am stärksten abgebaut wird. Bestimmen Sie diese Änderungsrate näherungsweise. Beschreiben Sie Ihr Vorgehen.

21 Gegeben ist die Funktion f mit $f(x) = x^3 - 6x^2 + 14x$; $D = \mathbb{R}$.

a) Skizzen Sie den Funktionsgraphen.

b) Begründen Sie, warum es eine Tangente mit minimaler Steigung gibt und bestimmen Sie deren Funktionsgleichung.

c) Prüfen Sie, ob es auch eine Tangente mit maximaler Steigung gibt.

d) Die Funktion f soll die Geschwindigkeit eines Elementarteilchens in einem Beschleunigungsprozess angeben.

1 Geben Sie an, welche Bedeutung $f(0) = 0$ in diesem Sachkontext hat.

2 Erläutern Sie die Bedeutung der Ableitungsfunktion f' im Sachzusammenhang.

2 Horizonte

In den vorangegangenen Kapiteln haben Sie zwei Grundvorstellungen der Ableitung kennengelernt: zum einen die Ableitung als **Tangentensteigung**, zum anderen die Ableitung als **momentane Änderungsrate**. Im Folgenden beschäftigen wir uns mit einer weiteren Grundvorstellung.

Hierzu betrachten wir ein Quadrat mit der (gegebenen) Seitenlänge x und dem Flächeninhalt $A(x) = x^2$. Wir fragen uns konkret, welche Auswirkungen eine kleine Veränderung (hier: Vergrößerung) der Seitenlänge x (das ist die unabhängige Größe) auf den Flächeninhalt A (x) (das ist die abhängige Größe) hat. Diese kleine Veränderung bezeichnen wir mit h: h steht für die Differenz $\Delta x = x_2 - x_1$, also für einen kleinen Unterschied zwischen x_2 und x_1.

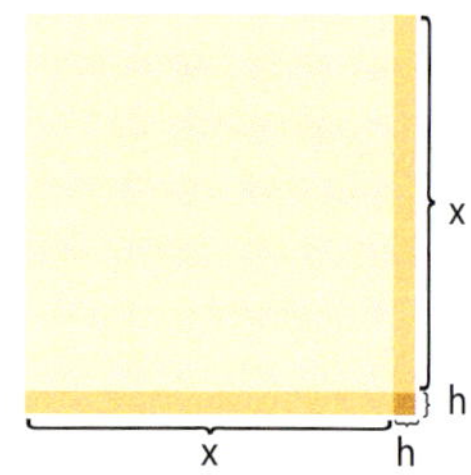

1 Erläutern Sie unter Zuhilfenahme der Skizze, dass sich für die absolute Änderung des Flächeninhalts des Quadrates ergibt: $\Delta A = 2x \cdot h + h^2$.

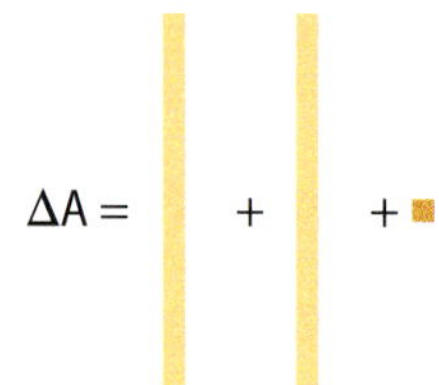

2 Setzen Sie für h nun drei konkrete, immer kleiner werdende Zahlen ein und berechnen Sie die dazu gehörige absolute Veränderung ΔA des Flächeninhalts A (x).

3 Erläutern Sie, dass sich allgemein für kleine Änderungen Δx ergibt: $\Delta A \approx A'(x) \cdot h = 2x \cdot h$. Gehen Sie dabei darauf ein, dass für die relative Änderung des Flächeninhalts (mittlere Änderungsrate) folgende Näherung beliebig gut ist, wenn h hinreichend klein ist:

$$\frac{(x+h)^2 - x^2}{h} = \frac{2xh + h^2}{h} = 2x + h \approx 2x\,.$$

4 Erläutern Sie unter Einbeziehung einer Skizze folgenden Satz:
„Die lokale Änderungsrate des Flächeninhalts eines Quadrats der Kantenlänge x ist gleich seinem halben Umfang. Anders ausgedrückt: Als Ableitung des Quadratflächeninhalts erhält man den halben Quadratumfang, d. h.: Verändert man die Quadratseitenlänge und damit den Quadratflächeninhalt minimal, so erhält man den halben Quadratumfang".

Wir können zusammenfassend festhalten:

Die Ableitung gibt an, wie stark sich eine kleine Änderung (beispielweise ein kleiner Messfehler) einer (unabhängigen) Größe auf eine davon abhängige Größe auswirkt. Hohe Werte der Ableitung bedeuten dabei eine schnelle/starke Änderungen der Funktionswerte (eine große Steigung in diesem Kurvenabschnitt); kleine Änderungen der Ableitungswerte bedeuten hingegen, dass sich die Funktionswerte kaum ändern. Diese Interpretation der Ableitung nennt man **Verstärkungsfaktorvorstellung.**

Schauen wir uns nun Beispiele an, die die Relevanz der Verstärkungsfaktorvorstellung illustrieren:

- Die Abbildung zeigt die Höhe x eines senkrecht nach oben geworfenen Balls in Abhängigkeit von der Zeit t. Bestimmen Sie, zu welchem Zeitpunkt t_E sich die Position (Höhe) des Balls am wenigsten ändert. Geben Sie die Geschwindigkeit zu diesem Zeitpunkt an.

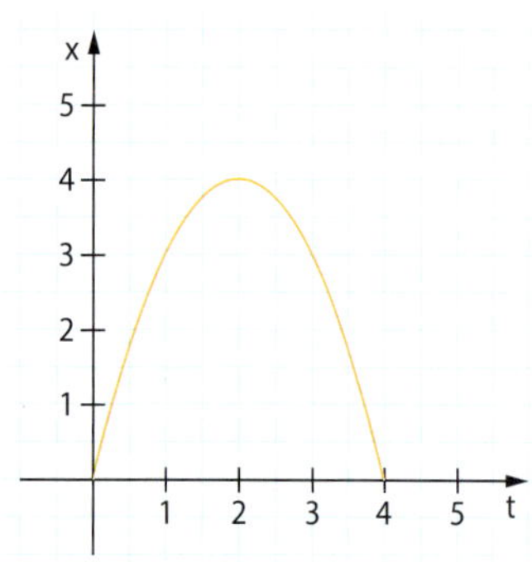

Die Ableitung als Verstärkungsfaktor kleiner Änderungen

- Die Abbildung zeigt die Ladung Q eines Kondensators in Abhängigkeit von der Zeit t. Zu welchen Zeitpunkten resultiert aus einer kleinen zeitlichen Änderung kaum eine Änderung der Ladung? Welche Rückschlüsse lassen sich auf die Stromstärke zu diesen Zeitpunkten ziehen?

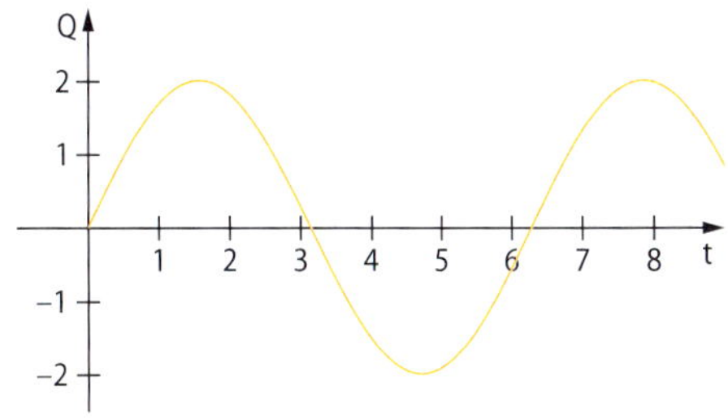

Wir halten fest:

Die **Verstärkungsfaktorvorstellung** kann zum Beispiel dabei helfen, Hoch- und Tiefpunkte einer Kurve zu ermitteln.

5 Übertragen Sie unter Zuhilfenahme der abgebildeten Skizze Ihre bisherigen Erkenntnisse nun auf den Würfel. Wir betrachten eine kleine Änderung des Würfelvolumens.

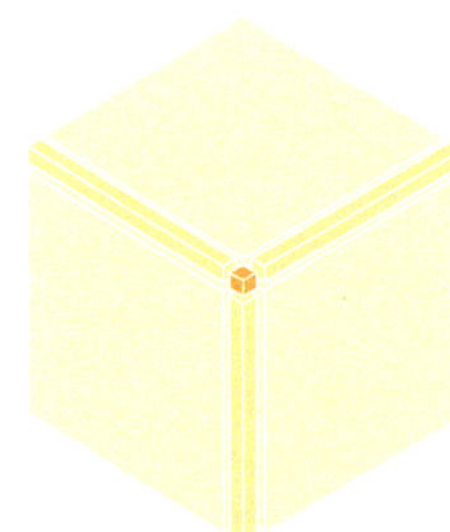

a) Erläutern Sie, inwiefern die Abbildung die binomische Formel $(a + b)^3 = a^3 + 3a^2b + 3ab^2 + b^3$ visualisiert.

b) Zeigen Sie, dass beim Würfel die Ableitung des Volumens nach der Kantenlänge der halben Würfeloberfläche entspricht.

c) Erläutern Sie, inwiefern diese Erkenntnis illustriert, dass die Ableitung von x^3 demnach $3x^2$ ist.

6 **a)** Zeigen Sie unter Einbeziehung einer Skizze, dass die Ableitung der Fläche eines Kreises seinem Umfang entspricht und stellen Sie dies auch als Formel dar.

b) Versehen Sie jede Zeile der angeführten Argumentation mit einem Kommentar, der zum Ausdruck bringt, was aus welchen Gründen gemacht wurde.

	Umformung	Kommentar
1	$U(a) \cdot d \leq A(a+d) - A(a) \leq U(a+d) \cdot d$	
2	$U(a) \leq \frac{A(a+d) - A(a)}{d} \leq U(a+d)$	
3	$U(a) \leq \lim\limits_{d \to 0} \frac{A(a+d) - A(a)}{d} \leq \lim\limits_{d \to 0} U(a+d)$	
4	$U(a) \leq \lim\limits_{d \to 0} \frac{A(a+d) - A(a)}{d} \leq U(a)$	
5	$U(a) = A'(a) = 2\pi a$	

7 Zeigen Sie unter Einbeziehung einer Skizze, dass die Ableitung des Kugelvolumens nach dem Radius die Kugeloberfläche ergibt.

8 Zeigen Sie mithilfe der Skizze, dass für ein gleichseitiges Dreieck mit Höhe h gilt: $\frac{1}{3}U(h) = A'(h)$. Beschreiben Sie diesen Zusammenhang in Worten.

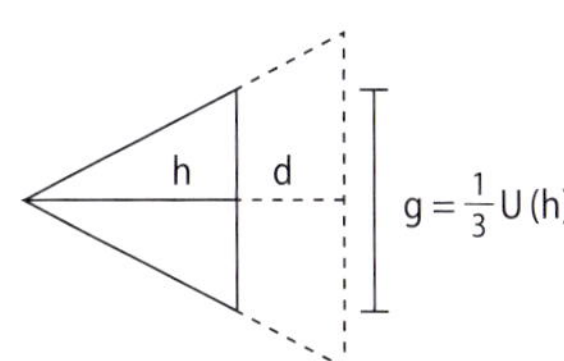

Abschließend kann man zusammenfassen:

Die **Verstärkungsfaktorvorstellung** der Ableitung hilft dabei, geometrische Zusammenhänge zwischen Umfang und Flächeninhalt von ebenen Figuren bzw. Volumen und Oberfläche von Körpern plausibel zu machen.

Überprüfen Sie Ihre Fähigkeiten und Kompetenzen. Bearbeiten Sie dazu die folgenden Aufgaben und bewerten Sie anschließend Ihre Lösungen mit einem Smiley.

☺	😐	☹
Das kann ich **wirklich gut!**	Das kann ich **fast!**	Das muss ich **noch üben!**

1 Erläutern Sie, was unter der mittleren Änderungsrate zu verstehen ist.

2 Eine Bakterienkultur mit einem Anfangsbestand von 2000 Bakterien verdoppelt sich stündlich. Bestimmen Sie die mittlere Änderungsrate der ersten, der zweiten und der dritten Stunde und vergleichen Sie diese miteinander.

3 Bestimmen Sie zu den gegebenen Funktionen die jeweilige Ableitungsfunktion. Verwenden Sie die Ableitungsregeln.

$f(x) = 3x^2 + 5x - 1$ $\quad g(x) = \frac{1}{x^4} + 2x + 3$

$h(x) = x^5 - x^4 - x^3 + x^2$ $\quad k(x) = x^{20} - 5x$

4 Bestimmen Sie die Punkte, in welchen der Graph von f eine waagrechte Tangente besitzt.

a) $f(x) = \frac{1}{3}x^3 + x^2 - 8x + 1$

b) $f(x) = \frac{1}{5}x^5 - \frac{2}{3}x^3 + x + 2$

5 Zeigen Sie, dass der Graph der Funktion f mit $f(x) = 0{,}5x^3 - 2x - 1$ zwei Tangenten hat, die parallel zur Geraden g mit $g(x) = 4x + 1$ verlaufen. Bestimmen Sie deren Gleichungen und den jeweiligen Schnittwinkel der Tangente mit der x-Achse.

6 Bestimmen Sie die Gleichung der Tangente an den Graphen von f im Punkt $P(-2\,|\,f(-2))$.

a) $f(x) = \frac{2}{x} + 3$

b) $f(x) = x^3 + 2x^2 + x - 4$

7 Bestimmen Sie zur gegebenen Ableitungsfunktion eine Funktionsgleichung der ursprünglichen Funktion. Beschreiben Sie Ihr Vorgehen.

a) $f'(x) = 4x + 1$

b) $g'(x) = -5$

c) $h'(x) = -x^{-2} - x^{-3}$

d) $k'(x) = \frac{1}{3}x^3 + 2x^2$

8 Ordnen Sie den Graphen der Funktionen f, g und h den zugehörigen Graphen A, B oder C der Ableitungsfunktion zu. Begründen Sie Ihre Auswahl.

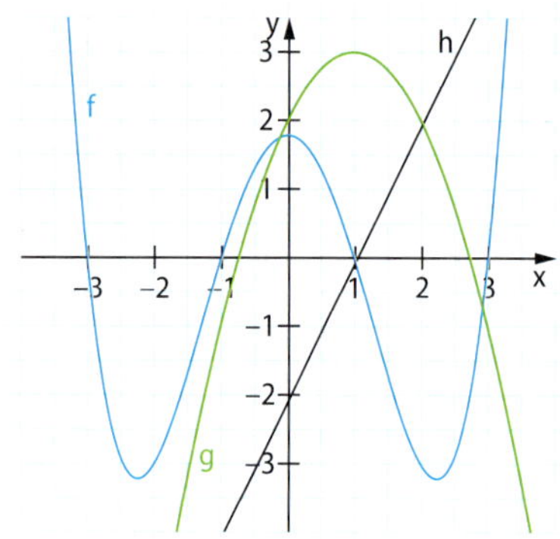

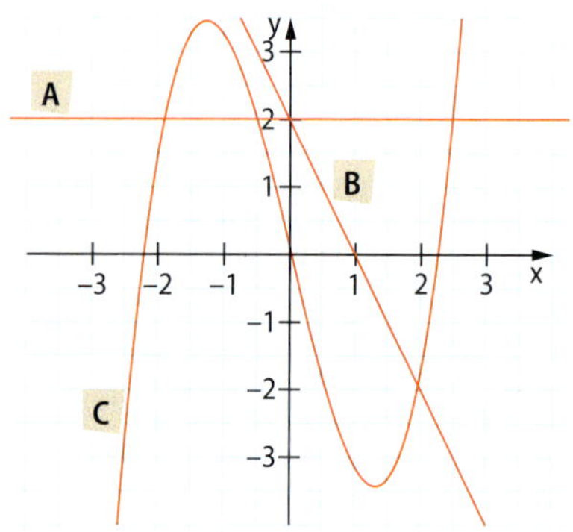

9 Übertragen Sie den Graphen der Funktion f möglichst genau in Ihr Heft. Skizzieren Sie den Graphen der Ableitungsfunktion f'. Beschreiben Sie Ihr Vorgehen.

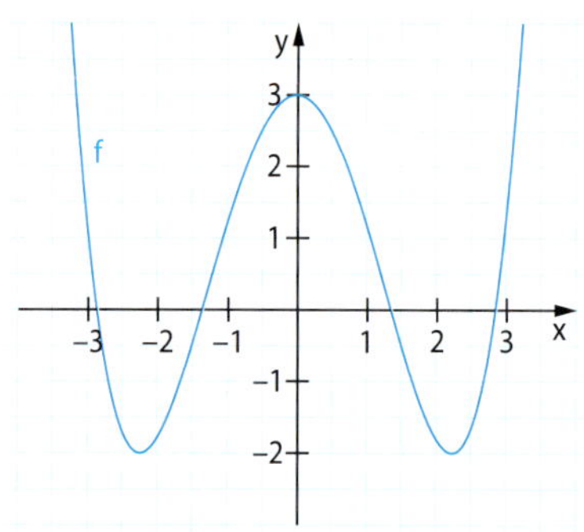

Arbeitsschritte

Aufgaben für Lernpartner

1. Bearbeiten Sie die folgenden Aufgaben zuerst allein.
2. Suchen Sie einen Partner oder eine Partnerin und arbeiten Sie zusammen weiter: Erklären Sie sich gegenseitig Ihre Lösungen. Korrigieren Sie fehlerhafte Antworten.

Sind folgende Behauptungen richtig oder falsch? Begründen Sie.

A Die mittlere Änderungsrate eines Wachstumsvorgangs gibt an, wie lineares Wachstum mit gleichem Anfangs- und Endpunkt verlaufen würde.

B Kennt man Anfangs- und Endpunkt des Graphen einer Funktion, so kann mithilfe der mittleren Änderungsrate jeder Zwischenwert genau berechnet werden.

C Es gibt nicht-konstante Funktionen, die für ein Intervall eine mittlere Änderungsrate von 0 haben.

D Es gibt nicht-konstante Funktionen, für die die momentane Änderungsrate an jeder Stelle gleich null ist.

E Es gibt Funktionen, deren Ableitungsfunktion stets im positiven Bereich verläuft.

F Zu jeder vorgegebenen Ableitungsfunktion gibt es genau eine Funktion, aus der sie entstanden ist.

G Legt man an dem Graphen einer Funktion in zwei verschiedenen Punkten Tangenten an, so schneiden sich diese Tangenten stets.

H Der Schnittwinkel der Tangente mit der x-Achse entspricht dem Schnittwinkel der Normalen mit der y-Achse.

I Ist m die Steigung einer Tangente, so gilt für die Steigung n der zugehörigen Normalen: $n + m = 2$.

J

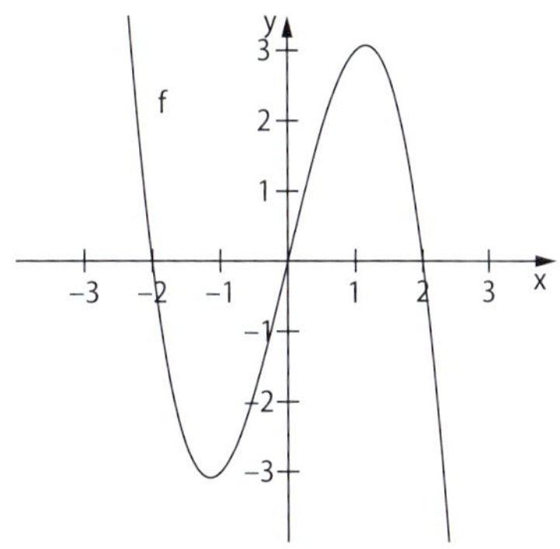

Am Graphen der Funktion f erkennt man, dass die Ableitung f' von f an drei Stellen gleich 0 ist.

K Wenn die Funktion f(s) den Tankinhalt eines Pkw auf der Strecke $[s_1; s_2]$ beschreibt, dann beschreibt die Ableitungsfunktion den durchschnittlichen Kraftstoffverbrauch auf dieser Strecke.

L Wenn die Funktion f(t) das Wachstum einer Pflanze im Zeitraum $[t_1; t_2]$ beschreibt, dann ist die momentane Änderungsrate die Wachstumsgeschwindigkeit zu einem bestimmten Zeitpunkt.

Ich kann …	„Am Ziel!"-Aufgaben	Hilfe
… mittlere Änderungsraten bestimmen.	1, 2, A, B, C, K	S. 44
… momentane Änderungsraten bestimmen.	3, L, D	S. 48
… die Gleichung von Tangenten aufstellen und Tangentensteigungen interpretieren.	4, 5, 6, H, I, J	S. 48, 52
… die Ableitungsfunktion rechnerisch und graphisch bestimmen und anwenden.	7, 8, 9, E, F, G	S. 52, 56, 58

Aufgabe	Ich kann schon …	Grundwissen
1, 2	… quadratische Funktionen und ihre Eigenschaften untersuchen.	S. 219, 229, 230
3, 4	… die Lagebeziehungen von Geraden und Parabeln beurteilen.	S. 218, 230
5	… die Eigenschaften quadratischer Funktionen für die Lösung von Sachaufgaben nutzen.	S. 219, 229

1 Dargestellt sind die Graphen der quadratischen Funktionen p_1 bis p_4. Bestimmen Sie Eigenschaften der Funktionen. Denken Sie dabei an Scheitelpunkt, Definitions- und Wertemenge, Achsenschnittpunkte und Symmetrie.

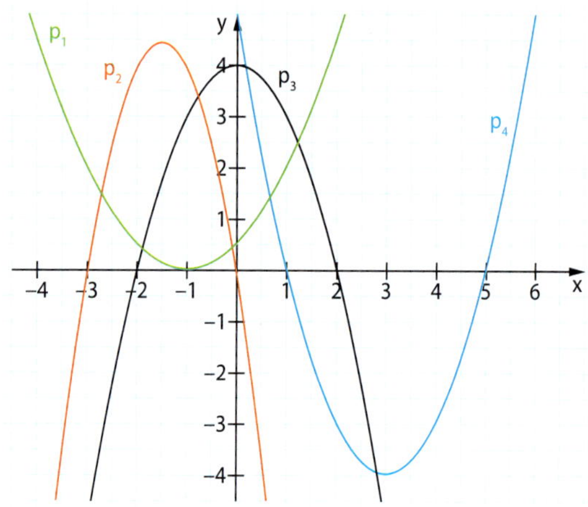

2 Bestimmen Sie zunächst mithilfe der Diskriminante die Anzahl der Nullstellen und dann die möglichen Nullstellen selbst.

1 $2x^2 - 10x + 21 = 0$	**2** $-x^2 - 10x - 10{,}5 = 0$
3 $3x^2 + 6x - 105 = 0$	**4** $3{,}5x^2 = 1{,}75x + 5{,}25$
5 $100x \cdot (x + 3) = 559$	**6** $4x^2 - 9 = -x^2 + 16$

3 Geben Sie die Gleichung einer Parabel p und einer Geraden g an, die ...

a) keinen Punkt gemeinsam haben.

b) die beiden Punkte P (–2 | 4) und Q (2 | 4) gemeinsam haben.

c) nur den Punkt R (–1 | 2) gemeinsam haben.

d) mit der Geraden h mit der Gleichung x = 3 denselben Punkt gemeinsam haben.

4 Gegeben ist die Gleichung $x^2 - x - 3 = 0{,}5x + 1{,}5$. Lösen Sie die Gleichung graphisch und rechnerisch.

5 Bei vielen Brücken überspannt ein Parabelbogen ein Tal. Die Fahrbahn wird dabei von Haltepfeilern getragen, die in regelmäßigen Abständen angeordnet sind. Die Grafik stellt eine vereinfachte Vorderansicht des Parabelbogens einer solchen Brücke dar.

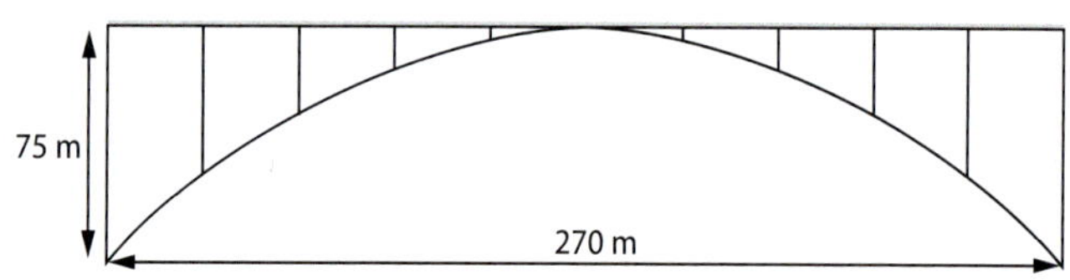

a) Skizzieren Sie die Brückenansicht in einem Koordinatensystem. Wählen Sie geschickt die Lage des Koordinatenursprungs.

b) Ermitteln Sie eine Funktionsgleichung für die Parabel. Beschreiben Sie Ihr Vorgehen.

c) Bestimmen Sie die Länge aller Pfeiler der Brücke.

3 Fortsetzung der Differentialrechnung

Einstieg

Eine Kinderrutsche soll in der Planung mathematisch modelliert werden.

- Das seitliche Profil der Rutsche soll in der Planung zunächst durch einen Graphen einer ganzrationalen Funktion dritten Grades modelliert werden. Beschreiben Sie ein mögliches Vorgehen, um einen passenden Funktionsterm zu finden.
- Der Anfang und das Ende der Rutschbahn sind besondere Stellen der Funktion. Nennen Sie Eigenschaften der Funktion an diesen beiden Punkten. Geben Sie an, welche Aussagen Sie über die Steigung in diesen beiden Punkten machen können.

Ausblick

Am Ende dieses Kapitels haben Sie gelernt, …

- … lokale und globale Extrempunkte einer Funktion zu unterscheiden.
- … das Krümmungsverhalten einer Funktion zu beschreiben.
- … Wendepunkte einer Funktion zu bestimmen.
- … die Eigenschaften von Funktionen und deren Graphen mithilfe von Ableitungsfunktionen zu untersuchen.
- … Extremwertaufgaben zu erkennen und zu lösen.

Die Differentialrechnung ist ein wichtiger Bestandteil der Analysis mit dem sich viele Situationen in der Berufs- und Lebenswelt modellieren lassen. Die Anfänge gehen auf Pierre de Fermat zurück, welcher eine „Methode" entwickelte, um beispielsweise Extremstellen (das sind besondere Stellen von Funktionen) zu bestimmen. René Descartes, Gottfried Wilhelm Leibniz und viele andere führten die Ansätze von Fermat fort.

Kap. 3.2

Pierre de Fermat

Der französische Mathematiker und Jurist Pierre de Fermat (1608 – 1665) erkennt wohl als einer der Ersten den Zusammenhang zwischen Extrempunkten und der Steigung von Tangenten an den Graphen einer Funktion. In seiner Arbeit *Abhandlungen über Maxima und Minima (1629)* gelingt es ihm, einfache Extremwerte zu berechnen sowie die Tangenten an ausgewählte Graphen in vorgegebenen Punkten zu konstruieren.

- Recherchieren Sie über die *Methode zur Bestimmung eines Maximums und Minimums* und gestalten Sie ein Plakat mit einer anschaulichen Erklärung.
- Informieren Sie sich über Fermats Methode, Tangenten an Graphen in gegebenen Punkten zu bestimmen.

Kap. 3.2

Wer bin ich?

Der gesuchte britische Wissenschaftler lebte von 1642 – 1726. Er wuchs unter schwierigen Verhältnissen auf, musste sein Studium wegen der Pest unterbrechen und widmete sich daher längere Zeit selbstständig seinen Forschungen. Vor allem Probleme der Optik, Algebra und der Mechanik beschäftigten ihn. Nach der Pest wurde er u.a. Lehrer für Mathematik und legte 1684 den Grundstein für seine größten Entdeckungen in der Schrift *Philosophiae Naturalis Principia Mathematica.* Dieses Werk, welches sich hauptsächlich mit der Gravitationslehre beschäftigt, machte ihn international berühmt.

- Finden Sie heraus, um welchen bedeutenden Wissenschaftler es sich handelt.
- Recherchieren Sie seine Ideen und seinen Methoden bei der Behandlung geometrischer Probleme, z. B.: bei der Ermittlung von Extrempunkten und von Tangenten. Stellen Sie Ihre Ergebnisse kurz vor.

Kap. 3.3

L'Hôpital und Bernoulli

„Ich bin fest davon überzeugt, dass es auf der ganzen Welt kaum einen Mathematiker gibt, der mit Ihnen verglichen werden kann", schreibt L'Hôpital in einem Brief an Johann Bernoulli.
L'Hôpital galt zu seiner Zeit als bester französischer Mathematiker. Er hatte mit dem Wissenschaftler Johann Bernoulli eine äußerst ungewöhnliche Abmachung abgeschlossen.

- Finden Sie heraus, um welche Abmachung es sich handelte und ob diese erfolgreich war.
- Recherchieren Sie, wie die nach l'Hôpital benannte Rechenregel für Grenzwerte lautet.

Kap. 3.4

Gottfried Wilhelm Leibniz

Gottfried Wilhelm Leibniz hat selbstständig eine Differentialrechnung entwickelt und u. a. die bis heute verwendete Schreibweise Δ für „Differenz" eingeführt.

- Recherchieren Sie, welche große Leistungen dieser Mathematiker im Bereich der Differentialrechnung geleistet hat.
- Präsentieren Sie Ihre Ergebnisse Ihrer Klasse.

Kap. 3.5

Iris Runge

„Fast immer ergeben sich wertvolle Erkenntnisse, wenn es gelingt, eine Brücke zu schlagen zwischen bisher getrennten Wissensgebieten", meinte einst Iris Runge.

- Finden Sie heraus, was sie damit gemeint hat.
- Recherchieren Sie zudem, in welchen Bereichen Iris Runge die enge Zusammengehörigkeit von Wissenschaft und Praxis thematisierte. Präsentieren Sie Ihre Ergebnisse Ihrer Klasse.

Entdecken

Betrachten Sie die abgebildeten Graphen der Funktion f und ihrer Ableitungsfunktion f'.

- Beschreiben Sie Zusammenhänge, die Sie zwischen dem Steigen bzw. Fallen des Funktionsgraphen von f und dem Verlauf des Graphen von f' erkennen.
- Stellen Sie allgemein eine Vermutung für den Zusammenhang zwischen dem Steigungsverhalten einer Funktion und ihrer Ableitungsfunktion auf.

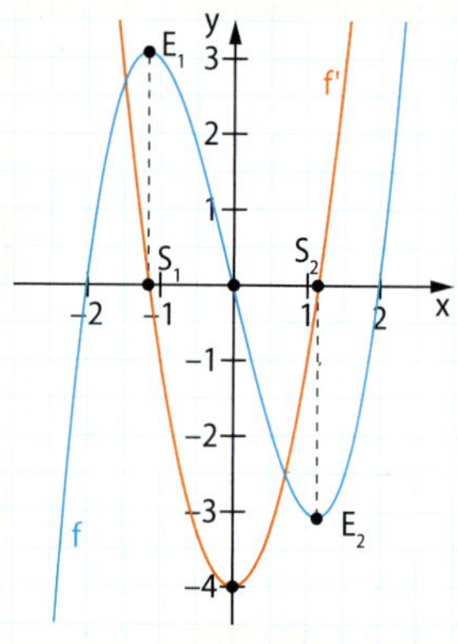

Verstehen

Das Steigungsverhalten des Graphen einer differenzierbaren Funktion lässt sich auch formal beschreiben.

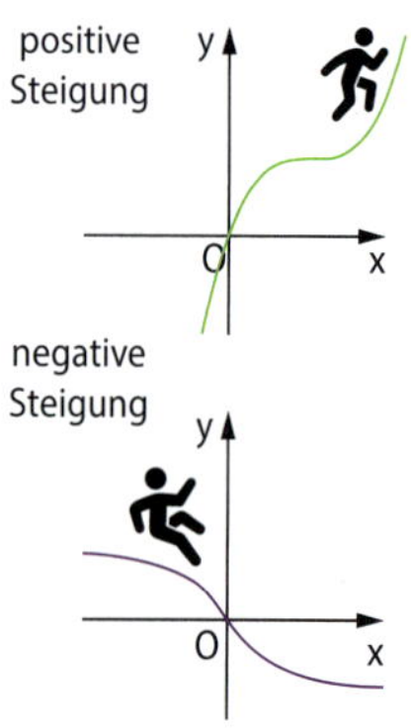

Der Graph einer Funktion f heißt in einem Intervall I aus der Definitionsmenge von f …

- streng monoton steigend, wenn für alle x_1, x_2 aus I gilt:
  $f(x_2) > f(x_1)$ für $x_2 > x_1$.
- monoton steigend, wenn für alle x_1, x_2 aus I gilt:
  $f(x_2) \geq f(x_1)$ für $x_2 > x_1$.
- streng monoton fallend, wenn für alle x_1, x_2 aus I gilt:
  $f(x_2) < f(x_1)$ für $x_2 > x_1$.
- monoton fallend, wenn für alle x_1, x_2 aus I gilt:
  $f(x_2) \leq f(x_1)$ für $x_2 > x_1$.

Ist die Funktion f im Intervall I differenzierbar, so gilt der **Monotoniesatz**:

- Falls $f'(x) > 0$ für alle $x \in I$, so ist der Graph von f streng monoton steigend in I.
- Falls $f'(x) < 0$ für alle $x \in I$, so ist der Graph von f streng monoton fallend in I.
- Der Graph der Funktion f ist genau dann monoton steigend in I, wenn $f'(x) \geq 0$ für alle $x \in I$.
- Der Graph der Funktion f ist genau dann monoton fallend in I, wenn $f'(x) \leq 0$ für alle $x \in I$.

Beispiel

Ermitteln Sie jeweils das größtmögliche Intervall, in dem der Graph der Funktion f mit $f(x) = x^2 - 4x + 4$; $D = \mathbb{R}$, …

a) streng monoton steigt. **b)** streng monoton fällt.

Veranschaulichen Sie diese Intervalle am Funktionsgraphen.

Lösung:

$f'(x) = 2x - 4$; $D = \mathbb{R}$

a) $f'(x) = 2x - 4 > 0$, d. h. $2x > 4$, also $x > 2$
Im Intervall $I_1 = [2; \infty[$ ist f streng monoton steigend.

b) $f'(x) < 0 = 2x - 4 < 0$, d. h. $2x < 4$, also $x < 2$
Im Intervall $I_2 =]-\infty; 2]$ ist f streng monoton fallend.

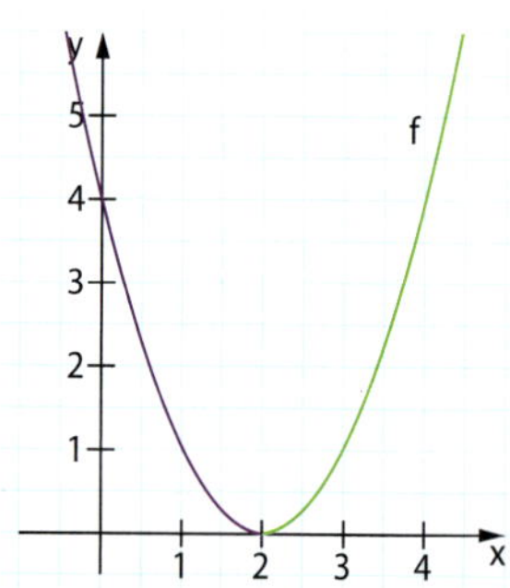

Nachgefragt

- Erklären Sie anschaulich den Unterschied zwischen „streng monoton" und „monoton".
- Begründen Sie anhand eines Beispiels, dass sich das Monotonieverhalten einer Funktion nicht zwingend in einem Punkt mit waagrechter Tangente ändern muss.
- Geben Sie an, in welchen Bereichen die folgenden Funktionen streng monoton steigend bzw. streng monoton fallend sind:

  1 $f(x) = 2x - 1$ **2** $f(x) = -3x$ **3** $f(x) = x^2$ **4** $f(x) = -2x^2$

Aufgaben

1 Untersuchen Sie jeweils die Funktion f graphisch und rechnerisch auf Monotonie.

a) $f(x) = 2x + x^2;\ D = \mathbb{R}$ **b)** $f(x) = 0{,}25x^2 + x;\ D = \mathbb{R}$ **c)** $f(x) = x^3 + 4;\ D = \mathbb{R}$

d) $f(x) = x \cdot (x + 2)^2;\ D = \mathbb{R}$ **e)** $f(x) = \sqrt{2x};\ D = \mathbb{R}_0^+$ **f)** $f(x) = \frac{2}{x};\ D = \mathbb{R}\backslash\{0\}$

2 **1** $f(x) = (x - 1)^2 - 1;\ D = \mathbb{R}$ **2** $g(x) = x^3 - 2x^2;\ D = \mathbb{R}$

a) Ordnen Sie beiden Funktionen den passenden Graphen zu. Begründen Sie Ihre Zuordnung.

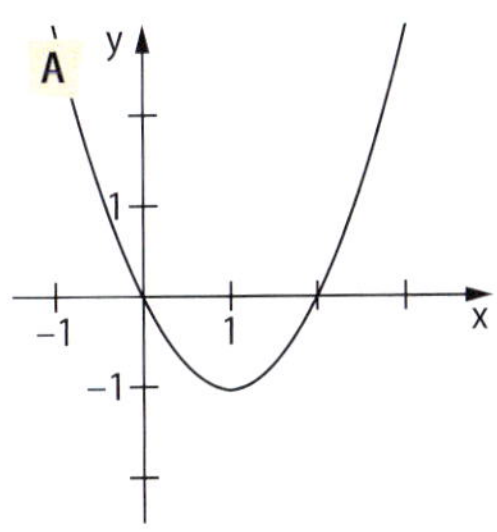

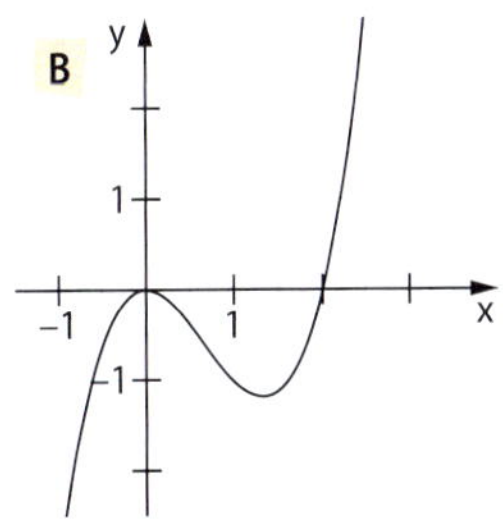

b) Ermitteln Sie rechnerisch die größtmöglichen Intervalle, in denen die jeweilige Funktion streng monoton fallend bzw. streng monoton steigend ist.

3 Die Abbildung zeigt den Graphen der Funktion f mit $f(x) = 0{,}4x^3 + 1{,}2x^2;\ D = \mathbb{R}$.
Ermitteln Sie die größtmöglichen Intervalle, in denen der Graph der Funktion f …

1 streng monoton steigt.
2 streng monoton fällt.

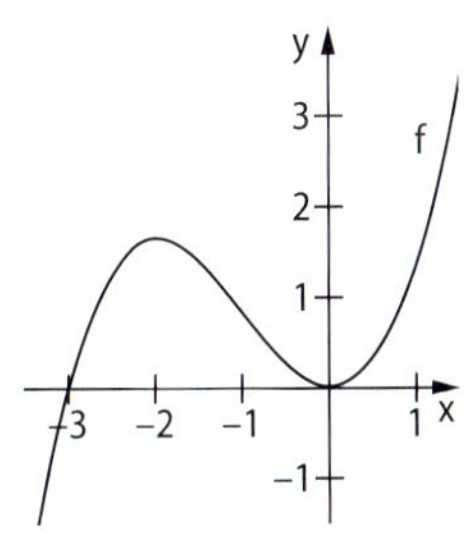

4 **1**

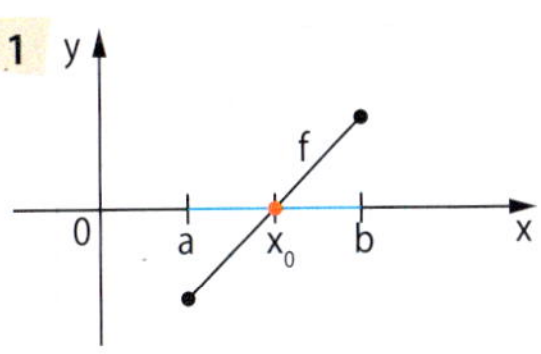

2

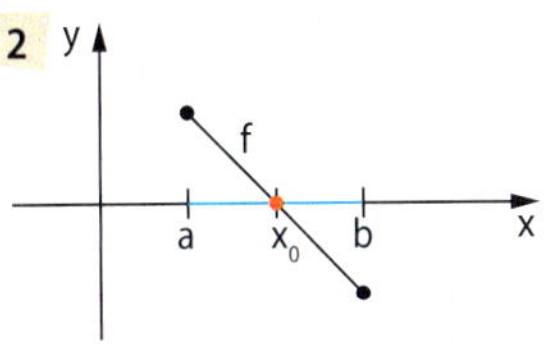

3

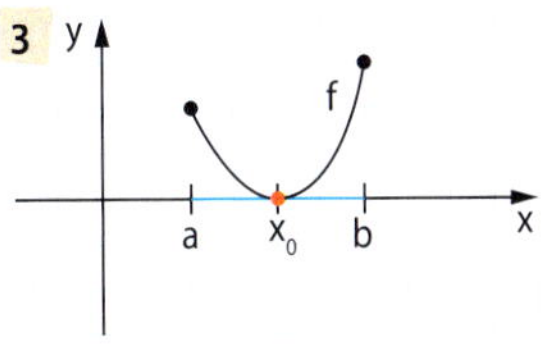

a) Geben Sie für jeden der abgebildeten Funktionsgraphen das Monotonieverhalten der Funktion im Intervall $I = [a; b]$ an.

b) Ordnen Sie jeweils $f(a)$, $f(x_0)$ und $f(b)$ $(a < x_0 < b)$ sinnvoll in einer Ungleichungskette an. Begründen Sie Ihre Anordnung.

5 Ermitteln Sie jeweils alle Intervalle, in denen der Graph der Funktion f streng monoton steigt bzw. streng monoton fällt.

a) $f(x) = \frac{1}{2}x^4 - 3x^2 + 2$; $D = \mathbb{R}$ **b)** $f(x) = x + \frac{1}{x}$; $D = \mathbb{R} \setminus \{0\}$

6 Gegeben ist die Funktionsgleichung der Ableitung f' einer Funktion f mit $D = \mathbb{R}$. Finden Sie möglichst durch Überlegen heraus, in welchen Intervallen der Graph der Funktion f streng monoton steigt.

a) $f'(x) = x \cdot (x + 1)$ **b)** $f'(x) = (x - 1) \cdot (x - 3)$ **c)** $f'(x) = x^2 \cdot (x + 4)$
d) $f'(x) = x^3$ **e)** $f'(x) = x \cdot (x^2 + 4)$ **f)** $f'(x) = x^3 - 1$

7 Die Abbildungen zeigen jeweils den Graphen der Ableitungsfunktion f' einer Funktion f. Beschreiben Sie das Monotonieverhalten.

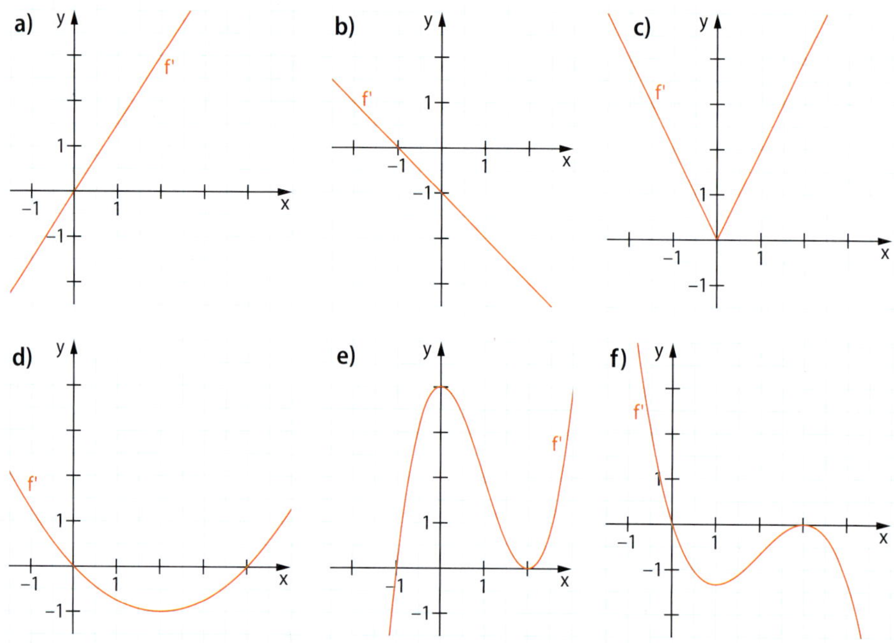

8 **a)** Begründen Sie, weshalb die folgende Aussage nicht aus dem Montoniesatz gefolgert werden kann.

> „Die Funktion f mit $f(x) = x^3$ ist streng monoton steigend, also ist die Ableitung nach dem Monotoniesatz stets postiv."

b) Im Falle der strengen Monotonie kann der Monotoniesatz nicht umgekehrt werden.

Weiterdenken

1 Ist der Graph einer Funktion f im Intervall I streng monoton steigend, kann man **nicht** darauf schließen, dass $f'(x) > 0$ für alle $x \in I$.

2 Ist der Graph einer Funktion f im Intervall I streng monoton fallend, kann man **nicht** darauf schließen, dass $f'(x) < 0$ für alle $x \in I$.

Finden Sie Beispiele für diese Nichtumkehrbarkeit des Monotoniesatzes bei strenger Monotonie.

9 f ist eine differenzierbare Funktion und I ein Intervall aus der Definitionsmenge D von f.

wenn | $f'(x) > 0$ für alle $x \in I$ | $f'(x) < 0$ für alle $x \in I$

f streng monoton steigend in I | f streng monoton fallend in I | dann ist

a) Formulieren Sie mit den vorgegebenen Satzteilen den Monotoniesatz für …
   1 streng monoton steigende Funktionen.
   2 streng monoton fallende Funktionen.
   Finden Sie für jeden Fall ein Beispiel.

b) Erklären Sie, welche weiteren Aussagen Sie treffen können, wenn statt „streng monoton“ lediglich „monoton“ betrachtet wird.

10 Ermitteln Sie jeweils die größtmöglichen Intervalle in der Definitionsmenge D, in denen f streng monoton steigt.

a) $f(x) = 0{,}25x^2 - 1$; $D = \mathbb{R}$
b) $f(x) = x^2 - 4x + 2$; $D = \mathbb{R}$
c) $f(x) = x^4 - 6x^2$; $D = \mathbb{R}$
d) $f(x) = |x - 2|$; $D = \mathbb{R}$

11 Ermitteln Sie jeweils die größtmöglichen Intervalle in der Definitionsmenge D, in denen f streng monoton fällt.

a) $f(x) = x^3 - 3x$; $D = \mathbb{R}$
b) $f(x) = x^2 - 3x$; $D = \mathbb{R}$
c) $f(x) = \frac{1}{x}$; $D = \mathbb{R}$
d) $f(x) = \sqrt{9x}$; $D = \mathbb{R}^+$

12 Die Abbildung zeigt den Graphen der Funktion f mit $f(x) = \frac{x^3}{3} - \frac{x^2}{2} - 2x$; $D = \mathbb{R}$.

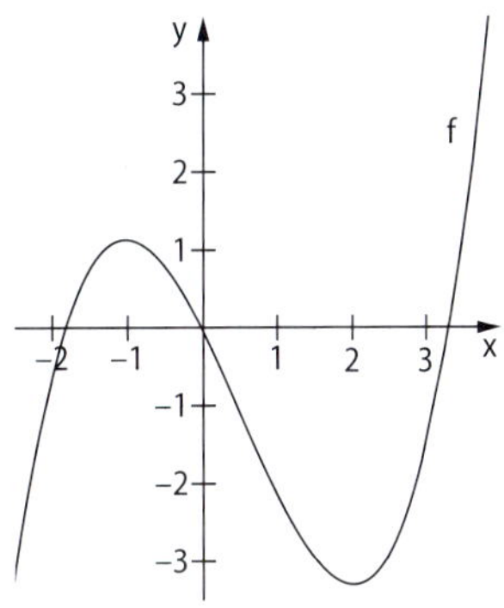

a) Geben Sie die Intervalle an, in denen der Funktionsgraph streng monoton steigt und das Intervall, in dem der Funktionsgraph streng monoton fällt.

b) Bestimmen Sie in den Punkten $S(-2\,|\,f(-2))$, $P(-1\,|\,f(-1))$, $O(0\,|\,f(0))$, $R(2\,|\,f(2))$ und $T(3\,|\,f(3))$ jeweils die Steigung der Tangente an den Graphen von f.

c) Geben Sie an, welche Aussagen man über die Tangentensteigung für die in Teilaufgabe a) ermittelten Intervalle machen kann.

13 Untersuchen Sie das Monotonieverhalten der Funktion f_a in Abhängigkeit vom Wert des Parameters $a \in \mathbb{R}\setminus\{0\}$.

a) $f_a(x) = a - x^2$; $D = \mathbb{R}$
b) $f_a(x) = ax - x^2$; $D = \mathbb{R}$
c) $f_a(x) = 4 - ax^2$; $D = \mathbb{R}$
d) $f_a(x) = a^2x^3 - ax^2$; $D = \mathbb{R}$

14 1 $f(x) = \frac{1}{3}x^3 - ax$; $D = \mathbb{R}$ | 2 $f(x) = 0{,}25x^4 + ax^2$; $D = \mathbb{R}$

a) Finden Sie jeweils heraus, für welche Werte des Parameters $a \in \mathbb{R}$ der Graph der Funktion f keine, genau eine bzw. mehr als eine waagrechte Tangente besitzt.

b) Untersuchen Sie das Monotonieverhalten der Funktion f in Abhängigkeit vom Wert des Parameters $a \in \mathbb{R}$.

c) Beschreiben Sie die Lage derjenigen Punkte, in denen sich das Monotonierverhalten der Funktion f ändert.

Entdecken

In der nebenstehenden Abbildung sehen Sie den Graphen der Funktion f mit $f(x) = x^4 - 2x^2 + 2$ und den Graphen der Ableitungsfunktion f' mit $f'(x) = 4x^3 - 4x$.

- Geben Sie an, welche Rückschlüsse man vom Verlauf des Ableitungsgraphen auf den Verlauf des Ausgangsgraphen und umgekehrt schließen kann. Erstellen Sie eine Übersicht.
- Beschreiben Sie die Punkte von f, in denen f' das Vorzeichen wechselt.

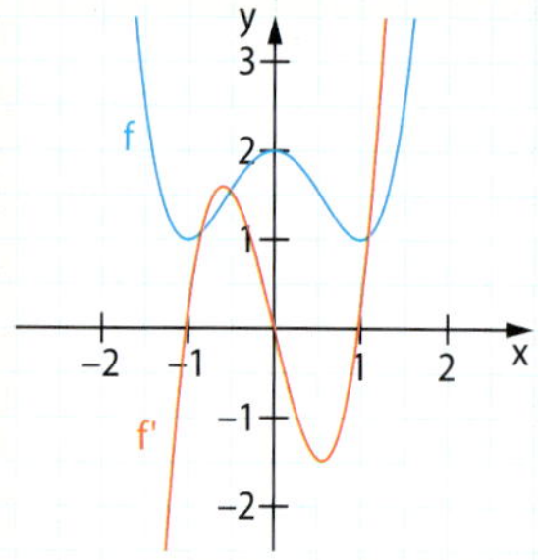

Verstehen

Mithilfe des Monotonieverhaltens kann der Graph einer Funktion weiter untersucht werden.

Notwendiges Kriterium für Extremstellen: $f'(x_0) = 0$

Unter **Extrempunkten** versteht man diejenigen Punkte am Graphen einer Funktion, die in einer Umgebung entweder der höchste Punkt (Hochpunkt) oder der tiefste Punkt (Tiefpunkt) sind. Für eine differenzierbare Funktion f gilt: In jeder Extremstelle x_0 besitzt der Graph von f eine waagrechte Tangente, d.h. $f'(x_0) = 0$.

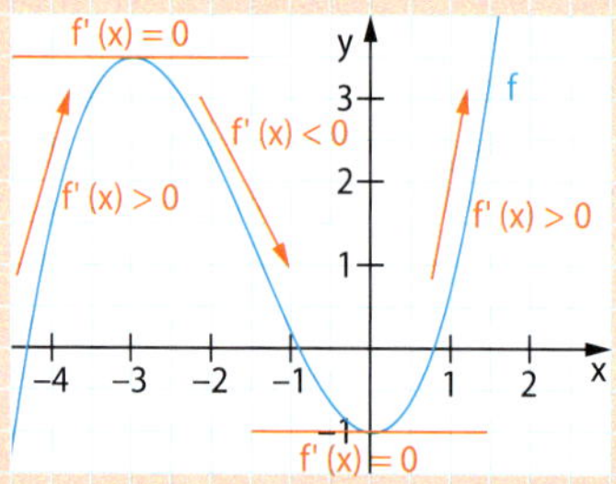

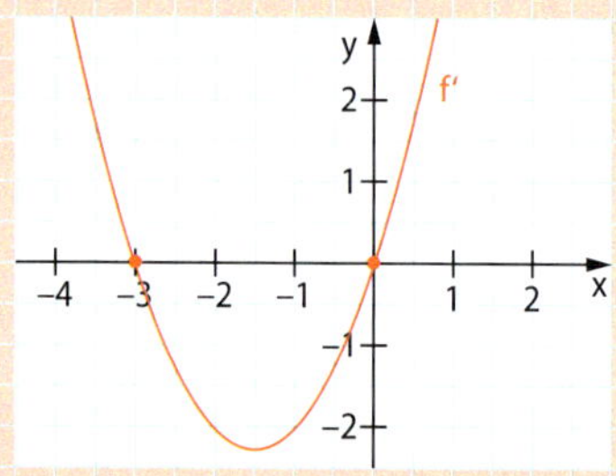

Hinreichendes Kriterium für Extremstellen: Vorzeichenwechsel von f'.

Die y-Koordinate eines Hochpunkts nennt man Maximum, die eines Tiefpunkts Minimum.

Das Monotonieverhalten eines Funktionsgraphen ändert sich in seinen Extrempunkten.

Vorzeichenwechselkriterium:

- Ein **Hochpunkt** $H(x_0 \mid f(x_0))$ liegt vor, wenn die Steigung von f in x_0 von streng monoton steigend zu streng monoton fallend wechselt: $f'(x) > 0$ zu $f'(x) < 0$.
- Ein **Tiefpunkt** $T(x_0 \mid f(x_0))$ liegt vor, wenn die Steigung von f in x_0 von streng monoton fallend zu streng monoton steigend wechselt: $f'(x) < 0$ zu $f'(x) > 0$.

Die Ableitungsfunktion f' einer differenzierbaren Funktion f heißt **erste Ableitung von f.**

Beispiel

Untersuchen Sie die Funktion f mit $f(x) = x^3 - 3x^2$ auf Hoch- und Tiefpunkte. Skizzieren Sie den Graphen.

Lösung:

1 Erste Ableitung: $f'(x) = 3x^2 - 6x$

2 Nullstellen der ersten Ableitung: $f'(x) = 0$, d.h. $3x^2 - 6x = 3x \cdot (x - 2) = 0$, also $x_1 = 0$; $x_2 = 2$

3 Vorzeichenwechsel der Ableitung:

x	$x < 0$	$x_1 = 0$	$0 < x < 2$	$x_2 = 2$	$x > 2$
f'	$f'(x) > 0$	$f'(x_1) = 0$	$f'(x) < 0$	$f'(x_2) = 0$	$f'(x) > 0$

Hochpunkt H (0 | 0)   Tiefpunkt T (2 | −4)

Die y-Koordinate eines Extrempunkts erhalten Sie, indem Sie die Extremstelle x_0 in die Funktionsgleichung von f einsetzen.

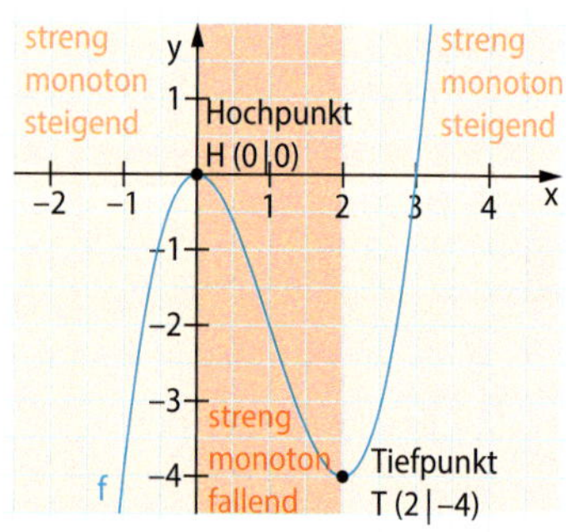

- Begründen Sie anschaulich, dass $f'(x_0) = 0$ eine notwendige, aber keine hinreichende Bedingung für Extrempunkte ist, d. h. alleine aus $f'(x_0) = 0$ kann man nicht auf einen Extrempunkt schließen.
- Begründen Sie die Notwendigkeit des Vorzeichenwechselkriteriums für das Vorhandensein eines Extrempunkts.
- „Ein Hochpunkt muss nicht unbedingt der höchste Punkt des Graphen einer Funktion sein." Erklären Sie die Aussage anhand passender Beispiele.

Nachgefragt

Aufgaben

1 Bestimmen Sie die Extrempunkte des Graphen der Funktion f ($D = \mathbb{R}$). Geben Sie mithilfe des Vorzeichenwechselkriteriums die Art des Extrempunkts an. Beschreiben Sie Ihr Vorgehen.

a) $f(x) = 0{,}2x^2 - 1{,}6x + 1$
b) $f(x) = -\frac{1}{4}x^2 + 2x - 3$
c) $f(x) = \frac{1}{12}x^3 - 0{,}75x^2 + \frac{5}{4}x$
d) $f(x) = x^3 - 6x$
e) $f(x) = 0{,}25x^2 - 2x - 2$
f) $f(x) = \frac{1}{3}x^3 - 2x^2 + 1$

2

1 $f(x) = x^2 - 6x + 9$; $D = \mathbb{R}$; $x_0 = 3$
2 $f(x) = x^3 + 3x^2 - 9x + 0{,}5$; $D = \mathbb{R}$; $x_0 = -3$
3 $f(x) = x^4 + x^2$; $D = \mathbb{R}$; $x_0 = 0$
4 $f(x) = x^3 - 3x^2$; $D = \mathbb{R}$; $x_0 = 2$
5 $f(x) = 3x^3 - x^2$; $D = \mathbb{R}$; $x_0 = 3$
6 $f(x) = x^4 - 3x^3 + 3x^2 + 3x$; $D = \mathbb{R}$; $x_0 = 1$

a) Untersuchen Sie, ob der Punkt $P(x_0 | f(x_0))$ ein Extrempunkt des Graphen von f ist.
b) Entscheiden Sie, falls ein Extrempunkt vorliegt, ob es sich um einen Hochpunkt oder einen Tiefpunkt des Graphen von f handelt. Begründen Sie.

3 Die Abbildungen **1** bis **3** zeigen jeweils den Graphen einer Funktion f. Die linke Abbildung zeigt den Graphen der Ableitungsfunktion f' einer der drei Funktionen. Begründen Sie mithilfe der Extrempunkte und des Vorzeichenwechselkriteriums, welcher Graph von f zum Graphen von f' gehört.

a)

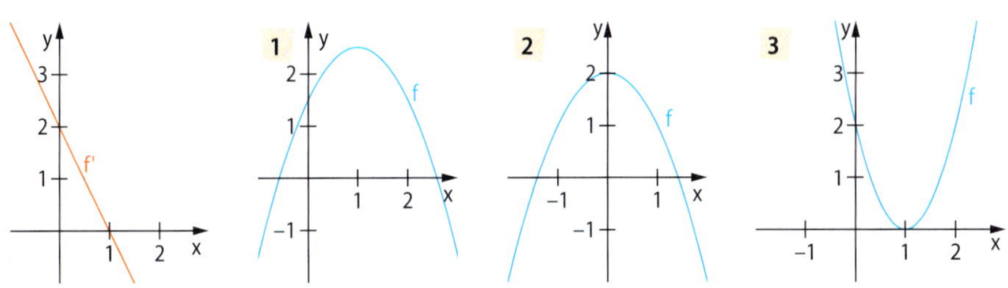

b)

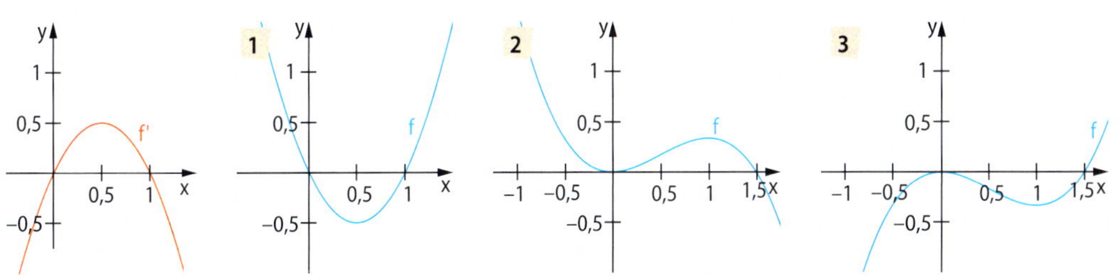

4 Ermitteln Sie die Koordinaten der Hoch- und Tiefpunkte des Graphen der Funktion f ($D = \mathbb{R}$).

a) $f(x) = 0{,}5x^3 - 3x$
b) $f(x) = x^3 - 6x + 2$
c) $f(x) = x^4 - 5x^2 + 4$
d) $f(x) = x^3 - 3x + 2$
e) $f(x) = x^2 \cdot (x^2 - 2)$
f) $f(x) = (x^2 - 1)^2$

5 Hoch- und Tiefpunkte sind in einer Umgebung des jeweiligen Punkts die höchsten bzw. tiefsten Punkte des Graphen einer Funktion.

Weiterdenken

> Ist der Extrempunkt der höchste bzw. tiefste Punkt des gesamten Graphen, spricht man von einem **globalen Extrempunkt**. Ist dies nicht der Fall, liegt ein **lokaler Extrempunkt** vor.

Untersuchen Sie den Graphen der Funktion f ($D = \mathbb{R}$) bezüglich lokaler und globaler Extrempunkte. Fertigen Sie zunächst eine Skizze an.

a) $f(x) = x^3 - 9x^2 + 27x + 6$
b) $f(x) = x^4 - 2x^2 + 1$
c) $f(x) = 3x^5 - 5x^3$
d) $f(x) = (-1) \cdot (x^4 - 4x^2 + 4)$

6
1 $f(x) = \frac{x^3}{4} - \frac{3}{2}x^2 + \frac{9}{4}x - 2$
2 $f(x) = 0{,}25x^4 + x^3 + x^2 + 1$
3 $f(x) = x^2 - 7x + 13$
4 $f(x) = -3x^5 + 10x^3 - 15x$
5 $f(x) = \frac{1}{4}x^4 - \frac{1}{3}x^3 - \frac{1}{2}x^2$
6 $f(x) = (x^2 - 1)^2$

a) Skizzieren Sie den Graphen von f.
b) Ermitteln Sie die lokalen und globalen Extrempunkte des Graphen von f, sofern diese existieren. Beschreiben Sie Ihr Vorgehen.

7 Zeigen Sie, dass die Ableitungsfunktion f' der Funktion f ($D = \mathbb{R}$) eine Nullstelle besitzt, die jedoch keine lokale Extremstelle von f ist. Skizzieren Sie den Graphen von f.

a) $f(x) = 0{,}5 \cdot (x^3 + 3x^2 + 3x + 2)$
b) $f(x) = -x^5 - 3x^3 + 1$

8 a) Beschreiben Sie das Vorgehen zur Bestimmung der globalen Extrempunkte des Graphen einer Funktion f in einem abgeschlossenen Intervall.

> Um globale Extrempunkte des Graphen einer Funktion f in einem abgeschlossenen Intervall [a; b] zu bestimmen, kann man folgendermaßen vorgehen:
> 1 Bestimmen Sie die lokalen Extrempunkte $(x_1 \mid f(x_1)), \ldots, (x_n \mid f(x_n))$ im offenen Intervall]a; b[.
> 2 Bestimmen Sie zudem die Randpunkte $(a \mid f(a))$ und $(b \mid f(b))$.
> 3 Der globale Hochpunkt (Tiefpunkt) des Graphen von f über dem Intervall [a; b] ist der höchste (tiefste) der Punkte aus 1 und 2.

b) Begründen Sie: Eine Extremstelle in einem abgeschlossenen Intervall kann auch am Rand des Intervalls liegen. Dabei muss die Tangente nicht parallel zur x-Achse sein.

c) Bestimmen Sie alle lokalen und globalen Extrempunkte des Graphen der Funktion f im angegebenen Intervall.

1 $f(x) = x^3 - 3x^2$; $I = [-1; 3]$
2 $f(x) = x^3 - 9x^2 + 24x - 19$; $I = [-3; 4]$
3 $f(x) = \frac{1}{4} \cdot (x^3 - 6x^2 + 9x - 8)$; $I = [0; 5]$
4 $f(x) = x^2 - 4x + 5$; $I = \left[-1; \frac{5}{2}\right]$

d) Beschreiben Sie Ihr Vorgehen bei Intervallen der Form]a; b] bzw. [a; b[.

9 Geben Sie eine Funktion f und ein dazugehöriges Intervall I an, sodass die Funktion in diesem Intervall…

a) einen Hochpunkt, aber keinen Tiefpunkt besitzt.
b) einen Tiefpunkt, aber keinen Hochpunkt besitzt.
c) sowohl einen Hochpunkt als auch einen Tiefpunkt besitzt.
d) den globalen Hochpunkt als Randpunkt des Intervalls I besitzt.

10 Berechnen Sie die Extrempunkte des Graphen der Funktion f. Ordnen Sie die Lösungen zu. In der vorgegebenen Reihenfolge ergeben die Lösungen ein Lösungswort.

1 $f(x) = 3x^3 - 16x$
2 $f(x) = x^2 + 2x + 3$
3 $f(x) = 3x - x^3$
4 $f(x) = \frac{1}{16}x^4 - \frac{1}{2}x^3 + \frac{3}{2}x^2$
5 $f(x) = x^4 + 32x + 49$
6 $f(x) = x^5 - 15x^3$
7 $f(x) = x^3 + 3x^2 - 9x + 1$
8 $f(x) = \frac{4}{3}x^6 - \frac{1}{3}x^3$

E $(-3\,|\,162); (3\,|\,-162)$
H $(-2\,|\,1)$
N $(-1\,|\,-2); (1\,|\,2)$
M $(0{,}5\,|\,-0{,}02)$
I $(-3\,|\,28); (1\,|\,-4)$
N $(0\,|\,0)$
A $(-1\,|\,2)$
M $\left(-\frac{4}{3}\,\middle|\,14\frac{2}{9}\right); \left(\frac{4}{3}\,\middle|\,-14\frac{2}{9}\right)$

11 Gegeben ist eine Funktion f_a mit Parameter $a \in \mathbb{R}$.

1 $f_a(x) = x^3 - ax$
2 $f_a(x) = \frac{1}{4}x^3 + x^2 + ax$
3 $f_a(x) = 2x^4 + ax^2$

a) Erklären Sie den Unterschied zwischen den Variablen a und x in der Funktionsgleichung.
b) Beschreiben Sie, wie die Anzahl der Extrempunkte des Graphen von f_a von der Wahl des Parameters a abhängt.
c) Skizzieren Sie jeweils den Graphen von f_a.

12 Die Abbildung zeigt den Graphen einer Funktion f im Intervall [a; b].

a) Beschreiben Sie die Lage aller lokalen und globalen Extrempunkte.
b) Ist es möglich, dass eine Funktion mehrere globale Hoch- und Tiefpunkte besitzt? Begründen Sie.
c) Erklären Sie, wie viele lokale Extrempunkte eine ganzrationale Funktion n-ten Grades ($n \in \mathbb{N}\setminus\{0; 1\}$) höchstens besitzen kann.

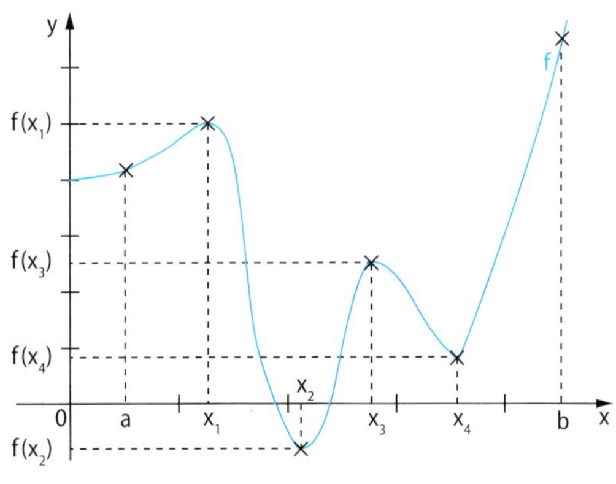

13 Entscheiden Sie, ob die folgenden Aussagen richtig sind. Begründen Sie Ihre Antwort.

„Es gibt ganzrationale Funktionen f mit $D = \mathbb{R}$, deren Graphen keine lokalen Extrempunkte besitzen."

„Ein Tiefpunkt des Graphen einer Funktion f kann höher liegen als ein Hochpunkt derselben Funktion."

Entdecken

f'' ist die Ableitungsfunktion von f'.

Die Abbildung zeigt die Graphen der Funktion f mit $f(x) = \frac{1}{6}x^3 + x^2$, der Ableitungsfunktion f' mit $f'(x) = \frac{1}{2}x^2 + 2x$ und der Ableitungsfunktion f'' (der Funktion f') mit $f''(x) = x + 2$.

- Untersuchen Sie die Zusammenhänge zwischen den Graphen der Funktionen f, f' und f'' an der markierten Stelle $x = -2$.
- Untersuchen Sie die Bedeutung positiver und negativer Werte von f'' auf den Graphen von f.

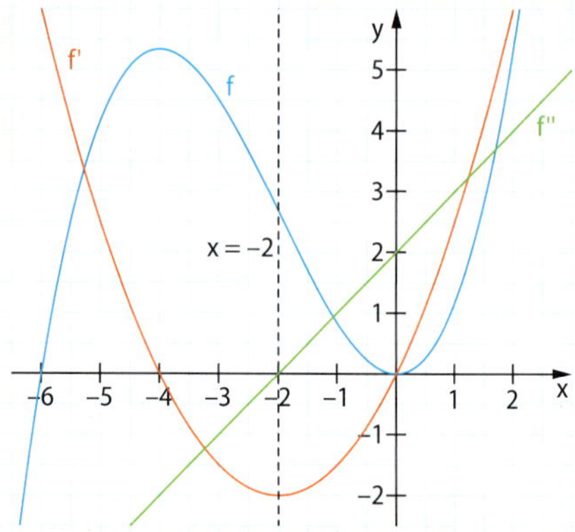

Verstehen

Mithilfe der zweiten Ableitungsfunktion f'' einer Funktion f, also der Ableitung von f', kann man weitere Eigenschaften des Graphen von f untersuchen.

Die **zweite Ableitungsfunktion f''** einer zweimal differenzierbaren Funktion f (kurz: **zweite Ableitung von f**) erhält man durch Ableiten von f'. Sie gibt Auskunft über das Krümmungsverhalten des Graphen von f.

Ist $f''(x) > 0$ für alle $x \in I$, so ist der Graph von f auf diesem Intervall **linksgekrümmt**.

Ist $f''(x) < 0$ für alle $x \in I$, so ist der Graph von f auf diesem Intervall **rechtsgekrümmt**.

Notwendiges Kriterium für Wendestellen: $f''(x_0) = 0$
Hinreichendes Kriterium für Wendestellen: Vorzeichenwechsel von f''.

Das Krümmungsverhalten ändert sich in den sogenannten **Wendestellen x_0**. An den Wendestellen von f hat die Ableitungsfunktion f' ihre Extremstellen. Somit gilt dort: $f''(x_0) = 0$. Liegt ein Wendepunkt vor, wechselt der Graph von f an der Wendestelle von einer Links- in eine Rechtskrümmung bzw. von einer Rechts- in eine Linkskrümmung.

Beispiel

Bestimmen Sie die Wendepunkte der Funktion f mit $f(x) = \frac{1}{2}x^4 - 3x^2$.

Lösung:

1 Erste und zweite Ableitung:
$f'(x) = 2x^3 - 6x$
$f''(x) = 6x^2 - 6$

2 Nullstellen der zweiten Ableitung:
$f''(x) = 0$, d.h. $6x^2 - 6 = 0$, also $x_1 = -1$; $x_2 = 1$

3 Vorzeichenwechsel der zweiten Ableitung:

x	$x < -1$	$x_1 = -1$	$-1 < x < 1$	$x_2 = 1$	$x > 1$
f''	$f''(x) > 0$	$f''(x_1) = 0$	$f''(x) < 0$	$f''(x_2) = 0$	$f''(x) > 0$

Wendepunkt $W_1(-1 \mid -2{,}5)$ Wendepunkt $W_2(1 \mid -2{,}5)$

Die y-Koordinate eines Wendepunkts erhalten Sie, indem Sie die Wendestelle in die Funktionsgleichung einsetzen.

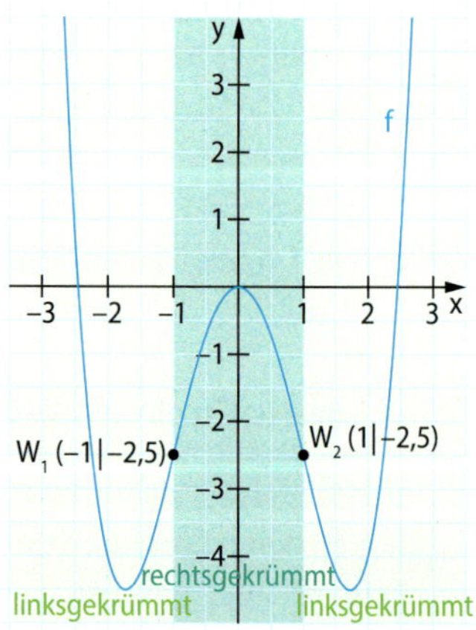

Nachgefragt

- Begründen Sie, dass es sich bei den Wendepunkten des Graphen der Funktion f um die Extrempunkte des Graphen von f' handelt.
- Erklären Sie anschaulich am Beispiel eines selbstgewählten Graphen die Links- und Rechtskrümmung einer Funktion.
- Begründen Sie mithilfe des Krümmungsverhaltens, dass an einem Wendepunkt $W(x_0 \mid f(x_0))$ immer die Bedingung $f''(x_0) = 0$ gelten muss.

Aufgaben

1 Bestimmen Sie die Wendepunkte und untersuchen Sie das Krümmungsverhalten des Graphen der Funktion f wie im Beispiel. Die Lösungen für die Wendepunkte ergeben in der Reihenfolge der Aufgaben ein Lösungswort.

1 $f(x) = x^3 + 1$
2 $f(x) = x^4 - 2x^3$
3 $f(x) = -3x^3 + 12x + 3$
4 $f(x) = 3x^3 + 9x^2 - 27x + 3$
5 $f(x) = -3x^2 + 2x + x^3$
6 $f(x) = 2 + x - 6x^2 + x^4$
7 $f(x) = \frac{1}{3}x^3 - 2x^2 + 3x$

I $W_1(-1 \mid 4); W_2(1 \mid -2)$ N $W(1 \mid 0)$
E $W_1(0 \mid 0), W_2(1 \mid -1)$ L $W(1 \mid 0)$
Z $W\left(2 \mid \frac{2}{3}\right)$ I $W(0 \mid 3)$ B $W(-1 \mid 36)$

2 Die Abbildung zeigt den Streckenverlauf des Hockenheimrings nach dem Umbau im Jahr 2002. Rot gekennzeichnet sind Streckenabschnitte, auf denen die Fahrzeuge geradeaus fahren und deshalb die Lenkung keinen Einschlag nach links oder nach rechts aufweist.

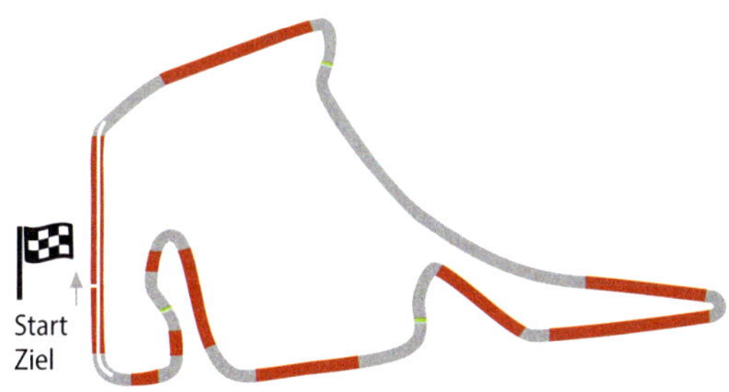

a) Nehmen Sie an, Sie sitzen in einem Auto und fahren den Hockenheimring. Beschreiben Sie, wie viele Streckenabschnitte Sie mit Rechts- bzw. Linkseinschlag des Lenkrads durchfahren.

b) Beschreiben Sie die Lage derjenigen Punkte auf dieser Strecke, bei denen der Fahrer von Rechts- auf Linkseinschlag oder von Links- auf Rechtseinschlag wechselt. Die geraden Streckenabschnitte werden dabei nicht berücksichtigt.

3 Die Steigung der Tangente im Wendepunkt zeigt eine weitere Eigenschaft.

> Die Tangente im Wendepunkt des Graphen einer Funktion f nennt man auch **Wendetangente**. Ein Wendepunkt mit waagrechter Wendetangente heißt **Sattelpunkt**.

a) Erklären Sie mithilfe des Monotonieverhaltens des Graphen einer Funktion, dass für Sattelpunkte $f'(x_0) = 0$ gilt, die Ableitung f' ihr Vorzeichen jedoch nicht in x_0 wechselt.

b) Untersuchen Sie den Graphen der Funktion f auf Extrempunkte und Sattelpunkte. Begründen Sie Sattelpunkte sowohl mithilfe des Monotonieverhaltens der Funktion f als auch mit den Wendetangenten.

1 $f(x) = x^3$ **2** $f(x) = x^3 - 3x$ **3** $f(x) = \frac{1}{2}x^5 - 2x^3$

Weiterdenken

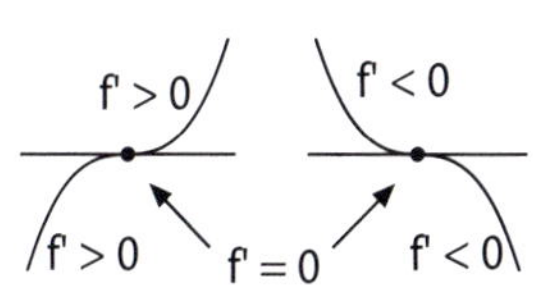

Sattelpunkt: Wendepunkt mit waagrechter Wendetangente

4 Gegeben ist eine Funktion f mit $f(x) = x^4 - 6x^3 + 12x^2 - 8x + 1$.

a) Untersuchen Sie den Graph der Funktion f auf Wendepunkte.

b) Bestimmen Sie jeweils die Steigung und die Gleichung der Wendetangente.

5 $f(x) = x^3 - 6x^2 + 9x - 4$ $g(x) = x^4 - 6x^2 + 4$ $h(x) = \frac{1}{8} \cdot (x^4 + 4x^3 + 6x^2 + 4x + 1)$

a) Bestimmen Sie die Extrempunkte und die Wendepunkte der Graphen der gegebenen Funktionen. Untersuchen Sie weiter das Krümmungsverhalten.

b) Berechnen Sie jeweils die Steigungen der Tangenten an den Wendepunkten. Skizzieren Sie die Graphen der Funktionen und zeichnen Sie die Wendetangenten ein.

6 1 $f(x) = \frac{1}{6}x^3 - x^2$ 2 $f(x) = \frac{1}{4}x^3 - 3x^2 + 9x$

3 $f(x) = -\frac{1}{2}x^3 + 3x^2 + 4{,}5x$ 4 $f(x) = -4 + 11x + x^3 - 6x^2$

a) Skizzieren Sie den Graphen der Funktion f.

b) Geben Sie die Intervalle an, in denen der Graph der Funktion links- bzw. rechtsgekrümmt ist.

7 Die Abbildung zeigt den Graphen der Ableitungsfunktion f' einer ganzrationalen Funktion f. Finden Sie heraus, ...

a) in welchem Intervall der Graph von f rechtsgekrümmt ist.

b) in welchem Intervall der Graph von f linksgekrümmt ist.

c) ob (und an welcher Stelle) f eine Wendestelle besitzt.

d) ob (und an welchen Stellen) f Extremstellen besitzt.

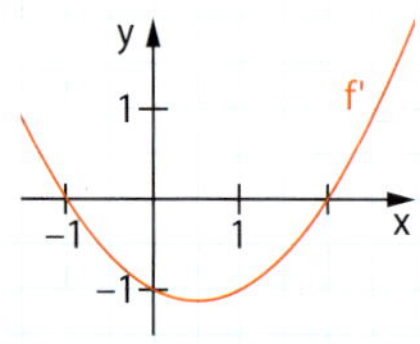

8 Die Abbildungen zeigen die Graphen der zweiten Ableitungsfunktionen f'' von ganzrationalen Funktionen f.

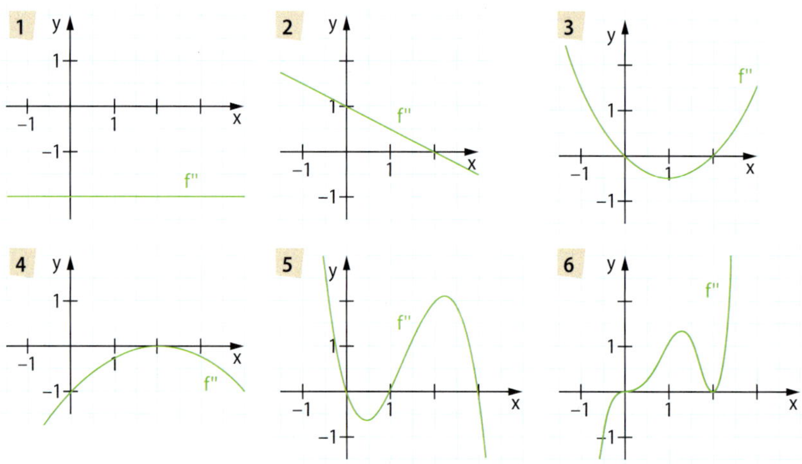

a) Geben Sie jeweils die Intervalle an, in denen der Graph von f rechtsgekrümmt ist, sowie die Intervalle, in denen der Graph von f linksgekrümmt ist.

b) Bestimmen Sie die Wendepunkte des Graphen der Funktion f. Geben Sie – falls vorhanden – Sattelpunkte an.

9 Bisher haben Sie zur Untersuchung auf Extrempunkte das Vorzeichenwechselkriterium als hinreichendes Kriterium kennengelernt. Für eine zweifach differenzierbare Funktionen f kann man auch die zweite Ableitung nutzen.

Weiterdenken

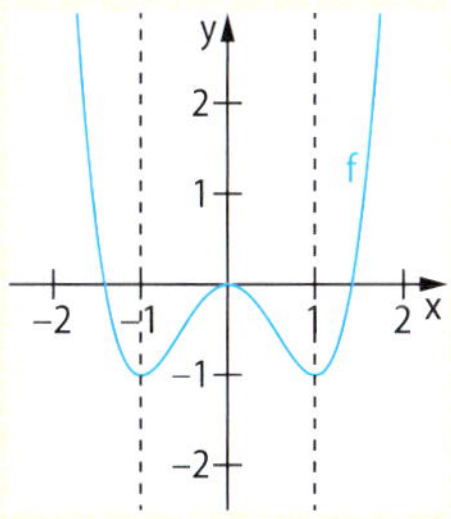

Notwendige Bedingung für eine Extremstelle in x_0:
$f'(x_0) = 0$.

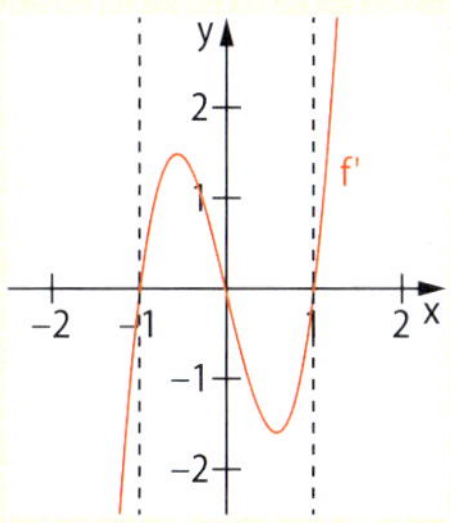

Hinreichende Bedingung für eine Extremstelle in x_0:

1 Vorzeichenwechselkriterium
Die erste Ableitung f' ändert ihr Vorzeichen in x_0.
- Der Graph von f hat einen Hochpunkt in $H(x_0 | f(x_0))$, wenn die Steigung von f in x_0 von positiv zu negativ wechselt.
- Der Graph von f hat einen Tiefpunkt in $T(x_0 | f(x_0))$, wenn die Steigung von f in x_0 von negativ zu positiv wechselt.

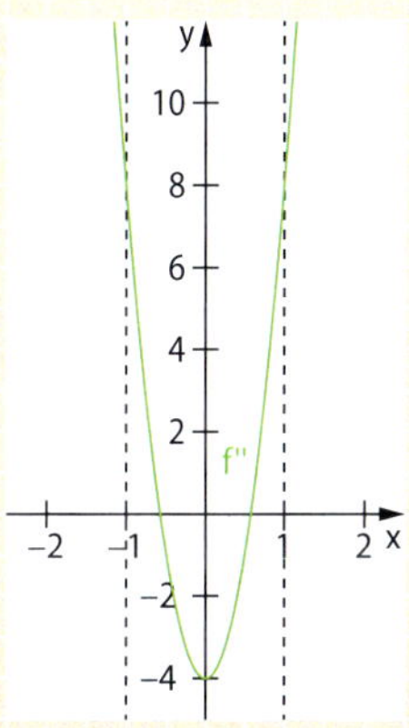

2 Kriterium der zweiten Ableitung
Die zweite Ableitung ist ungleich null in x_0.
- Der Graph von f hat einen Hochpunkt in $H(x_0 | f(x_0))$, wenn $f''(x_0) < 0$.
- Der Graph von f hat einen Tiefpunkt in $T(x_0 | f(x_0)$, wenn $f''(x_0) > 0$.

a) Begründen Sie die hinreichende Bedingung mithilfe der zweiten Ableitung bei der Bestimmung von Extrempunkten.

b) Jule meint: „Bei der Untersuchung der Extremstellen ist das Vorzeichenwechselkriterium stärker als das Kriterium der zweiten Ableitung: Will ich bei der Funktion f mit $f(x) = x^4$ das Kriterium der zweiten Ableitung anwenden, erhalte ich $f''(x) = 12x^2$ und damit $f''(0) = 12 \cdot 0^2 = 0$. Das Kriterium der zweiten Ableitung ist also nicht erfüllt. Trotzdem kann ich mithilfe des Vorzeichenwechselkriteriums erkennen, dass ein Extrempunkt vorliegt."
Begründen und erläutern Sie Jules Aussage.

Beachten Sie: Ist $f'(x_0) = 0$ und $f''(x_0) = 0$, müssen Sie das Vorzeichenwechselkriterium anwenden.

c) Formulieren und begründen Sie für Wendepunkte ebenfalls ein weiteres hinreichendes Kriterium mithilfe der dritten Ableitung. Vergleichen Sie dieses Kriterium mit dem Kriterium des Vorzeichenwechsels der zweiten Ableitung.

Die dritte Ableitung erhält man, indem man f'' noch einmal ableitet.

10 Bestimmen Sie Lage und Art der Extrempunkte des Graphen der Funktion f.
Verwenden Sie das …

a) Vorzeichenwechselkriterium. **b)** Kriterium der zweiten Ableitung.

1 $f(x) = \frac{1}{3}x^3 - 4x$ **2** $f(x) = 0{,}25 \cdot (x^4 - 8x)$ **3** $f(x) = x^3 - 8x^2 + 16x$

11 Ermitteln Sie jeweils die Koordinaten der Hoch- und Tiefpunkte des Graphen der Funktion f mit einem Kriterium Ihrer Wahl.

a) $f(x) = 0{,}5x^3 - 3x;\ D = \mathbb{R}$
b) $f(x) = x^3 - 6x + 2;\ D = \mathbb{R}$
c) $f(x) = x^4 - 5x^2 + 4;\ D = \mathbb{R}$
d) $f(x) = x^3 - 3x + 2;\ D = \mathbb{R}$
e) $f(x) = x^2 \cdot (x^2 - 2);\ D = \mathbb{R}$
f) $f(x) = (x^2 - 1)^2;\ D = \mathbb{R}$

12

1 $f(x) = x^2 - 3x + 1;\ D = \mathbb{R}$

2 $f(x) = x^3 - 3x^2;\ D = \mathbb{R}$

3 $f(x) = x^4 - x^3 - 3x^2 + 1;\ D = \mathbb{R}$

4 $f(x) = x^6 - 2x^4 - 3x^2;\ D = \mathbb{R}$

a) Bestimmen Sie jeweils die Intervalle, in denen der Graph der Funktion f rechtsgekrümmt ist, und die Intervalle, in denen der Graph der Funktion f linksgekrümmt ist. Ermitteln Sie dann die Koordinaten aller Wendepunkte des Graphen von f.
b) Untersuchen Sie für jeden Wendepunkt die Steigung der Wendetangente.
c) Skizzieren Sie den Funktionsgraphen.

13 Die Abbildungen zeigen jeweils den Graphen einer Ableitungsfunktion f' einer ganzrationalen Funktion f.

1

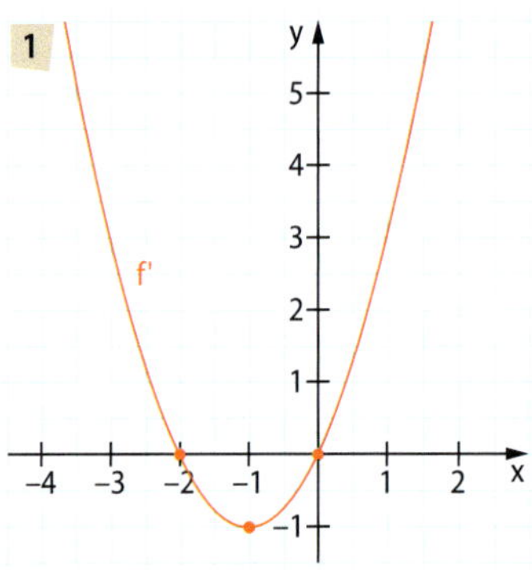

2

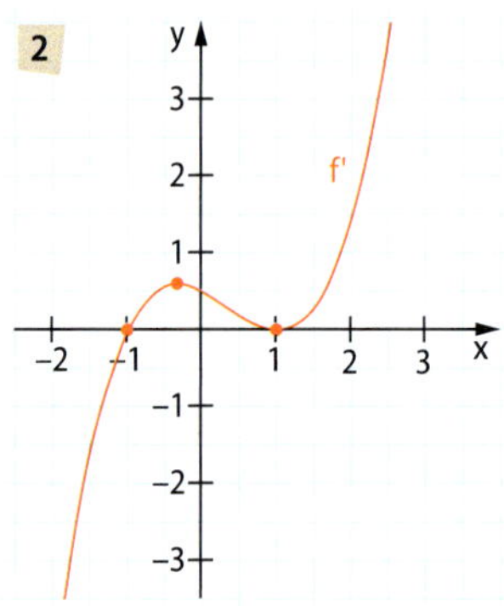

a) Übertragen Sie die Graphen in Ihr Heft und skizzieren Sie dann dort jeweils den Graphen der Funktion f''. Beschreiben Sie Ihr Vorgehen.
b) Bestimmen Sie die Extrempunkte und Wendepunkte des Graphen von f. Prüfen Sie, ob Sattelpunkte vorhanden sind und geben Sie diese ggf. an.

14 Die Abbildung zeigt den Graphen der Funktion f mit
$f(x) = \frac{1}{10}x^5 - \frac{1}{2}x^4 + \frac{1}{3}x^3 + x^2 - \frac{3}{2}x + 1;\ D = \mathbb{R}$.
Zeigen Sie rechnerisch, dass der ...
a) Punkt H $(-1 \mid f(-1))$ Hochpunkt des Graphen von f ist.
b) Punkt T $(3 \mid f(3))$ Tiefpunkt des Graphen von f ist.
c) Punkt W $(1 \mid f(1))$ Sattelpunkt des Graphen von f ist.

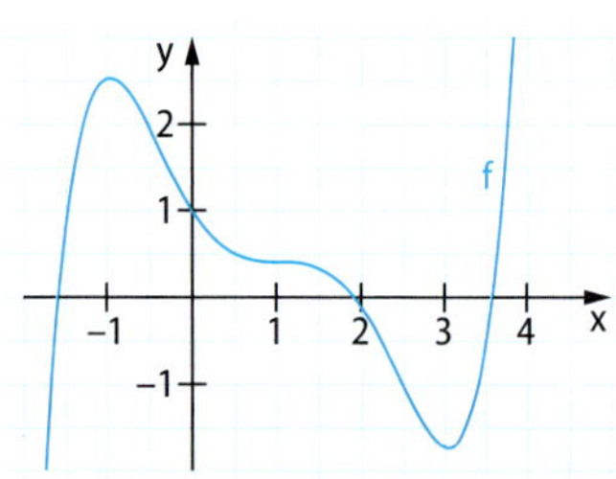

15 Die Abbildung zeigt den Graphen der Funktion f mit $f(x) = \frac{1}{5}x^5 - \frac{5}{4}x^4 + \frac{5}{3}x^3 + \frac{5}{2}x^2 - 6x$; $D = \mathbb{R}$.

a) Entnehmen Sie der Abbildung sämtliche Extrempunkte des Graphen von f und überprüfen Sie die von Ihnen abgelesenen Koordinaten rechnerisch.

b) Schätzen Sie die Steigung der Tangente t_0 an den Graphen von f im Ursprung O (0 | 0). Überprüfen Sie Ihren Schätzwert rechnerisch und geben Sie eine Gleichung von t_0 an.

c) Ermitteln Sie die Größe des Winkels, den die Tangente t_0 aus Teilaufgabe b) mit der positiven x-Achse bildet.

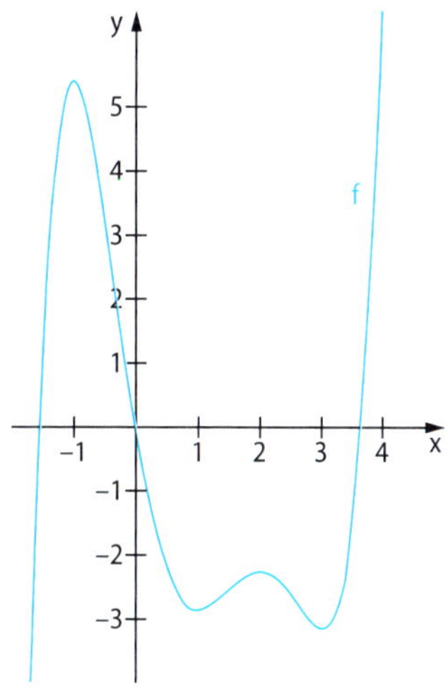

16 Weisen Sie nach, dass alle drei Wendepunkte des Graphen der Funktion f mit $f(x) = -0{,}15x^5 + 2x^3 - 5x - 2$; $D = \mathbb{R}$, auf einer Geraden liegen.

17 Die Abbildungen zeigen die Graphen von sechs Funktionen f.

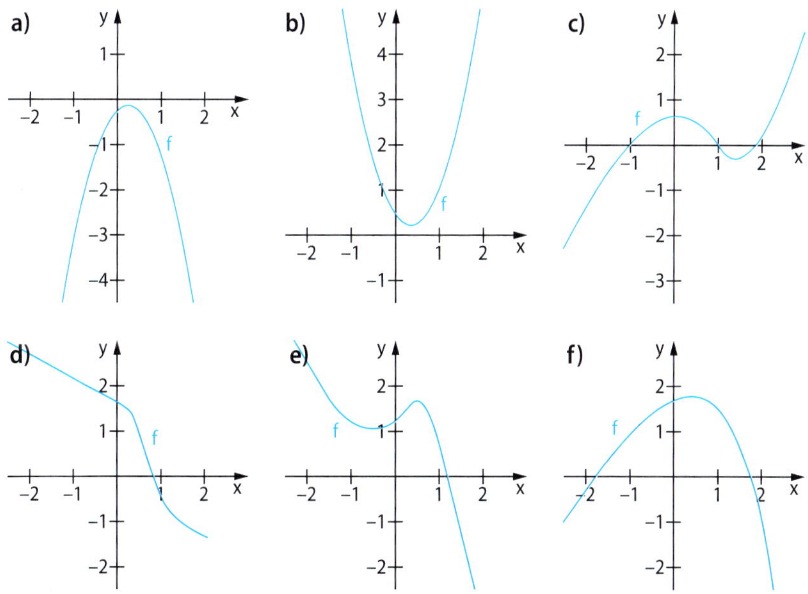

Begründen Sie, für welche dieser Funktionen alle der drei folgenden Bedingungen erfüllt sind:

1 $f'(0) > 0$

2 $f'(1) < 0$

3 $f''(x) < 0$ für alle $x \in D$

18 Gegeben ist die Funktion f mit $f(x) = x^4 - 2x^3$; $D = \mathbb{R}$.
Ermitteln Sie die Koordinaten der Wendepunkte W_1 und W_2 ($x_{W2} > x_{W1}$) und berechnen Sie die Länge der Strecke, die die beiden Koordinatenachsen aus der Wendetangente im Wendepunkt W_2 herausschneiden.

Entdecken

Der Querschnitt einer Berg-See-Landschaft kann modellhaft in einem vorgegebenen Intervall durch den abgebildeten Graphen beschrieben werden.

- Lesen Sie die Koordinaten der Hoch- und Tiefpunkte aus dem Koordinatensystem heraus. Erläutern Sie die Bedeutung dieser Extrempunkte im Sachzusammenhang.
- Interpretieren Sie die Bedeutung der Nullstellen im Zusammenhang des Höhenprofils der Landschaft.

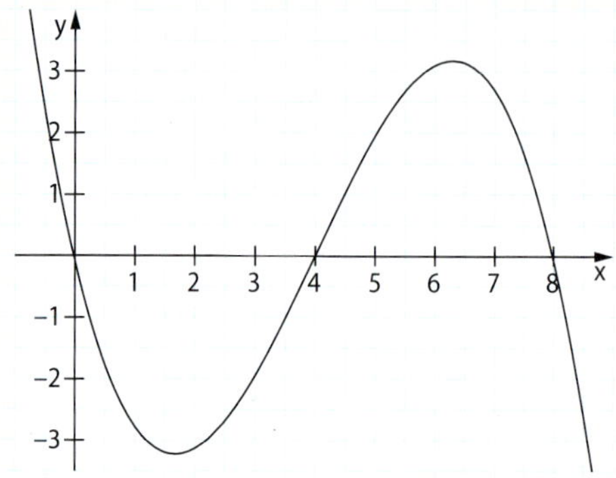

Verstehen

Untersucht man eine Funktion f auf ihre wichtigsten Eigenschaften, so nennt man dies eine Kurvendiskussion.

Folgende Eigenschaften werden bei einer **Kurvendiskussion** untersucht:

Definitionsmenge	▪ Menge D der zulässigen x-Werte
Symmetrie	▪ Punktsymmetrie zum Ursprung: $f(-x) = -f(x)$ ▪ Achsensymmetrie zur y-Achse: $f(-x) = f(x)$
Verhalten im Unendlichen	▪ Verhalten des Graphen von f für $x \to -\infty$ bzw. für $x \to \infty$
Wertemenge	▪ Menge W der y-Werte, die die Funktionsgleichung erfüllen.
Schnittpunkte mit den Koordinatenachsen	▪ In Nullstellen schneidet der Graph von f die x-Achse, d. h. $f(x) = 0$. ▪ Für den Schnittpunkt des Graphen von f mit der y-Achse gilt $x = 0$.
Extrempunkte und Monotonieverhalten	▪ Notwendige Bedingung für eine Extremstelle: $f'(x_0) = 0$ ▪ Vorzeichenwechselkriterium: Hochpunkt: Die Steigung wechselt von positiv zu negativ, $f' > 0$ zu $f' < 0$. Tiefpunkt: Die Steigung wechselt von negativ zu positiv, $f' < 0$ zu $f' > 0$. ▪ $f' > 0$ (≥ 0) streng monoton steigend (monoton steigend) $f' < 0$ (≤ 0) streng monoton fallend (monoton fallend)
Wendepunkte und Krümmungsverhalten	▪ Notwendige Bedingung für eine Wendestelle: $f''(x_W) = 0$ ▪ Vorzeichenwechselkriterium: Ein Wendepunkt liegt bei einem Vorzeichenwechsel von f'' vor. ▪ $f'' > 0$ linksgekrümmt, $f'' < 0$ rechtsgekrümmt

Statt der Vorzeichenwechselkriterien können bei der Untersuchung von Extrem- und Wendepunkten auch oft die Kriterien der höheren Ableitungen verwendet werden (Kapitel 3.3, Aufgabe 9).

Beispiel

Gegeben ist die Funktion f mit $f(x) = x^5 - 4x^3$; $D = \mathbb{R}$. Führen Sie eine Kurvendiskussion durch und zeichnen Sie anschließend den Graphen.

Lösung:

Definitionsmenge

$D = \mathbb{R}$

Symmetrie

Der Graph von f ist punktsymmetrisch zum Ursprung O (0 | 0), denn alle auftretenden Exponenten sind ungerade. Alternativ kann man die Punktsymmetrie auch anhand des allgemeinen Kriteriums feststellen: $f(-x) = (-x)^5 - 4(-x)^3 = -x^5 + 4x^3 = -(x^5 - 4x^3) = -f(x)$ für alle $x \in D$.

Verhalten im Unendlichen

$f(x) = x^5 - 4x^3 \longrightarrow \infty$ für $x \longrightarrow \infty$; $f(x) = x^5 - 4x^3 \longrightarrow -\infty$ für $x \longrightarrow -\infty$

Wertemenge

$W = \mathbb{R}$

Schnittpunkte mit den Koordinatenachsen

- Nullstellen: $f(x) = 0$
  $x^5 - 4x^3 = x^3 \cdot (x^2 - 4) \Leftrightarrow x^3 = 0$ und $x^2 - 4 = 0$, d. h.: $x_{N1} = -2$; $x_{N2} = 0$; $x_{N3} = 2$
- Schnittpunkte mit der y-Achse: $x = 0$; $f(0) = 0$; $S_y\,(0\,|\,0)$

Für das weitere Vorgehen ist es günstig, alle Ableitungen, die man anschließend für Monotonieverhalten, Extrempunkte, Krümmungsverhalten und Wendepunkte benötigt, vorab zu bestimmen:
$f'(x) = 5x^4 - 12x^2$; $f''(x) = 20x^3 - 24x$

Extrempunkte und Monotonieverhalten

- Notwendige Bedingung für Extremstellen: $f'(x) = 0$
  $5x^4 - 12x^2 = x^2 \cdot (5x^2 - 12) \Leftrightarrow x^2 = 0$ und $5x^2 - 12 = 0$, d. h.: $x_1 = -\sqrt{\frac{12}{5}}$; $x_2 = 0$; $x_3 = \sqrt{\frac{12}{5}}$
- Hinreichende Bedingung für Extremstellen: Vorzeichenwechselkriterium

x	$x < -\sqrt{\frac{12}{5}}$	$x_1 = -\sqrt{\frac{12}{5}}$	$-\sqrt{\frac{12}{5}} < x < 0$	$x_2 = 0$	$0 < x < \sqrt{\frac{12}{5}}$	$x_3 = \sqrt{\frac{12}{5}}$	$x > \sqrt{\frac{12}{5}}$
f'	$f'(x) > 0$	$f'(x_1) = 0$	$f'(x) < 0$	$f'(x_2) = 0$	$f'(x) < 0$	$f'(x_3) = 0$	$f'(x) > 0$

Hochpunkt H (−1,5 | 6) — kein Extrempunkt Sattelpunkt S (0 | 0) — Tiefpunkt T (1,5 | −6)

Sie können auch das Kriterium der zweiten Ableitung verwenden:
$f''(x_1) < 0$
$f''(x_3) > 0$

- Monotonieverhalten (siehe Tabelle):
  streng monoton steigend auf $]-\infty; -\sqrt{\frac{12}{5}}]$ und $[\sqrt{\frac{12}{5}}; \infty[$
  streng monoton fallend auf $[-\sqrt{\frac{12}{5}}; \sqrt{\frac{12}{5}}]$

Nutzen Sie $\sqrt{\frac{12}{5}} \approx 1{,}5$. Beachten Sie die Punktsymmetrie.

Wendepunkte und Krümmungsverhalten

- Notwendige Bedingung für Wendestellen: $f''(x) = 0$
  $20x^3 - 24x = 4x \cdot (5x^2 - 6) = 0 \Leftrightarrow 4x = 0$ und $5x^2 - 6 = 0$, d. h.: $x_1 = -\sqrt{\frac{6}{5}}$; $x_2 = 0$; $x_3 = \sqrt{\frac{6}{5}}$
- Hinreichende Bedingung für Wendestellen: Vorzeichenwechselkriterium

x	$x < -\sqrt{\frac{6}{5}}$	$x_1 = -\sqrt{\frac{6}{5}}$	$-\sqrt{\frac{6}{5}} < x < 0$	$x_2 = 0$	$0 < x < \sqrt{\frac{6}{5}}$	$x_3 = \sqrt{\frac{6}{5}}$	$x > \sqrt{\frac{6}{5}}$
f''	$f''(x) < 0$	$f''(x_1) = 0$	$f''(x) > 0$	$f''(x_2) = 0$	$f''(x) < 0$	$f''(x_3) = 0$	$f''(x) > 0$

Wendepunkt W_1 (−1,1 | 3,7) — Sattelpunkt S (0 | 0) — Wendepunkt W_2 (1,1 | −3,7)

Sie können auch das Kriterium der dritten Ableitung verwenden:
$f'''(x) = 60x^2 - 24$
f''' ist ungleich null an den Stellen x_1, x_2 und x_3.

Zeichnen des Graphen mithilfe der untersuchten Eigenschaften:

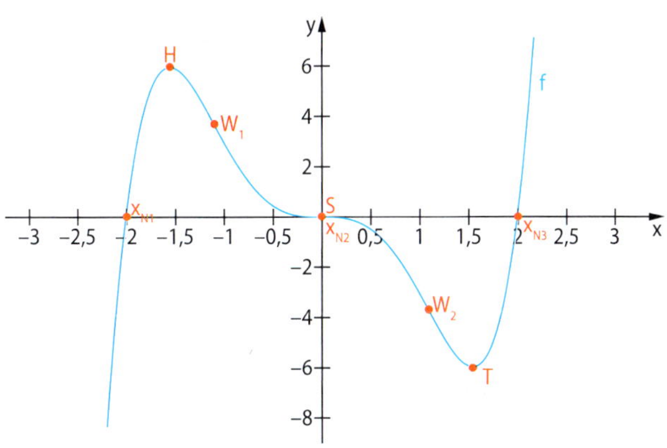

Nutzen Sie $\sqrt{\frac{6}{5}} \approx 1{,}1$ und beachten Sie die Punktsymmetrie.

Nachgefragt

- Erklären Sie, wie Sie die Symmetrie des Graphen einer Funktion bei der Kurvendiskussion nutzen können.
- Für eine zweimal differenzierbare Funktion f gilt an der Stelle $x_0 \in D$: $f'(x_0) = 0$, $f''(x_0) = 0$ und f'' wechselt das Vorzeichen in x_0.
  Beschreiben Sie, was Sie über den Punkt $P\,(x_0 \,|\, f(x_0))$ aussagen können.
- Welchen Grad hat eine ganzrationale Funktion mindestens, wenn ihr Graph drei Punkte mit waagrechter Tangente besitzt? Begründen Sie.

Aufgaben

1 Erklären Sie das Vorgehen bei der Kurvendiskussion im Beispiel.

2 Gegeben ist die Funktion f mit $f(x) = (x^2 - 2) \cdot (x^2 - 4)$; $D = \mathbb{R}$.

a) Zeigen Sie, dass der Graph von f achsensymmetrisch zur y-Achse ist.

b) Ermitteln Sie die Koordinaten der Punkte, die der Graph von f mit den Koordinatenachsen gemeinsam hat.

c) Geben Sie das Verhalten von f für $x \to -\infty$ und $x \to +\infty$ an.

d) Bestimmen Sie die Koordinaten der Extrempunkte des Graphen von f.

e) Ermitteln Sie die Koordinaten der Wendepunkte des Graphen von f und geben Sie zu jedem Wendepunkt eine Gleichung der Wendetangente an.

f) Zeichnen Sie den Graphen von f und tragen Sie die beiden Wendetangenten aus Teilaufgabe e) ein.

3

1 $f(x) = \frac{1}{4} \cdot (x^2 - 4)^2$; $D = \mathbb{R}$ 　 **2** $f(x) = x - \frac{1}{3}x^3$; $D = \mathbb{R}$

3 $f(x) = x^3 - 4x^2 + 4x$; $D = \mathbb{R}$ 　 **4** $f(x) = \frac{1}{20}x^5 - \frac{2}{3}x^3$; $D = \mathbb{R}$

a) Berechnen Sie bei jeder der vier Funktionen zunächst die Koordinaten der Punkte, die der Graph der Funktion mit den Koordinatenachsen gemeinsam hat. Ermitteln Sie dann Art und Koordinaten der Extrempunkte des Graphen und berechnen Sie die Koordinaten der Wendepunkte des Graphen.

b) Die Abbildungen zeigen drei der vier Funktionsgraphen. Ordnen Sie sie den passenden Funktionen zu. Begründen Sie Ihre Auswahl.

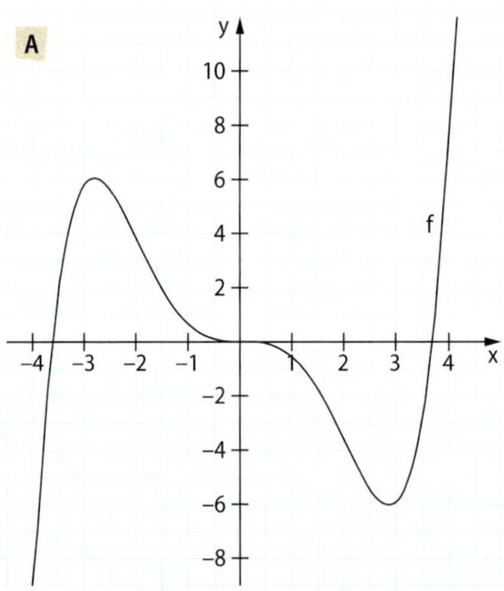

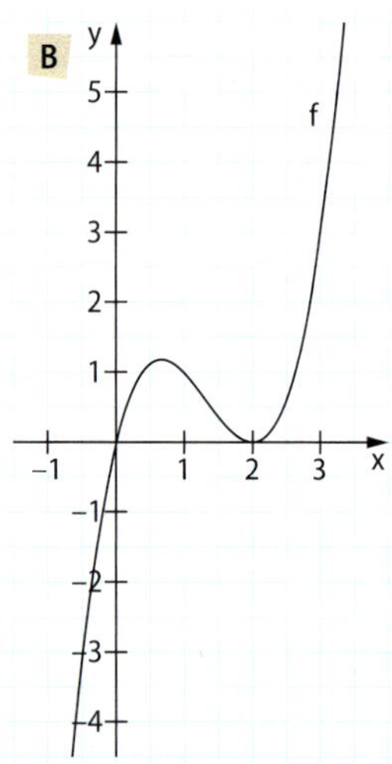

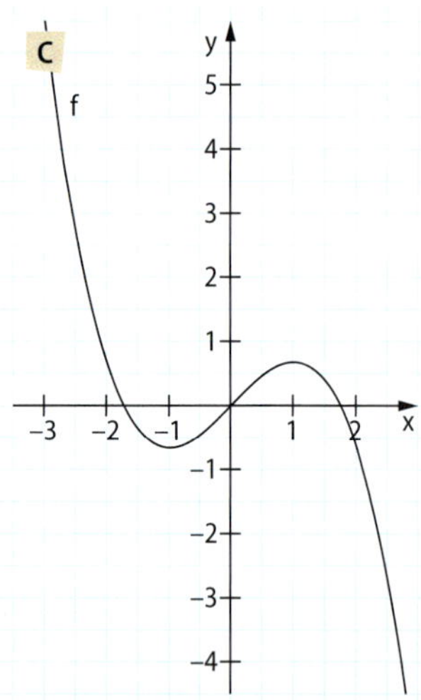

4 $f(x) = \frac{1}{4}x^3 - 3x$ $g(x) = -x^3 + 6x^2 - 9x$ $h(x) = \frac{1}{8}x^3 - \frac{3}{2}x^2 + \frac{9}{2}x$

$i(x) = x^3 - 6x^2 + 9x + 1$ $j(x) = -\frac{1}{4}x^4 + x^3$ $k(x) = \frac{1}{3}x^4 - 2x^2$

a) Führen Sie eine Kurvendiskussion durch und beschreiben Sie Ihr Vorgehen.

b) Zeichnen Sie den Graphen und markieren Sie alle besonderen Punkte.

5 Gegeben ist jeweils die Gleichung einer Funktion f und eine dazugehörige Eigenschaft. Ordnen Sie jeweils eine Karte mit einer Eigenschaft einer Funktionsgleichung zu und begründen Sie Ihre Entscheidung. Zeichnen Sie anschließend den Graphen.

1 $f(x) = \frac{1}{15}(x^3 - 3x^2 - 24x + 45)$; $D = \mathbb{R}$

3 $f(x) = x^3 - 6x^2 + 9x - 4$; $D = \mathbb{R}$

B Die Funktion f besitzt ein lokales Maximum in $x = -2$ und ein lokales Minimum in $x = 4$.

A Die Funktion f ist im Intervall $I_1 = [2; \infty[$ streng monoton steigend und im Intervall $I_2 =]-\infty; 2]$ streng monoton fallend.

D Die Funktion f hat zwei Nullstellen: $N_1(-3|0)$ und $N_2(0|0)$. Eine der beiden Nullstellen ist zudem ein lokaler Tiefpunkt.

C Der Punkt $W(0|0)$ ist ein Wendepunkt von f mit der x-Achse als waagrechter Wendetangente. Die Funktion f besitzt keine Extremstellen.

5 $f(x) = \frac{1}{3}x^3 - 2x^2 + 3x + 1$; $D = \mathbb{R}$

2 $f(x) = 0{,}4x^3 + 1{,}2x^2$; $D = \mathbb{R}$

E Der Graph der Funktion ist in $]-\infty; 2]$ rechtsgekrümmt und in $[2; \infty[$ linksgekrümmt. $x_0 = 2$ ist also eine Wendestelle des Graphen von f.

6 $f(x) = x^2 - 4x + 4$; $D = \mathbb{R}$

F Die Funktion f hat einen Tiefpunkt in $(3|1)$ und die Steigung der Tangente im Punkt $(0|1)$ beträgt 3.

4 $f(x) = 0{,}25x^3$; $D = \mathbb{R}$

6 Gegeben ist die Funktion f mit $f(x) = \frac{1}{6} \cdot (x + 2)^2 \cdot (2x - 5)$; $D = \mathbb{R}$.

a) Ermitteln Sie die Koordinaten der Punkte, die der Graph von f mit den Koordinatenachsen gemeinsam hat.

b) Berechnen Sie die Koordinaten der Extrempunkte und des Wendepunkts des Graphen von f und geben Sie eine Gleichung der Tangente im Wendepunkt an.

c) Zeichnen Sie den Graphen von f im Intervall $[-4; 3]$ (Einheit 1 cm).

d) Ermitteln Sie die Koordinaten der Punkte A und B, in denen die Tangente an den Graphen parallel zur Geraden g: $y = 6{,}75x$ ist.

e) Zeigen Sie, dass der Punkt $W(-0{,}5|-2{,}25)$ die Strecke $\overline{AB}$ halbiert.

7 Gegeben ist die Funktion f mit $f(x) = x^4 - 2x^3$; $D = \mathbb{R}$.

a) Finden Sie heraus, welche besonderen Punkte der Graph von f besitzt, und ermitteln Sie deren Art und deren Koordinaten.

b) Die beiden Punkte, die der Graph von f mit der x-Achse gemeinsam hat, bilden mit dem Punkt $P(p|f(p))$; $0 < p < 2$, das gleichschenklige Dreieck SOP. Berechnen Sie den Flächeninhalt des Dreiecks.

Entdecken

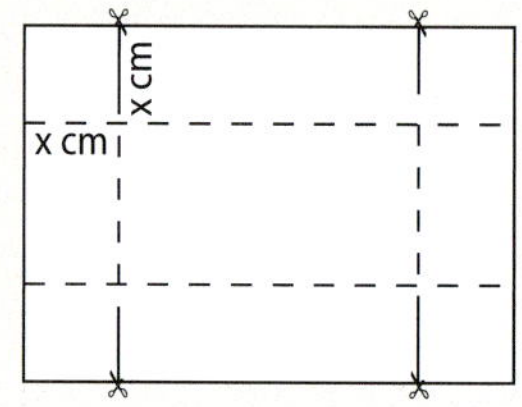

- Stellen Sie aus einem DIN-A4-Blatt eine quaderförmige, oben offene Schachtel her.
- Beschreiben Sie das Volumen der Schachtel durch eine Funktion V.
- Geben Sie die größtmögliche Definitionsmenge D an und finden Sie heraus, für welchen Wert von $x \in D$ die Schachtel das größte Volumen besitzt.

Verstehen

Eine bedeutende Anwendung der Differentialrechnung sind sogenannte Extremwertaufgaben. Dabei geht es darum, unter Berücksichtigung vorgegebener Nebenbedingungen, den optimalen Wert einer Variablen zu ermitteln.

Um eine **Extremwertaufgabe** zu lösen, eignet sich folgende Vorgehensweise:

1 **Zielgröße angeben:** Die von der Variable abhängige Größe, welche optimiert werden soll, wird als Zielgröße bezeichnet.
2 **Nebenbedingung(en) angeben:** Die Variablen, die in der Zielgröße auftreten, sind meist nicht unabhängig voneinander, sondern müssen Nebenbedingungen erfüllen.
3 **Zielfunktion angeben:** Die Nebenbedingungen führen zu einer Zielfunktion.
4 **Extremwerte der Zielfunktion ermitteln:** Randwerte berücksichtigen
5 **Globale Extremwerte ermitteln**

Beispiel

In Stuttgart ist der Bau einer 12 m hohen Schwimmhalle geplant. Die Stirnseite soll ein parabelförmiges Profil mit der Funktionsgleichung $f(x) = -\frac{1}{9}x^2 + 12$ erhalten.
Der Architekt hat für diese Seite der Halle ein rechteckiges Fenster vorgesehen. Geben Sie an, welchen Flächeninhalt das Fenster maximal haben kann.

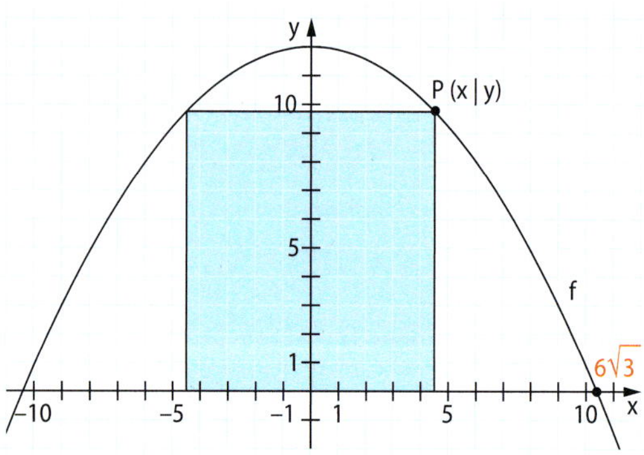

Lösung:

Aufgrund der Symmetrie betrachten wir das Fenster nur im 1. Quadranten, d. h.: $x \geq 0$. Für die Fensterhöhe y ist $y \geq 0$. Damit ist $x \cdot y$ die halbe Fensterfläche und $2 \cdot x \cdot y$ die gesamte Fensterfläche. Der Punkt P (x | y) liegt auf dem Graphen von f.

1 Zielgröße: $A = 2 \cdot x \cdot y$
2 Nebenbedingung: $y = -\frac{1}{9}x^2 + 12$
3 Zielfunktion: $A(x) = 2 \cdot x \cdot y = 2x \cdot (-\frac{1}{9}x^2 + 12)$
$= -\frac{2}{9}x^3 + 24x;\ D = [0; 6\sqrt{3}]$
4 lokale Maxima ermitteln:
$A'(x) = -\frac{2}{3}x^2 + 24 = 0$, d. h. $x^2 = 36$, also $x_1 = 6 \in D$; $x_2 = -6 \notin D$
$A''(x) = -\frac{4}{3}x;\ A''(6) < 0$
$y_1 = -\frac{1}{9}x_1^2 + 12 = -\frac{36}{9} + 12 = -4 + 12 = 8$
5 globale Maxima ermitteln: Die Funktion A nimmt für $x = 6$ ihr lokales und auch ihr globales Maximum an: $A(6) = 2 \cdot 6 \cdot 8 = 96$

Die Randwerte $A(0) = 0$ und $A(6\sqrt{3}) = 0$ sind die lokalen und globalen Minima im betrachteten Intervall.

Das größtmögliche Fenster besitzt die Breite 12 m, die Höhe 8 m und den Flächeninhalt 96 m².

Nachgefragt

- Begründen Sie, warum im Beispiel die y-Achse symmetrisch durch das Fenster verläuft.
- Begründen Sie, warum die Variablen, welche in der Zielgröße auftreten, i. d. R. nicht unabhängig voneinander sind.
- Begründen Sie, warum es sinnvoll ist, bei der Bestimmung der Extrempunkte auch die Randpunkte der Funktion zu ermitteln.

Aufgaben

1 Gliedern Sie die Rechenschritte entsprechend der Vorgehensweise aus dem Verstehenkasten. Begründen Sie jeden Schritt in der Lösung.

Aufgabe: Zerlegen Sie die Zahl 60 so in zwei nichtnegative Summanden, dass die Summe der Quadrate dieser beiden Summanden extremal wird.

Lösung:

1. Summand: $x \geq 0$; *2. Summand:* $y \geq 0$ *Zielgröße:* $S = x^2 + y^2$

Nebenbedingung: $x + y = 60$, also $y = 60 - x$

Zielfunktion: $S(x) = x^2 + (60 - x)^2$; $D = [0; 60]$

Extremwerte: $S(x) = x^2 + 3\,600 - 120x + x^2 = 2x^2 - 120x + 3600$;

$S'(x) = 4x - 120 = 4(x - 30)$; $D =]0; 60[$

$S'(x) = 0$, d. h. $x = 30 \in D_{S'}$;

$S'(x) < 0$ für $0 < x < 30$ und $S'(x) > 0$ für $30 < x < 60$:

Vorzeichenwechsel von $S(x)$ *von* $-$ *nach* $+$ *an der Stelle* $x = 30$.

Somit ist die Summe der Quadrate von $x = 30$ *und* $y = 30$ *minimal.*

$S(30) = 30^2 + (60 - 30)^2 = 30^2 + 30^2 = 1800$

An den beiden Randstellen $x = 0$ *und* $x = 60$ *nimmt die Zielfunktion jeweils den gleichen Randwert 3600 an.*

Ergebnis: Für $x = 30$ *(und* $y = 30$*) hat die Zielgröße das lokale und gleichzeitig globale Minimum 1800 und für* $x = 0$ *bzw.* $x = 60$ *(und* $y = 60$ *bzw.* $y = 0$*) jeweils das lokale und gleichzeitig globale Maximum 3600.*

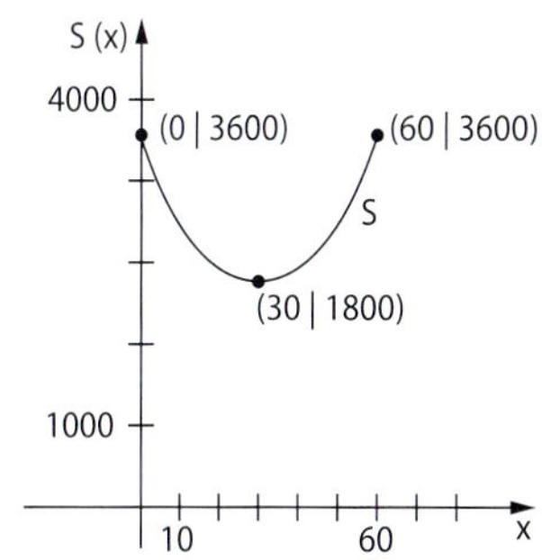

2 Stefanie möchte mit einem 6 m langen Maschendrahtzaun ein möglichst großes rechteckiges Freigehege für ihre Kaninchen einzäunen und bezieht dabei eine Hauswand in ihre Abgrenzung mit ein. Ermitteln Sie die Maße des optimalen Geheges und seinen Grundflächeninhalt.

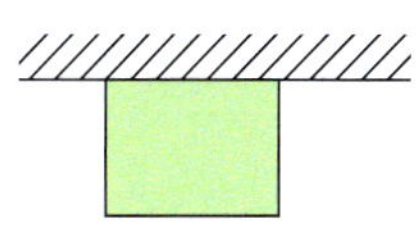

3 Ein Bauer möchte mit einem 50 m langen Zaun eine möglichst große rechteckige Weide für seine Schafe abstecken. Dabei will er eine bereits vorhandene 10 m lange Mauer als Abgrenzung mit nutzen. Bestimmen Sie die Maße, die die Weide haben sollte.

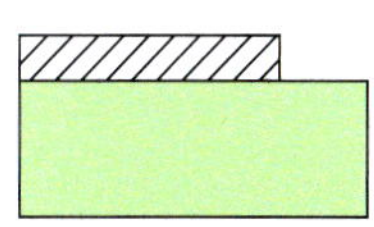

4 Der Innenrand einer Trabrennbahn, der aus zwei Halbkreisen und zwei Strecken besteht, ist insgesamt 400 m lang. Finden Sie heraus, welche Innenrandmaße die Bahn haben muss, damit der von ihr eingeschlossene rechteckige Sportplatz maximalen Flächeninhalt besitzt. Kann dieser größtmögliche Sportplatz auch als Fußballplatz für Länderspiele genutzt werden?

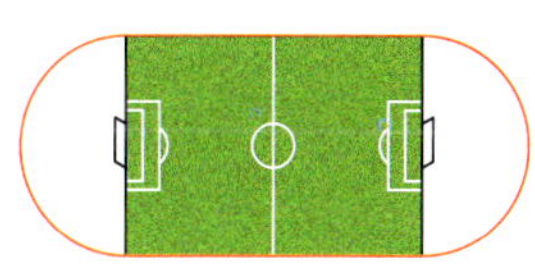

5 Unter allen Rechtecken mit der gleicher Umfangslänge U soll dasjenige Rechteck ermittelt werden, das den größten Flächeninhalt A besitzt. Fertigen Sie eine Skizze an, die den beschriebenen Sachverhalt beschreibt und lösen Sie die Aufgabe …

a) für $U = 36\,\text{m}$.

b) für beliebige U.

6 Eine 1l-Milchpackung hat näherungsweise die Form eines Quaders. Bestimmen Sie die Maße des Quaders so, dass möglichst wenig Verpackungsmaterial verbraucht wird. Beurteilen Sie die Lösung in der Realität.

7 Zerlegen Sie die Zahl 12 so in zwei nichtnegative Summanden, dass das Produkt der Summanden möglichst groß wird.

8 Sala möchte eine Streichholzschachtel basteln, deren Länge dreimal so groß wie die Breite sein soll. Sie weiß, dass sie Papier für eine Oberfläche von $288\,\text{cm}^2$ zur Verfügung hat. Berechnen Sie, welche Höhe sie wählen muss, damit das Volumen maximal wird.

9 Eine Baufirma hat einen Baugrund in Form eines rechtwinkligen Dreiecks erworben. Die beiden Katheten haben die Länge 80 m und 100 m. Bestimmen Sie die Abmessungen, die eine Lagerhalle mit rechteckigem Grundriss auf dem Grundstück maximal haben kann.

10 Der Graph einer Funktion f mit $f(x) = \frac{1}{2}x^2$ und die Gerade $y = 4$ begrenzen ein Flächenstück. In dieses Flächenstück soll ein Rechteck so eingezeichnet werden, dass eine Seite auf der Geraden und die verbleibenden beiden Punkte auf dem Graphen von f liegen. Bestimmen Sie die Abmessungen des Rechtecks mit dem größten Flächeninhalt.

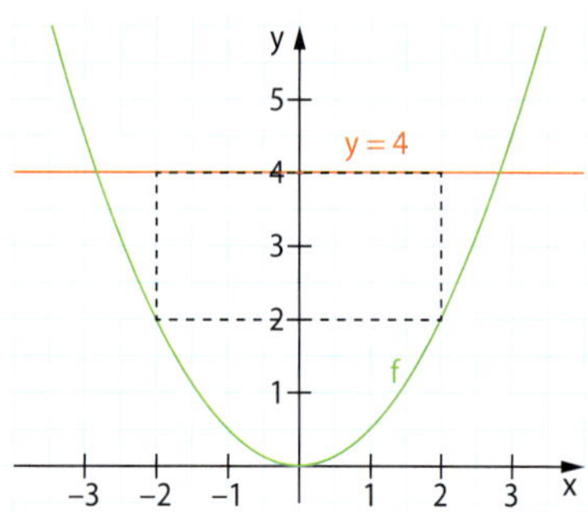

11 Der Graph einer Funktion f mit $f(x) = -0{,}125x^2 + 10$ und die x-Achse begrenzen ein Flächenstück. Gesucht ist das flächengrößte Rechteck in diesem Flächenstück, dessen eine Seite auf der x-Achse liegt und dessen verbleibende zwei Eckpunkte auf der Parabel liegen (man sagt: das Rechteck ist einbeschrieben).

a) Skizzieren Sie den Graphen von f und markieren Sie ein mögliches Rechteck.

b) Bestimmen Sie Länge und Breite des flächengrößten Rechtecks.

12 Die Gleichung einer Funktion f besteht aus der Summe einer positiven reellen Zahl und ihrem Kehrwert. Überprüfen Sie rechnerisch, ob die Summe einen minimalen Wert annehmen kann.

13 Die Differenz zweier reeller Zahlen ist 1. Begründen Sie rechnerisch, dass das Produkt der beiden Zahlen einen minimalen Wert annehmen kann.

Monotonie und Monotoniesatz

Seite 76

Der Graph einer Funktion f heißt in einem Intervall I aus der Definitionsmenge von f …

- **streng monoton steigend**, wenn für alle x_1, x_2 aus I gilt: $f(x_2) > f(x_1)$ für $x_2 > x_1$.
- **monoton steigend**, wenn für alle x_1, x_2 aus I gilt: $f(x_2) \geq f(x_1)$ für $x_2 > x_1$.
- **streng monoton fallend**, wenn für alle x_1, x_2 aus I gilt: $f(x_2) < f(x_1)$ für $x_2 > x_1$.
- **monoton fallend**, wenn für alle x_1, x_2 aus I gilt: $f(x_2) \leq f(x_1)$ für $x_2 > x_1$.

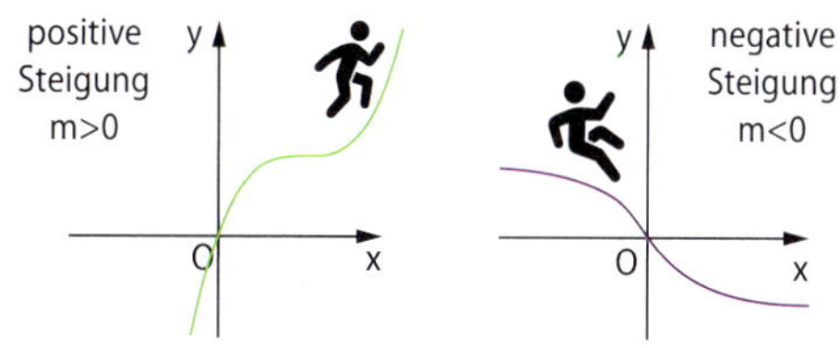

Für eine differenzierbare Funktion f gilt:

- Falls $f'(x) > 0$ für alle $x \in I$, so ist der Graph von f streng monoton steigend in I.
- Falls $f'(x) < 0$ für alle $x \in I$, so ist der Graph von f streng monoton fallend in I.

Die Umkehrung des Monotoniesatzes gilt bei strenger Monotonie nicht!
Beispiel: $f(x) = x^3$

Der Graph von f steigt streng monoton, aber $f'(x) = 3x^2 \geq 0$.

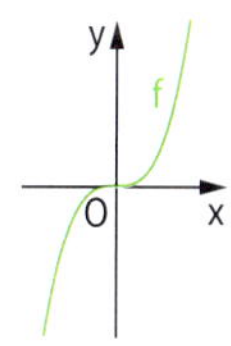

Extrempunkte

Seite 80, 87

Sei f eine differenzierbare Funktion.
Notwendige Bedingung für **Extremstelle**:
$f'(x_0) = 0$.
Hinreichende Bedingung:

1 Vorzeichenwechselkriterium

- **Hochpunkt** $H(x_0 \mid f(x_0))$, wenn f' in x_0 von positiv nach negativ wechselt.
- **Tiefpunkt** $T(x_0 \mid f(x_0))$, wenn f' in x_0 von negativ nach positiv wechselt.

2 Kriterium der zweiten Ableitung

- **Hochpunkt** $H(x_0 \mid f(x_0))$, wenn $f''(x_0) < 0$.
- **Tiefpunkt** $T(x_0 \mid f(x_0))$, wenn $f''(x_0) > 0$.

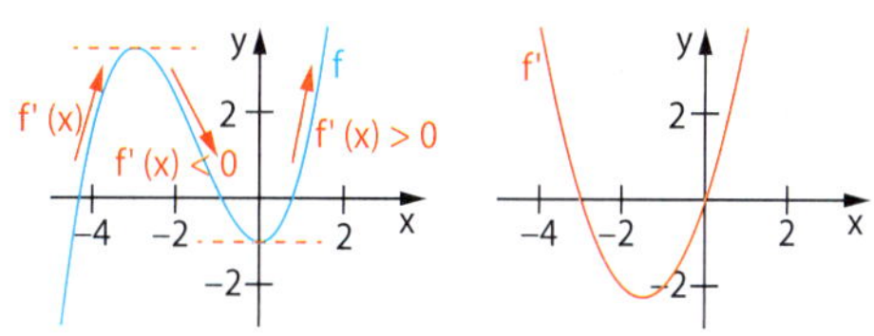

Beachten Sie:
Das Vorzeichenwechselkriterium ist stärker als das Kriterium der höheren Ableitung.

Krümmungsverhalten und Wendepunkte

Seite 84

Für eine zweimal differenzierbare Funktion f beschreibt f'' das **Krümmungsverhalten**.
Notwendige Bedingung für **Wendestelle**:
$f''(x_0) = 0$.
Hinreichende Bedingung:

1 Vorzeichenwechselkriterium
Wendepunkt $W(x_0 \mid f(x_0))$, wenn f'' sein Vorzeichen in x_0 wechselt.

2 Kriterium der dritten Ableitung
Wendepunkt $W(x_0 \mid f(x_0))$, wenn $f'''(x_0) \neq 0$

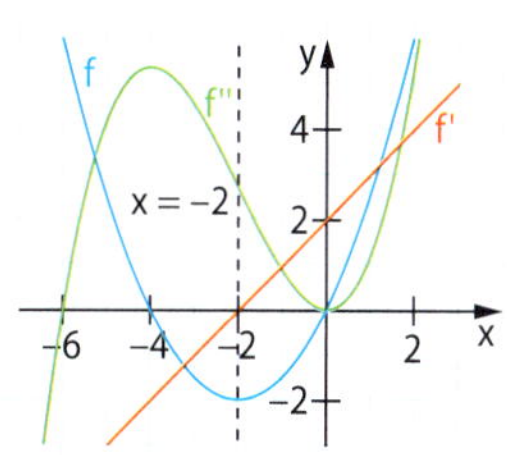

Beachten Sie:
Das Vorzeichenwechselkriterium ist stärker als das Kriterium der höheren Ableitung.

1 Die Abbildung zeigt den Graphen einer ganzrationalen Funktion f. Beschreiben Sie das Monotonieverhalten.

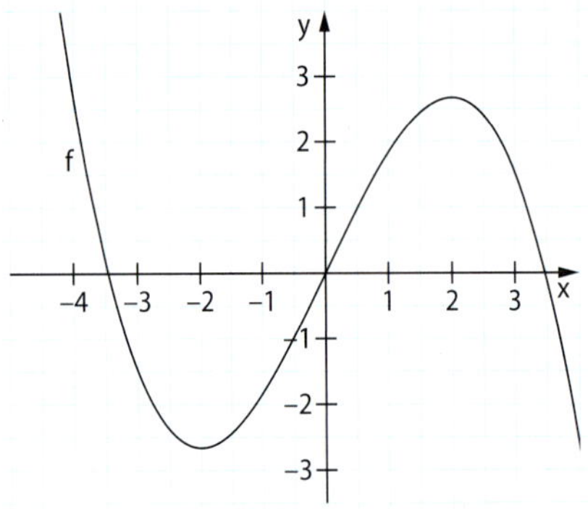

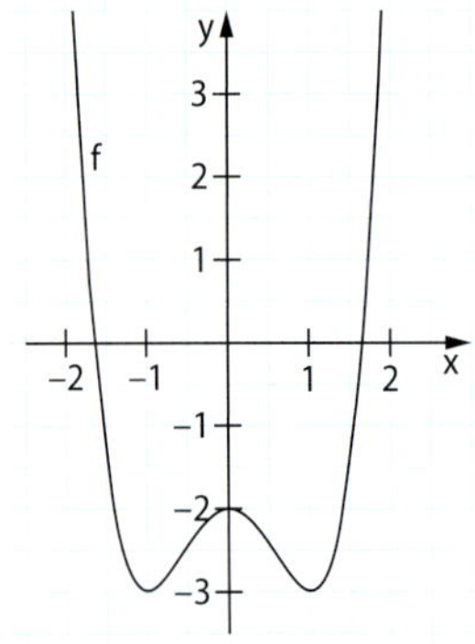

2 Ermitteln Sie jeweils die Intervalle, in denen die Funktion f streng monoton steigt, und die Intervalle, in denen die Funktion f streng monoton fällt. Geben Sie Lage und Art der Extrempunkte des Graphen von f an.

$f(x) = 4x^2;\ D = \mathbb{R}$

$f(x) = -x^2 - 2x - 3;\ D = \mathbb{R}$

3 Bestimmen Sie die Extrempunkte des Graphen der Funktion f mit …

$f(x) = 4x - 0{,}5x^2;\ D = \mathbb{R}$

$f(x) = \frac{1}{4}x^4 - x^3 + x^2;\ D = \mathbb{R}$

4 Untersuchen Sie, ob der Graph der Funktion f Wendestellen besitzt. Geben Sie – falls vorhanden – die Koordinaten der Wendepunkte an.

$f(x) = \frac{1}{3}x^3 - 2x^2 - 5x;\ D = \mathbb{R}$

$f(x) = \frac{3}{4}x^4 - x^3 - 3x^2;\ D = \mathbb{R}$

5 Skizzieren Sie den Graphen einer Funktion f, welcher genau …

a) zwei Wendepunkte, einen lokalen Hochpunkt und zwei lokale Tiefpunkte hat.
b) einen Sattelpunkt, einen lokalen Hochpunkt und einen lokalen Tiefpunkt hat.

a) zwei Wendepunkte aber keinen Extrempunkt hat.
b) zwei Hochpunkte, einen Tiefpunkt, drei Wendepunkte und einen Sattelpunkt hat.

6

Zeigen Sie, dass der Graph der Funktion f mit $f(x) = x^3 + x;\ D = \mathbb{R}$, punktsymmetrisch zum Ursprung ist.
Untersuchen Sie die Ableitungsfunktion f' auf Punktsymmetrie zum Ursprung bzw. Achsensymmetrie zur y-Achse. Begründen Sie Ihr Ergebnis.

Zeigen Sie, dass der Graph der Funktion g mit $g(x) = x^4 + x^2 + 1;\ D = \mathbb{R}$, achsensymmetrisch zur y-Achse ist.
Untersuchen Sie die Ableitungsfunktion g' auf Punktsymmetrie zum Ursprung bzw. Achsensymmetrie zur y-Achse. Begründen Sie Ihr Ergebnis.

7 Bestimmen Sie jeweils die Definitionsmenge, Lage und Art der Extrempunkte sowie Wendepunkte des Graphen der Funktion f.

a) $f(x) = \frac{1}{3}x^3 - 4x$; $D = \mathbb{R}$
b) $f(x) = 0{,}25 \cdot (x^4 - 8x)$; $D = \mathbb{R}$
c) $f(x) = x^3 - 8x^2 + 16x$; $D = \mathbb{R}$

a) $f(x) = \frac{2}{x} - \frac{1}{x^2}$; $D = \mathbb{R}\setminus\{0\}$
b) $f(x) = \frac{4}{x} - \frac{4}{3x^3}$; $D = \mathbb{R}\setminus\{0\}$
c) $f(x) = x + \frac{9}{x}$; $D = \mathbb{R}\setminus\{0\}$

8

a) Diskutieren Sie die Funktion f mit $f(x) = x^3 + 6x^2 + 9x + 4$; $D = \mathbb{R}$, hinsichtlich Nullstellen, Extrempunkte, Wendepunkte und Steigung der Tangente im Wendepunkt (Wendetangente).
b) Verwenden Sie Ihre Ergebnisse aus Teilaufgabe a) und zeichnen Sie den Graphen von f in einem geeigneten Intervall.

a) Diskutieren Sie die Funktion f mit $f(x) = x^3 - 9x^2 + 27x - 19$; $D = \mathbb{R}$, hinsichtlich ihrer Eigenschaften.
b) Verwenden Sie Ihre Ergebnisse aus Teilaufgabe a) und zeichnen Sie den Graphen von f in einem geeigneten Intervall.

9 Führen Sie eine Kurvendiskussion durch und skizzieren Sie den Graphen der Funktion f.

a) $f(x) = 3x^4 - 4x^3$; $D = \mathbb{R}$
b) $f(x) = x^2 - 6x + 12$; $D = \mathbb{R}$

a) $f(x) = \frac{1}{8} \cdot (x - 1)^3 + 2$; $D = \mathbb{R}$
b) $f(x) = \frac{x}{4} \cdot (4x^2 - 12x + 9)$; $D = \mathbb{R}$

10

In einem Kreis mit dem Radius $r = 8$ cm soll das flächengrößte Rechteck so eingezeichnet werden, dass die Eckpunkte des Rechtecks auf der Kreislinie liegen. Berechnen Sie die Länge der Rechtecksseiten.

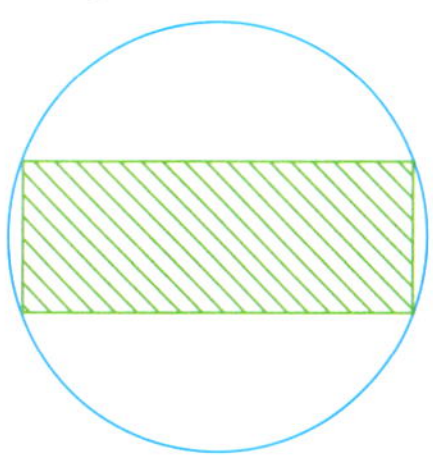

Von einem gleichschenkligen Dreieck kennt man die Basis $c = 8$ cm und die Höhe $h_c = 10$ cm. In dieses Dreieck soll, wie abgebildet, das flächengrößte auf der Spitze stehende gleichschenkelige Dreieck einbeschrieben werden, d. h. alle Eckpunkte des grünen Dreiecks sollen auf der Linie des blauen Dreiecks liegen. Bestimmen Sie den Flächeninhalt des grünen Dreiecks.

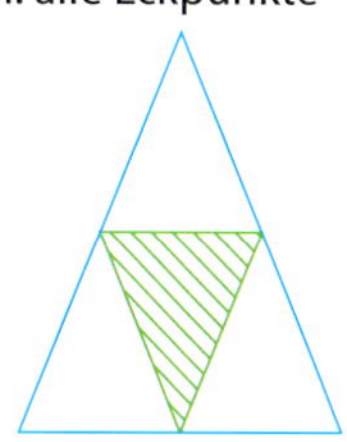

11

Ermitteln Sie die Maße eines Prismas mit quadratischer Grundfläche und dem Volumen $V = 216\,cm^3$ so, dass sein Oberflächeninhalt minimal wird.

Ermitteln Sie die Maße eines Zylinders mit dem Oberflächeninhalt $O = 108\pi\,cm^2$ so, dass das Volumen maximal wird.

3 Kreuz und quer

1 a) Untersuchen Sie jeweils das Monotonieverhalten der Funktion.

1 $f(x) = -(x-2)^2;\ D = \mathbb{R}$ **2** $g(x) = 0{,}1x^3;\ D = \mathbb{R}$ **3** $h(x) = 0{,}25x^4;\ D = \mathbb{R}$

4 $k(x) = -\frac{10}{x};\ D = \mathbb{R}^-$ **5** $u(x) = \frac{4}{x^2};\ D = \mathbb{R}\setminus\{0\}$ **6** $v(x) = -\frac{1}{20}x^5;\ D = \mathbb{R}$

b) Die Abbildungen **A** bis **C** zeigen die Graphen drei dieser sechs Funktionen. Ordnen Sie sie entsprechend zu.

A

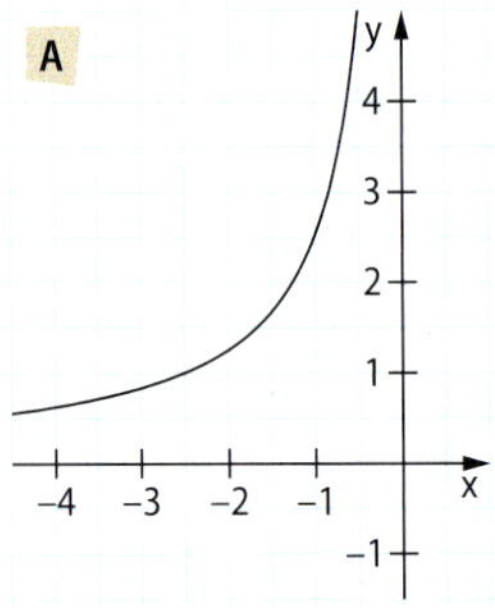

B

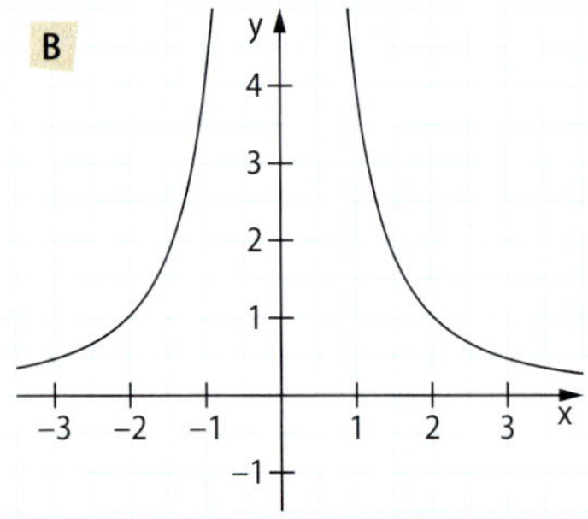

C

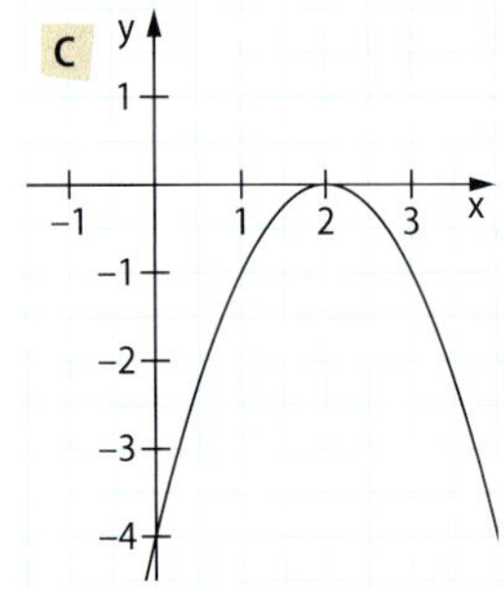

2 Ermitteln Sie jeweils das Monotonieverhalten sowie – falls vorhanden – die Koordinaten der Hoch- und Tiefpunkte des Graphen von f.

a) $f(x) = x^2 - 4x + 6;\ D = \mathbb{R}$

b) $f(x) = 4;\ D = \mathbb{R}$

c) $f(x) = 1 - (x+1)^2;\ D = \mathbb{R}$

d) $f(x) = (x+1) \cdot (2x+4);\ D = \mathbb{R}$

e) $f(x) = 2 + 0{,}5x;\ D = \mathbb{R}$

f) $f(x) = 0{,}1 \cdot (10x^2 + 100);\ D = \mathbb{R}$

g) $f(x) = x^3 + 4x^2 + 4x;\ D = \mathbb{R}$

h) $f(x) = 0{,}25x;\ D = \mathbb{R}$

i) $f(x) = (x+1)^2 - (x-1)^2;\ D = \mathbb{R}$

j) $f(x) = 3x^3 + 3;\ D = \mathbb{R}$

k) $f(x) = x^{12};\ D = \mathbb{R}$

l) $f(x) = 4x^5 - 5x^4 + 20;\ D = \mathbb{R}$

3 Führen Sie für die Funktion f eine Kurvendiskussion durch.

a) $f(x) = \frac{x^3}{16} \cdot (x+4);\ D = \mathbb{R}$

b) $f(x) = x^2 - \frac{x^4}{3};\ D = \mathbb{R}$

c) $f(x) = x^4 - 3x^2 + 2x;\ D = \mathbb{R}$

d) $f(x) = x^7 - 4x;\ D = \mathbb{R}$

4 Ein Rechteck ist 12 cm lang und 5 cm breit. Seine beiden längeren Seiten werden um je s cm ($0 < s < 12$) verkürzt und seine beiden kürzeren Seiten um je 2s cm verlängert. Ermitteln Sie den Wert von s, für den der Flächeninhalt A des neuen Rechtecks maximal ist, und geben Sie A_{max} an.

5 Ein Team folgert aus dem abgebildeten, mit einem Computerprogramm erstellten Graphen der Funktion f mit $f(x) = 0{,}2x^3 - x^2 + 1{,}6x;\ D = \mathbb{R}$, dass f nirgends in D monoton fallend ist. Zeigen Sie rechnerisch, dass diese Folgerung falsch ist, und stellen Sie das Monotonieverhalten von f richtig dar.

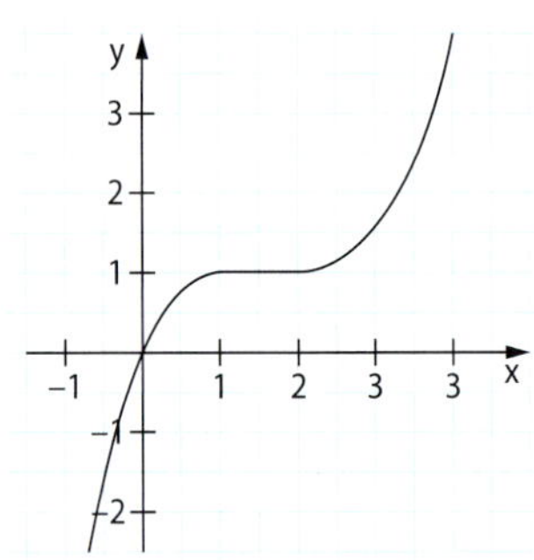

6 Zeichnen Sie den Graphen der Funktion f mit $f(x) = \frac{1}{4} \cdot (x+2) \cdot (x-4);\ D = \mathbb{R}$, und ermitteln Sie dann jeweils das Intervall, in dem die Funktion f …

a) streng monoton steigt. **b)** streng monoton fällt.

Veranschaulichen Sie diese Intervalle am Funktionsgaphen.

7 1 $f(x) = -\frac{1}{12}x^3 + \frac{1}{2}x^2$ 2 $f(x) = \frac{1}{9}x^3 - 3x + 6$ 3 $f(x) = \frac{1}{2}x^2 - 4x + 8$

4 $f(x) = -\frac{1}{4}x^3 + \frac{9}{4}x$ 5 $f(x) = \frac{x^2}{2} + \frac{8}{x}$ 6 $f(x) = \frac{2}{3}x - \frac{1}{3x^2}$

7 $f(x) = x^3 - 6x^2 + 9x$ 8 $f(x) = \frac{x^4}{16} - \frac{3}{2}x^2 + 5$ 9 $f(x) = \frac{x^2}{24}(x^2 - 4)$

a) Ermitteln Sie bei jeder Funktion f Lage und Art der Extrempunkte ihres Graphen.

b) Untersuchen Sie bei jeder Aussage, ob sie wahr ist:

A Bei 75% dieser Funktionen ist die Menge der reellen Zahlen die größtmögliche Definitionsmenge.

B Bei einem Drittel dieser Funktionen verläuft der Graph durch den Ursprung O (0|0).

C Keiner der Graphen dieser Funktionen besitzt eine schräge Asymptote.

D 25 % der Graphen dieser Funktionen sind symmetrisch zur y-Achse.

8 Die Abbildungen zeigen jeweils einen Teil des Graphen einer ganzrationalen Funktion f dritten Grades mit $D = \mathbb{R}$ sowie ggf. eine Tangente im Extrem- oder Wendepunkt des Graphen von f. Ein Punkt $P(x_0 | f(x_0))$ des Graphen ist markiert.
Untersuchen Sie f, f' und f'' in x_0 auf >, < oder = 0. Übertragen Sie dazu die Tabelle in Ihr Heft und ergänzen Sie sie dann dort.

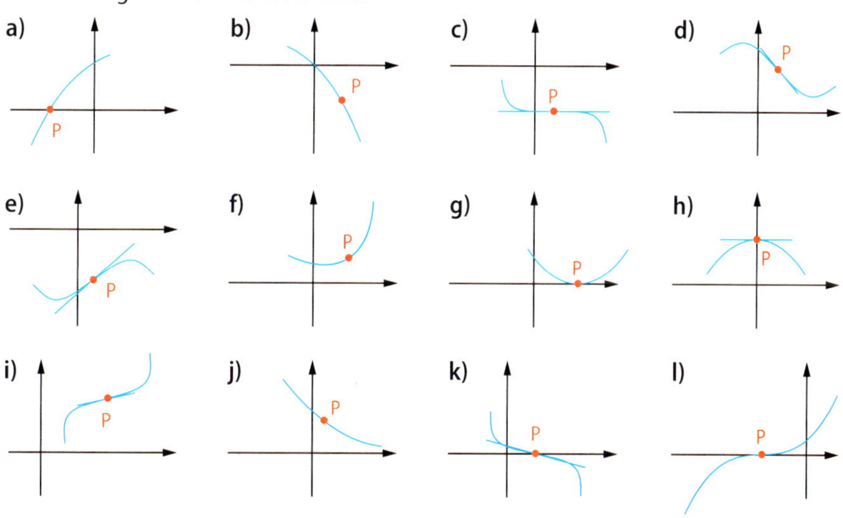

	a)	b)	c)	d)	e)	f)	g)	h)	i)	j)	k)	l)
x_0	< 0											
$f(x_0)$												
$f'(x_0)$												
$f''(x_0)$												

9 Der Graph der ganzrationalen Funktion f mit $f(x) = ax^3 + bx$; $a \in \mathbb{R}\setminus\{0\}$; $b \in \mathbb{R}$; $D = \mathbb{R}$, ist punktsymmetrisch zum Ursprung. Zeigen Sie, dass der Graph der Ableitungsfunktion f' achsensymmetrisch zur y-Achse ist.

10 Das Kantengerüst eines quaderförmigen Transportbehälters soll aus 72 m L-Profileisen hergestellt werden, wobei der Behälter halb so breit wie lang sein soll.
Ermitteln Sie Länge, Breite und Höhe des Behälters mit dem größtmöglichen Volumen und geben Sie das maximale Volumen V_{max} an.

11 Eine Firma stellt Monitore für Notebooks her. Die bei der Herstellung von x Monitoren entstehenden Kosten (in €) sind $f(x) = 0{,}001x^3 - 1{,}29x^2 + 600x + 12\,000$; $x > 0$. Die Monitore werden zu einem Preis von je 300 € zur Weiterverarbeitung abgegeben; der dabei erzielte Gewinn (in €) wird durch die Funktion g angegeben.

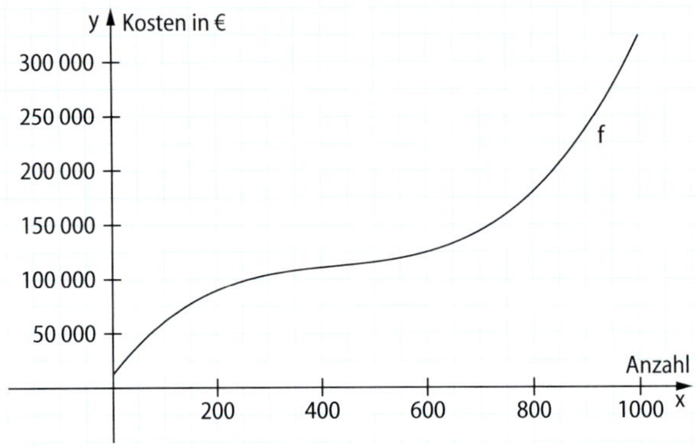

a) Untersuchen Sie den Graphen von f auf Monotonie und Extrempunkte. Berechnen Sie die Koordinaten des Wendepunkts und interpretieren Sie ihn unter dem Aspekt der Kostenentwicklung.
b) Geben Sie g (x) für x > 0 an. Zeigen Sie, dass $x_1 \approx 357{,}8$ und $x_2 \approx 966{,}9$ Nullstellen der Funktion g sind.
c) Ermitteln Sie die Extrempunkte des Graphen der Funktion g. Interpretieren Sie den Graphen von g hinsichtlich Gewinn und Verlust. Geben Sie den maximalen Gewinn an.

12 Ein Unternehmen will auf einem dreieckigen Grundstück mit den Eckpunkten A (0 | 0), B (40 | 0) und C (32 | 32) eine neue Montagehalle mit rechteckigem Grundriss errichten. Dabei soll eine Seite der neuen Halle an eine bereits vorhandene Halle angrenzen und deshalb auf der Strecke $\overline{AB}$ liegen. Die beiden anderen Eckpunkte des Hallengrundrisses sollen auf den beiden anderen Strecken liegen, die das Grundstück beranden.
a) Zeichnen Sie das Grundstück und eine mögliche Halle.
b) Ermitteln Sie den maximalen Grundflächeninhalt der Halle und geben Sie an, wie lang und wie breit die optimale Halle wird.

13 **a)** Die Zahl 60 (die Zahl 2n; $n \in \mathbb{N}$) soll so in zwei positive Summanden x und y zerlegt werden, dass deren Produktwert möglichst groß wird.

Ermitteln Sie jeweils die Zahlen x und y.

b) Die Zahl 80 (die Zahl 2n, $n \in \mathbb{N}$) soll so in zwei positive Summanden x und y zerlegt werden, dass die Summe der Quadrate dieser beiden Summanden extremal wird.

Ermitteln Sie die Zahlen x und y sowie die Extremaleigenschaft.

14 Untersuchen Sie die Aussagen über eine ganzrationale Funktionen f mit $D = \mathbb{R}$. Stellen Sie falsche Aussagen richtig.

Wenn x_0 eine Wendestelle von f ist, dann gilt $f'(x_0) = 0$.

Wenn $f''(x_0) = 0$ gilt, dann ist x_0 eine Wendestelle von f.

Wenn der Graph der Funktion f zwei lokale Extrempunkte besitzt, dann besitzt der Graph von f mindestens einen Wendepunkt.

Wenn x_0 eine Extremstelle von f ist, dann gilt $f'(x_0) = 0$.

15 Gegeben sind die Funktionen f_1, f_2, f_3 und f_4 durch ihre Funktionsterme
$f_1(x) = -x \cdot (x^2 - 4)$, $f_2(x) = -x \cdot (x - 2)^2$, $f_3(x) = -x^2 \cdot (2 - x)$ bzw.
$f_4(x) = f_1(x) + f_2(x) + f_3(x)$; $D = \mathbb{R}$.

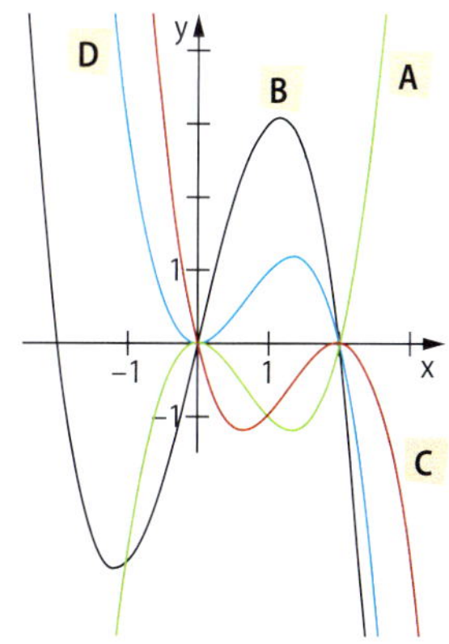

a) Die Abbildung zeigt alle vier Funktionsgraphen. Ordnen Sie jedem der Graphen eine der vier Funktionen zu. Begründen Sie Ihre Entscheidung.
b) Die Abbildung lässt vermuten, dass zwei der Funktionsgraphen bezüglich der x-Achse symmetrisch zueinander liegen. Untersuchen Sie, für welche der vier Graphen dies zutrifft, und geben Sie eine rechnerische Begründung an.

16 Gegeben ist die Funktion f mit $f(x) = x \cdot (x^2 - 6x + 8)$; $D = \mathbb{R}$.
Übertragen Sie die Monotonietabelle in Ihr Heft, ergänzen Sie sie dann dort und skizzieren Sie den Graphen der Funktion.

x	$-\infty < x <$ □	$x =$ □	□ $< x <$ △	$x =$ △	△ $< x < \infty$
f'(x)					
Vorzeichenwechsel von f'(x)					
Graph von f		Hochpunkt		Tiefpunkt	

17 Geben Sie jeweils das Monotonieverhalten der Funktion f in Abhängigkeit vom Wert des Parameters a an. Übertragen Sie die Monotonietabelle in Ihr Heft und ergänzen Sie sie dann dort.

a) $f(x) = ax^2$; $a \in \mathbb{R}\setminus\{0\}$; $D = \mathbb{R}$

a	a > 0		a < 0	
x	x > 0	x < 0	x > 0	x < 0
f'(x)	f'(x) > 0			
Monotonie				

b) $f(x) = ax^3$; $a \in \mathbb{R}\setminus\{0\}$; $D = \mathbb{R}$

a	a > 0		a < 0	
x	x > 0	x < 0	x > 0	x < 0
f'(x)	f'(x) > 0			
Monotonie				

18 Einer Kugel K (Radiuslänge R) wird ein gerader Kreiszylinder (Radiuslänge r; Höhe h) einbeschrieben.
a) Ermitteln Sie diejenigen Werte von r und h, für die das Volumen des Zylinders möglichst groß wird.
b) Bestimmen Sie den Bruchteil des Kugelvolumens den der optimale Zylinder einnimmt.

3 Horizonte

1 Lösen Sie die folgenden Gleichungen rechnerisch.

a) $x^2 - 5x + 6{,}25 = 0$ **b)** $x^2 - 5x + 6 = 0$ **c)** $4x^2 + 9 = -12x$ **d)** $x^3 + 8x^2 + 16x = 0$

Viele Gleichungen lassen sich jedoch nicht exakt lösen. Gesucht sind daher Verfahren, mit denen die gesuchte Lösung näherungsweise berechnet werden kann. Das vorgestellte Verfahren eignet sich besonders zur Umsetzung mithilfe eines passenden Computerprogramms (z.B. eines Tabellenkalkulationsprogramms). Da man jede Gleichung in eine Form „… = 0" überführen kann, versuchen wir im Folgenden die Nullstellen verschiedener Funktionen zu ermitteln.

Bei ganzrationalen Funktionen f kann man relativ schnell feststellen, ob die Gleichung $f(x) = 0$ überhaupt eine Lösung hat und in welchem Intervall die Lösung liegt. Hierzu versucht man zwei Stellen a und b aus der Definitionsmenge D zu ermitteln, für die f(a) und f(b) verschiedene Vorzeichen haben. In diesem Fall hat f in [a; b] mindestens eine Nullstelle.
Durch fortschreitende Intervallhalbierung kann man sich so der gesuchten Nullstelle immer weiter annähern.

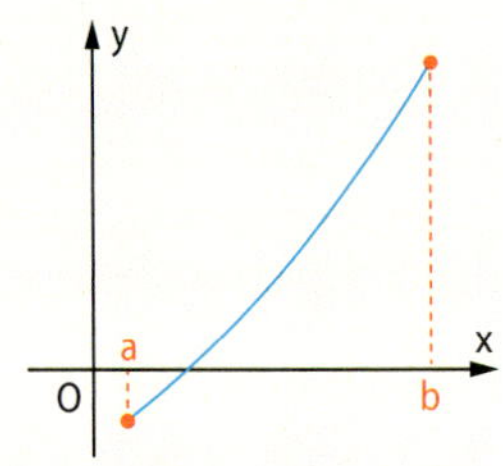

2 Gegeben ist die Funktion f mit $f(x) = x^3 + \frac{1}{4}x^2 - 0{,}5$. Die Punkte $P_1\,(0{,}6\,|\,-0{,}194)$ und $P_2\,(0{,}8\,|\,0{,}172)$ liegen auf dem Graphen von f. Wie kann man mithilfe der angegebenen Koordinaten einen Näherungswert für die Nullstelle von f ermitteln?

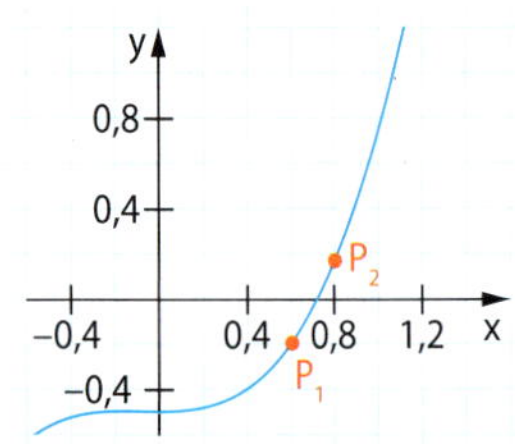

Da dieses Verfahren relativ langsam ist, versuchen wir eine Alternative.

Es sei $x_0 \in [a; b]$ ein Näherungswert für die gesuchte Nullstelle x^*.
Nun ersetzen wir in einer Umgebung von x_0 den Graphen von f durch die Tangente im Punkt $P_0\,(x_0\,|\,f(x_0))$ und berechnen die Stelle x_1, an der die Tangente die x-Achse schneidet. In vielen Fällen ist x_1 ein besserer Näherungswert für x^* als x_0.

Wiederholt man dieses Verfahren, erhält man (unter gewissen Voraussetzungen) eine Folge $x_0, x_1, x_2, \ldots$ von immer besseren Näherungswerten für x^*.

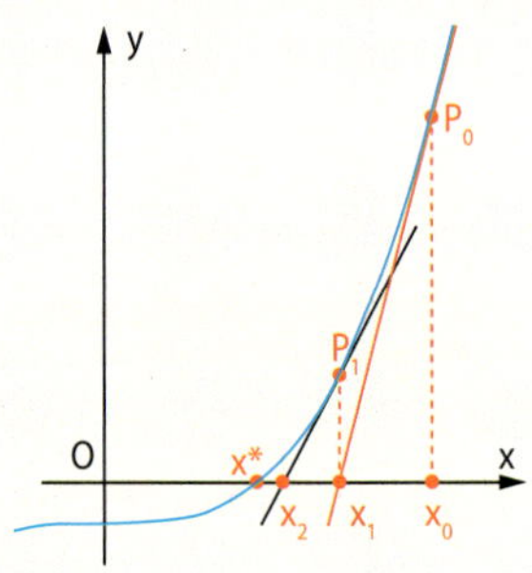

Diese geometrischen Überlegungen führen zu folgendem numerischen Verfahren:

1 Aufstellen der Gleichung der Tangente an den Graph der Funktion f im Punkt P_0:
Ist f differenzierbar, so erhält man als Gleichung der Tangente in P_0 nach der Punkt-Steigungsformel
$y = f'(x_0) \cdot (x - x_0) + f(x_0)$

2 Berechnung der Stelle, an der die Tangente die x-Achse schneidet:
Aus $f'(x_0) \cdot (x - x_0) + f(x_0) = 0$ folgt mit $f'(x_0) \neq 0$: $x = x_0 - \frac{f(x_0)}{f'(x_0)}$.
Diesen x-Wert bezeichnet man mit x_1.

3 Mit x_1 als neuem Startwert lassen sich die Schritte **1** und **2** wiederholen.

Man erhält als **Iterationsvorschrift für das Newton-Iterationsverfahren:** $x_{n+1} = x_n - \frac{f(x_n)}{f'(x_n)}$; $n \in \mathbb{N}$

3 Lösen Sie näherungsweise die Gleichung. Sie können dazu ein Tabellenkalkulationsprogramm nutzen.
a) $x^3 + 2x - 5 = 0$ **b)** $x^3 + 2x - 1 = 0$ **c)** $x^5 - x^3 + 1 = 0$ **d)** $\sqrt{x} + x^2 - x - 2 = 0$ **e)** $\frac{1}{x} + x^2 + 2 = 0$

4 Die angegebene Gleichung hat mehrere Lösungen. Ermitteln Sie diese mit dem Newton-Verfahren.
a) $x^3 - 3x - 1 = 0$ **b)** $x^3 + 3x^2 - 3 = 0$ **c)** $x^4 - 2x^3 - 5x^2 + 1 = 0$ **d)** $x^4 + x^3 - 4x^2 + x + 0{,}5 = 0$

5 Gegeben ist die Funktion f mit $f(x) = \frac{x^4 + 2x^2 - 3}{4x^2}$; $x \neq 0$. Es gibt ein t mit $1 \leq t \leq 2$, für das gilt: $f'(t) = 1{,}5$. Berechnen Sie einen Näherungswert für t mit dem Newton-Verfahren.

6 Die Gerade $y = -1$ und der Graph der Funktion f mit $f(x) = \frac{1}{6}x \cdot (x - 6)^2$ schneiden sich in einem Punkt S. Ermitteln Sie die x-Koordinate von S.

Das Newton-Verfahren ist ein sogenanntes *lokal konvergentes* Verfahren. Konvergenz der in der Newton-Iteration erzeugten Folge zu einer Nullstelle ist also nur garantiert, wenn der Startwert, d. h. das 0-te Glied der Folge, schon „ausreichend nahe" an der Nullstelle liegt. Ist dies nicht der Fall, können verschiedene Szenarien eintreten. Hierzu untersuchen wir folgende Gleichungen:

7 Ermitteln Sie die Nullstellen folgender Funktionen.
a) $f_1(x) = x^3 - 2x + 2$; Startwert $x_0 = 0$ **b)** $f_2(x) = x^5 - 3x^4 + x^3 + x^2 - 2x + 4$; Startwert $x_0 = 0$

Wir können bezüglich der Konvergenz des Verfahrens also festhalten:

Ist der Startwert beim Newton-Verfahren zu weit weg von der eigentlichen Nullstelle, können folgende Fälle auftreten:

- Die Folge divergiert, der Abstand zur Nullstelle wächst über alle Grenzen.
- Die Folge divergiert, bleibt aber beschränkt. Sie kann z. B. periodisch werden, d.h. endlich viele Punkte wechseln sich in immer derselben Reihenfolge ab. Man sagt auch, dass die Folge **oszilliert**.
- Die Folge konvergiert trotz der Distanz zur Nullstelle, kann jedoch, falls die Funktion mehrere Nullstellen hat, gegen eine andere als die gewünschte Nullstelle (falls man weiß, welche man will) konvergieren.

Zum Abschluss soll noch thematisiert werden, dass das Newton-Verfahren auch zur näherungsweisen Berechnung von $\sqrt{a}$ herangezogen werden kann.

8 Zeigen Sie hierzu: Wenn man das Newton-Verfahren anwendet, um die Gleichung $x^2 = a$ zu lösen, ergibt sich die Gleichung $x_{n+1} = \frac{1}{2} \cdot \left(x_n + \frac{a}{x_n}\right)$.

Dieses Verfahren zur näherungsweisen Berechnung von $\sqrt{a}$ wurde bereits ca. 1750 v. Chr. in Mesopotamien verwendet. Der griechische Mathematiker und Ingenieur Heron von Alexandria machte es im 1. Jahrhundert nach Christus dann aber im ganzen römischen Reich bekannt. Deshalb nennt man es heute das **Heron-Verfahren**.

Heron von Alexandria war ein griechischer Mathematiker und Ingenieur († 62)

Das kann ich!

Überprüfen Sie Ihre Fähigkeiten und Kompetenzen. Bearbeiten Sie dazu die folgenden Aufgaben und bewerten Sie anschließend Ihre Lösungen mit einem Smiley.

☺	😐	☹
Das kann ich **wirklich gut!**	Das kann ich **fast!**	Das muss ich **noch üben!**

1 Die Abbildungen **A** bis **C** zeigen drei Funktionsgraphen.

A

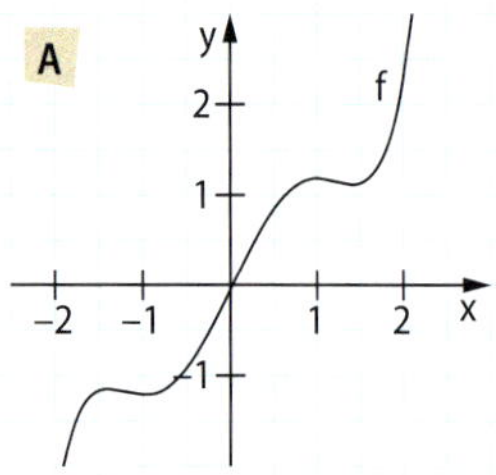

B

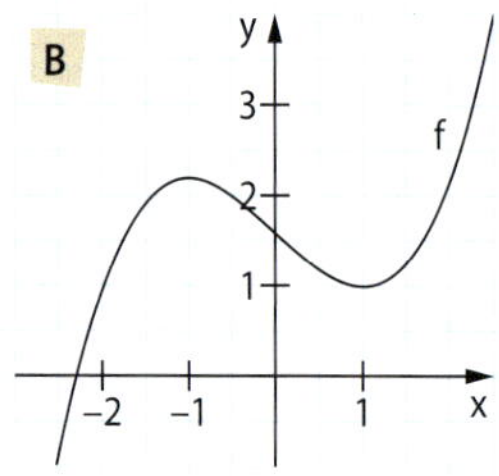

C

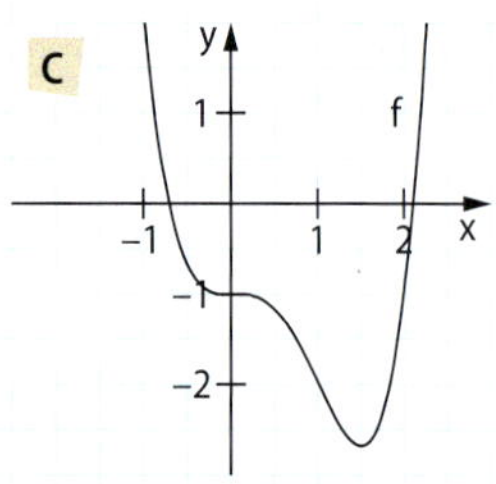

a) Entnehmen Sie den Abbildungen jeweils möglichst genau die Koordinaten der Nullstellen, der Extrempunkte und der Wendepunkte.

b) Ordnen Sie jeder der Abbildungen **A** bis **C** die passende der vier Funktionsgleichungen zu. Begründen Sie Ihre Auswahl.

1 $f(x) = 0{,}3 \cdot (x+2) \cdot (x-1)^2 + 1$

2 $f(x) = x^4 - 2x^3 - 1$

3 $f(x) = 0{,}2x^5 - x^3 + 2x$

4 $f(x) = 0{,}2 \cdot (x^3 + 3x^2 - 2x + 6)$

c) Überprüfen Sie rechnerisch Ihre Ergebnisse aus Teilaufgabe a) anhand der zugeordneten Funktionsterme aus Teilaufgabe b).

2 Ermitteln Sie jeweils die lokalen und globalen Extrempunkte des Graphen der Funktion f.

a) $f(x) = x \cdot (x^2 - 3x - 3)$; $D = \mathbb{R}$

b) $f(x) = 2x^2 \cdot (x^2 - 4)$; $D = \mathbb{R}$

c) $f(x) = |x - 1|$; $D = \mathbb{R}$

3 Gegeben ist die Funktion f mit $f(x) = x^3 - 6x^2 + 9x$; $D = \mathbb{R}$.

a) Ermitteln Sie die Schnittpunkte mit den Achsen, Extrem- und Wendepunkte.

b) Skizzieren Sie den Graphen von f.

c) Untersuchen Sie bei jeder der folgenden Aussagen, ob sie wahr ist.

1 Für $-\infty < x < 2$ ist der Graph von f rechtsgekrümmt.

2 Die Gerade g_1: $y = 1$ hat mit dem Graphen von f drei Punkte gemeinsam.

3 Im Punkt W (2 | 2) steigt der Graph von f.

4 Im Ursprung steigt der Graph von f.

4 Die Abbildung zeigt den Graphen der Funktion f mit $f(x) = \frac{x}{6} \cdot (x^2 - 12x + 36)$; $D = \mathbb{R}$.

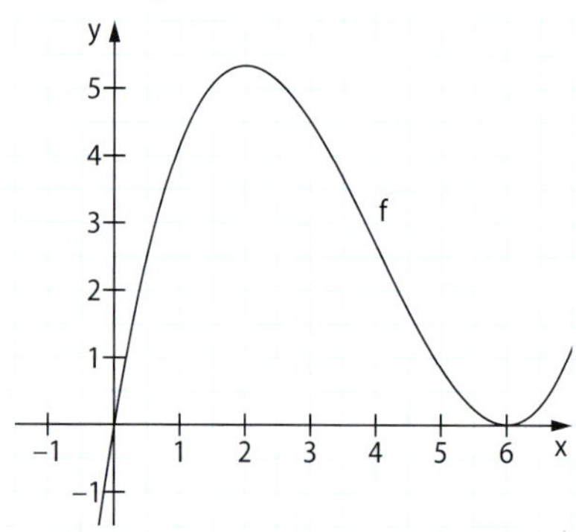

a) Ermitteln Sie die Koordinaten der Extrempunkte E_1 und E_2 des Graphen von f.

b) Zeigen Sie, dass die Punkte E_1, E_2 und W $(4 \mid \frac{8}{3})$ auf einer Geraden liegen.

c) Die Punkte O (0 | 0), L (a | 0) und A (a | f(a)) mit $0 < a < 6$ sind die Eckpunkte des Dreiecks OLA. Geben Sie an, für welchen Wert des Parameters a der Flächeninhalt A dieses Dreiecks maximal wird.

Aufgaben für Lernpartner

Arbeitsschritte

1. Bearbeiten Sie die folgenden Aufgaben zuerst allein.
2. Suchen Sie einen Partner oder eine Partnerin und arbeiten Sie zusammen weiter: Erklären Sie sich gegenseitig Ihre Lösungen. Korrigieren Sie fehlerhafte Antworten.

Sind folgende Behauptungen richtig oder falsch? Begründen Sie.

A Den Schnittpunkt mit der y-Achse bezeichnet man als Nullstelle.

B Der Monotoniesatz lässt sich im Falle der strengen Monotonie umkehren.

C Die Funktion f mit $f(x) = x^2 - 2x + 2$ ist im Intervall $[2; \infty[$ streng monoton steigend.

D $H(x_0 | f(x_0))$ ist globaler Hochpunkt einer Funktion f mit Definitionsmenge D, falls für alle $x \in D$ gilt: $f(x) \leq f(x_0)$.

E Jede Nullstelle von f' ist eine lokale Extremstelle.

F Es gibt eine ganzrationale Funktion f, welche keine lokalen Extrema besitzt.

G Jeder Punkt des Graphen einer Funktion f, in dem sich die Art der Krümmung ändert heißt Wendepunkt des Graphen von f.

H Unter einem Sattelpunkt versteht man einen Wendepunkt mit waagrechter Wendetangente.

I Die mathematische Untersuchung einer Funktion hinsichtlich ihrer wichtigsten Eigenschaften nennt man Kurvendiskussion.

J Für die Ordinate des Schnittpunkts mit der y-Achse gilt: $f(x) = 0$.

K Nebenbedingungen fließen bei Extremwertaufgaben nicht in die Zielfunktion mit ein.

L Es gibt Funktionen, welche einen globalen, aber keinen lokalen Tiefpunkt besitzen.

M Die Funktion f mit $f(x) = x^3$ steigt nicht streng monoton, denn $f'(x) = 3x^2 \geq 0$.

N Das Vorzeichenwechselkriterium ist gegenüber dem Kriterium der höheren Ableitung die stärkere hinreichende Bedingung bei der Bestimmung von Extrem- bzw. Wendestellen.

O Wenn $f'(x_0) = 0$ und $f''(x_0) = 0$, kann nicht gesagt werden, ob x_0 eine Extremstelle ist oder nicht.

P Globale Extremstellen können nicht an den Rändern eines abgeschlossenen Intervalls liegen.

Q In einem Sattelpunkt ändert sich das Monotonieverhalten nicht.

Ich kann …	„Am Ziel!"-Aufgaben	Hilfe
… lokale und globale Hoch- bzw. Tiefpunkte bestimmen und unterscheiden.	1, 2, 3, 4, D, E, F, L, O, P	S. 80, 82
… das Monotonieverhalten von Funktionen bestimmen.	3, B, C, M, Q	S. 76
… Wendepunkte bestimmen.	1, 3, G, H, Q	S. 84
… das Krümmungsverhalten von Funktionen bestimmen.	3, G	S. 84
… die Eigenschaften von Funktionen und deren Graphen auch mithilfe von Ableitungsfunktionen untersuchen.	1, 2, 3, 4, A, I, J, N, O	S. 90
… Extremwertaufgaben lösen.	4, K	S. 94

4 Startklar!

Aufgabe	Ich kann schon …	Grundwissen
1, 2	… quadratische Funktionen anhand ihrer Eigenschaften beschreiben.	S. 229, 230
3	… Sinus, Kosinus und Tangens im rechtwinkligen Dreieck anwenden.	S. 227, 228

1 Vervollständigen Sie die Tabelle in Ihrem Heft.

	Beschreibung	Funktionsgleichung	Graph
a)	Die Normalparabel ist um 1 Einheit nach links und um 3 Einheiten nach unten verschoben und mit dem Faktor 2 gestreckt.		
b)		$f(x) = -(x-4)^2 - 2$	
c)			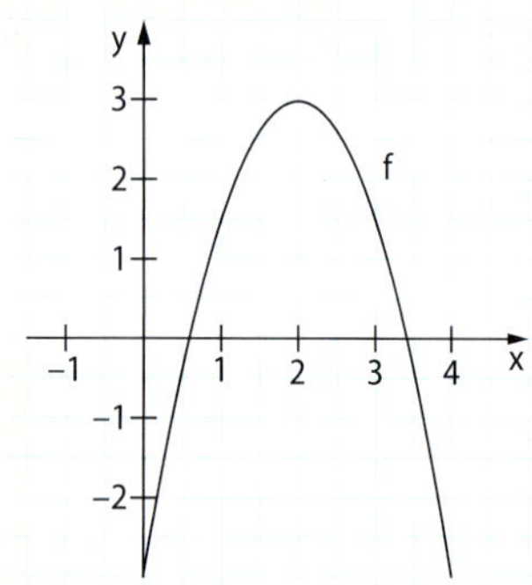

2 Geben Sie jeweils die Eigenschaften der quadratischen Funktion an.

a) $f(x) = x^2 + 1$

b) $f(x) = -(x+2)^2 + 4$

c)

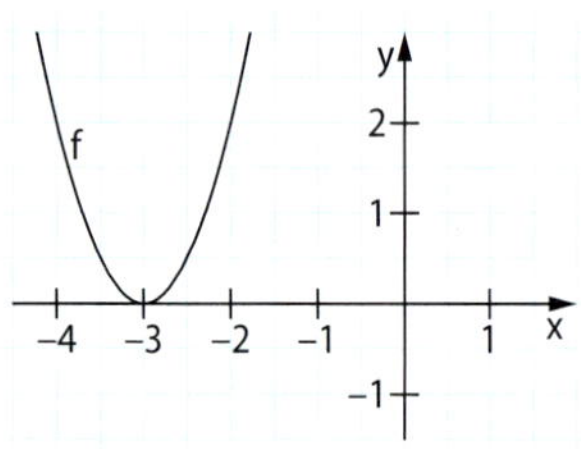

d)

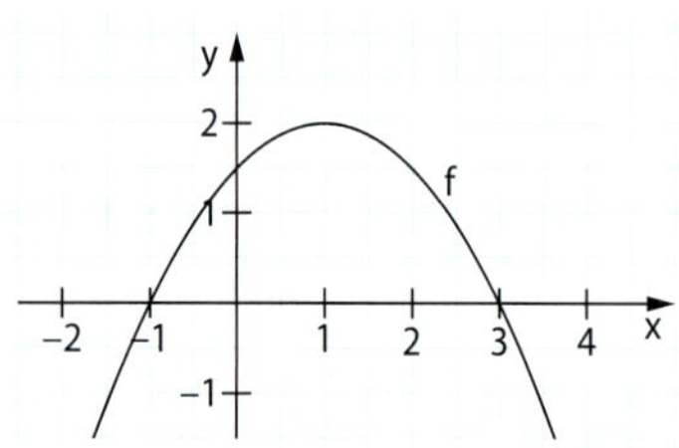

3 Geben Sie jeweils den Sinus, Kosinus und Tangens des Winkels als Verhältnis der Seitenlängen an.

a)

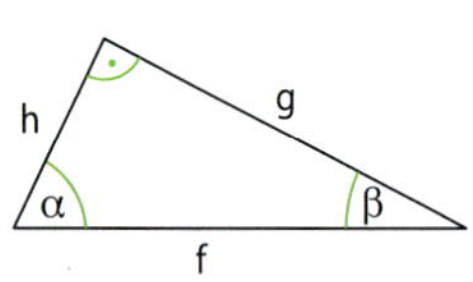

b)

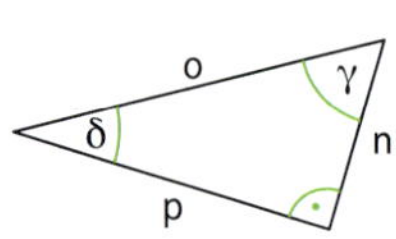

c)

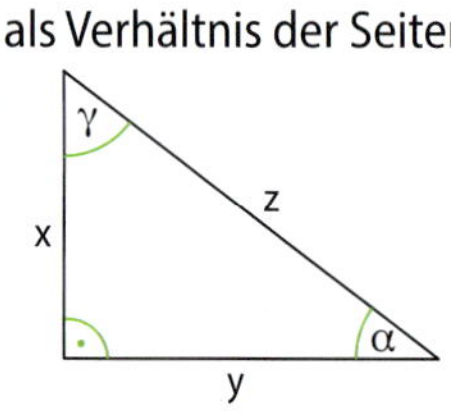

4 Trigonometrische Funktionen

Einstieg

Das Wiener Riesenrad mit seinen 15 Waggons hat eine maximale Höhe von 64,75 m und einen Durchmesser von 200 engl. Fuß = 60,96 m (Durchmesser gemessen über den Aufhängungsachsen der Waggons). Die Höhe der Aufhängungsachse eines Waggons ändert sich mit dem Drehwinkel (Drehung in mathematisch positiver Richtung, d. h. entgegengesetzt zum Uhrzeigersinn).

- Stellen Sie die Zuordnung *Drehwinkel* ↦ *Höhe der Aufhängungsachse eines Waggons* in einem Diagramm dar.
- Beschreiben Sie den Graphen.

Ausblick

Am Ende dieses Kapitels haben Sie gelernt, …

- … Sinus und Kosinus am Einheitskreis zu definieren.
- … Eigenschaften und Zusammenhänge zwischen der Sinus- und Kosinusfunktion zu nutzen.
- … den Einfluss von Parametern auf den Graphen der Sinus- und Kosinusfunktion zu beschreiben.
- … periodische Vorgänge im Alltag mit Funktionen zu modellieren.

Kap. 4.3 und 4.5

Experiment: Schattenwurf

- Halten Sie eine Lichtquelle senkrecht über einen 1 m langen Stab. Der Stab steht fest mit einem Ende auf dem Boden und ist zum Boden im Winkel α geneigt. Entsprechend seiner Neigung wirft der Stab einen Schatten auf den Boden. Messen Sie die Länge c des Schattens für verschiedene Neigungswinkel α. Tragen Sie die Punkte mit den Koordinaten $(\alpha | c)$ in ein Koordinatensystem ein und verbinden Sie diese miteinander.
- Halten Sie nun eine Lichtquelle waagrecht neben den 1 m langen Stab. Der Stab wirft dabei einen Schatten an die Wand. Messen Sie die Länge s des Schattens für verschiedene Neigungswinkel α. Tragen Sie die Punkte mit den Koordinaten $(\alpha | s)$ in ein Koordinatensystem ein und verbinden Sie diese miteinander.
- Vergleichen Sie die beiden Graphen miteinander. Beschreiben Sie Auffälligkeiten.

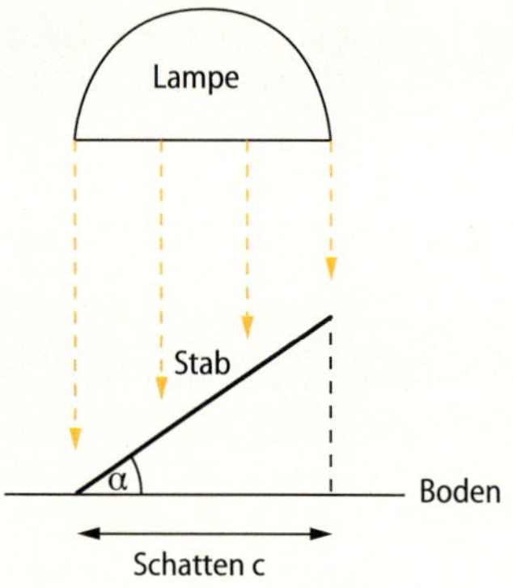

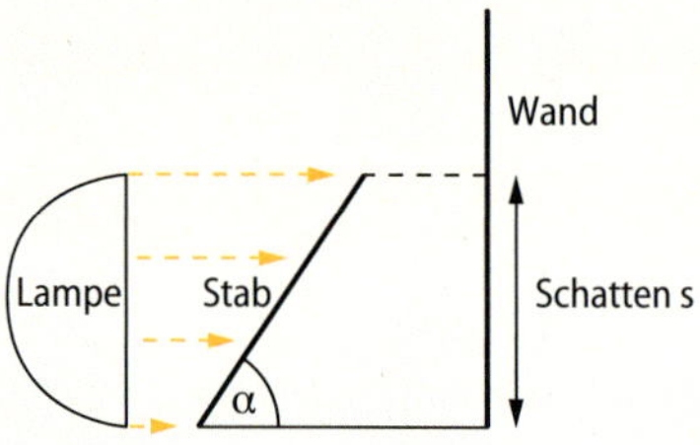

Kap. 4.4

Experiment: Gurkenschnitt

- Beschreiben Sie die Bilder und führen Sie ein entsprechendes Experiment selbst durch.
- Verwenden Sie unterschiedlich dicke Gurken und schneiden Sie in verschiedenen Winkeln. Vergleichen Sie die entstandenen Kurven miteinander.

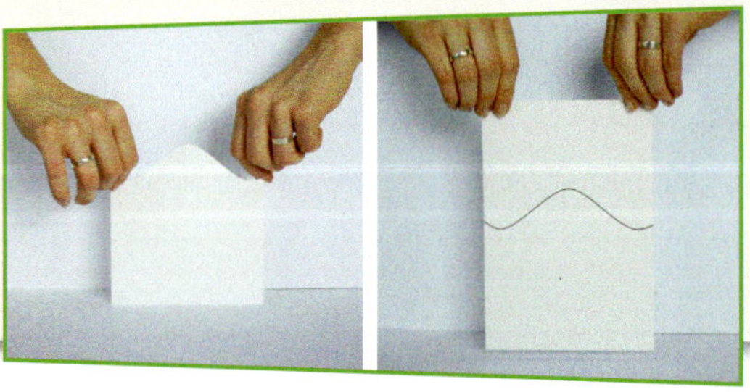

Kap. 4.4

Die allgemeine Sinusfunktion $f(x) = a \cdot \sin[b \cdot (x - d)] + c$

Untersuchen Sie die Auswirkungen der Parameter a, b, c und d in der Funktionsgleichung $f(x) = a \cdot \sin[b \cdot (x - d)] + c$ auf den Funktionsgraphen mithilfe eines Computerprogramms. Richten Sie dafür Schieberegler für a, b, c und d ein.

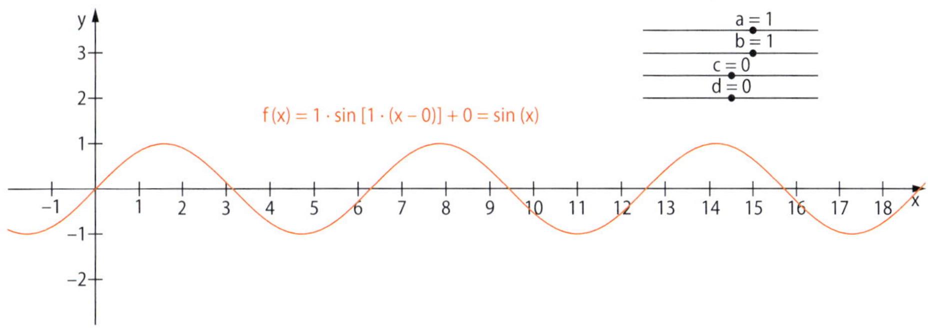

- Der Parameter a: Stellen Sie den Schieberegler für b auf 1 und für c und d auf 0. Verändern Sie nur den Parameter a mithilfe des Schiebereglers a. Beschreiben Sie, wie sich der Wert des Parameters a auf den Verlauf des Graphen von $f(x) = a \cdot \sin(x)$ auswirkt.
  Vergleichen Sie mit der Auswirkung des Parameters a auf den Graphen der quadratischen Funktion g mit $g(x) = a \cdot x^2$.
- Der Parameter b: Stellen Sie den Schieberegler für a auf 1 und für c und d auf 0. Verändern Sie nur den Parameter b mithilfe des Schiebereglers b. Beschreiben Sie, wie sich der Wert des Parameters b auf den Verlauf des Graphen von $f(x) = \sin(b \cdot x)$ auswirkt.
  Vergleichen Sie mit der Auswirkung des Parameters b auf den Graphen der quadratischen Funktion g mit $g(x) = (b \cdot x)^2$.
- Der Parameter c: Stellen Sie den Schieberegler für a und b auf 1 und für d auf 0. Verändern Sie nur den Parameter c mithilfe des Schiebereglers c. Beschreiben Sie, wie sich der Wert des Parameters c auf den Verlauf des Graphen von $f(x) = \sin(x) + c$ auswirkt.
  Vergleichen Sie mit der Auswirkung des Parameters c auf den Graphen der quadratischen Funktion g mit $g(x) = x^2 + c$.
- Der Parameter d: Stellen Sie den Schieberegler für a und b auf 1 und für c auf 0. Verändern Sie nur den Parameter d mithilfe des Schiebereglers d. Beschreiben Sie, wie sich der Wert des Parameters d auf den Verlauf des Graphen von $f(x) = \sin(x - d)$ auswirkt.
  Vergleichen Sie mit der Auswirkung des Parameters d auf den Graphen der quadratischen Funktion g mit $g(x) = (x - d)^2$.

Entdecken

Zur Ausbildung junger Pferde oder im Reitunterricht wird ein Pferd beim Longieren an einer 8 m langen Leine (der „Longe") auf einer kreisförmigen Bahn geführt.

- Untersuchen Sie den Zusammenhang zwischen dem Mittelpunktswinkel α, den die Leine überstreicht, und der Bogenlänge b, also der Strecke, die das Pferd zurücklegt. Übertragen Sie dazu die Tabelle in Ihr Heft und vervollständigen Sie diese.

α	0°	30°	45°	60°	90°	180°	270°	360°
b	0 m							

- Für den Umfang eines Kreises gilt $U = 2\pi r$. Vergleichen Sie für jedes Wertepaar $(\alpha \mid b)$ aus der Tabelle den Anteil des Winkels vom Vollwinkel $\frac{\alpha}{360°}$ mit dem Anteil der Bogenlänge vom Gesamtumfang $\frac{b}{2\pi r}$.
- Was stellen Sie fest? Leiten Sie daraus eine Formel zur Berechnung der Bogenlänge b her.

Verstehen

Die Länge des Kreisbogens b eines Kreises mit dem Radius r hängt von der Größe des Mittelpunktswinkels α ab.

An einem Einheitskreis (r = 1 LE) kann man jedem Mittelpunktswinkel α eindeutig die Länge des zugehörigen Kreisbogens b = x LE zuordnen: $\frac{\alpha}{360°} = \frac{x}{2\pi}$

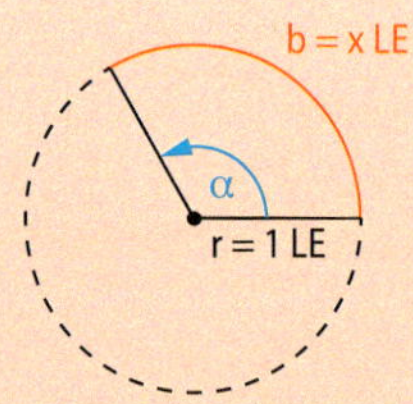

Die Maßzahl x der Länge des Kreisbogens am Einheitskreis kann man auch als Maß für den zugehörigen Mittelpunktswinkel verwenden. Man bezeichnet dieses Winkelmaß als **Bogenmaß** und gibt ihm die Einheit „rad" (von „Radiant").

Wichtige Winkelmaße lassen sich damit als Vielfache bzw. Teile der Kreiszahl π ausdrücken.

α (Gradmaß)	0°	30°	45°	60°	90°	180°	270°	360°
x (Bogenmaß)	0	$\frac{\pi}{6}$	$\frac{\pi}{4}$	$\frac{\pi}{3}$	$\frac{\pi}{2}$	π	$\frac{3}{2}\pi$	2π

Wenn feststeht, dass ein Winkel im Bogenmaß gemessen wird, lässt man die Einheit „rad" weg.

Am Taschenrechner:
DEG („degree"): Gradmaß
RAD („radian"): Bogenmaß

Beispiele

I. Berechnen Sie die Länge des Kreisbogens b, der zum Mittelpunktswinkel $\alpha = 120°$ am Einheitskreis gehört.

Lösung:

$x = \frac{120° \cdot \pi}{180°} = \frac{2}{3}\pi \approx 2{,}09$ $\quad$ $b \approx 2{,}09$ LE

II. Die Größe eines Winkels beträgt 1 rad. Bestimmen Sie die Größe des Winkels im Gradmaß.

Lösung:

$1 = \frac{\alpha \cdot \pi}{180°} \quad \left| \cdot \frac{180°}{\pi} \right.$ $\quad$ $\alpha = \frac{180°}{\pi} \approx 57{,}3°$

Nachgefragt

- Erläutern Sie die Bezeichnung „Bogenmaß" für die Größe eines Winkels.
- Beschreiben Sie den Zusammenhang zwischen der Länge des Kreisbogens und dem Bogenmaß am Einheitskreis.
- „Ein Winkel mit dem Bogenmaß 10 (rad) ist kleiner als ein Winkel von 10°." Entscheiden Sie, ob diese Aussage wahr oder falsch ist. Begründen Sie.

Aufgaben

1 Übertragen Sie die Tabelle in Ihr Heft und bestimmen Sie die fehlenden Werte. Runden Sie auf eine Dezimalstelle.

	a)	b)	c)	d)	e)	f)
α (Gradmaß)	24,5°	356,3°	0,5°			
x (Bogenmaß)				0,5	4,3	6,0

	g)	h)	i)	j)	k)	l)
α (Gradmaß)	465,3°	715,0°	1000°			
x (Bogenmaß)				7,5	12,7	45,2

2 a) Berechnen Sie die Bogenlänge b eines Kreisausschnitts mit dem Radius r und dem Mittelpunktswinkel α.

1 $r = 2{,}5\text{ cm}; \alpha = 45°$ 2 $r = 1{,}7\text{ m}; \alpha = 105{,}2°$ 3 $r = 7{,}5\text{ mm}; \alpha = 216{,}5°$

Bogenlänge für beliebige Radien r: $b = \frac{2\pi r \cdot \alpha}{360°}\,LE$

b) Berechnen Sie die Größe des Mittelpunktswinkels α eines Kreisausschnitts mit dem Radius r und der Bogenlänge b.

1 $r = 7{,}5\text{ cm}; b = 4{,}5\text{ cm}$ 2 $r = 3{,}9\text{ dm}; b = 2\text{ m}$ 3 $r = 5\text{ m}; b = \pi\text{ m}$

c) Berechnen Sie den Radius r eines Kreisausschnitts mit der Bogenlänge b und dem Mittelpunktswinkel α.

1 $b = 2{,}9\text{ cm}; \alpha = 87°$ 2 $b = 4{,}4\text{ m}; \alpha = 115°$ 3 $b = 12{,}3\text{ dm}; \alpha = 225{,}5°$

3 Mike und Elias laufen im Stadion 200 m um die Wette (siehe Abbildung). Berechnen Sie den Winkel α und die Bogenlänge b, um die der Startpunkt von Elias gegenüber dem Startpunkt von Mike verschoben werden muss, damit beide Laufstrecken 200 m lang sind.

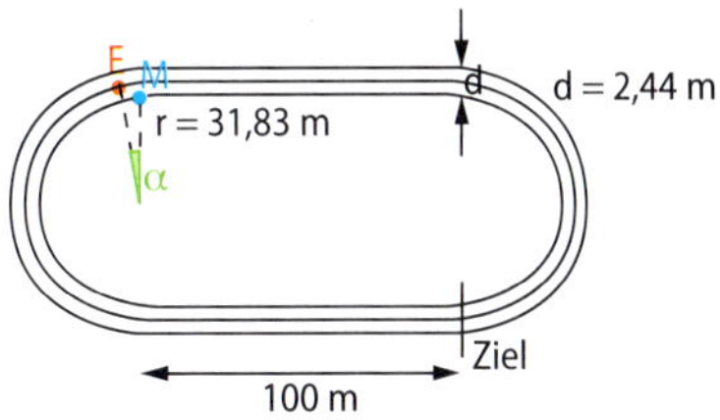

4 Weisen Sie nach, dass man den Flächeninhalt A_S eines Kreisausschnitts mit Radius r und der Bogenlänge b mit der Formel $A_S = \frac{1}{2} b \cdot r$ berechnen kann.

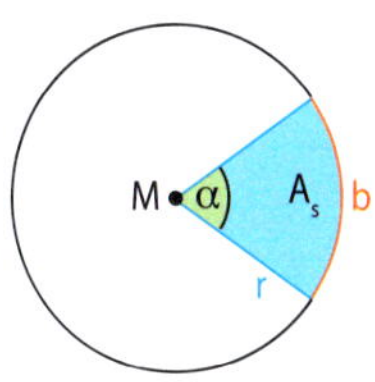

5 Begründen Sie folgende Gleichheiten für das Bogenmaß x und das Gradmaß α.

1 $x = \frac{\alpha}{360°} \cdot 2\pi = \frac{\alpha}{180°} \cdot \pi$ 2 $\alpha = \frac{x}{2\pi} \cdot 360° = \frac{x}{\pi} \cdot 180°$

Entdecken

1
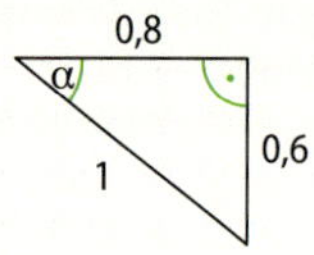

2
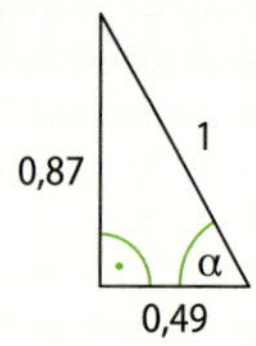

3
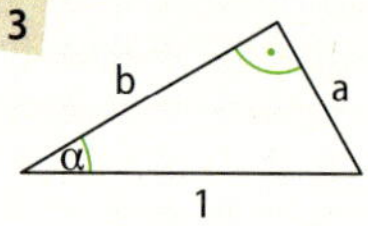

4
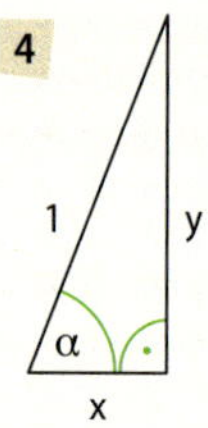

- Geben Sie jeweils den Sinus und den Kosinus des Winkels α als Verhältnis der gegebenen Seitenlängen an.
- Beschreiben Sie, was Ihnen auffällt.

Verstehen

Sinus und Kosinus für beliebige Winkel werden definiert, indem man am Einheitskreis rechtwinklige Dreiecke mit Hypotenusenlänge 1 betrachtet. Die Ankathete entspricht dann dem Kosinus und die Gegenkathete dem Sinus des an die x-Achse angetragenen Winkels.

Positiver Drehwinkel: Drehung gegen den Uhrzeigersinn

Befindet sich ein Punkt P ($x_P | y_P$) auf einem Einheitskreis k um den Ursprung O mit r = 1 LE und ist $0° < \alpha < 90°$ der positive Drehwinkel zwischen der positiven x-Achse und der Strecke $\overline{OP}$, so gilt:

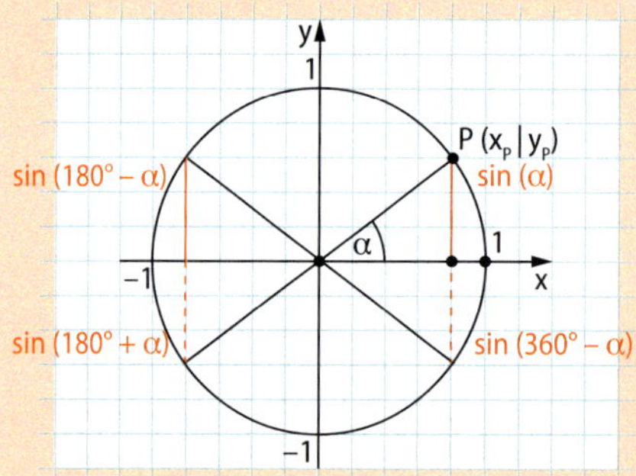

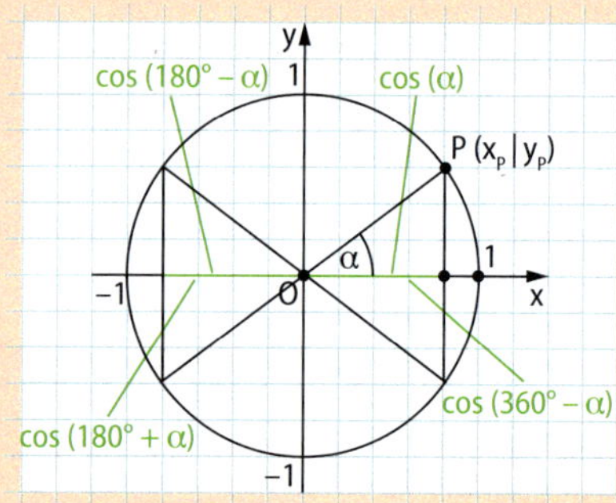

$y_P = \sin(\alpha) = \sin(180° - \alpha)$
$= -\sin(180° + \alpha) = -\sin(360° - \alpha)$

$x_P = \cos(\alpha) = -\cos(180° - \alpha)$
$= -\cos(180° + \alpha) = \cos(360° - \alpha)$

Drehungen über 360°

$\sin(\alpha + k \cdot 360°) = \sin(\alpha);\ k \in \mathbb{N}$

$\cos(\alpha + k \cdot 360°) = \cos(\alpha);\ k \in \mathbb{N}$

Negative Winkel

$\sin(-\alpha) = -\sin(\alpha)$

$\cos(-\alpha) = \cos(\alpha)$

α	30°	45°	60°
x	$\frac{\pi}{6}$	$\frac{\pi}{4}$	$\frac{\pi}{3}$
sin (x)	$\frac{1}{2}$	$\frac{\sqrt{2}}{2}$	$\frac{\sqrt{3}}{2}$
cos (x)	$\frac{\sqrt{3}}{2}$	$\frac{\sqrt{2}}{2}$	$\frac{1}{2}$

Beispiel

Berechnen Sie durch Zurückführung auf einen spitzen Winkel den exakten Wert von …

a) $\sin(120°)$. **b)** $\cos(225°)$. **c)** $\sin\left(\frac{3}{4}\pi\right)$. **d)** $\cos\left(\frac{7}{6}\pi\right)$.

Lösung:

a) Da $90° < 120° < 180°$ ist, gilt: $\sin(120°) = \sin(180° - 60°) = \sin(60°) = \frac{1}{2}\sqrt{3}$

b) Da $180° < 225° < 270°$ ist, gilt: $\cos(225°) = \cos(180° + 45°) = -\cos(45°) = -\frac{1}{2}\sqrt{2}$

c) Da $\frac{\pi}{2} < \frac{3}{4}\pi < \pi$ ist, gilt: $\sin\left(\frac{3}{4}\pi\right) = \sin\left(\pi - \frac{\pi}{4}\right) = \sin\left(\frac{\pi}{4}\right) = \frac{\sqrt{2}}{2}$

d) Da $\pi < \frac{7}{6}\pi < \frac{3}{2}\pi$ ist, gilt: $\cos\left(\frac{7}{6}\pi\right) = \cos\left(\pi + \frac{\pi}{6}\right) = -\cos\left(\frac{\pi}{6}\right) = -\frac{\sqrt{3}}{2}$

Nachgefragt

- Leonie behauptet: „Für alle Winkelmaße über 360° wiederholen sich die Werte von Sinus und Kosinus." Nehmen Sie Stellung zu Leonies Behauptung.
- Marco behauptet: „Einem gegebenen Wert für sin (α) kann genau ein Winkel α zugeordnet werden." Überprüfen Sie seine Aussage.
- Begründen Sie den Zusammenhang $(\sin(\alpha))^2 + (\cos(\alpha))^2 = 1$ am Einheitskreis.

Aufgaben

1 Bestimmen Sie zeichnerisch den Sinuswert und den Kosinuswert des Winkels mithilfe eines Einheitskreises (Maßstab: 10 : 1).

a) 20° **b)** 165° **c)** 240° **d)** 330°
e) $\frac{7}{6}\pi$ **f)** $\frac{7}{10}\pi$ **g)** $\frac{17}{10}\pi$ **h)** $\frac{2}{5}\pi$

2 Bestimmen Sie zeichnerisch mithilfe des Einheitskreises (Maßstab: 10 : 1) die gesuchten Winkel im Gradmaß und im Bogenmaß.

a) $\sin(\alpha) = 0{,}97$ **b)** $\sin(\beta) = -0{,}20$ **c)** $\cos(\gamma) = 0{,}53$
d) $\cos(\gamma) = -0{,}95$ **e)** $\sin(x) = -0{,}45$ **f)** $\cos(x) = 1{,}15$

3 Vervollständigen Sie die Tabelle. Geben Sie die Winkel im Bogenmaß an sowie den Sinus- und Kosinuswert des jeweiligen Winkels.

Nützliche Zusammenhänge für das Rechnen mit Sinus und Kosinus

α	0°	30°	45°	60°	90°	120°	135°	150°	180°	225°	270°	315°	360°
x	0	$\frac{\pi}{6}$	$\frac{\pi}{4}$	$\frac{\pi}{3}$	$\frac{\pi}{2}$								
sin (x)	0	$\frac{1}{2}$	$\frac{1}{2}\sqrt{2}$	$\frac{1}{2}\sqrt{3}$	1								
cos (x)	1	$\frac{1}{2}\sqrt{3}$	$\frac{1}{2}\sqrt{2}$	$\frac{1}{2}$	0								

4 Erklären Sie mithilfe des Einheitskreises folgende Zusammenhänge zwischen den Sinuswerten.

$\sin(x) = \sin(\pi - x) = -\sin(\pi + x) = -\sin(2\pi - x) = -\sin(-x)$

5 Berechnen Sie den exakten Wert durch Zurückführung auf einen spitzen Winkel.

Tipp: Sie können dazu einen Einheitskreis zeichnen.

a) sin (150°) **b)** sin (300°) **c)** sin (225°) **d)** cos (120°)
e) cos (210°) **f)** cos (330°) **g)** sin (135°) **h)** cos (–240°)
i) sin (390°) **j)** sin (–450°) **k)** $\sin\left(\frac{7}{6}\pi\right)$ **l)** $\cos\left(\frac{3}{4}\pi\right)$

6 Finden Sie ohne Verwendung des Taschenrechners heraus, welche der zwölf Terme wertgleich sind.

cos (252°) | sin (18°) | sin (396°) | $\cos\left(\frac{3}{10}\pi\right)$ | cos (72°) | $\cos\left(\frac{7}{5}\pi\right)$

cos (342°) | $\sin\left(\frac{11}{10}\pi\right)$ | sin (504°) | cos (792°) | sin (–36°) | cos (–72°)

7 Ermitteln Sie mithilfe des Taschenrechners alle Winkel α in Grad zwischen 0° und 360° bzw. alle Winkel x im Bogenmaß zwischen 0 und 2π, für die gilt:

a) $\sin(\alpha) = 0{,}4384$ **b)** $\sin(\alpha) = -0{,}4067$ **c)** $\cos(\alpha) = 0{,}6428$ **d)** $\cos(\alpha) = 0{,}8$
e) $\sin(\alpha) = 0{,}2588$ **f)** $\cos(\alpha) = 0{,}9848$ **g)** $\sin(x) = 0{,}45$ **h)** $\sin(x) = -0{,}8$

Entdecken

Am Einheitskreis kann man rechtwinklige Dreiecke mit dem Radius 1 als Hypotenusenlänge betrachten. Die Länge der Gegenkathete entspricht dabei dem Sinus des an der x-Achse angetragenen Winkels α.

- Zeichnen Sie den Graphen der Funktion, die jedem Winkel α im Einheitskreis den zugehörigen Sinuswert zuordnet, punktweise mithilfe des Einheitskreises. Tragen Sie dafür auf der x-Achse den Winkel im Gradmaß (30° ≙ 1 cm) und als y-Wert den zugehörigen Sinuswert ab.

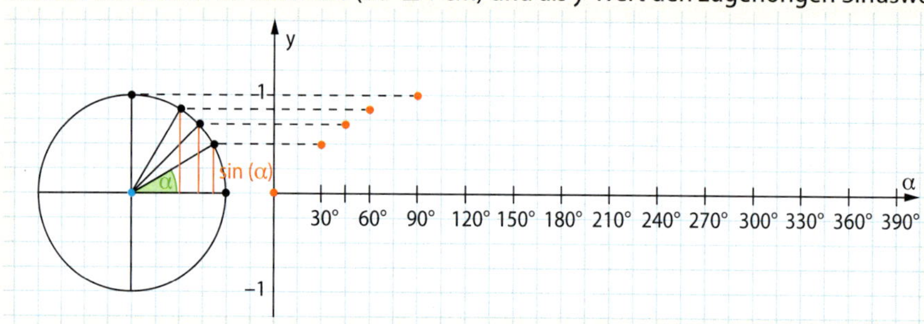

- Beschreiben Sie Eigenschaften des Graphen der Funktion.

Verstehen

Im Einheitskreis lässt sich jedem Winkel eindeutig ein Sinuswert zuordnen. Gibt man den Winkel im Bogenmaß an, so kann man auch reelle Zahlen einsetzen.

Die Funktion f mit f (x) = sin (x), die jeder reellen Zahl x genau einen Sinuswert zuordnet, heißt **Sinusfunktion**, ihr Graph **Sinuskurve**.

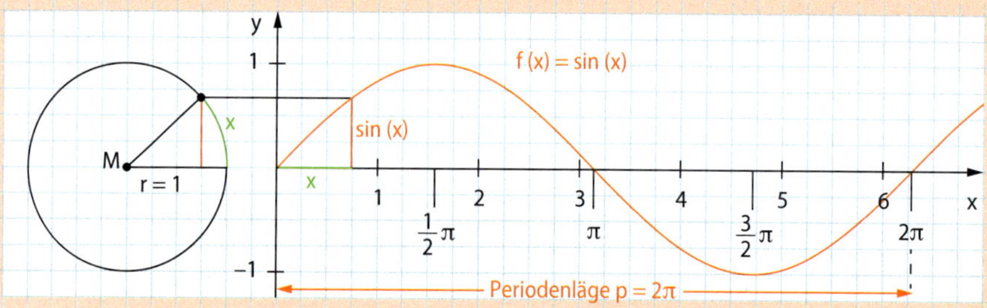

Definitionsmenge $D = \mathbb{R}$
Wertemenge $W = [-1; 1]$

Da sich die Funktionswerte der Sinusfunktion in gleichen Abständen wiederholen, spricht man von einer **periodischen Funktion**. Den kürzesten Abstand zwischen den Wiederholungen bezeichnet man als **Periodenlänge p**. Eine Periodenlänge beträgt 2π bzw. 360°.

Beispiel

Bestimmen Sie graphisch alle Werte $x \in [-\pi; 3\pi]$ für die gilt: $\sin(x) = \left(\frac{\sqrt{2}}{2}\right)$.

Lösung:

Die Lösungen x_1 und x_2 wiederholen sich stets nach einer Periodenlänge.

$x_{1,k} = \frac{\pi}{4} + k \cdot 2\pi$;
$x_{2,k} = \frac{3\pi}{4} + k \cdot 2\pi$; $k \in \mathbb{Z}$, also Vielfache von 2π.

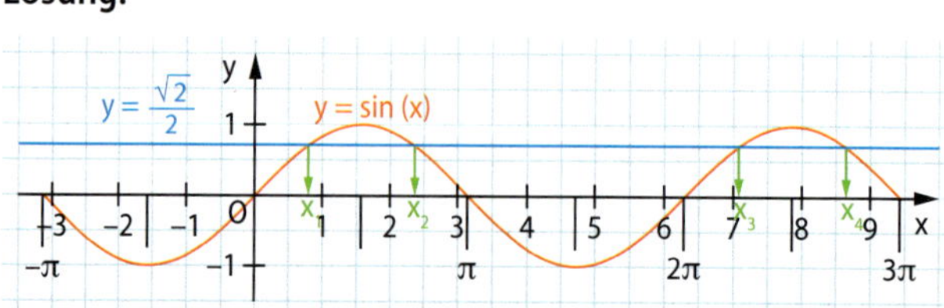

$x_1 = \frac{\pi}{4}$

$x_2 = \pi - \frac{\pi}{4} = \frac{3\pi}{4}$

$x_3 = \frac{\pi}{4} + 2\pi = \frac{9\pi}{4} = x_1 + 2\pi$

$x_4 = \frac{3\pi}{4} + 2\pi = \frac{11\pi}{4} = x_2 + 2\pi$

- Erklären Sie den Zusammenhang zwischen den Hochpunkten der Sinusfunktion und der Lage eines Punktes P auf der Einheitskreislinie.
- Beschreiben Sie die Arten von Symmetrie, die Sie am Graphen der Sinusfunktion erkennen können.
- Erläutern Sie, warum bei der Sinusfunktion alle reellen Zahlen eingesetzt werden können.

Nachgefragt

Aufgaben

1 Geben Sie jeweils die Periodenlänge der Funktion an.

a)

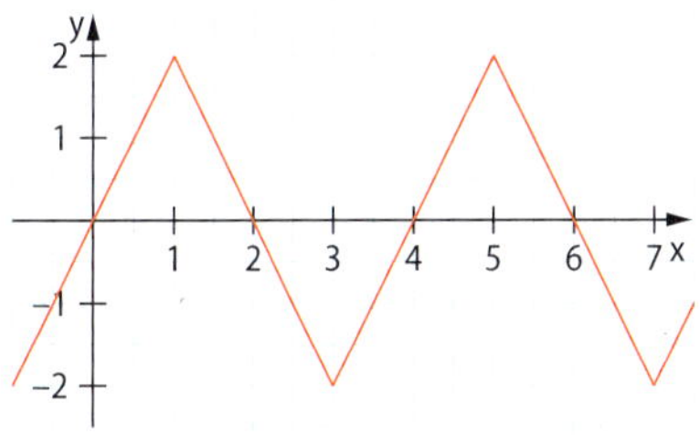

b)

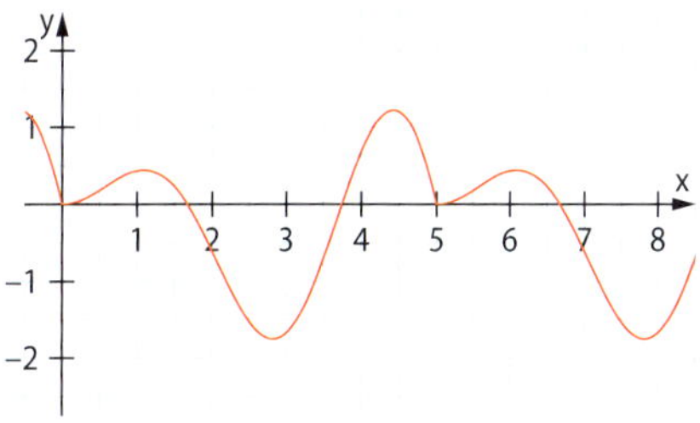

2 Der Graph der Sinusfunktion wurde mithilfe von neun ausgewählten Punkten erstellt.

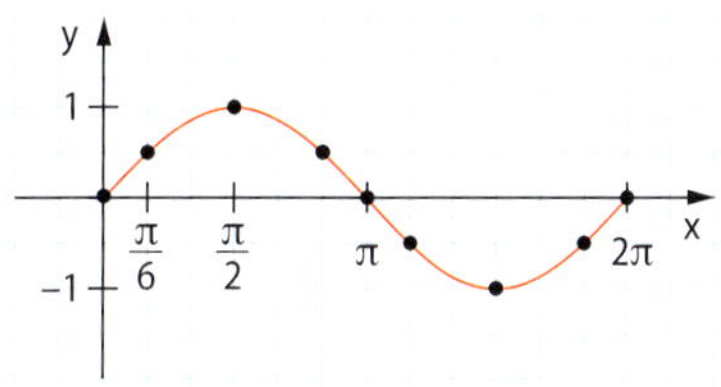

a) Geben Sie die Koordinaten der Punkte an.

b) Erklären Sie, dass es zum einfachen Zeichnen geschickt ist, die beiden Achsen wie abgebildet zu skalieren.

c) Skizzieren Sie den Verlauf des Graphen der Sinusfunktion mit der abgebildeten Achsenskalierung für $-2\pi \leq x \leq 4\pi$. Beschreiben Sie Ihr Vorgehen.

d) Begründen Sie, weshalb diese neun Punkte ausgewählt wurden, um den Graphen der Sinusfunktion eindeutig skizzieren zu können.

3 Ermitteln Sie graphisch die Lösungsmenge.

a) $\sin(x) = 0{,}5$ für $-\pi \leq x \leq 2\pi$

b) $\sin(x) < 0{,}5$ für $0 \leq x \leq 2\pi$

c) $\sin(x) = -1$ für $-2\pi \leq x < 2\pi$

d) $\sin(x) \geq 0{,}5$ für $2\pi \leq x < 4\pi$

4 Bestimmen Sie alle Lösungen der Gleichung.

a) $\sin(x) = \frac{1}{2}$ für $0 \leq x \leq 2\pi$

b) $\sin(x) = -\frac{\sqrt{3}}{2}$ für $-\pi \leq x \leq \pi$

c) $\sin(x) = 0{,}65$ für $0 \leq x \leq 4\pi$

d) $\sin(x) = -0{,}79$ für $x \in \mathbb{R}$

e) $2 \cdot \sin(x) = 1$ für $0 \leq x \leq 2\pi$

f) $(\sin(x))^2 = 1$ für $-2\pi \leq x \leq 2\pi$

5 a) Begründen Sie anhand des Graphen der Sinusfunktion f die Symmetrieeigenschaft $f(-x) = -f(x)$ für alle $x \in \mathbb{R}$.

b) Beschreiben Sie die folgende Eigenschaft der Nullstellen der Sinusfunktion f in eigenen Worten: $f(x) = 0$ für $x = k \cdot \pi$; $k \in \mathbb{Z}$.

c) Beschreiben Sie die folgende Eigenschaft der Sinusfunktion f in eigenen Worten: $f(x + k \cdot 2\pi) = f(x)$; $k \in \mathbb{Z}$.

Entdecken

- Untersuchen Sie den Einfluss der Parameter a und b auf die Sinusfunktion. Setzen Sie dazu für a und b jeweils die Werte 2; 0,5; –1; –0,5 ein und zeichnen Sie den Graphen.

  1 $f(x) = a \cdot \sin(x)$ **2** $f(x) = \sin(b \cdot x)$

Verstehen

Die Sinusfunktion lässt sich durch die Parameter a und b variieren:
$f(x) = a \cdot \sin(b \cdot x)$ mit $x \in \mathbb{R}$ und $a, b \in \mathbb{R} \setminus \{0\}$.

|a| heißt **Amplitude**

Der Parameter a in $f(x) = a \cdot \sin(x)$ verändert die Wertemenge ($y \in [-|a|; |a|]$) gegenüber sin (x).
$|a| < 1$ staucht / $|a| > 1$ streckt } sin (x) in y-Richtung.
$a < 0$ spiegelt $|a| \cdot \sin(x)$ an der x-Achse.

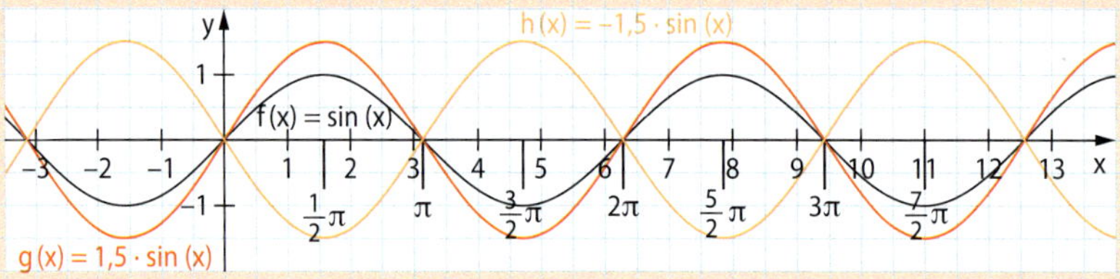

Der Parameter b in $f(x) = \sin(b \cdot x)$ verändert die Periodenlänge $\left(\frac{2\pi}{|b|}\right)$ gegenüber der von sin (x).
$|b| < 1$ verlängert / $|b| > 1$ verkürzt } die Periodenlänge gegenüber sin (x).
$b < 0$ spiegelt $\sin(|b| \cdot x)$ an der x-Achse.

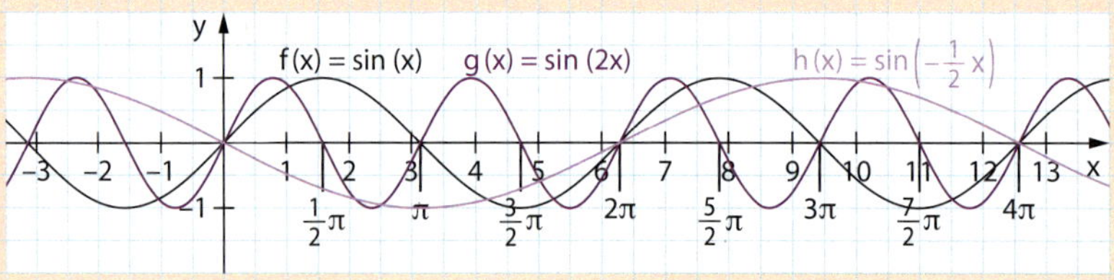

Beispiel

Geben Sie eine Funktionsgleichung zu den Graphen von g und h an. Begründen Sie.

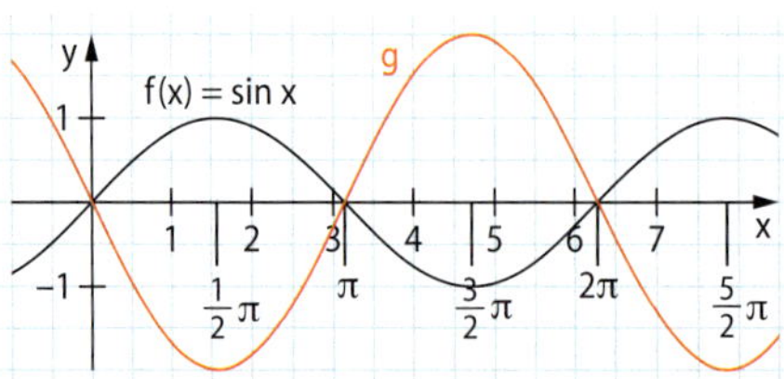

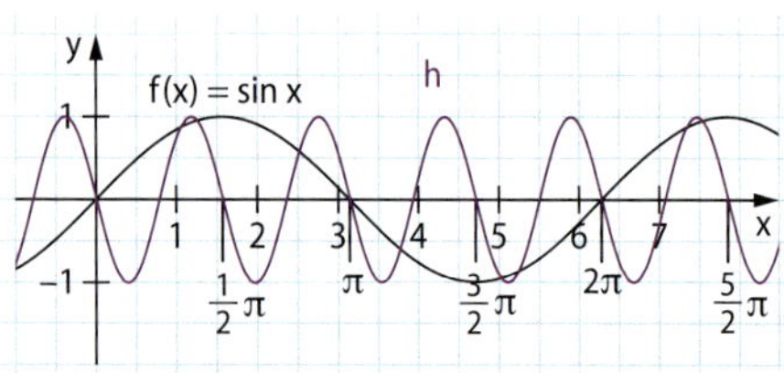

Lösung:

$g(x) = -2 \cdot \sin(x)$	Der Graph ist gestreckt: $|a| = 2$. Der Graph ist an der x-Achse gespiegelt, also $a < 0$.
$h(x) = \sin(4x)$	Die Periodenlänge wurde verändert: $\frac{2\pi}{|4|} = \frac{\pi}{2}$. Der Graph wurde nicht an der x-Achse gespiegelt.

Nachgefragt

- Geben Sie die Wertemenge der Sinusfunktion f mit $f(x) = -2 \cdot \sin(0{,}5 \cdot x)$ an.
- Begründen Sie, dass $f(x) = -3 \cdot \sin(x)$ und $g(x) = 3 \cdot \sin(x)$ dieselbe Amplitude haben.
- Erläutern Sie den Zusammenhang $|b| = \frac{2\pi}{p}$.

Aufgaben

1 Beschreiben Sie, wie der Graph von f aus dem der Funktion g mit $g(x) = \sin(x)$ hervorgeht.
a) $f(x) = -3 \cdot \sin(x)$ **b)** $f(x) = 0{,}5 \cdot \sin(x)$ **c)** $f(x) = \sin(3x)$ **d)** $f(x) = 1{,}5 \cdot \sin(2x)$

2 Finden Sie zeichnerisch alle gemeinsamen Nullstellen im Bereich $-2\pi \le x \le 2\pi$.
a) $f(x) = \sin(x)$; $g(x) = \sin(2x)$ **b)** $f(x) = \sin\left(\frac{1}{2}x\right)$; $g(x) = \sin(2x)$

3 **a)** Untersuchen Sie den Einfluss der Parameter c und d auf die Sinusfunktion f mit $f(x) = \sin(x - d) + c$.

Weiterdenken

Die **allgemeine Sinusfunktion** lässt sich in der Form
$f(x) = a \cdot \sin[b \cdot (x - d)] + c$ mit $x, c, d \in \mathbb{R}$ und $a, b \in \mathbb{R} \setminus \{0\}$ schreiben.

Der Parameter c in $f(x) = \sin x + c$ verschiebt sin (x) entlang der y-Achse:
$c > 0$ verschiebt in positive Richtung, $c < 0$ verschiebt in negative Richtung.

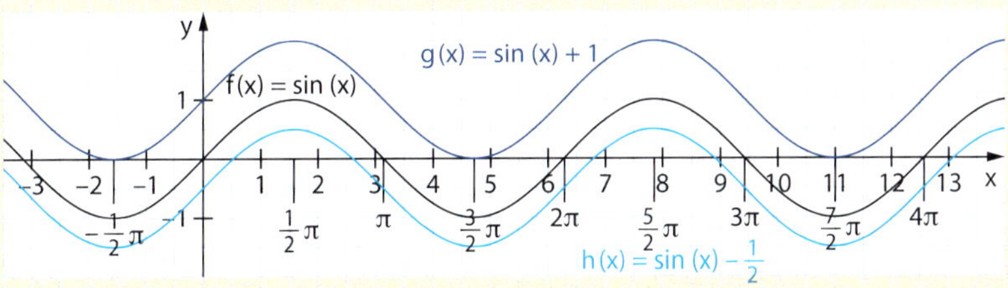

Der Parameter d in $f(x) = \sin(x - d)$ verschiebt sin (x) entlang der x-Achse:
$d > 0$ verschiebt in positive Richtung, $d < 0$ verschiebt in negative Richtung.

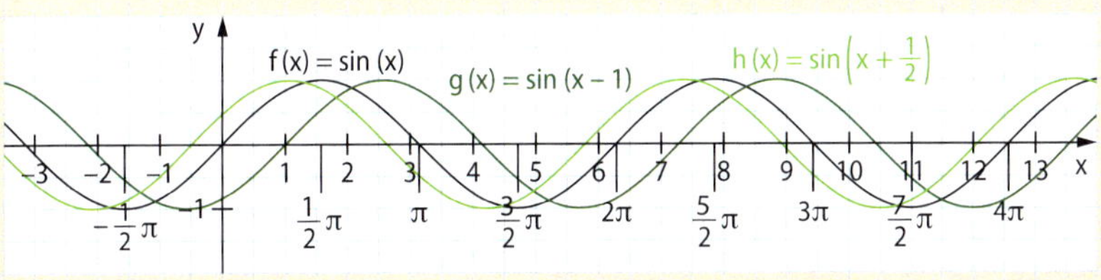

b) Vergleichen Sie mit dem Einfluss analoger Parameter bei quadratischen Funktionen, Potenz- und Exponentialfunktionen.

4 Ordnen Sie jeder Funktionsgleichung den richtigen Graphen zu. Begründen Sie.
$f(x) = 2{,}5 \cdot \sin(x)$
$g(x) = \sin(x + 2{,}5)$
$h(x) = \sin(x) + 2{,}5$
$i(x) = \sin(x - 2{,}5)$

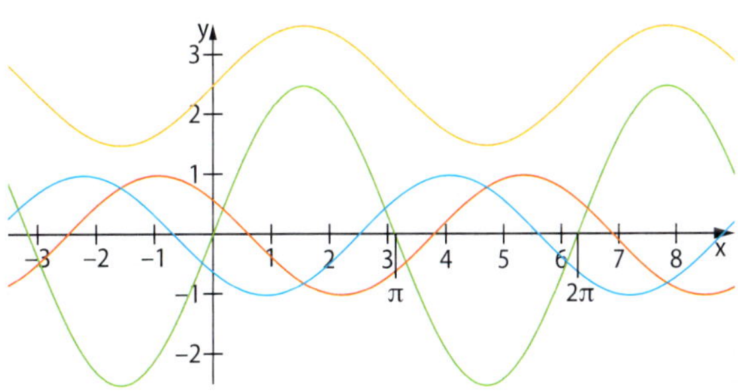

5 Sülü zeichnet den Graphen der Funktion f mit $f(x) = 2 \cdot \sin[3 \cdot (x - 1{,}5)] + 1$. Beschreiben und begründen Sie das Vorgehen.

1
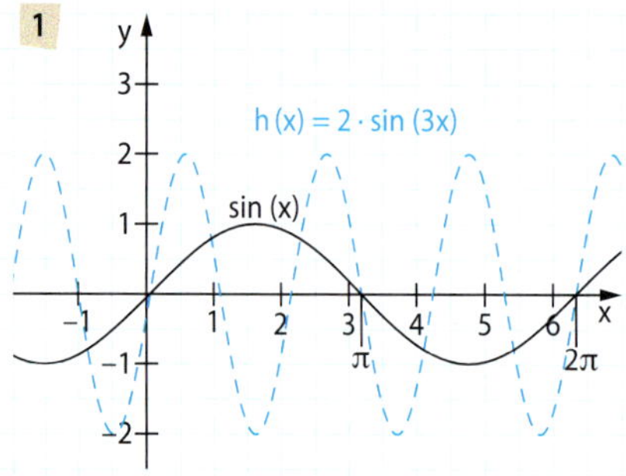

2
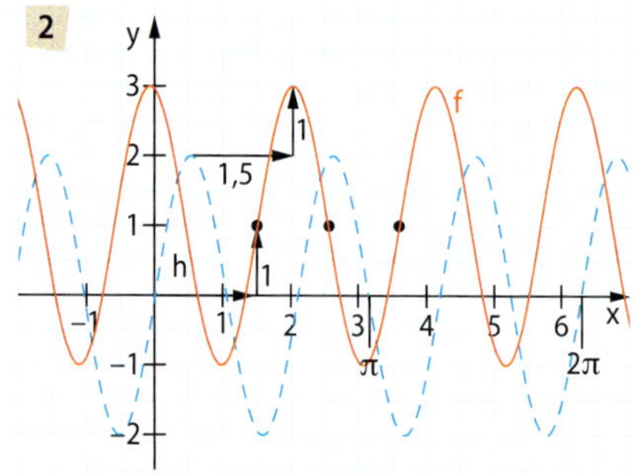

6 Zeichnen Sie den Graphen der Funktion f mindestens eine Periodenlänge lang. Geben Sie jeweils die Wertemenge W, die Amplitude und die Periodenlänge an.

a) $f(x) = -\sin(0{,}5x)$

b) $f(x) = \sin\left(x - \frac{\pi}{2}\right) + 3$

c) $f(x) = 1{,}5 \cdot \sin[2 \cdot (x - 0{,}5)] - 1$

d) $f(x) = -2 \cdot \sin[1{,}5 \cdot (x - 2)] + 4$

7 Geben Sie mindestens zwei mögliche Funktionsgleichungen zu dem roten Graphen an. Begründen Sie Ihr Vorgehen. Der Vergleich mit $f(x) = \sin(x)$ kann helfen.

1
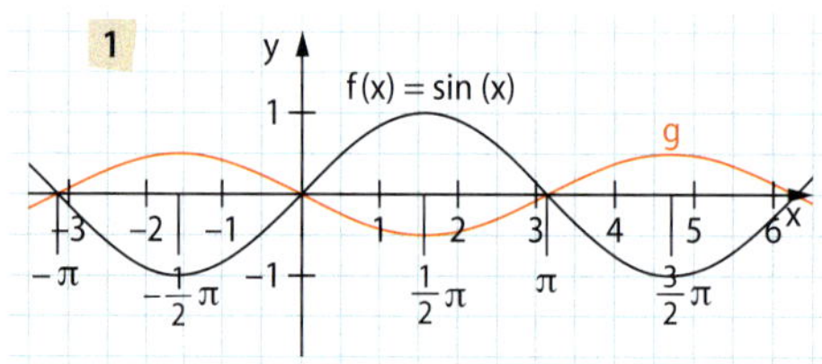

2
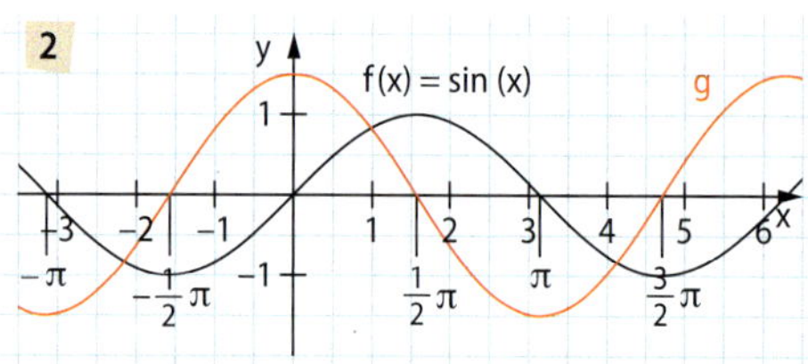

3
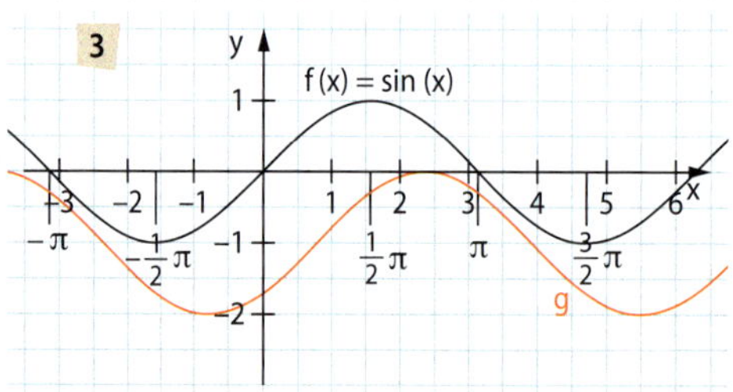

4
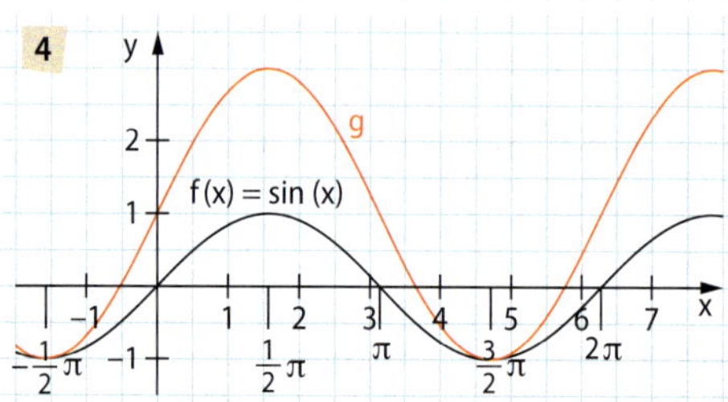

8

A WANTED
$W = [-2; 2]$
Periodenlänge: 2π
eine Nullstelle bei $\frac{1}{2}\pi$

B WANTED
$W = [0; 4]$
Periodenlänge: π
Schnittpunkt y-Achse:
$P(0|2)$

C WANTED
$W = [0; 4]$
Periodenlänge: 8π
eine Nullstelle bei 6π

1 $f(x) = 2 \cdot \sin\left(\frac{1}{4}x\right) + 2$

2 $f(x) = 2 \cdot \sin\left(x + \frac{1}{2}\pi\right)$

3 $f(x) = 2 \cdot \sin(2x) + 2$

a) Ordnen Sie die Steckbriefe einer Funktionsgleichung zu. Begründen Sie Ihre Auswahl.

b) Erstellen Sie selbst einen solchen Steckbrief. Lassen Sie die Funktionen von einem Partner oder einer Partnerin bestimmen.

9 a) Bestimmen Sie eine Gleichung einer Sinusfunktion mit folgenden Eigenschaften: Der Graph verläuft durch den Punkt $(0\,|\,2)$, die Funktionswerte liegen zwischen 0,5 und 3,5 und die Periodenlänge ist π.

b) Erstellen Sie selbst einen Steckbrief einer Sinusfunktion und lassen Sie die Funktionsgleichung von einem Partner oder einer Partnerin finden.

10 Ist die Aussage wahr oder falsch? Begründen Sie.

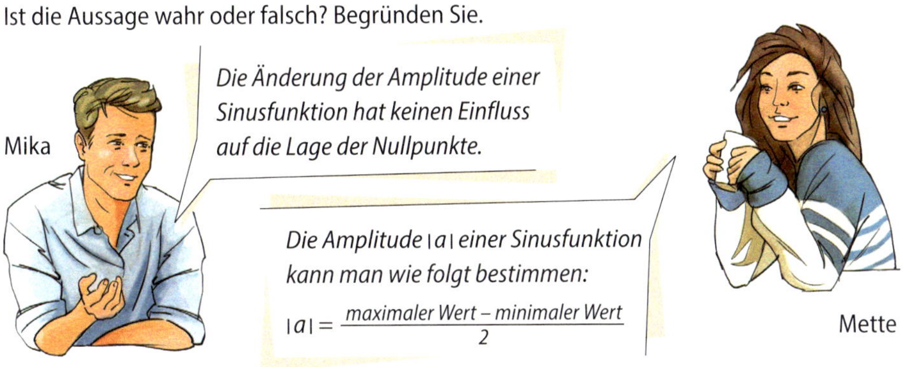

11 Die Abbildungen zeigen Ausschnitte von Sinuskurven in unterschiedlich beschrifteten Koordinatensystemen. Geben Sie jeweils eine Funktionsgleichung an.

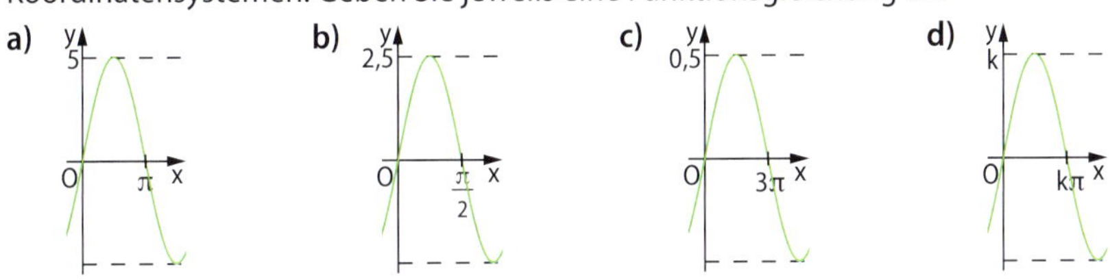

12 Pausen Sie den abgebildeten Graphen zunächst ab. Zeichnen Sie dann ein beschriftetes Koordinatensystem so ein, dass der Graph zur Funktionsgleichung $f(x) = -3 \cdot \sin(1{,}5x) + 2$ gehört.

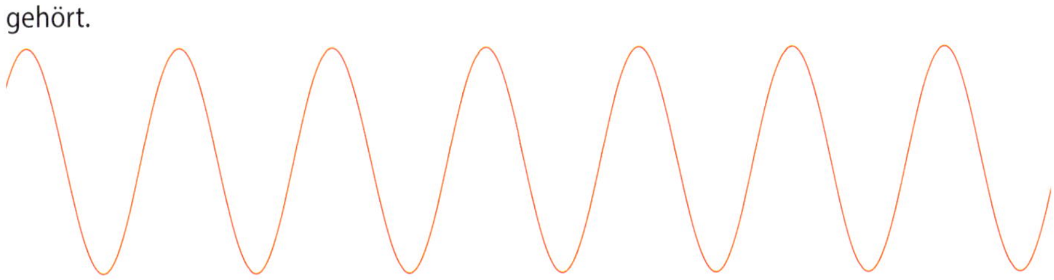

13 Finden Sie unter den Funktionstermen diejenigen, die identische Graphen besitzen.

$-0{,}75 \cdot \sin x$	$\frac{3}{4} \cdot \sin(x + \pi)$	$-1{,}5 \cdot \sin\left(x - \frac{1}{2}\pi\right) + 1$
$\frac{3 \cdot \sin\left(x + \frac{1}{2}\pi\right)}{2} + 1$	$\frac{3 \cdot \sin(x - \pi)}{4}$	$\frac{(-2) \cdot \sin(x - \pi) - 6}{3}$
$\frac{2}{3} \cdot \sin(x + \pi) - 2$	$-\frac{1}{2} \cdot \left(3 \cdot \sin\left(x - \frac{1}{2}\pi\right) - 2\right)$	$-2 - \frac{2 \cdot \sin(x - \pi)}{3}$

Entdecken

Tipp: Drehen Sie den Einheitskreis um 90°, um den Kosinuswert einfacher zu übertragen.

- Zeichnen Sie punktweise mithilfe des Einheitskreises im Maßstab 2 : 1 den Graphen der Funktion, die jedem Winkel der Größe x im Einheitskreis den zugehörigen Kosinuswert zuordnet. Tragen Sie dafür auf der x-Achse den Winkel im Bogenmaß und als y-Wert den zugehörigen Kosinuswert ab.

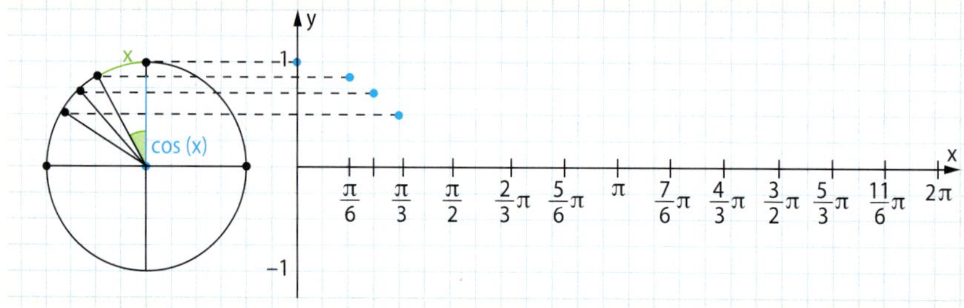

- Vergleichen Sie den Graphen mit dem Graphen der Sinusfunktion.

Verstehen

Jedem Winkel im Einheitskreis lässt sich eindeutig ein Kosinuswert zuordnen. Wie bei der Sinusfunktion können reelle Zahlen eingesetzt werden, wenn der Winkel im Bogenmaß angegeben wird.

Die Funktion f mit $f(x) = \cos(x)$, die jeder reellen Zahl genau einen Kosinuswert zuordnet, heißt **Kosinusfunktion**.

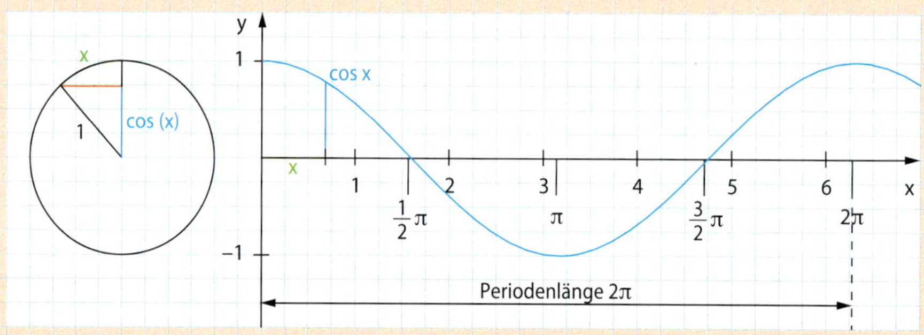

Den Graphen der Kosinusfunktion kann man als einen verschobenen Graphen der Sinusfunktion auffassen: $\cos(x) = \sin\left(x + \frac{\pi}{2}\right)$. Die allgemeine Form der Kosinusfunktion lautet $f(x) = a \cdot \cos[b \cdot (x - d)] + c$ mit $x, c, d \in \mathbb{R}$ und $a, b \in \mathbb{R} \setminus \{0\}$.

Beispiel

Bestimmen Sie alle Lösungen der Gleichung $\cos(x) = -0{,}5$ im Intervall $[0; 4\pi]$.

Lösung:

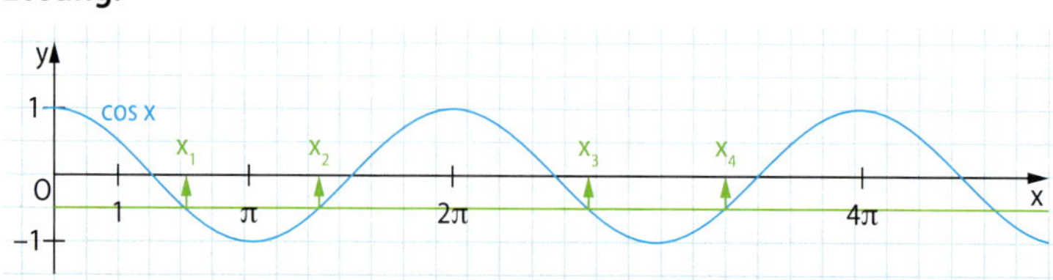

$\cos(x) = -0{,}5$; $x_1 = \frac{2}{3}\pi$; $x_2 = 2\pi - \frac{2}{3}\pi = \frac{4}{3}\pi$; $x_3 = x_1 + 2\pi = \frac{8}{3}\pi$; $x_4 = x_2 + 2\pi = \frac{10}{3}\pi$

- Beschreiben Sie die Eigenschaften der Kosinusfunktion. Vergleichen Sie mit den Eigenschaften der Sinusfunktion.
- Erläutern Sie den Zusammenhang $\sin(x) = \cos\left(x - \frac{\pi}{2}\right)$.

Nachgefragt

Aufgaben

1

Beschreibung	Graph	Funktionsgleichung
		$f(x) = 3 \cdot \cos(1{,}5x)$
	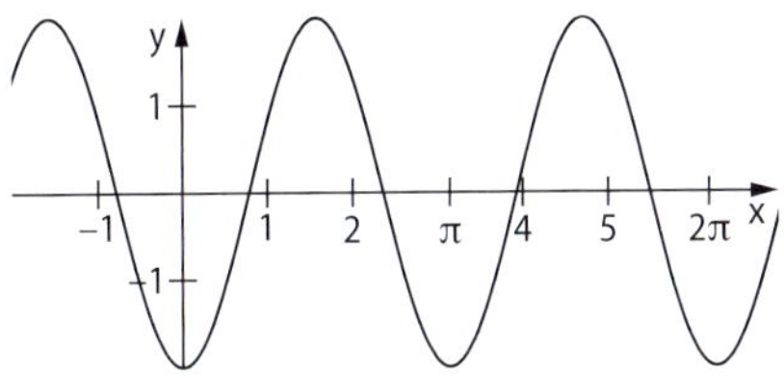	
Die Kosinusfunktion ist 0,5 Einheiten in y-Richung verschoben und um den Faktor 3 in x-Richtung gestaucht.		

a) Vervollständigen Sie die Tabelle in Ihrem Heft für $f(x) = a \cdot \cos(b \cdot x)$.

b) Geben Sie jeweils die Wertemenge, die Amplitude und die Periodenlänge an.

2 Bestimmen Sie alle Lösungen der Gleichung.

a) $\cos(x) = 0{,}5$ b) $\cos(x) = 0{,}423$ c) $\cos(x) = -0{,}914$

3 Entscheiden Sie, welche der folgenden Aussagen für die Kosinusfunktion zutreffend sind.

a) $\cos(x) = \cos(-x)$ b) $\cos(x) = \sin\left(x - \frac{\pi}{2}\right)$

c) $\cos(x) = \cos(x - 2k\pi)$ d) $\cos(2x) = 2 \cdot \cos(x)$

4 Die Abbildungen zeigen Ausschnitte von Kosinuskurven in unterschiedlich beschrifteten Koordinatensystemen. Geben Sie jeweils eine Funktionsgleichung an.

a) 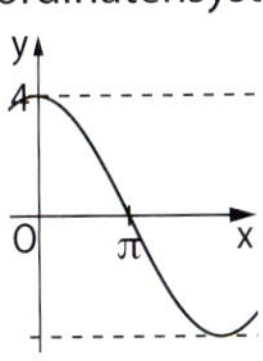

b) 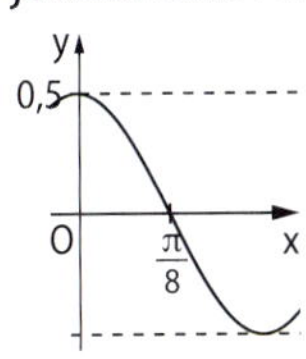

c) 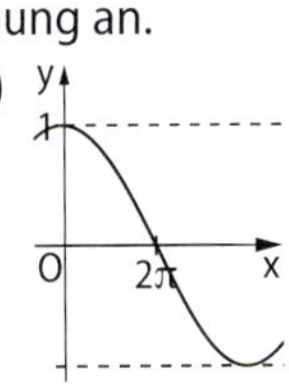

5 Geben Sie mindestens zwei Gleichungen trigonometrischer Funktionen (Sinus-, Kosinusfunktion) zum gegebenen Graphen an. Begründen Sie Ihr Vorgehen.

a) 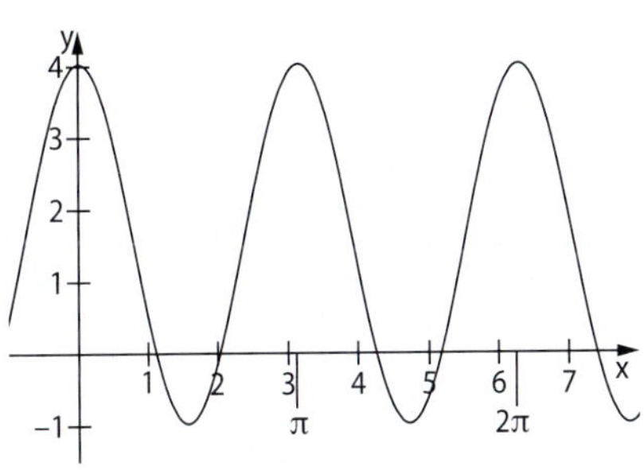

b) 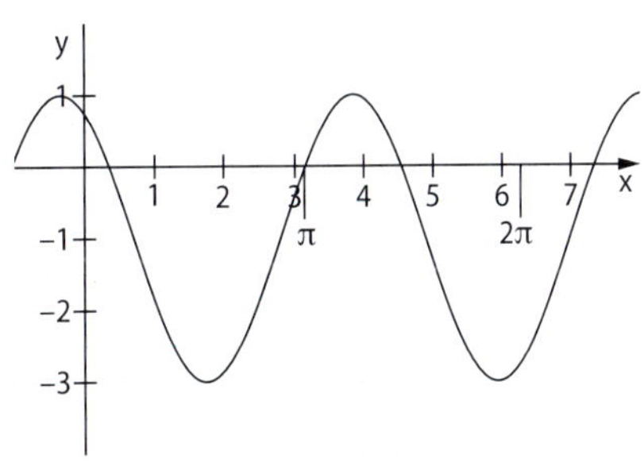

Entdecken

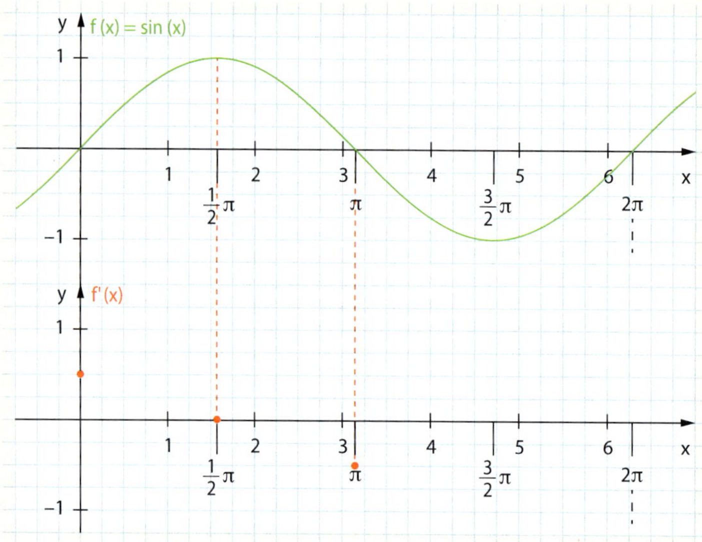

Erinnern Sie sich: Die Steigung der Tangenten an den Graphen einer Funktion wird auch als Ableitung der Funktion bezeichnet.

- Zeichnen Sie den Graphen der Sinusfunktion mit $f(x) = \sin(x)$ in ein Koordinatensystem.
- Untersuchen Sie die Ableitung der Sinusfunktion durch graphisches Ableiten.
- Untersuchen Sie ebenso die Kosinusfunktion mit $g(x) = \cos(x)$ und ihre Ableitung. Beschreiben Sie auftretende Zusammenhänge.

Verstehen

Das graphische Differenzieren lässt weitere Zusammenhänge zwischen der Sinus- und Kosinusfunktion vermuten.

Ableitung der Sinusfunktion

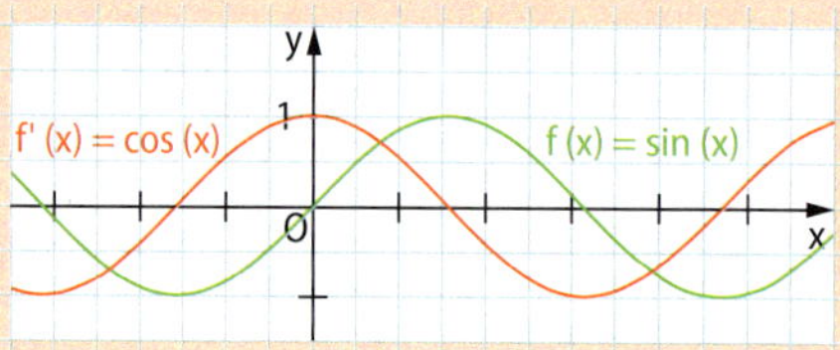

$f(x) = \sin(x);\ D = \mathbb{R}$ $\quad f'(x) = \cos(x);\ D = \mathbb{R}$

Ableitung der Kosinusfunktion

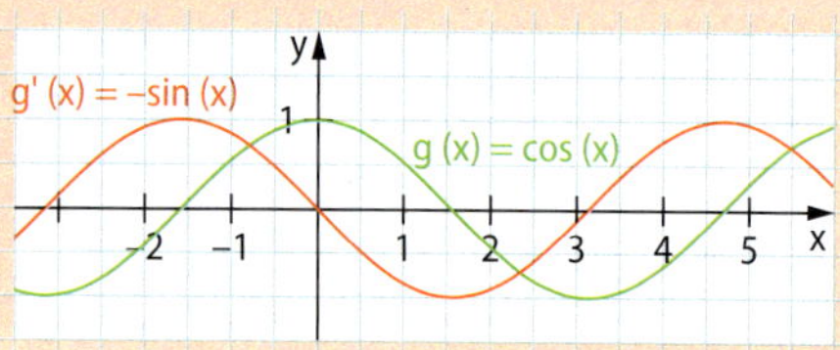

$g(x) = \cos(x);\ D = \mathbb{R}$ $\quad g'(x) = -\sin(x);\ D = \mathbb{R}$

Beispiel

Bestimmen Sie jeweils die erste Ableitung. Geben Sie auch an, welche Ableitungsregeln aus Kapitel 2 Sie genutzt haben.

a) $f(x) = 2 \cdot \sin(x)$ **b)** $f(x) = \cos(x) - 2x$ **c)** $f(x) = -\frac{1}{2} \cdot \sin(x) - \pi$

Lösung:

a) $f'(x) = 2 \cdot \cos(x)$ (Faktorregel)

b) $f'(x) = -\sin(x) - 2$ (Summen-, Faktor- und Potenzregel)

c) $f'(x) = -\frac{1}{2} \cdot \cos(x)$ (Faktor- und Summenregel)

Nachgefragt

- Erläutern Sie anschaulich, dass die Ableitung der Sinusfunktion die Kosinusfunktion ist.
- Begründen Sie, dass die vierte Ableitung der Funktion f mit f(x) = sin (x) wieder der Funktion selbst entspricht.
- Erläutern Sie, wie sich die 2020. Ableitung der Sinusfunktion bestimmen lässt.

Aufgaben

1 Zeichnen Sie jeweils für $x \in]-1; 4[$ die Graphen der Funktionen f mit f(x) = sin (x); $D = \mathbb{R}$, und g mit g(x) = cos (x); $D = \mathbb{R}$. Übertragen Sie die Tabelle in Ihr Heft und bestimmen Sie dann graphisch $f'(x_0)$ an den angegebenen Stellen x_0. Bestimmen Sie mithilfe dieser Werte $g'(x_0)$ an den gegebenen Stellen x_0.

x_0	0	$\frac{\pi}{10}$	$\frac{\pi}{6}$	$\frac{\pi}{4}$	$\frac{\pi}{3}$	$\frac{\pi}{2}$	$\frac{2\pi}{3}$	$\frac{3\pi}{4}$	$\frac{5\pi}{6}$	$\frac{9\pi}{10}$	π
$f'(x_0)$											
$g'(x_0)$											

2 Geben Sie die Ableitungsfunktion f' an ($D = \mathbb{R}$).

a) $f(x) = 4 \cdot \cos(x) + 0{,}5$ **b)** $f(x) = \cos(x) + \sin(x)$ **c)** $f(x) = \sin(x) - \cos(x)$
d) $f(x) = 0{,}5 \cdot \sin(x) + 3x$ **e)** $f(x) = -2 \cdot \cos(x) + 0{,}5 \cdot x$ **f)** $f(x) = -5 \cdot \sin(x) + 3 \cdot \cos(x)$
g) $f(t) = -(\cos(t) + 0{,}5t)$ **h)** $f(t) = 4t \cdot \sin(x) + t^2$ **i)** $f(x) = a \cdot \cos(x) + b \cdot \sin(x)$

3 Bestimmen Sie rechnerisch die Nullstellen der Ableitungsfunktion f' im Intervall I.

a) $f(x) = \sin(x);\ I = [0; 2\pi]$ **b)** $f(x) = x - \cos(x);\ I = [-2\pi; 2\pi[$
c) $f(x) = 0{,}5 \cdot \cos(x) - 0{,}25x,\ I =]-\pi; \pi]$ **d)** $f(x) = -\cos(x) + 1;\ I =]-6; 6[$
e) $f(x) = 2 \cdot \sin(x) - x;\ I = [0; 2\pi]$ **f)** $f(x) = -4 \cdot \cos(x) + 2x;\ I = [-4; 4]$

4 Gegeben ist die Funktion f auf dem Intervall I.

1 $f(x) = \cos(x);\ I =]-4; 4[$ 2 $f(x) = 2 \cdot \sin(x);\ I =]-1{,}6\pi; 1{,}6\pi[$

a) Zeichnen Sie den Graphen von f.
b) Bestimmen Sie die Stellen, an denen der Graph der Funktion f Extrempunkte hat. Beschreiben Sie Ihr Vorgehen.
c) Bestimmen Sie, an welchen Stellen der Graph der Funktion f eine Tangente mit der Steigung 1 besitzt.

5 Untersuchen Sie mithilfe eines Computerprogramms den Einfluss der Parameter a, c und d in $f(x) = a \cdot \sin[(x - d)] + c$ auf die Ableitungsfunktion.

6 Zeichnen Sie den Graphen der Funktion f mit f(x) = sin (2x); $D = \mathbb{R}$, in ein Koordinatensystem.

a) Leiten Sie die Funktion graphisch ab. Beschreiben Sie den Graphen der Ableitungsfunktion f'.
b) Betrachten Sie nun allgemein die Funktion f_b mit $f_b(x) = \sin(b \cdot x)$; $D = \mathbb{R}$.
 1 Setzen Sie weitere Werte für den Parameter b ein (z. B. 0,5; 3; …) und leiten Sie die jeweilige Funktion graphisch ab.
 2 Stellen Sie eine Vermutung über die Ableitung von f_b mit $f_b(x) = \sin(b \cdot x)$ auf.

Entdecken

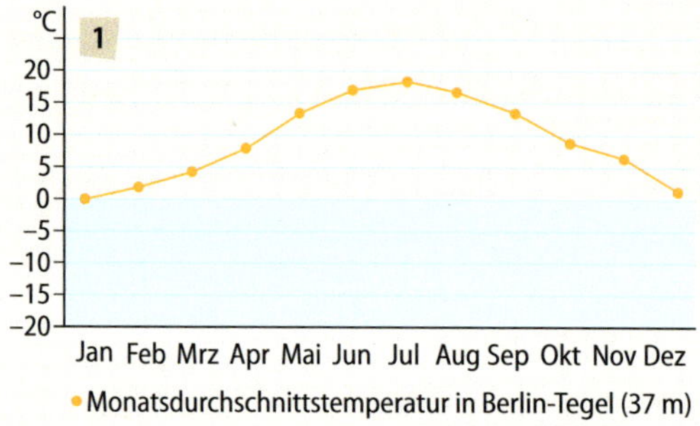

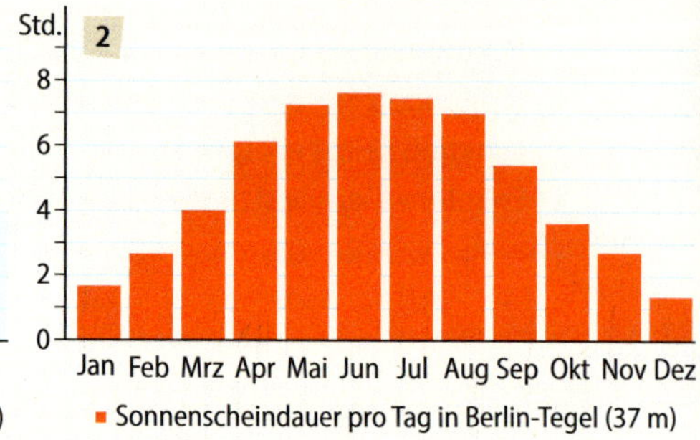

- Begründen Sie, dass die dargestellten Vorgänge periodisch sind.
- Finden Sie jeweils eine Funktionsgleichung, mit der sich der Vorgang modellieren lässt. Beschreiben Sie Ihr Vorgehen.

Verstehen

Zahlreiche Vorgänge in der Natur wiederholen sich periodisch. Diese lassen sich mithilfe der Sinus- bzw. der Kosinusfunktion modellieren.

Durch Vereinfachung einer Realsituation lässt sich oftmals ein mathematisches Modell erstellen. Mithilfe der Funktion f mit $f(x) = a \cdot \sin[b \cdot (x - d)] + c$ kann man zahlreiche periodische Vorgänge modellieren.

- Anhand der Extrempunkte lässt sich die Amplitude $|a|$ bestimmen: $|a| = \frac{y_H - y_T}{2}$.
- Aus der Periodenlänge p erhält man den Betrag des Parameters b mit $|b| = \frac{2\pi}{p}$.
- Durch geeignete Wahl des Ursprungs lassen sich die Werte c und d ermitteln.

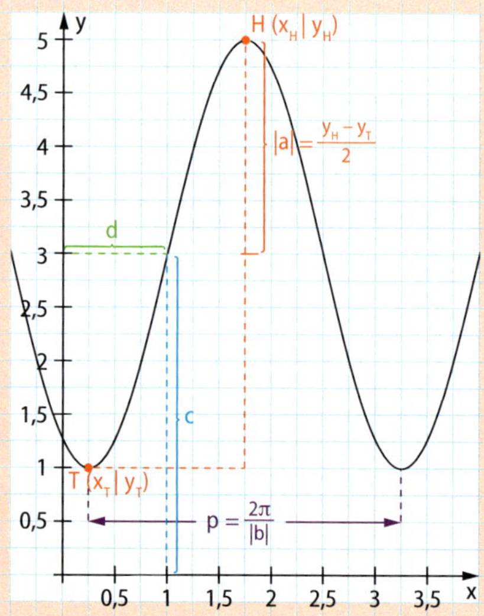

Beispiel

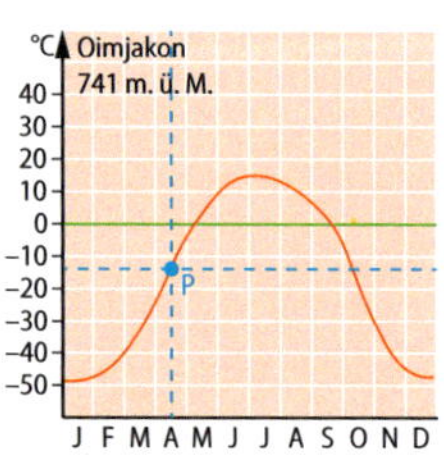

x gibt die Anzahl der seit Beginn der Aufzeichnung vergangenen Monate an.

Im Klimadiagramm des Ortes Oimjakon ist nur die Temperaturkurve dargestellt.

a) Begründen Sie, dass der Temperaturverlauf ein periodischer Vorgang ist.

b) Finden Sie eine Funktionsgleichung, mit der sich der Vorgang modellieren lässt.

Lösung:

a) Beobachtet man die Temperatur über mehrere Jahre hinweg, kann sie für den jeweiligen Monat als stabil angesehen werden. Der Vorgang ist also periodisch mit einer Periodenlänge von 12 Monaten.

b) Als Ausgangspunkt für die Modellierung sei der Punkt P gewählt.

$a \approx \frac{15 - (-49)}{2} = 32$ $\quad b = \frac{2\pi}{12} = \frac{\pi}{6}$ $\quad c \approx -17$ $\quad d \approx 3{,}5$

Die Funktionsgleichung $f(x) = 32 \cdot \sin\left[\frac{\pi}{6} \cdot (x - 3{,}5)\right] - 17$ modelliert den Vorgang.

Nachgefragt

- Begründen Sie, warum die Festlegung des Koordinatensystems zu unterschiedlichen Funktionstermen führen kann.
- Erklären Sie den Unterschied zwischen der Amplitude und dem Parameter a.
- Für die Modellierung wurde die allgemeine Sinusfunktion verwendet. Erläutern Sie, inwieweit dies sinnvoll ist.

1

Datum	01.01.	15.01.	01.02.	15.02.	01.03.	15.03.	01.04.	15.04.
Aufgang	8:17	8:10	7:48	7:23	6:53	6:21	5:41	5:09
Untergang	16:03	16:22	16:52	17:19	17:45	18:10	18:40	19:05

Datum	01.05.	15.05.	01.06.	15.06.	01.07.	15.07.	01.08.	15.08.
Aufgang	4:35	4:11	3:50	3:43	3:48	4:01	4:26	4:49
Untergang	19:33	19:56	20:19	20:31	20:32	20:22	19:59	19:32

Datum	01.09.	15.09.	01.10.	15.10.	01.11.	15.11.	01.12.	15.12.
Aufgang	5:17	5:40	6:07	6:32	7:02	7:28	7:54	8:11
Untergang	18:55	18:22	17:44	17:12	16:37	16:13	15:56	15:52

Die Uhrzeiten berücksichtigen nicht die Sommerzeiten.

a) Stellen Sie die Sonnenaufgangszeiten (Sonnenuntergangszeiten, Tageslängen) graphisch dar. Beschreiben Sie deren Verlauf.

b) Modellieren Sie eine Funktionsgleichung für die Sonnenaufgangszeiten (Sonnenuntergangszeiten, Tageslängen).

2 Bedingt durch die Erdrotation und die Anziehungskraft von Erde und Mond bzw. Sonne entstehen periodische Wasserbewegungen der Ozeane, die sich vor allem an den Küsten bemerkbar machen. Man spricht von Ebbe und Flut.
Ein Gezeitenkalender zeigt die jeweiligen Stände von Hoch- und Niedrigwasser, die man – für die Schifffahrt wichtig – auch schon einige Zeit im Voraus berechnen kann. Die Grafik zeigt den Wasserstand an der Fischerbalje in Borkum am 1. und 2. Oktober 2020.

Steigt der Meeresspiegel an, so spricht man von „Flut“, sinkt er ab, spricht man von „Ebbe“. Hat das Wasser den höchsten bzw. niedrigsten Stand erreicht, so spricht von „Hoch-“ bzw. von „Niedrigwasser“.

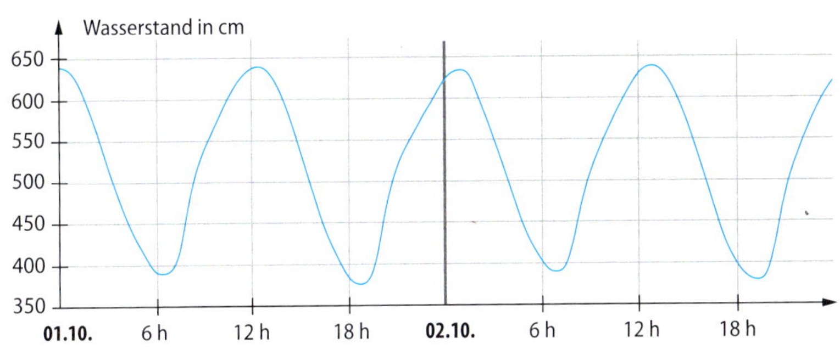

a) Bestimmen Sie die Periodenlänge des Graphen. Erklären Sie ihre Bedeutung.

b) Ermitteln Sie eine Funktionsgleichung, die den Verlauf möglichst gut wiedergibt. Berechnen Sie mithilfe der Funktionsgleichung mindestens drei Werte und überprüfen Sie am Graphen.

c) Erläutern Sie, inwiefern die Wahl des Koordinatensystems die Funktionsgleichung beeinflusst.

3 Der Gezeitenverlauf der Nordsee in der Nähe des Ärmelkanals kann näherungsweise durch $h(t) = 9 - \frac{7}{2} \cdot \cos\left(\frac{5\pi}{29} \cdot t\right)$ beschrieben werden. Dabei gibt h (t) die Höhe des Wasserstandes in Metern über Grund in Abhängigkeit der Zeit t an.
Die Zeit wird in Stunden nach dem letzten Niedrigwasser gemessen.

a) Lassen Sie sich die Funktion in einem geeigneten Bereich von einem Computerprogramm zeichnen.
b) Das letzte Niedrigwasser war um 6:00 Uhr. Bestimmen Sie die Zeitpunkte des nächsten Hoch- und Niedrigwassers.
c) Eine Kanalfähre hat ca. 7 m Tiefgang. Ermitteln Sie ausgehend von Teilaufgabe b) die Zeiträume, in denen sie den Kanal innerhalb der nächsten 24 Stunden besser nicht durchqueren sollte.
d) Beschreiben Sie den Gezeitenverlauf durch eine allgemeine Sinusfunktion. Erläutern Sie, welche Parameter sich aus welchem Grund verändern.

4 Das London Eye ist mit einer Höhe von 135 m das größte Riesenrad Europas. Für eine Umdrehung braucht es etwa 30 min. Die Abbildung zeigt den „Höhengraph" einer Gondel während eines Durchlaufs.

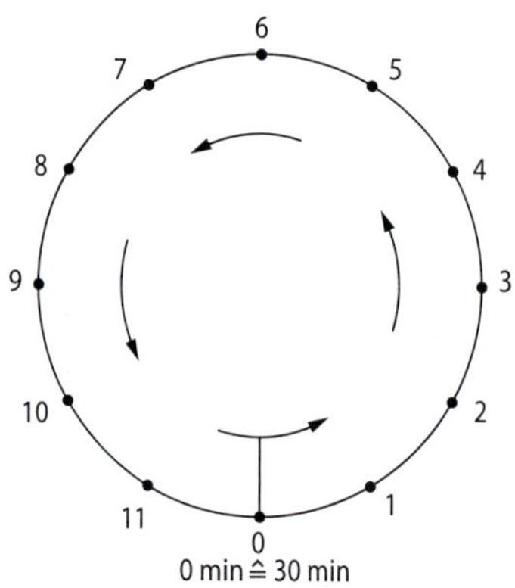

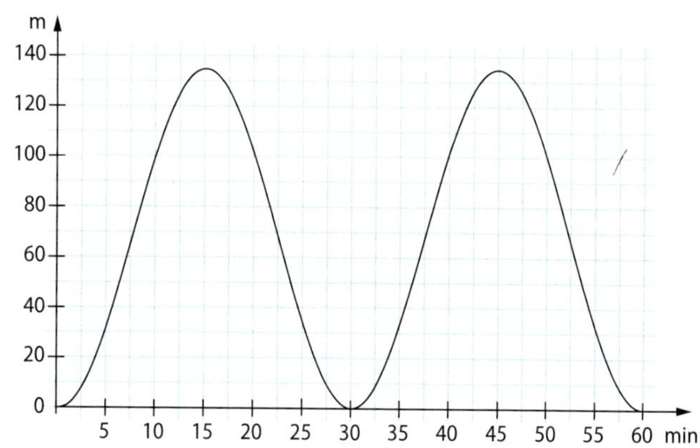

a) Übertragen Sie den „Höhengraph" in Ihr Heft. Markieren Sie die zwölf Punkte am Graphen.
b) Begründen Sie die Aussage: „Der Verlauf des Graphen gleicht dem einer Sinusfunktion."
c) Geben Sie die Funktionsgleichung einer passenden Sinusfunktion an. Erklären Sie Ihr Vorgehen.

5 Auf der Rückseite bestimmter Fahrkarten der Deutschen Bahn findet sich als Sicherheitsmerkmal ein Wellenmuster.

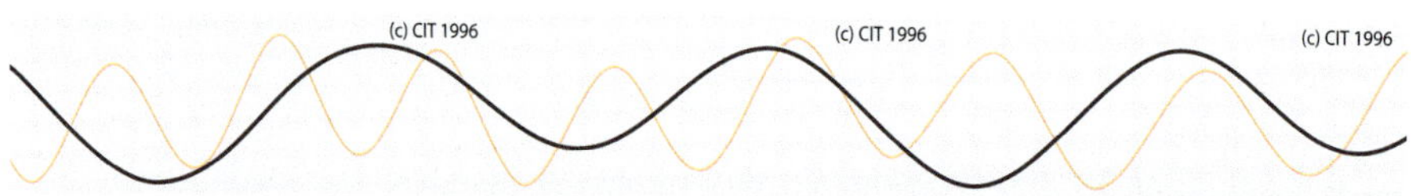

Bestimmen Sie mithilfe eines Computerprogramms eine trigonometrische Funktion, deren Graph eine der beiden Wellen annähernd beschreibt. Verknüpfen Sie dafür zwei trigonometrische Funktionen (durch Addition oder Multiplikation) und beschreiben Sie den Einfluss der beiden Funktionen aufeinander.

Winkel im Bogenmaß

Seite 112

An einem Einheitskreis (r = 1 LE) kann man jedem Mittelpunktswinkel α eindeutig die Länge des zugehörigen Kreisbogens $b = x$ LE zuordnen.
Die Maßzahl der Länge dieses Kreisbogens am Einheitskreis kann man auch als Maß für den zugehörigen Mittelpunktswinkel verwenden. Man bezeichnet dieses Winkelmaß als **Bogenmaß** mit der Einheit „rad".

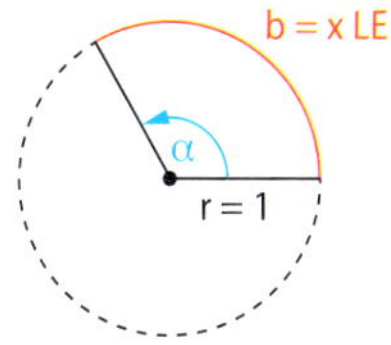

α	90°	180°	270°	360°
x	$\frac{\pi}{2}$	π	$\frac{3}{2}\pi$	2π

Sinus- und Kosinusfunktion

Seite 116, 122, 124

Im Einheitskreis lässt sich jedem Winkel mit Bogenmaß x eindeutig ein Sinuswert bzw. ein Kosinuswert zuordnen. Die Funktion f mit $f(x) = \sin(x)$ heißt **Sinusfunktion**.

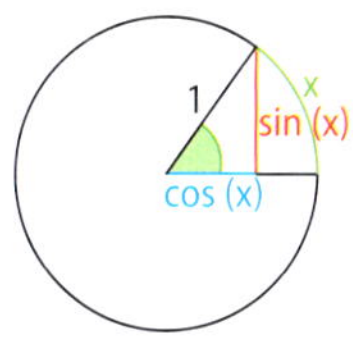

Nullstellen: $k \cdot \pi;\ k \in \mathbb{Z}$
Symmetrie: $\sin(-x) = -\sin(x)$

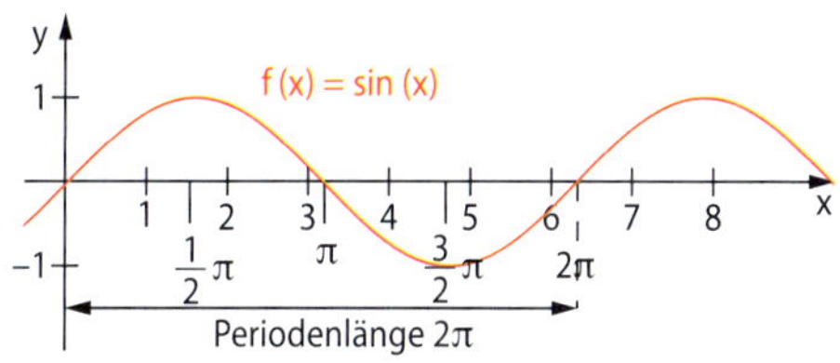

Die Funktion g mit $g(x) = \cos(x)$ heißt **Kosinusfunktion**.

Es gilt: $\cos(x) = \sin\left(x + \frac{\pi}{2}\right)$

Nullstellen: $(2k + 1) \cdot \frac{\pi}{2};\ k \in \mathbb{Z}$
Symmetrie: $\cos(-x) = \cos(x)$

Da sich die Funktionswerte in gleichen Abständen stets wiederholen, spricht man von **periodischen Funktionen**.

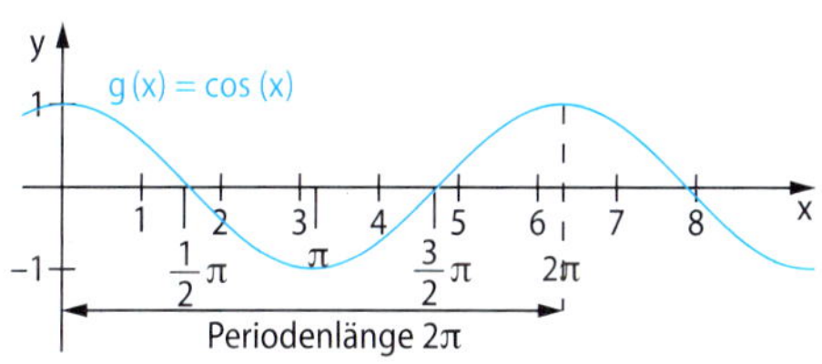

Ableitung: $f(x) = \sin(x);\ f'(x) = \cos(x)$
$g(x) = \cos(x);\ g'(x) = -\sin(x)$

Einfluss der Parameter

Seite 118

Die allgemeine Sinusfunktion lässt sich in der Form $f(x) = a \cdot \sin[b \cdot (x - d)] + c$ mit $x, c, d \in \mathbb{R}$ und $a, b \in \mathbb{R} \setminus \{0\}$ schreiben.

- Der Parameter a verändert die Wertemenge ($y \in [-|a|; |a|]$).
- Der Parameter b verändert die Periodenlänge $\left(\frac{2\pi}{|b|}\right)$.
- Der Parameter c verschiebt den Graphen der Funktion sin (x) entlang der y-Achse.
- Der Parameter d verschiebt den Graphen der Funktion sin (x) entlang der x-Achse.

Bei der Kosinusfunktion verhält sich der Einfluss der Parameter wie bei der Sinusfunktion.

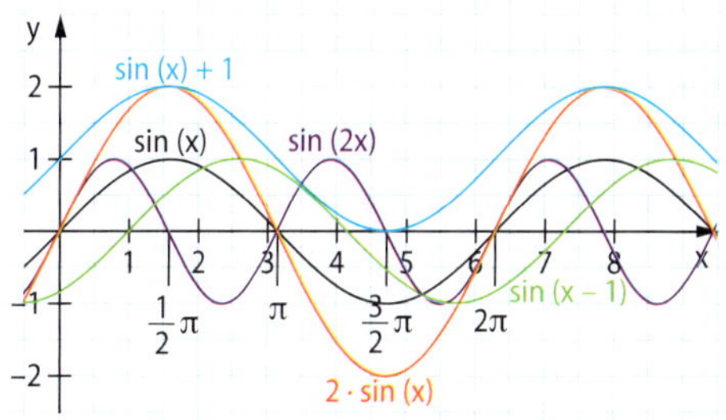

4 Auf unterschiedlichen Wegen

1 Berechnen Sie die Größe des Winkels im Bogenmaß bzw. im Gradmaß.

	a)	b)	c)	d)
α	36°	252°		
x			2,7	5,4

	a)	b)	c)	d)
α	–54°		504°	
x		$\frac{9}{4}\pi$		$-\frac{7}{8}\pi$

2 Bestimmen Sie zeichnerisch den Sinuswert und den Kosinuswert des Winkels bzw. den Winkel mithilfe eines Einheitskreises.

a) $\alpha = 40°$
b) $\alpha = 115°$
c) $\alpha = 190°$
d) $\alpha = 325°$
e) $\sin(\alpha) = 0{,}85$
f) $\cos(\alpha) = 0{,}29$

a) $\alpha = -40°$
b) $\alpha = 475°$
c) $\alpha = -524°$
d) $x = 2{,}1\pi$
e) $\sin(\alpha) = -0{,}79$
f) $\cos(\alpha) = -0{,}24$

3 Berechnen Sie die Lösungen der Gleichung im angegebenen Intervall. Nutzen Sie dafür einen Taschenrechner. Achten Sie darauf, ob der Winkel im Grad- oder Bogenmaß anzugeben ist.

a) $\sin(\alpha) = 0{,}342$ für $\alpha \in [0°; 180°]$
b) $\cos(\alpha) = 0{,}978$ für $\alpha \in [0°; 180°]$
c) $\cos(\alpha) = -0{,}669$ für $\alpha \in [180°; 360°]$
d) $\sin(x) = 0{,}94$ für $x \in [0; 2\pi]$
e) $\cos(x) = 0{,}63$ für $x \in [0; 2\pi]$
f) $\sin(x) = -0{,}5$ für $x \in [0; 2\pi]$

a) $\sin(\alpha) = 0{,}358$ für $\alpha \in [0°; 540°]$
b) $\sin(\alpha) = -0{,}147$ für $\alpha \in [-180°; 360°]$
c) $\cos(\alpha) = -0{,}354$ für $\alpha \in [-360°; 360°]$
d) $\sin(x) = -0{,}55$ für $x \in [-2\pi; 2\pi]$
e) $\cos(x) = -0{,}89$ für $x \in [0; 4\pi]$
f) $5 \cdot \sin(x) - 3 = 0$ für $x \in \mathbb{R}$

4 Geben Sie jeweils die Periodenlänge der Funktion im Bogenmaß an. Rechnen Sie anschließend die Periodenlänge ins Gradmaß um.

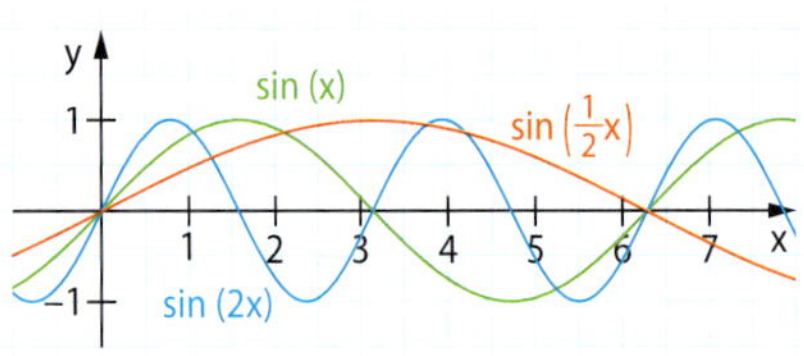

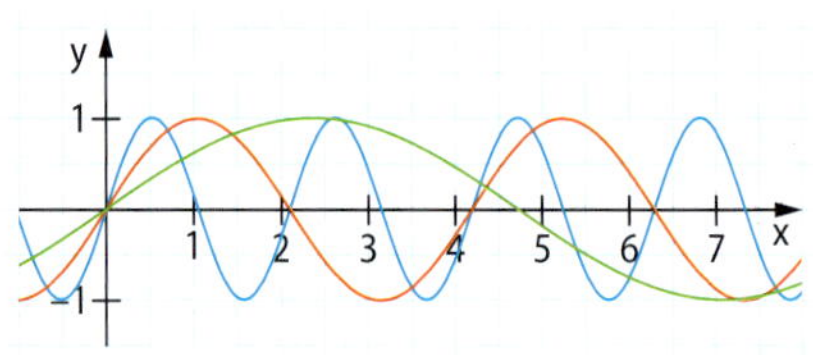

5 Zeichnen Sie den Graphen der Sinusfunktion im Intervall I. Geben Sie die Eigenschaften der Sinusfunkion für dieses Intervall an.

$I = [-2\pi; 2\pi]$

$I = [-3\pi; 5\pi]$

6 Zeichnen Sie den Graphen der Funktion f mindestens eine Periodenlänge lang. Geben Sie die Wertemenge, die Amplitude und die Periodenlänge an.

a) $f(x) = 2 \cdot \sin(4x)$
b) $f(x) = (-3) \cdot \sin(0{,}5x)$
c) $f(x) = \sin(x - 1) + 2$
d) $f(x) = (-2) \cdot \cos(1{,}5x)$

a) $f(x) = 2 \cdot \sin[4 \cdot (x + 3)] - 1$
b) $f(x) = (-3) \cdot \sin[0{,}5 \cdot (x - 1)] + 2$
c) $f(x) = 2{,}5 \cdot \sin(3x + 6) + 1{,}5$
d) $f(x) = (-2) \cdot \cos(1{,}5x - 6) - 2{,}4$

7 Geben Sie eine Funktionsgleichung zum Graphen an.

Finden Sie genau eine Lösung.

a)

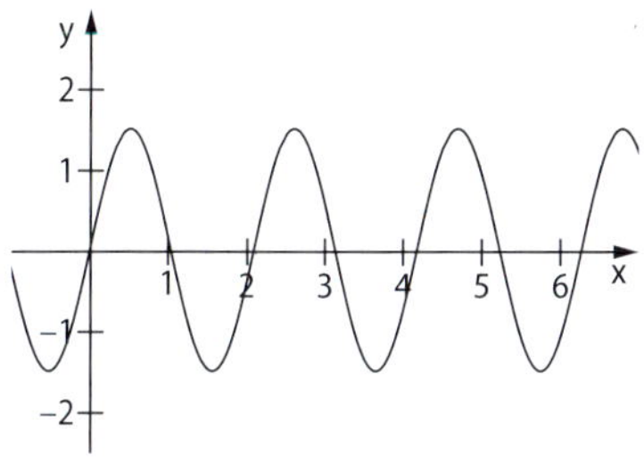

b)

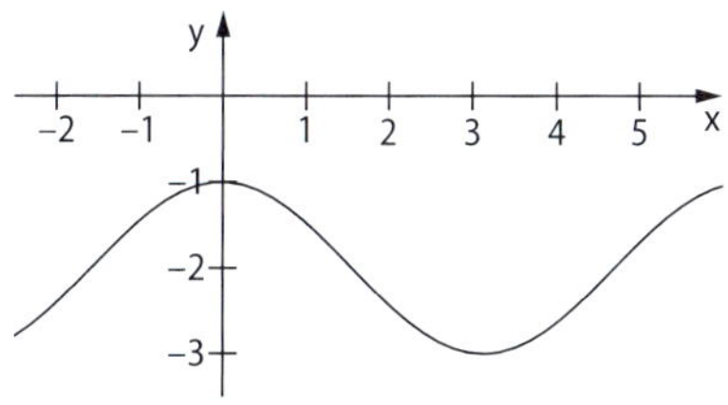

Finden Sie mehrere Lösungen.

a)

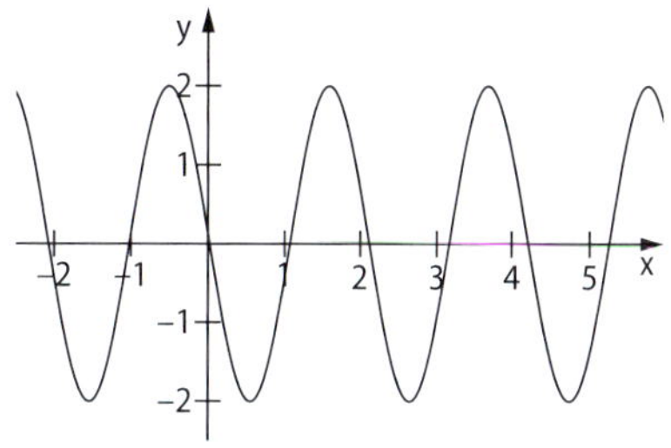

b)

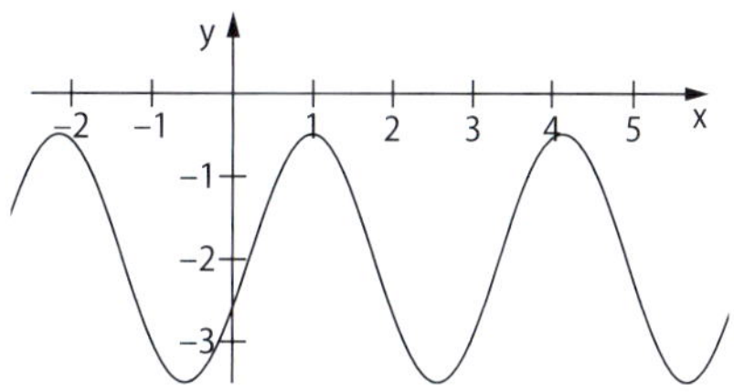

8 Ein Riesenrad hat einen Durchmesser von 18 m und 16 Gondeln. Die Höhe einer Gondel lässt sich durch eine Sinusfunktion beschreiben.

Geben Sie eine passende Funktionsgleichung an, wenn man den Mittelpunkt des Rades als Koordinatenursprung wählt.

Geben Sie eine passende Funktionsgleichung an, wenn die Einstiegsplattform 3 m über dem Boden liegt.

9 Das folgende Diagramm stellt eine Wasserwelle graphisch dar. Beschreiben Sie die mögliche Bedeutung der x- und der y-Achse und ermitteln Sie aus dem Diagramm eine Funktionsgleichung.

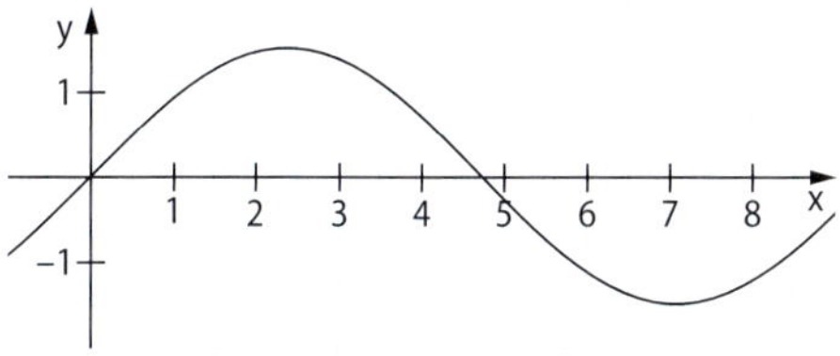

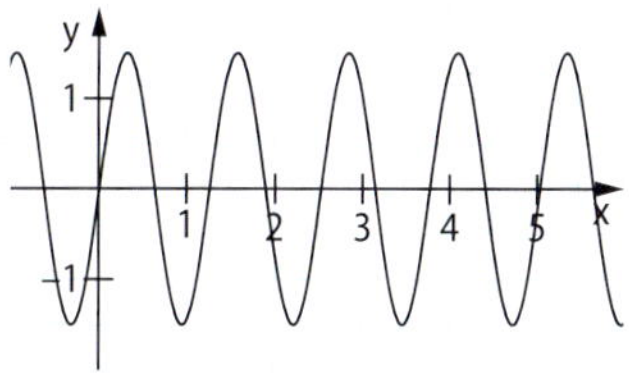

10 Bestimmen Sie einen passenden Funktionsterm und leiten Sie die Funktion anschließend graphisch ab.

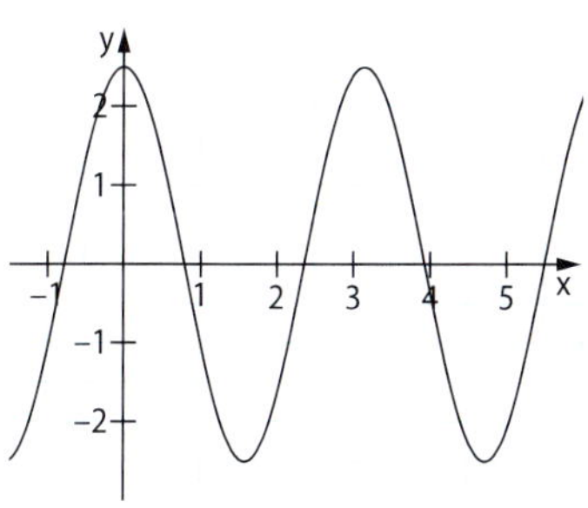

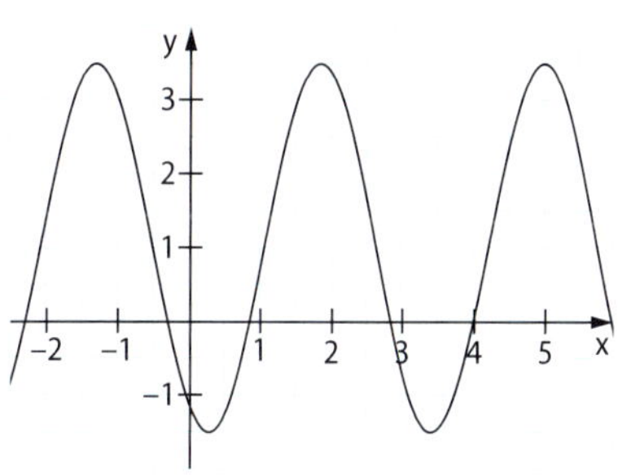

1 a) Begründen Sie, ob folgende Vorgänge periodisch sind. Beschreiben Sie bei den periodischen Vorgängen die Periodenlänge.

1 EKG

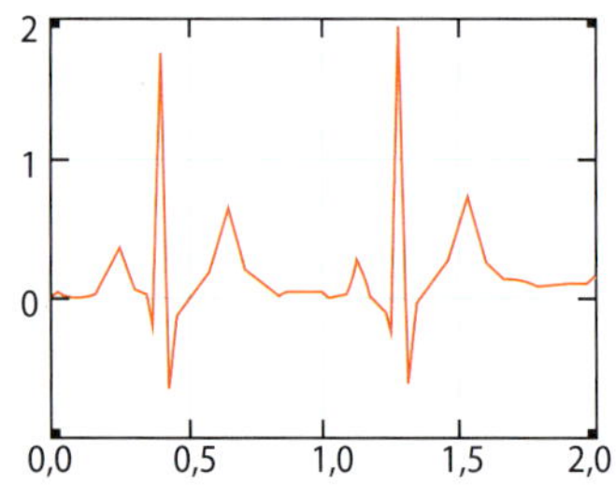

2 Gedämpfte Schwingung eines Federpendels

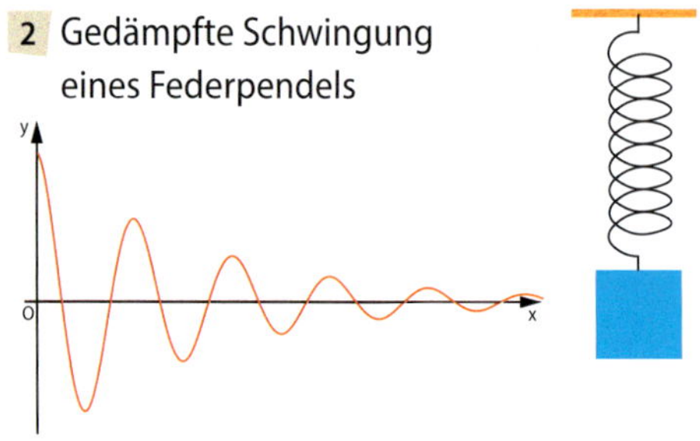

3 Mondphasen

4 Pendeluhr

5

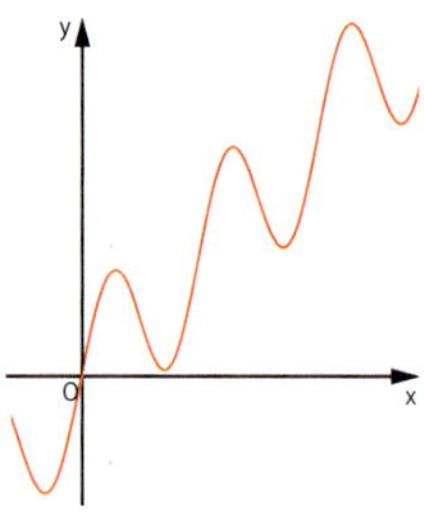

6

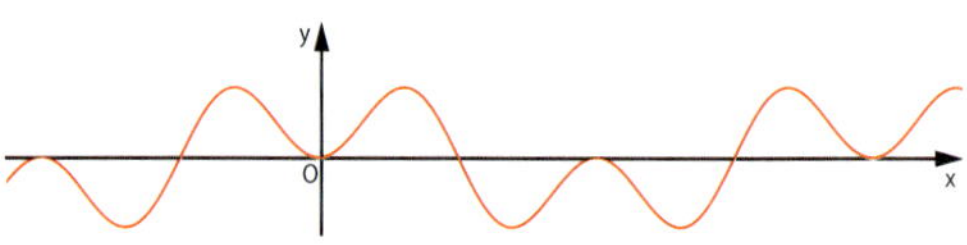

b) Nennen Sie weitere Beispiele für periodische Vorgänge.

2 Die Geraden schneiden sich unter einem Winkel von 38°.
Bestimmen Sie das Maß des eingezeichneten Drehwinkels und geben Sie den zugehörigen Sinus- und Kosinuswert an.

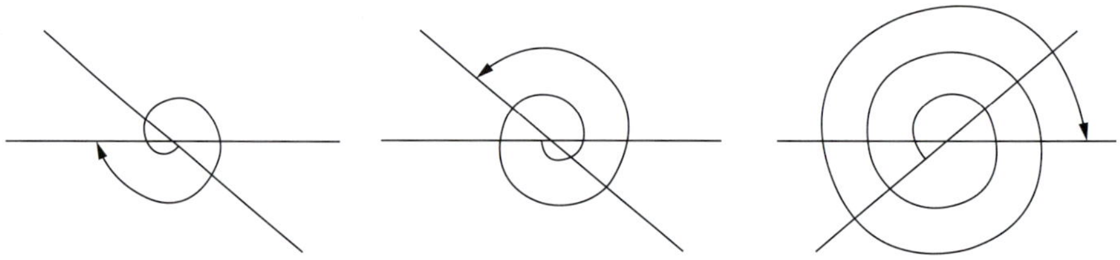

3 Bestimmen Sie zur Funktion f ($D = \mathbb{R}$) die Amplitude, die Periodenlänge und die Wertemenge.

a) $f(x) = 3 \cdot \sin(4x) - 1{,}5$
b) $f(x) = -\sin\left(\frac{\pi}{2}x\right) + 0{,}5$
c) $f(x) = \sin\left[2 \cdot \left(x - \frac{\pi}{2}\right)\right]$
d) $f(x) = 2 \cdot \sin(1{,}5x + 6)$
e) $f(x) = (-0{,}5) \cdot \sin(3x - \pi) + 2$
f) $f(x) = (-4) \cdot \cos(0{,}5x)$

4 Ordnen Sie jedem Funktionsgraphen eine passende Funktionsgleichung zu. Begründen Sie Ihre Entscheidung.

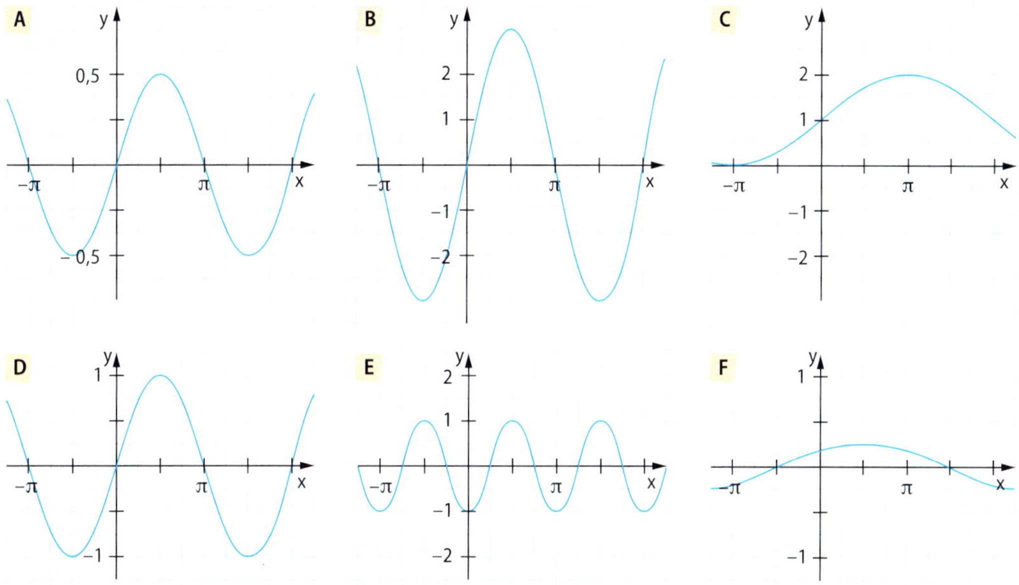

1 $y = 3 \cdot \sin(x)$	2 $y = \sin\left(\frac{1}{2}x\right) + 1$	3 $y = -\sin(-x)$	4 $y = 0{,}5 \cdot \sin(x)$
5 $y = \cos\left(\frac{\pi}{2} - x\right)$	6 $y = \cos(2x + \pi)$	7 $y = \frac{1}{4} \cdot \sin\left(\frac{x}{2} + \frac{\pi}{4}\right)$	

5 **a)** Beschreiben Sie, wie man schrittweise aus dem Graphen der Sinusfunktion f mit $f(x) = \sin(x)$ den Graphen von g mit $g(x) = 2{,}5 \cdot \sin\left(\frac{1}{2}x + \frac{\pi}{2}\right) - 1$ erhält ($D = \mathbb{R}$).

b) Zeichnen Sie die Graphen von f und g im Bereich $0 \le x \le 4\pi$.

6 An einem Faden der Länge l hängt eine Metallkugel. Der Faden hängt so an einem Stativ, dass die am Faden befestigte Kugel frei hin- und herschwingen kann. Die Kugel wird um den Winkel α ausgelenkt und dann losgelassen. Bestimmen Sie jeweils aus dem Graphen die Schwingungsdauer und die Amplitude der Schwingung. Beschreiben Sie Zusammenhänge.

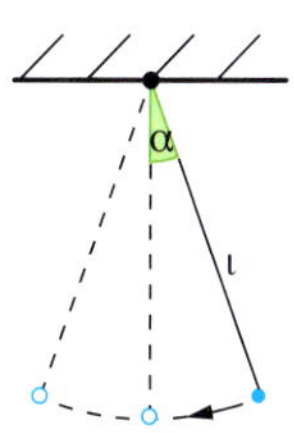

a) $l = 4$ m, $\alpha = 20°$

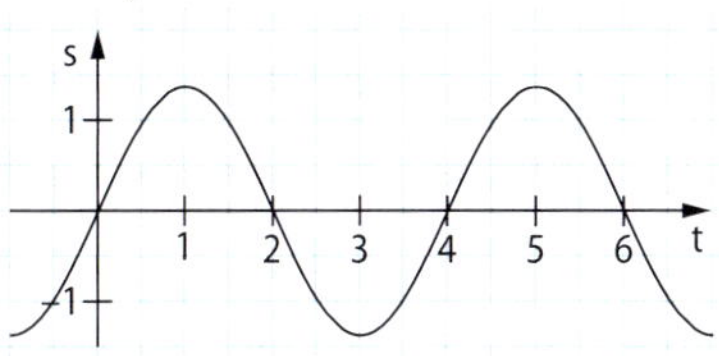

b) $l = 4$ m, $\alpha = 10°$

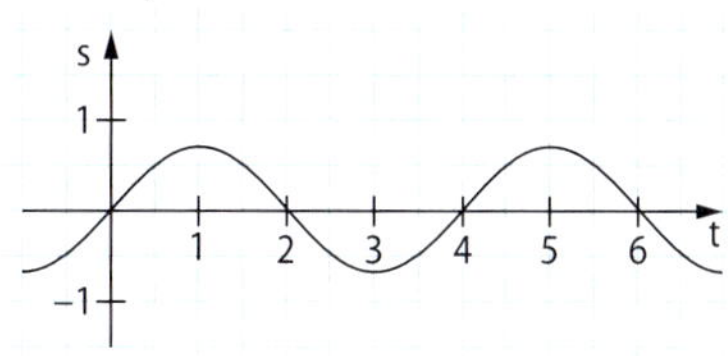

c) $l = 2$ m, $\alpha = 20°$

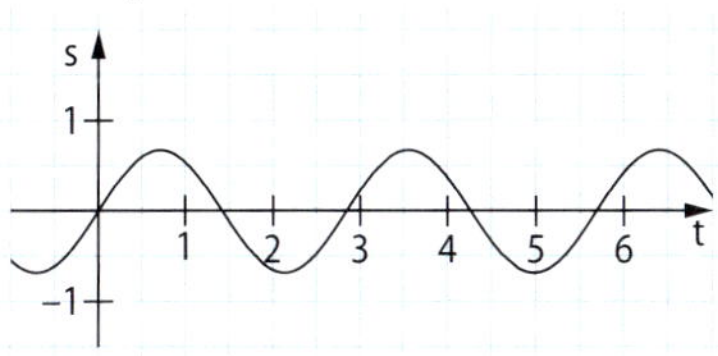

d) $l = 2$ m, $\alpha = 10°$

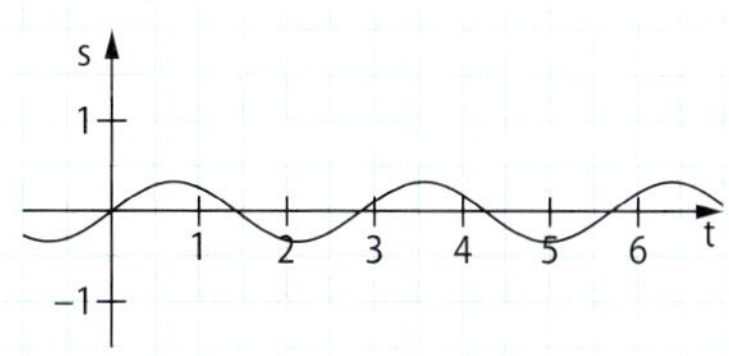

7 Die Spannung in einem Wechselstromkreis kann vereinfacht mit der Gleichung
$U(t) = U_{max} \cdot \sin(2\pi f \cdot t)$
beschrieben werden. Die Grafik zeigt die idealisierte Spannungskurve für die bei uns übliche Netzspannung mit einer Frequenz f von 50 Hz.
Geben Sie eine Gleichung für den Funktionsgraphen an.

Eine Frequenz von 50 Hz (Hertz) bedeutet, dass es 50 Schwingungen pro Sekunde gibt.

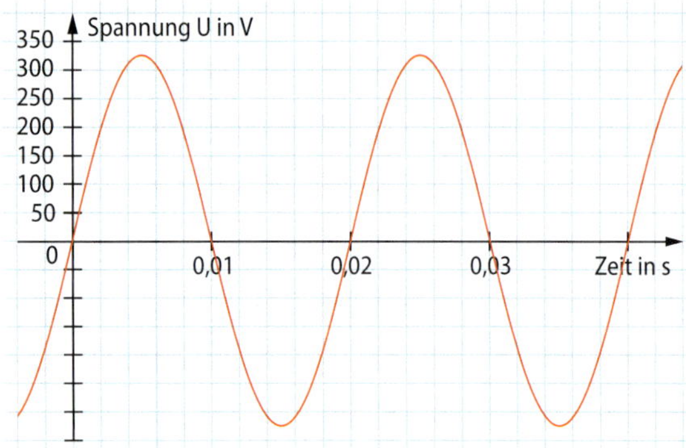

8 Der Graph der Sinusfunktion schneidet den Graphen der Kosinusfunktion im Bereich $x \in [-2\pi; 2\pi]$ in genau vier Punkten.

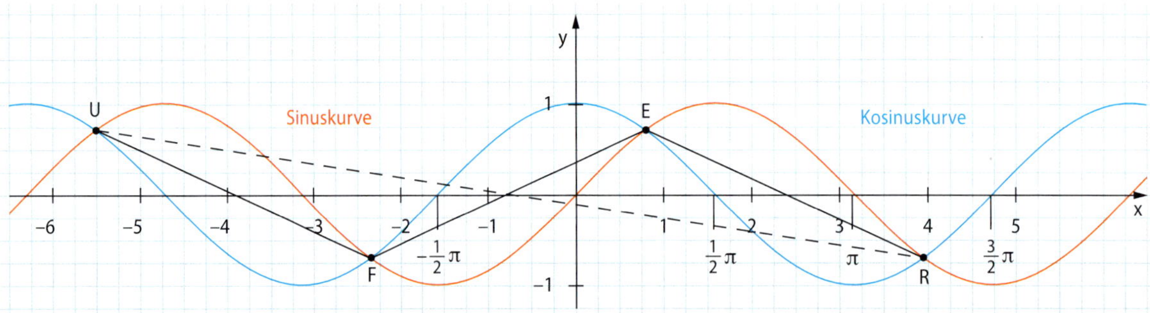

a) Ermitteln Sie die Koordinaten dieser vier Schnittpunkte U, F, E und R sowie die Länge l des Streckenzugs UFER.

b) Berechnen Sie, um wie viel Prozent der Streckenzug UFER länger als die Strecke $\overline{UR}$ ist.

HW: Hochwasser, NW: Niedrigwasser

9 Die Tabelle zeigt den Wasserstand bezogen auf Seekartennull am Ort Bremerhaven.

Datum			Zeit	Wasserstand (m)
Fr	02.02.2018	HW	14:49	4,6
Fr	02.02.2018	NW	21:06	0,5
Sa	03.02.2018	HW	02:55	4,9
Sa	03.02.2018	NW	09:36	0,4
Sa	03.02.2018	HW	15:38	4,6
Sa	03.02.2018	NW	21:52	0,4
So	04.02.2018	HW	03:42	4,9
So	04.02.2018	NW	10:22	0,4
So	04.02.2018	HW	16:24	4,6
So	04.02.2018	NW	22:32	0,4

a) Stellen Sie den Wasserstand graphisch dar. Beschreibem Sie den Verlauf.

b) Ermitteln Sie eine Funktionsgleichung, die den Verlauf näherungsweise wiedergibt.

10 Eine Seemeile entspricht näherungsweise der Bogenlänge auf dem Äquator, die zum Mittelpunktswinkel von $\frac{1}{60}$ Grad gehört. Berechnen Sie die Länge einer Seemeile (Erdradius: 6378 km).

11 Bei modernen Heizsystemen kann man mithilfe von Thermostaten und Steuereinheiten die Temperatur regeln. Im Kinderzimmer eines Hauses wurde eine Temperatur von 21 °C vorgewählt. Sobald die Temperatur auf 20,5 °C gesunken ist, schaltet sich die Heizung zu, nach Erreichen der gewünschten 21 °C schaltet sich die Heizung ab, die Temperatur steigt aber wegen der dann warmen Heizkörper noch weiter auf 21,5 °C. Der Abkühlvorgang aufgrund von Wärmeverlusten von 21,5 °C auf 20,5 °C dauert zwei Stunden, der Erwärmungsvorgang bis zu einer Temperatur von 21,5 °C ebenfalls.

a) Begründen Sie, dass die dargestellte Situation ein periodischer Vorgang ist.

b) Finden Sie eine Funktionsgleichung, mit der sich die Situation modellieren lässt. Beschreiben Sie Ihr Vorgehen.

c) Als gewünschte Temperatur wird nun 22 °C vorgegeben. Erläutern Sie, inwieweit dies die Funktionsgleichung verändert.

12 Bestimmen Sie die ersten beiden Ableitungen der Funktion f ($D = \mathbb{R}$). Geben Sie an, welche Ableitungsregeln Sie nutzen.

a) $f(x) = -\sin(x) + 3$ **b)** $f(x) = \frac{1}{2} \cdot \cos(x) - 7$ **c)** $f(x) = \frac{1}{2} \cdot \cos(x) - \frac{1}{2} \cdot \sin(x)$

d) $f(x) = \sin(x) + (x + 3)^2$ **e)** $f(t) = -2t \cdot \sin(x)$ **f)** $f(x) = -2t \cdot \cos(x)$

13 Überprüfen Sie, ob die Aussage wahr oder falsch ist. Begründen Sie Ihre Antwort.

1 Die Funktion f mit $f(x) = \sin[2 \cdot (x + 1)]$; $D = \mathbb{R}$, ist periodisch mit der Periode π.

2 $(\sin(2))^2 + (\cos(2))^2 < (\sin(3))^2 + (\cos(3))^2$

3 $2 \cdot \cos\left(\frac{\pi}{4}\right) < \cos\left(2 \cdot \frac{\pi}{4}\right)$

4 Der Punkt $P\left(\frac{5\pi}{4} \middle| -\frac{1}{2}\sqrt{2}\right)$ liegt sowohl auf dem Graphen der Funktion f mit $f(x) = \sin(x)$; $D = \mathbb{R}$, als auch auf dem Graphen der Funktion g mit $g(x) = \cos(x)$; $D = \mathbb{R}$.

5 Für jeden Wert von $x \in [0; \pi]$ gilt $\cos(x) = \sqrt{1 - (\sin(x))^2}$

6 Die Lösungsmenge der Gleichung $(\sin(x) - 1) \cdot (\cos(x) + 1) = 0$ ist $L = \left\{-\pi; \frac{\pi}{2}; \pi\right\}$.

7 Der Graph der Funktion f mit $f(x) = x \cdot \sin(x)$; $D = \mathbb{R}$, ist achsensymmetrisch zur y-Achse.

8 Der kleinere der beiden Winkel, den die Zeiger einer Uhr um 15 Uhr 40 miteinander bilden, hat die Größe 130°.

9 $\frac{\sin(45°)}{\sqrt{2}} = \cos(300°)$

10 $\cos(2) > \cos(4) > \cos(3)$

Die Koordinaten x und y eines Punktes P (x|y) geben an, wo sich der Punkt im ebenen Koordinatensystem befindet. Nun stellen wir uns ein Segelboot vor, das auf einem See fährt und in Abhängigkeit von der Zeit seinen Ort ändert. Das heißt: Sowohl die x- als auch die y-Koordinate des Punktes sind Funktionen der Zeit. Wir können dies so schreiben: $x = x(t)$ und $y = y(t)$. Sind beide Funktionsterme gegeben, kann man zu jedem Zeitpunkt die Lages des Segelbootes bestimmen, d.h. das Boot orten.

Wir halten also fest:

Unter einer **Parameterdarstellung** (auch **Parametrisierung** oder **Parametrierung**) versteht man eine Darstellung, bei der die Koordinaten der Punkte (x (t), y (t)) einer Kurve von einem Parameter t ($t \in \mathbb{R}$ bzw. $t \in [a; b]$) abhängen.

Jede Funktion lässt sich als Kurve in Parameterdarstellung schreiben – auch uns bereits bekannte Funktionen, wie das folgende Beispiel zeigt: $f(x) = x^2 + 3$ lautet in Parameterdarstellung

$$K: \begin{cases} x(t) = t \\ y(t) = t^2 + 3 \end{cases} ; t \in \mathbb{R}.$$

Geraden in Parameterdarstellung

Ist eine Gerade in der Parameterdarstellung gegeben, kann man sie in die uns vertraute Geradengleichung überführen. Dies verdeutlichen wir am Beispiel der folgenden Parametergleichungen: $x(t) = t - 2$ und $y(t) = 2t - 3$. Um die Parameterdarstellung in die gewohnte Geradengleichung überzuführen, löst man eine der beiden Gleichungen nach dem Parameter auf: Aus $x(t) = t - 2$ folgt $t = x + 2$. Das setzt man in die andere Gleichung ein: Aus $y(t) = 2t - 3$ wird so $y = 2 \cdot (x + 2) - 3 = 2x + 1$.

1 Gegeben ist die Parameterdarstellung einer Geraden: $x(t) = t + 7$ und $y(t) = 5t$.
Stellen Sie die Gerade in der Form $y = mx + c$ dar.

Kreise in Parameterdarstellung

Nun betrachten wir einen Kreis mit dem Radius r und dem Ursprung als Mittelpunkt. Zwischen den Koordinaten x und y eines Kreispunktes P (x|y) gilt nach dem Satz des Pythagoras die Beziehung $x^2 + y^2 = r^2$. Der Kreis ist nicht Schaubild einer Funktion, da zu jedem x genau zwei y-Werte existieren, was der Eindeutigkeit der Funktionsdefinition widerspricht. Kurven, die keine Funktionen darstellen, können aber als Kurve in Parameterform dargestellt werden.

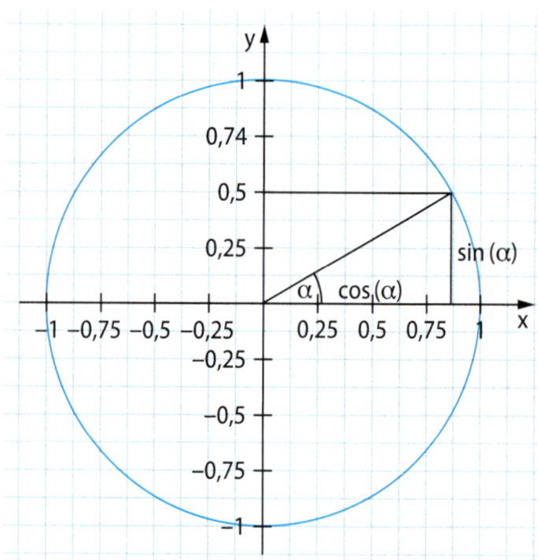

Für r = 1 gilt:

$$\cos(\alpha) = \frac{\text{Ankathete}}{\text{Hypotenuse}} = x; \sin(\alpha) = \frac{\text{Gegenkathete}}{\text{Hypotenuse}} = y.$$

Ein Punkt auf dem Kreisbogen mit dem Radius r hat die Koordinaten:

$$\begin{matrix} x(\alpha) = r \cdot \cos(\alpha) \\ y(\alpha) = r \cdot \sin(\alpha) \end{matrix} ; \alpha \in [0; 2\pi[$$

Der Winkel α, gemessen im Bogenmaß, ist hier der Parameter. Durch Ersetzen von α durch $2\pi \cdot t$ erhält man eine andere Parametrisierung, wobei t der Zeit entspricht und physikalisch betrachtet der Vorgang ist, bei dem in $I = [0; 1[$ durch eine Menge von Punkten ein Kreis im mathematisch positiven Sinn aufgebaut wird.

Die Parameterdarstellung eines Kreises lautet: $K: \begin{cases} x(t) = r \cdot \cos(2\pi \cdot t) \\ y(t) = r \cdot \sin(2\pi \cdot t) \end{cases} ; t \in [0; 1[$

2 Wie müssen die Gleichungen geändert werden, damit ein Kreis mit dem Mittelpunkt M (2 | 1) und dem Radius 3 entsteht? Begründen Sie.

Ellipsen in Parameterdarstellung

Eine **Ellipse** ist die Menge aller Punkte P einer Ebene, für die die Summe der Abstände von zwei festen Punkten F_1 und F_2 konstant ist. F_1 und F_2 nennt man die **Brennpunkte** der Ellipse.

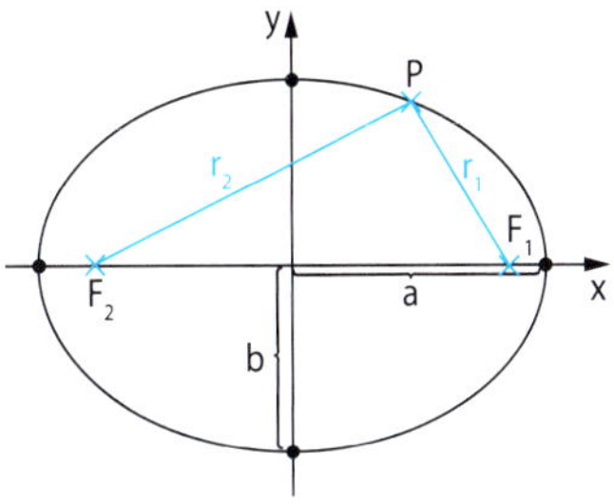

Die Ellipsengleichung in Parameterform lautet:

$$E: \begin{cases} x(t) = a \cdot \cos(t) \\ y(t) = b \cdot \sin(t) \end{cases}; 0 \leq t \leq 2\pi$$

Diese Gleichung beschreibt eine Ellipse der Form $\frac{x^2}{a^2} + \frac{y^2}{b^2} = 1$.

3 Wie müssen die Gleichungen der Parameterdarstellung geändert werden, damit eine Ellipse mit dem Mittelpunkt M im Ursprung und den Halbachsen a = 3 und b = 2 entsteht? Begründen Sie.

Zykloiden

Als einer der ersten beschäftigte sich Galileo Galilei (1564 – 1642) mit einer Kurve, der er 1599 den heute gebräuchlichen Namen, der sich von Kreis bzw. Radlinie ableitet, gab: der **Zykloiden**.

Eine **Zykloide** entsteht, wenn ein Kreis mit Radius r ohne zu gleiten auf einer Geraden in x-Richtung abrollt und wir die Bahnkurve eines festen Punktes P der Kreislinie beobachten.

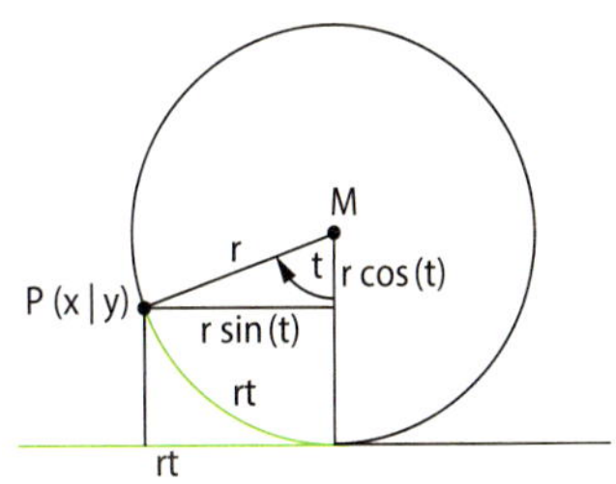

$$Z: \begin{cases} x(t) = a \cdot t - a \cdot \sin(t) \\ y(t) = a - a \cdot \cos(t) \end{cases}; 0 \leq t \leq 4\pi, a \in \mathbb{R}$$

Es ergibt sich das folgende Schaubild:

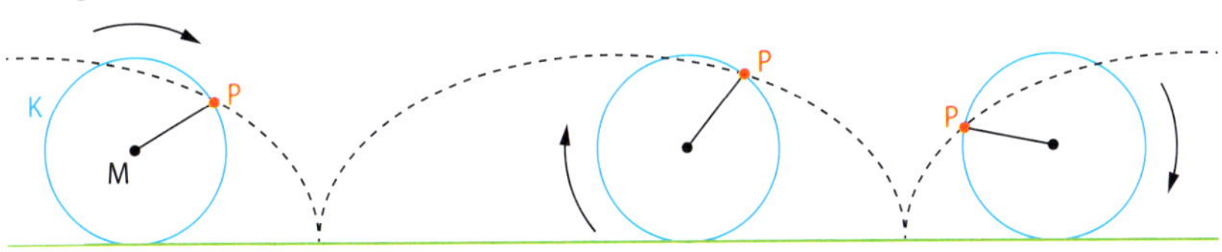

Die Parameterdarstellung erlaubt es, Kurven mit sehr interessanten und ungewöhnlichen Verläufen zu zeichnen. Die abschließenden Übungen sollen Ihnen dies verdeutlichen.

4 Zeichnen Sie die folgende Kurve mit Unterstützung eines Computerprogramms:

$$\begin{matrix} x(t) = (\cos(8\pi t) + \cos(16\pi t)) \cdot \cos(2\pi t) \\ y(t) = (\cos(8\pi t) + \cos(16\pi t)) \cdot \sin(2\pi t) \end{matrix}; t \in [0; \infty[$$

5 Zeichnen Sie die folgende Kurve mit Unterstützung eines Computerprogramms:

$$\begin{matrix} x(t) = r \cdot t \cdot \cos(2\pi t) \\ y(t) = r \cdot t \cdot \sin(2\pi t) \end{matrix}; t \in [0; \infty[$$

Überprüfen Sie Ihre Fähigkeiten und Kompetenzen. Bearbeiten Sie dazu die folgenden Aufgaben und bewerten Sie anschließend Ihre Lösungen mit einem Smiley.

☺ Das kann ich **wirklich gut!** | 😐 Das kann ich **fast!** | ☹ Das muss ich **noch üben!**

1 55° −275° −155° −25° 415° 95° −235° 125° 335° 205° 85° −265°

a) Geben Sie zu jedem Winkel das zugehörige Bogenmaß an.

b) Finden Sie alle zusammengehörigen Winkel, die den gleichen Sinuswert haben.

2 Lösen Sie folgende Aufgaben mithilfe eines Einheitskreises. Überprüfen Sie die Lösungen mit dem Taschenrechner.

a) $y = \sin(200°)$ **b)** $y = \sin\left(\frac{2}{9}\pi\right)$

c) $y = \cos\left(\frac{5}{6}\pi\right)$ **d)** $\sin(x) = 0{,}8$

e) $\sin(x) = -0{,}6$ **f)** $\cos(x) = 0{,}7$

3 Berechnen Sie alle Lösungen der Gleichung zwischen 0 und 2π. Runden Sie auf zwei Dezimalstellen.

a) $\sin(x) = 0{,}892$ **b)** $\sin(x) = 0{,}423$

c) $\sin(x) = -0{,}087$ **d)** $\sin(x) = -0{,}914$

e) $\cos(x) = 0{,}672$ **f)** $\cos(x) = -0{,}996$

4 Es gilt: $\sin(-x) = -\sin(x)$.
Begründen Sie diesen Zusammenhang am Einheitskreis.

5 Zeichnen Sie den Graphen der Funktion f mit $f(x) = \sin(x)$ im Intervall $-2\pi \le x \le 4\pi$. Geben Sie die Nullstellen der Funktion im angegebenen Intervall an.

6 Ermitteln Sie die Periodenlänge der Funktion.

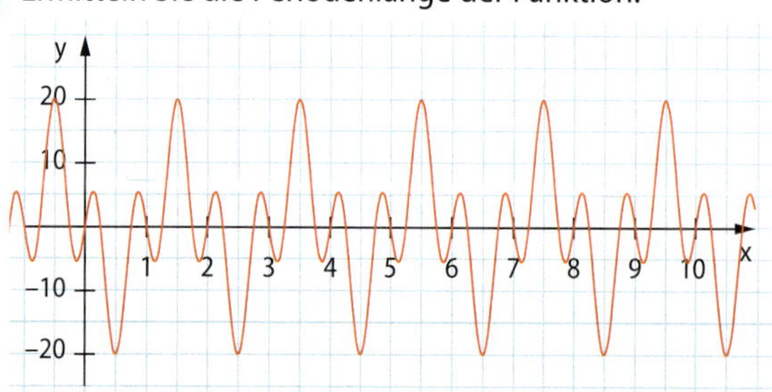

7 Vervollständigen Sie jeweils den Satz.
Bei einer Sinusfunktion mit der Gleichung …

a) $f(x) = a \cdot \sin(x)$ beschreibt der Faktor a …

b) $f(x) = \sin(b \cdot x)$ beschreibt der Faktor b …

c) $f(x) = \sin(x) + c$ beschreibt der Wert c …

d) $f(x) = \sin(x - d)$ beschreibt der Wert d …

8 Bestimmen Sie zu den abgebildeten Graphen jeweils eine zugehörige Funktionsgleichung. Geben Sie auch jeweils die Wertemenge und die Periodenlänge an.

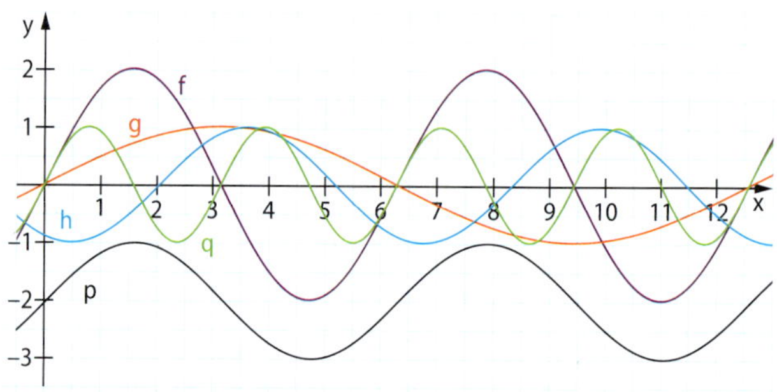

9 Das Riesenrad „Singapore Flyer" hat eine Höhe von 165 m, einen Durchmesser von 150 m und benötigt für eine volle Umdrehung 30 min. Ermitteln Sie eine Funktionsgleichung, die diesen Sachverhalt beschreibt.

10 Gegeben sind die Funktionen $f(x) = 2 \cdot \sin(x) + 1$ und $g(x) = 2 \cdot \cos(x)$.

a) Zeichnen Sie die Graphen der Funktionen von f und g in ein Koordinatensystem.

b) Leiten Sie die Funktionen graphisch ab.

c) Ermitteln Sie jeweils rechnerisch die Ableitung und vergleichen Sie mit Teilaufgabe b).

Aufgaben für Lernpartner

Arbeitsschritte

1. Bearbeiten Sie die folgenden Aufgaben zuerst allein.
2. Suchen Sie sich einen Partner oder eine Partnerin und arbeiten Sie zusammen weiter: Erklären Sie sich gegenseitig Ihre Lösungen. Korrigieren Sie fehlerhafte Antworten.

Sind folgende Behauptungen richtig oder falsch? Begründen Sie.

A Mit dem Bogenmaß kann man die Größe eines Winkels am Einheitskreis eindeutig angeben.

B Die Sinuswerte wiederholen sich am Einheitskreis jeweils nach π Einheiten.

C Die Sinusfunktion ist eine periodische Funktion.

D Die Kosinusfunktion erhält man, indem man die Sinusfunktion um $\frac{\pi}{2}$ entlang der x-Achse in eine beliebige Richtung verschiebt.

E Der Graph der Kosinusfunktion ist achsensymmetrisch zur y-Achse.

F Die Funktion f mit $f(x) = 2 \cdot \sin(x)$ hat gegenüber der Funktion g mit $g(x) = \sin(x)$ die doppelte Periodenlänge.

G Die Funktion f mit $f(x) = 2 \cdot \sin(x) + 0{,}5$ hat die Wertemenge $W = [-0{,}5; 2{,}5]$.

H Die Sinusfunktion und die Kosinusfunktion haben dieselbe Periodenlänge.

I Die Ableitung der Kosinusfunktion ist die Sinusfunktion.

J Die Sinusfunktion ergibt abgeleitet die Kosinusfunktionen.

K Der Graph einer trigonometrischen Funktion lässt sich immer durch unterschiedliche Funktionsterme beschreiben.

L Jede Funktion f mit $f(x) = a \cdot \cos(b \cdot (x - d)) + c$ lässt sich auch durch eine allgemeine Sinusfunktion beschreiben.

M Die Ableitung der Sinusfunktion ist wieder eine punktsymmetrische Funktion.

N Der Parameter a bestimmt die Wertemenge der allgemeinen Sinus– und Kosinusfunktion.

O Der Parameter beeinflusst die Länge der Periode.

P Bei der Modellierung periodischer Vorgänge spielt die Wahl des Koordinatensystems keine Rolle.

Ich kann …	Aufgaben	Hilfe
… Winkel im Bogenmaß angeben.	1, A	S. 112
… Sinus- und Kosinuswerte am Einheitskreis und mit dem Taschenrechner bestimmen.	2, 3, B	S. 114
… Eigenschaften der Sinusfunktion und der Kosinusfunktion beschreiben und erkennen.	4, 5, 6, C, D, E, H, K	S. 116, 122
… die Sinus- und Kosinusfunktion in ihrer allgemeinen Form nutzen und aus der einfachen Sinus- bzw. Kosinusfunktion herleiten.	7, 8, F, G, L, N, O	S. 118
… periodische Vorgänge im Alltag mit Sinus- und Kosinusfunktionen beschreiben.	9, P	S. 126
… die Sinus- und Kosinusfunktionen ableiten.	10, I, J, M	S. 124

5 Startklar!

Aufgabe	Ich kann schon …	Grundwissen
1	… mit Geraden im zweidimensionalen Koordinatensystem umgehen.	S. 218, 229
2, 3, 4	… den Satz des Pythagoras anwenden.	S. 227
4	… lineare Gleichungssysteme mit zwei Variablen rechnerisch und graphisch lösen.	S. 218

1 Gegeben sind die Punkte A (2 | 3), B (−2 | −5), C (1 | 6) und D (6 | 7).

a) Bestimmen Sie die Gleichungen aller Geraden, die durch je zwei dieser Punkte verlaufen.

b) Fertigen Sie eine Skizze an.

c) Erläutern Sie, wie man allgemein die Steigung einer Geraden durch zwei vorgegebene Punkte berechnet. Ergänzen Sie in Ihrer Zeichnung das sogenannte Steigungsdreieck für die Gerade AD.

d) Prüfen Sie, ob der Punkt F (5 | 4) auf den von Ihnen aufgestellten Geraden liegt.

e) Geben Sie je eine Gleichung für die Gerade an, die durch G (4 | 3) und H (6 | 3) verläuft, sowie für die Gerade, die durch G (4 | 3) und I (4 | 5) verläuft.

2 Formulieren Sie den Satz des Pythagoras für jedes der fünf rechtwinkligen Dreiecke, die im abgebildeten Rechteck vorkommen.

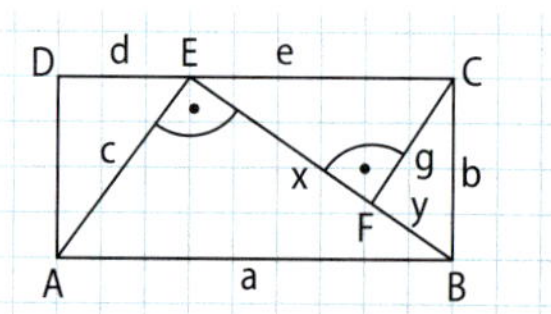

3 Gegeben ist ein Quader mit den Seitenlängen a = 4 cm, b = 3 cm und c = 5 cm.

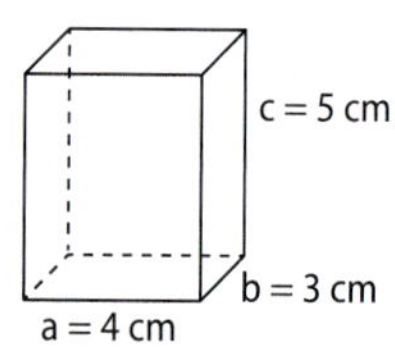

a) Berechnen Sie die Länge der Raumdiagonalen d.

b) Stellen Sie für allgemeine Seitenlängen a, b und c eine Formel zur Berechnung der Länge der Raumdiagonalen auf.

4 Gegeben ist eine quadratische Pyramide der Höhe h = 3 cm. Die Kantenlänge ihrer Grundfläche beträgt 6 cm.

a) Zeichnen Sie ein Schrägbild dieser Pyramide. Beschreiben Sie Ihr Vorgehen.

b) Bestimmen Sie den Oberflächeninhalt sowie das Volumen der Pyramide.

5 Lösen Sie die folgenden linearen Gleichungssysteme rechnerisch und interpretieren Sie das Ergebnis graphisch.

a) $3x - y = -7$
$-4x - 2y = 6$

b) $\frac{1}{2}x + 2y = 3$
$4x + 16y = 5$

c) $-x - y = 3$
$2x + 2y = -6$

5 Vektorrechnung und analytische Geometrie im Raum

Einstieg

- Beschreiben Sie das Bild und erläutern Sie, warum sich die Wege der beiden Gondeln nicht treffen werden.
- Beschreiben Sie, wie die Bewegung der beiden Gondeln näherungsweise verläuft. Kennen Sie bereits eine Möglichkeit, dies mathematisch zu modellieren?

Ausblick

Am Ende dieses Kapitels haben Sie gelernt, …

- … Punkte im dreidimensionalen Raum in einem Koordinatensystem zu beschreiben.
- … Verschiebungen mithilfe von Vektoren zu beschreiben.
- … grundlegende Rechenregeln für Vektoren anzuwenden.
- … Geraden im dreidimensionalen Raum mit Gleichungen zu beschreiben und ihre Lagebeziehung zu untersuchen.

Kap. 5.1 und 5.2

Wo ist das Flugzeug?

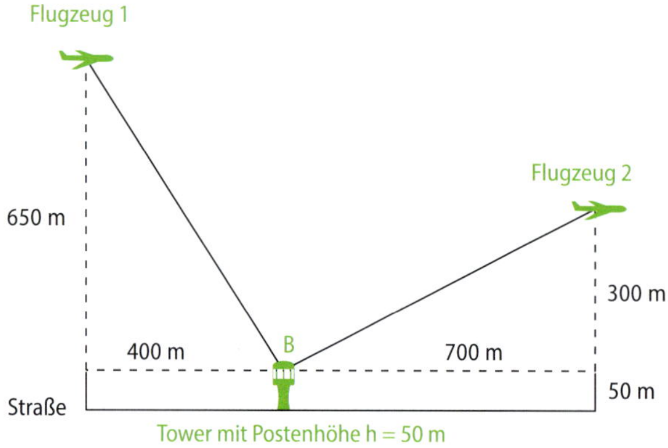

- Erarbeiten Sie Möglichkeiten, die Position der Flugzeuge vom Tower (Beobachtungspunkt B) aus zu beschreiben.
- Geben Sie an, welches Flugzeug weiter vom Tower entfernt ist.
- Versuchen Sie, die Richtung anzugeben, die Flugzeug 1 fliegen müsste, um zur Position von Flugzeug 2 zu gelangen. Beschreiben Sie Schwierigkeiten, die dabei auftreten.
- Versuchen Sie ebenso, die Richtung anzugeben, die Flugzeug 2 fliegen müsste, um zur Position von Flugzeug 1 zu gelangen. Was fällt Ihnen auf?

Kap. 5.3

Den Berg hinauf

Ein Läufer, der sich bei einem Berglauf bei Position 1 befindet, hat die Wahl, den einfacheren Weg über Position 2 zu Position 3 zu gehen oder direkt zu Position 3 zu laufen.

- Begründen Sie ohne Rechnung, warum der direkte Weg kürzer ist.
- Bestimmen Sie den Richtungsvektor …
  1 von Position 1 zu Position 3.
  2 von Position 1 zu Position 2.
  3 von Position 2 zu Position 3.
  Was stellen Sie fest?
- Berechnen Sie die Länge der beiden Wege von Position 1 zu Position 3.

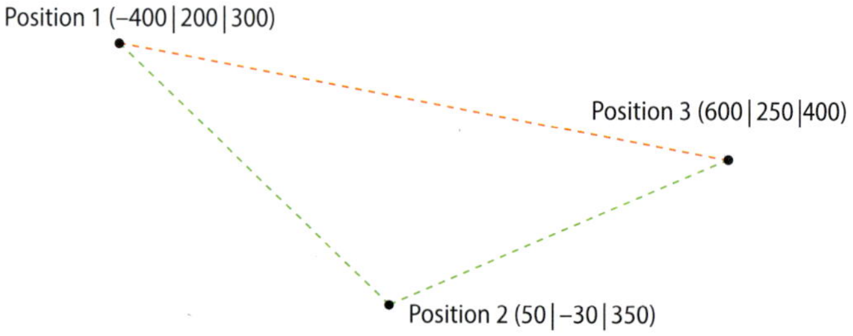

Kap. 5.4

Über den Wolken

Die gleichförmige, geradlinige Bewegungsbahn eines Flugzeuges lässt sich mathematisch sehr gut beschreiben.

- Erläutern Sie, welches geometrische Objekt sich dazu eignet.
- Begründen Sie, welche Annahmen gemacht werden müssen, um eine Flugbahn mathematisch zu beschreiben.
- Überlegen Sie, welche Größen dazu notwendig sind.

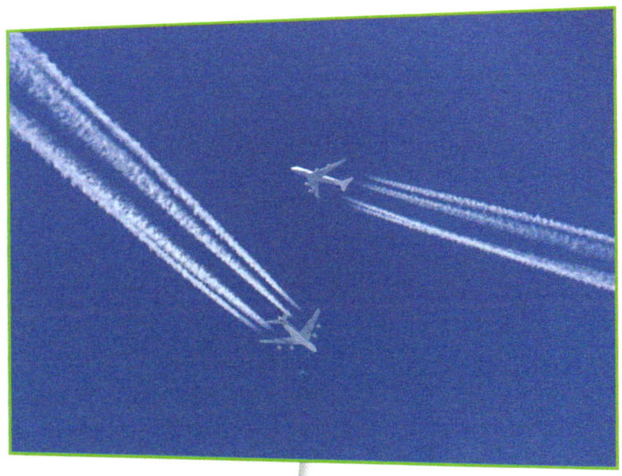

Kap. 5.6

Bloß kein Crash!

Am Himmel werden die beiden Flugzeuge beobachtet.

- Geben Sie einen Überblick, wie die Flugbahnen der beiden Flugzeuge zueinander verlaufen könnten.
- Überlegen Sie, wie Sie rechnerisch überprüfen können, wie die beiden Flugbahnen zueinander verlaufen. Gehen Sie dabei auch darauf ein, welche Angaben Sie dazu benötigen.

Kap. 5.7

Mit der Seilbahn bergab

Ein Testkörper wird an einer Seilbahn eines 3000 m hohen Bergs herabgezogen, bis er im Tal (Höhenlage 900 m) auftrifft. Die Bewegung, die der Körper zurücklegt, lässt sich durch die Geradengleichung

$g: \vec{x} = \begin{pmatrix} 0 \\ 0 \\ 3000 \end{pmatrix} + t \cdot \begin{pmatrix} 5 \\ 10 \\ -10 \end{pmatrix}$ beschreiben.

- Interpretieren Sie die Bedeutung des Stütz- und des Richtungsvektors im Sachzusammenhang.
- Erläutern Sie die Bedeutung des Parameters t.
- Begründen Sie, woran sich an der Gleichung erkennen lässt, dass der Testkörper „bergab" gezogen wird.

Entdecken

Zur Untersuchung von Veränderungen im Gehirn werden oftmals Aufnahmen mithilfe eines sogenannten Computertomographen durchgeführt. Rechts abgebildet ist eine solche Aufnahme.

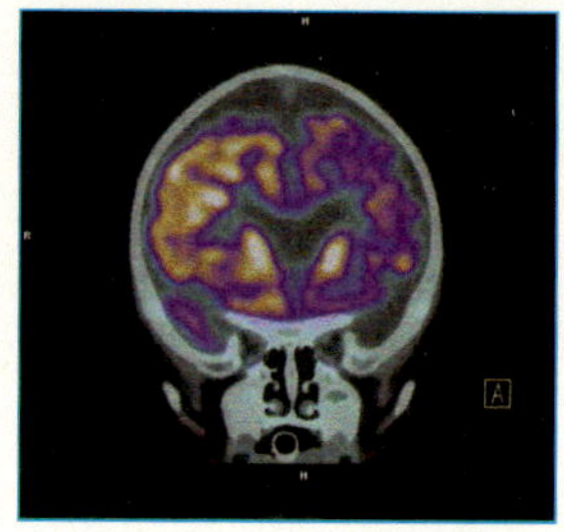

- Begründen Sie, warum anhand dieser Aufnahme eine festgestellte Anomalie nicht eindeutig lokalisiert werden kann.
- Überlegen Sie, wie eine festgestellte Anomalie eindeutig lokalisiert werden kann.

Verstehen

Um Punkte im dreidimensionalen Raum eindeutig festzulegen, genügt das bisherige zweidimensionale Koordinatensystem in der Zeichenebene nicht mehr.

Die drei Achsen bilden ein Rechtssystem (vgl. Drei-Finger-Regel aus der Physik).

Manchmal verwendet man auch die Bezeichnungen x-, y- und z-Achse.

*Zwei Koordinatenachsen spannen jeweils eine **Koordinatenebene** auf.*

Zur Angabe von Punkten im Raum erweitert man das zweidimensionale Koordinatensystem um eine dritte Koordinatenachse. Es entsteht das **dreidimensionale (kartesische) Koordinatensystem.** Diese drei Koordinatenachsen stehen paarweise aufeinander senkrecht und schneiden sich im Koordinatenursprung. Sie werden als **x_1-, x_2-** und **x_3- Achse** bezeichnet.
Die Koordinatenachsen zerlegen den Raum in acht **Oktanten.**
Jeder Punkt P im Raum wird eindeutig durch drei Zahlen p_1, p_2 und p_3 festgelegt. Diese Zahlen heißen **Koordinaten** des Punktes P. Man schreibt: $P(p_1|p_2|p_3)$.

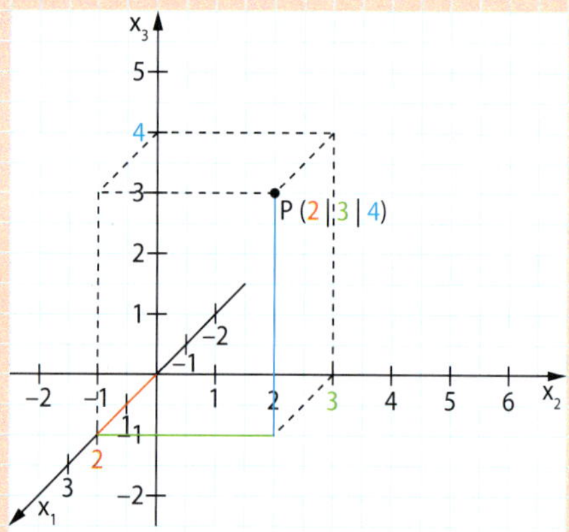

Beispiel: Der Punkt P hat die Koordinaten P (2 | 3 | 4). Dies bedeutet, dass man ausgehend vom Koordinatenursprung O 2 Einheiten in x_1-Richtung, 3 Einheiten in x_2-Richtung und 4 Einheiten in x_3-Richtung geht.

Beispiel

Das räumliche Koordinatensystem wird als Schrägbild gezeichnet, wobei die positive x_2-Achse mit der negativen x_1-Achse einen Winkel von 45° bildet. Die Einheit auf der x_1-Achse wird verkürzt um den Faktor $\frac{1}{2}\sqrt{2}$ dargestellt. Das entspricht der Länge der Diagonalen eines Kästchens.

a) Tragen Sie die Punkte A (2 | 0 | 3), B (0 | −2 | 2), C (3 | 4 | 0), D (3 | 0 | 0) und E (0 | −2 | 0) in ein Koordinatensystem ein. Beschreiben Sie die Lage der Punkte.

b) Beschreiben Sie, welche Besonderheit die Koordinaten aller Punkte auf der x_3-Achse bzw. in der x_1-x_2-Ebene aufweisen.

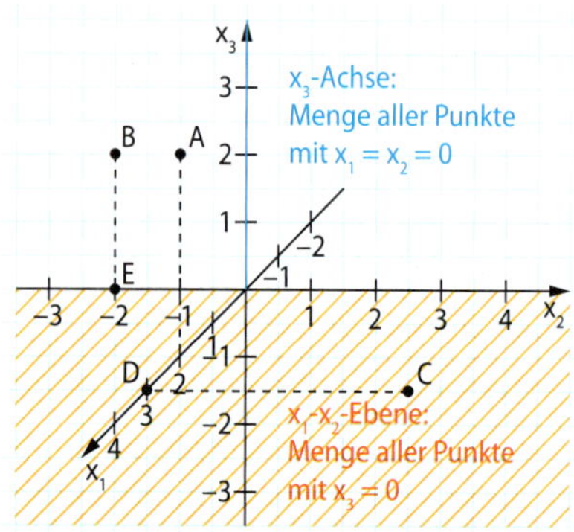

Lösung:

a) A liegt in der x_1-x_3-Ebene, B in der x_2-x_3-Ebene, C in der x_1-x_2-Ebene, D auf der positiven x_1-Achse und E auf der negativen x_2-Achse.

b) Auf der x_3-Achse liegen alle Punkte mit $x_1 = x_2 = 0$. In der x_1-x_2-Ebene liegen alle Punkte mit $x_3 = 0$.

- Beschreiben Sie die Lage aller Punkte mit $x_2 = 2$.
- Ermitteln Sie die Lage derjenigen Punkte mit $x_1 = 3$ und $x_2 = -4$.
- Begründen Sie den Skalierungsfaktor $k = \frac{1}{2}\sqrt{2}$ für die Einheiten auf der x_1-Achse rechnerisch.

Nachgefragt

Aufgaben

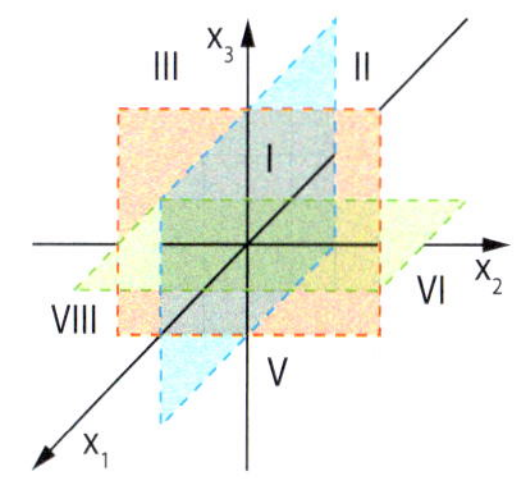

1 Ermitteln Sie bei jedem der sechs Punkte F (2 | 3 | 0), E (0 | −4 | 0), R (0 | 0 | 8), M (0 | 2 | −3), A (−1 | 0 | 3) und T (−5 | 0 | 0), in welcher Koordinatenebene bzw. auf welcher Koordinatenachse er liegt. Geben Sie an, welcher dieser sechs Punkte vom Ursprung am weitesten, welcher am wenigsten weit entfernt ist.

2 Die drei Koordinatenebenen teilen den Raum in die acht Oktanten I bis VIII auf. Geben Sie bei jedem der sieben Punkte H (2 | 3 | 4), I (5 | −4 | 3), L (−1 | −4 | −8), B (7 | 5 | −3), E (−4 | 5 | 6), R (−5 | −4 | 9) und T (4 | −4 | −7) ohne zu zeichnen an, in welchem Oktanten er liegt. Begründen Sie Ihre Zuordnung. Überprüfen Sie Ihr Ergebnis, indem Sie die Punkte in ein Koordinatensystem eintragen.

3 Ermitteln Sie die Lage der Punkte mit den angegebenen Eigenschaften.

a) $x_1 = x_2 = 0$
b) $x_1 = x_2 = -7$
c) $x_2 = 3$
d) $x_3 = 0$
e) $x_1 = x_2$
f) genau zwei Koordinaten sind gleich
g) alle Koordinaten sind gleich
h) $x_1 = -x_2$

4 Beschreiben Sie die Lage des Punkts P möglichst genau.

a) $P(a \,|\, 2a \,|\, 0);\ a \in \mathbb{R}$
b) $P(0 \,|\, a \,|\, a^2);\ a \in \mathbb{R}_0^+$
c) $P(0 \,|\, a \,|\, \frac{1}{a});\ a \in \mathbb{R}\setminus\{0\}$
d) $P(a \,|\, 0 \,|\, 2a-1);\ a \in \mathbb{R}_0^+$
e) $P(x_1 \,|\, x_2 \,|\, x_3);\ x_1^2 + x_2^2 = 4$ und $x_3 \in \mathbb{R}$
f) $P(x_1 \,|\, x_2 \,|\, x_3);\ x_1^2 + x_2^2 = 16$ und $-2 \le x_3 \le 7$
g) $P(3 \,|\, a \,|\, b);\ a, b \in \mathbb{R}$
h) $P(a \,|\, 0 \,|\, b);\ a, b \in \mathbb{R}$

5 Das rechtwinklige Dreieck LIE mit L (0 | 0 | 2), I (0 | 6 | 10) und E (0 | 0 | 10) rotiert …

1 um die x_3-Achse. 2 um die Parallele zur x_2-Achse durch den Punkt L.

a) Beschreiben Sie jeweils den entstehenden Körper.
b) Vergleichen Sie die Volumina und die Oberflächeninhalte der entstehenden Rotationskörper.

6 **a)** Zeichnen Sie ein Koordinatensystem in Ihr Heft und tragen Sie dann dort die Punkte C (2 | 3 | 0), A (−1 | 2 | −1), N (2 | −3 | 4), T (5 | 2 | −3), O (0 | 0 | 0) und R (−3 | −2 | −4) ein. Spiegeln Sie nun die Punkte C und A an der x_1-x_2-Ebene, N und T an der x_2-x_3-Ebene sowie O und R an der x_3-x_1-Ebene und geben Sie jeweils die Koordinaten der Spiegelpunkte an.

b) Spiegeln Sie den Punkt P (a | b | c) mit $a, b, c \in \mathbb{R}\setminus\{0\}$ …

1 an der x_1-x_2-Ebene. 2 an der x_2-x_3-Ebene.
3 an der x_3-x_1-Ebene. 4 am Ursprung.
5 an der x_1-Achse. 6 an der x_2-Achse.

Geben Sie jeweils die Koordinaten des Spiegelpunkts an. Beschreiben Sie dann Ihre Ergebnisse mit eigenen Worten.

7 Erläutern Sie anhand eines Beispiels, dass man Punkte des dreidimensionalen Raums nicht eindeutig aus der Darstellung in einem kartesischen Koordinatensystem ablesen kann.

8 Gegeben sind die Punkte P (2 | −4 | 3) und Q (2 | 2 | −3).

a) Zeichnen Sie die Strecke $\overline{PQ}$ in ein kartesisches Koordinatensystem.

1 Durch Spiegelung der Strecke $\overline{PQ}$ an der x_1-x_2- Ebene entsteht das Bild $\overline{P^*Q^*}$.

2 Durch Spiegelung der Strecke $\overline{P^*Q^*}$ an der x_2-x_3-Ebene entsteht das Bild $\overline{P^{**}Q^{**}}$.

Tragen Sie sowohl $\overline{P^*Q^*}$ als auch $\overline{P^{**}Q^{**}}$ in das Koordinatensystem ein.

b) Beschreiben Sie die gegenseitige Lage von $\overline{PQ}$ und $\overline{P^*Q^*}$ bzw. von $\overline{PQ}$ und $\overline{P^{**}Q^{**}}$.

c) Zeichnen Sie eine Parallele zu $\overline{PQ}$ durch den Punkt R (−1 | 0 | 2).

d) Erläutern Sie, wie man graphisch zwei Geraden auf Parallelität untersuchen kann.

e) Untersuchen Sie, ob Sie im Punkt M (2 | −1 | 0) eindeutig ein Lot auf die Strecke $\overline{PQ}$ zeichnen können. Erläutern Sie Ihr Vorgehen.

9 Unter einer **senkrechten Projektion** versteht man die Abbildung von Punkten im Raum auf die Koordinatenebenen.

Statt „senkrechter Projektion" spricht man auch von „orthogonaler Projektion".

a) Tragen Sie die Punkte P (2 | −3 | −1) und Q (3 | 1 | 2) in ein Koordinatensystem ein.

b) Die beiden Punkte aus Teilaufgabe a) werden senkrecht in die x_1-x_2-Ebene projiziert. Beschreiben Sie, wie der Projektionsstrahl verläuft und geben Sie die Koordinaten der Bildpunkte P* und Q* an.

c) Geben Sie allgemein die Koordinaten eines Punktes A (a_1 | a_2 | a_3) bei senkrechter Projektion in die x_1-x_2-Ebene an.

10 Geben Sie die Koordinaten aller markierten Gitterpunkte …

a) des Turms RHAETICUS an und ermitteln Sie das Turmvolumen.

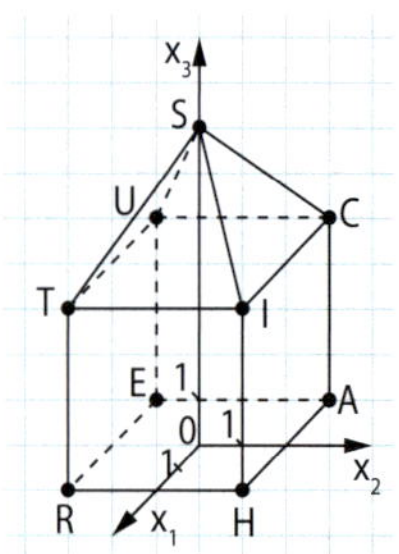

b) des Prismas STEVIN an. Spiegeln Sie dann die Punkte S und T an der x_2-x_3-Ebene und berechnen Sie den Oberflächeninhalt des Prismas STT*S*IN.

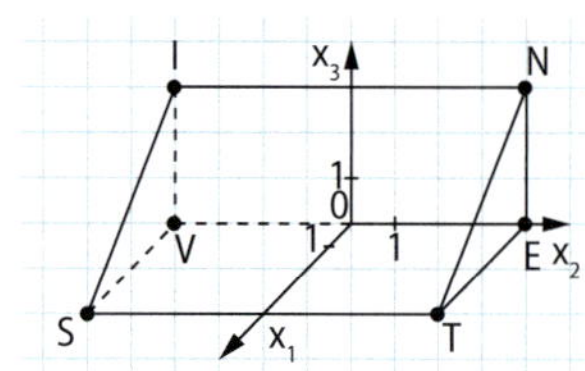

11 Das Volumen der (nicht maßstäblich) abgebildeten quadratischen Pyramide OABCS ist V = 32 VE. Finden Sie die Koordinaten aller fünf Eckpunkte heraus, wenn diese Koordinaten sämtlich ganzzahlig sind. Geben Sie alle Lösungen an.

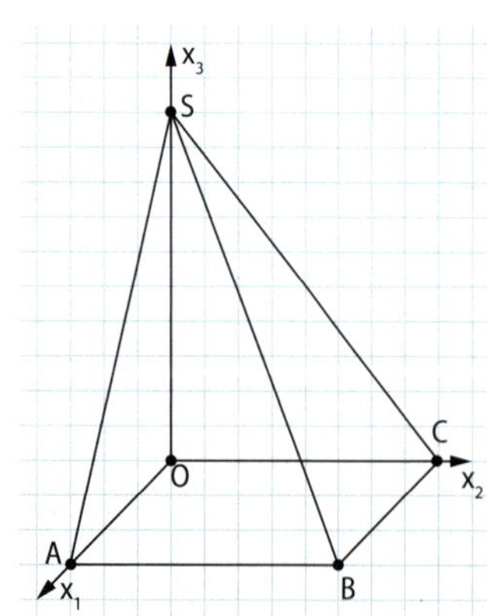

12 Das rechts (nicht maßstäblich) abgebildete gerade vierseitige Prisma P steht auf der x_1-x_2-Ebene. Fünf seiner Eckpunkte sind gegeben: O (0 | 0 | 0), A (6 | 0 | 0), C (0 | 6 | 0), E (6 | 6 | 6) sowie G (0 | 0 | 12).

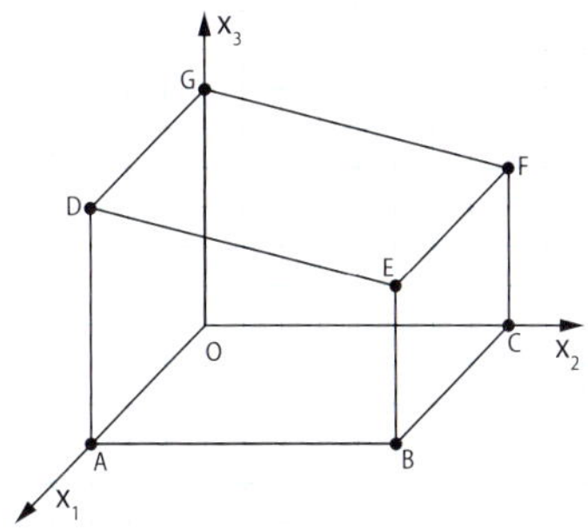

a) Ergänzen Sie die Koordinaten der übrigen Eckpunkte B (| |), D (| |) und F (| |).
b) Berechnen Sie das Volumen und den Oberflächeninhalt des Prismas P.
c) Ermitteln Sie den Flächeninhalt des Vierecks BCGD.
d) Beschreiben Sie, wie sich die Größe des Winkels ∢ GBO ermitteln lässt.

13 A (2 | 3 | 1), B (0 | 5 | 1), C (−2 | 3 | 1) und D (0 | 1 | 1) legen die Grundfläche einer Pyramide fest.
a) Zeigen Sie, dass es sich um eine Raute, aber nicht um ein Quadrat handelt.
b) Beschreiben Sie die Lage aller möglichen Spitzen S, sodass die entstehende Pyramide ein Volumen von 16 VE aufweist.
c) Der Punkt T (0 | 3 | 9) ergänzt die Grundfläche zu einer Pyramide. Bestimmen Sie die Höhe der Pyramide.
d) Die Pyramide aus Teilaufgabe c) wird nun in Höhe $x_3 = 5$ parallel zur Grundfläche durchgeschnitten. Ermitteln Sie das Volumen des Pyramidenstumpfs.
e) Das Volumen des Pyramidenstumpfs aus Teilaufgabe d) soll halbiert werden. Ermitteln Sie die Höhe h, in der die Pyramide parallel zur Grundfläche durchgeschnitten werden muss.

14 Ein Zelt hat die Form eines dreiseitigen geraden Prismas mit zwei angesetzten halben geraden Kreiskegeln. Seine Lage wird durch die Punkte B (4 | 0 | 0), E (4 | 20 | 0) und M (0 | 0 | 10) festgelegt (1 LE = 5 m).

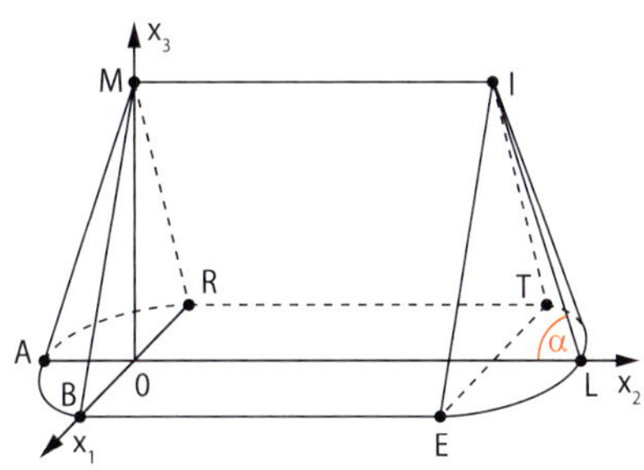

a) Geben Sie die Koordinaten der Punkte L, T, R, A und I an.
b) Berechnen Sie die Größe des Winkels α und das Volumen des Zelts.

15 a) Zeichnen Sie den Würfel ABCDEFGH mit A (4 | 0 | 0), B (4 | 4 | 0), C (0 | 4 | 0), D (0 | 0 | 0), E (4 | 0 | 4) und F (4 | 4 | 4) in ein Koordinatensystem (Einheit 1 cm) ein. Geben Sie die Koordinaten der Eckpunkte G und H an.

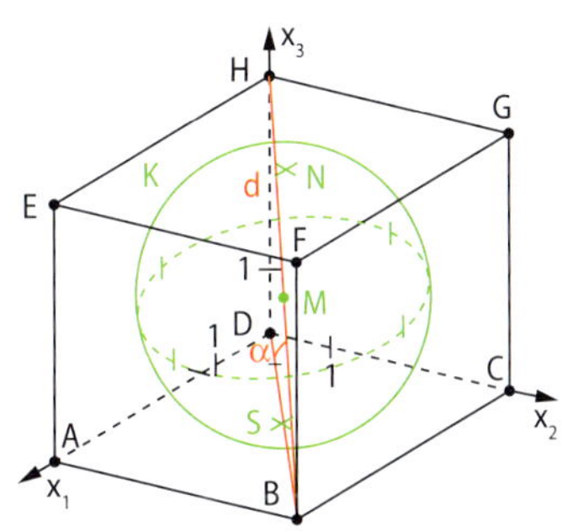

b) Ermitteln Sie das Volumen und den Oberflächeninhalt dieses Würfels, die Länge d jeder seiner Raumdiagonalen sowie die Größe des Winkels ∢ HBD.
c) Dem Würfel wird die größtmögliche Kugel K einbeschrieben. Geben Sie an, welchen Bruchteil des Würfelvolumens K einnimmt.

Entdecken

Die quadratische Pyramide ABCDS wird so verschoben, dass der Eckpunkt A in den Ursprung fällt.

- Übertragen Sie die Zeichnung in Ihr Heft.
- Ergänzen Sie die fehlenden Eckpunkte und beschreiben Sie Ihr Vorgehen.

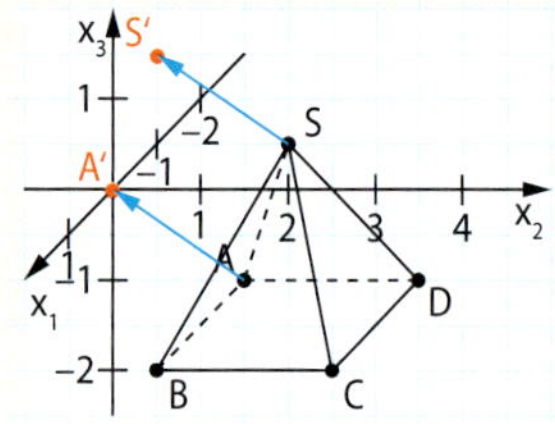

Verstehen

Mit Angabe von drei Zahlenwerten werden einerseits Punkte im Raum eindeutig festgelegt, andererseits lassen sich damit auch Verschiebungen im Raum beschreiben.

Ein Vektor hat keinen Anfangs- und keinen Endpunkt, da er nicht an einen festen Ort gebunden ist. Ein Repräsentant hat Anfangs- und Endpunkt.

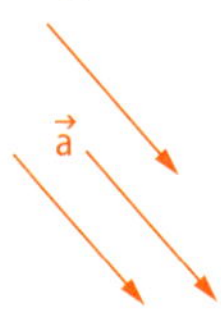

Parallelverschiebungen im Raum lassen sich mit Pfeilen beschreiben. Alle **parallelen** Pfeile, die gleiche **Länge** und **Orientierung** aufweisen, werden in einer Klasse zusammengefasst. Diese bezeichnet man in der Mathematik als **Vektor**. Ein einzelner Pfeil aus dieser Klasse heißt **Repräsentant**.

Ein Vektor ist ein geordnetes Zahlentupel (im dreidimensionalen Raum auch Zahlentripel genannt), das als Spalte geschrieben wird.

Schreibweise: Entweder schreibt man Vektoren mit kleinen Buchstaben mit darüber gesetzten Pfeilen, z. B. $\vec{v} = \begin{pmatrix} v_1 \\ v_2 \\ v_3 \end{pmatrix}$ und $\vec{a} = \begin{pmatrix} 0 \\ -1 \\ 5 \end{pmatrix}$, oder als orientierte Strecken, z. B. $\overrightarrow{AB}$.

Der Vektor $\overrightarrow{AB}$ verschiebt den Punkt A auf den Punkt B: $\overrightarrow{AB} = \begin{pmatrix} b_1 - a_1 \\ b_2 - a_2 \\ b_3 - a_3 \end{pmatrix}$

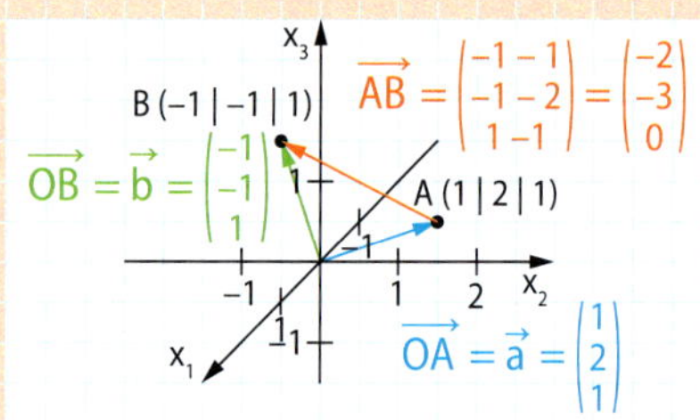

Auch die Lage von Punkten im Koordinatensystem lässt sich durch Vektoren beschreiben. Den Vektor $\overrightarrow{OP}$ (oder auch $\vec{p}$) vom Koordinatenursprung zum Punkt P $(p_1 | p_2 | p_3)$ bezeichnet man als **Ortsvektor** des Punktes P.

Man schreibt: $\vec{p} = \overrightarrow{OP} = \begin{pmatrix} p_1 \\ p_2 \\ p_3 \end{pmatrix}$. Den Vektor $\vec{o} = \begin{pmatrix} 0 \\ 0 \\ 0 \end{pmatrix}$ nennt man **Nullvektor**.

Beispiel

Die Strecke $\overline{AB}$ mit A (2 | 3 | 4) und B (−1 | 6 | 1) wird durch den Vektor $\vec{v} = \begin{pmatrix} 5 \\ 2 \\ -1 \end{pmatrix}$ parallel verschoben.

a) Zeichnen Sie die Strecke $\overline{AB}$ und die verschobene Strecke $\overline{A'B'}$ in ein Koordinatensystem.
b) Bestimmen Sie die Ortsvektoren von A und B sowie den Vektor $\overrightarrow{AB}$.
c) Ermitteln Sie die Koordinaten der Punkte A' und B'.

Lösung:

Der Vektor $\vec{v}$ verschiebt A auf A' und B auf B'.

a)

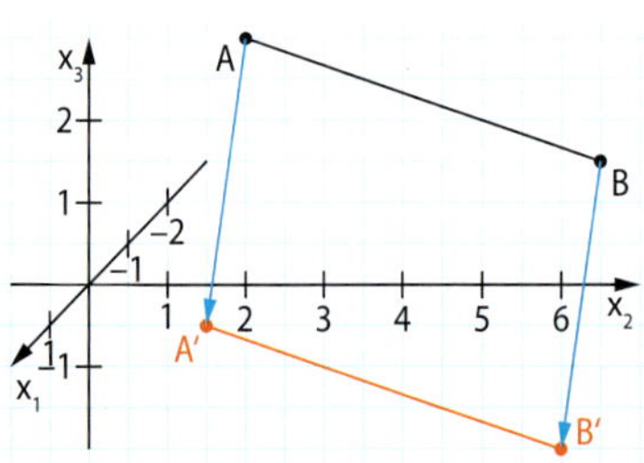

b) $\vec{a} = \overrightarrow{OA} = \begin{pmatrix} 2 \\ 3 \\ 4 \end{pmatrix}$; $\vec{b} = \overrightarrow{OB} = \begin{pmatrix} -1 \\ 6 \\ 1 \end{pmatrix}$; $\overrightarrow{AB} = \begin{pmatrix} -1-2 \\ 6-3 \\ 1-4 \end{pmatrix} = \begin{pmatrix} -3 \\ 3 \\ -3 \end{pmatrix}$

c) $\vec{v} = \overrightarrow{AA'}$, d. h. $\begin{pmatrix} 5 \\ 2 \\ -1 \end{pmatrix} = \begin{pmatrix} a_1' - 2 \\ a_2' - 3 \\ a_3' - 4 \end{pmatrix}$, also $\vec{a'} = \overrightarrow{OA'} = \begin{pmatrix} 7 \\ 5 \\ 3 \end{pmatrix}$

und A' (7 | 5 | 3)

Analog: $\vec{b'} = \overrightarrow{OB'} = \begin{pmatrix} 4 \\ 8 \\ 0 \end{pmatrix}$ und B' (4 | 8 | 0)

- Vergleichen Sie die Strecke $\overline{AB}$ und den Vektor $\overrightarrow{AB}$. Formulieren Sie Gemeinsamkeiten und Unterschiede.
- Erläutern Sie den Unterschied zwischen $\vec{p} = \overrightarrow{OP} = \begin{pmatrix} p_1 \\ p_2 \\ p_3 \end{pmatrix}$ und P $(p_1 | p_2 | p_3)$.

Nachgefragt

Aufgaben

1 Ermitteln Sie jeweils die Koordinaten der Vektoren $\overrightarrow{AB}$ und $\overrightarrow{BA}$. Beschreiben Sie anschließend, was Ihnen auffällt.

a) A (2 | 4 | −4); B (3 | 5 | −2)
b) A (0 | 0,5 | 2); B (−3 | −2 | −1,5)
c) A (0,4 | 3 | −1,5); B (−2 | −3 | 0,8)
d) A (2 | 6 | 5); B (3 | −8 | 5)

2 Gegeben ist der Vektor $\overrightarrow{AB} = \begin{pmatrix} 3 \\ -2 \\ 5 \end{pmatrix}$. Geben Sie die fehlenden Koordinaten an.

a) A (0 | 2 | 5); B $(b_1 | b_2 | b_3)$
b) A (−2 | −3 | 1); B $(b_1 | b_2 | b_3)$
c) A $(a_1 | a_2 | a_3)$; B (3 | 8 | −2)
d) A $(a_1 | a_2 | a_3)$; B (54 | 13 | −12)
e) A $(4 | a_2 | a_3)$; B $(b_1 | 8 | -2)$
f) A $(-4 | a_2 | 3{,}2)$; B $(b_1 | -5 | b_3)$
g) A $(a_1 | 3 | a_3)$; B $(7 | b_2 | 9)$
h) A $(0 | a_2 | 4)$; B $(b_1 | -5 | b_3)$

3 Tragen Sie die Punkte A (1 | 1 | 2), B (3 | 2 | 4), C (−1 | 3 | 2) und D (1 | 4 | 2) in ein Koordinatensystem ein.

a) Zeichnen Sie die Ortsvektoren der Punkte A, B, C und D ein.
b) Berechnen Sie die Koordinaten der Vektoren $\overrightarrow{AB}$, $\overrightarrow{AC}$, $\overrightarrow{AD}$, $\overrightarrow{BC}$, $\overrightarrow{BD}$, $\overrightarrow{CD}$ und veranschaulichen Sie diese Vektoren ebenfalls in Ihrem Koordinatensystem.
c) Ist die graphische Darstellung aus Teilaufgabe b) eindeutig? Begründen Sie Ihre Antwort.

4 Gegeben sind die Punkte P (1 | 2 | 3) und Q (4 | −2 | 3).

a) Zeichnen Sie die Punkte P und Q in ein Koordinatensystem.
b) Spiegeln Sie die Punkte P und Q an der…
  1 x_1-x_2-Ebene.
  2 x_2-x_3-Ebene.
  3 x_1-x_3-Ebene.
c) Geben Sie die Ortsvektoren der Bildpunkte aus Teilaufgabe b) an. Bestimmen Sie weiter die Vektoren, die die ursprünglichen Punkte auf die Bildpunkte verschieben.
d) Beschreiben Sie allgemein, wie sich die Spiegelung eines Punktes P $(p_1 | p_2 | p_3)$ an den Koordinatenebenen auf die Koordinaten des Bildpunkts auswirkt.

5 Eine gerade quadratische Pyramide besitzt den Eckpunkt A (4 | 2 | 0) an ihrer Grundfläche und die Spitze S (2 | 4 | 8).

a) Begründen Sie, weshalb die Pyramide dadurch eindeutig festgelegt ist.
b) Ermitteln Sie die Koordinaten der Punkte B, C, D und M. Zeichnen Sie die Pyramide anschließend in ein Koordinatensystem.
c) Geben Sie die Vektoren $\overrightarrow{AC}$, $\overrightarrow{AC}$, $\overrightarrow{DS}$, $\overrightarrow{AS}$ und $\overrightarrow{MS}$ an. Beschreiben Sie, was Ihnen auffällt.

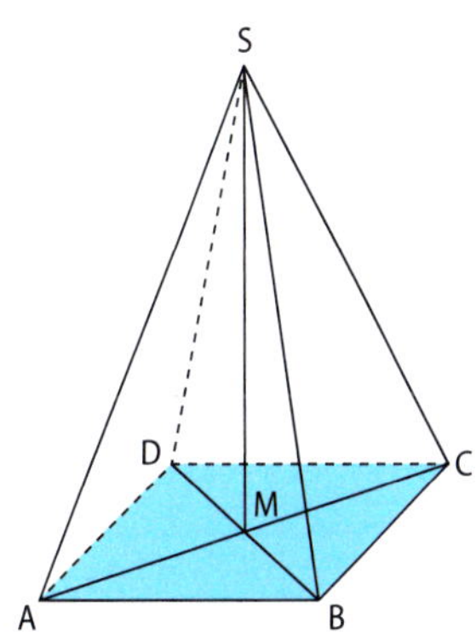

Entdecken

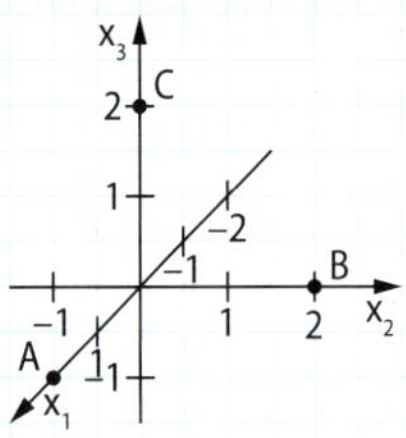

Gegeben sind die Punkte A (2 | 0 | 0), B (0 | 2 | 0) und C (0 | 0 | 2).

Diese sollen zunächst durch $\vec{u} = \begin{pmatrix} 2 \\ -1 \\ 3 \end{pmatrix}$, dann durch $\vec{w} = \begin{pmatrix} -4 \\ -3 \\ 0 \end{pmatrix}$ parallel verschoben werden.

- Ermitteln Sie die Lage der Bildpunkte nach beiden Verschiebungen.
- Überlegen Sie, ob die beiden Verschiebungen durch eine Verschiebung ersetzt werden können.
- Beschreiben Sie diejenige Verschiebung, die die erste Verschiebung durch $\vec{u}$ rückgängig macht.

Verstehen

Verschiebungen können hintereinander ausgeführt und rückgängig gemacht werden.

$k \cdot \vec{v}$ verläuft parallel zu $\vec{v}$ und die Pfeile von $k \cdot \vec{v}$ sind $|k|$-mal so lang wie die von $\vec{v}$.

Für $k > 0$ zeigt $k \cdot \vec{v}$ in die gleiche Richtung wie $\vec{v}$. Für $k < 0$ zeigt $k \cdot \vec{v}$ in die entgegengesetzte Richtung von $\vec{v}$.

Multiplikation mit einer reellen Zahl

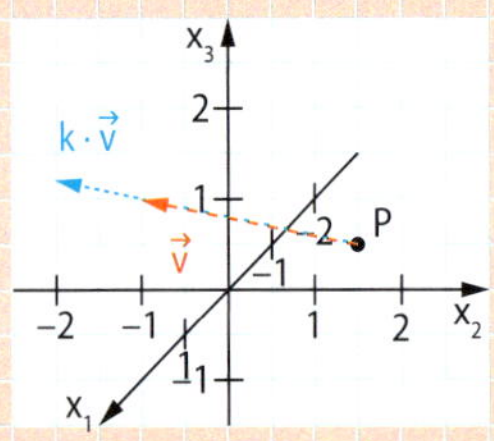

Für jede Zahl $k \in \mathbb{R}$ und jeden Vektor $\vec{v}$ ist $k \cdot \vec{v}$ wieder ein Vektor.

Für $k = -1$ erhält man den **Gegenvektor** $-\vec{v}$.

Formal:

$k \cdot \vec{v} = \begin{pmatrix} k \cdot v_1 \\ k \cdot v_2 \\ k \cdot v_3 \end{pmatrix}$

Gilt $\vec{w} = k \cdot \vec{v}$, nennt man die Vektoren $\vec{v}$ und $\vec{w}$ **kollinear**.

Addition (Subtraktion)

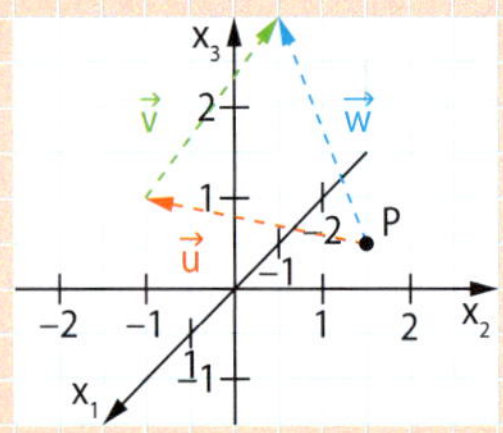

Die Nacheinanderausführung zweier Vektoren $\vec{u}$ und $\vec{v}$ ergibt die Verschiebung um den Vektor $\vec{w} = \vec{u} + \vec{v}$.

Formal:

$\vec{w} = \vec{u} + \vec{v} = \begin{pmatrix} u_1 + v_1 \\ u_2 + v_2 \\ u_3 + v_3 \end{pmatrix}$

Die Differenz $\vec{u} - \vec{v} = \vec{u} + (-\vec{v})$ ist die Nacheinanderausführung von $\vec{u}$ und dem Gegenvektor von $\vec{v}$.

Betrag

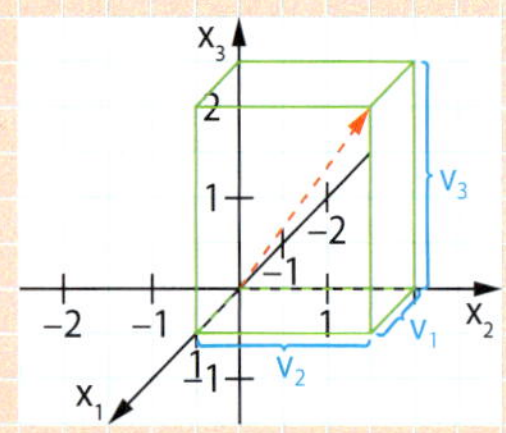

Der **Betrag** $|\vec{v}|$ eines Vektors $\vec{v}$ kann als Länge der Repräsentanten aufgefasst werden.

Formal:

$|\vec{v}| = \sqrt{v_1^2 + v_2^2 + v_3^2}$
(Satz des Pythagoras)

Beispiele

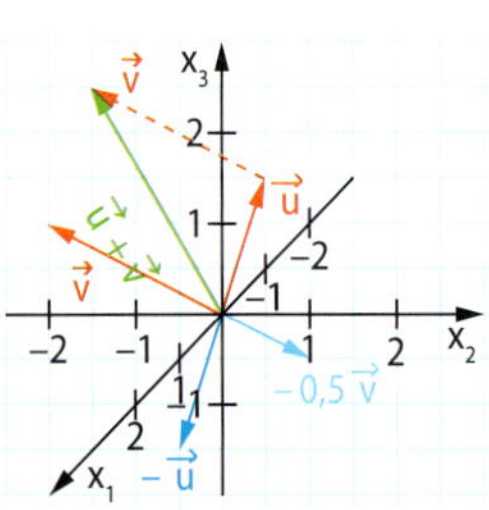

Gegeben sind die Vektoren $\vec{u} = \begin{pmatrix} 1 \\ 1 \\ 2 \end{pmatrix}$ und $\vec{v} = \begin{pmatrix} 2 \\ -1 \\ 2 \end{pmatrix}$.

a) Multiplizieren Sie den Vektor $\vec{v}$ mit $k = -0{,}5$ und geben Sie den Gegenvektor von $\vec{u}$ an.

b) Addieren Sie die Vektoren $\vec{u}$ und $\vec{v}$ und berechnen Sie den Betrag.

Lösung:

a) $-0{,}5 \cdot \vec{v} = \begin{pmatrix} -1 \\ 0{,}5 \\ -1 \end{pmatrix}$; $-\vec{u} = \begin{pmatrix} -1 \\ -1 \\ -2 \end{pmatrix}$

b) $\vec{u} + \vec{v} = \begin{pmatrix} 3 \\ 0 \\ 4 \end{pmatrix}$; $|\vec{u} + \vec{v}| = \sqrt{(3)^2 + (0)^2 + (4)^2}$ LE $= 5$ LE

Nachgefragt

- Tim behauptet: „$\vec{v} + (-\vec{v}) = 0$." Begründen Sie, warum dies nicht stimmt.
- Veranschaulichen Sie die Differenz zweiter Vektoren graphisch.
- Begründen Sie, weshalb man Vektoren halbieren kann, obwohl die Division durch eine reelle Zahl nicht erlaubt ist.
- Jessica überlegt: „Zwei kollineare Vektoren haben stets den gleichen Betrag." Nehmen Sie Stellung zu dieser Überlegung.

Aufgaben

1 Geben Sie den Gegenvektor des Vektors $\vec{v}$ an.

a) $\vec{v} = \begin{pmatrix} 2 \\ 1 \\ 1 \end{pmatrix}$ b) $\vec{v} = \begin{pmatrix} 0 \\ 0 \\ 0 \end{pmatrix}$ c) $\vec{v} = \begin{pmatrix} 4 \\ -3 \\ 2 \end{pmatrix}$ d) $\vec{v} = \begin{pmatrix} -\sqrt{3} \\ -10 \\ -13 \end{pmatrix}$

2 Berechnen Sie jeweils den Betrag des Vektors.

a) $\begin{pmatrix} 2 \\ 4 \\ -4 \end{pmatrix}$ b) $\begin{pmatrix} -2 \\ 3 \\ 1 \end{pmatrix}$ c) $\begin{pmatrix} -1 \\ -0{,}5 \\ -0{,}5 \end{pmatrix}$ d) $\begin{pmatrix} -1 \\ 2 \\ -2 \end{pmatrix}$ e) $\begin{pmatrix} 3 \\ -4 \end{pmatrix}$ f) $\begin{pmatrix} 3 \\ 0 \\ -4 \end{pmatrix}$ g) $\frac{\sqrt{3}}{3} \cdot \begin{pmatrix} 1 \\ -1 \\ 1 \end{pmatrix}$

Ordnen Sie dann die Beträge in Form einer fallenden Ungleichungskette.

3 Gegeben sind die Punkte A (2 | 4 | 1), B (3 | −2 | 0), C (5 | 5 | 2) und D (−2 | −1 | −3). Tragen Sie diese Punkte in ein Koordinatensystem ein und bestimmen Sie rechnerisch die Vektoren $\vec{u} = \overrightarrow{AB} + \overrightarrow{AC}$ und $\vec{v} = \overrightarrow{BD} + \overrightarrow{CB}$. Stellen Sie die Vektoren $\vec{u}$ und $\vec{v}$ in Ihrem Koordinatensystem graphisch dar.

4 Bestimmen Sie die Werte von $k, x_1, x_2, x_3 \in \mathbb{R}$ so, dass die Gleichung erfüllt ist.

a) $k \cdot \begin{pmatrix} 2 \\ 4 \end{pmatrix} = \begin{pmatrix} 3 \\ 6 \end{pmatrix}$ b) $\begin{pmatrix} x_1 \\ x_2 \end{pmatrix} + \begin{pmatrix} 5 \\ 1 \end{pmatrix} = \begin{pmatrix} 0 \\ 0 \end{pmatrix}$ c) $\begin{pmatrix} x_1 \\ x_2 \\ x_3 \end{pmatrix} + \begin{pmatrix} 1 \\ -2 \\ 3 \end{pmatrix} = \begin{pmatrix} 2 \\ -3 \\ 0 \end{pmatrix}$

d) $\begin{pmatrix} 4 \\ -8 \\ 12 \end{pmatrix} = k \cdot \begin{pmatrix} -2 \\ 4 \\ -6 \end{pmatrix}$ e) $\begin{pmatrix} 2 \\ -6 \\ 8 \end{pmatrix} = k \cdot \begin{pmatrix} -1 \\ 5 \\ -6 \end{pmatrix} + k \cdot \begin{pmatrix} -3 \\ 7 \\ -10 \end{pmatrix}$ f) $\begin{pmatrix} x_1 \\ 10 \\ 12 \end{pmatrix} + \begin{pmatrix} 3 \\ x_2 \\ x_3 \end{pmatrix} = \begin{pmatrix} 8 \\ -5 \\ -3 \end{pmatrix}$

5 Ermitteln Sie den Betrag des Vektors $\vec{v}$.

a) $\vec{v} = \begin{pmatrix} 12 \\ -9 \\ 8 \end{pmatrix}$ b) $\vec{v} = \begin{pmatrix} 2 \\ 5 \\ 14 \end{pmatrix}$ c) $\vec{v} = \begin{pmatrix} 0 \\ -4 \\ 2 \end{pmatrix}$ d) $\vec{v} = \begin{pmatrix} -1 \\ 1 \\ -1 \end{pmatrix}$

6 Untersuchen Sie, ob die Vektoren $\vec{u}$ und $\vec{v}$ kollinear sind.

a) $\vec{u} = \begin{pmatrix} 4 \\ 2 \\ 2 \end{pmatrix}; \vec{v} = \begin{pmatrix} 6 \\ 3 \\ 3 \end{pmatrix}$ b) $\vec{u} = \begin{pmatrix} 2 \\ 0{,}5 \\ 3 \end{pmatrix}; \vec{v} = \begin{pmatrix} -6 \\ -1{,}5 \\ -9 \end{pmatrix}$ c) $\vec{u} = \begin{pmatrix} -1 \\ -2 \\ -4 \end{pmatrix}; \vec{v} = \begin{pmatrix} 3 \\ 6 \\ -12 \end{pmatrix}$

d) $\vec{u} = \begin{pmatrix} \frac{1}{3} \\ \frac{1}{4} \\ \frac{1}{5} \end{pmatrix}; \vec{v} = \begin{pmatrix} 40 \\ 30 \\ 24 \end{pmatrix}$ e) $\vec{u} = \begin{pmatrix} -2 \\ 3 \\ -1 \end{pmatrix}; \vec{v} = \begin{pmatrix} -5 \\ 7;5 \\ 2;5 \end{pmatrix}$ f) $\vec{u} = \begin{pmatrix} 3 \\ 0 \\ 8 \end{pmatrix}; \vec{v} = \begin{pmatrix} -3 \\ -6 \\ 2 \end{pmatrix}$

7 Gegeben sind die Vektoren $\vec{m}, \vec{n}, \vec{p}, \vec{q}, \vec{r}, \vec{s}$ und $\vec{t}$.

$\vec{m} = \begin{pmatrix} 2 \\ -3 \\ 1 \end{pmatrix}$; $\vec{n} = \begin{pmatrix} \sqrt{2} \\ 0 \\ -\sqrt{2} \end{pmatrix}$; $\vec{p} = \begin{pmatrix} 2 \\ 0 \\ -2 \end{pmatrix}$; $\vec{q} = \begin{pmatrix} -1 \\ -2 \\ -3 \end{pmatrix}$; $\vec{r} = \begin{pmatrix} 0 \\ -2 \\ 0 \end{pmatrix}$; $\vec{s} = \begin{pmatrix} -2 \\ 0 \\ 2 \end{pmatrix}$; $\vec{t} = \begin{pmatrix} -2 \\ 3 \\ -1 \end{pmatrix}$

Untersuchen Sie, welche der sieben Vektoren …

a) den gleichen Betrag besitzen.
b) kollinear sind.
c) Gegenvektoren voneinander sind.
d) gleich sind.

8 Gegeben sind die Vektoren $\vec{a} = \begin{pmatrix} 2 \\ k \\ k \end{pmatrix}$ und $\vec{b} = \begin{pmatrix} -4 \\ -6 \\ m \end{pmatrix}$ mit $k, m \in \mathbb{R}$.

a) Bestimmen Sie die Zahlen k und m so, dass die Vektoren $\vec{a}$ und $\vec{b}$ kollinear sind.
b) Geben Sie drei weitere Vektoren an, die zu den gegebenen Vektoren kollinear sind.
c) Ermitteln Sie k und m so, dass beide Vektoren den Betrag 10 haben.
d) Geben Sie zwei Vektoren an, die zu den Vektoren $\vec{a}$ und $\vec{b}$ kollinear sind und jeweils den Betrag 3 haben.

9 Die Vektorrechnung kann komponentenweise auf das Rechnen mit reellen Zahlen zurückgeführt werden. Daher gelten die bekannten Gesetze auch für Vektoren.

Beispiel: Kommutativgesetz der Addition

$$\vec{u} + \vec{v} = \begin{pmatrix} u_1 \\ u_2 \\ u_3 \end{pmatrix} + \begin{pmatrix} v_1 \\ v_2 \\ v_3 \end{pmatrix} = \begin{pmatrix} u_1 + v_1 \\ u_2 + v_2 \\ u_3 + v_3 \end{pmatrix} = \begin{pmatrix} v_1 + u_1 \\ v_2 + u_2 \\ v_3 + u_3 \end{pmatrix} = \begin{pmatrix} v_1 \\ v_2 \\ v_3 \end{pmatrix} + \begin{pmatrix} u_1 \\ u_2 \\ u_3 \end{pmatrix} = \vec{v} + \vec{u}$$

Spaltenschreibweise — Definition Vektoraddition — Kommutativgesetz der Addition in den reellen Zahlen — Definition Vektoraddition — Spaltenschreibweise

a) Beschreiben Sie die Umformungen mit eigenen Worten und erläutern Sie das Kommutativgesetz der Addition für Vektoren anschaulich an einem selbstgewählten Beispiel.
b) Zeigen Sie analog die folgenden Gesetze.

Eine Summe von Vielfachen von Vektoren bezeichnet man als Linearkombination, z. B.: $k \cdot \vec{v} + m \cdot \vec{w}$.

1 Assoziativgesetz der Addition: $(\vec{u} + \vec{v}) + \vec{w} = \vec{u} + (\vec{v} + \vec{w})$
2 Assoziativgesetz der Multiplikation mit reellen Zahlen: $(k \cdot m) \cdot \vec{v} = k \cdot (m \cdot \vec{v})$
3 Distributivgesetze der Multiplikation mit reellen Zahlen:
$k \cdot (\vec{u} + \vec{v}) = k \cdot \vec{u} + k \cdot \vec{v}$
$(k + m) \cdot \vec{v} = k \cdot \vec{v} + m \cdot \vec{v}$

c) Zeigen Sie, dass gilt: $\vec{v} + \vec{o} = \vec{v}$ und $\vec{v} + (-\vec{v}) = \vec{o}$.

Lösungen zu 10:
$-9\vec{a} + 4\vec{b}$;
$-2\vec{a} + \vec{b} + \vec{c}$;
$-\vec{a} + \vec{b} - \vec{c}$; $-\vec{a} + 6\vec{b}$;
$3\vec{a} + 2\vec{b}$; $8\vec{a} + 2\vec{b}$

10 Vereinfachen Sie den Term so weit wie möglich.

a) $2 \cdot (\vec{a} + \vec{b}) + \vec{a}$ **b)** $5 \cdot (\vec{a} + \vec{b}) + 3 \cdot (\vec{a} - \vec{b})$ **c)** $-[\vec{a} - \vec{b} - (-\vec{c})]$
d) $-3\vec{a} + [(\vec{b} - \vec{a}) - (5\vec{a} - 3\vec{b})]$ **e)** $4\vec{b} - \vec{a} - (-2\vec{b})$ **f)** $2 \cdot (\vec{c} - \vec{a}) - (\vec{c} - \vec{b})$

11 Das Viereck ABCD ist ein gleichschenkliges Trapez, dessen kürzere Parallelseite halb so lang wie die längere ist. Drücken Sie $\overrightarrow{BC}$, $\overrightarrow{DC}$, $\overrightarrow{AC}$ und $\overrightarrow{BD}$ durch $\vec{a}$ und $\vec{d}$ aus.

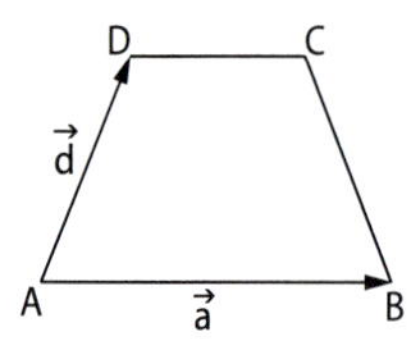

12 Berechnen Sie den Umfang der folgenden Dreiecke und prüfen Sie jeweils, ob es sich um ein besonderes oder allgemeines Dreieck handelt.

a) A (4 | 2 | 3); B (6 | 1 | 5); C (5 | 4 | 0) **b)** A (−2 | −3 | 1); B (1 | −1 | 7); C (2 | 1 | 9)
c) A (4 | 2 | −3); B (2 | −1 | −9); C (−2 | 5 | 3) **d)** A (4 | −3 | −4); B (3 | 5 | 0); C (5 | 1 | 4)

13 Bestimmen Sie $k \in \mathbb{R}$ so, dass das Dreieck ABC rechtwinklig mit Hypotenuse $\overline{AB}$ ist. Geben Sie anschließend den Umfang und den Flächeninhalt des so ermittelten Dreiecks an.

a) A (2 | k | 0); B (4 | 4 | 4); C (5 | 6 | 1) **b)** A (k | k | k); B (3 | 2 | 4); C (5 | 0 | −7)
c) A (4 | 1 | 5); B (7 | 0 | 2); C (k | 1 | 4) **d)** A (5 | −1 | k); B (7 | 0 | 2); C (5 | 2 | −2)

14 Der Ortsvektor des Mittelpunkts einer Strecke kann ebenfalls vektoriell bestimmt werden.

Für den Mittelpunkt M einer Strecke $\overline{AB}$ gilt:
$\vec{m} = \overrightarrow{OM} = \frac{1}{2} \cdot (\overrightarrow{OA} + \overrightarrow{OB})$

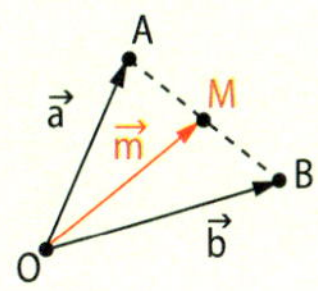

a) Erklären Sie anschaulich die Berechnung des Ortsvektors für den Mittelpunkt.
b) Bestimmen Sie den Mittelpunkt der Strecke $\overline{AB}$.
1 A (3 | 4 | 5); B (7 | 8 | 11) **2** A (−4 | −3 | 5); B (8 | 3 | −7)
3 A (0 | 0 | 0); B (4 | −4 | 2) **4** A (k | k + 2 | k − 3); B (2 | k | k − 1); $k \in \mathbb{R}$

15 Im Parallelogramm ABCD wird der Diagonalenschnittpunkt mit M bezeichnet. Bestimmen Sie die Koordinaten der fehlenden Punkte sowie den Umfang des Parallelogramms.
a) A (3 | 2 | 1); B (1 | 5 | 2); C (−1 | 5 | 4) b) A (1 | 1 | 2); B (−5 | 3 | 1); M (−2 | 3 | 4)

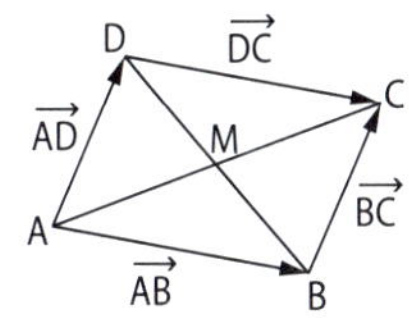

16 Tragen Sie die Punkte A (4 | 0 | 0), B (4 | 4 | 0) und S (2 | 2 | 6) in ein Koordinatensystem ein. Zeichnen Sie dann das Schrägbild der geraden quadratischen Pyramide ABCDS.
a) Geben Sie die Koordinaten der Vektoren $\overrightarrow{AS}$, $\overrightarrow{BS}$, $\overrightarrow{CS}$ und $\overrightarrow{DS}$ an.
b) Berechnen Sie den Oberflächeninhalt und das Volumen der Pyramide sowie die Größe des Winkels ∢ SBD.

17 Es ist $\vec{a} = \begin{pmatrix} 1 \\ -2 \\ 2 \end{pmatrix}$ und $\vec{b} = \begin{pmatrix} -2 \\ 1 \\ -2 \end{pmatrix}$. Geben Sie jeweils den Betrag des Terms an.
a) $\vec{a} + \vec{b}$ b) $\vec{a} - \vec{b}$ c) $\vec{a} + 2\vec{b}$ d) $3\vec{a} - \vec{b}$ e) $\frac{1}{|\vec{a}|}\vec{a} + \frac{1}{|\vec{b}|}\vec{b}$ f) $\vec{b} - \vec{a}$

18 Entscheiden Sie, ob folgende Aussagen wahr oder falsch sind. Begründen Sie.
a) Verdoppelt man genau eine Koordinate eines Vektors, so verdoppelt sich auch der Betrag des Vektors.
b) Vervielfacht man einen Vektor um k, so vervielfacht sich auch der Betrag des Vektors um k.
c) Es gilt: $|k \cdot \vec{v}| = |k| \cdot |\vec{v}|$

19 Gegeben ist der Punkt M (2 | 5 | 4) als Mittelpunkt einer Kugel mit Radius 4.
a) Berechnen Sie das Volumen und den Oberflächeninhalt dieser Kugel.
b) Ermitteln Sie die Lage der folgenden Punkte bezüglich der Kugel:
A (3 | 3 | 1), B (0 | 0 | 0), C (−2 | 5 | 4), D (7 | 3 | 1), E (5 | 2 | 3).
c) Prüfen Sie, ob es eine reelle Zahl $k \in \mathbb{R}$ gibt so, dass …
1 F (5 | 5 | k) innerhalb (auf, außerhalb) der Kugel liegt.
2 G (k + 1 | k + 1 | k + 2) innerhalb (auf, außerhalb) der Kugel liegt.
3 H (8 | 5 | k) innerhalb (auf, außerhalb) der Kugel liegt.

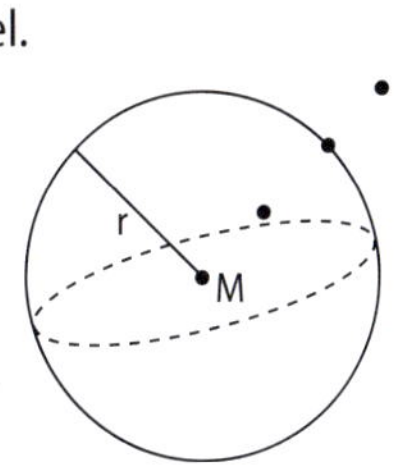

20 Gegeben sind die Punkte Q (2 | −2 | −2), U ($\sqrt{6}$ | 0 | $\sqrt{6}$), A (−2 | 2 | 2) und D ($-\sqrt{6}$ | 0 | $-\sqrt{6}$).
a) Begründen Sie, dass die vier Punkte Q, U, A und D die Eckpunkte eines Quadrats sind.
b) Zeigen Sie, dass die vier Punkte Q, U, A und D auf einer Kugel K um den Punkt M (−1 | −2 | 1) liegen und ermitteln Sie das Volumen von K.
c) Bestimmen Sie den Diagonalenschnittpunkt des Quadrats.

Entdecken

Gegeben sind die Punkte A (3 | 2 | 5) und B (1 | 6 | 1).

- Tragen Sie A und B sowie die Gerade AB in ein kartesisches Koordinatensystem ein.
- Ermitteln Sie die Koordinaten von vier weiteren Punkten, die auf der Geraden AB liegen. Beschreiben Sie Ihr Vorgehen.

Verstehen

Jede Gerade g ist durch einen Geradenpunkt und ihre Richtung eindeutig festgelegt.

Eine Geradengleichung beschreibt die Ortsvektoren $\vec{x}$ aller Geradenpunkte X. Sie lässt sich in der Form $g: \vec{x} = \vec{a} + r \cdot \vec{v}; r \in \mathbb{R}$, angeben (**Parametergleichung der Geraden g**).

Dabei heißt der Punkt A **Aufpunkt** der Geraden, der Ortsvektor $\vec{a}$ **Stützvektor** und der Vektor $\vec{v}$ **Richtungsvektor**.

Ist eine Gerade durch zwei Punkte A und B gegeben, so lässt sich der Richtungsvektor $\vec{v} = \overrightarrow{AB}$ als Differenz der Ortsvektoren der beiden Punkte bestimmen.

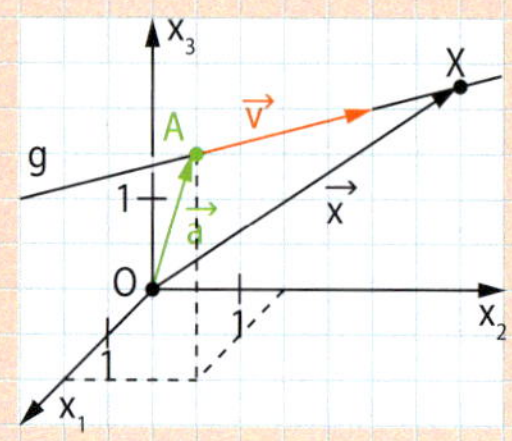

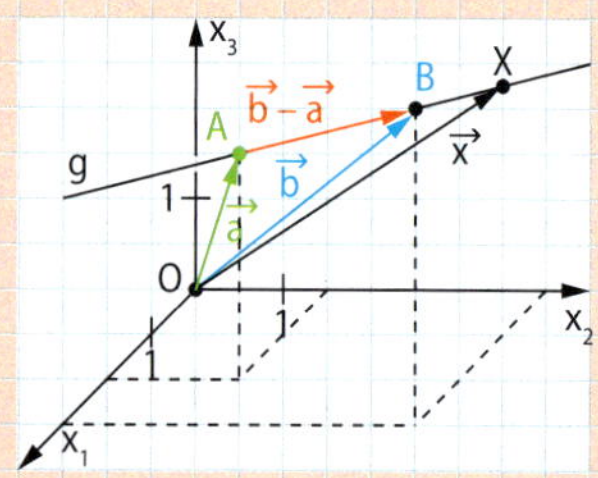

Beispiele

I. Die Gerade g geht durch den Punkt A (2 | 4 | 5) und hat den Richtungsvektor $\vec{v} = \begin{pmatrix} 1 \\ 3 \\ -2 \end{pmatrix}$. Bestimmen Sie eine Parametergleichung der Geraden.

Lösung:

$$g: \vec{x} = \begin{pmatrix} 2 \\ 4 \\ 5 \end{pmatrix} + r \cdot \begin{pmatrix} 1 \\ 3 \\ -2 \end{pmatrix}; r \in \mathbb{R}$$

II. Die Gerade g ist durch die Punkte A (4 | −1 | 5) und B (6 | 3 | 2) festgelegt.

a) Bestimmen Sie eine Geradengleichung von g.

b) Prüfen Sie, ob der Punkt P (0 | −9 | 10) auf g liegt.

Lösung:

a) $\begin{pmatrix} 6-4 \\ 3-(-1) \\ 2-5 \end{pmatrix} = \begin{pmatrix} 2 \\ 4 \\ -3 \end{pmatrix}$, somit $g: \vec{x} = \begin{pmatrix} 4 \\ -1 \\ 5 \end{pmatrix} + r \cdot \begin{pmatrix} 2 \\ 4 \\ -3 \end{pmatrix}; r \in \mathbb{R}$

Ein Punkt X liegt auf der Geraden g, wenn es eine reelle Zahl r gibt, sodass die Geradengleichung erfüllt ist.

b) Punktprobe: Der Punkt P liegt auf der Geraden g, wenn es eine reelle Zahl r gibt, sodass $\begin{pmatrix} 0 \\ -9 \\ 10 \end{pmatrix} = \begin{pmatrix} 4 \\ -1 \\ 5 \end{pmatrix} + r \cdot \begin{pmatrix} 2 \\ 4 \\ -3 \end{pmatrix}$ gilt. Um zu prüfen, ob es einen solchen Parameter r gibt, schreibt man die Geradengleichung als lineares Gleichungssystem:

I	$0 = 4 + 2r$	$\text{I} \Leftrightarrow r = -2$
II	$-9 = -1 + 4r$	Einsetzen in II: $-9 = -1 - 8$ ✓
III	$10 = 5 - 3r$	Einsetzen in III: $10 \neq 11 = 5 + 6$ ×

Folglich liegt der Punkt P nicht auf der Geraden g.

Nachgefragt

- Begründen Sie, dass Parametergleichungen für Geraden nicht eindeutig sind.
- Beschreiben Sie, wie man anhand einer Parametergleichung prüfen kann, ob ein vorgegebener Punkt auf einer Geraden liegt.
- Nehmen Sie Stellung zu folgender Aussage: „Sind zwei Geraden identisch, so haben sie in ihrer Parameterdarstellung stets den gleichen Stützvektor und die Richtungsvektoren sind kollinear."

Aufgaben

1 Die Gerade g ist durch den Aufpunkt A und den Richtungsvektor $\vec{v}$ festgelegt. Geben Sie eine Parametergleichung der Geraden g an.

a) $A(-2|5|3); \vec{v} = \begin{pmatrix} -1 \\ -2 \\ 3 \end{pmatrix}$ **b)** $A(4|3|1); \vec{v} = \begin{pmatrix} 3 \\ 0 \\ -2 \end{pmatrix}$

c) $A(6|0|1); \vec{v} = \begin{pmatrix} 0 \\ 2 \\ -1 \end{pmatrix}$ **d)** $A(0|0|0); \vec{v} = \begin{pmatrix} 1 \\ 0 \\ 0 \end{pmatrix}$

2 Geben Sie eine Parametergleichung für die Gerade AB an.

a) $A(-2|3|5); B(4|6|1)$ **b)** $A(-1|0|4); B(5|2|3)$

c) $A(3|5|-2); B(-1|0|2)$ **d)** $A(6|12|18); B(-4|-2|-8)$

3 Geben Sie je eine Parametergleichung für eine Gerade g mit der beschriebenen Eigenschaft an.

a) $A(2|4|1)$ liegt auf g und g ist parallel zur x_1-Achse.

b) $B(-1|-3|2)$ liegt auf g und verläuft senkrecht zur x_1-Achse.

c) $C(2|2|5)$ liegt auf g, $D(3|1|8)$ nicht.

d) $E(5|1|2)$ und der Koordinatenursprung liegen auf g.

e) $F(2|1|0)$ liegt auf g und g verläuft in der x_2-x_3-Ebene.

f) $G(-2|5|6)$ liegt auf g und g hat keinen Schnittpunkt mit der x_3-Achse.

g) g verläuft durch $H(2|3|-1)$ und ist parallel zur Geraden AB (mit $A(2|4|1)$ und $B(-1|-3|2)$).

4 Beschreiben Sie jeweils die Lage der Geraden g im Koordinatensystem.

a) $g: \vec{x} = r \cdot \begin{pmatrix} 1 \\ 0 \\ 0 \end{pmatrix}; r \in \mathbb{R}$ **b)** $g: \vec{x} = r \cdot \begin{pmatrix} 0 \\ 1 \\ 0 \end{pmatrix}; r \in \mathbb{R}$ **c)** $g: \vec{x} = r \cdot \begin{pmatrix} 0 \\ 0 \\ -1 \end{pmatrix}; r \in \mathbb{R}$

d) $g: \vec{x} = r \cdot \begin{pmatrix} 0 \\ 5 \\ 0 \end{pmatrix}; r \in \mathbb{R}$ **e)** $g: \vec{x} = r \cdot \begin{pmatrix} 1 \\ 1 \\ 0 \end{pmatrix}; r \in \mathbb{R}$ **f)** $g: \vec{x} = \begin{pmatrix} 2 \\ -1 \\ -3 \end{pmatrix} + r \cdot \begin{pmatrix} 1 \\ 0 \\ 0 \end{pmatrix}; r \in \mathbb{R}$

g) $g: \vec{x} = \begin{pmatrix} 1 \\ 0 \\ 0 \end{pmatrix} + r \cdot \begin{pmatrix} -1 \\ 0 \\ 1 \end{pmatrix}; r \in \mathbb{R}$ **h)** $g: \vec{x} = \begin{pmatrix} 4 \\ 0 \\ 5 \end{pmatrix} + r \cdot \begin{pmatrix} 3 \\ 0 \\ -5 \end{pmatrix}; r \in \mathbb{R}$ **i)** $g: \vec{x} = \begin{pmatrix} 2 \\ -1 \\ 0 \end{pmatrix} + r \cdot \begin{pmatrix} -3 \\ -4 \\ 0 \end{pmatrix}; r \in \mathbb{R}$

5 Gegeben ist eine Parametergleichung der Geraden g mit $g: \vec{x} = \begin{pmatrix} -2 \\ 4 \\ 1 \end{pmatrix} + r \cdot \begin{pmatrix} 3 \\ 0 \\ -1 \end{pmatrix}; r \in \mathbb{R}$.

a) Ermitteln Sie die Koordinaten der Geradenpunkte für die Parameterwerte $r = -2; -1; -0{,}5; -\frac{1}{3}; 0; \frac{1}{7}; 0{,}5; 1; 3; 3{,}5; 7$.

b) Untersuchen Sie, welche der Punkte $P(7|4|-2)$, $Q(-1{,}4|4|0{,}8)$, $R(1|2|0)$, $S(1|4|1)$, $T(0|5|3)$ auf der Geraden g liegen.

c) Gibt es Punkte auf g, die in den Koordinatenebenen liegen? Falls ja, geben Sie diese an. Beschreiben Sie Ihr Vorgehen.

6 Prüfen Sie jeweils, ob die drei Punkte A, B und C auf einer Geraden liegen.

a) A (2 | 1 | 3); B (1 | −1 | 3); C (0 | −3 | 3)
b) A (0 | −1 | 3); B (1 | −3 | 2); C (4 | −9 | −1)
c) A (1 | 2 | −1); B (1 | 3 | 0); C (1 | 1 | 2)
d) A (2 | 1 | −1); B (0 | 0 | 0); C (4 | 2 | −2)

7 Soll nur ein Geradenabschnitt betrachtet werden, wird der Parameter r eingeschränkt.

a) Beschreiben Sie die Eigenschaften der Punktmengen, die durch die angegebenen Gleichungen beschrieben werden. Fertigen Sie eine Skizze an.

1 $\vec{x} = \vec{a} + r \cdot \overrightarrow{AB}; r \geq 0$
2 $\vec{x} = \vec{b} + r \cdot \overrightarrow{AB}; r \geq -1$
3 $\vec{x} = \vec{b} + r \cdot \overrightarrow{BA}; r \geq 0$
4 $\vec{x} = \vec{a} + r \cdot \overrightarrow{AB}; 0 \leq r \leq 1$

b) Ermitteln Sie eine Gleichung der Strecke $\overline{AB}$, ihre Länge sowie den Mittelpunkt M.

1 A (2 | 4 | 1); B (4 | 6 | 9)
2 A (−3 | −5 | 2); B (6 | 4 | 1)
3 A (5 | −3 | −2); B (3 | 2 | 6)
4 A (0 | 1 | 2); B (5 | 4 | 3)

c) Ermitteln Sie eine Gleichung der Strecke $\overline{AB}$, ihre Länge sowie die Koordinaten von B.

1 A (3 | −5 | 2); Mittelpunkt M (4 | 1 | 1)
2 A(−6 | −4 | −1); Mittelpunkt M (1 | 2 | 3)

8 Gegeben ist die Gerade g.

1 $g: \vec{x} = \begin{pmatrix} -2 \\ 4 \\ 1 \end{pmatrix} + r \cdot \begin{pmatrix} 3 \\ 1 \\ -1 \end{pmatrix}; r \in \mathbb{R}$
2 $g: \vec{x} = \begin{pmatrix} 1 \\ 3 \\ 2 \end{pmatrix} + r \cdot \begin{pmatrix} -1 \\ -1 \\ 2 \end{pmatrix}; r \in \mathbb{R}$

a) Ermitteln Sie die Schnittpunkte der Gerade mit den Koordinatenebenen.

Weiterdenken

Die Schnittpunkte einer Geraden mit den Koordinatenebenen werden als **Spurpunkte** bezeichnet. S_{12} ist z. B. der Spurpunkt, der in der x_1-x_2-Ebene liegt.

b) Tragen Sie die Spurpunkte und die Gerade g in ein Koordinatensystem ein.
c) Geben Sie zwei Punkte an, die nicht auf der Geraden g liegen.

9 Um Gleichungen rechnerisch zu untersuchen, ist es oft ratsam, möglichst „einfache" Richtungsvektoren zu verwenden.

a) Erklären Sie die Argumentation im Kasten in eigenen Worten.

Beispiel:
A (2 | 4 | 1) und B (6 | 6 | 9) legen die Gerade g fest.
Es ist $\overrightarrow{AB} = \begin{pmatrix} 4 \\ 2 \\ 8 \end{pmatrix}$, also beschreibt $\vec{x} = \begin{pmatrix} 2 \\ 4 \\ 1 \end{pmatrix} + r \cdot \begin{pmatrix} 4 \\ 2 \\ 8 \end{pmatrix}; r \in \mathbb{R}$, alle Punkte X auf der Geraden g.

Wegen $\begin{pmatrix} 4 \\ 2 \\ 8 \end{pmatrix} = 2 \cdot \begin{pmatrix} 2 \\ 1 \\ 4 \end{pmatrix}$, ist $\begin{pmatrix} 4 \\ 2 \\ 8 \end{pmatrix}$ kollinear zu $\begin{pmatrix} 2 \\ 1 \\ 4 \end{pmatrix}$.
Somit kann g auch durch $g: \vec{x} = \begin{pmatrix} 2 \\ 4 \\ 1 \end{pmatrix} + r \cdot \begin{pmatrix} 2 \\ 1 \\ 4 \end{pmatrix}; r \in \mathbb{R}$, beschrieben werden.

b) Geben Sie – analog zum vorgegebenen Beispiel – eine möglichst einfache Darstellung der Parametergleichung der Geraden AB an.

1 A (4 | 1 | 3); B (10 | 7 | 9)
2 A (−2 | 3 | 1); B (2 | 5 | 5)
3 A (3 | 4 | 5); B (1 | 0 | −1)
4 A (0,5 | 2 | 3); B (−1 | 4 | 6)
5 A (6 | 2 | −1,5); B (4 | 1 | −1)
6 A (0 | 0 | 0); B $\left(\frac{1}{3} \middle| \frac{1}{4} \middle| \frac{1}{7}\right)$

d) Untersuchen Sie, ob diese Vereinfachung auch bei Strecken möglich ist.

10 Die Parametergleichung einer Geraden ist nicht eindeutig.

a) Erklären Sie, wie man ausgehend von einer vorgegebenen Parametergleichung weitere Gleichungen derselben Geraden finden kann. Gehen Sie dabei sowohl auf den Aufpunkt, als auch auf den Richtungsvektor ein.

b) Diskutieren Sie, wie man überprüfen kann, ob zwei Parametergleichungen einander entsprechen.

11 Das Dreieck ABC wird durch die Punkte A (5 | 4 | 3), B (−2 | 8 | 1) und C (−1 | −2 | 4) festgelegt. Geben Sie jeweils eine Parametergleichung der Geraden an, die auf den Seitenhalbierenden s_a, s_b und s_c des Dreiecks ABC liegen.

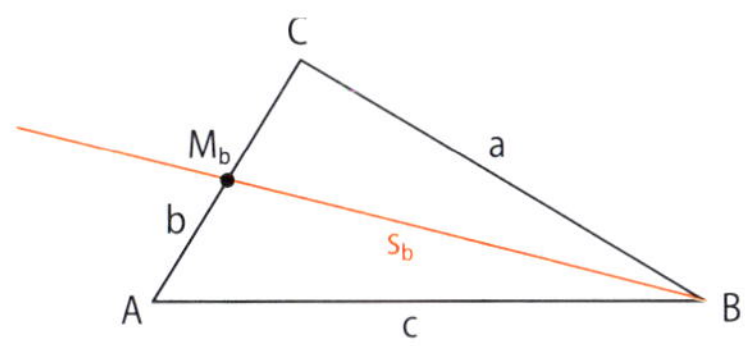

Die Seitenhalbierende verläuft von der Mitte einer Seite zur gegenüberliegenden Ecke.

Die Seitenhalbierende, die b halbiert, heißt s_b.

12 Gegeben ist die Gerade g mit Parameterdarstellung $g: \vec{x} = \begin{pmatrix} 3 \\ 1 \\ 5 \end{pmatrix} + r \cdot \begin{pmatrix} 3 \\ -6 \\ 6 \end{pmatrix}; r \in \mathbb{R}$, sowie ein Punkt S, der nicht auf g liegt.

a) Prüfen Sie, ob die Punkte P (7 | −7 | 17) und Q (5 | 2 | 0) auf g liegen.

b) Beurteilen Sie anhand einer Skizze oder mithilfe eines Computerprogrammes, ob es Punkte auf g gibt, die maximalen Abstand zu S haben.

c) Zeigen Sie anhand einer Skizze, dass es einen Punkt auf g gibt, der minimalen Abstand zu S hat. Begründen und erläutern Sie geometrisch dessen Lage.

13 Gegeben ist die Gerade g mit $g: \vec{x} = \begin{pmatrix} 1 \\ -2 \\ 4 \end{pmatrix} + r \cdot \begin{pmatrix} 2 \\ -5 \\ 1 \end{pmatrix}; r \in \mathbb{R}$.

a) Geben Sie eine Gerade h_1 an, die parallel zu g und durch den Punkt P (−1 | 0 | 4) verläuft.

b) Geben Sie eine Gerade h_2 an, die durch den Punkt P (−1 | 0 | 4), jedoch nicht parallel zu g verläuft.

c) Geben Sie eine Gerade h_3 an, die g im Punkt A (1 | −2 | 4) schneidet.

Exkurs

Verschiedene Geradendarstellungen in $\mathbb{R}^2$

In der x_1-x_2-Ebene verläuft die Gerade g durch die Punkte A (3 | 1) und B (1 | 2).

- Stellen Sie die Gerade graphisch dar.

Lara und Jonas unterhalten sich:

Die Geradengleichung lautet $g: x_2 = -0{,}5x_1 + 2{,}5$.

Ich kann die Gleichung auch durch $g: \vec{x} = \begin{pmatrix} 3 \\ 1 \end{pmatrix} + r \cdot \begin{pmatrix} -2 \\ 1 \end{pmatrix}; r \in \mathbb{R}$, angeben.

Jonas Darstellung einer Gerade wird Koordinatenform genannt, während Laras Darstellung als Parameterform bezeichnet wird.

- Machen Sie die beiden Darstellungen plausibel und vergleichen Sie sie.

Entdecken

Eine Gerade passt nicht dazu…

$g: \vec{x} = \begin{pmatrix} 1 \\ 0 \\ -2 \end{pmatrix} + r \cdot \begin{pmatrix} 3 \\ -2 \\ 4 \end{pmatrix}; r \in \mathbb{R}$ $k: \vec{x} = \begin{pmatrix} 1 \\ 4 \\ -2 \end{pmatrix} + r \cdot \begin{pmatrix} 2 \\ 6 \\ 1 \end{pmatrix}; r \in \mathbb{R}$

$h: \vec{x} = \begin{pmatrix} 4 \\ -2 \\ 2 \end{pmatrix} + r \cdot \begin{pmatrix} -6 \\ 4 \\ -8 \end{pmatrix}; r \in \mathbb{R}$ $l: \vec{x} = \begin{pmatrix} 1 \\ 3 \\ -2 \end{pmatrix} + r \cdot \begin{pmatrix} 1{,}5 \\ -1 \\ 2 \end{pmatrix}; r \in \mathbb{R}$

- Geben Sie diese Gerade an und begründen Sie, nach welchen Kriterien Sie diese Gerade ermittelt haben.
- Beschreiben Sie die Eigenschaften der anderen drei Geraden. Überlegen Sie sich eine Vorgehensweise, wie sich die Lagebeziehung dieser drei Geraden im Raum ermitteln lässt.

Verstehen

Zeigen die Richtungsvektoren zweier Geraden in die gleiche Richtung, so können diese beiden Geraden identisch oder parallel sein.

Die beiden Richtungsvektoren $\vec{v_g}$ und $\vec{v_h}$ der Geraden $g: \vec{x} = \vec{a_g} + r \cdot \vec{v_g}; r \in \mathbb{R}$, und $h: \vec{x} = \vec{a_h} + s \cdot \vec{v_h}; s \in \mathbb{R}$, sind **kollinear**.

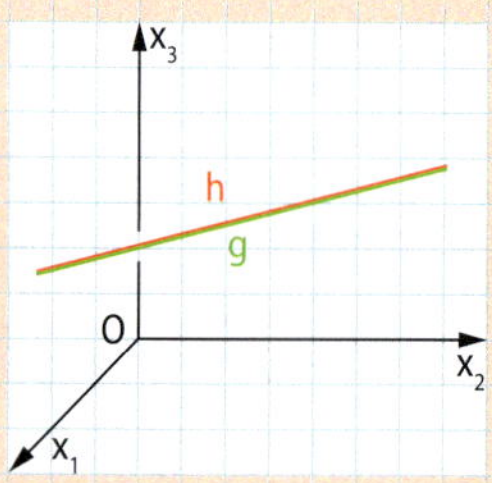

g und h sind **identisch**: Sie haben unendlich viele Punkte gemeinsam.

Punktprobe: A_g liegt auf h.

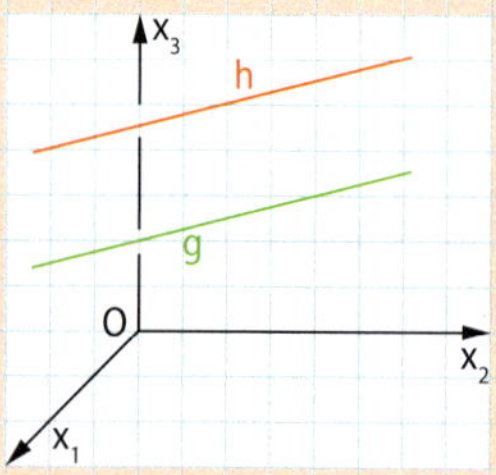

g und h sind **echt parallel**: Sie haben keine Punkte gemeinsam.

Punktprobe: A_g liegt nicht auf h.

Bei der Punktprobe kann auch geprüft werden, ob A_h auf g liegt.

Beispiel

Untersuchen Sie die Lagebeziehung der Geraden $g: \vec{x} = \begin{pmatrix} 3 \\ 0 \\ 5 \end{pmatrix} + r \cdot \begin{pmatrix} 0 \\ 1 \\ 1 \end{pmatrix}; r \in \mathbb{R}$, und …

a) $h: \vec{x} = \begin{pmatrix} 3 \\ 1 \\ 6 \end{pmatrix} + s \cdot \begin{pmatrix} 0 \\ 2 \\ 2 \end{pmatrix}; s \in \mathbb{R}$.

b) $h: \vec{x} = \begin{pmatrix} 3 \\ 1 \\ 4 \end{pmatrix} + s \cdot \begin{pmatrix} 0 \\ 2 \\ 2 \end{pmatrix}; s \in \mathbb{R}$.

Lösung:

a) $\begin{pmatrix} 0 \\ 2 \\ 2 \end{pmatrix} = 2 \cdot \begin{pmatrix} 0 \\ 1 \\ 1 \end{pmatrix}$, d. h. $\vec{v_g}$ und $\vec{v_h}$ sind kollinear.

Punktprobe: Zu prüfen ist, ob es ein $r \in \mathbb{R}$ gibt, sodass $\begin{pmatrix} 3 \\ 1 \\ 6 \end{pmatrix} = \begin{pmatrix} 3 \\ 0 \\ 5 \end{pmatrix} + r \cdot \begin{pmatrix} 0 \\ 1 \\ 1 \end{pmatrix}$ gilt.

I $3 = 3$

II $1 = r \cdot 1 \quad \Leftrightarrow \quad r = 1$

III $6 = 5 + r \cdot 1$ Einsetzen in III: $6 = 5 + 1$ ✓

g und h sind identisch.

b) $\begin{pmatrix} 0 \\ 2 \\ 2 \end{pmatrix} = 2 \cdot \begin{pmatrix} 0 \\ 1 \\ 1 \end{pmatrix}$, d. h. $\vec{v_g}$ und $\vec{v_h}$ sind kollinear.

Punktprobe: Zu prüfen ist, ob es ein $r \in \mathbb{R}$ gibt, sodass $\begin{pmatrix} 3 \\ 1 \\ 4 \end{pmatrix} = \begin{pmatrix} 3 \\ 0 \\ 5 \end{pmatrix} + r \cdot \begin{pmatrix} 0 \\ 1 \\ 1 \end{pmatrix}$ gilt.

I $3 = 3$

II $1 = r \cdot 1 \quad \Leftrightarrow \quad r = 1$

III $4 = 5 + r \cdot 1$ Einsetzen in III: $4 \neq 5 + 1$ ×

g und h sind echt parallel.

Nachgefragt

- Prüfen Sie, ob zwei Geraden genau zwei Punkte gemeinsam haben können.
- Nennen Sie Beispiele für identische und parallele Geraden.
- Erläutern Sie, wie man mit einfachen Überlegungen erkennt, dass zwei Geraden weder identisch noch parallel sind.

Aufgaben

1 Untersuchen Sie jeweils, ob die beiden Geraden g und h echt parallel zueinander sind.

a) $g\colon \vec{x} = \begin{pmatrix} 2 \\ 4 \\ 3 \end{pmatrix} + r \cdot \begin{pmatrix} 5 \\ 10 \\ -6 \end{pmatrix}; r \in \mathbb{R}$, $\quad h\colon \vec{x} = \begin{pmatrix} 4 \\ 8 \\ 3 \end{pmatrix} + s \cdot \begin{pmatrix} -2{,}5 \\ -5 \\ 3 \end{pmatrix}; s \in \mathbb{R}$

b) $g\colon \vec{x} = \begin{pmatrix} 2 \\ 1 \\ 4 \end{pmatrix} + r \cdot \begin{pmatrix} -6 \\ 0 \\ 2 \end{pmatrix}; r \in \mathbb{R}$, $\quad h\colon \vec{x} = \begin{pmatrix} 8 \\ 1 \\ 2 \end{pmatrix} + s \cdot \begin{pmatrix} 3 \\ 0 \\ -1 \end{pmatrix}; s \in \mathbb{R}$

c) $g\colon \vec{x} = \begin{pmatrix} 2 \\ -2 \\ 1 \end{pmatrix} + r \cdot \begin{pmatrix} -3 \\ 5 \\ 1 \end{pmatrix}; r \in \mathbb{R}$, $\quad h\colon \vec{x} = \begin{pmatrix} -3 \\ 5 \\ 1 \end{pmatrix} + s \cdot \begin{pmatrix} 6 \\ -10 \\ -2 \end{pmatrix}; s \in \mathbb{R}$

d) $g\colon \vec{x} = r \cdot \begin{pmatrix} 0 \\ -2 \\ -4 \end{pmatrix}; r \in \mathbb{R}$, $\quad h\colon \vec{x} = \begin{pmatrix} 1 \\ 2 \\ -1 \end{pmatrix} + s \cdot \begin{pmatrix} 0 \\ 1 \\ 2 \end{pmatrix}; s \in \mathbb{R}$

2 Prüfen Sie, ob die beiden Geraden g und h identisch oder echt parallel sind, oder ob keiner der beiden Fälle vorliegt. Begründen Sie.

a) $g\colon \vec{x} = \begin{pmatrix} 2 \\ 3 \\ 4 \end{pmatrix} + r \cdot \begin{pmatrix} 1 \\ 1 \\ 1 \end{pmatrix}; r \in \mathbb{R}$, $\quad h\colon \vec{x} = \begin{pmatrix} 2 \\ 3 \\ 4 \end{pmatrix} + s \cdot \begin{pmatrix} -2 \\ 3 \\ 0 \end{pmatrix}; s \in \mathbb{R}$

b) $g\colon \vec{x} = \begin{pmatrix} 2 \\ 3 \\ 0 \end{pmatrix} + r \cdot \begin{pmatrix} 1 \\ 2 \\ 0 \end{pmatrix}; r \in \mathbb{R}$, $\quad h\colon \vec{x} = \begin{pmatrix} 3 \\ 5 \\ 0 \end{pmatrix} + s \cdot \begin{pmatrix} 2 \\ 4 \\ 0 \end{pmatrix}; s \in \mathbb{R}$

c) $g\colon \vec{x} = \begin{pmatrix} 2 \\ 3 \\ 5 \end{pmatrix} + r \cdot = \begin{pmatrix} 1 \\ 3 \\ 0 \end{pmatrix}; r \in \mathbb{R}$, $\quad h\colon \vec{x} = \begin{pmatrix} 4 \\ -3 \\ 1 \end{pmatrix} + s \cdot \begin{pmatrix} 1 \\ -2 \\ 0 \end{pmatrix}; s \in \mathbb{R}$

d) $g\colon \vec{x} = \begin{pmatrix} 1 \\ -4 \\ 2 \end{pmatrix} + r \cdot \begin{pmatrix} 0 \\ 2 \\ 1 \end{pmatrix}; r \in \mathbb{R}$, $\quad h\colon \vec{x} = s \cdot \begin{pmatrix} 0 \\ 2 \\ 1 \end{pmatrix}; s \in \mathbb{R}$

e) $g\colon \vec{x} = \begin{pmatrix} 2 \\ 4 \\ 2 \end{pmatrix} + r \cdot \begin{pmatrix} 1 \\ 1 \\ 1 \end{pmatrix}; r \in \mathbb{R}$, $\quad h\colon \vec{x} = \begin{pmatrix} 3 \\ 5 \\ 3 \end{pmatrix} + s \cdot \begin{pmatrix} -1 \\ -1 \\ -1 \end{pmatrix}; s \in \mathbb{R}$

3 Zeigen Sie, dass durch $g\colon \vec{x} = \begin{pmatrix} -2 \\ 1 \\ 4 \end{pmatrix} + r \cdot \begin{pmatrix} 1 \\ 1 \\ 3 \end{pmatrix}$ und $h\colon \vec{x} = \begin{pmatrix} 2 \\ 5 \\ 16 \end{pmatrix} + s \cdot \begin{pmatrix} -2 \\ -2 \\ -6 \end{pmatrix}$ die gleiche Gerade beschrieben wird. Geben Sie eine weitere Geradengleichung an, die die Gerade g beschreibt.

4 Überprüfen Sie, ob alle Punkte P bzw. Q bzw. R bzw. S stets auf einer Geraden liegen. Geben Sie ggf. eine Gleichung dieser Geraden an.

$P\,(2 + r \mid 3 - 5r \mid -3 - r); r \in \mathbb{R}$

$Q\,(2 \mid s \mid 0); s \in \mathbb{R}$

$R\,(1 + t \mid 1 - t^2 \mid 1 + t^2); t \in \mathbb{R}$

$S\,(2 + k \mid 2 - k \mid 2 + k); k \in \mathbb{R}$

5 Ermitteln Sie die Werte der Parameter a und b, für die die beiden Geraden $g\colon \vec{x} = \begin{pmatrix} 6 \\ 0 \\ 0 \end{pmatrix} + r \cdot \begin{pmatrix} a \\ -3 \\ 4 \end{pmatrix}; r \in \mathbb{R}$, und $h\colon \vec{x} = \begin{pmatrix} 2 \\ b \\ 2 \end{pmatrix} + s \cdot \begin{pmatrix} 4 \\ -1{,}5 \\ 2 \end{pmatrix}; s \in \mathbb{R}, \ldots$

a) echt parallel zueinander sind.

b) identisch sind.

Entdecken

Die Abbildung zeigt das Schrägbild eines Würfels. Durch je zwei Eckpunkte wird jeweils eine Gerade festgelegt.

- Untersuchen Sie, welche Lage die Gerade g durch die Punkte A und B zu den anderen Geraden durch jeweils zwei Eckpunkte besitzt. Erstellen Sie eine Übersicht.

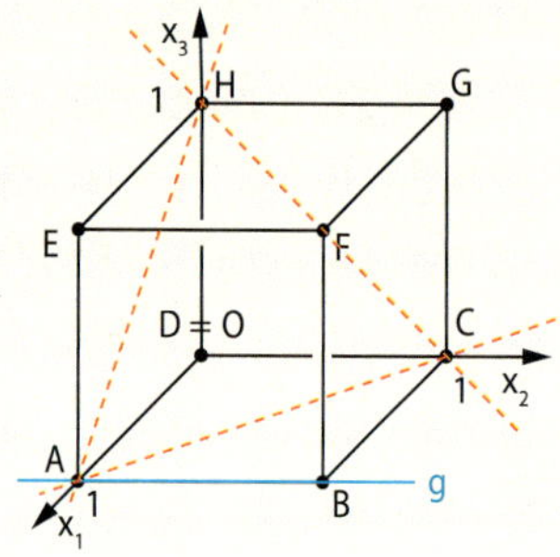

Verstehen

Sind die Richtungsvektoren zweier Geraden nicht kollinear, gibt es im Raum zwei mögliche Lagebeziehungen der Geraden.

Gegeben sind zwei Geraden g: $\vec{x} = \vec{a_g} + r \cdot \vec{v_g}$; $r \in \mathbb{R}$, und h: $\vec{x} = \vec{a_h} + s \cdot \vec{v_h}$; $s \in \mathbb{R}$, deren Richtungsvektoren $\vec{v_g}$ und $\vec{v_h}$ **nicht kollinear** sind.

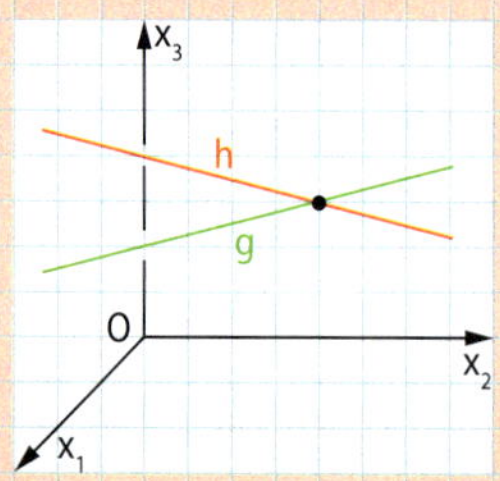

g und h **schneiden** sich: Sie haben einen Punkt gemeinsam.

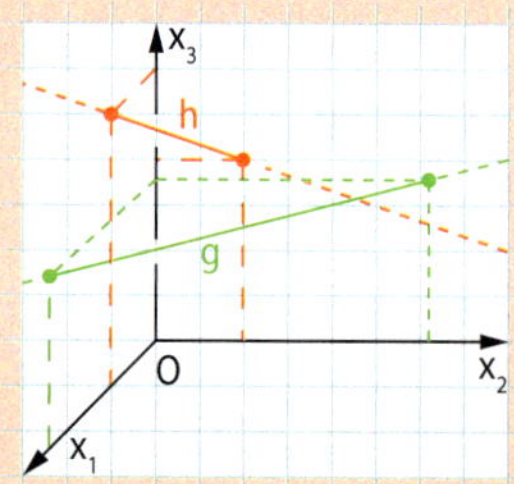

g und h sind zueinander **windschief**: Sie haben keinen Punkt gemeinsam.

Sind $\vec{v_g}$ und $\vec{v_h}$ nicht kollinear, erhält man durch Gleichsetzen der Geradengleichung ein lineares Gleichungssystem. Ist dieses lösbar, existiert ein Schnittpunkt.

Beispiel

Untersuchen Sie die Lagebeziehung von g: $\vec{x} = \begin{pmatrix} 3 \\ 0 \\ 5 \end{pmatrix} + r \cdot \begin{pmatrix} 0 \\ 1 \\ 1 \end{pmatrix}$; $r \in \mathbb{R}$, und h: $\vec{x} = \begin{pmatrix} 1 \\ -3 \\ 1 \end{pmatrix} + s \cdot \begin{pmatrix} 2 \\ 0 \\ 1 \end{pmatrix}$; $s \in \mathbb{R}$.

Lösung:

Die beiden Richtungsvektoren sind nicht kollinear. Gleichsetzen der Geradengleichungen:

I $3 = 1 + 2 \cdot s$

II $r = -3$

III $5 + r = 1 + s$

I $\Leftrightarrow s = 1$ einsetzen in III: $5 - 3 = 2 = 1 + 1$ ✓

Setzt man nun $r = -3$ in die Geradengleichung von g ein, erhält man den gesuchten Schnittpunkt S (3 | −3 | 2), denn

$\begin{pmatrix} 3 \\ 0 \\ 5 \end{pmatrix} + (-3) \cdot \begin{pmatrix} 0 \\ 1 \\ 1 \end{pmatrix} = \begin{pmatrix} 3 \\ -3 \\ 2 \end{pmatrix}$.

Die Geraden g und h schneiden sich also im Punkt S (3 | −3 | 2).

Alternativ könnte man auch $s = 1$ in die Geradengleichung von h einsetzen und erhält dasselbe Ergebnis für den Schnittpunkt, denn $\begin{pmatrix} 1 \\ -3 \\ 1 \end{pmatrix} + 1 \cdot \begin{pmatrix} 2 \\ 0 \\ 1 \end{pmatrix} = \begin{pmatrix} 3 \\ -3 \\ 2 \end{pmatrix}$.

Nachgefragt

- Nehmen Sie Stellung zu folgender Aussage: „Besitzen zwei Geraden denselben Stützvektor, so schneiden sich die beiden Geraden."
- Bilden Sie die Umkehrung der obigen Aussage und überprüfen Sie, ob diese zutrifft.
- Vergleichen Sie die möglichen Lagebeziehungen im Raum mit denen in der Ebene.

Aufgaben

1 Ermitteln Sie die Koordinaten des Schnittpunkts der Geraden g und h.

a) $g: \vec{x} = \begin{pmatrix} 4 \\ -3 \\ 5 \end{pmatrix} + r \cdot \begin{pmatrix} -5 \\ 4 \\ 2 \end{pmatrix}; r \in \mathbb{R}$, $\quad h: \vec{x} = \begin{pmatrix} 5 \\ 1 \\ 4 \end{pmatrix} + s \cdot \begin{pmatrix} 1 \\ 4 \\ -1 \end{pmatrix}; s \in \mathbb{R}$

b) $g: \vec{x} = \begin{pmatrix} -2 \\ 3 \\ 1 \end{pmatrix} + r \cdot \begin{pmatrix} 5 \\ -5 \\ 5 \end{pmatrix}; r \in \mathbb{R}$, $\quad h: \vec{x} = \begin{pmatrix} 4 \\ 1 \\ 5 \end{pmatrix} + s \cdot \begin{pmatrix} -1 \\ -3 \\ 1 \end{pmatrix}; s \in \mathbb{R}$

c) $g: \vec{x} = \begin{pmatrix} -4 \\ 5 \\ 2 \end{pmatrix} + r \cdot \begin{pmatrix} 3 \\ -5 \\ 2 \end{pmatrix}; r \in \mathbb{R}$, $\quad h: \vec{x} = \begin{pmatrix} 0 \\ -3 \\ 5 \end{pmatrix} + s \cdot \begin{pmatrix} -1 \\ 1 \\ -0{,}5 \end{pmatrix}; s \in \mathbb{R}$

d) $g: \vec{x} = \begin{pmatrix} -2 \\ -1 \\ 0 \end{pmatrix} + r \cdot \begin{pmatrix} 0 \\ 0 \\ 3 \end{pmatrix}; r \in \mathbb{R}$, $\quad h: \vec{x} = \begin{pmatrix} 4 \\ 1 \\ 5 \end{pmatrix} + s \cdot \begin{pmatrix} -3 \\ -1 \\ 1 \end{pmatrix}; s \in \mathbb{R}$

2 Überprüfen Sie jeweils rechnerisch, ob die beiden Geraden durch die farbig markierten Gitterpunkte einander schneiden. Geben Sie ggf. die Koordinaten des Schnittpunkts an.

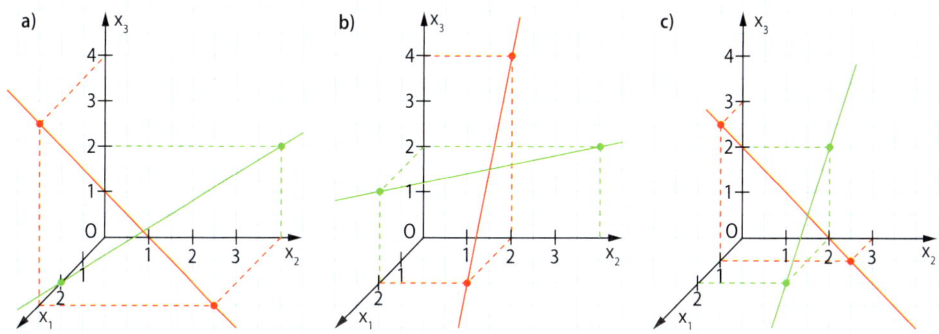

3 Untersuchen Sie jeweils die gegenseitige Lage der beiden Geraden.

a) $g: \vec{x} = \begin{pmatrix} 1 \\ 0 \\ 8 \end{pmatrix} + r \cdot \begin{pmatrix} -2 \\ 0 \\ 3 \end{pmatrix}; r \in \mathbb{R}$, $\quad h: \vec{x} = \begin{pmatrix} 5 \\ 0 \\ 2 \end{pmatrix} + s \cdot \begin{pmatrix} 4 \\ 0 \\ 5 \end{pmatrix}; s \in \mathbb{R}$

b) $g: \vec{x} = \begin{pmatrix} 3 \\ 0 \\ 5 \end{pmatrix} + r \cdot \begin{pmatrix} 0 \\ 0 \\ 1 \end{pmatrix}; r \in \mathbb{R}$, $\quad h: \vec{x} = \begin{pmatrix} 1 \\ -3 \\ 6 \end{pmatrix} + s \cdot \begin{pmatrix} 2 \\ 0 \\ -1 \end{pmatrix}; s \in \mathbb{R}$

c) $g: \vec{x} = \begin{pmatrix} -2 \\ 1 \\ 2 \end{pmatrix} + r \cdot \begin{pmatrix} 2 \\ -6 \\ -4 \end{pmatrix}; r \in \mathbb{R}$, $\quad h: \vec{x} = \begin{pmatrix} -5 \\ 1 \\ 10 \end{pmatrix} + s \cdot \begin{pmatrix} -3 \\ 9 \\ 6 \end{pmatrix}; s \in \mathbb{R}$

d) $g: \vec{x} = \begin{pmatrix} 2 \\ 3 \\ -5 \end{pmatrix} + r \cdot \begin{pmatrix} 5 \\ 0 \\ -10 \end{pmatrix}; r \in \mathbb{R}$, $\quad h: \vec{x} = \begin{pmatrix} 5 \\ 3 \\ -11 \end{pmatrix} + s \cdot \begin{pmatrix} -4 \\ 0 \\ 8 \end{pmatrix}; s \in \mathbb{R}$

e) $g: \vec{x} = \begin{pmatrix} 4 \\ 4 \\ -1 \end{pmatrix} + r \cdot \begin{pmatrix} 1 \\ 2 \\ 2 \end{pmatrix}; r \in \mathbb{R}$, $\quad h: \vec{x} = \begin{pmatrix} 3 \\ 2 \\ -3 \end{pmatrix} + s \cdot \begin{pmatrix} 2 \\ 0 \\ 2 \end{pmatrix}; s \in \mathbb{R}$

4 Untersuchen Sie, welche der Geraden g, h und k zueinander windschief sind. Beschreiben Sie Ihr Vorgehen.

$g: \vec{x} = \begin{pmatrix} 3 \\ 1 \\ 2 \end{pmatrix} + r \cdot \begin{pmatrix} 2 \\ 4 \\ 2 \end{pmatrix}; r \in \mathbb{R}; \quad h: \vec{x} = \begin{pmatrix} 3 \\ 1 \\ 2 \end{pmatrix} + s \cdot \begin{pmatrix} 4 \\ 3 \\ -6 \end{pmatrix}; s \in \mathbb{R}; \quad k: \vec{x} = \begin{pmatrix} -2 \\ 4 \\ 3 \end{pmatrix} + t \cdot \begin{pmatrix} -4 \\ -3 \\ 6 \end{pmatrix}; t \in \mathbb{R}$

5 In der Realität existieren zahlreiche Fragestellungen, bei denen es um Strecken und nicht um Geraden geht. Mithilfe der Geradengleichung lassen sich Strecken ebenso beschreiben, wenn man die Definitionsmenge der Parameter einschränkt.

a) Gegeben sind die Punkte A (4 | 2 | −7) und B (0 | −3 | 2). Stellen Sie eine Geradengleichung für die Gerade g auf, die durch die Punkte A und B geht. Geben Sie das Intervall für den Parameter so an, dass die Strecke $\overline{AB}$ beschrieben wird.

b) Gegeben ist die Gerade h mit h: $\vec{x} = \begin{pmatrix} 2 \\ -0{,}5 \\ -2{,}5 \end{pmatrix} + s \cdot \begin{pmatrix} 1 \\ 0 \\ 1 \end{pmatrix}$; $s \in \mathbb{R}$. Untersuchen Sie, ob die Gerade h die Strecke $\overline{AB}$ schneidet.

6 Prüfen Sie, ob die Gerade g: $\vec{x} = \begin{pmatrix} 4 \\ 2 \\ 3 \end{pmatrix} + r \cdot \begin{pmatrix} 2 \\ 1 \\ -1 \end{pmatrix}$; $r \in \mathbb{R}$, Schnittpunkte aufweist mit …

a) der x_1-Achse.

b) der x_2-Achse.

c) der x_3-Achse.

d) der positiven x_3-Achse.

e) der Gerade durch die Punkte A (5 | 1 | 4) und B (6 | 2 | 2).

f) der Strecke $\overline{AB}$ durch die Punkte A (5 | 1 | 4) und B (6 | 2 | 2).

g) der x_1-x_3-Ebene.

7 Gegeben sind die Punkte A (4 | 0 | 0), B (4 | 6 | 0), C (0 | 6 | 0) und E (4 | 0 | 8).

a) Ergänzen Sie die Koordinaten D, F, G und H so, dass die acht Punkte einen Quader bestimmen.

b) Weisen Sie nach, dass dieser Quader kein Würfel ist.

c) Berechnen Sie die Summe der Länge aller Kanten, den Oberflächeninhalt und das Volumen des Quaders.

d) Stellen Sie Gleichungen für die Raumdiagonalen auf und berechnen Sie deren Länge.

e) Prüfen Sie rechnerisch, ob sich die Raumdiagonalen schneiden.

8 Julia fertigt ein Diagramm an, um sich einen Überblick über die verschiedenen Lagemöglichkeiten zweier Geraden im Raum zu verschaffen. Erklären Sie Julias Diagramm, vervollständigen Sie es in Ihrem Heft und beschriften Sie die einzelnen Schritte dort ausführlich.

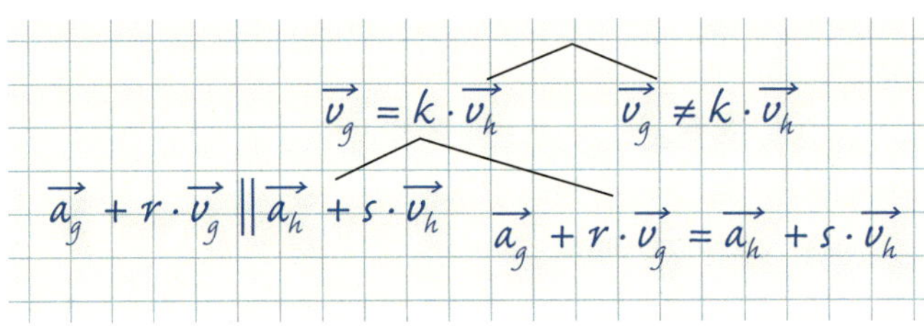

9 Gegeben sind die beiden Punkte A (2 | 0 | −3) und B (4 | −1 | −2).

a) Geben Sie eine Geradengleichung der Geraden g an, die durch die beiden Punkte A und B bestimmt ist.

b) Geben Sie eine Geradengleichung einer Geraden h an, die parallel zu g ist und durch den Punkt P (5 | −3 | 5) geht.

c) Geben Sie eine Geradengleichung einer Geraden k an, welche g in A schneidet.

d) Geben Sie eine Geradengleichung einer Geraden l an, die windschief zu g liegt.

e) Geben Sie eine Geradengleichung der Geraden m an, die in der Mitte zwischen h und g verläuft (Mittelparallele).

10 Oft kann man am Himmel Kondensstreifen von Flugzeugen beobachten. Überlegen Sie, ob man stets auf eine Kollision schließen kann, wenn sich die Kondensstreifen schneiden.

11 Gegeben sind die Punkte A $(0|-3|0)$, B $(3|1|0)$, C $(1|5|0)$ und D $(-3|3|0)$ sowie E $(0|-3|6)$ und F $(3|1|6)$.

a) Begründen Sie, dass das Viereck ABCD ein Trapez ist, und berechnen Sie seinen Flächeninhalt.

b) Das Viereck ABCD ist die Grundfläche eines geraden Prismas ABCDEFGH der Höhe $h = 6$. Zeichnen Sie ein Schrägbild dieses geraden Prismas und berechnen Sie das Prismenvolumen.

c) Auf der x_3-Achse befindet sich im Punkt L $(0|0|10)$ eine (punktförmige) Lichtquelle. Durch das einfallende Licht entsteht ein Schatten des Prismas aus Teilaufgabe b) in der x_1-x_2-Ebene. Ermitteln Sie die Koordinaten des Schattenpunkts E* des Punkts E.

d) Oliver will überprüfen, ob ein vom Punkt L [vgl. Teilaufgabe c)] in Richtung des Vektors $\vec{a} = \begin{pmatrix} 6 \\ 5 \\ -4 \end{pmatrix}$ ausgehender Lichtstrahl die Kante $\overline{EF}$ des Prismas aus Teilaufgabe b) trifft. Er wählt folgenden Lösungsweg:

1 Ermitteln einer Gleichung der Geraden g durch L in Richtung des Vektors $\vec{a}$ sowie einer Gleichung der Geraden h durch die Punkte E und F.

2 Untersuchen der Lagebeziehung zwischen den Geraden g und h;
Olivers Ergebnis: g und h besitzen den Schnittpunkt S $(6|5|6)$.

3 Olivers Schlussfolgerung: Der Lichtstrahl trifft die Kante $\overline{EF}$.

Untersuchen Sie Olivers Lösungsweg auf Korrektheit und korrigieren Sie gegebenenfalls Fehler.

Ausblick

Eine endliche Summe von Vielfachen von Vektoren bezeichnet man als **Linearkombination** dieser Vektoren. So ist zum Beispiel $r\vec{u} + s\vec{v} + t\vec{w}$ mit $r, s, t \in \mathbb{R}$, eine Linearkombination der Vektoren $\vec{u}$, $\vec{v}$ und $\vec{w}$.

Zwei oder mehr Vektoren heißen **linear abhängig**, wenn es eine Linearkombination $r\vec{u} + s\vec{v} + \dots$ gibt, die gleich 0 ist, ohne dass die Koeffizienten $r, s, \dots \in \mathbb{R}$ alle gleich 0 sind. Andernfalls heißen die beiden Vektoren **linear unabhängig**.

Zwei Vektoren

$r \cdot \begin{pmatrix} 1 \\ 2 \\ 3 \end{pmatrix} + s \cdot \begin{pmatrix} -3 \\ -6 \\ -9 \end{pmatrix} = \vec{0}$

z. B. für $r = 1$ und $s = \frac{1}{3}$, d. h. $\begin{pmatrix} 1 \\ 2 \\ 3 \end{pmatrix} = -\frac{1}{3} \cdot \begin{pmatrix} -3 \\ -6 \\ -9 \end{pmatrix}$

Allgemein gilt:
Zwei Vektoren sind genau dann kollinear, wenn sie linear abhängig sind.

Sind zwei Geraden parallel, so sind ihre Richtungsvektoren linear abhängig.

Drei Vektoren

$r \cdot \begin{pmatrix} 1 \\ 2 \\ 2 \end{pmatrix} + s \cdot \begin{pmatrix} 1 \\ 0 \\ 0 \end{pmatrix} + t \cdot \begin{pmatrix} 0 \\ 1 \\ 1 \end{pmatrix} = 0$ ist z. B. erfüllt für $r = 1$, $s = -1$ und $t = -2$.

- Prüfen Sie auf lineare Unabhängigkeit und geben Sie eine geometrische Deutung Ihres Ergebnisses an.

  a) $\vec{u} = \begin{pmatrix} 1 \\ 1 \\ 2 \end{pmatrix}$; $\vec{v} = \begin{pmatrix} 3 \\ -2 \\ -4 \end{pmatrix}$ **b)** $\vec{u} = \begin{pmatrix} 1 \\ 3 \\ -5 \end{pmatrix}$; $\vec{v} = \begin{pmatrix} 2 \\ 6 \\ -10 \end{pmatrix}$; $\vec{w} = \begin{pmatrix} 0 \\ 3 \\ -4 \end{pmatrix}$

- Begründen Sie, dass im zweidimensionalen Raum drei Vektoren immer linear abhängig sind.

Schneiden sich zwei Geraden, so sind ihre Richtungsvektoren linear unabhängig.

Entdecken

Ein U-Boot legt um 8 Uhr im Marinehafen ab. Es bewegt sich geradlinig mit konstanter Geschwindigkeit fort. Nach einer Stunde befindet es sich 5 km östlich, 3 km südlich und 500 m unterhalb des Startpunkts.

- Stellen Sie den Verlauf der U-Boot-Fahrt graphisch und formal dar.
- Beschreiben Sie ein Verfahren, um aus diesen Angaben die Geschwindigkeit des U-Boots zu ermitteln.
- Beschreiben Sie, wie Sie den Zeitpunkt bestimmen können, zu dem das U-Boot eine Tiefe von 300 m erreicht hat.

Verstehen

Geradlinige Bewegungen mit konstanter Geschwindigkeit lassen sich durch Geradengleichungen beschreiben.

Physikalisch betrachtet bedeutet eine konstante Geschwindigkeit, dass sich weder Betrag noch Richtung der Geschwindigkeit ändern.

Geradlinige Bewegungen können mit der **Bewegungsgleichung** $\vec{x} = \vec{a} + t \cdot \vec{v}$ vektoriell beschrieben werden.
Dabei ist $\vec{x}$ der Ortsvektor des betrachteten Körpers zum Zeitpunkt t. Der Ortsvektor $\vec{a}$ des Aufpunkts wird als **Startpunkt der Bewegung** bezeichnet. Der Richtungsvektor $\vec{v}$ heißt **Geschwindigkeitsvektor der Bewegung** (Verschiebung pro Zeiteinheit).
$|\vec{v}|$ ist die Geschwindigkeit der Bewegung (in der zugehörigen Einheit).

Beispiel

Zum Startzeitpunkt befindet sich die Greifzange eines Roboters im Punkt A (1 | 5 | 2).
Pro Sekunde bewegt sich die Greifzange um den Vektor
$\vec{v} = \begin{pmatrix} 3 \\ -1 \\ 2 \end{pmatrix}$ weiter.

a) Geben Sie eine Gleichung an, anhand der die Lage der Greifzange in Abhängigkeit der verstrichenen Zeit beschrieben werden kann.
b) Ermitteln Sie den Punkt H, in dem sich die Greifzange nach fünf Sekunden befindet.
c) Berechnen Sie, wann und in welchem Punkt die Greifzange eine x_3-Koordinate von $x_3 = 5$ erreicht.

Lösung:

a) Die geradlinige Bewegung der Hand lässt sich durch die Gleichung $\vec{x} = \begin{pmatrix} 1 \\ 5 \\ 2 \end{pmatrix} + t \cdot \begin{pmatrix} 3 \\ -1 \\ 2 \end{pmatrix}; t \geq 0$, beschreiben. Die Beschreibung der Bewegung ist für $t \geq 0$ sinnvoll. Die Obergrenze für den Parameter t hängt von der Dauer der Bewegung ab.

b) $\overrightarrow{OH} = \begin{pmatrix} 1 \\ 5 \\ 2 \end{pmatrix} + 5 \cdot \begin{pmatrix} 3 \\ -1 \\ 2 \end{pmatrix} = \begin{pmatrix} 16 \\ 0 \\ 12 \end{pmatrix}$
Nach fünf Sekunden befindet sich die Greifzange im Punkt H (16 | 0 | 12).

c) Aus der dritten Komponente der Geradengleichung folgt: $2 + 2t = 5 \Leftrightarrow t = 1{,}5$
$\begin{pmatrix} 1 \\ 5 \\ 2 \end{pmatrix} + 1{,}5 \cdot \begin{pmatrix} 3 \\ -1 \\ 2 \end{pmatrix} = \begin{pmatrix} 5{,}5 \\ 3{,}5 \\ 5 \end{pmatrix}$
Eine x_3-Komponente von $x_3 = 5$ wird also nach 1,5 Sekunden im Punkt (5,5 | 3,5 | 5) erreicht.

- Beschreiben Sie die Gemeinsamkeiten und Unterschiede zwischen der Beobachtung eines geradlinigen Bewegungsvorgangs und der Untersuchung einer Geraden.
- Erläutern Sie, warum die Modellierung einer Bewegung durch eine Geradengleichung in der Regel nur eine Näherung darstellt.
- Geben Sie drei konkrete Beispiele für lineare Bewegungen an, die mithilfe von Geradengleichungen modelliert werden können.

Nachgefragt

Aufgaben

1 Die Flugroute eines Segelflugzeugs verläuft geradlinig durch die Punkte A (2 | 4 | 3) und B (3 | 1 | 2).

a) Stellen Sie die Gleichung der Flugkurve auf.

b) Beurteilen Sie, ob es sinnvoll ist, in der Flugkurvengleichung auch negative Parameterwerte für t zuzulassen.

c) Bestimmen Sie rechnerisch, wann und in welchem Punkt eine x_2-Koordinate von $x_2 = 2$ erreicht wird.

d) Stellen Sie die Flugkurve des Segelflugzeugs graphisch dar.

e) Erklären Sie, wodurch die Parameterwerte beschränkt sind und warum es sich bei der Beschreibung der Flugbahn durch die Geradengleichung nur um eine Näherung handeln kann.

2 Beim Speerwurf gelingt es Markus einen Speer so abzuwerfen, dass dieser vom Punkt S (0 | 0 | 2) aus zunächst geradlinig in Richtung $\vec{v} = \begin{pmatrix} 15 \\ 0{,}5 \\ 2 \end{pmatrix}$ fliegt.

a) Stellen Sie diese Anfangsphase des Speerwurfs graphisch dar.

b) Ermitteln Sie eine Gleichung für die Anfangsphase des Speerwurfs.

c) Recherchieren Sie, wie die vollständige Flugbahn beim Speerwurf realistischer beschrieben werden kann. Erläutern Sie, in welchen Phasen des Speerwurfs die lineare Näherung sinnvoll ist.

3 Die Gerade g durch die Punkte A (6 | 4 | 5) und D (3 | 0 | 4) stellt die Flugroute eines Passagierflugzeugs dar. Ein Sportflugzeug fliegt entlang der Geraden h: $\vec{x} = \vec{p} + r \cdot \vec{u}$; $r \in \mathbb{R}$, durch den Punkt P (0 | −7 | 0) in Richtung des Vektors $\vec{u} = \begin{pmatrix} 0 \\ 1 \\ 1 \end{pmatrix}$.

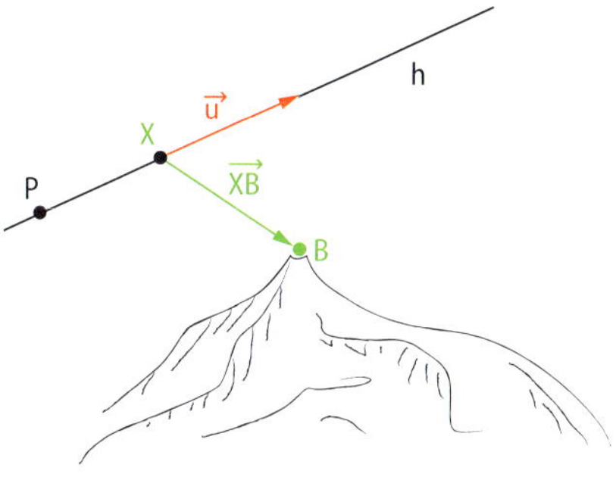

a) Zeigen Sie, dass die Flugbahnen g und h einander im Punkt S (0 | −4 | 3) kreuzen.

b) Der Punkt B (4 | 4 | 3) stellt den Gipfel eines steilen Bergs dar.
Beschreiben Sie ein Verfahren, wie sich der minimale Abstand des Sportflugzeugs zum Gipfel ermitteln lässt.

4 Ein Hängegleiter startet zur Zeit $t = 0$ an einem Berghang. In einem Koordinatensystem lässt sich der geradlinige Flug durch $\vec{x} = \begin{pmatrix} 0 \\ 0 \\ 250 \end{pmatrix} + t \cdot \begin{pmatrix} 120 \\ 140 \\ -50 \end{pmatrix}$ beschreiben.

Dabei ist t die seit Beobachtungsbeginn verstrichene Zeit in Minuten. Der Hängegleiter landet in der x_1-x_2-Ebene. Im Koordinatensystem entspricht eine Längeneinheit 1 Meter.

a) Stellen Sie den Flug in einem Koordinatensystem graphisch dar. Wählen Sie eine sinnvolle Skalierung der Achsen.

b) Bestimmen Sie die Dauer des Flugs.

c) Ermitteln Sie die Länge der Flugstrecke und die Geschwindigkeit während des Flugs.

d) Berechnen Sie den Auftreffpunkt.

5 Die x_1-x_2-Ebene beschreibt eine Landschaft, in der sich ein Flughafen befindet. Die x_1-Achse weist dabei in die Ostrichtung und die x_2-Achse in die Nordrichtung. Direkt nach dem Abheben von der Startbahn im Punkt P steigt das Flugzeug F_1 näherungsweise geradlinig auf. Die Flugbahn von F_1 genügt der Gleichung g: $\vec{x} = \begin{pmatrix} -10{,}5 \\ -14 \\ 0 \end{pmatrix} + t \cdot \begin{pmatrix} 3{,}5 \\ 4 \\ 2 \end{pmatrix}$.

Dabei gibt t die seit Beginn der Beobachtung vergangene Zeit in Minuten an. 1 LE entspricht 1 km.

a) Geben Sie die Himmelsrichtung an, in welche das Flugzeug F_1 fliegt.

b) Das Flugzeug F_1 überfliegt in 5 km Höhe das Zentrum einer Stadt. Bestimmen Sie den Abstand des Stadtzentrums zum Startpunkt.

c) In 34 km Abstand von Startpunkt taucht das Flugzeug F_1 in eine Wolkendecke ein. Ermitteln Sie die zugehörige Höhe.

d) Ein zweites Flugzeug F_2 bewegt sich gemäß der Geraden h mit h: $\vec{x} = \begin{pmatrix} -1{,}5 \\ 22 \\ 12 \end{pmatrix} + s \cdot \begin{pmatrix} 8 \\ -6 \\ 0 \end{pmatrix}$ (s in Minuten, 1 LE entspricht 1 km). Beschreiben Sie, in welcher Flugphase sich das Flugzeug F_2 befindet. Prüfen Sie rechnerisch, ob sich die beiden Flugbahnen von F_1 und F_2 schneiden.

6 Es werden die Flugbahnen zweier Flugzeuge F_1 und F_2 untersucht. Die Beobachtung beginnt um 8 Uhr, eine Längeneinheit entspricht 1 km.

Die Bahn von F_1 lässt sich durch f_1: $\vec{x} = \begin{pmatrix} -1800 \\ 400 \\ 4 \end{pmatrix} + s \cdot \begin{pmatrix} 0 \\ 500 \\ 2 \end{pmatrix}$; $s \in \mathbb{R}$, beschreiben, die von F_2 kann durch f_2: $\vec{x} = \begin{pmatrix} -3200 \\ 2500 \\ 8 \end{pmatrix} + t \cdot \begin{pmatrix} 700 \\ -300 \\ 1 \end{pmatrix}$; $t \in \mathbb{R}$, modelliert werden.

Der Parameter t bzw. s gibt die seit Beobachtungsbeginn verstrichene Zeit in Stunden an.

a) Bestimmen Sie für beide Flugzeuge die Geschwindigkeit.

b) Zeigen Sie, dass sich die beiden Bahnen in einem Punkt S schneiden. Berechnen Sie diesen anschließend.

c) Diskutieren Sie, ob es zu einer Kollision der beiden Flugzeuge kommt.

d) Ermitteln Sie, wann die beiden Flugzeuge die gleiche Flughöhe – beschrieben durch die x_3-Koordinate – erreicht haben.

e) Tim setzt verschiedene Zeiten in die Bahngleichung ein und stellt fest, dass F_1 nach 15 Stunden eine Höhe von 34 km erreicht hat. Nehmen Sie hierzu Stellung und gehen Sie auf die Grenzen des Modells ein.

f) Beschreiben Sie, warum die Modellierung mithilfe einer Geradengleichung nur eine Näherung darstellen kann.

Das dreidimensionale Koordinatensystem

Seite 144

Im **kartesischen Koordinatensystem** werden Punkte im Raum durch die drei **Koordinaten** x_1, x_2 und x_3 festgelegt. Die x_1-, x_2- und x_3-Achse bilden ein **Rechtssystem**. Die **Koordinatenebenen** unterteilen das Koordinatensystem in acht **Oktanten**.

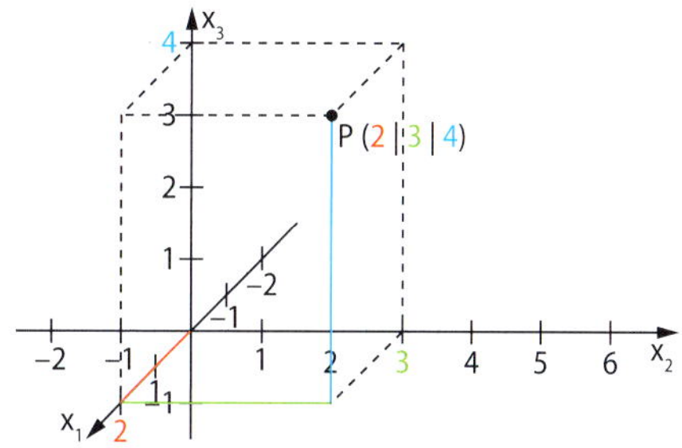

Vektoren im Anschauungsraum

Seite 148

Durch Vektoren können sowohl Punkte (**Ortsvektoren**) als auch Parallelverschiebungen (**Richtungsvektoren**) angegeben werden. Ein Vektor ist ein geordnetes Zahlentupel, das als Spalte geschrieben wird.

Der Vektor $\vec{p} = \overrightarrow{OP} = \begin{pmatrix} 2 \\ 3 \\ 2{,}5 \end{pmatrix}$ ist der Ortsvektor des Punkts P (2 | 3 | 2,5) und gibt die Verschiebung vom Ursprung zu P an.

Rechnen mit Vektoren

Seite 148, 150

Die Addition und Subtraktion von Vektoren sowie deren Multiplikation mit reellen Zahlen erfolgt komponentenweise.

- **Gegenvektor** von $\vec{v}$: $-\vec{v}$
- **Betrag** von $\vec{v}$: $|\vec{v}| = \sqrt{v_1^2 + v_2^2 + v_3^2}$
- **Nullvektor:** $\vec{o} = \begin{pmatrix} 0 \\ 0 \\ 0 \end{pmatrix}$

Zwei Vektoren sind **kollinear**, wenn sie Vielfache voneinander sind.

Gegeben sind die Vektoren $\vec{v} = \begin{pmatrix} 1 \\ 2 \\ 3 \end{pmatrix}$ und $\vec{w} = \begin{pmatrix} 4 \\ 1 \\ 5 \end{pmatrix}$.

$\vec{v} + \vec{w} = \begin{pmatrix} 1 \\ 2 \\ 3 \end{pmatrix} + \begin{pmatrix} 4 \\ 1 \\ 5 \end{pmatrix} = \begin{pmatrix} 5 \\ 3 \\ 8 \end{pmatrix}$; $2 \cdot \vec{v} = \begin{pmatrix} 2 \\ 4 \\ 6 \end{pmatrix}$

$|\vec{v}| = \sqrt{1^2 + 2^2 + 3^2} = \sqrt{14}$

$-\vec{v} = \begin{pmatrix} -1 \\ -2 \\ -3 \end{pmatrix}$

$\vec{v} = \begin{pmatrix} 1 \\ 2 \\ 3 \end{pmatrix}$ und $\vec{u} = \begin{pmatrix} 2 \\ 4 \\ 6 \end{pmatrix}$ sind kollinear: $\vec{u} = 2 \cdot \vec{v}$

Geraden in vektorieller Darstellung

Seite 154

Die **Parametergleichung** der Geraden g ist gegeben durch g: $\vec{x} = \vec{a} + r \cdot \vec{v}$; $r \in \mathbb{R}$.
Dabei ist $\vec{a}$ der sogenannte **Stützvektor** und $\vec{v}$ der **Richtungsvektor**.

Parameterdarstellung der Geraden g durch die Punkte A (2 | 1 | 4) und B (3 | 5 | 8):

g: $\vec{x} = \begin{pmatrix} 2 \\ 1 \\ 4 \end{pmatrix} + r \cdot \begin{pmatrix} 1 \\ 4 \\ 4 \end{pmatrix}$; $r \in \mathbb{R}$

Gegenseitige Lage von Geraden

Seite 158, 160

1 g und h sind **identisch**; sie haben unendlich viele Punkte gemeinsam.

2 g und h sind zueinander **echt parallel**; sie haben keinen Punkt gemeinsam.

3 g und h **schneiden** einander; sie haben genau einen Punkt gemeinsam.

4 g und h sind zueinander **windschief**; sie haben keinen Punkt gemeinsam.

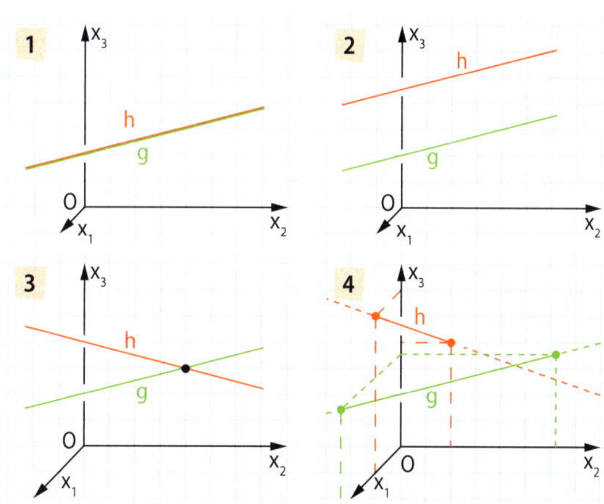

5 Auf unterschiedlichen Wegen

1 In einem dreidimensionalen kartesischen Koordinatensystem sind die Punkte A (2 | 0 | 0), B (2 | 2 | 0), C (0 | 2 | 0) und E (2 | 0 | 4) gegeben. Diese werden durch fünf weitere Punkte zu einem Quader ergänzt.

a) Tragen Sie die Punkte in ein Koordinatensystem ein und ergänzen Sie sie zu einem Quader.
b) Bestimmen Sie die Koordinaten der weiteren Punkte des Quaders.
c) Begründen Sie, warum es sich nicht um einen Würfel handelt.
d) Berechnen Sie den Oberflächeninhalt und das Volumen des Quaders.

a) Fertigen Sie eine graphische Darstellung des Quaders an.
b) Begründen Sie, warum es sich nicht um einen Würfel handelt.
c) Geben Sie die Koordinaten eines Punktes Z an, der in Ihrem Koordinatensystem optisch an der gleichen Stelle wie der Punkt E liegen würde, aber nicht mit E übereinstimmt.

2 Gegeben sind die Vektoren $\vec{u} = \begin{pmatrix} 5 \\ 1 \\ 1 \end{pmatrix}$, $\vec{v} = \begin{pmatrix} 2 \\ 5 \\ 4 \end{pmatrix}$ und $\vec{w} = \begin{pmatrix} 3 \\ 4 \\ -12 \end{pmatrix}$.

a) Bestimmen Sie jeweils den Gegenvektor.
b) Ermitteln Sie die Beträge der Vektoren und geben Sie jeweils einen Vektor mit doppeltem Betrag an.
c) Berechnen Sie die Summe $\vec{u} + \vec{v}$ und die Differenz $\vec{w} - \vec{v}$.
d) Zeigen Sie die Gültigkeit von Kommutativ- und Assoziativgesetz der Addition für die vorgegebenen Vektoren.

a) Bestimmen Sie $3 \cdot (2\vec{v} - 4\vec{w}) + \vec{v}$.
b) Bestimmen Sie die Beträge der Vektoren und geben Sie einen Vektor an, der parallel zu $\vec{w}$ ist und den Betrag 2 hat.
c) Berechnen Sie die Differenz $\vec{u} - \vec{v}$ und stellen Sie Ihr Ergebnis graphisch dar.
d) Zeigen Sie allgemein, dass für Vektoren Kommutativ- und Assoziativgesetz der Addition gelten.

3 Gegeben sind die Punkte A (2 | 4 | 3), B (3 | 1 | −7), C (4 | 6 | 3) und D (−3 | −2 | −22) sowie die Gerade g: $\vec{x} = \begin{pmatrix} 5 \\ 2 \\ -2 \end{pmatrix} + r \cdot \begin{pmatrix} 2 \\ 1 \\ 5 \end{pmatrix}$; $r \in \mathbb{R}$.

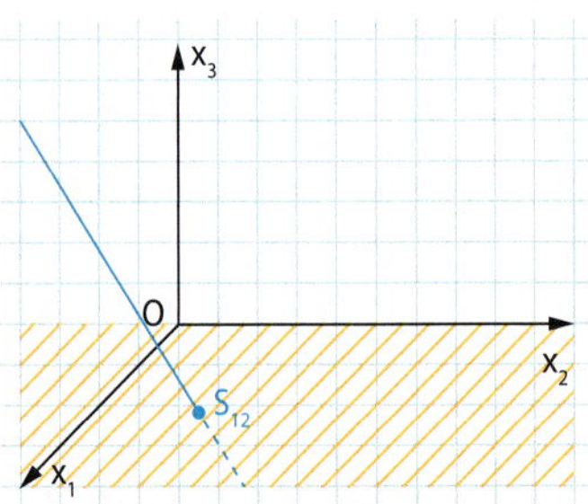

a) Tragen Sie die Punkte sowie die Gerade in ein Koordinatensystem ein.
b) Stellen Sie eine Gleichung für die Gerade AB auf.
c) Definieren Sie, was unter einem Spurpunkt zu verstehen ist.
d) Untersuchen Sie, ob der Punkt C auf der Gerade g liegt.
e) Geben Sie zwei Punkte an, die nicht auf der Geraden g liegen. Beschreiben Sie Ihr Vorgehen.

a) Tragen Sie die Punkte sowie die Gerade in ein Koordinatensystem ein.
b) Stellen Sie eine Gleichung für die Gerade AB auf.
c) Untersuchen Sie die beiden Geraden auf Spurpunkte.
d) Untersuchen Sie, ob die Punkte C und D auf den beiden Geraden liegen.
e) Untersuchen Sie, ob die Punkte C und D auf der Strecke $\overline{AB}$ liegen. Beschreiben Sie Ihr Vorgehen.

4 Entscheiden Sie, ob die Geraden g und h identisch oder echt parallel sind.

$g: \vec{x} = \begin{pmatrix} 2 \\ 1 \\ 4 \end{pmatrix} + r \cdot \begin{pmatrix} 1 \\ 5 \\ -2 \end{pmatrix}; r \in \mathbb{R},$
$h: \vec{x} = \begin{pmatrix} 3 \\ 2 \\ 2 \end{pmatrix} + s \cdot \begin{pmatrix} -2 \\ -10 \\ 4 \end{pmatrix}; s \in \mathbb{R}$

$g: \vec{x} = \begin{pmatrix} 0 \\ 1 \\ -1 \end{pmatrix} + r \cdot \begin{pmatrix} 1 \\ -3 \\ 2 \end{pmatrix}; r \in \mathbb{R},$
$h: \vec{x} = \begin{pmatrix} 3 \\ -8 \\ 5 \end{pmatrix} + s \cdot \begin{pmatrix} 2 \\ -6 \\ 4 \end{pmatrix}; s \in \mathbb{R}$

5 Die zwei Geraden g und h sind durch die Parameterdarstellungen $g: \vec{x} = \begin{pmatrix} -1 \\ 3 \\ 2 \end{pmatrix} + r \cdot \begin{pmatrix} 5 \\ 1 \\ 1 \end{pmatrix}; r \in \mathbb{R}$, und $h: \vec{x} = \begin{pmatrix} 9 \\ 2 \\ 2 \end{pmatrix} + s \cdot \begin{pmatrix} 0 \\ 4 \\ 1 \end{pmatrix}; s \in \mathbb{R}$, gegeben.

a) Beschreiben Sie, welche unterschiedlichen Lagebeziehungen für zwei Geraden allgemein im Raum möglich sind.
b) Geben Sie für die Gerade g eine weitere mögliche Parameterdarstellung an.
c) Geben Sie eine Geradengleichung einer Geraden an, die parallel zu g liegt. Beschreiben Sie Ihr Vorgehen.
d) Untersuchen Sie die Lagebeziehung der Geraden g und h.

a) Erläutern Sie das Vorgehen zur Untersuchung der Lagebeziehung zweier Geraden.
b) Geben Sie mindestens zwei alternative Darstellungen der Geraden g an. Beschreiben Sie Ihr Vorgehen.
c) Zeigen Sie, dass die Gerade g nicht parallel zu x_1-Achse verläuft.
d) Geben Sie die Gleichung einer Gerade h an, die windschief zu g verläuft.

6 Bei einem Gebirgslauf startet ein Teilnehmer im Tal und läuft geradlinig einen Berg nach oben. Der Start erfolgt um 10:30 Uhr im Punkt P (0 | 0 | 0). Die Höhe wird durch die x_3-Koordinate beschrieben und eine Längeneinheit entspricht 1 Meter. Die Bewegung des Läufers wird durch den Vektor $\vec{v} = \begin{pmatrix} 1{,}5 \\ 1{,}5 \\ 1 \end{pmatrix}$ beschrieben. Der Vektor $\vec{v}$ beschreibt die in einer Sekunde zurückgelegte Strecke.

a) Bestimmen Sie die Gleichung des Gebirgsläufers in Abhängigkeit der verstrichenen Zeit t.
b) Begründen Sie, dass der Läufer bergauf läuft.
c) Berechnen Sie die Geschwindigkeit des Läufers.
d) Erläutern Sie, in welchem Zeitintervall die Modellierung des Gebirgsläufers sinnvoll ist.
e) Ein Radfahrer startet im Punkt Q (25 | 40 | 10) und bewegt sich entlang des Vektors $2\vec{v}$. Prüfen Sie die Lagebeziehung der Bahnen des Gebirgsläufers und des Radfahrers.

a) Ermitteln Sie die Gleichung des Gebirgsläufers in Abhängigkeit der verstrichenen Zeit t.
b) Berechnen Sie, wann der Gebirgsläufer eine Höhe von 500 m erreicht.
c) Ist die Modellierung als Geradengleichung angemessen? Nehmen Sie Stellung.
d) Ein Fahrradfahrer startet im Punkt Q (25 | 40 | 10) und bewegt sich geradlinig entlang des Vektors $\vec{u} = \begin{pmatrix} -2 \\ -2 \\ 4 \end{pmatrix}$ fort. Der Vektor $\vec{u}$ beschreibt die in einer Sekunde zurückgelegte Strecke. Prüfen Sie, ob sich die Bahnen des Gebirgsläufers und des Radfahrers treffen.

1 Tragen Sie die Punkte A (4 | 2 | −1), B (5 | 6 | −1), C (8 | 7 | −1), D (−2 | 0 | −1) und E (−3 | −1 | −1) in ein kartesisches Koordinatensystem ein und ergänzen Sie das Fünfeck zu einem Prisma der Höhe h = 5 LE.

2 Der Quader ABCDEFGH hat die Kantenlängen 8 und 12 und 7. Geben Sie die Koordinaten aller acht Eckpunkte, der Flächendiagonalenschnittpunkte M_1, M_3 und M_6 sowie des Schnittpunkts M der vier Raumdiagonalen an.

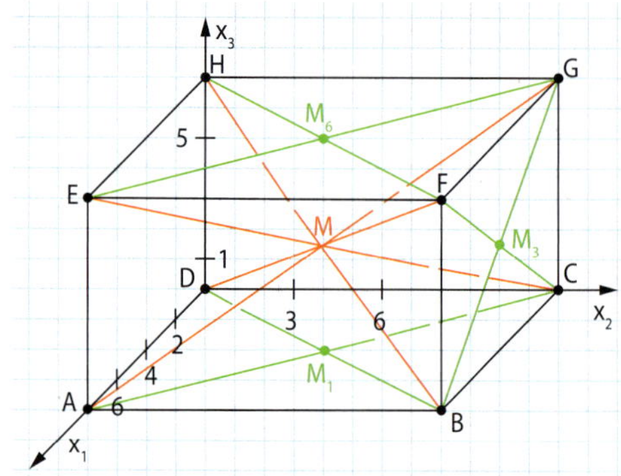

3 Die Abbildung zeigt ein Werkstück mit den Eckpunkten A (2 | 0 | 0), B (2 | 6 | 0), C (0 | 4 | 0), D (0 | 0 | 0), E (0 | 0 | 4) und F (0 | 4 | 4) und lauter ebenen Flächen.

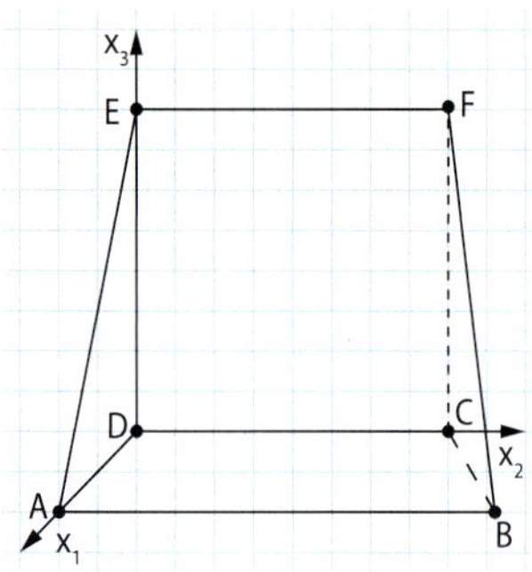

a) Zeichnen Sie ein Schrägbild des Werkstücks in Ihr Heft.
b) Geben Sie mindestens drei Eigenschaften des Vierecks ABFE an.
c) Von dem Werkstück soll ein Teil so abgetrennt werden, dass ein gerades Prisma mit der Grundfläche ADE übrig bleibt, dessen Volumen 12 VE beträgt.
Bestimmen Sie die Höhe dieses Prismas, tragen Sie das Prisma in Ihr Schrägbild ein und berechnen Sie seinen Oberflächeninhalt.

4 Gegeben sind die Punkte A und B.

1 A (−5 | 2 | 3); B (6 | 6 | 2)	2 A (3 | −1 | −2); B (5 | 0 | 4)	3 A (8 | 0 | 8); B (6 | 5 | −4)
4 A (−2 | −3 | −4); B (0 | 0 | 2)	5 A (1 | 5 | 11); B (2 | 7 | −4)	6 A (3 | 2 | 4); B (5 | 1 | −3)

a) Ermitteln Sie die Koordinaten des Vektors $\overrightarrow{AB}$ und des Gegenvektors $\overrightarrow{BA}$.
b) Berechnen Sie die Koordinaten des Mittelpunkts der Strecke $\overline{AB}$ sowie deren Länge.

5 Ermitteln Sie die fehlenden Koordinaten des Punkts C bzw. D, wenn $\overrightarrow{CD} = \begin{pmatrix} 2 \\ -3 \\ 1 \end{pmatrix}$ ist.

a) C (2 | 3 | −1)   b) D (2 | 3 | −1)   c) C (−c | 2 | c); $c \in \mathbb{R}$
d) D (0 | 0 | 0)   e) C (2 + c | c − 3 | 1); $c \in \mathbb{R}$ f) C (c | c | c); $c \in \mathbb{R}$

6 Berechnen Sie jeweils die Koordinaten des Mittelpunkts der Strecke $\overline{AB}$.

a) A (4 | −5); B (6 | 3)   b) A (0 | 3 | −4); B (−6 | 1 | −2)
c) A (8 | 0,5 | −5); B (−3 | 1,5 | −1)   d) A (2k | k | 0); B (0 | −k | 10); $k \in \mathbb{R}$

Denken Sie daran, wenn möglich die Wurzel zu vereinfachen: $\sqrt{32} = \sqrt{16} \cdot \sqrt{2} = 4\sqrt{2}$

7 Ermitteln Sie den Betrag des Vektors $\vec{v}$.

a) $\vec{v} = \begin{pmatrix} 2 \\ 3 \\ 1 \end{pmatrix}$ b) $\vec{v} = \begin{pmatrix} -2 \\ 4 \\ 5 \end{pmatrix}$ c) $\vec{v} = \begin{pmatrix} 0 \\ 0 \\ 7 \end{pmatrix}$ d) $\vec{v} = \begin{pmatrix} 5 \\ 0 \\ 12 \end{pmatrix}$

e) $\vec{v} = \begin{pmatrix} 8 \\ 4 \\ 5 \end{pmatrix}$ f) $\vec{v} = \begin{pmatrix} 1 \\ 1{,}5 \\ 2 \end{pmatrix}$ g) $\vec{v} = \begin{pmatrix} a \\ 2a \\ 3a \end{pmatrix}$ h) $\vec{v} = \begin{pmatrix} a \\ -a \\ a^2 \end{pmatrix}$

8 Bestimmen Sie eine Gleichung der Gerade g durch die Punkte A und B.

a) A (2 | 2 | 6); B (−1 | 3 | 2)   b) A (5 | 4 | 1); B (0 | 3 | 2)   c) A (−1 | 2 | 0); B (5 | 4 | 2)
d) A (3 | 2 | 4); B (5 | 4 | 3)   e) A (3 | −4 | −7); B (8 | 4 | 10)   f) A (5 | 4 | 1); B (6 | 2 | −10)

9 Geben Sie eine Gleichung einer Geraden an, die durch den Punkt P (0 | 2 | 3) verläuft und parallel (bzw. senkrecht) zur x_1-Achse verläuft.
Tipp: Veranschaulichen Sie den Sachverhalt in einer Skizze.

10 Gegeben sind die Punkte A und M der Strecke $\overline{AB}$. M ist dabei der Mittelpunkt dieser Strecke. Bestimmen Sie die Koordinaten von B sowie die Länge der Strecke $\overline{AB}$.

a) A (4 | 1 | 3); M (0 | 0 | 2)
b) A (5 | 4 | 0); M (0 | 3 | 1)
c) A (1 | 1 | 1); M (0 | 0 | 0)
d) A (5 | 0 | 0); M (0 | 0 | 1)
e) A (5 | 3 | a); $a \in \mathbb{R}$; M (2 | 5 | 9)
f) A (2 | 6 | −3); M liegt auf der x_2-Achse

11 Gegeben sind die Punkte T (2 | 3 | 4), R (0 | 4 | 0) und E (−2 | 1 | 5).
Ermitteln Sie jeweils die Koordinaten des Spiegelpunkts T*, R* bzw. E*, wenn …

a) T an der x_2-x_3-Ebene gespiegelt wird.
b) R an der x_1-Achse gespiegelt wird.
c) E am Ursprung O (0 | 0 | 0) gespiegelt wird.

12 Bestimmen Sie die Werte des Parameters $k \in \mathbb{R}\setminus\{0\}$, für die der Vektor $\vec{v}$ den Betrag 1 besitzt.

a) $\vec{v} = \begin{pmatrix} \frac{1}{2} \\ k \\ -\frac{1}{3} \end{pmatrix}$ **b)** $\vec{v} = \begin{pmatrix} 0{,}6 \\ -0{,}8 \\ k+1 \end{pmatrix}$ **c)** $\vec{v} = \begin{pmatrix} 2 \\ 0{,}25 \\ k \end{pmatrix}$ **d)** $\vec{v} = \begin{pmatrix} \frac{1}{k} \\ \frac{1}{k} \\ \frac{1}{k} \end{pmatrix}$ **e)** $\vec{v} = \begin{pmatrix} 0 \\ 3k \\ -4k \end{pmatrix}$ **f)** $\vec{v} = \begin{pmatrix} 2k \\ k \\ -2k \end{pmatrix}$

13

$\vec{a} = \begin{pmatrix} 4 \\ 2 \\ -3 \end{pmatrix}; \vec{b} = \begin{pmatrix} 6 \\ 3 \\ -4{,}5 \end{pmatrix}$

$\vec{a} = \begin{pmatrix} 1 \\ 2 \\ -3 \end{pmatrix}; \vec{b} = \begin{pmatrix} 2 \\ 4 \\ 0 \end{pmatrix}$

$\vec{a} = \begin{pmatrix} -2 \\ -3 \\ -3 \end{pmatrix}; \vec{b} = \begin{pmatrix} 4 \\ 6 \\ 6 \end{pmatrix}$

$\vec{a} = \begin{pmatrix} 7 \\ \frac{2}{3} \\ -5 \end{pmatrix}; \vec{b} = \begin{pmatrix} 21 \\ 2 \\ 15 \end{pmatrix}$

$\vec{a} = \begin{pmatrix} 1 \\ 0 \\ 2 \end{pmatrix}; \vec{b} = \begin{pmatrix} 2 \\ 0 \\ -4 \end{pmatrix}$

$\vec{a} = \begin{pmatrix} p \\ 2p \\ 3p \end{pmatrix}; \vec{b} = \begin{pmatrix} p^2 \\ 2p^2 \\ 3p^2 \end{pmatrix}; p \in \mathbb{R}$

a) Prüfen Sie die Vektoren $\vec{a}$ und $\vec{b}$ auf Kollinearität.
b) Berechnen Sie, um wie viel Prozent der Betrag des Vektors mit dem größeren Betrag größer ist als der Betrag des anderen Vektors.

14 **a)** Geben Sie jeweils eine Geradengleichung für die Gerade g an, sodass …

1 A (2 | 1 | −4) und B (3 | 5 | −2) auf g liegen.
2 A (0 | 3 | 1) auf g liegt und g parallel zur x_1-Achse verläuft.
3 A (5 | 4 | 2) auf g liegt und g parallel zur x_2-Achse verläuft.
4 A (−2 | 3 | 0) auf g liegt und g senkrecht zur x_1-Achse verläuft.
5 g eine Ursprungsgerade ist, die in Richtung $\begin{pmatrix} 2 \\ 4 \\ -6 \end{pmatrix}$ verläuft.
6 g in Richtung $\begin{pmatrix} 3 \\ 1 \\ 0 \end{pmatrix}$ verläuft und nicht in der x_1-x_2-Ebene verläuft.

b) Entscheiden Sie, in welchen Fällen aus Teilaufgabe a) die Gerade eindeutig festgelegt ist.
c) Stellen Sie die Gerade in einem Koordinatensystem dar. Bei mehreren Lösungsmöglichkeiten genügt es, eine Lösung darzustellen.

Tipp: Veranschaulichen Sie den Sachverhalt in einer Skizze.

15 Gegeben ist die Kugel K mit Mittelpunkt (−2 | 4 | 1) und Radius r = 5 LE.

a) Ermitteln Sie das Volumen und den Oberflächeninhalt der Kugel.

b) Prüfen Sie die Lage der folgenden Punkte bezüglich K:
A (5 | 4 | 1), B (3 | 2 | 2), C (−1 | 3 | 4), D (1 | 0 | 1), E (2 | 5 | −1).

c) Zeigen Sie, dass der Punkt Q (4 | 7 | 4) außerhalb der Kugel liegt.

16 Gegeben ist das Viereck ABCD mit den Eckpunkten A (−1 | 0), B (7 | −3), C (11 | 1) und D (0 | 3). Verbindet man die Mittelpunkte M_1, M_2, M_3 bzw. M_4 seiner Seiten $\overline{AB}$, $\overline{BC}$, $\overline{CD}$ und $\overline{DA}$ miteinander, so entsteht sein sogenanntes Mittenviereck.

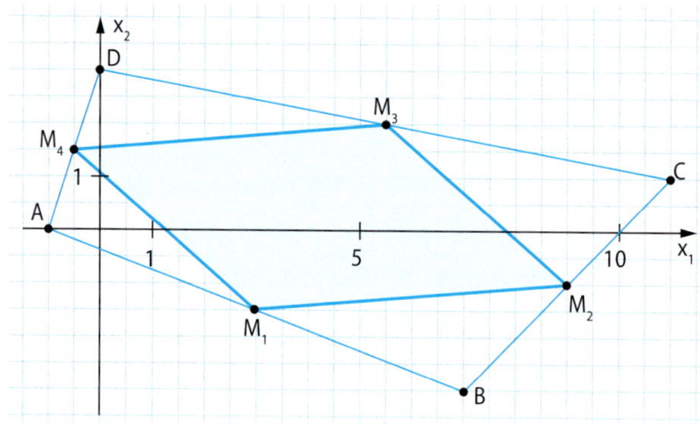

a) Tragen Sie mithilfe eines Computerprogramms das Viereck ABCD in ein Koordinatensystem ein und konstruieren Sie dann dort das Mittenviereck des Vierecks ABCD.

b) Welche Vermutung haben Sie bezüglich des Mittenvierecks $M_1M_2M_3M_4$? Begründen Sie Ihre Vermutung z. B. mithilfe der Vektorrechnung.

c) Verändern Sie nun am Bildschirm die Lage der Punkte A, B, C und D und beobachten Sie dabei das Mittenviereck. Bleiben Sie bei Ihrer Vermutung?

17 Prüfen Sie jeweils, ob die Geraden g und h einander schneiden.

a) $g: \vec{x} = \begin{pmatrix} 1 \\ 3 \\ 2 \end{pmatrix} + r \cdot \begin{pmatrix} 0 \\ 2 \\ 1 \end{pmatrix}; r \in \mathbb{R}$, $h: \vec{x} = \begin{pmatrix} 3 \\ -1 \\ 6 \end{pmatrix} + s \cdot \begin{pmatrix} 1 \\ 0 \\ 3 \end{pmatrix}; s \in \mathbb{R}$

b) $g: \vec{x} = \begin{pmatrix} 1 \\ 4 \\ 2 \end{pmatrix} + r \cdot \begin{pmatrix} 1 \\ 2 \\ 3 \end{pmatrix}; r \in \mathbb{R}$, $h: \vec{x} = \begin{pmatrix} 0 \\ 2 \\ -1 \end{pmatrix} + s \cdot \begin{pmatrix} 1 \\ 0 \\ 3 \end{pmatrix}; s \in \mathbb{R}$

c) $g: \vec{x} = \begin{pmatrix} 2 \\ 0 \\ -2 \end{pmatrix} + r \cdot \begin{pmatrix} 0 \\ 1 \\ 2 \end{pmatrix}; r \in \mathbb{R}$, $h: \vec{x} = \begin{pmatrix} 1 \\ 2 \\ 3 \end{pmatrix} + s \cdot \begin{pmatrix} -1 \\ 0 \\ 1 \end{pmatrix}; s \in \mathbb{R}$

18 Bestimmen Sie die Lagebeziehung der Geraden g und h.

a) $g: \vec{x} = \begin{pmatrix} 1 \\ 0 \\ 3 \end{pmatrix} + r \cdot \begin{pmatrix} -2 \\ 8 \\ 4 \end{pmatrix}; r \in \mathbb{R}$, $h: \vec{x} = \begin{pmatrix} 5 \\ -5 \\ -1 \end{pmatrix} + s \cdot \begin{pmatrix} 1 \\ -4 \\ -2 \end{pmatrix}; s \in \mathbb{R}$

b) $g: \vec{x} = \begin{pmatrix} 4 \\ 0 \\ 6 \end{pmatrix} + r \cdot \begin{pmatrix} -2 \\ 8 \\ 4 \end{pmatrix}; r \in \mathbb{R}$, $h: \vec{x} = \begin{pmatrix} 6 \\ 5 \\ 7 \end{pmatrix} + s \cdot \begin{pmatrix} 2 \\ 5 \\ 1 \end{pmatrix}; s \in \mathbb{R}$

c) $g: \vec{x} = \begin{pmatrix} 1 \\ 0 \\ 3 \end{pmatrix} + r \cdot \begin{pmatrix} -3 \\ 12 \\ 6 \end{pmatrix}; r \in \mathbb{R}$, $h: \vec{x} = \begin{pmatrix} 5 \\ 2 \\ 6 \end{pmatrix} + s \cdot \begin{pmatrix} -4 \\ 2 \\ -6 \end{pmatrix}; s \in \mathbb{R}$

d) $g: \vec{x} = \begin{pmatrix} 1 \\ 0 \\ 3 \end{pmatrix} + r \cdot \begin{pmatrix} -2 \\ 8 \\ 4 \end{pmatrix}; r \in \mathbb{R}$, $h: \vec{x} = \begin{pmatrix} 10 \\ -1 \\ 20 \end{pmatrix} + s \cdot \begin{pmatrix} 2 \\ -1 \\ -3 \end{pmatrix}; s \in \mathbb{R}$

e) $g: \vec{x} = \begin{pmatrix} 1 \\ 0 \\ 3 \end{pmatrix} + r \cdot \begin{pmatrix} 0{,}2 \\ -0{,}8 \\ -0{,}4 \end{pmatrix}; r \in \mathbb{R}$, $h: \vec{x} = \begin{pmatrix} 7 \\ -5 \\ 1 \end{pmatrix} + s \cdot \begin{pmatrix} \frac{1}{5} \\ 2 \\ -2 \end{pmatrix}; s \in \mathbb{R}$

f) $g: \vec{x} = \begin{pmatrix} 4 \\ 6 \\ -2 \end{pmatrix} + r \cdot \begin{pmatrix} 3 \\ 1 \\ 1 \end{pmatrix}; r \in \mathbb{R}$, $h: \vec{x} = \begin{pmatrix} 4 \\ -3 \\ -2 \end{pmatrix} + s \cdot \begin{pmatrix} 1 \\ -4 \\ -2 \end{pmatrix}; s \in \mathbb{R}$

19 Geben Sie drei Bewegungen an, …

a) die sinnvollerweise mithilfe einer Geradengleichung modelliert werden können.

b) bei denen die Modellierung mithilfe einer Geradengleichung nicht sinnvoll ist.

Begründen Sie.

20 **a)** Erläutern Sie anhand von Skizzen, wie drei Geraden g, h und k im Raum zueinander liegen können, …

1 wenn es genau drei Schnittpunkte gibt.

2 wenn es genau zwei Schnittpunkte gibt.

3 wenn es genau einen Schnittpunkte gibt.

4 wenn es keinen Schnittpunkt gibt.

b) Geben Sie für jeden Fall aus Teilaufgabe a) ein konkretes Beispiel an.

21

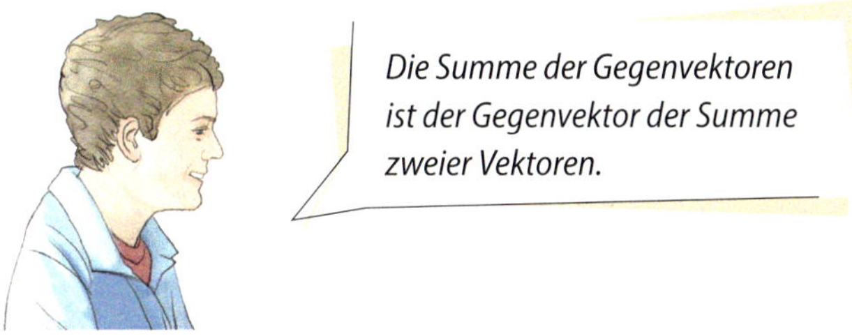

Beurteilen Sie diese Aussage.

22 Gegeben ist die Gerade g: $\vec{x} = \begin{pmatrix} 4 \\ 1 \\ 5 \end{pmatrix} + r \cdot \begin{pmatrix} 3 \\ -4 \\ 12 \end{pmatrix}$; $r \in \mathbb{R}$.

a) Bestimmen Sie zwei Punkte P und Q auf g, die vom Aufpunkt A den Abstand 26 haben.

b) Ermitteln Sie, welcher dieser drei Punkte von S (8 | 7 | 5) den geringsten Abstand hat.

c) Begründen Sie, warum die Punkte A, P und Q kein Dreieck bilden.

d) Betrachten Sie das Dreieck PQS und bestimmen Sie dessen Umfang.

e) Entscheiden Sie, ob dieses Dreieck rechtwinklig ist.

23 Gegeben sind die Punkte A (2 | 4 | 5), B (3 | 4 | 4), C (1 | 5 | 3) und M (1 | 2 | 3).
Untersuchen Sie, ob der Punkt M der Mittelpunkt des Umkreises des Dreiecks ABC ist.

24 Der Fuß eines 20 m hohen Towers befindet sich im Ursprung eines Koordinatensystems (Längeneinheit: Meter). Die x_3-Achse gibt die Höhe über dem Boden an.
Zum Zeitpunkt t = 0 (t in Sekunden) hebt ein Flugzeug auf der Startbahn ab. Seine Flugbahn lässt sich näherungsweise mithilfe der Gleichung f: $\vec{x} = \begin{pmatrix} 0 \\ 150 \\ 0 \end{pmatrix} + t \cdot \begin{pmatrix} 25 \\ 16 \\ 5 \end{pmatrix}$; $t \in \mathbb{R}$, beschreiben.

a) Diskutieren Sie, inwieweit die Modellierung der Flugbahn sinnvoll ist. Geben Sie außerdem ein geeignetes Intervall für t an.

b) Geben Sie den Startort des Flugzeugs bezogen auf den Tower an und interpretieren Sie den Richtungsvektor der Flugbahn.

c) Bestimmen Sie, wie viele Höhenmeter das Flugzeug in einer Minute gewinnt und ermitteln Sie die Geschwindigkeit während des Flugs.

d) Berechnen Sie den Zeitpunkt, an dem das Flugzeug 1 km Flugstrecke zurückgelegt hat. Geben Sie weiter die Position des Flugzeugs zu diesem Zeitpunkt an.

5 Horizonte

Der abgebildete Holzschnitt von Albrecht Dürer trägt den Titel *„Der Zeichner der Laute"* und stammt aus dem Jahr 1525. In ihm illustriert Dürer, wie man einen Körper (hier: eine Laute) perspektivisch darstellen kann.

Es handelt sich dabei um eine sogenannte **Zentralprojektion**. Bei dieser Art der Abbildung benutzt man Strahlen (Geraden) durch einen festen Punkt, den *Augpunkt*. Parallele Geraden, die nicht parallel zur Bildtafel verlaufen, werden auf Geraden abgebildet, die sich in einem Punkt, dem **Fluchtpunkt**, schneiden. Die Zentralprojektion erzeugt Bilder, wie sie auch beim Sehen mit einem Auge im Augpunkt entstehen.

In der Mittelstufe haben Sie solche Abbildungen rein zeichnerisch untersucht und durchgeführt. Diese Abbildungen kann man aber auch rechnerisch darstellen. Ein geeignetes Mittel hierfür sind **Matrizen**.

Unter einer **Matrix** (Plural *Matrizen*) versteht man eine rechteckige Anordnung (Tabelle) von Elementen (meist Zahlen).

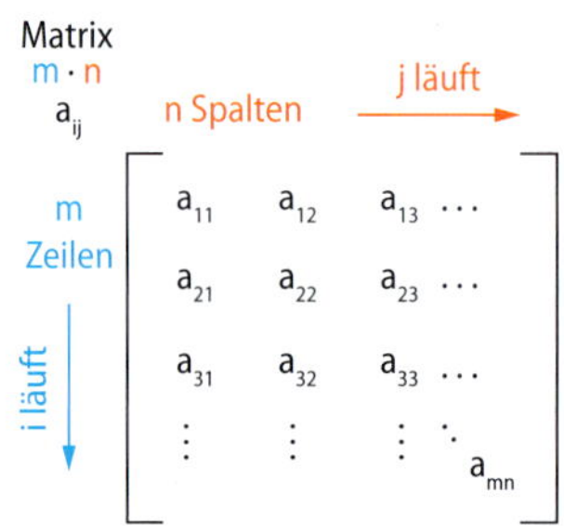

Im Folgenden wollen wir uns einzelne Abbildungen genauer ansehen.

Abbildung: Spiegelung an einer Koordinatenachse

Wenn man einen Punkt P (x | y) an der x-Achse spiegelt, bleibt die x-Koordinate unverändert, während sich bei der y-Koordinate das Vorzeichen herumdreht.
Für die Spiegelung an der x-Achse gilt somit $x^* = x$ und $y^* = -y$.

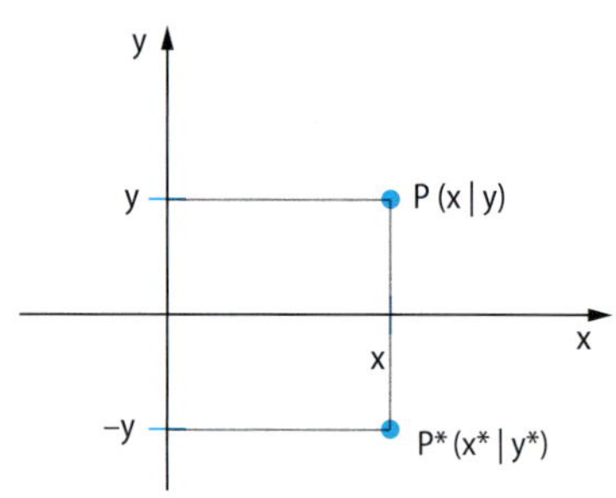

Diese Gleichungen bezeichnet man als **Abbildungsgleichungen**. Sie stellen die Beziehung zwischen den ursprünglichen Koordinaten und den Bildkoordinaten her, genauer: Sie geben an, wie man die Koordinaten des Bildpunktes aus den Koordinaten des Urbildpunktes berechnen kann.

Die Abbildungsgleichungen können auch mithilfe einer Matrix dargestellt werden. Dazu schreiben wir zunächst etwas ausführlicher:
$x^* = 1 \cdot x + 0 \cdot y$ und $y^* = 0 \cdot x - 1 \cdot y$ bzw. in Matrixform $\begin{pmatrix} x^* \\ y^* \end{pmatrix} = \begin{pmatrix} 1 & 0 \\ 0 & -1 \end{pmatrix} \cdot \begin{pmatrix} x \\ y \end{pmatrix}$ oder $\overrightarrow{x^*} = A \cdot \vec{x}$ mit $A = \begin{pmatrix} 1 & 0 \\ 0 & -1 \end{pmatrix}$.
Die Schreibweise inklusive des Vektors $\vec{x}$ heißt **Abbildungsgleichung**, die Matrix A **Abbildungsmatrix**.

1 **a)** Bestimmen Sie die Bildpunkte von A (7 | –3) und B (–4 | 2) bei Spiegelung an der x-Achse.
b) Welcher Punkt P wird bei der Spiegelung an der x-Achse auf den Punkt P* (–6 | 5) abgebildet?
c) Stellen Sie die Abbildungsgleichungen und die Matrix bei Spiegelung an der y-Achse auf.

Abbildung: Verschiebungen

Bei einer **Verschiebung** um v_1 in x-Richtung und um v_2 in y-Richtung wird der Punkt P (x | y) auf den Bildpunkt P* $(x + v_1 | y + v_2)$ abgebildet.

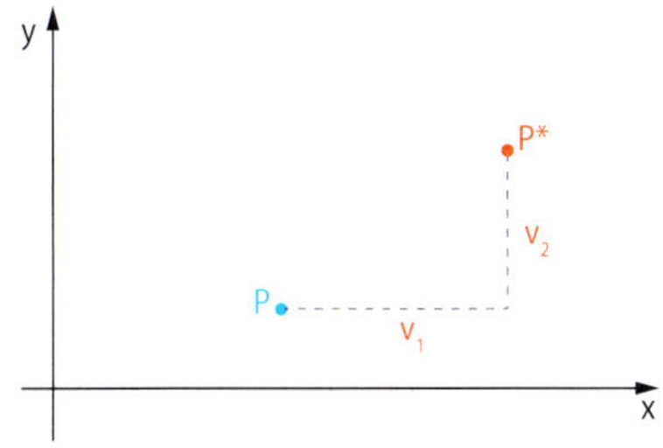

Die Verschiebung kann beschrieben werden mithilfe des Verschiebungsvektors $\vec{v} = \begin{pmatrix} v_1 \\ v_2 \end{pmatrix}$: $\overrightarrow{OP^*} = \overrightarrow{OP} + \vec{v}$

Die Abbildungsgleichungen lauten: $x^* = x + v_1$ und $y^* = y + v_2$.

2 Eine Verschiebung wird durch den Verschiebungsvektor $\vec{v} = \begin{pmatrix} 4 \\ -1 \end{pmatrix}$ beschrieben.
a) Bestimmen Sie die Koordinaten des Bildpunktes von P (−1 | 4).
b) Geben Sie an, welcher Punkt P auf P* (6 | 3) abgebildet wird.

Abbildung: Zentrische Streckung

In Dürers Holzschnitt wurde eine zentrische Streckung ausgeführt. Aus der Mittelstufenmathematik wissen Sie, dass Sie für eine Streckung stets ein Streckzentrum sowie eine Streckfaktor benötigen.

Wollen wir zum Beispiel ein Dreieck PQR mit P (1 | 3), Q (2 | 1) und R (4 | 3) mit dem Streckfaktor k = 2 am Ursprung O als Zentrum strecken, müssen wir bei der Konstruktion des Bildpunktes P* (x* | y*) beachten, dass die Punkte O, P und P* auf einer Ursprungsgeraden liegen und die Entfernung von O nach P* genau doppelt so lang ist wie die Strecke von O nach P.
Es gilt also $x^* = 2 \cdot 1 = 2$ und $y^* = 2 \cdot 3 = 6$.
Daraus folgt für den Bildpunkt P*: P* (2 | 6)
Die Bildpunkte Q* (4 | 2) und R* (8 | 6) berechnet man analog.

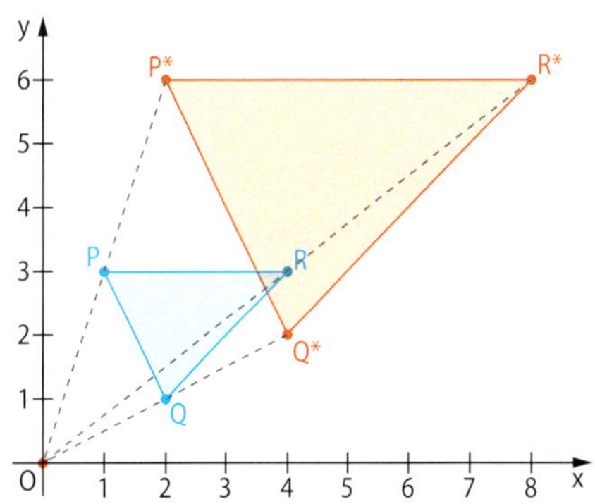

Allgemein gelten für den Streckfaktor $k \in \mathbb{R}$ die Abbildungsgleichungen $x^* = k \cdot x$ und $y^* = k \cdot y$.
Die Abbildungsmatrix einer zentrischen Streckung ist dann $A = \begin{pmatrix} k & 0 \\ 0 & k \end{pmatrix}$.

Insgesamt kann man die Abbildung wie folgt beschreiben: $\begin{pmatrix} x^* \\ y^* \end{pmatrix} = \begin{pmatrix} k & 0 \\ 0 & k \end{pmatrix} \cdot \begin{pmatrix} x \\ y \end{pmatrix}$

3 **a)** Führen Sie eine Streckung eines beliebigen Dreiecks mit dem Ursprung als Streckzentrum sowie dem Streckfaktor 3 „händisch" durch.
b) Ermitteln Sie anschließend die Abbildungsgleichung und die Abbildungsmatrix.

4 Gegeben ist das Dreieck P (5 | 3), Q (3 | 7), R (−1 | 5).
Ermitteln Sie die Koordinaten des Bilddreiecks P*, Q* und R* bei der …
a) Verschiebung mit dem Verschiebungsvektor $\vec{v} = \begin{pmatrix} 3 \\ 2 \end{pmatrix}$.
b) Spiegelung an der x-Achse und der Spiegelung an der y-Achse.
c) Streckung mit dem Streckfaktor k = 0,5 und dem Ursprung als Streckzentrum.

5 Am Ziel

Aufgaben zur Einzelarbeit

Überprüfen Sie Ihre Fähigkeiten und Kompetenzen. Bearbeiten Sie dazu die folgenden Aufgaben und bewerten Sie anschließend Ihre Lösungen mit einem Smiley.

☺	😐	☹
Das kann ich **wirklich gut!**	Das kann ich **fast!**	Das muss ich **noch üben!**

1 Tragen Sie die Punkte A (2 | 5 | 4), B (3 | 1 | 2) und C (4 | 3 | 0) in ein Koordinatensystem ein. Bestimmen Sie jeweils den Mittelpunkt der Strecken $\overline{AB}$ und $\overline{BC}$.

2 Gegeben sind die Punkte A (1 | 0 | 4), B (5 | 3 | 6) und C (0 | 5 | 3).
- **a)** Tragen Sie die Punkte in ein Koordinatensystem ein.
- **b)** Berechnen Sie den Umfang des Dreiecks ABC.
- **c)** Bestimmen Sie einen weiteren Punkt so, dass ein Parallelogramm entsteht.
- **d)** Ermitteln Sie den Diagonalenschnittpunkt des Parallelogramms aus Teilaufgabe c).

3 Erläutern Sie, wie man zwei vorgegebene Vektoren auf Kollinearität überprüft.

4 Geben Sie zum Vektor $\vec{u} = \begin{pmatrix} 2 \\ 3 \\ -4 \end{pmatrix}$ je zwei kollineare und zwei nicht-kollineare Vektoren an.

5 Beschreiben Sie die gegenseitige Lage der Vektoren $\vec{a}$, $\vec{b}$ und $\vec{c}$, wenn gilt: $\vec{a} + \vec{b} = \vec{c}$.
Verdeutlichen Sie Ihre Aussage anhand einer Skizze.

6 Geben Sie vier Vektoren mit Betrag 7 an.

7 Bestimmen Sie zwei zu $\vec{u} = \begin{pmatrix} 5 \\ 4 \\ 3 \end{pmatrix}$ kollineare Vektoren, die einen Betrag von 4 haben.

8 Ermitteln Sie – falls möglich – Parameterwerte $k \in \mathbb{R}$ so, dass $|\vec{v}| = 8$ gilt. Begründen Sie, falls dies nicht möglich ist.

a) $\vec{v} = \begin{pmatrix} 3 \\ 5 \\ k \end{pmatrix}$ **b)** $\vec{v} = \begin{pmatrix} 8 \\ k-2 \\ 1 \end{pmatrix}$ **c)** $\vec{v} = \begin{pmatrix} k-1 \\ k-2 \\ k-3 \end{pmatrix}$

9 Erläutern Sie, wie eine Geradengleichung aus zwei vorgegebenen Punkten aufgestellt werden kann.

10 Stellen Sie eine Gleichung für die Gerade AB auf.
- **a)** A (5 | 4 | −2); B (7 | 4 | 6)
- **b)** A (0 | 4 | −1); B (8 | 5 | −1)
- **c)** A (0 | 0 | 2); B (1 | 3 | 2)

Beschreiben Sie die Lage der jeweiligen Gerade.

11
- **a)** Veranschaulichen Sie die Gerade g mit $g: \vec{x} = \begin{pmatrix} 1 \\ 1 \\ 2 \end{pmatrix} + r \cdot \begin{pmatrix} 1 \\ 3 \\ -1 \end{pmatrix}; r \in \mathbb{R}$, in einem Koordinatensystem.
- **b)** Berechnen Sie die Spurpunkte der Geraden aus Teilaufgabe a).
- **c)** Die Spurpunkte aus Teilaufgabe b) bilden ein Dreieck. Bestimmen Sie dessen Umfang.

12 Gegeben sind die zwei Geradengleichungen

$g: \vec{x} = \begin{pmatrix} 3 \\ 1 \\ 2 \end{pmatrix} + r \cdot \begin{pmatrix} 0 \\ 4 \\ 1 \end{pmatrix}; r \in \mathbb{R}$, und

$h: \vec{x} = \begin{pmatrix} -5 \\ 5 \\ 8 \end{pmatrix} + s \cdot \begin{pmatrix} 2 \\ 3 \\ -0{,}5 \end{pmatrix}; s \in \mathbb{R}$.

- **a)** Untersuchen Sie die gegenseitige Lage von g und h. Beschreiben Sie Ihr Vorgehen.
- **b)** Prüfen Sie, ob der Punkt A (3 | 1 | 2) auf g, h oder auf beiden Geraden liegt.
- **c)** Geben Sie eine Geradengleichung einer Geraden w an, so dass g und w windschief zueinander liegen.

13

$g: \vec{x} = \begin{pmatrix} 2 \\ 1 \\ 4 \end{pmatrix} + r \cdot \begin{pmatrix} 1 \\ 1 \\ 1 \end{pmatrix}; r \in \mathbb{R}$

$h: \vec{x} = \begin{pmatrix} 0 \\ -4 \\ -4 \end{pmatrix} + s \cdot \begin{pmatrix} 1 \\ 2 \\ 3 \end{pmatrix}; s \in \mathbb{R}$

$k: \vec{x} = \begin{pmatrix} 1 \\ 4 \\ 11 \end{pmatrix} + t \cdot \begin{pmatrix} -1 \\ -5 \\ -9 \end{pmatrix}; t \in \mathbb{R}$

Zeigen Sie, dass sich die Geraden g, h und k so schneiden, dass die Schnittpunkte ein Dreieck bilden.

Aufgaben für Lernpartner

Arbeitsschritte

1. Bearbeiten Sie die folgenden Aufgaben zuerst allein.
2. Suchen Sie sich einen Partner oder eine Partnerin und arbeiten Sie zusammen weiter: Erklären Sie sich gegenseitig Ihre Lösungen. Korrigieren Sie fehlerhafte Antworten.

Sind folgende Behauptungen richtig oder falsch? Begründen Sie.

A Das dreidimensionale kartesische Koordinatensystem ist eine Möglichkeit, Punkte im Raum zu veranschaulichen.

B Das Ablesen eines Punktes aus einem gezeichneten Koordinatensystem ist nicht eindeutig.

C Zu einem vorgegebenen Vektor im Raum gibt es unendlich viele kollineare Vektoren.

D Will man einen Vektor mit einer positiven Zahl $\frac{1}{k}$ multiplizieren, so erhält man einen parallelen, gleich gerichteten Vektor, wobei der Betrag des Ausgangsvektors durch k dividiert wurde.

E Der Nullvektor ist zu jedem Vektor kollinear.

F Die Summe zweier Vektoren ist wieder ein Vektor.

G Vektor und Gegenvektor stimmen im Betrag überein.

H Verdoppelt man alle Koordinaten eines Vektors, so verdoppelt sich auch sein Betrag.

I Verkleinert man alle Koordinaten eines Vektors, so verkleinert sich auch sein Betrag.

J Geraden können in der Parameterdarstellung eindeutig dargestellt werden.

K Der Stützvektor einer Gerade zeichnet sich nicht durch eine besondere Lage aus.

L Zwei Geraden sind genau dann parallel, wenn ihre Richtungsvektoren kollinear sind.

M Sind die Richtungsvektoren zweier Geraden nicht kollinear, so schneiden sich die Geraden.

N Schneiden sich zwei Geraden genau einmal, so sind die Richtungsvektoren nicht kollinear.

O In der Zeichenebene gibt es, wie im Raum, vier mögliche Lagebeziehungen für zwei Geraden.

P Für den Mittelpunkt M einer Strecke $\overline{AB}$ gilt $\vec{m} = \frac{1}{2} \cdot (\vec{b} - \vec{a})$.

Q Jede beliebige Bewegung kann mit einer Bewegungsgleichung der Form $\vec{x} = \vec{a} + t \cdot \vec{v}; t \in \mathbb{R}$, beschrieben werden.

Ich kann …	„Am Ziel!"-Aufgaben	Hilfe
… mich im dreidimensionalen Koordinatensystem zurechtfinden.	1, 2, A, B	S. 144
… mit Vektoren rechnen.	5, D, F, P	S. 148, 150
… Vektoren auf Kollinearität prüfen.	3, 4, 7, C, E	S. 150
… Beträge von Vektoren bestimmen.	6, 7, 8, G, H, I	S. 150
… Geradengleichungen aufstellen.	9, 10, 11, J, K	S. 154
… Lagebeziehungen von Geraden ermitteln.	12, 13, L, M, N, O	S. 158, 160
… geradlinige Bewegungen mit konstanter Geschwindigkeit mit Vektoren beschreiben.	Q	S. 164

6 Startklar!

Aufgabe	Ich kann schon ...	Grundwissen
1	... Baumdiagramme für die Berechnung von Wahrscheinlichkeiten mehrstufiger Zufallsexperimente nutzen.	S. 234
2a, 2b	... die Wahrscheinlichkeitsverteilung einer Zufallsgröße bestimmen und im Sachzusammenhang interpretieren.	S. 235
2c, 3	... den Erwartungswert einer Zufallsgröße bestimmen und im Sachzusammenhang interpretieren.	S. 235

1 10 000 Personen, darunter 3000 Frauen, unterziehen sich einem Farbsehtest.
9250 Personen bestehen diesen erfolgreich. 30 Frauen erweisen sich als farbenfehlsichtig. Unter den Testpersonen wird zufällig eine Person ausgewählt.
Dabei werden folgende Ereignisse betrachtet:
F: „Die Person ist farbenfehlsichtig."
W: „Die Person ist weiblich."

a) Erstellen Sie für das betrachtete zweistufige Zufallsexperiment sowohl ein geeignetes, vollständig beschriftetes Baumdiagramm als auch eine Vierfeldertafel.

b) Berechnen Sie die Wahrscheinlichkeit für das Ereignis
M: „Die ausgewählte Testperson ist weiblich oder farbenfehlsichtig."

c) Berechnen Sie die Wahrscheinlichkeit, dass eine zufällig ausgewählte männliche Versuchsperson farbenfehlsichtig ist.

2 Ein Nachtwächter möchte im Dunkeln eine Türe aufsperren. Von seinen fünf Schlüsseln passen für diese Türe genau zwei. Er probiert in zufälliger Reihenfolge einen nach dem anderen, bis ein Schlüssel passt, wobei er nicht passende Schlüssel nach dem Ausprobieren jeweils wegsteckt.
Die Zufallsgröße X beschreibt die Anzahl der Schlüssel, die der Nachtwächter ausprobiert, bis sich die Tür öffnen lässt.

a) Bestimmen Sie die Wahrscheinlichkeitsverteilung der Zufallsgröße X.

b) Bestimmen Sie P („X beträgt höchstens 2") und interpretieren Sie das Ergebnis im Sachzusammenhang.

c) Bestätigen Sie, dass sich für den Erwartungswert $E(X) = 2$ ergibt.
Interpretieren Sie das Ergebnis im Sachzusammenhang.

3 Die Tabelle zeigt die Wahrscheinlichkeitsverteilung einer Zufallsgröße X.

x_i	−3	2	3	4
$P(X = x_i)$	p_1	p_2	0,1	0,2

a) Zeigen Sie, dass der Erwartungswert $E(X)$ nicht kleiner als −1 sein kann.

b) Bestimmen Sie die Wahrscheinlichkeiten p_1 und p_2 so, dass sich $E(X) = 0$ ergibt.

6 Die Binomialverteilung

Einstieg

Eine Firma stellt Präzisionskugellager für den Maschinenbau her.
Trotz sorgfältiger Überwachung des Produktionsprozesses entsteht immer Ausschussware.
Um den Ausschussanteil zu kontrollieren, wird eine Qualitätskontrolle durchgeführt.

- Erläutern Sie den Begriff „Ausschussware" und recherchieren Sie, wie die Qualitätskontrolle bei einem Massenprodukt vorgenommen wird. Erläutern Sie in diesem Zusammenhang auch den Begriff „Stichprobe".
- Erklären Sie, warum das Entnehmen einer Stichprobe als mehrstufiges Zufallsexperiment aufgefasst werden kann. Wie viele Ausgänge gibt es auf jeder Stufe, welche Wahrscheinlichkeiten treten auf?
- Für eine bestimmte Sorte von Kugellagern soll der Ausschussanteil einen bestimmten Wert nicht überschreiten. Aufgrund einer Stichprobe soll entschieden werden, ob dieses Ziel erreicht ist. Erläutern Sie, warum eine Entscheidungsregel aufgrund einer Stichprobe nicht mit absoluter Sicherheit zu einer richtigen Entscheidung führt.

Ausblick

Am Ende dieses Kapitels haben Sie gelernt, …

- … was man unter einem Bernoulli-Experiment und einer Bernoulli-Kette versteht.
- … was eine binomialverteilte Zufallsgröße ist und wie man deren Wahrscheinlichkeitsverteilung ermittelt.
- … wie man Erwartungswert und Standardabweichung einer binomialverteilten Zufallsgröße ermittelt.
- … wie man mit graphischen Darstellungen der Binomialverteilung arbeitet.
- … wie man binomialverteilte Zufallsgrößen zur Modellierung von realen Problemstellungen verwendet.

Kap. 6.1

Entweder – oder …!

Untersuchen Sie die folgenden Zufallsexperimente auf Gemeinsamkeiten.
Welches Experiment passt nicht dazu? Erklären Sie genau.

1 Das Werfen einer Münze.
2 Das Werfen eines Würfels zu Beginn eines Mensch-Ärgere-Dich-nicht-Spiels.
3 Das Ziehen eines Loses aus einer Lostrommel mit Gewinnen und Nieten.
4 Das Drehen eines Glücksrads mit vier gleichgroßen Feldern.
5 Das Erraten der Antwort bei einem Multiple-Choice-Test, bei dem es zu jeder Frage genau eine Antwort gibt.

Kap. 6.2

Preisverleihung

Aus einer Klasse mit zwölf Schülerinnen und acht Schülern soll eine Gruppe von zwei Schülerinnen und zwei Schülern die Lehrerin zu einer Preisverleihung begleiten. Beurteilen Sie:

- Die Klassensprecher überlegen, ob sie über jede der möglichen Zusammenstellungen abstimmen lassen sollen.
- Max denkt: „Wenn ausgelost wird wer mitfahren darf, dann ist die Chance sehr gering, dass ich dabei bin."

Kap. 6.4

Zehntausend – oder: 1 gewinnt

Beim Würfelspiel „Zehntausend" wird mit sechs Würfeln gespielt. Besonders wichtig ist dabei die Anzahl der gewürfelten Einser. Um die Gewinnchancen einschätzen zu können, ist also die Zufallsgröße X: „Anzahl der Einser" von Interesse.

- Ermitteln Sie die Wahrscheinlichkeitsverteilung von X.
- Recherchieren Sie die Spielregeln von „Chicago" und berechnen Sie für weitere relevante Ereignisse die Wahrscheinlichkeit.

Hopp oder Topp in Sport und Spiel

Kap. 6.5

Mut zur Lücke?

Bei einem Test werden zu jeder Frage vier Antwortmöglichkeiten angeboten von denen genau eine korrekt ist. Der Test besteht aus insgesamt 30 Fragen. Der Test gilt als bestanden, wenn mindestens zehn Fragen korrekt beantwortet wurden.

- Beurteilen Sie, wie hoch die Chancen sind, bei dieser Regelung alleine durch Raten den Test zu bestehen.
- Schlagen Sie eine Regelung für das Bestehen des Tests vor und begründen Sie Ihre Entscheidung.

Kap. 6.6 und 6.7

Sportliche Krise?

Ein Biathlet trifft die Zielscheibe mit einer Wahrscheinlichkeit von 80 %.

- Mit wie vielen Treffern kann er pro Wettkampf etwa rechnen, wenn dabei jeweils 20 Schuss abgegeben werden? Geben Sie eine Einschätzung ab und machen Sie diese plausibel.
- Er trifft bei drei Rennen hintereinander jeweils nur 15 Mal. Muss er sich Sorgen machen? Versuchen Sie ohne Rechnung eine Einschätzung abzugeben.

Kap. 6.8

Perlentauchen – Ein Glücksspiel!

Echte Perlen, sogenannte Orient-Perlen, wachsen aus nicht eindeutig geklärter Ursache als Fremdkörper in bestimmten Muscheln heran. Bis ins 19. Jahrhundert wurde insbesondere im Persischen Golf nach derartigen Muscheln getaucht. Ihr Vorkommen ist sehr selten: In jeder tausendsten Muschel einer bestimmten Art wächst eine Perle heran.

- Ermitteln Sie durch systematisches Probieren, wie viele Muscheln ein Taucher mindestens ans Tageslicht befördern muss, um mit mindestens 90 % Wahrscheinlichkeit mindestens eine Perle zu finden.

Tipp: Betrachten Sie das Gegenereignis.

Entdecken

Ein Biathlet trifft im liegenden Anschlag mit einer Wahrscheinlichkeit von 90 % die Scheibe. Er muss nach der ersten Langlaufrunde fünf Schüsse im liegenden Anschlag abgeben.

- Stellen Sie die Situation in einem Baumdiagramm dar.
- Beschreiben Sie Besonderheiten, die das Baumdiagramm aufweist.

Verstehen

Häufig stößt man bei der Betrachtung zufälliger Vorgänge auf Situationen, in denen nur zwei mögliche Ausgänge auftreten können oder von Interesse sind, z. B. Treffer/Niete, falsch/richtig, intakt/defekt, Kopf/Zahl, $6/\overline{6}$, 1/0.

Die Bezeichnung Bernoulli-Experiment geht auf den Schweizer Mathematiker und Physiker Jakob I. Bernoulli (1655–1705) zurück.

Gibt es für ein Zufallsexperiment genau zwei mögliche Ergebnisse (z. B. Treffer/Niete), so spricht man von einem **Bernoulli-Experiment**. Die Trefferwahrscheinlichkeit wird mit p bezeichnet. Entsprechend ist die Wahrscheinlichkeit für eine Niete $1 - p$.

Führt man dasselbe Bernoulli-Experiment mehrmals hintereinander aus (n-mal, $n \in \mathbb{N}$, $n > 1$, alle n Teilexperimente sind unabhängig voneinander und haben Trefferwahrscheinlichkeit p), so spricht man von einer **Bernoulli-Kette der Länge n**.

Ein Baumdiagramm eines Bernoulli-Experiments hat also lediglich zwei Äste. Stellt man eine Bernoulli-Kette der Länge n im Baumdiagramm dar, so gibt es n Stufen und insgesamt 2^n Pfade.

Beispiel

Entscheiden Sie, ob ein Bernoulli-Experiment bzw. eine Bernoulli-Kette vorliegt.

a) Ziehen eines Loses aus einer Lostrommel mit sehr vielen Losen.

b) Ein Zufallsexperiment, das durch nebenstehendes Baumdiagramm veranschaulicht wird.

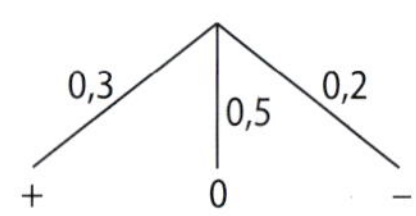

c) Das abgebildete Glücksrad wird fünfmal gedreht.

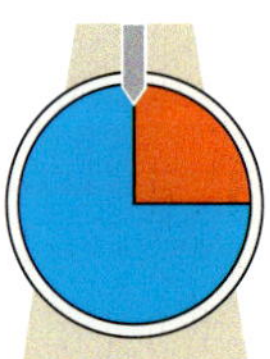

d) Bei der Produktion von Bleistiften ist in 5 % aller Fälle die Miene gebrochen. Im Rahmen der Qualitätskontrolle werden zufällig zehn Bleistifte herausgegriffen und auf den genannten Fehler untersucht.

e) Eine Lostrommel enthält zehn Lose, unter denen vier Gewinnlose sind. Es werden nacheinander drei Lose gezogen und geöffnet.

Lösung:

	ja	nein	Begründung
a)	x		Es handelt sich näherungsweise um ein Bernoulli-Experiment, falls man nur zwischen Gewinn und Niete unterscheidet: $\Omega = \{\text{Gewinn; Niete}\}$, und annimmt, dass die Gewinnwahrscheinlichkeit annähernd konstant bleibt.
b)		x	Das Baumdiagramm besteht aus mehr als zwei Ästen, es gibt also mehr als zwei mögliche Ausgänge.
c)	x		Es handelt sich um eine Bernoulli-Kette der Länge 5 mit $p = 0{,}25$.
d)	x		Es handelt sich näherungsweise um eine Bernoulli-Kette der Länge 10 mit $p = 0{,}05$, wenn angenommen wird, dass der Bleistift ein Massenprodukt ist.
e)		x	Die Wahrscheinlichkeit für einen Treffer ändert sich in jedem Zug.

Nachgefragt

- Beim Känguru-Test für Mathematik gibt es zu 30 Fragen je fünf Antwortmöglichkeiten von denen jeweils genau eine korrekt ist. Erläutern Sie, unter welchen Umständen das Ankreuzen des Testbogens eine Bernoulli-Kette ist.
- Erklären Sie, warum das mehrfache Ziehen von Losen aus einer Lostrommel mit sehr vielen Losen streng genommen keine Bernoulli-Kette ist.

Aufgaben

1 Entscheiden Sie jeweils, ob bzw. unter welchen Umständen die folgenden Zufallsexperimente eine Bernoulli-Kette darstellen.

a) Nacheinander werden fünf Lose aus einer Lostrommel mit zehn Losen gezogen.
b) Vier Münzen werden gleichzeitig geworfen.
c) Ein Glücksrad mit drei gleichgroßen Sektoren wird viermal gedreht.
d) Bauteile einer Massenproduktion werden auf korrekte Verarbeitung überprüft.

2 Ein Reißnagel fällt mit einer Wahrscheinlichkeit von 40 % auf den Kopf. In allen anderen Fällen landet er auf der Seite. Der Reißnagel wird viermal hintereinander geworfen.

a) Begründen Sie, dass es sich bei dem Experiment um eine Bernoulli-Kette handelt und geben Sie die Parameter p und n an.
b) Erstellen Sie ein beschriftetes Baumdiagramm.
c) Bestimmen Sie die Wahrscheinlichkeit, dass der Reißnagel viermal auf der Seite landet.
d) Bestimmen Sie die Wahrscheinlichkeit, dass der Reißnagel mindestens einmal auf dem Kopf landet.
e) Begründen Sie mithilfe des Baumdiagramms aus Teilaufgabe b): Die Wahrscheinlichkeit dafür, dass der Reißnagel genau zweimal auf dem Kopf landet lässt sich durch den Term $6 \cdot 0{,}4^2 \cdot 0{,}6^2$ berechnen.

3 Durch das nebenstehende Baumdiagramm wird ein mehrstufiges Zufallsexperiment dargestellt.

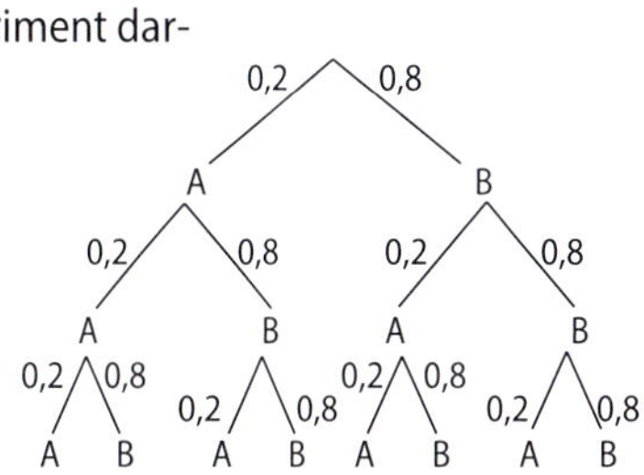

a) Begründen Sie, dass es sich um eine Bernoulli-Kette handelt und geben Sie die Parameter n und p an.
b) Formulieren Sie ein zum Baumdiagramm passendes Zufallsexperiment.

4 Ein Würfel wird mehrmals hintereinander gewürfelt. Dabei interessiert nur ob eine Sechs gewürfelt wird oder nicht.

a) Begründen Sie, dass es sich dabei um eine Bernoulli-Kette handelt und geben Sie einen sinnvollen Ergebnisraum an.
b) Bestimmen Sie die Wahrscheinlichkeit dafür, dass …
  1 die erste Sechs beim zehnten Wurf auftritt.
  2 unter den ersten zehn Würfen genau eine Sechs ist.
  3 unter den ersten zehn Würfen mindestens eine Sechs ist.
c) Berechnen Sie: Wie oft muss man würfeln, damit die Wahrscheinlichkeit mindestens eine Sechs zu würfeln größer als 95 % ist?

Tipp zu 4b: Stellen Sie sich die betreffenden Pfade im Baumdiagramm vor.

Tipp zu 4c: Betrachten Sie das Gegenereignis.

5 Begründen Sie, unter welchen Umständen das mehrfache Ziehen aus einer Lostrommel näherungsweise als Bernoulli-Kette modelliert werden darf. Warum ist diese Näherung hilfreich?

Entdecken

Ein Galton-Brett ist ein Spiel, in das Kugeln eingeworfen werden, die in regelmäßigen Abständen auf ein Hindernis treffen. Diese Hindernisse passieren sie jeweils zufällig entweder links oder rechts. Nach dem Passieren einer vorgegebenen Anzahl n von Hindernissen werden die Kugeln, abhängig vom durchlaufenen Pfad, in Auffangbehältern gesammelt.
Die nebenstehende Abbildung zeigt ein solches Galton-Brett.

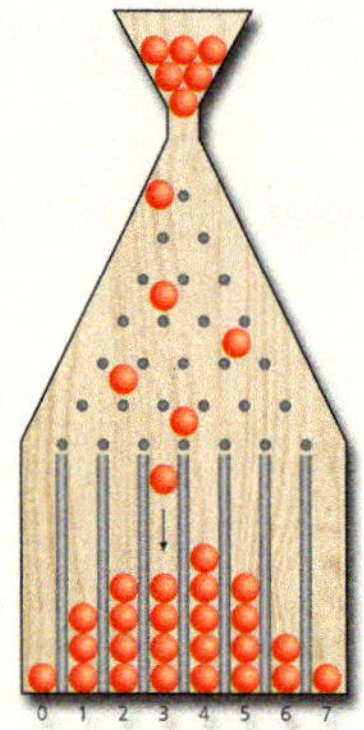

- Begründen Sie: Die Nummer des Auffangbehälters gibt an, wie oft die Kugel an den Hindernissen nach rechts gefallen ist.
- Erläutern Sie, inwiefern das Durchlaufen eines Galton-Bretts als Simulation eines mehrstufiges Bernoulli-Experiments aufgefasst werden kann. Zeichnen Sie ein entsprechendes Baumdiagramm.
- Bestimmen Sie für $n = 4$ die Anzahl der Wege, die in den Behälter Nr. 0 (in den Behälter Nr. 2) führen. Zählen Sie auch jeweils die zugehörigen Pfade im Baumdiagramm und vergleichen Sie die Ergebnisse.

Verstehen

Bei einem mehrstufigen Bernoulli-Experiment der Länge n ist oft nur die Gesamtanzahl k der Treffer von Interesse. Entscheidend für die Berechnung entsprechender Wahrscheinlichkeiten ist die Anzahl der zugehörigen Pfade.

Der Taschenrechner kann die Werte von $\binom{n}{k}$ berechnen.

Eine Formel zur Berechnung des Binomialkoeffizienten finden Sie auf den Horizonte-Seiten (S. 210/211).

Betrachtet man das Baumdiagramm zu einer Bernoulli-Kette der Länge n, so gibt der **Binomialkoeffizient** $\binom{n}{k}$ die Anzahl der Pfade mit k ($k \in \mathbb{N}_0$, $k \leq n$) Treffern an.

Weitere Anwendungsmöglichkeiten des Binomialkoeffizienten:

1 Es gibt $\binom{n}{k}$ Möglichkeiten k Elemente aus einer n-elementigen Menge auszuwählen.
Beispiel: Auswahl einer Delegation von k Personen aus einer Gruppe von n Personen.

2 Spielt die Reihenfolge der gezogenen Kugeln keine Rolle, so gibt es $\binom{n}{k}$ Möglichkeiten k Kugeln ohne Zurücklegen aus einer Urne zu ziehen.
Beispiel: Lotto 6 aus 49

Beispiel

Ein Radiosender verlost unter den ersten 50 Anrufern drei Freikarten für ein Musikkonzert.

a) Begründen Sie, dass die Verlosung der Freikarten für das Musikkonzert als Bernoulli-Experiment aufgefasst werden kann.

b) Ermitteln Sie die Anzahl der Möglichkeiten für die Auswahl der Gewinner.

Lösung:

a) Es handelt sich um eine Bernoulli-Kette der Länge 50, denn jeder Kandidat hat die gleiche Gewinnwahrscheinlichkeit.

b) Aus einer Menge von $n = 50$ Anrufern werden $k = 3$ Gewinner gezogen.
Dies ist gleichbedeutend mit der Anzahl der Pfade im entsprechenden Baumdiagramm, die zu drei Treffern ($k = 3$) führen.
Also gibt es $\binom{50}{3} = 19\,600$ Möglichkeiten für die Auswahl der Gewinner.

- Begründen Sie anschaulich die Gleichheit $\binom{4}{2} = \binom{3}{1} + \binom{3}{2}$. Erläutern Sie anschließend, warum allgemein $\binom{n}{k} = \binom{n-1}{k-1} + \binom{n-1}{k}$ gilt.
- Begründen Sie, dass $\binom{n}{0} = 1$ und $\binom{n}{n} = 1$ gilt.

Nachgefragt

Aufgaben

1 Berechnen Sie die nachfolgenden Binomialkoeffizienten mit dem Taschenrechner.

a) $\binom{15}{9}$ b) $\binom{100}{4}$ c) $\binom{85}{80}$ d) $\binom{9}{4}$ e) $\binom{1000}{3}$

2 Berechnen Sie die nachfolgenden Binomialkoeffizienten – falls möglich im Kopf.

a) $\binom{70}{0}$ b) $\binom{10}{9}$ c) $\binom{20}{20}$ d) $\binom{24}{1}$ e) $\binom{12}{2}$

Lösungen zu 2:
24; 1; 10; 66; 1

3 Ermitteln Sie jeweils die Anzahl der Möglichkeiten.

a) Der Trainer einer Fußballmannschaft wählt für ein Fußballspiel von den 20 Feldspielern, die er zur Verfügung hat, zehn zufällig aus.

b) Aus einer Klasse mit 12 Jungen und 15 Mädchen soll eine Gruppe mit zwei Buben und zwei Mädchen gebildet werden.

4 a) Bei einer Geburtstagsfeier sind zwölf Personen anwesend. Ermitteln Sie, wie oft die Gläser klingen, wenn jeder mit jedem einmal anstößt.

b) In der ersten Handball-Bundesliga spielen 18 Mannschaften. Berechnen Sie, wie viele Spiele in einer Hinrunde stattfinden, wenn alle Mannschaften jeweils einmal gegeneinander spielen.

c) Eine Fluglinie plant neue Flugverbindungen zwischen zehn Flughäfen. Ermitteln Sie die Anzahl neuer Verbindungen, wenn es Flüge zwischen allen Städten geben soll.

d) Formulieren Sie vorliegende Analogien zwischen den Sachverhalten und deren Lösung in den Teilaufgaben a) bis c).

5 Binomialkoeffizienten können mit dem Pascal'schen Dreieck in Verbindung gebracht werden.

a) Begründen Sie die Gleichheit der beiden Darstellungen des Pascal'schen Dreiecks. Nutzen Sie dazu die Zusammenhänge **1** $\binom{n}{0} = \binom{n}{n} = 1$ und **2** $\binom{n}{k} + \binom{n}{k+1} = \binom{n+1}{k+1}$.

$$\begin{array}{c} 1 \\ 1 \quad 1 \\ 1 \quad 2 \quad 1 \\ 1 \quad 3 \quad 3 \quad 1 \\ \vdots \end{array} \qquad \begin{array}{c} \binom{0}{0} \\ \binom{1}{0} \quad \binom{1}{1} \\ \binom{2}{0} \quad \binom{2}{1} \quad \binom{2}{2} \\ \binom{3}{0} \quad \binom{3}{1} \quad \binom{3}{2} \quad \binom{3}{3} \\ \vdots \end{array}$$

b) Begründen Sie mithilfe des Pascal'schen Dreiecks …

1 die Symmetrie $\binom{n}{k} = \binom{n}{n-k}$. **2** $\binom{n}{1} = n$ und $\binom{n}{n-1} = n$.

c) Der binomische Lehrsatz lautet $(x + y)^n = \binom{n}{0} \cdot x^n + \binom{n}{1} \cdot x^{n-1} \cdot y + \ldots + \binom{n}{n} \cdot y^n$, für $n \in \mathbb{N}$.

1 Begründen Sie, warum die Binomialkoeffizienten im binomischen Lehrsatz mithilfe des Pascal'schen Dreiecks abgelesen werden können.

2 Zeigen Sie die Gültigkeit für $(a + b)^2 = a^2 + 2ab + b^2$, mit $a, b \in \mathbb{R}$.

Entdecken

Stellt man ein Galton-Brett etwas schräg auf, so fallen die eingeworfenen Kugeln bei jedem Hindernis mit einer bestimmten Wahrscheinlichkeit p nach rechts und mit der Wahrscheinlichkeit 1 – p nach links.

- Untersuchen Sie, wie sich durch das Schrägstellen die Anzahl der Wege ändert, die auf dem Galton-Brett in einen bestimmten Auffangbehälter führen.
- Betrachten Sie für $n = 5$ die Wege, die in den Auffangbehälter Nr. 3 führen sowie die entsprechenden Pfade im zugehörigen Baumdiagramm. Ermitteln Sie jeweils deren Anzahl und für $p = 0{,}3$ die Wahrscheinlichkeiten auf den einzelnen Pfaden des Baumdiagramms.

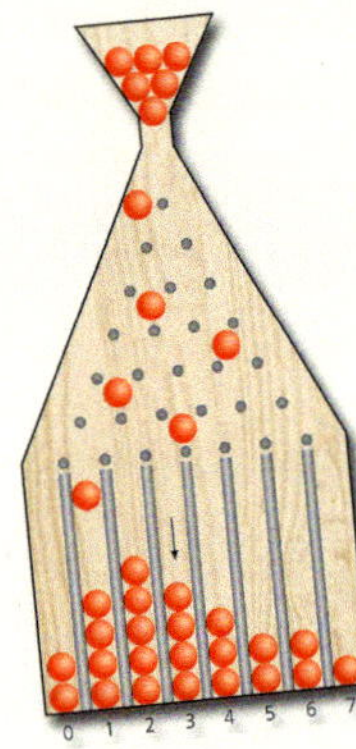

Verstehen

Die Wahrscheinlichkeit, dass eine Kugel nach dem Durchlaufen eines n-stufigen schrägen Galton-Bretts im Auffangbehälter k landet, entspricht also der Wahrscheinlichkeit, bei einer Bernoulli-Kette der Länge n mit Parameter p genau k Treffer zu erzielen.

Bei einer Bernoulli-Kette der Länge n mit Parameter p ergibt sich für jedes Ergebnis mit k Treffern ($0 \le k \le n$) die Wahrscheinlichkeit $p^k \cdot (1-p)^{n-k}$. Dies folgt z. B. aus der 1. Pfadregel, wenn man den zugehörigen Pfad im Baumdiagramm betrachtet.

Es gibt $\binom{n}{k}$ solcher Pfade. Die Wahrscheinlichkeit dafür, in einer Bernoulli-Kette der Länge n genau k Treffer zu erzielen, ergibt sich nach der 2. Pfadregel also zu:

$P(X = k) = \binom{n}{k} \cdot p^k \cdot (1-p)^{n-k}$ (X: „Anzahl der Treffer“)

Dies ist die sogenannte **Bernoulli-Formel**.

Beispiel: $n = 3$; $k = 2$

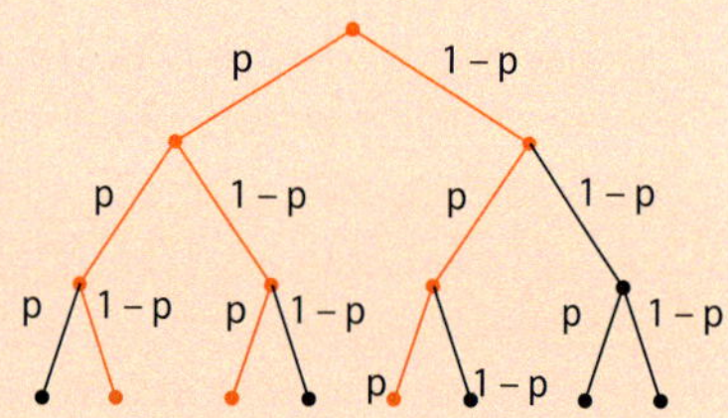

$P(X = 2) = 3 \cdot p^2 \cdot (1-p)$
$= \binom{3}{2} \cdot p^2 \cdot (1-p)^{3-2}$

Beispiel

Bei der Produktion von Trinkgläsern weisen erfahrungsgemäß 2 % der Gläser einen Defekt (= Ausschuss) auf. Bei der Qualitätskontrolle wird eine Stichprobe von zehn Gläsern untersucht. Bestimmen Sie jeweils die Wahrscheinlichkeit dafür, dass …

a) genau zwei Gläser einen Defekt aufweisen.
b) kein Glas einen Defekt aufweist.
c) höchstens ein Glas einen Defekt aufweist.
d) das achte Glas das erste ist, das einen Defekt aufweist.

Lösung:

X: „Anzahl der defekten Gläser in der Stichprobe“

a) $P(X = 2) = \binom{10}{2} \cdot 0{,}02^2 \cdot 0{,}98^8 \approx 0{,}015$

b) $P(X = 0) = \binom{10}{0} \cdot 0{,}02^0 \cdot 0{,}98^{10} = 0{,}98^{10} \approx 0{,}817$

c) $P(X = 0) + P(X = 1) = 0{,}98^{10} + \binom{10}{1} \cdot 0{,}02^1 \cdot 0{,}98^9 \approx 0{,}984$

d) E: „Das achte Glas ist das erste, das einen Defekt aufweist.“
$P(E) = 0{,}98^7 \cdot 0{,}02 = 0{,}017$

Nachgefragt

- Begründen Sie, dass beim sechsstufigen Galton-Brett die Wahrscheinlichkeit für den Auffangbehälter mit der Nr. 3 am größten ist.
- Tim meint: „Beim zweifachen Münzwurf ist die Wahrscheinlichkeit zweimal die gleiche Seite zu werfen genauso hoch, wie die Wahrscheinlichkeit zwei unterschiedliche Seiten zu werfen.“ Beurteilen Sie seine Aussage.

Aufgaben

1 Eine Bernoulli-Kette hat die Länge n und die Trefferwahrscheinlichkeit p. Die Zufallsgröße X beschreibt die Trefferanzahl. Ermitteln Sie die gesuchten Wahrscheinlichkeiten.

a) $P(X = 6)$ für $n = 15$ und $p = 0{,}4$
b) $P(X = 9)$ für $n = 10$ und $p = 0{,}8$
c) $P(X = 0)$ für $n = 8$ und $p = 0{,}05$
d) $P(X = 6)$ für $n = 6$ und $p = 0{,}99$

2 Nehmen Sie zu folgender Aussage Stellung: „Beim gleichzeitigen Würfeln von fünf Würfeln beträgt die Wahrscheinlichkeit genau dreimal die Sechs zu würfeln $\left(\frac{1}{6}\right)^3 \cdot \left(\frac{5}{6}\right)^2$.“

3 Ein fünfstufiges Galton-Brett steht etwas schräg, sodass die Wahrscheinlichkeit nach rechts zu fallen auf jeder Stufe 0,4 beträgt.

a) Bestimmen Sie die Anzahl aller möglichen Wege, die in den Auffangbehälter Nr. 3 führen.
b) Berechnen Sie die Wahrscheinlichkeit, dass die Kugel nur auf den beiden letzten Stufen nach rechts fällt.
c) Bestimmen Sie die Wahrscheinlichkeit, dass die Kugel im Auffangbehälter Nr. 4 landet.

4 Ein Multiple-Choice-Test besteht aus 20 Fragen. Zu jeder Frage gibt es fünf Antworten, von denen jeweils genau eine richtig ist. Peter setzt bei jeder Frage zufällig ein Kreuz.
Berechnen Sie die Wahrscheinlichkeit, dass er …

a) alle Antworten
b) genau vier Antworten
c) keine Antwort
d) eine oder zwei Antworten

richtig angekreuzt hat.

Mit Wahrscheinlichkeiten von Gegenereignissen zu rechnen, kann in manchen Situationen von Vorteil sein.

5 Beim Biathlon müssen Sportler mehrere Runden Skilanglauf absolvieren und stehend bzw. liegend auf je fünf Scheiben schießen. Ein bestimmter Athlet habe eine Trefferwahrscheinlichkeit von 87 % im Stehend- und 93 % im Liegendschießen.
Bestimmen Sie die Wahrscheinlichkeit, dass der Sportler …

a) beim Liegendschießen genau die ersten drei Scheiben trifft.
b) genau vier Scheiben im Stehendschießen trifft.
c) mindestens vier Scheiben im Liegendschießen trifft.
d) den ersten Treffer im Stehendschießen bei der vierten Scheibe setzt.
e) liegend genau zwei nebeneinanderliegende Scheiben verfehlt.

6 In einer Fabrik werden je neun Schokoküsse in einer Schachtel verpackt. Erfahrungsgemäß ist jeder fünfzigste angebrochen.

a) Berechnen Sie die Wahrscheinlichkeit, dass in einer Schachtel alle Schokoküsse intakt sind.
b) 20 Schachteln werden an 20 Kunden verkauft. Bestimmen Sie die Wahrscheinlichkeit, dass genau zwei der Kunden mindestens einen gebrochenen Schokokuss in ihrer Packung haben.

Entdecken

Ein Hersteller von Präzisionsschrauben weiß, dass die Genauigkeit der erforderlichen Maße einer bestimmten Schraube in 98 % aller Fälle den Qualitätsanforderungen genügt. Bei der Qualitätskontrolle wird eine Stichprobe von 100 Schrauben untersucht.
Mit welcher Wahrscheinlichkeit ...

- genügen alle Schrauben den Anforderungen?
- finden sich in der Stichprobe genau drei Schrauben, die den Anforderungen nicht genügen?
- findet man in der Stichprobe mindestens eine Ausschuss-Schraube?

Verstehen

Häufig interessiert bei der Betrachtung einer Bernoulli-Kette nur die Anzahl der Treffer und die Wahrscheinlichkeit, eine bestimmte Trefferanzahl zu erzielen.

Eine Zufallsgröße X, bei der man die Wahrscheinlichkeit für die Trefferanzahl k wie bei einer Bernoulli-Kette mit Länge n und Trefferwahrscheinlichkeit p angeben kann, heißt **binomialverteilt mit den Parametern n und p**. Man schreibt $X \sim B(n; p)$.
Die Wahrscheinlichkeitsverteilung von X heißt **Binomialverteilung mit den Parametern n und p** und ordnet jeder Zahl k die Wahrscheinlichkeit B (n; p; k) zu:

$$B(n; p; k) = P(X = k) = \binom{n}{k} \cdot p^k \cdot (1 - p)^{n-k}$$

Die häufigste graphische Darstellung einer Binomialverteilung ist das **Histogramm**.

Ein Histogramm ist ein Säulendiagramm, bei dem für jedes Ereignis X = k die zugehörige Wahrscheinlichkeit durch den Flächeninhalt der jeweiligen Säule dargestellt wird. Alle Säulen sind gleich breit und es gibt keinen Abstand zwischen den Säulen.

1 $X \sim B(5; 0{,}4)$

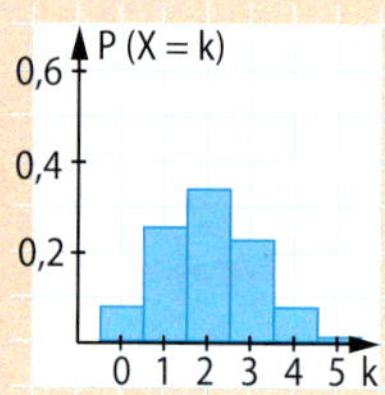

k	P (X = k)
0	0,0778
1	0,2592
2	0,3456
3	0,2304
4	0,0768
5	0,0102

2 $X \sim B(10; 0{,}8)$

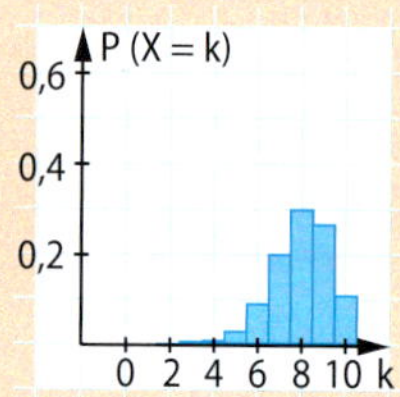

k	P (X = k)	k	P (X = k)
0	≈ 0	6	0,0881
1	≈ 0	7	0,2013
2	0,0001	8	0,302
3	0,0008	9	0,2684
4	0,0055	10	0,1074
5	0,0264		

Beispiele

I. Ein Würfel wird zehnmal gewürfelt. Bestimmen Sie die Wahrscheinlichkeit mit der ...
a) genau drei Sechser gewürfelt werden.
b) keine Eins gewürfelt wird.
c) mindestens eine Eins gewürfelt wird

Lösung:
a) $P(X = 3) = \binom{10}{3} \cdot \left(\frac{1}{6}\right)^3 \cdot \left(\frac{5}{6}\right)^7 \approx 0{,}1550$; X ist binomialverteilt mit $n = 10$ und $p = \frac{1}{6}$.
b) $P(X = 0) = \binom{10}{0} \cdot \left(\frac{1}{6}\right)^0 \cdot \left(\frac{5}{6}\right)^{10} \approx 0{,}1615$; X ist binomialverteilt mit $n = 10$ und $p = \frac{1}{6}$.
c) $1 - P(X = 0) \approx 1 - 0{,}1615 = 0{,}8385$; X ist binomialverteilt mit $n = 10$ und $p = \frac{1}{6}$.

II. Eine Zufallsgröße ist binomialverteilt mit $n = 5$ und $p = 0{,}7$. Ermitteln Sie die Wahrscheinlichkeitsverteilung von X in tabellarischer Form und zeichnen Sie das Histogramm.

Lösung:

k	0	1	2	3	4	5
P (X = k)	0,0024	0,0284	0,1323	0,3087	0,3602	0,1681

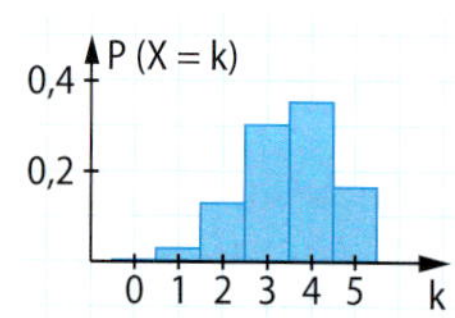

Nachgefragt

- Begründen Sie: Für welchen Wert von k erwarten Sie das Maximum einer Binomialverteilung mit Parametern n und p. Überprüfen Sie Ihre Vermutung an einigen Beispielen und halten Sie Ihre Beobachtungen fest.
- „Für ein Bernoulli-Experiment mit $p = 0{,}5$ gilt: $P(X = k) = P(X = n - k)$." Begründen Sie die Aussage. Welche Bedeutung hat dieser Zusammenhang für das zugehörige Histogramm?

Aufgaben

Lösungen zu 1:
0,3660; 0,3020; 0,2787

1 Bestimmen Sie die gesuchten Wahrscheinlichkeiten.

a) $B(8; 0{,}4; 3)$ **b)** $B(100; 0{,}99; 100)$ **c)** $P(X = 2)$ mit $X \sim B\left(0; \frac{1}{5}\right)$

2 Eine Zufallsgröße ist binomialverteilt mit $X \sim B(10; 0{,}4)$. Ermitteln Sie die Wahrscheinlichkeitsverteilung von X in tabellarischer Form und zeichnen Sie das zugehörige Histogramm.

3 Ordnen Sie jeder Binomialverteilung das passende Histogramm zu. Begründen Sie.

1 $n = 10; p = 0{,}4$ 2 $n = 20; p = 0{,}4$ 3 $n = 10; P = 0{,}6$ 4 $n = 20; p = 0{,}6$

A

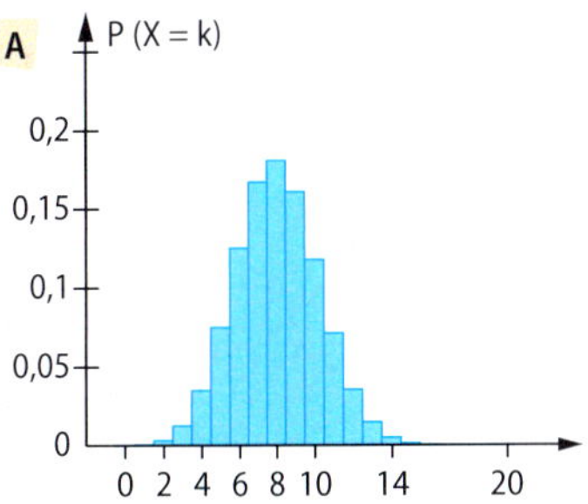

B

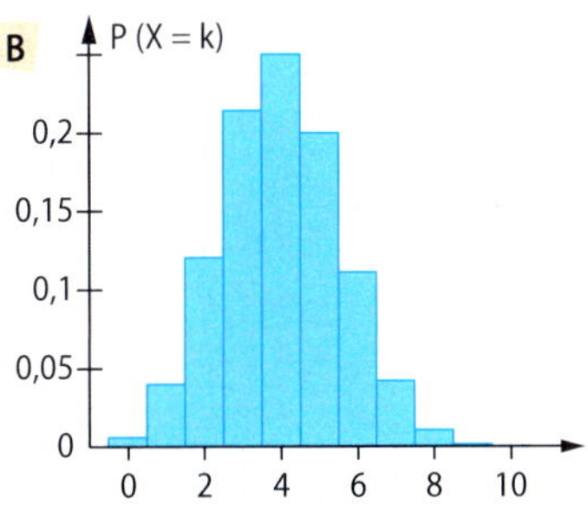

C

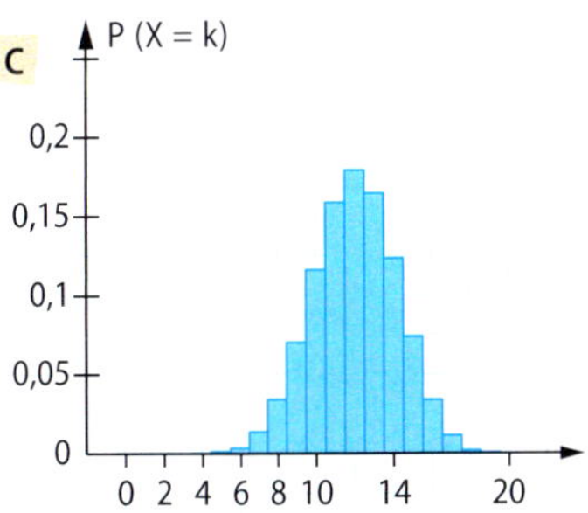

D

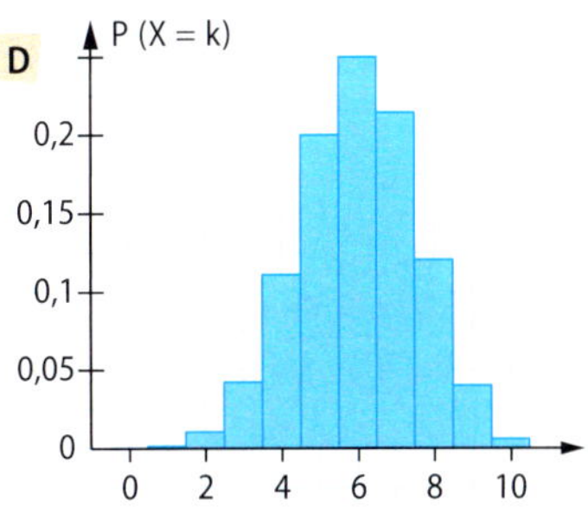

4 Dem Jongleur Aldo gelingt sein neuester Trick mit 90 % Sicherheit. In einer Woche sind insgesamt zehn Vorstellungen geplant, in denen Aldo diesen Trick vorführt.

a) Mit welcher Wahrscheinlichkeit blamiert sich Aldo bei diesem Trick nie?

b) Mit welcher Wahrscheinlichkeit gelingt Aldo dieser Trick in keiner Vorstellung?

Beschreiben Sie in diesem Sachzusammmenhang die Ereignisse E_3 bis E_7 in Worten:

c) $P(E_3) = \binom{10}{2} \cdot 0{,}9^2 \cdot 0{,}1^8$ **d)** $P(E_4) = 1 - 0{,}1^{10}$

e) $P(E_5) = \binom{10}{8} \cdot 0{,}9^8 \cdot 0{,}1^2 + \binom{10}{9} \cdot 0{,}9^9 \cdot 0{,}1^1 + \binom{10}{10} \cdot 0{,}9^{10}$

f) $P(E_6) = 0{,}9^5 \cdot 0{,}1^5$ **g)** $P(E_7) = \binom{10}{5} \cdot 0{,}9^5 \cdot 0{,}1^5$

Entdecken

Beim Spiel „chuck-a-luck“ werden drei Würfel gleichzeitig geworfen. Vor dem Wurf legt der Spieler eine Zahl zwischen 1 und 6 als Treffer fest. Beim Wurf kommt es darauf an, möglichst viele Treffer zu erzielen.

- Beschreiben Sie das Zufallsexperiment durch einen geeigneten Ergebnisraum und legen Sie eine passende Zufallsgröße fest.
- Beschreiben Sie anschließend die nachfolgenden Ereignisse als Teilmenge des Ergebnisraums und mithilfe der festgelegten Zufallsgröße.
  1 Es wird mehr als ein Treffer gewürfelt. **2** Es werden höchstens zwei Treffer gewürfelt.
  3 Es wird mindestens ein Treffer gewürfelt, aber weniger als drei.

Verstehen

Für eine binomialverteilte Zufallsgröße werden häufig nicht die Einzelwahrscheinlichkeiten für bestimmte Trefferanzahlen benötigt, sondern es stellt sich die Frage, mit welcher Wahrscheinlichkeit eine bestimmte Trefferanzahl über- oder unterschritten wird.

Als graphische Darstellung der kumulierten Verteilung ergibt sich eine Treppenfunktion.

Interessiert man sich bei einer binomialverteilten Zufallsgröße X für die Wahrscheinlichkeiten von Ereignissen der Form $X \leq k$, so spricht man von **kumulierten Wahrscheinlichkeiten.**

$P(X \leq k) = \binom{n}{0} \cdot p^0 \cdot (1-p)^{n-0} + \ldots + \binom{n}{k} \cdot p^k \cdot (1-p)^{n-k}$

1 $n = 5;\ p = 0{,}4$

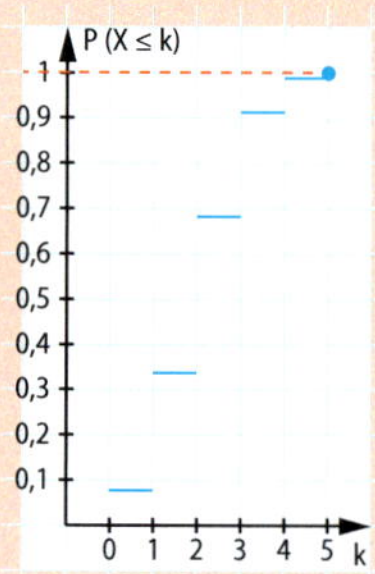

k	P (X ≤ k)
0	0,0778
1	0,3370
2	0,6826
3	0,9130
4	0,9898
5	1

2 $n = 8;\ p = 0{,}8$

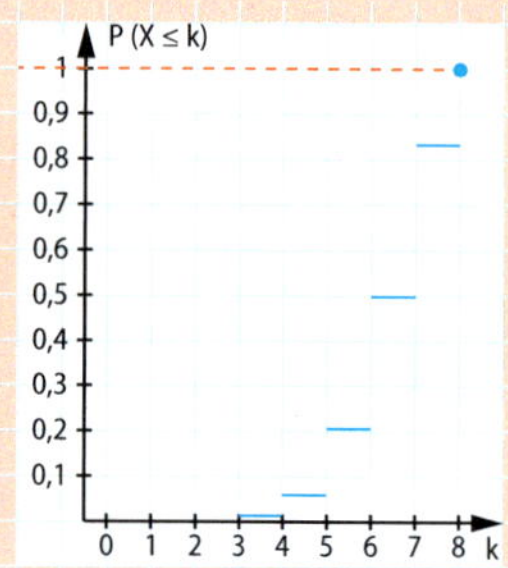

k	P (X ≤ k)
0	0
1	0,0001
2	0,0012
3	0,0104
4	0,0563
5	0,2031
6	0,4967
7	0,8322
8	1

Beispiel

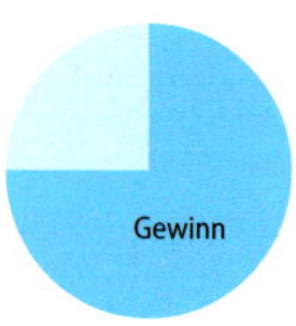

Das abgebildete Glücksrad ($p = 0{,}75$ für einen Gewinn) wird fünfmal gedreht.

a) Ermitteln Sie die Wahrscheinlichkeit dafür, dass höchstens drei Gewinne erzielt werden.

b) Ermitteln Sie, mit welcher Wahrscheinlichkeit mehr als zwei Gewinne erzielt werden.

c) Ermitteln Sie die Wahrscheinlichkeitsverteilung der Zufallsgröße X: „Anzahl der Gewinne“, erstellen Sie das zugehörige Histogramm und stellen Sie $P(X \leq k)$ für $0 \leq k \leq n$ mithilfe einer Treppenfunktion dar. Markieren Sie jeweils $P(X \leq 3)$.

Lösung:

Sprechweisen:
„mindestens“ → $\geq$
„mehr als“ → $>$
„höchstens“ → $\leq$
„weniger als“ → $<$

a) $P(X \leq 3) = \binom{5}{0} \cdot 0{,}75^0 \cdot 0{,}25^5 + \ldots + \binom{5}{3} \cdot 0{,}75^3 \cdot 0{,}25^2 = 0{,}3672$

b) $P(X > 2) = 1 - P(X \leq 2) = 1 - 0{,}1035 = 0{,}8965$

c)

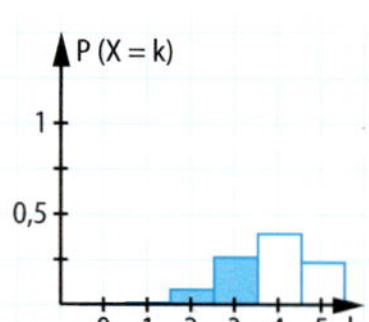

k	P (X = k)
0	0,0010
1	0,0146
2	0,0879
3	0,2637
4	0,3955
5	0,2373

(k = 0 bis 3: $P(X \leq 3)$)

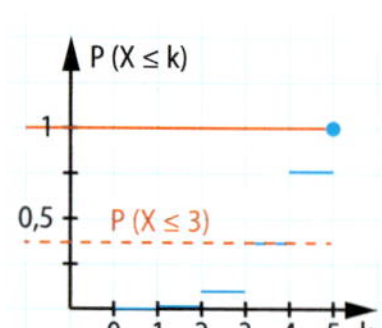

k	P (X ≤ k)
0	0,001
1	0,0156
2	0,1035
3	0,3672
4	0,7627
5	1

Nachgefragt

- Veranschaulichen Sie die Ausdrücke „$X > k$“, „$X < k$“, „$X \geq k$“ und „$X \leq k$“ am Zahlenstrahl.
- Ordnet man jedem Wert k die kumulierte Wahrscheinlichkeit $P(X \leq k)$ einer binomialverteilten Zufallsgröße zu, ergibt sich eine monoton steigende Treppenfunktion. Erläutern Sie den Zusammenhang mit dem Histogramm der Binomialverteilung.
- Begründen Sie allgemein für $X \sim B(n; p)$: **1** $P(X < k) = P(X \leq k - 1)$ **2** $P(X > k) = 1 - P(X \leq k)$ **3** $P(k_1 < X \leq k_2) = P(X \leq k_2) - P(X \leq k_1)$

Aufgaben

Lösungen zu 1:
0,6242; 0,5914; 0,8791; 0,7718
Lösungen zu 2:
0,0034; 0,9822; 0,8784

1 Eine Zufallsgröße X ist binomialverteilt mit $n = 10$ und $p = \frac{1}{5}$. Ermitteln Sie die gesuchten Wahrscheinlichkeiten.

a) $P(X \leq 3)$ **b)** $P(X > 1)$ **c)** $P(2 \leq X \leq 4)$ **d)** $P(X \in [1; 3])$

2 Bestimmen Sie $P(X \leq k)$ einer binomialverteilten Zufallsgröße X mit …

a) $n = 50$; $p = 0{,}02$; $k = 3$ **b)** $n = 20$; $p = 0{,}9$; $k = 19$ **c)** $n = 100$; $p = 0{,}99$; $k = 95$

3 In den folgenden Diagrammen ist die Binomialverteilung für $p = 0{,}06$ und $n = 200$ dargestellt. Begründen Sie, weshalb es genügt, den dargestellten Ausschnitt des Histogramms zu betrachten und ordnen Sie den Wahrscheinlichkeiten die passende Darstellung zu.

1 $P(X \leq 11)$ **2** $P(14 \leq X \leq 21)$ **3** $P(X = 9)$ **4** $P(X > 15)$

A

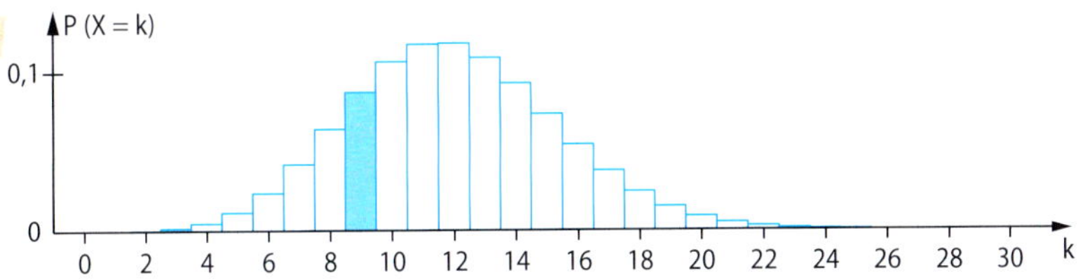

B

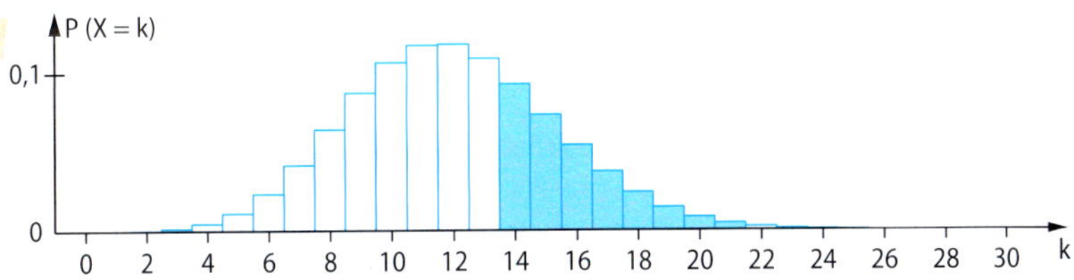

C

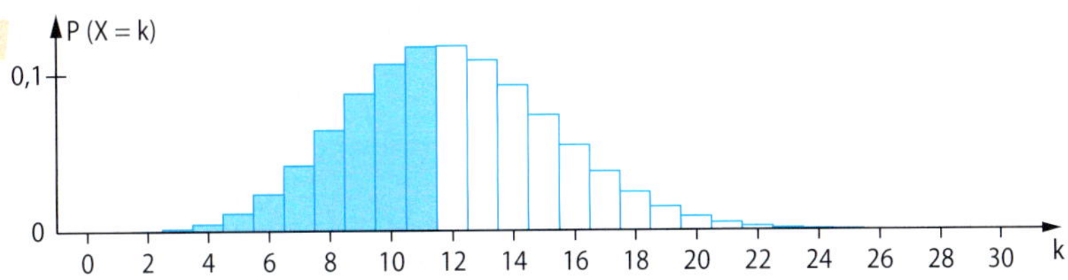

D

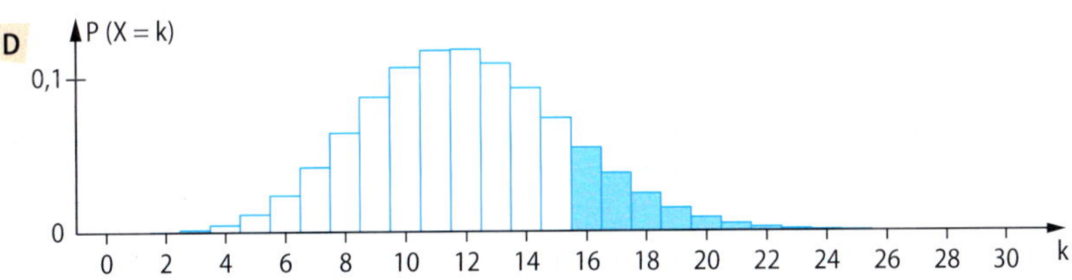

4 Julian meint: „Die Markierung im Histogramm veranschaulicht sowohl P (16 < X <18) als auch P (X = 17)." Erklären Sie.

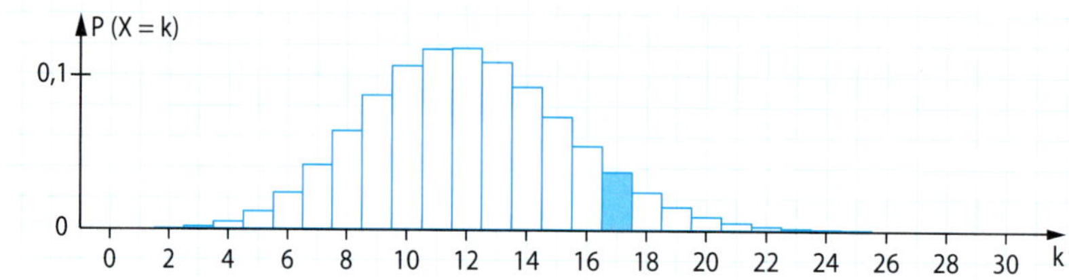

5 23 Schüler sollen eine Frage beantworten, zu der aus drei vorgegeben Antworten die richtige ausgewählt werden muss. Bestimmen Sie die Wahrscheinlichkeit, …

a) dass genau 12 Schüler das richtige Ergebnis erzielen, wenn sie ihr Kreuz nach dem Zufallsprinzip setzen.

b) dass mindestens 12 Schüler das richtige Ergebnis erzielen, wenn sie ihr Kreuz nach dem Zufallsprinzip setzen.

c) dass höchstens 12 Schüler das richtige Ergebnis erzielen, wenn sie ihr Kreuz nach dem Zufallsprinzip setzen.

6 Eine Zufallsgröße X ist binomialverteilt mit n = 10 und p = 0,4. Stellen Sie die kumulierten Wahrscheinlichkeiten von X tabellarisch und graphisch dar.

7 In einer 10 000 Probanden umfassenden Gruppe sind 500 Personen mit der Krankheit K infiziert.

a) Ermitteln Sie, mit welcher Wahrscheinlichkeit unter den 20 zufällig ausgewählten Probanden dieser Gruppe höchstens eine Person ist, die mit der Krankheit K infiziert ist.

b) Untersuchen Sie, wie viele Probanden dieser Gruppe man mindestens untersuchen muss, um mit einer Wahrscheinlichkeit von mindestens 99 % auf mindestens eine Person zu treffen, die mit der Krankheit K infiziert ist.

8 Vor der schriftlichen Führerscheinprüfung führt die Fahrschule UNFALLFREI einen Vortest durch. Er besteht aus zehn Fragen mit je drei vorgegebenen Antworten, von denen jeweils genau eine richtig ist. Nur wer bei diesem Multiple-Choice-Test mehr als 75 % der Fragen richtig beantwortet hat, wird zur schriftlichen Prüfung zugelassen.

a) Die Zufallsgröße X ist die Anzahl der richtigen Vortestantworten bei reinem Raten. Stellen Sie die Wahrscheinlichkeitsverteilung tabellarisch und graphisch dar.

b) Mit welcher Wahrscheinlichkeit besteht man den Vortest bei reinem Raten?

9 In einer Kantine gibt es täglich drei Gerichte zur Auswahl. Davon ist eines vegetarisch. Erfahrungsgemäß wählen zwei von fünf der 400 Kantinenbesucher das fleischlose Gericht. Die Kantine bereitet täglich 160 vegetarische Gerichte vor.

a) Berechnen Sie, mit welcher Wahrscheinlichkeit die vegetarischen Portionen an einem bestimmten Tag nicht ausreichen.

b) Bestimmen Sie die Wahrscheinlichkeit, dass die vorbereiteten fleischlosen Gerichte an mindestens drei von fünf Tagen derselben Woche nicht reichen.

10 Aus einer Urne mit 36 Kugeln (14 weiße und 22 blaue Kugeln) werden nacheinander blind 24 Kugeln entnommen. Eine gezogene Kugel wird betrachtet und anschließend wieder in die Urne gelegt. Die Zufallsgröße X gibt die Anzahl der blauen Kugeln an. Bestimmen Sie die Wahrscheinlichkeiten für die angegebenen Ereignisse.

a) E_1: „Es sind genau 18 Kugeln blau."
b) E_2: „Die ersten fünf gezogenen Kugeln sind blau."
c) E_3: „Höchstens die Hälfte der gezogenen Kugeln sind blau."
d) E_4: „Höchstens 20 und mehr als 15 Kugeln sind blau."

11 Um die Auslastung ihrer Flugzeuge zu optimieren, verkauft eine Fluggesellschaft mehr Flugtickets für einen Flug, als Plätze im Flugzeug vorhanden sind. Dabei geht die Fluggesellschaft von ihren Erfahrungswerten aus: Etwa bei 4 % der gebuchten Flugtickets taucht kein Fluggast auf. Für den Flug mit einem Airbus A320 (200 Sitzplätze) werden Tickets verkauft. Beurteilen Sie die folgenden Vorgaben durch die Betrachtung geeigneter Wahrscheinlichkeiten:

a) Es werden 4 % mehr Tickets verkauft als Sitzplätze vorhanden sind.
b) Es werden 210 Tickets verkauft.
c) Die Überbuchung soll in weniger als 25 % der Fälle dazu führen, dass Fluggäste umgebucht werden müssen.

12 In der Abbildung sehen Sie ein vierstufiges Galton-Brett. Eine Kugel rollt von oben durch alle Reihen und hat jeweils dieselbe Chance, nach rechts oder nach links abgelenkt zu werden. Unter der vierten Reihe befinden sich die fünf Fächer **0**, **1**, **2**, **3** und **4**.
Bestimmen Sie die Wahrscheinlichkeit, dass die Kugel…

a) in Fach **1** fällt.
b) in ein äußeres Fach fällt.
c) in das mittlere Fach fällt.
d) in eines der Fächer **1**, **2** oder **3** fällt.

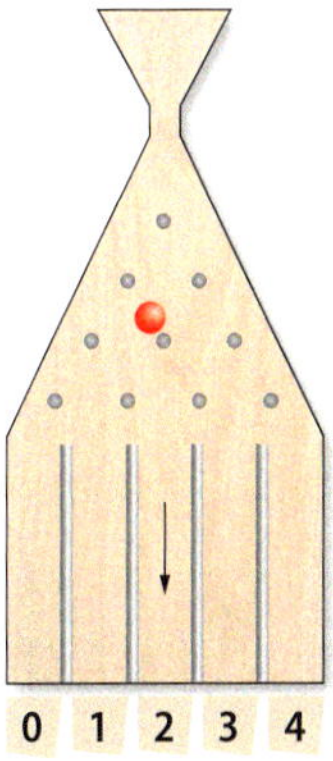

13 Beim Spiel „Schatzsuche" muss ein Kandidat abgesperrte Truhen öffnen. Bei jeder Truhe stehen dafür sechs sehr ähnliche, aber dennoch verschiedene Schlüssel zur Auswahl, von denen vier nicht zum Schloss passen. Mit jedem einzelnen der beiden anderen Schlüssel lässt sich das Schloss entriegeln. Pro Truhe darf der Kandidat zwei verschiedene Schlüssel ausprobieren, die er zufällig auswählt.

a) Bestätigen Sie mithilfe eines Baumdiagramms, dass bei jeder der Truhen die Wahrscheinlichkeit für das Öffnen 60 % beträgt.
b) Wie viele Truhen müssen in diesem Spiel mindestens zur Verfügung gestellt werden, damit mit einer Wahrscheinlichkeit von mehr als 99,9 % wenigstens eine Truhe geöffnet wird?

14 Eine Binomialverteilung der Länge $n = 18$ mit einer Wahrscheinlichkeit p ist gegeben. Begründen Sie die nachfolgenden Aussagen mithilfe eines Histogramms.

a) Für $p = 0{,}5$ ist das Histogramm achsensymmetrisch.
b) Das Histogramm für die Wahrscheinlichkeit p ist das Spiegelbild des Histogramms für die Wahrscheinlichkeit $1 - p$. Die Spiegelgerade liegt bei $k = 18 \cdot 0{,}5$.
c) Verallgemeinern Sie die Aussage aus Teilaufgabe b).

Entdecken

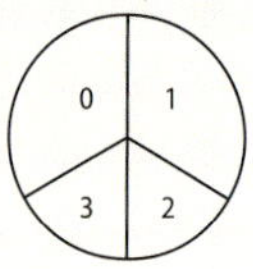

Die Zufallsgröße X gibt die Zahl an, die sich beim Drehen des nebenstehenden Glücksrads ergibt.

x_i	0	1	2	3
$P(X = x_i)$	$\frac{1}{3}$	0,3	0,2	$\frac{1}{6}$

- Bestimmen Sie den Erwartungswert E(X).
- Ermitteln Sie die Wahrscheinlichkeitsverteilung und den Erwartungswert E(Y) einer Zufallsgröße $Y \sim B(3; 0{,}4)$.
- Berechnen Sie $n \cdot p$ für die Zufallsgröße Y und machen Sie plausibel, dass das Ergebnis dem Erwartungswert E(Y) entspricht.

Verstehen

Die Binomialverteilung ordnet jedem Wert x_i, den die Zufallsgröße X annehmen kann, die Wahrscheinlichkeit $P(X = x_i)$ zu, mit der x_i auftritt. Generell spricht man von einer Wahrscheinlichkeitsverteilung der Zufallsgröße X. Bei Wahrscheinlichkeitsverteilungen ist oftmals die Datenmitte der Verteilung von Interesse: der sogenannte Erwartungswert $E(X) = \mu$.

Der Erwartungswert einer Zufallsgröße X ist allgemein definiert als die Summe der Produkte der Werte x_i der Zufallsgröße und der Wahrscheinlichkeiten $P(X = x_i)$:
$\mu = E(X) = x_1 \cdot P(X = x_1) + x_2 \cdot P(X = x_2) + \ldots + x_n \cdot P(X = x_n)$.

Bei einer binomialverteilten Zufallsgröße X sind der Erwartungswert und das arithmetische Mittel identisch, da die Wahrscheinlichkeit für jeden Versuch dieselbe ist.
Der **Erwartungswert einer binomialverteilten Zufallsgröße X** kann durch die Formel $\mu = E(X) = n \cdot p$ dargestellt werden.

Beispiele

I. Betrachtet wird die binomialverteilte Zufallsgröße $X \sim B(5; 0{,}6)$.

a) Ermitteln Sie eine Wahrscheinlichkeitsverteilung von X und zeichnen Sie das zugehörige Histogramm.

b) Bestimmen Sie den Erwartungswert E(X) mit der allgemeinen Formel.

c) Bestimmen Sie den Erwartungswert mit der Formel für binomialverteilte Zufallsgrößen.

d) Tragen Sie den Erwartungswert E(X) in das Histogramm aus Teilaufgabe a) ein.

Lösung:

a)

k	0	1	2	3	4	5
P(X = k)	0,01024	0,0768	0,2304	0,3456	0,2592	0,07776

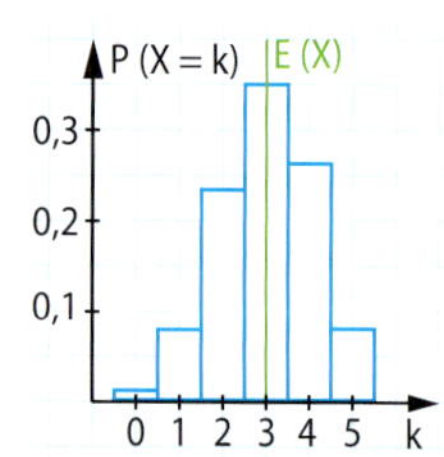

b) $E(X) = 1 \cdot 0{,}0768 + 2 \cdot 0{,}2304 + 3 \cdot 0{,}3456 + 4 \cdot 0{,}2592$
$+ 5 \cdot 0{,}07776 = 3$

c) $E(X) = n \cdot p = 5 \cdot 0{,}6 = 3$

d) siehe Histogramm

II. Finden Sie drei verschiedene Beispiele für binomialverteile Zufallsgrößen, deren Erwartungswert gleich 15 ist.

Lösungsmöglichkeit:

1 Münzwurf mit einer fairen Münze, wobei X: „Anzahl Kopf“ bei n = 30: $E(X) = 30 \cdot 0{,}5 = 15$

2 Ziehen mit Zurücklegen aus einer Urne mit 45 Kugeln, von denen eine weiß ist.
Y: „Anzahl gezogener weißer Kugeln“ bei n = 45: $E(Y) = 45 \cdot \frac{1}{3} = 15$

3 Würfeln mit einem Laplace-Würfel, wobei Z: „Anzahl Sechser“ bei n = 90 Würfen:
$E(Z) = 90 \cdot \frac{1}{6} = 15$

- Erläutern Sie für eine Zufallsgröße $X \sim B(n; p)$ die Formel $E(X) = n \cdot p$.
- In 75 % aller Fälle landet ein belegtes Brot auf der belegten Seite. Klara überlegt: „Wenn ich sechs Brote fallen lasse, kann ich damit rechnen, dass mindestens vier Brote auf die belegte Seite fallen." Nehmen Sie Stellung zu Klaras Aussage.

Nachgefragt

Aufgaben

1 Bestimmen Sie den Erwartungswert der Zufallsgrößen X, die binomialverteilt ist mit …
a) $n = 100; p = 0{,}35$. **b)** $n = 5; p = 0{,}12$. **c)** $n = 1200; p = 0{,}98$. **d)** $n = 6; p = 0{,}4$.

Lösungen zu 1:
0,6; 35; 2,4; 1176

2 Die Histogramme zeigen Wahrscheinlichkeitsverteilungen für $X_1 \sim B(10; 0{,}6)$, $X_2 \sim B(10; 0{,}3)$ und $X_3 \sim B(10; 0{,}9)$.

A
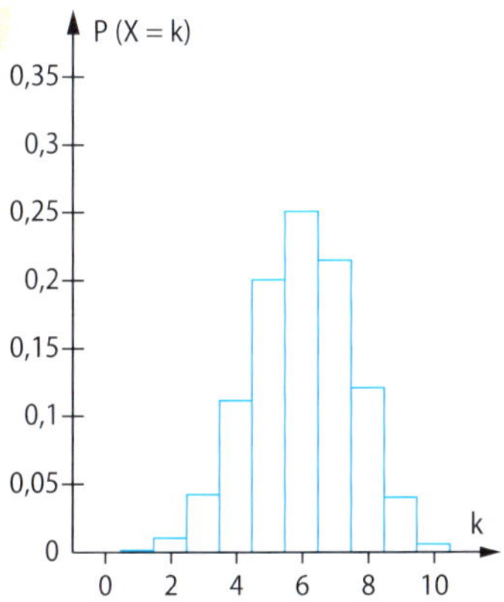

B
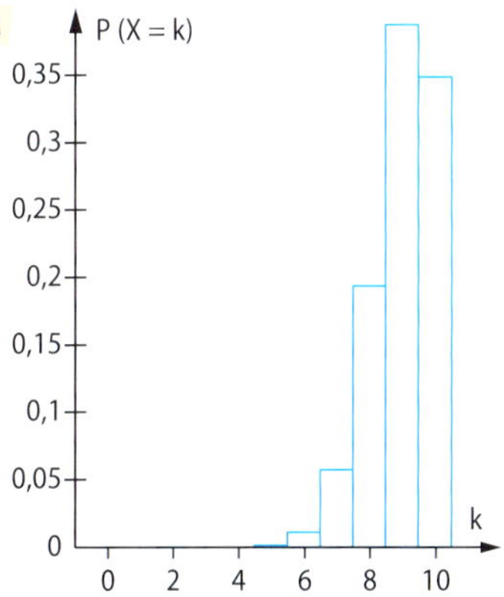

C
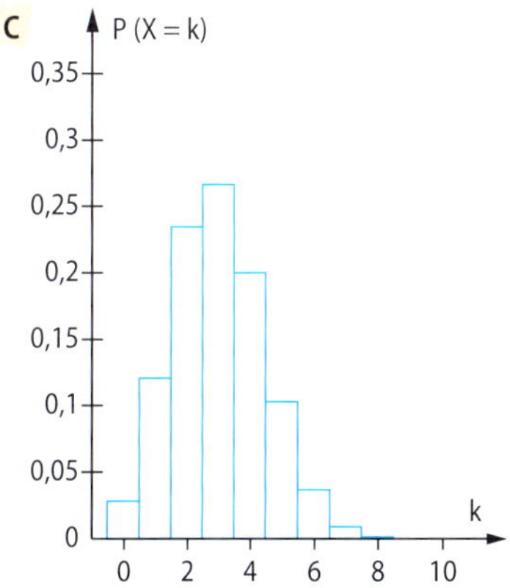

a) Ordnen Sie die Histogramme der richtigen Zufallsgröße zu.
b) Berechnen Sie jeweils den Erwartungswert und erläutern Sie, wie Sie diesen im Histogramm verdeutlichen können.
c) Erstellen Sie für $X_4 \sim B(6; 0{,}2)$ und $X_5 \sim B(6; 0{,}8)$ jeweils ein Histogramm und stellen Sie darin auch den jeweiligen Erwartungswert dar. Beschreiben Sie, was Ihnen auffällt.

3 Laut Angaben der DLRG können fast 34 % der Kinder und Jugendlichen „im schulpflichtigen Alter" in Deutschland „nicht oder nur schlecht" schwimmen. In einer Siedlung wohnen 143 Kinder.
a) Ermitteln Sie, wie viele „Schwimmer" man unter diesen Kindern erwarten kann.
b) Bestimmen Sie die Wahrscheinlichkeit, dass davon mehr als 100 schwimmen können.

DLRG: Deutsche Lebens-Rettungs-Gesellschaft

4 Fünf Reißnägel werden 100 mal geworfen. Es wird in einer Tabelle festgehalten, wie häufig k von den fünf Reißnägeln auf dem Kopf landen.
a) Bestimmen Sie das arithmetische Mittel $\bar{k}$ für die Anzahl der auf dem Kopf liegenden Reißnägel pro Wurf.

k	0	1	2	3	4	5
H(k)	17	37	29	12	4	1

b) Die Zufallsgröße X gibt die Anzahl der auf dem Kopf liegenden Reißnägel pro Wurf an. Machen Sie plausibel, dass X binomialverteilt ist mit $X \sim B(5; p)$ und dass $\frac{\bar{k}}{n}$ als Näherungswert $\tilde{p}$ für p geeignet ist.
c) Ermitteln Sie die Wahrscheinlichkeitsverteilung von X für $p = \tilde{p}$. Vergleichen Sie mit a).

Entdecken

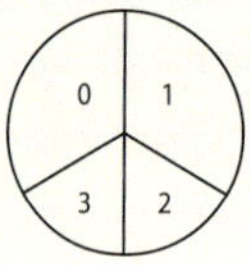

Die Zufallsgröße X gibt, wie in Entdecken aus 6.6, die Zahl an, die sich beim Drehen des nebenstehenden Glücksrads ergibt. Die Zufallsgröße Y ist binomialverteilt mit den Parametern $n = 3$ und $p = 0{,}4$.

x_i	0	1	2	3
$P(X = x_i)$	$\frac{1}{3}$	0,3	0,2	$\frac{1}{6}$

- Vergleichen Sie die Erwartungswerte und die Wahrscheinlichkeitsverteilungen von X und Y.
- Untersuchen Sie, warum der Ausdruck
  $\sqrt{(0 - E(X))^2 \cdot P(X = 0) + (1 - E(X))^2 \cdot P(X = 1) + (2 - E(X))^2 \cdot P(X = 2) + (3 - E(X))^2 \cdot P(X = 3)}$
  ein Maß für die Abweichung von X vom Erwartungswert darstellen soll.
- Untersuchen Sie den obigen Ausdruck auch für die binomialverteilte Zufallsgröße Y.

Quadrat der Abweichung vom Erwartungswert

Wahrscheinlichkeit

Verstehen

Betrachtet man Wahrscheinlichkeitsverteilungen, dann ist nicht nur der „Mittelwert" der Verteilung von besonderem Interesse, sondern auch die Streuung der Daten um diesen Mittelwert.

Die **Varianz** V ist ein Maß für den quadratischen Fehler, d. h. sie gibt die Summe der quadrierten Abweichungen vom Erwartungswert, jeweils multipliziert mit der entsprechenden Wahrscheinlichkeit, an:
$V(X) = (x_1 - \mu)^2 \cdot P(X = x_1) + (x_2 - \mu)^2 \cdot P(X = x_2) + \ldots + (x_n - \mu)^2 \cdot P(X = x_n)$.
Für binomialverteilte Zufallsgrößen kann dies umgeformt werden zu $V(X) = n \cdot p \cdot (1 - p)$.

Der Nachteil dieses Streuungsmaß liegt darin, dass der Wert V (X) eine andere Einheit als der Erwartungswert hat. Ein Vergleich der Werte in der Praxis ist deshalb schwierig. Deshalb wird die sogenannte **Standardabweichung** σ als Quadratwurzel der Varianz zur Beschreibung der Daten erfasst, d. h. $\sigma(X) = \sqrt{V(X)}$.
Für binomialverteilte Zufallsgrößen gilt entsprechend $\sigma(X) = \sqrt{n \cdot p \cdot (1 - p)}$.

Die Herleitung der Formel für binomialverteilte Zufallsgrößen ist etwas aufwendiger.

Beispiel

Betrachtet wird, wie im Beispiel aus 6.6, die binomialverteilte Zufallsgröße X mit den Parametern $n = 5$ und $p = 0{,}6$.

a) Bestimmen Sie den Erwartungswert E (X) und die Standardabweichung σ (X).
b) Ermitteln Sie die Wahrscheinlichkeit $P(|X - \mu| \le \sigma)$.
c) Zeichnen Sie ein Histogramm. Tragen Sie auch den Erwartungswert und die Standardabweichung in das Histogramm ein.

Lösung:

a) $E(X) = \mu = n \cdot p = 3$
$\sigma(X) = \sqrt{n \cdot p \cdot (1 - p)} = \sqrt{5 \cdot 0{,}6 \cdot 0{,}4} = \sqrt{1{,}2} \approx 1{,}1$

b) $\mu - \sigma = 3 - \sqrt{1{,}2} \approx 1{,}9$ und $\mu + \sigma = 3 + \sqrt{1{,}2} \approx 4{,}1$
Die gesuchten Werte für X liegen also bei k = 2, 3 und 4.
$P(|X - \mu| \le \sigma) = P(\mu - \sigma \le X \le \mu + \sigma) = P(2 \le X \le 4) = P(X \le 4) - P(X \le 1) \approx 0{,}9224 - 0{,}08704$
$\approx 0{,}8352$

c)

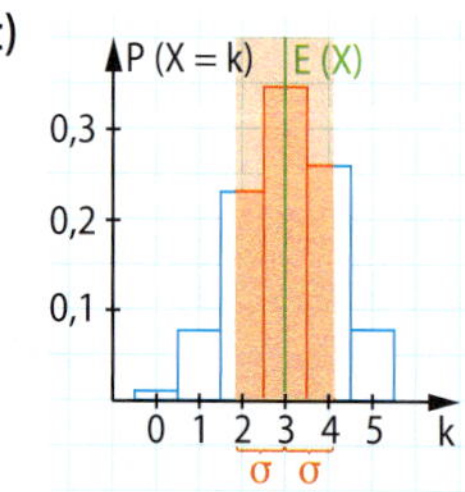

Die σ-Umgebung um den Erwartungswert gibt an, welche Trefferzahlen um höchstens σ vom Erwartungswert entfernt sind. Hier sind dies die Treffer bei k = 2, 3 und 4 (vgl. Teilaufgabe b)).

Nachgefragt

- Begründen Sie, weshalb in der Formel zur Berechnung von Varianz und Standardabweichung die Quadrate der Abweichungen und nicht die einfachen Abweichungen betrachtet werden.
- Aus Gründen der Vergleichbarkeit zieht man bei der Standardabweichung die Wurzel aus der Varianz. Begründen Sie.
- Beschreiben Sie die Bedeutung der Standardabweichung für kleine und große σ.

Aufgaben

1 Für eine binomialverteilte Zufallsgröße X gilt: $E(X) = 10$ und $\sigma(X) = 3$. Bestimmen Sie rechnerisch die Parameter p und n.

2 Begründen Sie: Vervierfacht man bei gleichbleibender Trefferwahrscheinlichkeit p die Anzahl n der Versuchsdurchführungen bei einer Bernoulli-Kette, so verdoppelt sich die Standardabweichung und vervierfacht sich der Erwartungswert.

3 Die nachfolgenden Histogramme zeigen jeweils die Wahrscheinlichkeitsverteilung für die Zufallsgrößen $X_1 \sim B(20; 0{,}8)$, $X_2 \sim B(20; 0{,}3)$ und $X_3 \sim B(20; 0{,}5)$.

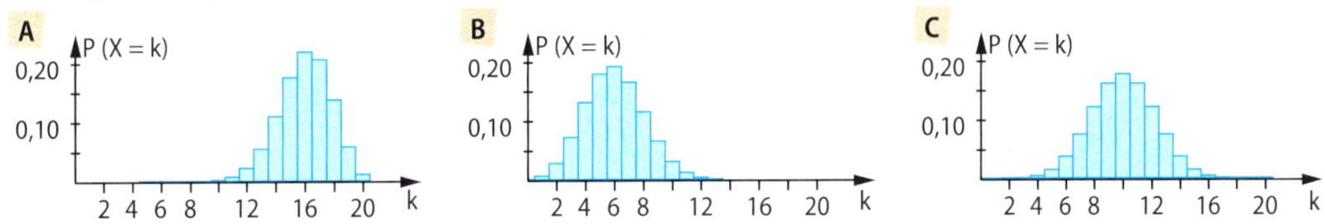

a) Ordnen Sie die Histogramme der richtigen Zufallsgröße zu und erläutern Sie, wie Sie den Erwartungswert und die Standardabweichung im Diagramm verdeutlichen können.

b) Geben Sie für die drei Zufallsgrößen das Ereignis $|X - \mu| \le \sigma$ in der Form $k_1 \le X \le k_2$ (mit $k_1, k_2 \in \mathbb{N}$) an und erläutern Sie, wie im Histogramm der Bereich zu markieren ist, in dem gilt $|X - \mu| \le \sigma$.

c) Fassen Sie allgemein die Bedeutung der Wahrscheinlichkeit $P(|X - \mu| > \sigma)$ in Worte und berechnen Sie diese für die drei Zufallsgrößen.

4 Ein Basketballspieler trifft beim Freiwurf mit einer gleichbleibenden Trefferwahrscheinlichkeit von 80 %. Die Zufallsgröße X gibt die Anzahl der Treffer bei 100 Freiwürfen an.

a) Begründen Sie den Zusammenhang $P(|X - \mu| \le \sigma) = P(76 \le X \le 84)$.

b) Erläutern Sie die Bedeutung der Wahrscheinlichkeit aus Teilaufgabe a) im Sachzusammenhang.

5 Der Känguru-Test ist ein Multiple-Choice-Test, bei dem zu jeder Frage fünf Antwortmöglichkeiten angegeben sind, von denen jeweils genau eine korrekt ist. Der Test besteht aus 30 Fragen.

a) Berechnen Sie den Erwartungswert $E(X)$ der Zufallsgröße X: „Anzahl richtiger Antworten“, wenn bei jeder Frage geraten wird. Interpretieren Sie das Ergebnis.

b) Berechnen Sie die Standardabweichung $\sigma(X)$.

c) Ermitteln Sie die Wahrscheinlichkeit, mit der die Anzahl der richtigen Antworten beim Raten um mehr als eine Standardabweichung vom Erwartungswert abweicht.

Entdecken

Ein Kopiergerät liefert mit einer festen Wahrscheinlichkeit p brauchbare Kopien. Ermitteln Sie durch systematisches Ausprobieren, wie groß p mindestens sein muss, dass die Wahrscheinlichkeit unter 20 Kopien keine unbrauchbare zu finden größer als 80 % bleibt.

Verstehen

Die Wahrscheinlichkeitsverteilung einer binomialverteilten Zufallsgröße X ist durch die Parameter n und p der zugehörigen Bernoulli-Kette eindeutig festgelegt.

Nicht immer kann der gesuchte Parameter durch Rechnung bestimmt werden.

Die Werte der (kumulierten) Wahrscheinlichkeiten binomialverteilter Zufallsgrößen wurden früher in Tabellenwerken aufgelistet.

In einem Tabellenkalkulationsprogramm liefert der Befehl =Binom.Vert(k;n;p;0) den Wert P (X = k) und der Befehl =Binom.Vert(k;n;p;1) liefert den Wert P (X ≤ k) zu den Parametern n und p.

Um einen der drei Parameter n, p und k zu variieren und die Abhängigkeit der zugehörigen Wahrscheinlichkeiten von diesem Parameter zu betrachten, können verschiedene Hilfsmittel herangezogen werden.

Auszug aus einem **Tabellenwerk**:

n	k \ p	0,2	0,25	0,3	$\frac{1}{3}$
3	0	0,5120	0,4219	0,3430	0,29663
	1	0,3840	0,4219	0,4410	0,4444
	2	0,0960	0,1406	0,1890	0,2222
	3	0,0080	0,0156	0,0270	0,0370
4	0	0,4096	0,3164	0,2401	0,1975
	1	0,4096	0,4219	0,4116	0,3951
	2	0,1536	0,2109	0,2646	0,2963
	3	0,0256	0,0469	0,0756	0,0988
	4	0,0016	0,0039	0,0081	0,0124

Ausgabe eines **Taschenrechners**:

	k	P	Binomial Dichte
1	0	0,3277	
2	1	0,4096	
3	2	0,2048	
4	3	0,0512	

Tabellenkalkulationsprogramm:

k	P(X=k)	P(X<=k)		n =	8
0	=BINOMVERT(D3;I2;I3;0)	0,0168		p =	0,4
1	0,0896	0,1064			
2	0,2090	0,3154			
3	0,2787	0,5941			
4	0,2322	0,8263			
5	0,1239	0,9502			
6	0,0413	0,9915			
7	0,0079	0,9993			
8	0,0007	1,0000			

Anzeige einer **Stochastik-App**:

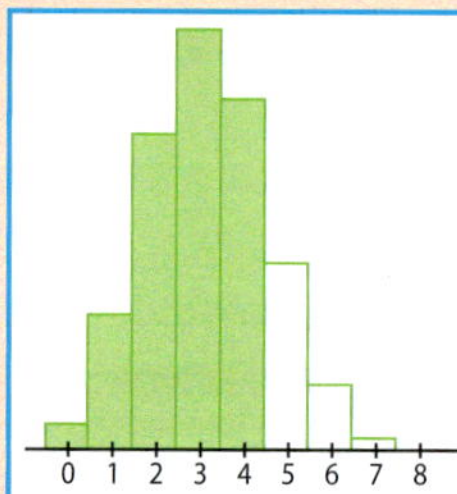

k	P (X = k)
0	0.0168
1	0.0896
2	0.209
3	0.2787
4	0.2322
5	0.1239
6	0.0413
7	0.0079
8	0.0007

μ = 3.2 σ = 1.3856

Binomial

n 8 p 0.4

Beispiel

Eine Zufallsgröße X ist binomialverteilt mit Parameter n = 20 und p = 0,4. Bestimmen Sie ein möglichst kleines Intervall $[\mu - k; \mu + k]$ so, dass $P(X \in [\mu - k; \mu + k]) > 0{,}9$ gilt.

Lösung:

Es ist $\mu = n \cdot p = 20 \cdot 0{,}4 = 8$. Tabellarisch ergibt sich nebenstehende Wahrscheinlichkeitsverteilung für X und damit durch Aufaddieren:

$P(X \in [3; 12]) = 0{,}9752$

$P(X \in [4; 11]) = 0{,}9274$

$P(X \in [5; 10]) = 0{,}8214$

Das gesuchte Intervall ist also [4; 11]. Zur Erklärung gibt man auch die Wahrscheinlichkeiten für das vorherige und das nachfolgende Intervall an.

k	P (X = k)
3	0,0123
4	0,0350
5	0,0746
6	0,1244
7	0,1659
8	0,1797
9	0,1597
10	0,1171
11	0,0710
12	0,0355

- Finden Sie jeweils ein Beispiel, in dem einer der Parameter n, p oder k bestimmt werden soll.
- Wie oft muss eine Münze mindestens geworfen werden, um mit einer Wahrscheinlichkeit von mehr als 99 % mindestens zehnmal Kopf geworfen zu haben?
  Sina meint: „Dies kann ich durch systematisches Probieren oder durch Rechnung lösen." Was meinen Sie zu ihrer Aussage?
- „Die Wahrscheinlichkeitsverteilungen von $X \sim B(n; p)$ und $Y \sim B(n; 1 - p)$ sind zueinander symmetrisch." Veranschaulichen Sie die Aussage anhand einiger Beispiele und begründen Sie sie mithilfe der Bernoulli-Formel.

Nachgefragt

Aufgaben

Hinweis zu den Aufgaben 1 bis 3: Bestimmen Sie die Lösung so, dass sich für den gesuchten Parameter eine Ungleichung ergibt.

1 Eine Zufallsgröße X ist binomialverteilt mit Parametern $n = 40$ und $p = 0{,}3$. Geben Sie die Werte der Parameter k bzw. k_1 und k_2 so an, dass die nachfolgenden Ungleichungen erfüllt sind.

a) $P(X \le k) > 0{,}8$ **b)** $P(X \le k) > 0{,}3$
c) $P(X > k) < 0{,}2$ **d)** $P(X > k) < 0{,}75$
e) $P(k_1 \le X \le k_2) > 0{,}9$ **f)** $P(k_1 < X < k_2) > 0{,}5$

2 Eine Zufallsgröße X ist binomialverteilt mit Parametern $n = 100$ und p. Bestimmen Sie den Parameter p (auf zwei Dezimalstellen genau) so, dass die nachfolgenden Ungleichungen erfüllt sind.

a) $P(X \le 90) \ge 0{,}95$ **b)** $P(X > 20) > 0{,}5$
c) $P(X < 35) < 0{,}7$ **d)** $P(X \ge 95) > 0{,}99$

3 Wie häufig muss ein Bernoulli-Experiment mit der Wahrscheinlichkeit 0,9 mindestens durchgeführt werden, dass …

a) $P(X \ge 20) \ge 0{,}95$ **b)** $P(X \le 30) < 0{,}01$
c) $P(X < 40) < 0{,}1$ **d)** $P(X > 95) > 0{,}999$

wenn X die Anzahl der Treffer der zugehörigen Bernoulli-Kette angibt?

Lösungen zu 3: 119; 25; 47; 40

4 Drei Viertel aller Jugendlichen zwischen 10 und 16 Jahren nutzen einen Messenger-Dienst um untereinander zu kommunizieren. Von diesen nutzen 40% sogar mehrere solche Dienste. Bestimmen Sie durch systematisches Probieren, wie groß eine Gruppe Jugendlicher mindestens sein muss, …

a) damit mit mindestens 99 % Wahrscheinlichkeit mindestens ein Jugendlicher mit dabei ist, der einen Messenger-Dienst nutzt.
b) damit mit mindestens 99 % Wahrscheinlichkeit mindestens ein Jugendlicher mit dabei ist, der mehrere Messenger-Dienste nutzt.

5 Ein Kopiergerät liefert mit einer Wahrscheinlichkeit von 15 % unbrauchbare Kopien.

a) Es werden n Kopien angefertigt. Für welche Werte von n ist die Wahrscheinlichkeit dafür, dass alle n Kopien brauchbar sind, kleiner als 10 %?
b) Von einem Rundschreiben werden 170 (brauchbare) Kopien benötigt. Lucas fertigt zur Sicherheit 200 Kopien. Mit welcher Wahrscheinlichkeit erhält er trotzdem weniger als 170 brauchbare Kopien?

6 Ermitteln Sie, wie groß die Wahrscheinlichkeit p für einen Hauptgewinn beim Drehen eines Glücksrads mindestens sein muss, damit sich beim 20-maligen Drehen mit einer Wahrscheinlichkeit von mindestens 10 % mindestens ein Hauptgewinn ergibt.

7 Berechnen Sie, wie oft man zwei Würfel mindestens werfen muss, um mit einer Wahrscheinlichkeit von mehr als 90 % mindestens einen Sechserpasch zu würfeln.

8 Es gibt immer wieder Autofahrer, die zu schnell fahren. Nach den Erfahrungen der Verkehrspolizei sind dies auf Autobahnen 2,5 % der Pkw-Fahrer, auf Landstraßen 5 %.

a) Ermitteln Sie die Anzahl der Fahrer, die von einer Verkehrskontrolle auf der Landstraße mindestens überprüft werden müssen, damit sich darunter mit einer Wahrscheinlichkeit von mehr als 98 % mindestens ein Verkehrssünder befindet.

b) Auf der Autobahn müssen im Vergleich mehr Fahrzeuge kontrolliert werden, bevor mit der gleichen Wahrscheinlichkeit mindestens ein Verkehrssünder dingfest gemacht werden kann.
Begründen Sie durch Rechnung, dass mehr als doppelt so viele Kontrollen benötigt werden.

9 Eine bestimmte Sorte von Blumenzwiebeln keimt mit einer Wahrscheinlichkeit von 85 %. Ermitteln Sie die Anzahl an Blumenzwiebeln, die mindestens gepflanzt werden müssen, um mit einer Wahrscheinlichkeit von über 95 % mindestens 20 blühende Blumen zu erhalten.

10 Ein Verpackungsgerät für Kaugummis arbeitet nicht mehr akkurat: 15 % der Kaugummis werden nicht mehr einwandfrei verpackt.

a) Berechnen Sie, ab wie vielen Kaugummis die Wahrscheinlichkeit, dass alle einwandfrei verpackt sind kleiner als 10 % wird.

b) Durch eine Wartung kann der Fehleranteil auf 5 % reduziert werden. Ermitteln Sie nun für die Anzahl der Kaugummis aus Teilaufgabe a) die Wahrscheinlichkeit dafür, dass alle Kaugummis einwandfrei verpackt sind. Vergleichen Sie mit der Wahrscheinlichkeit aus Teilaufgabe a) und interpretieren Sie das Ergebnis im Sachzusammenhang.

11 Ermitteln Sie, wie groß die Ausschusswahrscheinlichkeit eines 3D-Druckers höchstens sein darf, damit sich unter 25 Drucken mit einer Wahrscheinlichkeit von mindestens 80 % keine Fehldrucke finden.

12 Eine Bürgerinitiative veranstaltet am viel besuchten Badesee der Gemeinde eine Unterschriftenaktion gegen eine geplante Windkraftanlage.
Berechnen Sie, wie hoch der Anteil p der Gegner der Windkraftanlage unter den Badegästen mindestens sein muss, damit sich unter zehn zufällig ausgewählten Badegästen mit einer Wahrscheinlichkeit von mindestens 99 % wenigstens ein Gegner der Windkraftanlage befindet.

13 Eine Präzisionsfräse wird von zehn Elektromotoren angetrieben, die unabhängig voneinander mit der Wahrscheinlichkeit p ordnungsgemäß arbeiten. Fällt auch nur ein Elektromotor aus, so ist die Fräse gestört. Ermitteln Sie, wie groß p mindestens sein muss, damit das Gerät mit 90 % Sicherheit arbeitet.

14 Eine Zufallsgröße X ist binomialverteilt mit Parametern $n = 100$ und $p = 0{,}24$. Ermitteln Sie ein Intervall, das zum Erwartungswert symmetrisch liegt und in das der Wert der Zufallsgröße mit einer Wahrscheinlichkeit von 95 % fällt.

15 Geben Sie durch systematisches Ausprobieren eine binomialverteilte Zufallsgröße $X \sim B(n;p)$ an, deren wahrscheinlichster Wert nicht derjenige ist, der am nächsten zum Erwartungswert liegt.

16 **a)** Untersuchen Sie für verschiedene feste Werte von p die Wahrscheinlichkeitsverteilung einer binomialverteilten Zufallsgröße $X \sim B(n; p)$ bei Variation von n. Beobachten Sie insbesondere die Lage und den Wert der höchsten auftretenden Wahrscheinlichkeit.

b) Versuchen Sie, Bedingungen an n und p zu formulieren, unter denen dieser Maximalwert kleiner als 10 % bleibt. Beschreiben Sie Ihr Vorgehen.

17 In einer Urne befinden sich schwarze und weiße Kugeln. Aus der Urne werden nacheinander vier Kugeln gezogen, jede gezogene Kugel wird wieder zurück in die Urne gelegt. Ermitteln Sie den Anteil p der weißen Kugeln so, dass die Wahrscheinlichkeit für das Ereignis E: „Es wird genau eine schwarze oder genau eine weiße Kugel gezogen" maximal wird.

Gehen Sie wie folgt vor:

1 Bestimmen Sie P (E) in Abhängigkeit von p.
2 Fassen Sie diese Abhängigkeit als Funktion mit der Variablen p auf.
3 Ermitteln Sie den gesuchten Wert von p graphisch mithilfe eines Computerprogramms.

18 In einem Call-Center eines Anbieters für Handytarife haben im Mittel 65 % der Anrufer Fragen zu ihrer Abrechnung, während 19 % Fragen zu ihrem Tarif haben. Die restlichen Anrufer haben verschiedene sonstige Fragen.

a) Ermitteln Sie die Wahrscheinlichkeit, dass unter 20 Anrufern mehr als die Hälfte Fragen zu ihrer Abrechnung haben.

b) Ermitteln Sie die Wahrscheinlichkeit, dass an einem bestimmten Arbeitstag erst der zehnte Anrufer Fragen zu seinem Tarif hat.

c) Berechnen Sie, wie viele Anrufe mindestens eingehen müssen, dass mit einer Wahrscheinlichkeit von mehr als 99 % mindestens ein Anrufer ein Anliegen vorträgt, das sich nicht auf seine Rechnung oder seinen Tarif bezieht.

d) In Einzelfällen berichten Anrufer über eine Störung. Berechnen Sie, wie groß der Anteil dieser Anrufer mindestens sein muss, damit unter den ersten 50 Anrufern mit einer Wahrscheinlichkeit von mindestens 90% mindestens eine Störung reklamiert wird.

Hinweis:
Fassen Sie die Gewinnwahrscheinlichkeit als Funktion von p auf und betrachten Sie den Funktionsgraphen.

19 Die Abbildung zeigt ein Glücksrad. Einen Treffer erzielt man, wenn der Zeiger nach Stillstand des Rads auf den hellblau getönten Teil der Scheibe weist. Dabei ist $p_{Treffer} = \frac{\alpha}{360°}$ und $0° < \alpha < 360°$.
Vor einem Spiel wird als Spielregel vereinbart: Der Spieler dreht das Glücksrad zehnmal. Er gewinnt, wenn er dabei genau zwei Treffer erzielt.

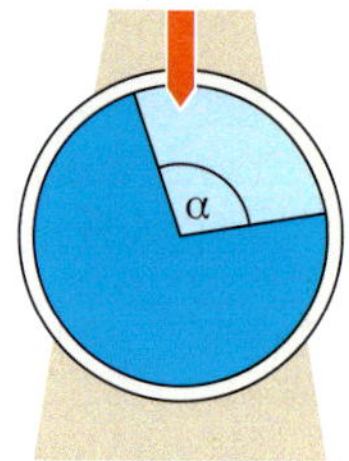

a) Ermitteln Sie die Gewinnwahrscheinlichkeit in Abhängigkeit von p.
b) Finden Sie heraus, wie groß p (und damit α) gewählt werden muss, damit die Gewinnwahrscheinlichkeit möglichst groß wird.

20 Für die Premiere eines Theaterstücks wird die Aula der Schule bestuhlt. In der ersten Reihe werden acht Plätze für Ehrengäste reserviert.
a) Bestimmen Sie die Anzahl der Möglichkeiten, die die fünf erschienenen Ehrengäste haben, sich auf die reservierten Plätze zu verteilen, wenn …
   1 die Personen nicht unterschieden werden.
   2 die Personen unterschieden werden.
b) Nennen Sie im Sachzusammenhang einen möglichen Grund dafür, dass die möglichen Anordnungen der Ehrengäste auf den reservierten Plätzen nicht gleichwahrscheinlich sind – unabhängig davon, ob die Personen unterschieden werden oder nicht.

Bei jeder Aufführung wird der Vorhang 15-mal geschlossen. Dafür ist ein automatischer Mechanismus vorgesehen. Erfahrungsgemäß funktioniert der Mechanismus bei jedem Schließen des Vorhangs mit einer Wahrscheinlichkeit von 90 %. Nur dann, wenn der Mechanismus nicht funktioniert, wird der Vorhang von Hand zugezogen.
c) Bestimmen Sie die Wahrscheinlichkeiten folgender Ereignisse:
   A: „Bei einer Aufführung wird der Vorhang kein einziges Mal von Hand zugezogen."
   B: „Bei einer Aufführung lässt sich der Vorhang zunächst viermal automatisch schließen, insgesamt wird der Vorhang jedoch genau zweimal von Hand zugezogen."
d) Beschreiben Sie ein Urnenexperiment, mit dem sich das Verhalten des Mechanismus bei 15-maligem Schließen des Vorhangs simulieren lässt.
e) Die Zufallsgröße X beschreibt, wie oft der Mechanismus beim Schließen des Vorhangs im Verlauf einer Aufführung nicht funktioniert. Bestimmen Sie die Wahrscheinlichkeit dafür, dass der Wert von X um mehr als eine Standardabweichung vom Erwartungswert der Zufallsgröße abweicht.

21 Der Hersteller von Werbegeschenken versendet Kugelschreiber mit individuellem Aufdruck. Er behauptet, dass höchstens 10 % der Aufdrucke durch Fehler im Druck unleserlich sind. Ein Großkunde bestellt 10 000 Kugelschreiber und testet die Aussage des Herstellers, indem er 20 Kugelschreiber herausgreift und den Aufdruck begutachtet. Er will die Ware wieder zurücksenden, wenn mehr als zwei Kugelschreiber einen fehlerhaften Aufdruck aufweisen.
a) Erläutern Sie, warum das Entnehmen der Stichprobe näherungsweise als Bernoulli-Kette aufgefasst werden kann.
b) Beurteilen Sie das Prüfverfahren unter Bezugnahme auf die Wahrscheinlichkeit, mit der die Lieferung zurückgeschickt wird, obwohl die Angaben des Herstellers korrekt sind.
c) Der Hersteller möchte dem Kunden eine alternative Entscheidungsregel für die Stichprobe vorschlagen. Formulieren Sie eine Entscheidungsregel, die den Interessen des Herstellers entgegenkommt und begründen Sie Ihren Vorschlag.

Bernoulli-Experiment und Bernoulli-Kette

Seite 182

Ein Zufallsexperiment, bei dem es nur zwei mögliche Ausgänge gibt, heißt **Bernoulli-Experiment**.
Meist wird der Ergebnisraum in der Form $\Omega = \{$„Treffer“; „Niete“$\}$ oder $\Omega = \{1; 0\}$ beschrieben. Dabei ist P („Treffer“) = p und P („Niete“) = 1 – p.

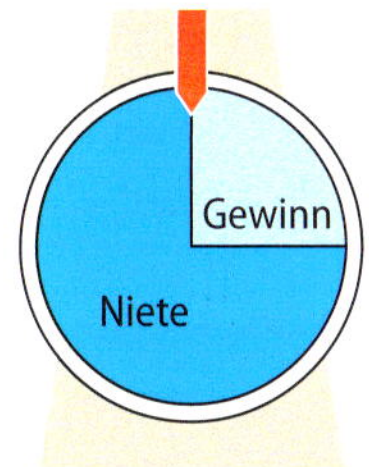

Ein mehrstufiges (n-stufiges) Zufallsexperiment, dessen Teilexperimente aus dem gleichen Bernoulli-Experiment bestehen, heißt **Bernoulli-Kette** (der Länge n).

$\Omega = \{$Gewinn; Niete$\}$
P („Gewinn“) $= \frac{1}{4}$ und P („Niete“) $= 1 - \frac{1}{4} = \frac{3}{4}$
Dreimaliges Drehen des Glücksrads entspricht einer Bernoulli-Kette der Länge 3.

Der Binomialkoeffizient

Seite 184

Der **Binomialkoeffizient** $\binom{n}{k}$ gibt an, wie viele Möglichkeiten es gibt, k Elemente aus einer n-elementigen Menge auszuwählen. Man kann damit auch angeben, wie viele Pfade im Baumdiagramm einer Bernoulli-Kette der Länge n zu k Treffern führen.

- Beim Lotto 6 aus 49 werden 6 Kugeln aus 49 ausgewählt. Dafür gibt es $\binom{49}{6}$ = 13 983 816 Möglichkeiten.
- Im Baumdiagramm zum 10-maligen Werfen einer Münze gibt es $\binom{10}{3} = 120$ Pfade zum Ereignis „Es wird dreimal Kopf geworfen“.

Die Bernoulli-Formel

Seite 186

Die Wahrscheinlichkeit bei der Durchführung einer Bernoulli-Kette der Länge n (mit Trefferwahrscheinlichkeit p) k Treffer zu erzielen, beträgt

$P = \binom{n}{k} \cdot p^k \cdot (1 - p)^{n-k}$ (**Bernoulli-Formel**)

Eine Reißzwecke landet mit p = 0,4 auf dem Kopf. Die Wahrscheinlichkeit, dass beim Werfen von fünf Reißzwecken drei auf den Kopf landen, beträgt

$P = \binom{5}{3} \cdot 0{,}4^3 \cdot (1 - 0{,}4)^{5-3} \approx 0{,}2304$.

Die Bernoulli-Verteilung

Seite 188, 190

Eine Zufallsgröße X heißt **binomialverteilt mit den Parametern n und p**, wenn für ihre Wahrscheinlichkeitsverteilung gilt:
$B(n; p; k) = P(X = k) = \binom{n}{k} \cdot p^k \cdot (1 - p)^{n-k}$.
Die häufigste graphische Darstellung einer Binomialverteilung ist das **Histogramm**.

Werfen mit sechs Würfeln.
X: „Anzahl der Sechser“; $X \sim B\left(6; \frac{1}{6}\right)$

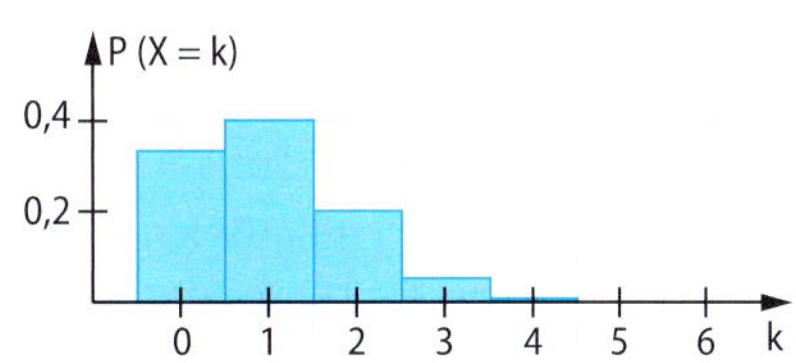

Erwartungswert und Standardabweichung binomialverteilter Zufallsgrößen

Seite 194, 196

Für eine binomialverteilte Zufallsgröße $X \sim B(n; p)$ kann der Erwartungswert zu $E(X) = n \cdot p$ umgeformt werden. Für die Standardabweichung einer solchen Zufallsgröße gilt: $\sigma(X) = \sqrt{n \cdot p \cdot (1 - p)}$.

$X \sim B(5; 0{,}6)$
$E(X) = 5 \cdot 0{,}6 = 3$
$\sigma(X) = \sqrt{5 \cdot 0{,}6 \cdot 0{,}4}$
$\approx 1{,}1$

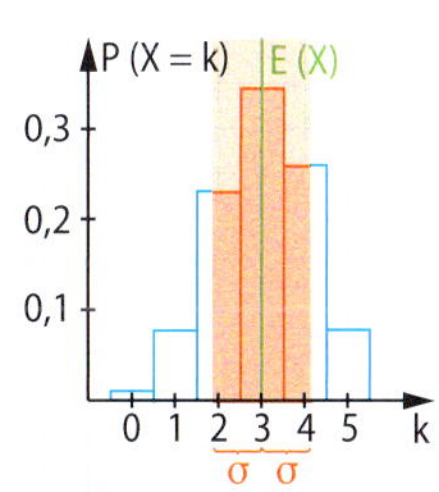

1 Bestimmen Sie die Anzahl der Möglichkeiten bei den beschriebenen zufälligen Vorgängen.

a) Die Sportler, die bei einem Wettbewerb mit zwölf Teilnehmern einen Platz auf dem Podium erhalten.
b) Die Zusammensetzung eines Gremiums aus drei Damen und zwei Herren, für das insgesamt zwölf Damen und zehn Herren kandidieren.
c) Mögliche Anordnung aller Buchstaben des Wertes HONOLULU.

a) Eine Sechsergruppe bei einem Sportwettbewerb, von deren Mitgliedern zwei aus einem Lostopf mit acht und vier aus einen Lostopf mit 16 Mannschaften gezogen werden.
b) Das Trefferbild eines Biathleten bei fünf Schuss.
c) Für zehn Zuschauer stehen noch drei Sitzplätze zur Verfügung.

2 Die Wahrscheinlichkeitsverteilung einer binomialverteilten Zufallsgröße X hängt von den Parametern p und n ab. Beispielsweise erhält man folgende Histogramme:

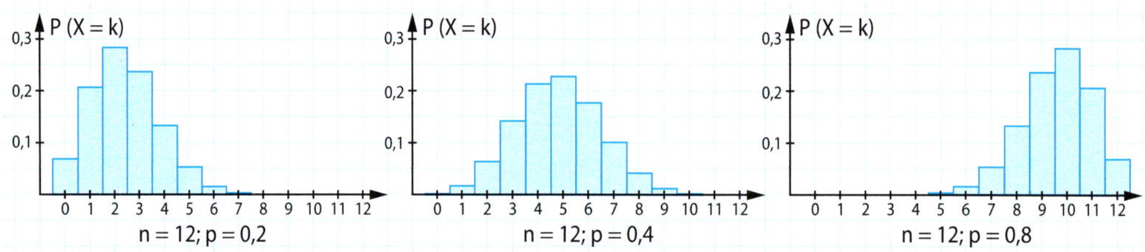

a) Erstellen Sie mithilfe eines Tabellenkalkulationsprogramms ein Histogramm für die Zufallsgröße $X \sim B(16; p)$ mit variablem Parameter p.
b) Lassen Sie sich auch jeweils E (X) sowie σ(X) anzeigen.
c) Untersuchen und beschreiben Sie Abhängigkeiten von der Variablen.

a) Erstellen Sie mithilfe eines Tabellenkalkulationsprogramms ein Histogramm für die Zufallsgröße $X \sim B(n; 0,2)$ mit variablem Parameter n.
b) Lassen Sie sich auch jeweils E (X) sowie σ(X) anzeigen.
c) Untersuchen und beschreiben Sie Abhängigkeiten von der Variablen.

3 Beim Zoll stehen neun Personen an. Vier von ihnen sind Schmuggler. Der Zollbeamte bittet drei der neun Personen zur Kontrolle. Berechnen Sie, mit welcher Wahrscheinlichkeit unter diesen drei Personen …

1 kein Schmuggler ist.
2 genau ein Schmuggler ist.

1 höchstens ein Schmuggler ist.
2 mindestens ein Schmuggler ist.

4 Lukas verwandelt beim Fußball Elfmeterschüsse mit einer Wahrscheinlichkeit von etwa 60 %. Bestimmen Sie, wie viele Elfmeter er schießen muss, um mit einer Wahrscheinlichkeit von mindestens 90 % mindestens einmal erfolgreich zu sein.

Lösen Sie durch systematisches Probieren.

Lösen Sie durch Rechnung.

5 Bestimmen Sie die Wahrscheinlichkeiten der nachfolgenden Ereignisse auf zwei Arten:

a) Überlegungen zu den Pfadregeln im zugehörigen Baumdiagramm

b) geschicktes Abzählen und einen Laplace-Ansatz

In einer Klasse mit 15 Schülerinnen und 10 Schülern wird ausgelost, welche fünf Teilnehmer zum SMV-Wochenende mitfahren dürfen.

1 Es darf nur eine Schülerin mitfahren.

2 Die ersten fünf Schüler des Alphabets werden ausgelost.

3 Anna und Jan sind dabei.

Ein gewöhnlicher Würfel wird zehnmal geworfen.

1 Es werden nur ungerade Zahlen gewürfelt.

2 Genau zwei Sechsen werden gewürfelt.

3 Die ersten fünf Würfe sind größer, die letzten fünf Würfe kleiner als drei.

6 Fehler passieren! Wichtig ist es, die Wahrscheinlichkeit ihres Eintretens realistisch einschätzen zu können.

Ein Kopiergerät liefert mit einer Wahrscheinlichkeit von 15 % unbrauchbare Kopien. Lukas fertigt 20 Kopien an.
Ermitteln Sie jeweils die Wahrscheinlichkeit für das Eintreten folgender Ereignisse:

E_1: „Alle 20 Kopien sind brauchbar."

E_2: „Mehr als drei Viertel der Kopien sind brauchbar."

E_3: „Es ist genau eine Kopie unbrauchbar, und diese befindet sich unter den letzten fünf."

E_4: „Von den Kopien sind genau drei unbrauchbar, und diese folgen unmittelbar aufeinander".

Nach Angaben der Post erreichen 90 % all derjenigen Inlandsbriefe, die vor 18 Uhr aufgegeben werden, am nächsten Tag den Empfänger. Sophie schreibt 16 Einladungen zu einem Sommerfest und wirft sie vor der 18-Uhr-Leerung in den Briefkasten.
Ermitteln Sie jeweils die Wahrscheinlichkeit für das Eintreten folgender Ereignisse:

E_1: „Alle 16 Briefe werden am nächsten Tag zugestellt."

E_2: „Alle Briefe bis auf einen werden am nächsten Tag zugestellt."

E_3: „Die Briefe von Anna und Tom werden nicht zugestellt."

7 Beurteilen Sie die nachfolgenden Sachverhalte, indem Sie eine geeignete Wahrscheinlichkeitsbetrachtung anstellen.

Nach Angaben eines Leuchtmittelgroßhändlers ist durchschnittlich eine von zwanzig LED-Lämpchen einer bestimmten Sorte defekt.

Ein Dekorateur meint: „Wenn ich 100 Lämpchen für eine Schaufensterdekoration benötige und 110 LEDs kaufe, also 10 % mehr als benötigt, dann bin ich auf der sicheren Seite."

Ein Reiseunternehmen führt Gruppenreisen durch. Erfahrungsgemäß müssen 3% der Gäste die Reise kurzfristig stornieren.

Eine Reise soll für eine Gruppe von 80 Personen geplant werden. Der Veranstalter kalkuliert: „Wenn ich 82 Plätze verkaufe, dann ist die Wahrscheinlichkeit gering, dass am Abreisetag zu viele Gäste auftauchen."

6 Kreuz und quer

1 Begründen Sie, warum es sich beim beschriebenen Zufallsexperiment um eine Bernoulli-Kette handelt. Geben Sie jeweils die Parameter n und p an.

a) Die Einnahme eines bestimmten Medikaments führt in 75 % aller Fälle zu einer Linderung der Symptome. Im letzten Jahr wurde es 3086 Patienten verschrieben.

b) Pia versucht mit einem gezinkten Würfel, bei dem die Sechs durchschnittlich doppelt so häufig geworfen wird wie alle anderen Zahlen, beim Mensch-ärgere-dich-nicht-Spiel aus dem Haus zu kommen.

c) Aus Erfahrung weiß ein Gärtner, dass Tulpenzwiebeln mit einer Wahrscheinlichkeit von 90 % austreiben. Er setzt 1000 Stück gleichzeitig ein.

2 Bei einem Gewinnspiel werden Kugeln aus einer Urne mit zehn nummerierten Kugeln gezogen. Es handelt sich dabei um vier rote und sechs blaue Kugeln.
Erläutern Sie, welche Bedeutung den nachfolgenden Termen im Sachzusammenhang zukommen könnte.

a) $10 \cdot 9 \cdot 8 \cdot 7$ b) $\binom{4}{2} \cdot \binom{6}{3}$ c) 10^3 d) $\frac{10 \cdot 9 \cdot 8}{10^3}$ e) $\frac{\binom{6}{4}}{\binom{10}{4}}$

3 In einer Klasse sind 10 Jungen und 15 Mädchen.

a) Erläutern Sie die Bedeutung der nachfolgenden Terme im Sachzusammenhang.

1 $\binom{15}{7}$ **2** $\binom{10}{5}$ **3** $\binom{25}{12}$ **4** $\binom{15}{7} \cdot \binom{10}{5}$

b) Begründen Sie anschaulich, warum sich die Ergebnisse von **3** und **4** unterscheiden.

4 Eine Bernoulli-Kette hat die Länge n und die Trefferwahrscheinlichkeit p. Die Zufallsgröße X beschreibt die Anzahl der Treffer. Ordnen Sie jeder Angabe in der linken Tabelle den passenden Ansatz in der rechten Tabelle zu.

a)	$P(X = 2)$ für $n = 5$ und $p = 0{,}1$ J.
b)	$P(X \leq 4)$ für $n = 5$ und $p = 0{,}9$
c)	$P(1 < X < 4)$ für $n = 5$ und $p = 0{,}1$
d)	$P(X \leq 1)$ für $n = 5$ und $p = 0{,}1$
e)	$P(X > 1)$ für $n = 5$ und $p = 0{,}9$
f)	$P(X > 3)$ für $n = 5$ und $p = 0{,}1$
g)	$P(1 < X \leq 4)$ für $n = 5$ und $p = 0{,}9$
h)	$P(X < 5)$ für $n = 5$ und $p = 0{,}1$
i)	$P(3 < X < 5)$ für $n = 5$ und $p = 0{,}9$
j)	$P(X \geq 0)$ für $n = 5$ und $p = 0{,}1$

L	$1 - P(X = 5) = 1 - 0{,}1^5$
E	$\binom{5}{2} \cdot 0{,}1^2 \cdot 0{,}9^3 + \binom{5}{3} \cdot 0{,}1^3 \cdot 0{,}9^2$
N	$1 - 0{,}1^5 - 5 \cdot 0{,}1^4 \cdot 0{,}9^1$
O	$\binom{5}{4} \cdot 0{,}1^4 \cdot 0{,}9 + 0{,}1^5$
U	$\binom{5}{2} \cdot 0{,}9^2 \cdot 0{,}1^3 + \binom{5}{3} \cdot 0{,}9^3 \cdot 0{,}1^2 + \binom{5}{4} \cdot 0{,}9^4 \cdot 0{,}1$
J	$\binom{5}{2} \cdot 0{,}1^2 \cdot 0{,}9^3$
R	$0{,}9^5 + \binom{5}{1} \cdot 0{,}1 \cdot 0{,}9^4$
L	$5 \cdot 0{,}9^4 \cdot 0{,}1$
B	$1 - P(X = 5) = 1 - 0{,}9^5$
I	1

5 Ein siebenstufiges Galton-Brett steht etwas schräg, sodass die Wahrscheinlichkeit nach rechts zu fallen auf jeder Stufe 0,3 beträgt.

a) Bestimmen Sie die Anzahl der möglichen Wege, die in den Auffangbehälter 4 führen.

b) Berechnen Sie die Wahrscheinlichkeit dafür, dass die Kugel …

1 nur auf den beiden letzten Stufen nach rechts fällt.

2 in Auffangbehälter 3 oder 5 landet.

6 Finden Sie heraus, welches der folgenden Histogramme die Wahrscheinlichkeitsverteilung einer binomialverteilten Zufallsgröße X mit n = 50 und p = 0,25 darstellt. Begründen Sie Ihre Antwort.

1
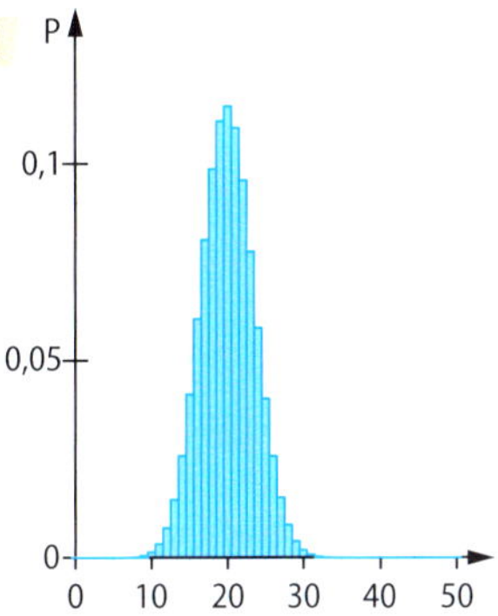

2
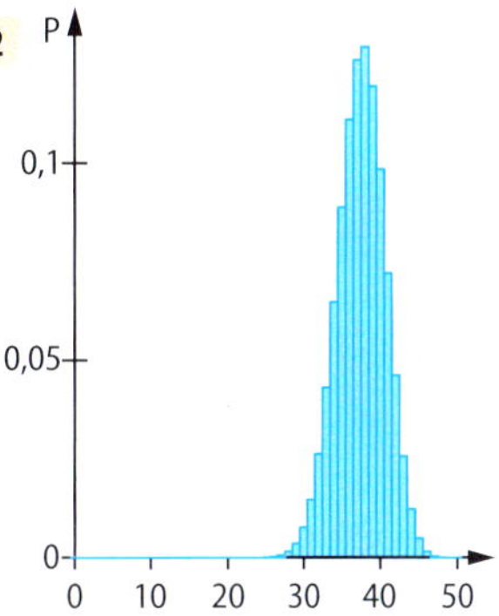

3
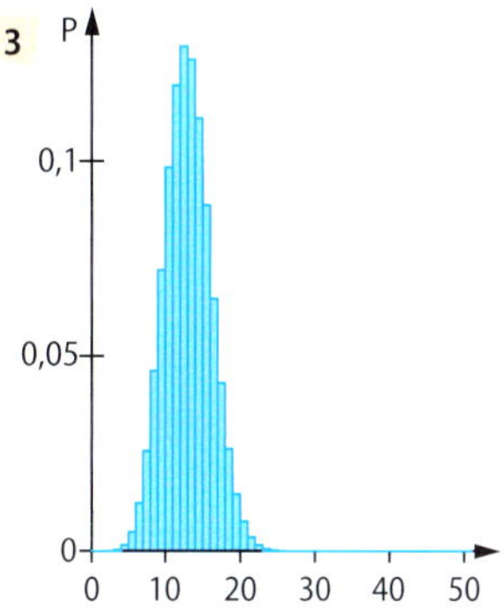

7 Die Zufallsgröße X ist binomialverteilt mit dem Erwartungswert E (X) = 40 und der Standardabweichung σ (X) = 6. Bestimmen Sie die Parameter n und p der Binomialverteilung.

8 Ein Laplace-Würfel trägt auf einer seiner Flächen ein Auge, auf zwei Flächen jeweils zwei Augen und auf drei Flächen jeweils drei Augen. Bei einem Spiel wird der Würfel zweimal geworfen. Man gewinnt, wenn der Summenwert der beiden Augenanzahlen ungerade ist.

a) Zeigen Sie, dass die Gewinnwahrscheinlichkeit $\frac{4}{9}$ ist.

b) Berechnen Sie die Wahrscheinlichkeit, dass man entweder bei genau zwei oder bei genau drei von zehn Spielen gewinnt.

9 Ordnen Sie den binomialverteilten Größen 1 bis 6 jeweils die passende graphische Darstellung zu. Begründen Sie Ihre Zuordnung.

1 X ~ B (15; 0,15)

2 X ~ B (15; 0,30)

3 X ~ B (15; 0,45)

4 X ~ B (15; 0,60)

5 X ~ B (15; 0,75)

6 X ~ B (15; 0,90)

A
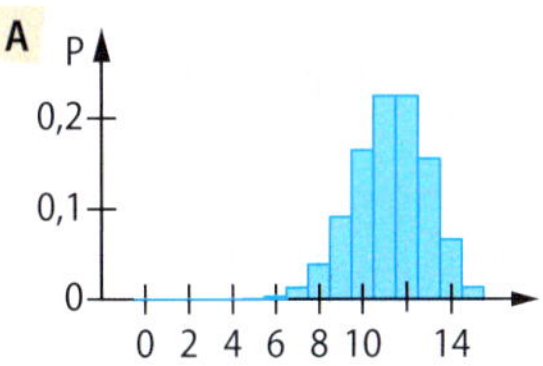

B
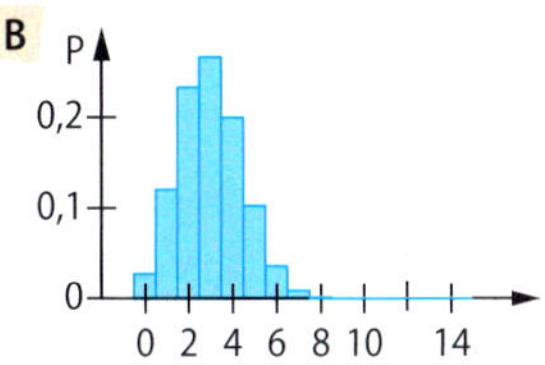

C
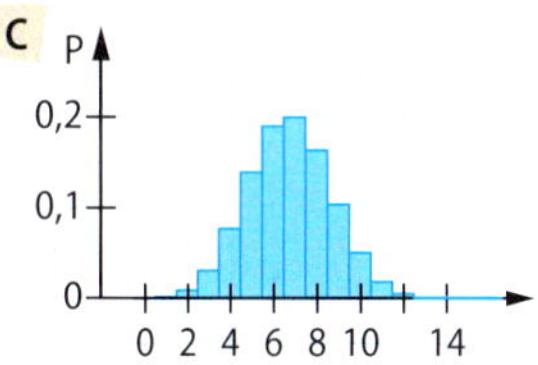

D
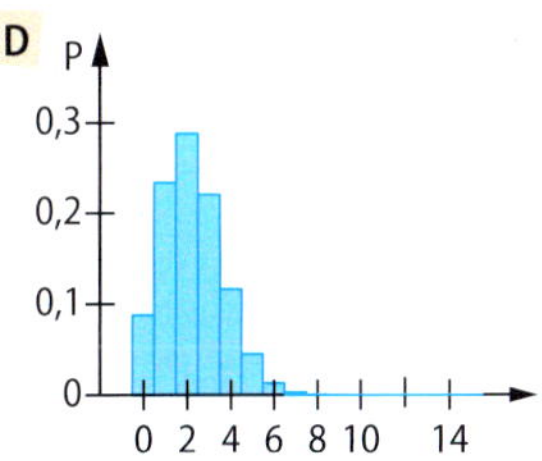

E
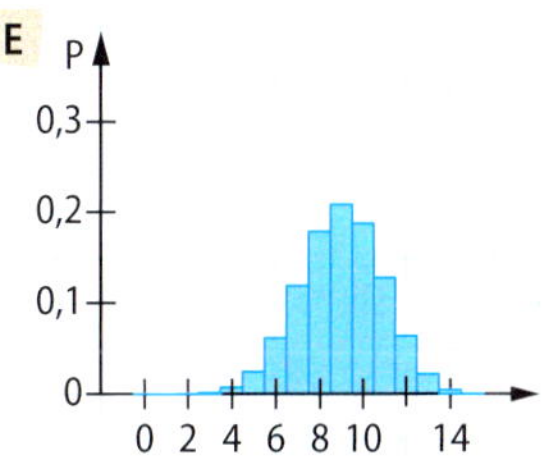

F
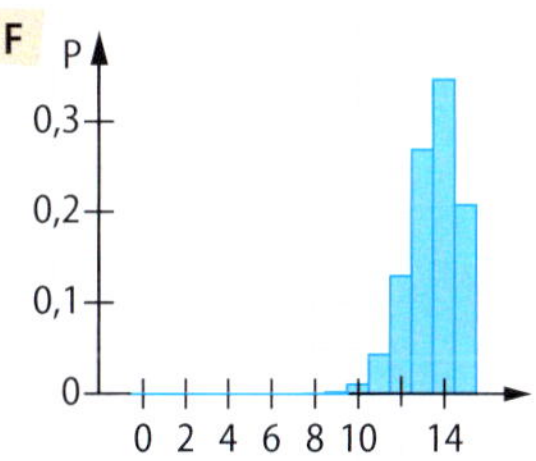

10 In einer Brauerei wird Limonade maschinell in 0,5-Liter-Flaschen abgefüllt. Da die Maschine diesen Sollwert nicht exakt einhalten kann, hat der Kunde ein Recht darauf, dass mindestens 95 % der Flaschen mindestens 490 ml enthalten. Herr Sturm kauft sich einen Kasten mit 20 Limonadenflasche.

a) Bestimmen Sie die Wahrscheinlichkeit, dass er Glück hat und in allen Flaschen mindestens 490 ml Limonade sind.

b) Berechnen Sie, mit welcher Wahrscheinlichkeit in genau einem Viertel der Limonadenflaschen zu wenig Limonade ist.

11 Beim maschinellen Abfüllen von Marmelade wird der „Sollwert" von 400 g nicht immer genau eingehalten. Der Hersteller garantiert aber, dass 95 % der Gläser mindestens 390 g Marmelade enthalten. Bei einer Stichprobe werden 20 aus der laufenden Produktion zufällig entnommene Geleegläser überprüft. Ermitteln Sie die Wahrscheinlichkeit, dass …

a) alle Gläser mindestens 390 g Marmelade enthalten.

b) höchstens eines der 20 Gläser weniger als 390 g Marmelade enthält.

c) mindestens eines der 20 Gläser weniger als 390 g Marmelade enthält.

12 Beim Einchecken an einem Flughafen kommen die Gepäckstücke unabhängig voneinander auf ein Transportband. Die Wahrscheinlichkeit, dass ein zufällig ausgewähltes Gepäckstück auf diesem Band das Ziel München hat, beträgt 0,22.

a) Berechnen Sie die Wahrscheinlichkeit der folgenden Ereignisse.
Von zehn zufällig ausgewählten Gepäckstücken auf diesem Band …

1 haben höchstens drei das Ziel München.

2 hat nur das zehnte das Ziel München.

3 ist das zehnte Gepäckstück das zweite mit Ziel München.

b) Erläutern Sie in diesem Sachzusammenhang die folgenden Terme:
$P(E_4) = 0{,}22^3 \cdot 0{,}78^7$ $\qquad$ $P(E_5) = \binom{10}{5} \cdot 0{,}22^5 \cdot 0{,}78^5$

13 Ein Laplace-Würfel wird so lange geworfen, bis die zweite Sechs fällt. Bestimmen Sie die Wahrscheinlichkeit dafür, dass dies …

a) spätestens beim dritten Wurf geschieht.

b) beim zehnten Wurf geschieht.

c) bei den ersten zehn Würfen nicht der Fall ist.

14 In einer Stadt gibt es 320 000 ausschließlich sechsstellige Telefonnummern.
Ein Kleinkind drückt zufällig sechs Zifferntasten.

a) Berechnen Sie die Wahrscheinlichkeit, dass das Kind jemanden aus der Stadt „anruft".

b) Ermitteln Sie, wie oft das Kleinkind sein Experiment wiederholen müsste, um mit einer Wahrscheinlichkeit von mindestens 90 % mindestens einmal eine der vergebenen Nummern der Stadt zu wählen.

15 Für eine Zufallsgröße X ist $E(X) = 10$ und $\sigma(X) = 4$.

a) Begründen Sie durch Rechnung, dass X nicht binomialverteilt sein kann.

b) Geben Sie den Wert an, den $\sigma(X)$ nicht überschreiten kann, wenn X binomialverteilt mit $E(X) = 10$ ist.

16 Etwa 40 % der Erwachsenen tragen ein Herpes-Virus im Körper, ohne jemals Bläschen oder andere Symptome zu spüren. Man sagt, das Virus „schlummert". Bei weiteren 50 % der Bevölkerung bricht die Krankheit gelegentlich aus.

a) Bestimmen Sie die Wahrscheinlichkeit, dass unter hundert zufällig ausgewählten Erwachsenen genau 50 Personen mit schlummerndem Herpes-Virus sind.

b) Ermitteln Sie, wie viele Erwachsene man mindestens untersuchen muss, damit unter ihnen mit einer Wahrscheinlichkeit von mindestens 99 % mindestens eine Person mit schlummerndem Virus ist.

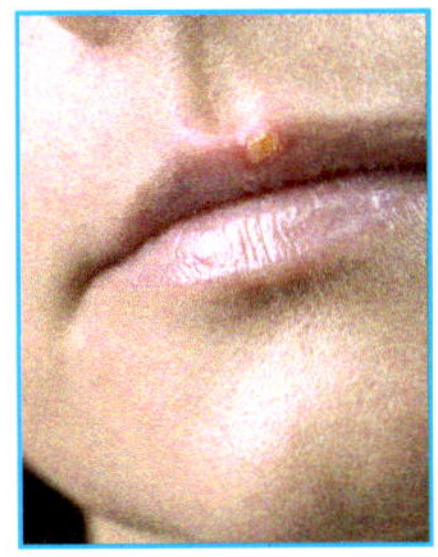

17 Ein Graphologe bewirbt sich um eine Stelle. Der Personalchef möchte ihn testen und legt ihm dazu Schriftproben vor. Jede Schriftprobe stammt entweder von einer entscheidungsfreudigen oder einer zögerlichen Person. Dies wird dem Bewerber mitgeteilt.

a) Man plant, den Bewerber einzustellen, wenn er bei mehr als zwei Dritteln von zwölf vorgelegten Schriftproben richtig entscheidet. Begründen Sie, dass der Bewerber die Stelle mit mehr als 7 % Wahrscheinlichkeit bekommen würde, wenn er nur rät.

Dem Personalchef ist es zu riskant, dass ein nur ratender Bewerber die Stelle mit mehr als 7 % Wahrscheinlichkeit bekommt. Er fordert, den Test so zu modifizieren, dass die Einstellungschance eines nur ratenden Bewerbers unter 3 % gedrückt wird. Man entscheidet sich, die Anzahl vorgelegter Schriftproben auf 30 zu erhöhen und bei mehr als zwei Dritteln eine richtige Entscheidung zu verlangen.

b) Zeigen Sie, dass bei dem modifizierten Testverfahren die Forderung des Personalchefs erfüllt wird.

c) Der Graphologe interessiert sich anders als der Personalchef mehr dafür, ob seine Fähigkeiten fälschlicherweise nicht erkannt werden. Er schätzt, dass er bei jeder einzelnen Schriftprobe mit 75% Wahrscheinlichkeit richtig entscheidet. Bestimmen Sie, wie hoch in diesem Fall die Wahrscheinlichkeit ist, dass er bei dem modifizierten Test als nur ratend eingestuft wird.

Graphologen beschäftigen sich mit der Analyse von Handschriften.

Meine Handschrift
Meine Handschrift
Meine Handschrift

18 Betrachtet wird eine binomialverteilte Zufallsgröße $X \sim B(n; p)$.

a) Zeigen Sie durch geeignete Termumformungen, dass für die Standardabweichung von X der folgende Zusammenhang gilt: $\sigma(X) = \sqrt{-n \cdot \left(p - \frac{1}{2}\right)^2 + \frac{1}{4}n}$.

b) Begründen Sie mit dem Zusammenhang aus Teilaufgabe a): Für festes n und …

1 $p \in [0; \frac{1}{2}[$ wächst die Standardabweichung streng monoton.

2 $p \in]\frac{1}{2}; 1]$ fällt die Standardabweichung streng monoton.

3 $p = \frac{1}{2}$ wird die Standardabweichung maximal.

c) Beschreiben Sie qualitativ, welche Auswirkungen die Ergebnisse aus Teilaufgabe b) für die Histogrammdarstellung von X haben.

19 Für eine Zufallsgröße X mit dem Erwartungswert μ und der Standardabweichung σ lässt sich für beliebiges $a > 0$ die Wahrscheinlichkeit $P(|X - \mu| \geq a)$ abschätzen.

Es gilt: $P(|X - \mu| \geq a) \leq \frac{\sigma^2}{a^2}$ (Ungleichung von Bienaymé-Tschebyschow).

a) Fassen Sie die Wahrscheinlichkeit $P(|X - \mu| \geq \sigma)$ in Worte und begründen Sie, dass die obige Ungleichung für diesen Fall keine wertvolle Abschätzung liefert.

b) Berechnen Sie für eine binomialverteilte Zufallsgröße $X \sim B(50; 0{,}4)$ die beiden Wahrscheinlichkeiten $P(|X - \mu| \geq 2\sigma)$ und $P(|X - \mu| \geq 3\sigma)$ und vergleichen Sie die tatsächlichen Werte mit den Abschätzungen aus der obigen Ungleichung.

Um die Anzahl der möglichen Ergebnisse bei mehrstufigen Zufallsexperimenten zu bestimmen, ist es häufig sinnvoll, die Analogie zu einem passenden **Urnenexperiment** herzustellen.

Aus einer Urne mit n unterscheidbaren Kugeln werden k Kugeln entnommen.
Wir unterscheiden nun zwischen verschiedenen Typen von Urnenexperimenten.

Urne mit fünf unterscheidbaren Kugeln.

1. Ziehen mit Zurücklegen unter Beachtung der Reihenfolge

Urnenexperiment: Aus einer Urne mit n Kugeln wird k-mal nacheinander gezogen. Dabei wird nach jedem Zug die gezogene Kugel wieder in die Urne zurückgelegt. Die Reihenfolge der Ergebnisse wird registriert.

Möglichkeiten: Es gibt n^k Möglichkeiten.

Beispiel: An einem Zahlenschloss lassen sich dreistellige Zahlen aus den Ziffern 0 bis 9 darstellen.

Erinnern Sie sich:

$5! = 5 \cdot 4 \cdot 3 \cdot 2 \cdot 1$

Es gilt zum Beispiel:

$10 \cdot 9 \cdot 8 = \frac{10 \cdot 9 \cdot 8 \cdot 7 \cdot \ldots \cdot 1}{7 \cdot 6 \cdot 5 \cdot \ldots \cdot 1} = \frac{10!}{7!}$

2. Ziehen ohne Zurücklegen unter Beachtung der Reihenfolge

Urnenexperiment: Aus einer Urne mit n Kugeln wird k-mal nacheinander gezogen ($k \leq n$). Dabei wird nach jedem Zug die gezogene Kugel zur Seite gelegt. Die Reihenfolge der Ergebnisse wird registriert.

Möglichkeiten: Es gibt $n \cdot (n-1) \cdot (n-2) \cdot \ldots \cdot (n-k+1) = \frac{n!}{(n-k)!}$ Möglichkeiten.

Sonderfall: Aus einer Urne mit n Kugeln wird n-mal nacheinander gezogen.
Es gibt $n! = n \cdot (n-1) \cdot (n-2) \cdot \ldots \cdot 2 \cdot 1$ (lies „n Fakultät") Möglichkeiten.

Beispiel: Anzahl der Möglichkeiten für die ersten drei Plätze bei einem Wettbewerb mit zehn Teilnehmern.

3. Ziehen ohne Zurücklegen ohne Beachtung der Reihenfolge

Urnenexperiment: Aus einer Urne mit n Kugeln werden k Kugeln gleichzeitig gezogen bzw. k-mal nacheinander eine Kugel gezogen und zur Seite gelegt ($k \leq n$). Die Reihenfolge spielt dabei – wie bei den Lottoziehungen – keine Rolle.

Möglichkeiten: Es gibt $\frac{n \cdot (n-1) \cdot (n-2) \cdot \ldots \cdot (n-k+1)}{k!} = \frac{n!}{(n-k)!\,k!}$ Möglichkeiten.

Beispiel: Lotto 6 aus 49

Der dritte Fall ist Ihnen bereits aus Kapitel 6.2 bekannt. Dort haben Sie den Binomialkoeffizienten kennengelernt, der die Anzahl der Möglichkeiten angibt, k Elemente aus einer n-elementigen Menge auszuwählen (ohne die Reihenfolge zu beachten). Mit der obigen Herleitung steht Ihnen nun auch eine Formel für die Berechnung des Binomialkoeffizienten zur Verfügung:

Formel für den Binomialkoeffizient:

$$\binom{n}{k} = \frac{n!}{(n-k)!\,k!} = \frac{n \cdot (n-1) \cdot (n-2) \cdot \ldots \cdot (n-k+1)}{k!}$$

Es gilt zum Beispiel: $\binom{7}{3} = \frac{7!}{(7-3)! \cdot 3!} = \frac{7 \cdot 6 \cdot 5}{3 \cdot 2 \cdot 1} = 35.$

Beispiel: Die Englischlehrerin hat drei Wörterbücher geschenkt bekommen. Sie verlost sie unter den 23 Schülerinnen und Schülern ihrer zehnten Klasse (jeder Schüler bekommt höchstens ein Buch). Berechnen Sie, auf wie viele verschiedene Arten dies möglich ist, falls es sich um drei Wörterbücher handelt, …

a) von denen keines einem anderen gleicht.

b) die alle identisch sind.

Lösung:

a) $23 \cdot 22 \cdot 21 = 10\,626$

Ziehen ohne Zurücklegen unter Beachtung der Reihenfolge: Für das erste Buch hat sie 23 Möglichkeiten, für das zweite noch 22 Möglichkeiten, für das dritte verbleiben noch 21.

b) $\binom{23}{3} = \frac{23!}{(23-3)!\,3!} = \frac{23 \cdot 22 \cdot 21}{3 \cdot 2 \cdot 1} = 1771$

Ziehen ohne Zurücklegen ohne Beachtung der Reihenfolge: Wenn für jeweils drei gezogene Schüler die Auswahl der Bücher nicht mehr unterschieden werden kann, dann sind in a) sämtliche 3er- Anordnungen zu viel enthalten.

1 a) Begründen Sie die Gleichheit: $n \cdot (n-1) \cdot (n-2) \cdot \ldots \cdot (n-k+1) = \frac{n!}{(n-k)!}$.

b) Wahr oder falsch? Fünf Personen haben $\frac{10!}{5!}$ verschiedene Möglichkeiten, auf zehn Stühlen Platz zu nehmen.

2 In einer Urne sind 15 Kugeln mit den Zahlen 1 bis 15. Erklären Sie die Bedeutung der folgenden Terme in einem passenden Urnenexperiment.

a) 15^6 b) $15 \cdot 14 \cdot 13 \cdot 12$ c) $\binom{15}{7}$ d) $\frac{15!}{6! \cdot 9!}$ e) $\frac{15!}{9!}$

3 Berechnen Sie die Binomialkoeffizienten im Kopf.

a) $\binom{100}{0}$ b) $\binom{15}{14}$ c) $\binom{15}{15}$ d) $\binom{70}{1}$ e) $\binom{8}{2}$

4 In Kapitel 6.2 haben Sie bereits einige Eigenschaften des Binomialkoeffizienten anhand des Pascal'schen Dreiecks begründet. Leiten Sie Eigenschaften des Binomialkoeffizienten nun auch mithilfe der Formel her.

a) 1 $\binom{n}{0} = 1;\, n \in \mathbb{N}$ 2 $\binom{n}{1} = n;\, n \in \mathbb{N}$ 3 $\binom{n}{n} = 1;\, n \in \mathbb{N}$

b) rekursive Formel zur Berechnung des Binomialkoeffizienten: $\binom{n}{k} = \binom{n-1}{k} + \binom{n-1}{k-1};\, k \le n,\, n \in \mathbb{N}$

c) Symmetrie des Binomialkoeffizienten: $\binom{n}{k} = \binom{n}{n-k};\, k \le n,\, n \in \mathbb{N}$

5 a) Berechnen Sie ohne Hilfsmittel. Beschreiben Sie die Bedeutung in einem Urnenexperiment.

1 $\binom{4}{2}; \binom{5}{3}$ 2 $\binom{5}{2}; \binom{12}{4}$ 3 $\binom{6}{1}; \binom{10}{8}$ 4 $\binom{1000}{999}; \binom{49}{6}$

b) Zeigen Sie die Gleichheit.

1 $\binom{12}{10} = \binom{12}{2}$ 2 $\binom{25}{10} = \binom{25}{15}$ 3 $\binom{33}{3} = \binom{33}{30}$

6 a) Begründen Sie, dass man die Buchstaben des Worts HONOLULU auf $\frac{8!}{2! \cdot 2! \cdot 2! \cdot 1! \cdot 1!}$ verschiedene Arten anordnen kann.

b) Ermitteln Sie, auf wie viele Arten man die Buchstaben folgender Wörter anordnen kann.

1 ANANAS 2 MISSISSIPPI 3 Ihr Vorname

Dabei werden auch „Wörter" betrachtet, die keinen Sinn ergeben (z. B. NOLLUHOU).

7 Vor der Ausgabe eines Schnellimbiss stehen acht Personen in der Warteschlange. Es öffnet eine zweite Ausgabe und drei Personen wechseln zur zweiten Ausgabe. Bestimmen Sie die Anzahl der Möglichkeiten, wie sich drei der acht Personen vor der zweiten Ausgabe anordnen können.

6 Am Ziel!

Aufgaben zur Einzelarbeit

Überprüfen Sie Ihre Fähigkeiten und Kompetenzen. Bearbeiten Sie dazu die folgenden Aufgaben und bewerten Sie anschließend Ihre Lösungen mit einem Smiley.

☺	😐	☹
Das kann ich **wirklich gut!**	Das kann ich **fast!**	Das muss ich **noch üben!**

1 Entscheiden Sie, ob sich das beschriebene Zufallsexperiment als Bernoulli-Kette modellieren lässt und geben Sie gegebenenfalls die Parameter n und p an.

a) Ein Forscher weiß aus langjähriger Erfahrung, dass die Erfolgsaussichten bei einem bestimmten Experiment 80 % betragen. An einem Tag führt er dieses Experiment achtmal durch.

b) Das Ziehen von fünf Losen aus einer Lostrommel mit 100 Gewinnlosen und 400 Nieten.

c) Das Würfeln mit vier Würfeln. Es soll ein Vielfaches von 3 gewürfelt werden.

2 Ermitteln Sie die Anzahl der Möglichkeiten.

a) An einem Golfturnier nehmen acht Personen teil – jeder soll gegen jeden spielen.

b) Vor einer Casting-Show mit 20 Kandidaten werden Wetten abgeschlossen: Die drei Finalteilnehmer sollen getippt werden.

c) Beim zehnmaligen Werfen einer Münze erscheint viermal „Kopf".

3 Sechs übergewichtige Patienten wollen unter Aufsicht eines Arztes eine Schlankheitskur beginnen. Zwei von ihnen sind sogar stark übergewichtig. Untersuchungen des Arztes ergeben, dass – entsprechende Betreuung vorausgesetzt – bei 60 % der stark Übergewichtigen und bei 75 % der (nicht stark) Übergewichtigen, die Schlankheitskur erfolgreich ist.

a) Begründen Sie, mit welchen der folgenden Terme man die Wahrscheinlichkeit berechnen kann, dass bei genau drei der vier nicht stark Übergewichtigen die Kur erfolgreich verläuft.

1 $\binom{6}{3} \cdot 0{,}75^3 \cdot 0{,}25$ **2** $0{,}75^3 \cdot 0{,}25$

3 $\binom{4}{3} \cdot 0{,}75^3 \cdot 0{,}25$ **4** $4 \cdot 0{,}75^3 \cdot 0{,}25$

b) Berechnen Sie die Wahrscheinlichkeit, dass mindestens fünf der sechs Personen die Schlankheitskur erfolgreich beenden.

4 Eine Zufallsgröße X ist binomialverteilt mit den Parametern $n = 12$ und $p = 0{,}4$.

a) Bestimmen Sie die nachfolgenden Wahrscheinlichkeiten.

1 $P(X = 5)$ **2** $P(X \leq 3)$

3 $P(X > 6)$ **4** $P(4 \leq X < 8)$

b) Ermitteln Sie den Erwartungswert $E(X)$ und die Standardabweichung $\sigma(X)$.

c) Bestimmen Sie $P(|X - E(X)| < \sigma)$.

d) Fertigen Sie mithilfe eines geeigneten Computerprogramms eine Histogrammdarstellung der Wahrscheinlichkeitsverteilung von X an und markieren Sie die in der Aufgabe vorkommenden Wahrscheinlichkeiten und Kennzahlen.

5 Der Konzern „Electronix" stellt Mikrochips in Massenproduktion her. Jeder von ihm hergestellte Chip ist mit einer Wahrscheinlichkeit von 15 % fehlerhaft. Die Zufallsgröße X beschreibt die Anzahl fehlerhafter Chips.

a) Bestimmen Sie die Wahrscheinlichkeit mit der von 100 Chips genau 15 fehlerhaft sind.

b) Bestimmen Sie das kleinstmögliche Intervall um den Erwartungswert von X, in dem bei insgesamt 100 Chips die Anzahl der fehlerhaften Chips mit einer Wahrscheinlichkeit von mindestens 85 % liegt.

c) Bestimmen Sie, wie viele Chips der Produktion mindestens entnommen werden müssen, damit mit einer Wahrscheinlichkeit von mehr als 99 % wenigstens ein fehlerhafter Chip dabei ist.

6 Bei einem Glücksrad führt einer von 25 gleichgroßen Sektoren zu einem Hauptgewinn. Ermitteln Sie mit geeigneten Hilfsmitteln, wie oft das Glücksrad mindestens gedreht werden muss, um mit mehr als 5 % Wahrscheinlichkeit mindestens zwei Hauptgewinne zu erzielen.

Aufgaben für Lernpartner

Arbeitsschritte

1. Bearbeiten Sie die folgenden Aufgaben zuerst allein.
2. Suchen Sie sich einen Partner oder eine Partnerin und arbeiten Sie zusammen weiter: Erklären Sie sich gegenseitig Ihre Lösungen. Korrigieren Sie fehlerhafte Antworten.

Sind folgende Behauptungen richtig oder falsch? Begründen Sie.

A Bei einem Bernoulli-Experiment ist die Wahrscheinlichkeit für jedes Teilereignis gleich groß.

B Ein Bernoulli-Experiment hat immer genau zwei mögliche Ausgänge.

C Das gleichzeitige Würfeln mit drei Würfeln ist keine Bernoulli-Kette.

D Das mehrfache Ziehen aus einer Urne mit schwarzen und weißen Kugeln ist eine Bernoulli-Kette.

E Das Baumdiagramm zu einer Bernoulli-Kette der Länge n hat 2^n Pfade.

F Die Anzahl der Pfade in einem Baumdiagramm zu einer Bernoulli-Kette der Länge n, die zu k Treffern führen, ist $k \cdot n$.

G Mit dem Binomialkoeffizienten $\binom{n}{k}$ lässt sich die Anzahl der Möglichkeiten ermitteln, k Personen aus einer Gruppe von n Personen auszuwählen.

H Würde man beim Lotto 6 aus 49 verlangen, dass die Zahlen in der richtigen Reihenfolge getippt werden, müsste man die Anzahl der Tippmöglichkeiten durch 6! teilen.

I Bei einer Bernoulli-Kette der Länge 7 und der Trefferwahrscheinlichkeit 0,2 ist die Wahrscheinlichkeit drei Treffer zu erzielen $0{,}2^3 \cdot 0{,}8^7$.

J Die Wahrscheinlichkeit beim achtmaligen Münzwurf viermal Kopf zu werfen, ist genauso groß, wie die Wahrscheinlichkeit, dass unter den ersten vier und unter den letzten vier Würfen je zweimal Kopf vorkommt.

K $X \sim B(n; p)$ kann n Werte annehmen.

L Der Erwartungswert einer binomialverteilten Zufallsgröße ist auch der wahrscheinlichste Wert.

M Sind Erwartungswert und Standardabweichung einer Zufallsgröße bekannt, so lassen sich die Parameter n und p eindeutig ermitteln.

N Für eine binomialverteilte Zufallsgröße gilt:
$1 - P(X > k) = P(X = 0) + P(X = 1) + \ldots + P(X = k)$

Ich kann …	„Am Ziel!"-Aufgaben	Hilfe
… die Begriffe Bernoulli-Experiment und Bernoulli-Kette erläutern und ein Bernoulli-Experiment von anderen Zufallsexperimenten unterscheiden.	1, A, B, C, D, E	S. 182
… die Bedeutung der Binomialkoeffizienten mithilfe eines Baumdiagramms erläutern.	2, F, G, H	S. 184
… die Anzahl der Möglichkeiten, k Elemente aus einer n-elementigen Menge auszuwählen, mithilfe des Binomialkoeffizienten bestimmen.	2, H, I	S. 184, 210
… die Wahrscheinlichkeitsverteilung binomialverteilter Zufallsgrößen rechnerisch (auch unter Verwendung technischer Hilfsmittel) ermitteln und graphisch darstellen.	3, 4, 5, J, K, L	S. 186, 188, 190
… Erwartungswert und Standardabweichung binomialverteilter Zufallsgrößen ermitteln und im Sachzusammenhang interpretieren.	4, 5, L, M	S. 194, 196
… fehlende Parameter einer binomialverteilten Zufallsgröße ermitteln.	5, 6, N	S. 198

Zahl – Variable – Operation

Brüche

$\frac{2}{5}$ Der **Zähler** gibt die Anzahl der Teile an, die gewählt werden.
Der **Nenner** gibt an, in wie viele Teile das Ganze zerlegt wird.

Wird das Ganze in fünf gleich große Teile, also in Fünftel unterteilt, von denen zwei Teile betrachtet werden, so verwendet man für den **Anteil** den Bruch $\frac{2}{5}$.

Erweitern und Kürzen

Ein Bruch wird **erweitert,** indem man Zähler und Nenner mit derselben Zahl **multipliziert.**
Ein Bruch wird **gekürzt,** indem man Zähler und Nenner mit derselben Zahl **dividiert.**

Erweitern →

$$\frac{2}{5} = \frac{4}{10} = \frac{40}{100} = \frac{80}{200} = \ldots$$

← Kürzen

Erweitern →

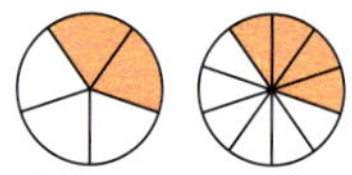

← Kürzen

Endliche und periodische Dezimalzahlen

Bleibt bei der Umwandlung eines Bruchs in eine Dezimalzahl kein Rest übrig, so heißt die Dezimalzahl **endlich.** Wiederholt sich der Rest immer wieder, nennt man sie **periodisch.**

$0{,}2$: endliche Dezimalzahl
$0{,}\overline{45}$: rein periodische Dezimalzahl
$0{,}1\overline{6}$: gemischt periodische Dezimalzahl

Dezimalzahlen runden

Dezimalzahlen **rundet** man anhand der Nachkommastellen nach denselben Regeln wie natürliche Zahlen.

Bei 0, 1, 2, 3, 4 wird **abgerundet:** $3{,}45\underline{2} \approx 3{,}45$
Bei 5, 6, 7, 8, 9, wird **aufgerundet:** $3{,}4\underline{5}2 \approx 3{,}5$

Brüche addieren und subtrahieren

Gleichnamige Brüche werden **addiert (subtrahiert),** indem man die Zähler addiert (subtrahiert).
Ungleichnamige Brüche werden vor dem **Addieren (Subtrahieren)** auf denselben **(Haupt-)Nenner** erweitert bzw. gekürzt.

$$\frac{2}{5} + \frac{1}{5} = \frac{2+1}{5} = \frac{3}{5}$$

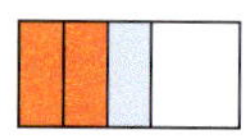

$$\frac{1}{12} + \frac{4}{9} = \frac{3}{36} + \frac{16}{36} = 3 + \frac{16}{36} = \frac{19}{36}$$

36 „Hauptnenner“

Brüche multiplizieren und dividieren

Zwei **Brüche** werden **multipliziert,** indem man **Zähler mit Zähler** und **Nenner mit Nenner** multipliziert.

$$\frac{4}{7} \cdot \frac{2}{9} = 4 \cdot \frac{2}{7} \cdot 9 = \frac{8}{63}$$

Man **dividiert** eine Zahl durch einen zweiten **Bruch,** indem man mit dem **Kehrbruch** des zweiten Bruchs **multipliziert.**

Multiplikation

$$\frac{3}{4} : \frac{2}{3} = \frac{3}{4} \cdot \frac{3}{2} = 3 \cdot \frac{3}{4} \cdot 2 = \frac{9}{8}$$

Kehrbruch

Dezimalzahlen addieren und subtrahieren

Dezimalzahlen werden stellenweise **addiert (subtrahiert),** d. h. **„Komma unter Komma“.**

	0,265
+	1,372
	1,637

	1,34
−	0,25
	1,09

Dezimalzahlen multiplizieren

Dezimalzahlen werden zunächst ohne Komma **multipliziert.** Anschließend wird das Komma gesetzt: Dabei hat das Ergebnis so viele **Nachkommastellen,** wie **beide Faktoren zusammen** haben.

$123 \cdot 36 = 4428$

$1{,}23 \cdot 3{,}6 = 4{,}428$

2 Dezimalen + 1 Dezimale → 3 Dezimalen

Dezimalzahlen dividieren

Durch eine gleichsinnige Kommaverschiebung wird erreicht, dass der **Divisor** eine **natürliche Zahl** ist. Dann dividiert man wie bei natürlichen Zahlen.
Beim **Überschreiten des Kommas** im Dividenden wird das Komma im Ergebnis gesetzt.

Gleichsinnige Kommaverschiebung

$1{,}248 : 0{,}8 = 12{,}48 : 8$

$12{,}48 : 8 = 1{,}56$
-8
44
-40
48
-48
0

Komma setzen

Rationale Zahlen

Alle positiven und negativen Zahlen, die als Verhältnis zweier ganzer Zahlen dargestellt werden können, ergeben zusammen mit der Null die Menge der **rationalen Zahlen** $\mathbb{Q}$.

- Von zwei rationalen Zahlen ist diejenige **kleiner**, die auf der **Zahlengeraden weiter links** liegt.
- Der Abstand einer Zahl zur Null ist ihr **Betrag**.

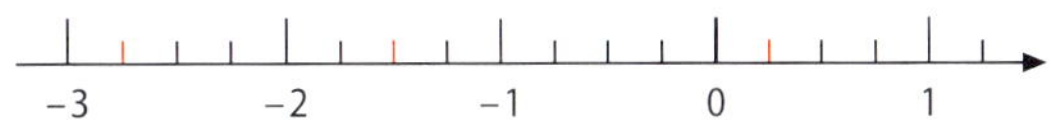

$-2{,}75 < -\frac{3}{2} < \frac{1}{4}$

$|-2{,}4| = +2{,}4; \; |+2{,}4| = +2{,}4$

Potenz

Besteht ein Produkt aus lauter gleichen Faktoren, so schreibt man diese kurz als **Potenz.** Eine Potenz besteht aus Basis und Exponent.

Potenzen mit dem Exponenten 2 heißen **Quadratzahlen.**

5 gleiche Faktoren		Potenz		Wert
$2 \cdot 2 \cdot 2 \cdot 2 \cdot 2$	=	2^5	=	32

Zehnerpotenzen nutzen:

$10\,000 = 10^4$ $\qquad 25\,000 = 25 \cdot 10^3$

Wurzelziehen

Die **Umkehrung des Potenzierens** bezeichnet man als **Wurzelziehen.**
Die Zahl unter der Wurzel heißt **Radikand.**

a → Potenzieren → a^2
a^2 → Wurzelziehen → a

Die **Quadratwurzel** aus einer positiven Zahl a ist die positive Zahl b, die quadriert a ergibt.
$\sqrt{a} = b$, wenn $b \cdot b = b^2 = a$ $(a, b > 0)$.

$\sqrt{144} = 12$, denn $12 \cdot 12 = 144$
„Die Quadratwurzel aus 144 ist 12."

Die **Kubikwurzel** aus einer positiven Zahl a ist diejenige positive Zahl b, deren dritte Potenz a ergibt.
$\sqrt[3]{a} = b$, wenn $b \cdot b \cdot b = b^3 = a$ $(a, b > 0)$.

$\sqrt[3]{729} = 9$
„Die Kubikwurzel aus 729 ist 9."

Reelle Zahlen

Eine Zahl nennt man **irrational**, wenn man sie **nicht als Bruch** zweier ganzer Zahlen darstellen kann. Die zugehörige Dezimalzahl hat unendlich viele Dezimalen, die jedoch nicht systematisch angeordnet sind.
Die rationalen und irrationalen Zahlen bilden zusammen die Menge der **reellen Zahlen** $\mathbb{R}$.

$\sqrt{2} = 1{,}414213562\ldots$

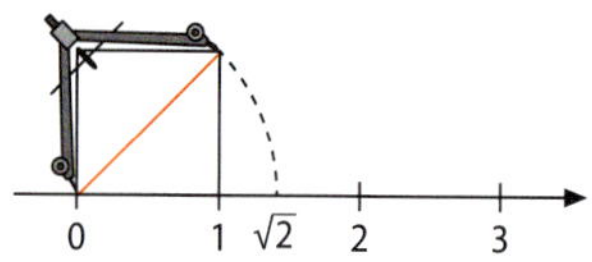

Rechnen mit reellen Zahlen

Multiplikation von Wurzeln

$\sqrt{a} \cdot \sqrt{b} = \sqrt{a \cdot b}$ für $a, b > 0$

Division von Wurzeln

$\frac{\sqrt{a}}{\sqrt{b}} = \sqrt{\frac{a}{b}}$ für $a, b > 0$

Bei der **Addition** und **Subtraktion** lassen sich zwei Wurzeln **nicht** zu einer Wurzel **zusammenfassen**.

$\sqrt{16} \cdot \sqrt{9} = \sqrt{16 \cdot 9}$
$4 \cdot 3 = \sqrt{144}$
$12 = 12$

$\frac{\sqrt{9}}{\sqrt{16}} = \sqrt{\frac{9}{16}}$
$\frac{3}{4} = \frac{3}{4}$

$\sqrt{9} + \sqrt{16} = 3 + 4 = 7, \sqrt{9 + 16} = \sqrt{25} = 5$

Rechengesetze

- Es können bei der alleinigen **Addition** und **Multiplikation** reelle Zahlen **beliebig vertauscht (Kommutativgesetz)** oder durch **Klammern zusammengefasst (Assoziativgesetz)** werden.

Kommutativgesetz

$(4{,}2) + (-2{,}3) + (3{,}8) = (4{,}2) + (3{,}8) + (-2{,}3)$
$(2{,}5) \cdot (-1{,}8) \cdot (-6) = (2{,}5) \cdot (-6) \cdot (-1{,}8)$

Assoziativgesetz

$(-0{,}8) + [(2{,}8) + (-1)] = [(-0{,}8) + (2{,}8)] + (-1)$
$(-0{,}75) \cdot [(-0{,}5) \cdot (+1{,}2)] = [(-0{,}75) \cdot (-0{,}5)] \cdot (+1{,}2)$

- Summen (Differenzen), die mit einer reellen Zahl multipliziert werden, lassen sich **ausmultiplizieren** bzw. **ausklammern (Distributivgesetz)**.

Distributivgesetz

ausmultiplizieren

$(-5) \cdot (3 + 8) = (-5) \cdot 3 + (-5) \cdot 8$

ausklammern

Potenzgesetze

Potenzgesetze für $a, b \in \mathbb{R}\setminus\{0\}$; $m, n \in \mathbb{Q}$:

- $a^m \cdot a^n = a^{m+n}$; $a^m : a^n = a^{m-n}$ $(a \neq 0)$
- $a^m \cdot b^m = (a \cdot b)^m$;
  $a^m : b^m = (a : b)^m$ $(b \neq 0)$
- $(a^m)^n = a^{m \cdot n}$

Beachte: $a^{-n} = \frac{1}{a^n}$ $(a \neq 0)$
$a^1 = a$; $a^0 = 1$ für $a \in \mathbb{R}$.

$(-3)^3 \cdot (-3)^2 = (-3)^{3+2} = (-3)^5$; $(-3)^3 : (-3)^2 = (-3)^{3-2} = (-3)$

$(-3)^3 \cdot 5^3 = (-3 \cdot 5)^3 = (-15)^3$; $(-3)^3 : 5^3 = (-3 : 5)^3 = \left(-\frac{3}{5}\right)^3$

$[(-3)^3]^5 = (-3)^{3 \cdot 5} = (-3)^{15}$

Logarithmus

Die **Umkehrung des Potenzierens** ist das **Logarithmieren.** Der Exponent in der Gleichung $b^c = a$ heißt **Logarithmus von a zur Basis b.** Man schreibt: $c = \log_b a$, wobei $c \in \mathbb{R}$, $a, b \in \mathbb{R}^+$, $b \neq 1$.

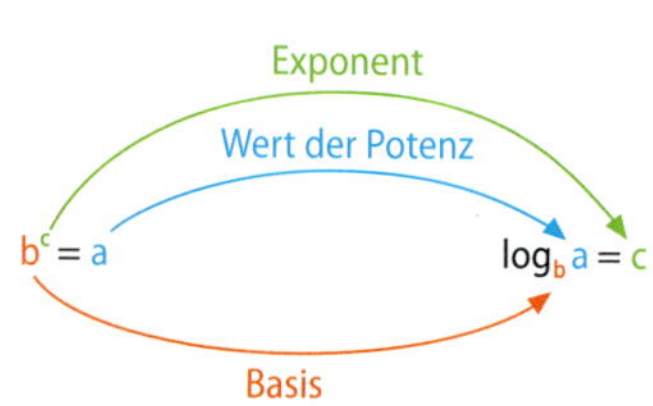

Prozente

Prozent ist der Anteil von Hundert: $1\,\% = \frac{1}{100}$

$25\,\% = \frac{25}{100} = 0{,}25$

Prozent Bruch Dezimalzahl

Grundbegriffe der Prozentrechnung

Fachbegriffe in der Prozentrechnung:

- Grundwert G: Das Ganze entspricht 100 %.
- Prozentwert P: der Teil, den man mit dem Ganzen (also dem Grundwert G) vergleicht
- Prozentsatz p %: der Anteil vom Ganzen (also vom Grundwert G), den man in % angibt

8 Schüler von 25 Schülern sind $\frac{8}{25} = \frac{32}{100}$, also 32 %.

Prozentwert P: Teil vom Ganzen absolute Häufigkeit

Grundwert G: das Ganze Gesamtanzahl

Prozentsatz p %: Anteil (Bruchteil) in % relative Häufigkeit in %

Zinsrechnung

Die Zinsrechnung ist eine Anwendung der Prozentrechnung.

In den meisten Fällen wird ein **Jahreszins** vereinbart, d. h. nach einem Jahr wird das Kapital um die berechneten Zinsen erhöht.

Prozentrechnung	Zinsrechnung
Grundwert G	Kapital K
Prozentwert P	Zinsen Z
Prozentsatz p %	Zinssatz p %

$Z = K \cdot p\,\%$ („**Zinsformel**")

Wird Geld nur einen **Teil des Jahres** angelegt, dann wird auch nur der zugehörige **Anteil von den Jahreszinsen** Z berechnet.

Jahreszinsen 120 €, Zinsen für 7 Monate sind dann

$Z = 120\,€ \cdot \frac{7}{12} = 70\,€$

Terme

In einem Term mit einer Variablen steht die Variable für eine beliebige Zahl. Setzt man für die Variable in einem Term eine Zahl ein, so erhält man den Wert des Terms.

Term: $2 + 3x$

Wert des Terms für $x = 5$: $2 + 15 = 17$

Einfache Termumformungen

Terme lassen sich oft zu einem äquivalenten (gleichwertigen) Term umformen. Beim Umformen gelten das Kommutativgesetz, das Assoziativgesetz und das Distributivgesetz.

KG: $a + b + a = a + a + b$

AG: $3 \cdot 4b = 12 \cdot b$

DG: $2x + 3x = (2 + 3) \cdot x = 5x$

Terme mit Klammern

Plusklammern können weggelassen werden.

Minusklammern können weggelassen werden, wenn die Vorzeichen in der Klammer umgedreht werden.

$x + (y + z) = x + y + z$ $\quad x - (y - z) = x - y + z$

$x + (y - z) = x + y - z$ $\quad x - (-y - z) = x + y + z$

$x - (y + z) = x - y - z$

Multiplikation von Termen

Eine Klammer wird mit einem Faktor multipliziert, indem der Faktor mit jedem einzelnen Glied in der Klammer multipliziert wird.

Zwei Klammern werden multipliziert, indem jedes Glied in der ersten Klammer mit jedem Glied in der zweiten Klammer multipliziert wird. Dabei müssen die Vorzeichen beachtet werden.

$x \cdot (y + z) = x \cdot y + x \cdot z$

$-x \cdot (-y + z) = +x \cdot y - x \cdot z$

$(a + b) \cdot (c + d) = ac + ad + bc + bd$

$(a + b) \cdot (c - d) = ac - ad + bc - bd$

Äquivalenzumformungen

Mithilfe von Äquivalenzumformungen lassen sich Gleichungen so umformen, dass auf einer Seite nur noch die gesuchte Variable steht.

Äquivalenzumformungen sind:

- zu beiden Seiten der Gleichung die gleiche Zahl oder den gleichen Term addieren
- von beiden Seiten der Gleichung die gleiche Zahl oder den gleichen Term subtrahieren
- beide Seiten der Gleichung mit der gleichen Zahl ($\neq 0$) multiplizieren
- beide Seiten der Gleichung durch die gleiche Zahl ($\neq 0$) dividieren

1

$$\frac{2}{3}x - 5 = 12 \quad | + 5$$
$$\frac{2}{3}x = 17 \quad | : \frac{2}{3}$$
$$x = 17 \cdot \frac{2}{3}$$
$$x = \frac{34}{3}$$

2

$$\frac{1}{2}x + 3 = 9 \quad | - 3$$
$$\frac{1}{2}x = 6 \quad | \cdot 2$$
$$x = 12$$

Lineare Gleichungen mit zwei Variablen

Lineare Gleichungen können auch zwei Variablen enthalten. Alle Zahlenpaare, welche die Gleichung erfüllen, sind Lösungen der Gleichung.

fünf Zahlenpaare aus $\mathbb{Q}$, die die Gleichung $y = 3x + 7$ erfüllen:
$(-2|1)$; $(-1|4)$; $(0|7)$; $(1|10)$; $(2|13)$

Gleichungssysteme zeichnerisch lösen

Sollen Zahlenpaare $(x|y)$ **zwei lineare Gleichungen gleichzeitig erfüllen**, so spricht man von einem **linearen Gleichungssystem**. Jede Lösung eines linearen Gleichungssystems ist sowohl ein Element der Lösungsmenge der ersten als auch der zweiten Gleichung.
Beim graphischen Lösen gibt es drei Fälle:

1 Die zugehörigen Geraden **schneiden sich**. Das lineare Gleichungssystem hat **genau eine Lösung**: $L = \{(2|2)\}$.

2 Die zugehörigen Geraden liegen **parallel zueinander**. Das lineare Gleichungssystem hat **keine Lösung**: $L = \{\ \}$.

3 Die zugehörigen Geraden sind **identisch**. Das lineare Gleichungssystem hat **unendlich viele Lösungen**: $L = \{(x|y)\,|\,y = x + 0{,}5\}$.

1

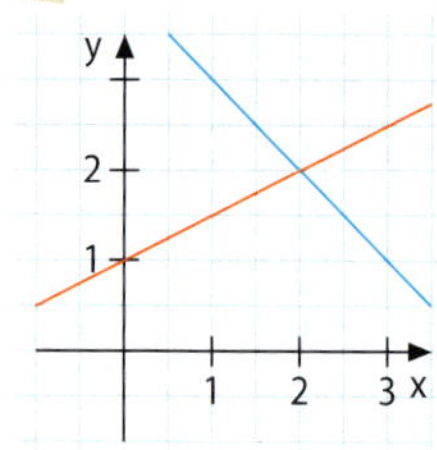

2

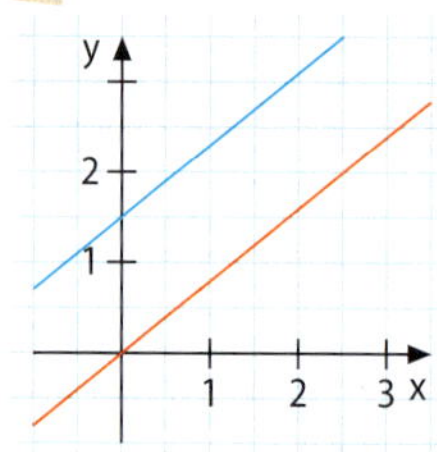

3

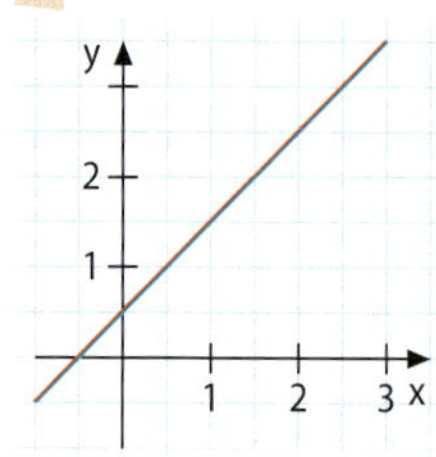

Gleichsetzungssysteme rechnerisch lösen

Einsetzungsverfahren

Löst man eine der Gleichungen nach einer Variablen (z. B. y) auf, dann kann man den erhaltenen Term für die Variable in die andere Gleichung einsetzen.

Gleichsetzungsverfahren

Sind beide Gleichungen nach einer Variablen (z. B. y) aufgelöst, kann man die Terme gleichsetzen.

I $\quad -x - 2y = 3$
II $\quad y = 2x$ (einsetzen)

$$-x - 2 \cdot (2x) = 3$$
$$-5x = 3 \quad | : (-5)$$
$$x = -\frac{3}{5}$$

In II:
$$y = 2 \cdot \left(-\frac{3}{5}\right) = -\frac{6}{5} = -1\frac{1}{5}$$

Probe:
$$-\left(-\frac{3}{5}\right) - 2 \cdot \left(-\frac{6}{5}\right) = -\frac{15}{5}$$
$$= 3 \ ✓$$

Einfache quadratische Gleichungen lösen

Jede Gleichung der Form $ax^2 + c = 0$ lässt sich durch Umformen auf die Form $x^2 = d$ bringen. Dabei hat die Gleichung für …

1 $d > 0$ zwei Lösungen.
2 $d = 0$ eine Lösung.
3 $d < 0$ keine Lösung.

1 $x^2 = 4$
$x_{1,2} = \pm\sqrt{4}$
$x_1 = -2;\ x_2 = 2$
$L = \{-2; 2\}$

2 $x^2 = 0$
$x_{1,2} = \pm\sqrt{0}$
$x = 0$ $\quad L = \{0\}$

3 $x^2 = -2$ $\quad L = \{\ \}$

Quadratische Gleichungen lösen

1 rechnerisch: Umformen mit binomischer Formel und quadratischer Ergänzung.

$x^2 + 6x + 8 = 0$

1 $\underbrace{x^2 + 6x + 3^2}_{(x+3)^2} \underbrace{- 3^2 + 8}_{-1} = 0$

$(x + 3)^2 - 1 = 0 \quad | +1$

$(x + 3)^2 = 1$

$x + 3 = \pm 1$

$x_1 = -4;\ x_2 = -2 \quad L = \{-4; -2\}$

2 graphisch: Nullstellen der zugehörigen quadratischen Funktion bestimmen.

2

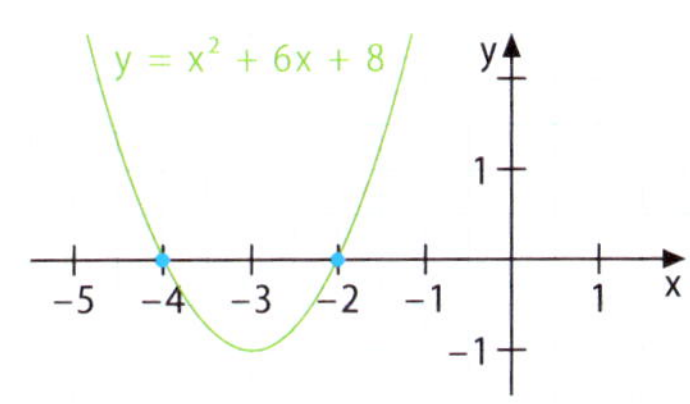

$x_1 = -4;\ x_2 = -2 \quad L = \{-4; -2\}$

Lösungsformel für quadratische Gleichungen

Für die quadratische Gleichung $ax^2 + bx + c = 0$ gilt die **Lösungsformel**:

$$x_{1/2} = \frac{-b \pm \sqrt{b^2 - 4ac}}{2a}.$$

Den Term $b^2 - 4ac$ nennt man **Diskriminante D.** Für die Anzahl der Lösungen einer quadratischen Gleichung gilt:

1 $D > 0$ zwei Lösungen
2 $D = 0$ eine Lösung
3 $D < 0$ keine Lösung

$-0{,}5x^2 + 2x + 6 = 0$

$a = -0{,}5;\ b = 2;\ c = 6$

$$x_{1/2} = \frac{-2 \pm \sqrt{2^2 - 4 \cdot (-0{,}5) \cdot 6}}{2 \cdot (-0{,}5)}$$

$x_1 = -2;\ x_2 = 6 \quad L = \{-2; 6\}$

1 $2x^2 - 3x - 2 = 0,\ D = 25$
2 $-0{,}5x^2 + 5x - 12{,}5 = 0,\ D = 0$
3 $-3x^2 - 5x - 4 = 0,\ D = -23$

Potenzgleichungen

Eine **Potenzgleichung** der Form $x^n = b$ mit $n \in \mathbb{N}\setminus\{0\}$ und $b \in \mathbb{R}$ kann zwei Lösungen, genau eine Lösung oder keine Lösung besitzen.

	n gerade	n ungerade
b > 0	$x_1 = -\sqrt[n]{b};\ x_2 = +\sqrt[n]{b}$	$x = \sqrt[n]{b}$
b = 0	$x = 0$	$x = 0$
b < 0	keine Lösung	$x = -\sqrt[n]{-b}$

Wurzelgleichungen

Wurzelgleichungen kann man durch **Quadrieren** lösen. Der Definitionsbereich der Wurzeln muss beachtet werden. Die Probe ist wichtig.

$$\begin{aligned}\sqrt{x+3} &= \sqrt{4-2x} \\ x+3 &= 4-2x \\ 3x &= 1 \\ x &= \tfrac{1}{3}\end{aligned}$$

$D = \{x \in \mathbb{R} \mid -3 \leq x \leq 2\}$

Probe: $\sqrt{3\tfrac{1}{3}} = \sqrt{4-\tfrac{2}{3}}$;

$\tfrac{1}{3} \in D$; $L = \left\{\tfrac{1}{3}\right\}$

Exponentialgleichungen

Eine **Exponentialgleichung** ist eine Gleichung, bei der die Variable nur im Exponenten auftritt. Es gibt unterschiedliche Möglichkeiten, diese zu lösen:

1 grafisch,
2 rechnerisch durch Logarithmieren,
3 rechnerisch durch Exponentenvergleich.

$x = 2$ ist die Lösung von $1{,}5^{x-2} = 1$.

1 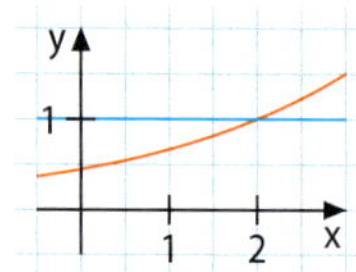

2 $(x-2) \cdot \lg(1{,}5) = \lg(1) = 0$
d. h. $x - 2 = 0 \Leftrightarrow x = 2$

3 $1{,}5^{x-2} = 1{,}5^0 \Leftrightarrow x - 2 = 0 \Leftrightarrow x = 2$

Messen

Umfang

Der **Umfang** U einer geometrischen Figur ist die **Länge** ihrer Randlinie.

Flächeninhalt und Flächeneinheiten

Flächen, die man mit denselben Flächenstücken auslegen kann, sind gleich groß.
Sie besitzen den gleichen **Flächeninhalt**.

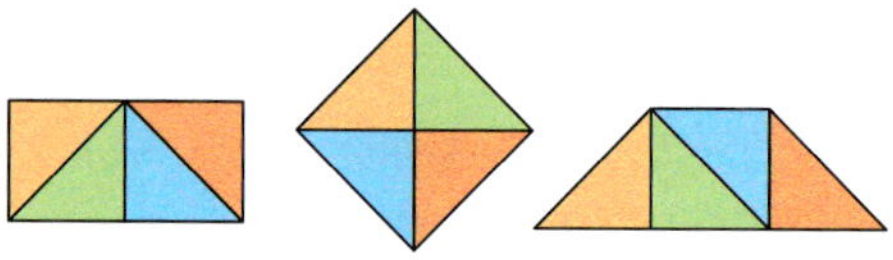

Flächeninhalt und Umfang eines Parallelogramms

A_P = Grundseite · zugehörige Höhe
$A_P = g \cdot h$
Für den Umfang gilt $U_P = 2 \cdot (a + b)$.

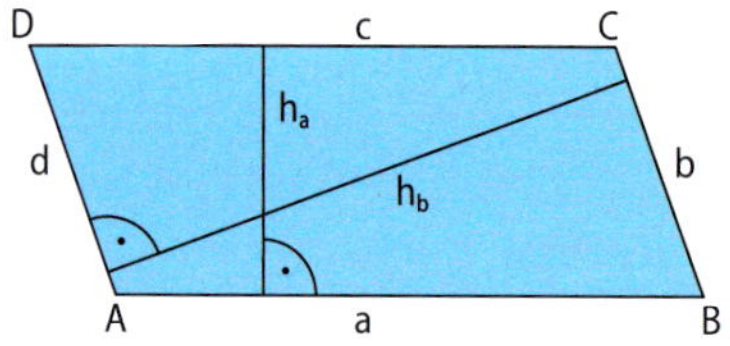

$A_P = a \cdot h_a$ oder
$A_P = b \cdot h_b$

Flächeninhalt und Umfang eines Dreiecks

$A_D = \frac{1}{2} \cdot$ Grundseite $\cdot$ zugehörige Höhe

$A_D = \frac{1}{2} \cdot g \cdot h$

Für den Umfang gilt $U_D = a + b + c$.

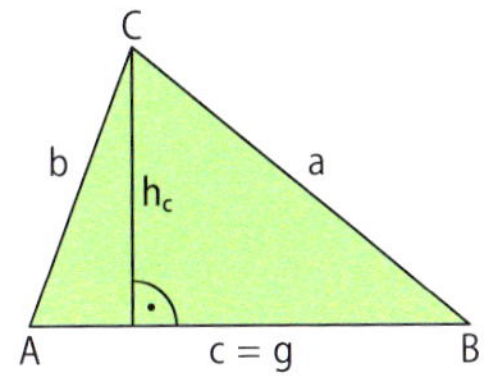

Flächeninhalt und Umfang eines Trapezes

$A_{Tr} = \frac{1}{2} \cdot (a + c) \cdot h$

Für den Umfang gilt $U_{Tr} = a + b + c + d$.

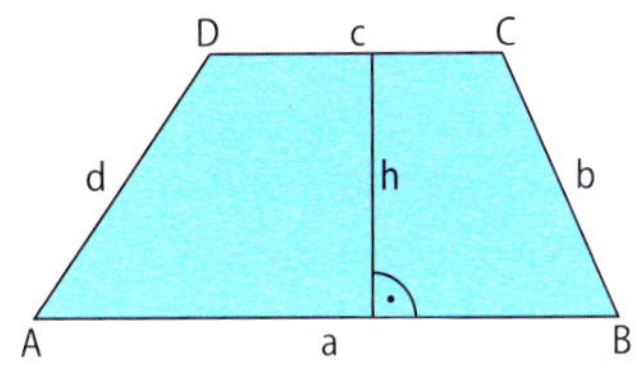

Flächeninhalt und Umfang eines Kreises

Der Quotient aus der Länge von Durchmesser und Umfang hat den Wert von etwa 3,14. Man bezeichnet diesen Wert mit π (sprich „pi"). Für den Umfang eines Kreises gilt:

$U_K = \pi \cdot d = 2 \cdot \pi \cdot r$

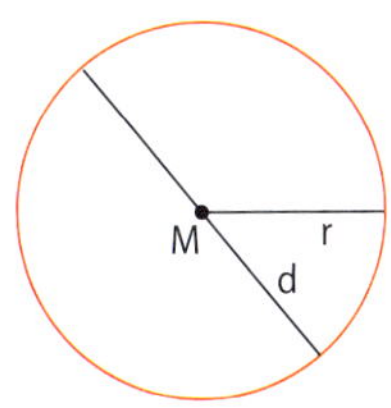

Für den Flächeninhalt eines Kreises git:

$A_K = \pi \cdot r^2$ bzw. $A_K = \frac{1}{4} \cdot \pi \cdot d^2$

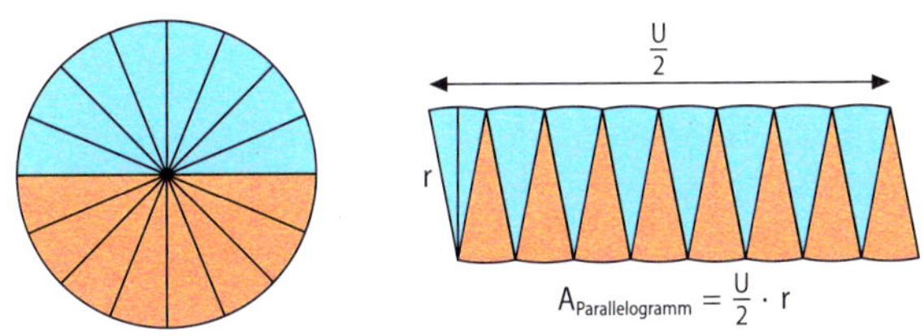

Oberflächeninhalt von Quader und Würfel

Alle Flächen, die einen Quader oder einen Würfel begrenzen, bilden zusammen die **Oberfläche** dieses Körpers. Der Flächeninhalt des Netzes ist somit der **Oberflächeninhalt O** des Quaders oder des Würfels.

$O_{Quader} = 2 \cdot l \cdot b + 2 \cdot b \cdot h + 2 \cdot l \cdot h$

$O_{Würfel} = 6 \cdot a \cdot a = 6 \cdot a^2$

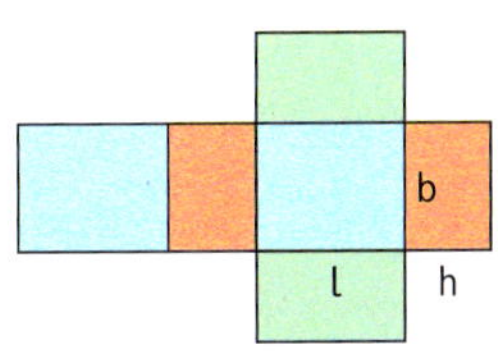

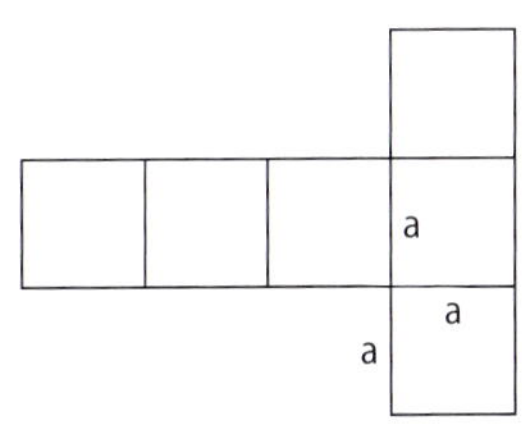

Volumen

Die Größe des Raums, den ein Körper einnimmt, nennt man seinen **Rauminhalt** oder auch sein **Volumen**.

$1\,m^3 \underset{\cdot 1000}{\overset{:1000}{\rightleftarrows}} 1\,dm^3 \underset{\cdot 1000}{\overset{:1000}{\rightleftarrows}} 1\,cm^3 \underset{\cdot 1000}{\overset{:1000}{\rightleftarrows}} 1\,mm^3$

Hohlmaße:

1 hℓ = 100 ℓ $1\,dm^3$ = 1 ℓ 1 cm^3 = 1 mℓ

Volumen von Quader und Würfel

$V_{Quader} = \text{Länge} \cdot \text{Breite} \cdot \text{Höhe}$

$V_{Quader} = a \cdot b \cdot c$

$V_{Würfel} = a \cdot a \cdot a = a^3$

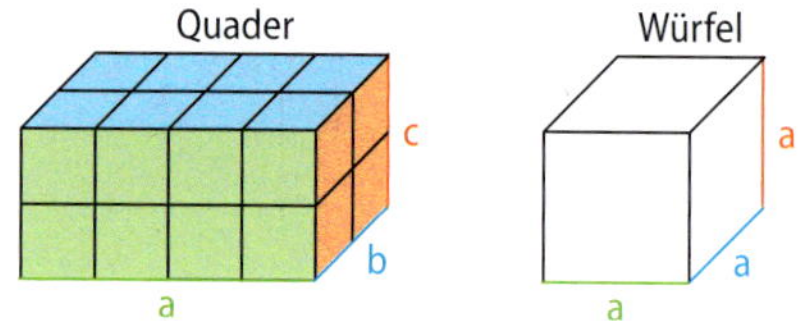

Zentrische Streckung

Bei **maßstäblichen Vergrößerungen** und **Verkleinerungen** legt der Maßstab fest, in welchem Verhältnis die Länge der Bildstrecke zur Länge der Originalstrecke steht. Diesen Vorgang nennt man **zentrische Streckung**. Den Maßstab bezeichnet man als **Streckungsfaktor k**.

$$|k| = \frac{\text{Länge der Bildstrecke}}{\text{Länge der Originalstrecke}}$$

$|k|$ gibt die Art der Vergrößerung bzw. Verkleinerung an, das Vorzeichen von k die Richtung der Streckung von Z aus.

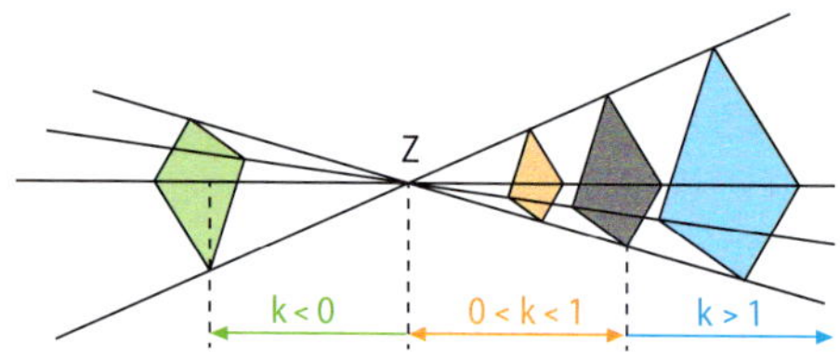

$|k| = 1$: Das Bild ist so groß wie das Original.

$|k| > 1$: Das Bild ist größer als das Original.

$0 < |k| < 1$: Das Bild ist kleiner als das Original.

$k < 0$: Das Bild wurde an Z gespiegelt und ggf. vergrößert oder verkleinert.

Eigenschaften der zentrischen Streckung

Die zentrische Streckung hat folgende **Eigenschaften**:

- Sie ist **geradentreu, winkeltreu** und **kreistreu**.
- Original und Bildfigur haben den **gleichen Umlaufsinn**.
- Die zentrische Streckung ist **verhältnistreu**.
- Der Inhalt der Bildfläche ist das k^2-Fache des Inhalts der Originalfläche: $A_{Bild} = k^2 \cdot A_{Original}$
- Der Umfang der Bildfigur ist das $|k|$-Fache des Umfangs der Originalfigur.

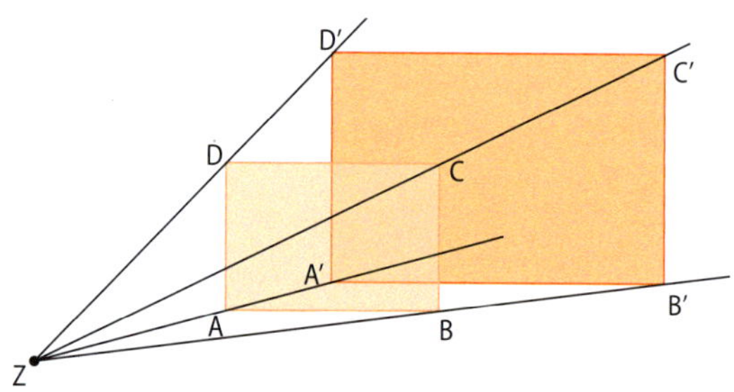

1. Strahlensatz

Werden zwei Strahlen mit gemeinsamem Anfangspunkt von zwei Parallelen geschnitten, so verhalten sich die Abschnitte auf dem einen Strahl zueinander wie die gleich liegenden Abschnitte auf dem anderen Strahl.

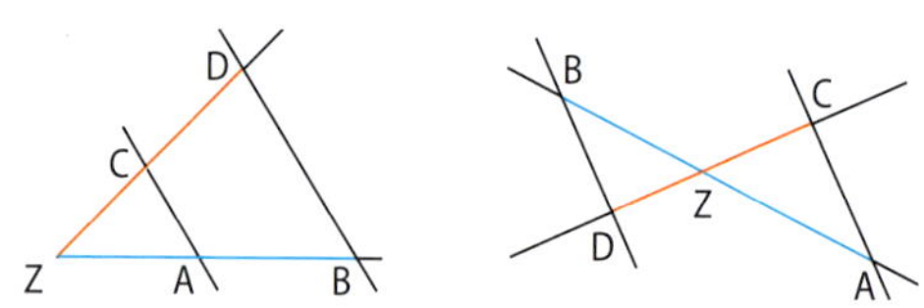

$\frac{\overline{ZA}}{\overline{ZB}} = \frac{\overline{ZC}}{\overline{ZD}}$ oder $\frac{\overline{ZA}}{\overline{AB}} = \frac{\overline{ZC}}{\overline{CD}}$

2. Strahlensatz

Werden zwei Strahlen mit gemeinsamem Anfangspunkt von zwei Parallelen geschnitten, so verhalten sich die Parallelenabschnitte zueinander wie die zugehörigen Abschnitte auf ein und demselben Strahl.

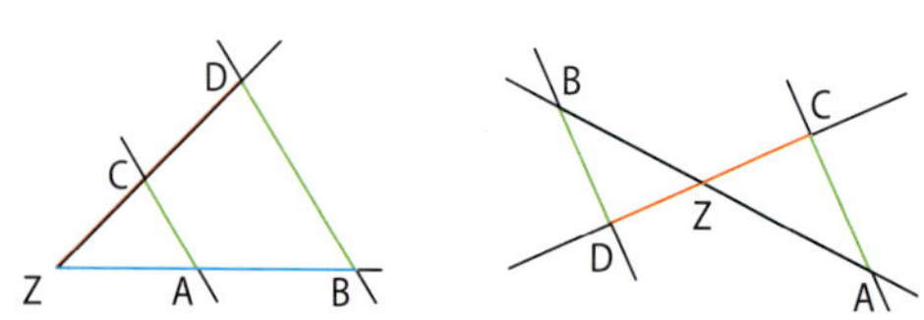

$\frac{\overline{ZA}}{\overline{ZB}} = \frac{\overline{AC}}{\overline{BD}}$ oder $\frac{\overline{ZC}}{\overline{ZD}} = \frac{\overline{AC}}{\overline{BD}}$

Kreis und Kreisteile

Die **Kreiszahl Pi** ist eine irrationale Zahl:
$\pi = 3{,}141\,592\,653\,589\,793\,2\ldots$

Für die **Länge b des Kreisbogens** und den **Flächeninhalt A_S** des Kreisausschnitts gilt:

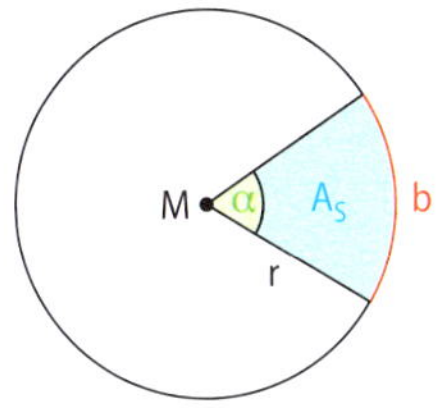

$$b = \frac{\alpha}{360^\circ} \cdot 2\pi r = \frac{\alpha}{180^\circ} \cdot \pi r$$

$$A_S = \frac{\alpha}{360^\circ} \cdot \pi r^2$$

Prisma und Zylinder

Für den **Oberflächeninhalt O** und das **Volumen V** eines **Prismas** und eines **Zylinders** gilt:

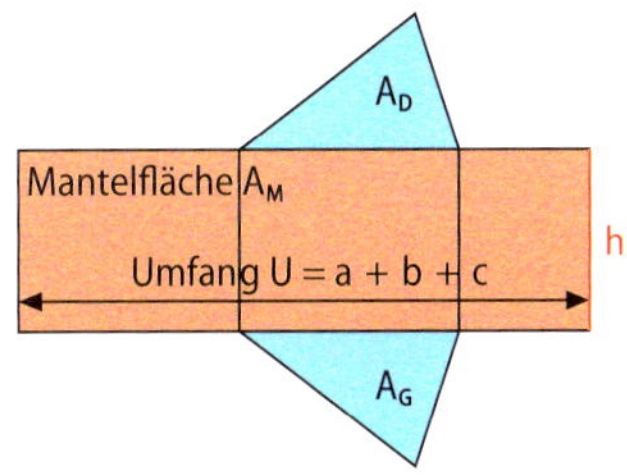

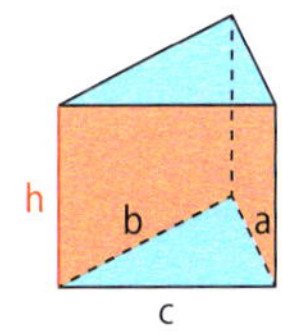

$$\mathbf{O = 2 \cdot A_G + A_M} \text{ und } \mathbf{V = A_G \cdot h}.$$

Prisma:

$A_{M\,Prisma} = U \cdot h$
$O_{Prisma} = 2 \cdot A_G + U \cdot h$
$V_{Prisma} = A_G \cdot h$

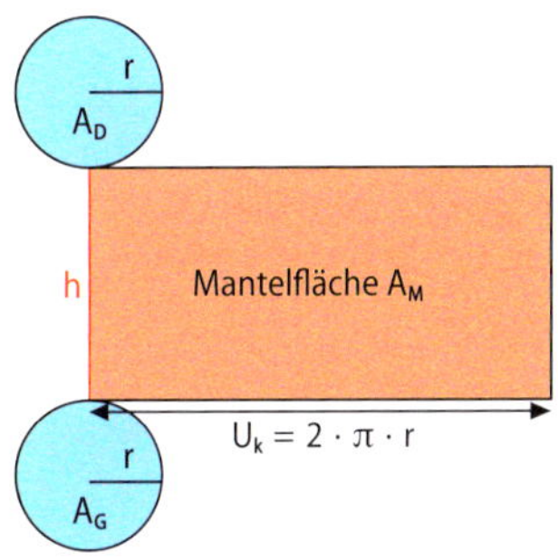

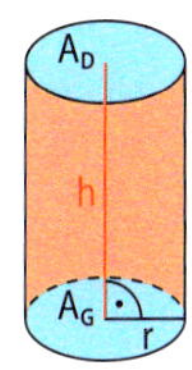

Zylinder:

$A_{M\,Zylinder} = 2\pi \cdot r \cdot h$
$O_{Zylinder} = 2 \cdot A_{Kreis} + U_{Kreis} \cdot h = 2\pi r \cdot (r + h)$
$V_{Zylinder} = A_{Kreis} \cdot h = \pi \cdot r^2 \cdot h$

Pyramide und Kegel

Für den **Oberflächeninhalt O** und das **Volumen V** einer **Pyramide** und eines **Kegels** gilt:

$$\mathbf{O = A_G + A_M} \text{ und } \mathbf{V = \frac{1}{3} \cdot A_G \cdot h}.$$

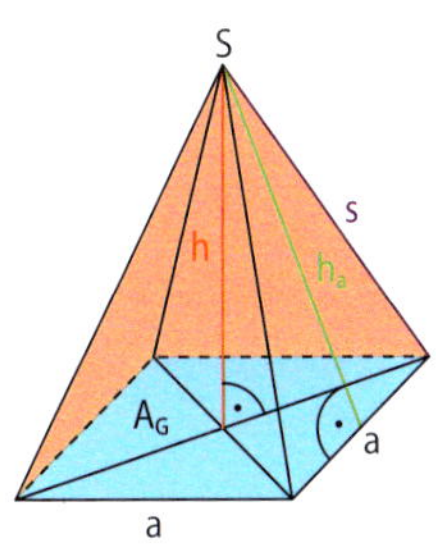

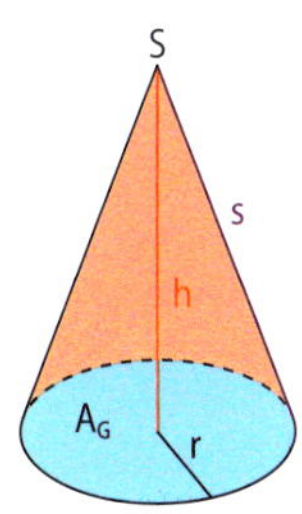

Pyramide:

$O_{Pyramide} = A_G + A_{\Delta_1} + A_{\Delta_2} + \ldots$
$V_{Pyramide} = \frac{1}{3} \cdot A_G \cdot h$

Kegel:

$O_{Kegel} = \pi r \cdot (r + s)$
$V_{Kegel} = \frac{1}{3} \cdot A_{Kreis} \cdot h = \frac{1}{3}\pi \cdot r^2 \cdot h$

Kugel

Für den **Oberflächeninhalt O** und das **Volumen V** einer **Kugel** gilt:

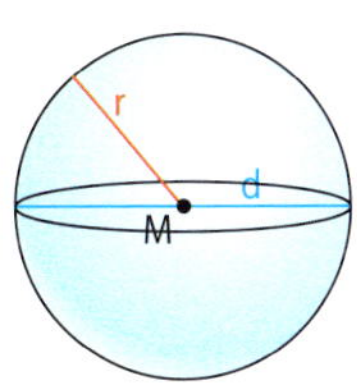

$O_{Kugel} = 4\pi \cdot r^2$
$V_{Kugel} = \frac{4}{3}\pi \cdot r^3$

Raum und Form

Geradlinige Verbindungen

1 **Strecke $\overline{AB}$:** Anfangs- und Endpunkt
2 **Gerade AB:** kein Anfangspunkt, kein Endpunkt
3 **Halbgerade (Strahl):** Anfangspunkt, aber kein Endpunkt

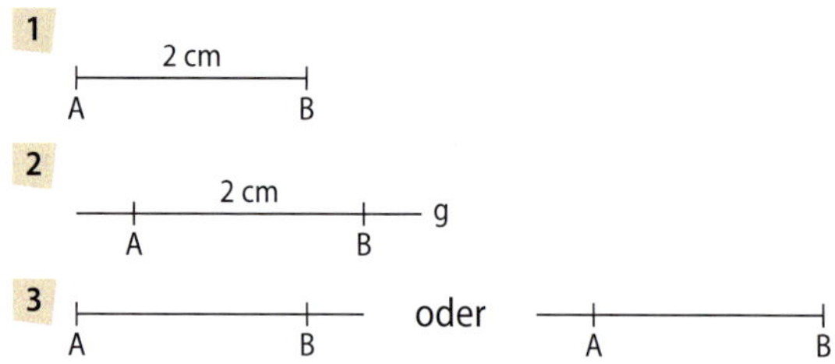

Orthogonal und parallel

Zwei Geraden liegen **orthogonal** zueinander, wenn sie sich unter einem rechten Winkel schneiden. Zwei Geraden, die eine gemeinsame orthogonale Gerade haben, liegen **parallel** zueinander.

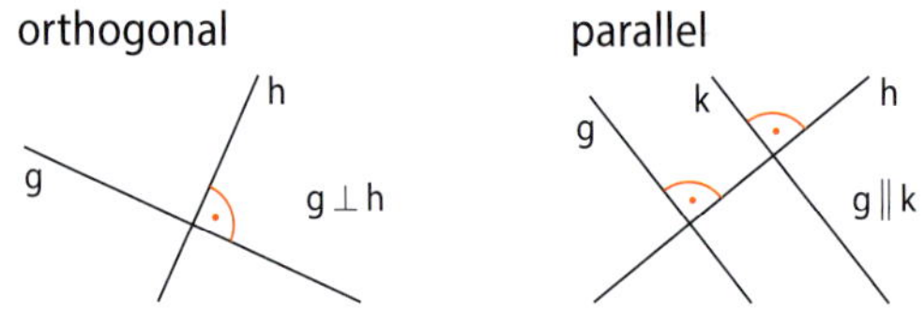

Winkel

Ein **Winkel** wird von zwei **Schenkeln** begrenzt. Diese haben einen gemeinsamen Anfangspunkt, den **Scheitelpunkt S**.
Um die Größe von Winkeln anzugeben, wird der Vollwinkel (eine Umdrehung) in 360 gleich große Teile geteilt. Die so entstandene Einheit nennt man **1 Grad (1°)**.

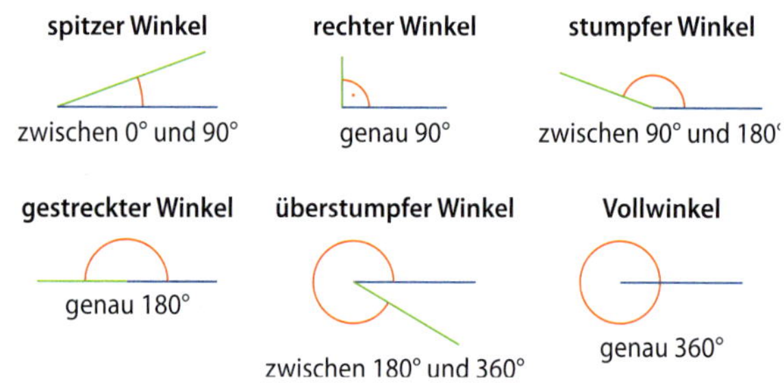

Schrägbild

Im **Schrägbild** werden die Kanten der Vorder- und Rückfläche mit den angegebenen Längenmaßen gezeichnet.

Die nach hinten verlaufenden Kanten werden in halber Länge und unter einem Winkel von 45° gezeichnet. Nicht sichtbare Kanten werden gestrichelt.

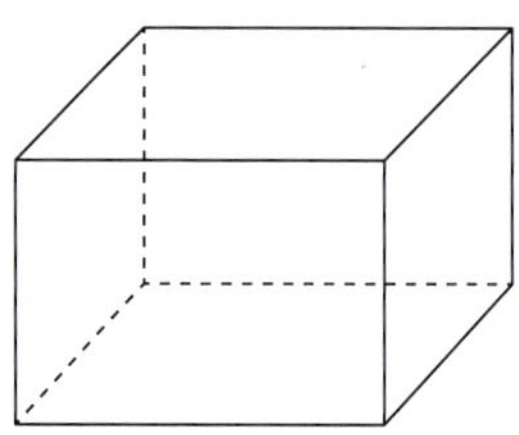
Schrägbild eines Quaders

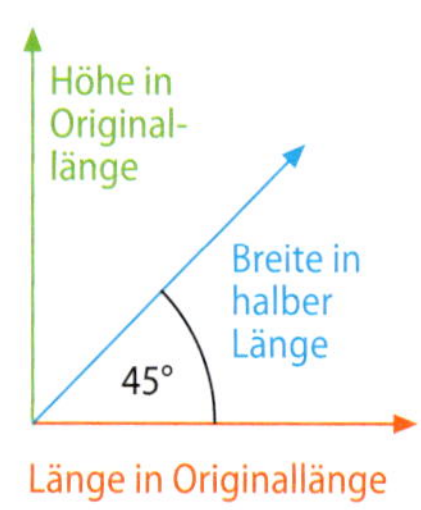

Winkel an Geraden

Schneiden sich zwei Geraden, dann …
- heißen nebeneinander liegende Winkel **Nebenwinkel**. Sie ergeben **zusammen stets 180°**.
- heißen gegenüberliegende Winkel **Scheitelwinkel**. Sie sind **gleich groß**.

Werden zwei parallel Geraden von einer weiteren Geraden geschnitten, dann gilt:
Stufen- und **Wechselwinkel** an parallelen Geraden sind **gleich groß**.

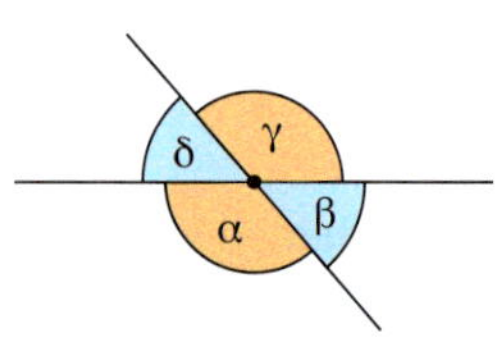

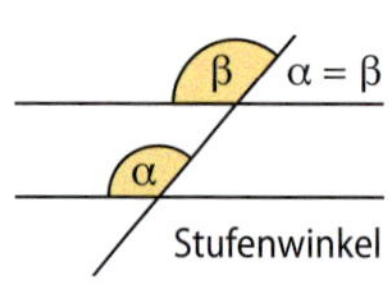

Stufenwinkel

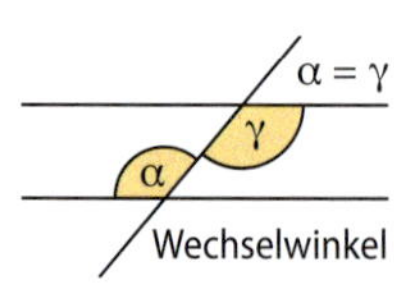

Wechselwinkel

Zusammenhänge im Dreieck

Innenwinkelsumme

In jedem Dreieck beträgt die Summe aller Innenwinkel stets 180°.

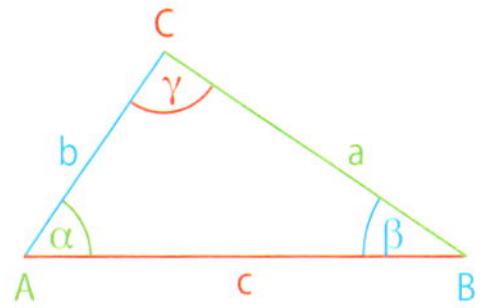

$\alpha + \beta + \gamma = 180°$

Dreiecksungleichung

In einem Dreieck sind zwei Seiten zusammen stets länger als die dritte Seite.

$a + b > c;\ a + c > b;\ b + c > a$

Seite-Winkel-Beziehung

In jedem Dreieck liegt der längeren Seite der größere Winkel gegenüber und umgekehrt.

$a > b \quad \alpha > \beta \qquad a > c \rightarrow \alpha > \gamma \ldots$

$\alpha > \beta \rightarrow a > b \qquad \alpha > \gamma \rightarrow a > c \ldots$

Besondere Dreiecke

Die Basiswinkel in einem gleichschenkligen Dreieck sind stets gleich groß. (**Basiswinkelsatz**)

Ein Sonderfall des gleichschenkligen Dreiecks ist das gleichseitige Dreieck.

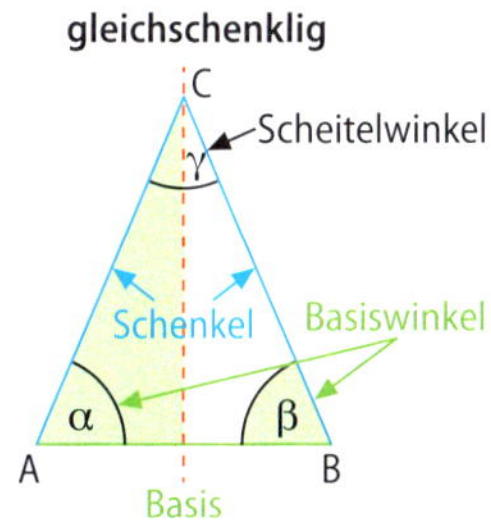

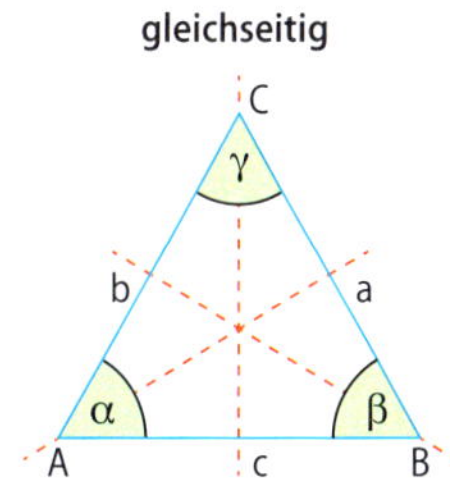

Satz des Thales

Ein Dreieck, von dem zwei Punkte den Durchmesser eines Kreises („Thaleskreis“) begrenzen und dessen dritter Punkt auf der Kreislinie liegt, ist stets rechtwinklig. Der rechte Winkel liegt am Punkt auf der Kreislinie an.

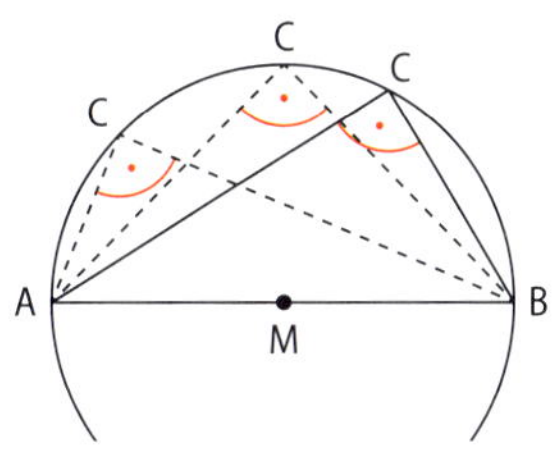

Besondere geometrische Orte bei Strecken und Winkeln

Der geometrische Ort aller Punkte P, die von zwei Punkten A und B gleich weit entfernt sind, liegt auf der Mittelsenkrechten m dieser Strecke.

Der geometrische Ort aller Punkte P, die von den Schenkeln eines Winkels mit dem Maß α jeweils den gleichen Abstand haben, ist die Winkelhalbierende w_α des Winkels α.

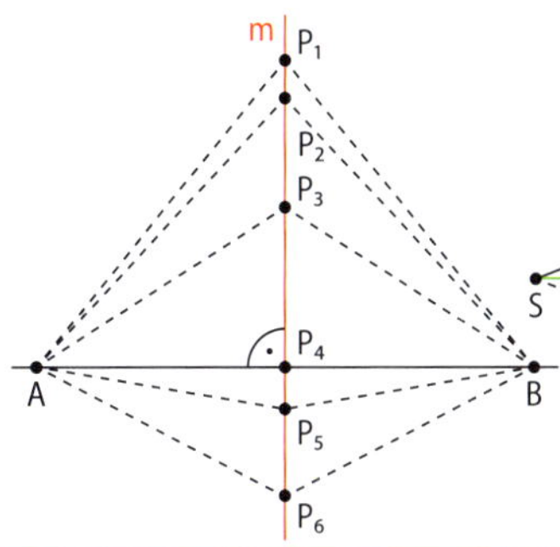

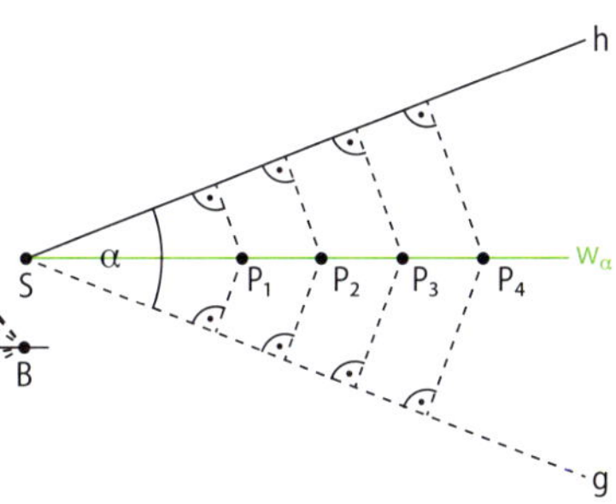

Mittelsenkrechte, Höhen und Winkelhalbierende

In einem Dreieck …

- ist der Schnittpunkt M der Mittelsenkrechten der Umkreismittelpunkt.
- ist der Schnittpunkt W der Winkelhalbierenden der Inkreismittelpunkt.
- schneiden sich die Höhen in einem Punkt.

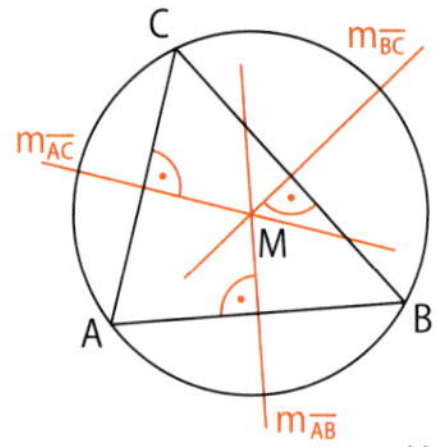

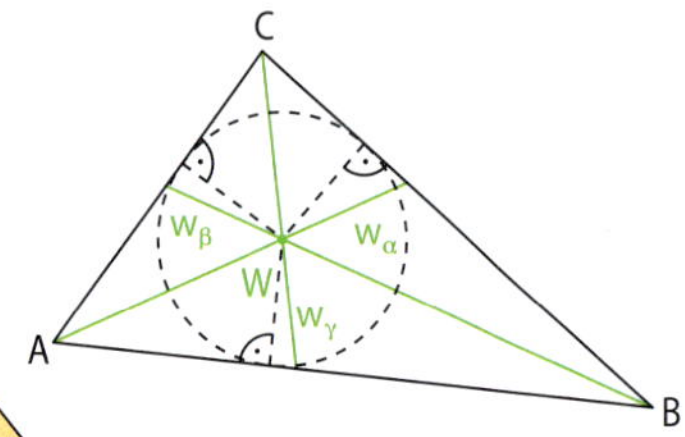

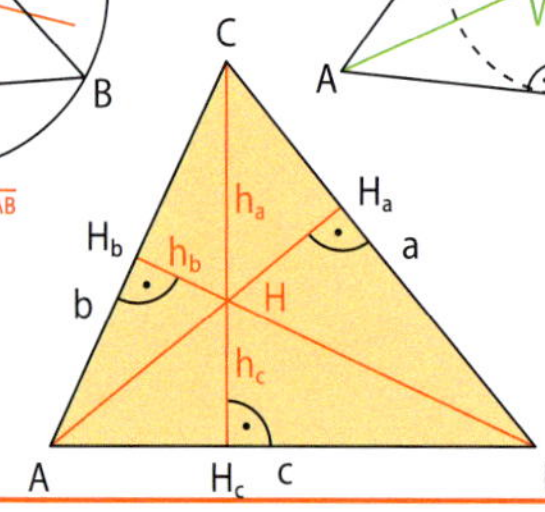

Geometrische Orte am Kreis

Alle Punkte, die von einem Punkt M denselben Abstand r haben, liegen auf der Kreislinie um M mit Radius r. Folgende Ortsbereiche lassen sich unterscheiden: das Kreisinnere k_i, die **Kreisfläche K** und das Kreisäußere k_a.

$k(M; r)$: $\overline{PM} = r$

$k_i(M; r)$: $\overline{PM} < r$

$k_a(M; r)$: $\overline{PM} > r$

$K(M; r)$: $\overline{PM} \leq r$

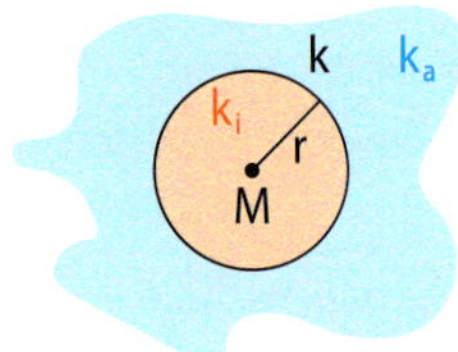

Tangenten am Kreis

Berührt eine Gerade einen Kreis in nur einem Punkt, dann ist die Gerade eine **Tangente t** an den Kreis. Die Tangente steht senkrecht auf dem Berührradius.

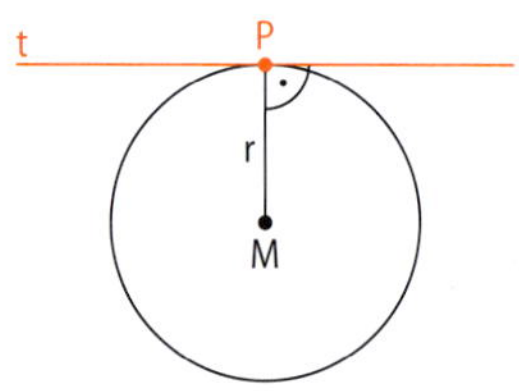

Ähnlichkeit

Eine Figur F_1 heißt zu einer Figur F_2 **ähnlich**, wenn man F_2 aus F_1 durch eine **zentrische Streckung** erzeugen kann, die mit einer **Spiegelung, Drehung** oder **Verschiebung** verknüpft wird. Man schreibt $\mathbf{F_1 \sim F_2}$ und sagt „F_1 ist ähnlich zu F_2".

Ähnlichkeitssätze für Dreiecke

Zwei **Dreiecke** sind genau dann zueinander **ähnlich**, wenn sie …

1. in den Maßen zweier Winkel übereinstimmen.
2. in den Verhältnissen dreier Seiten übereinstimmen.
3. in den Verhältnissen zweier Seiten und dem Maß des von ihnen eingeschlossenen Winkels übereinstimmen.
4. in den Verhältnissen zweier Seiten und dem Maß des Gegenwinkels der größeren Seite übereinstimmen.

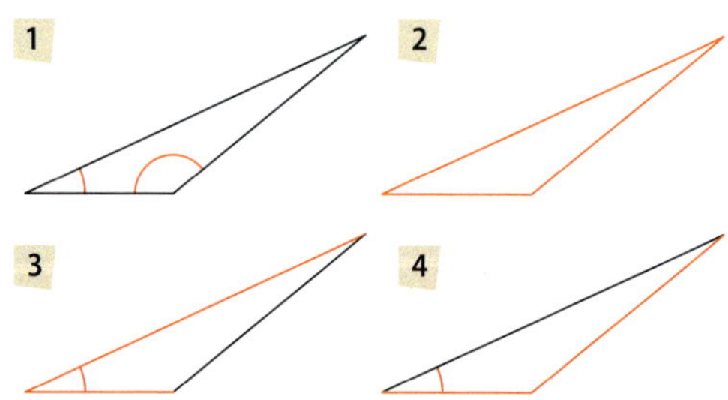

Kongruenzsätze für Dreiecke

Dreiecke sind genau dann zueinander **kongruent**, wenn sie …

1. in der Länge aller Seiten übereinstimmen (**SSS**).
2. in der Länge zweier Seiten und dem Maß des eingeschlossenen Winkels übereinstimmen (**SWS**).
3. in der Länge einer Seite und dem Maß beider anliegenden Winkel übereinstimmen (**WSW**).
4. in der Länge zweier Seiten übereinstimmen sowie dem Maß des Winkels, der der längeren Seite gegenüberliegt (**SsW**).

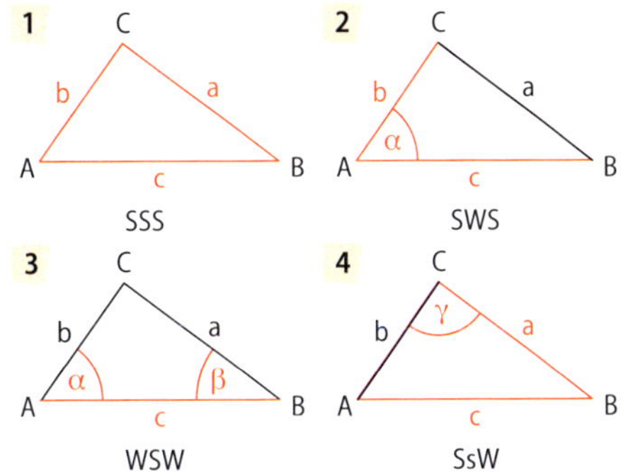

Satz des Pythagoras

In einem rechtwinkligen Dreieck hat das Quadrat über der Hypotenuse den gleichen Flächeninhalt wie die Quadrate über den Katheten zusammen.

Mit den Bezeichnungen in der Abbildung gilt kurz: $a^2 + b^2 = c^2$

Umkehrung des Satzes von Pythagoras:

Wenn in einem Dreieck ABC mit den Seitenlängen a, b und c die Beziehung $a^2 + b^2 = c^2$ gilt, dann ist das Dreieck rechtwinklig mit $\overline{AB}$ als Hypotenuse.

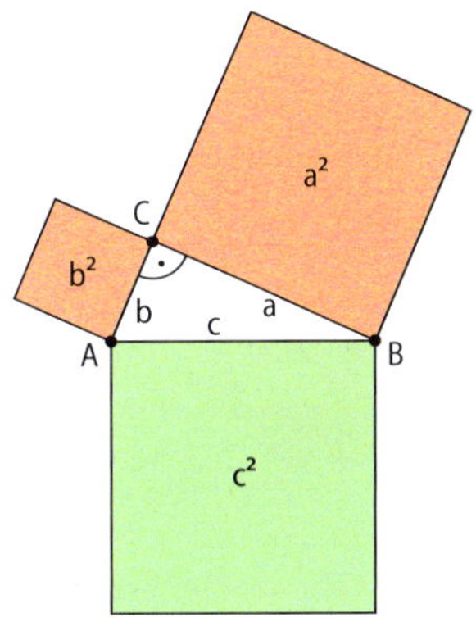

Sinus, Kosinus, Tangens

In einem rechtwinkligen Dreieck sind die Seitenverhältnisse eindeutig durch die Größe der beiden spitzen Winkel des Dreiecks festgelegt.

Bezogen auf die spitzen Winkel des rechtwinkligen Dreiecks bezeichnet man diejenige **Kathete**, die dem **betrachteten Winkel gegenüber** liegt, als **Gegenkathete**, und diejenige, die an dem Winkel **anliegt**, als **Ankathete**.

In einem rechtwinkligen Dreieck gilt:

- $\sin\alpha = \frac{\text{Gegenkathete des Winkels } \alpha}{\text{Hypotenuse}}$
- $\cos\alpha = \frac{\text{Ankathete des Winkels } \alpha}{\text{Hypotenuse}}$
- $\tan\alpha = \frac{\text{Gegenkathete des Winkels } \alpha}{\text{Ankathete des Winkels } \alpha}$

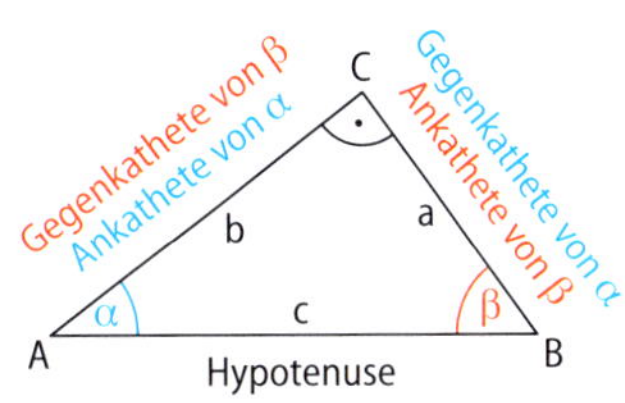

Im oben abgebildeten Dreieck gilt:

- $\sin\alpha = \frac{a}{c}$; $\sin\beta = \frac{b}{c}$
- $\cos\alpha = \frac{b}{c}$; $\cos\beta = \frac{a}{c}$
- $\tan\alpha = \frac{a}{b}$; $\tan\beta = \frac{b}{a}$

Beziehungen im rechtwinkligen Dreieck

- $\tan\alpha = \frac{\sin\alpha}{\cos\alpha}$
- $\cos\alpha = \sin(90° - \alpha)$
- $\sin\alpha = \cos(90° - \alpha)$
- $(\sin\alpha)^2 + (\cos\alpha)^2 = 1$

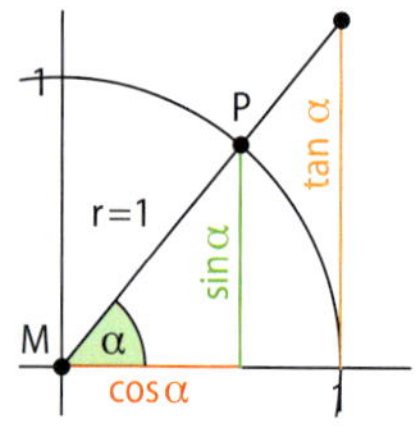

Flächeninhalt eines Dreiecks ABC

Jedes Dreieck kann man entlang einer Höhe in zwei rechtwinklige Teildreiecke zerlegen. Drückt man die Höhen der Teildreiecke durch den Sinus des entsprechenden Winkels aus, folgt:

$$A = \frac{1}{2} \cdot b \cdot c \cdot \sin\alpha = \frac{1}{2} \cdot a \cdot c \cdot \sin\beta$$
$$= \frac{1}{2} \cdot a \cdot b \cdot \sin\gamma$$

Beispiel:
ΔABC mit $a = 42$ mm, $b = 26$ mm, $\gamma = 66°$

$$A_{\text{Dreieck}} = \frac{1}{2} \cdot a \cdot b \cdot \sin\gamma$$
$$A_{\text{Dreieck}} = \frac{1}{2} \cdot 42\text{ mm} \cdot 26\text{ mm} \cdot \sin 66°$$
$$\approx 499\text{ mm}^2$$

Funktionaler Zusammenhang

Koordinatensystem

Das Koordinatensystem wird durch die Achsen in vier **Quadranten** unterteilt.
Zur Bezeichnung von Punkten gibt die **erste Koordinate (x-Koordinate)** an, wie weit du dich vom Ursprung entlang der x-Achse bewegst, die **zweite Koordinate (y-Koordinate)** bestimmt die Position auf der y-Achse.

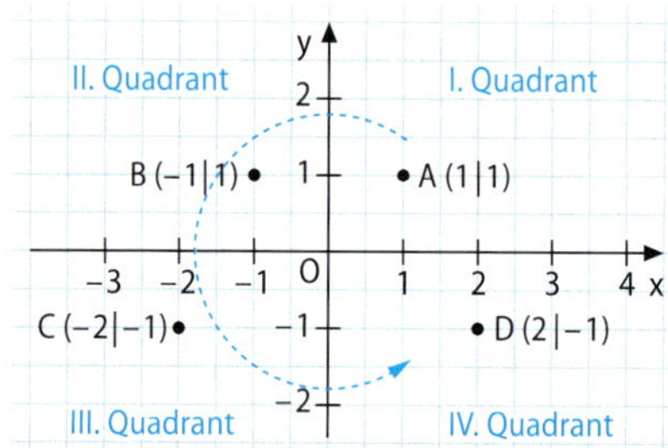

Proportionale und antiproportionale Zuordnungen

Eine Zuordnung heißt **proportional**, wenn …

- dem Doppelten (Dreifachen, …) das Doppelte (Dreifache, …) zugeordnet wird.
- alle Punkte auf einer **Geraden** liegen.
- der Quotient aus zugeordneter Größe und Ausgangsgröße stets gleich ist.

	Masse	Preis	
:5	250	9200 €	:5
·2	50	1840 €	·2
	100	3680 €	

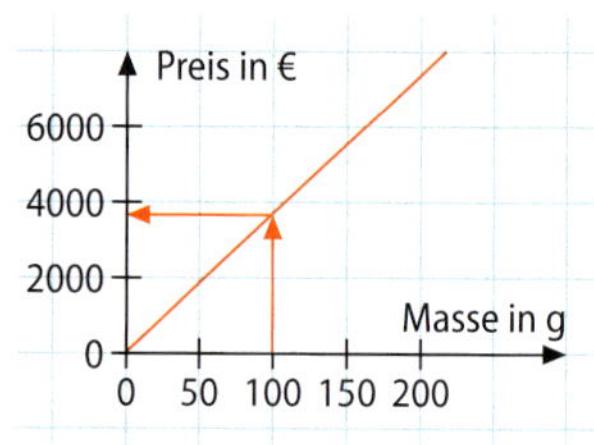

Eine Zuordnung heißt **antiproportional**, wenn …

- dem Doppelten (Dreifachen, …) die Hälfte (ein Drittel, …) zugeordnet wird.
- alle Punkte auf einer **Hyperbel** liegen.
- das Produkt aus zugeordneter Größe und Ausgangsgröße stets gleich ist.

	Anzahl	Preis	
:3	15	1,40 €	:3
·4	5	4,20 €	·4
	10	2,10 €	

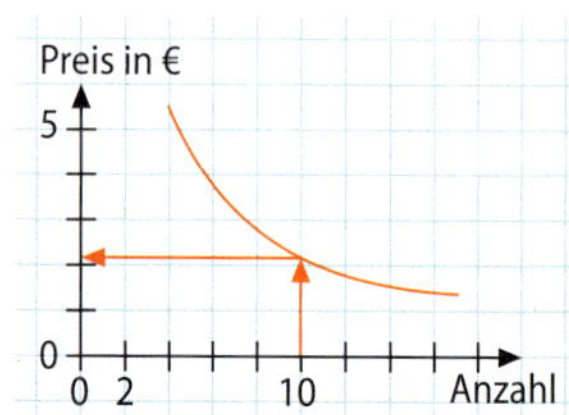

Funktionen

Eine eindeutige Zuordnung heißt **Funktion**.
Funktionen kann man darstellen durch:

1 verbale Beschreibung
2 Wertetabelle
3 Funktionsgleichung
4 Graph

1 Jeder rationalen Zahl wird ihr Doppeltes vermehrt um 1 zugeordnet.

2

x	y
−1	−1
0	1
1	3

3 $y = 2x + 1$

4

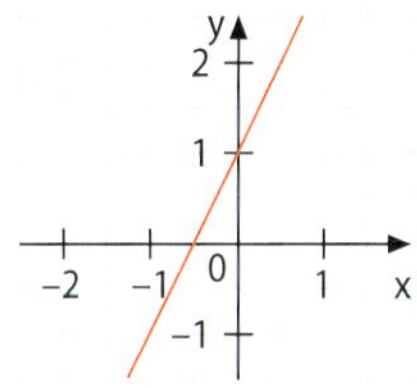

Lineare Funktionen

Eine Funktion mit der Funktionsgleichung $y = mx + c$ heißt **lineare Funktion**. Ihr Graph ist eine Gerade. Die Zahl m heißt Steigung, die Zahl c heißt y-Achsenabschnitt.

Die Steigung m kann mithilfe des Steigungsdreiecks bestimmen:

$$m = \frac{y_2 - y_1}{x_2 - x_1}$$

Die Zahl x_0 ist **Nullstelle** der Funktion, wenn $y = 0$ gilt.

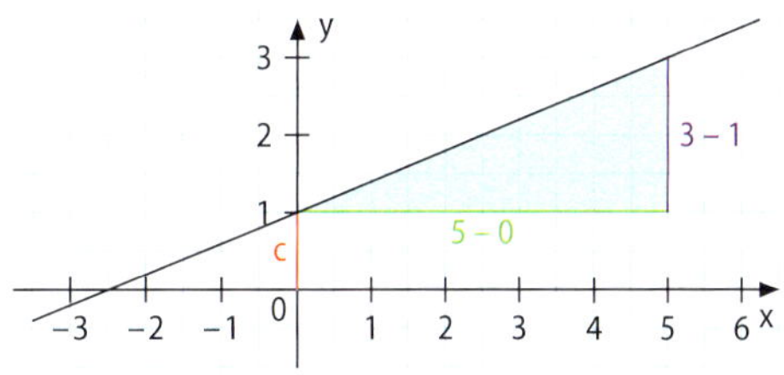

$c = 1 \qquad m = \frac{3-1}{5-0} = \frac{2}{5} = 0{,}4$

Funktionsgleichung: $y = 0{,}4x + 1$
Nullstelle: $x_0 = -2{,}5$

Maßstab

Gegenstände werden oft verkleinert (oder vergrößert) dargestellt. Damit man weiß, wie groß sie in Wirklichkeit sind, werden sie mithilfe eines **Maßstabs** gezeichnet.

Streckenlänge auf der Karte → 1 : 25 000 ← Streckenlänge in Wirklichkeit

Die Normalparabel

Die Gleichung $\mathbf{y = x^2}$ mit $x \in \mathbb{R}$ beschreibt eine **quadratische Funktion f**. Ihr Graph ist eine **Normalparabel**. Der Punkt **S (0 | 0)** heißt **Scheitelpunkt**.

Eigenschaften:

- $y(x) \geq 0$
- $y(x) = y(-x)$ für alle $x \in \mathbb{R}$
- $y(0) = 0$ (minimaler Funktionswert)

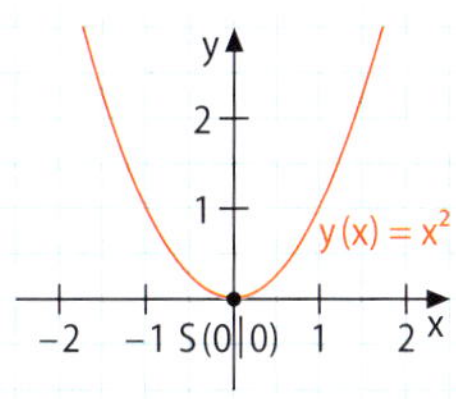

Veränderung der Normalparabel

Funktionen mit der Gleichung $y = ax^2$ mit dem Parameter $a \in \mathbb{R}\setminus\{0\}$ und $x \in \mathbb{R}$ beschreiben Parabeln, deren Scheitelpunkt S im Ursprung liegt.

a > 0: nach **oben geöffnete** Parabel
a < 0: nach **unten geöffnete** Parabel

|a| > 1: **engere** Parabel (gestreckt)
|a| < 1: **weitere** Parabel (gestaucht)

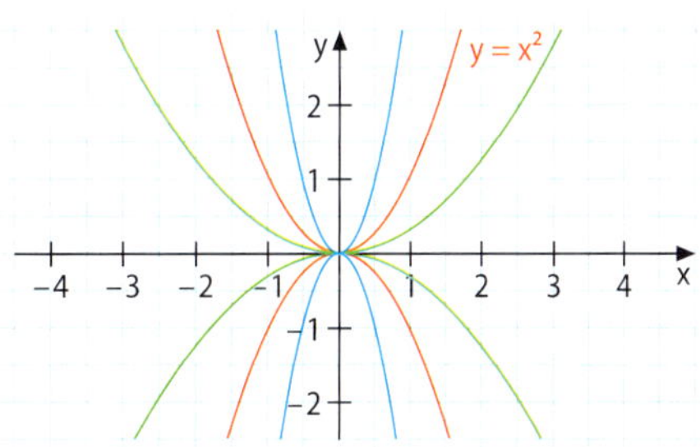

Verschiebungen der Normalparabel

Der Graph einer quadratischen Funktion mit der Gleichung…

1 $y = x^2 + e$ ($e, x \in \mathbb{R}$) entsteht durch Verschiebung der Normalparabel entlang der y-Achse. Sie hat den Scheitelpunkt $S(0\,|\,e)$. Die Parabel ist symmetrisch zur y-Achse (Symmetrieachse).

2 $y = (x - d)^2$ ($d, x \in \mathbb{R}$) entsteht durch Verschiebung der Normalparabel entlang der x-Achse. Sie hat den Scheitelpunkt $S(d\,|\,0)$. Die Parabel ist symmetrisch zu $x = d$ (Symmetrieachse).

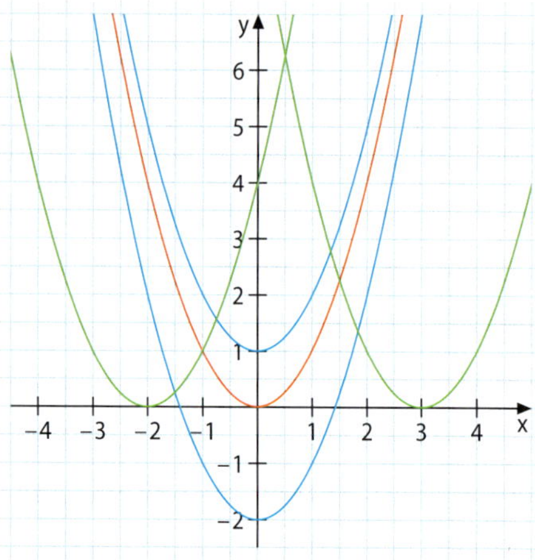

Darstellungsformen quadratischer Funktionen

Der Graph einer quadratischen Funktion mit der Gleichung $\mathbf{y = a \cdot (x - d)^2 + e}$ **(Scheitelpunktform)** ist eine zu $x = d$ symmetrische Parabel mit dem Scheitelpunkt $\mathbf{S(d\,|\,e)}$.

ausquadrieren

$y = a \cdot (x - d)^2 + e$ — $y = ax^2 + bx + c$

Scheitelpunktform — allgemeine Form

quadratisch ergänzen

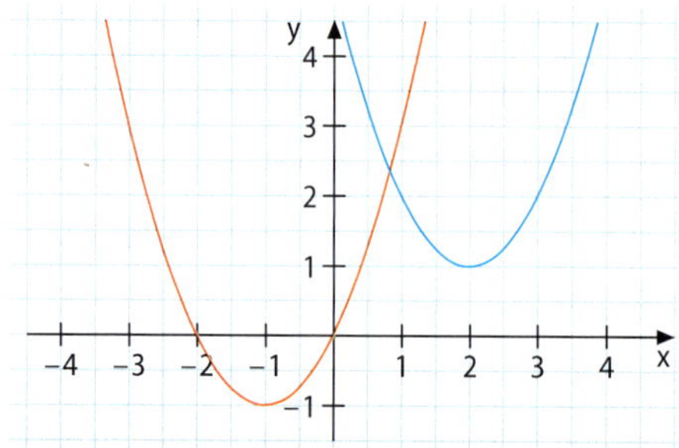

$y = (x + 1)^2 - 1 = x^2 + 2x$ $\quad S(-1\,|\,-1)$

$y = (x - 2)^2 + 1 = x^2 - 4x + 5$ $\quad S(2\,|\,1)$

Potenzfunktion mit natürlichem Exponenten

Lässt sich eine Funktion f in der Form $f(x) = x^n$ ($n \in \mathbb{N}\setminus\{0\}$) schreiben, spricht man von **Potenzfunktionen**.
Die Graphen heißen **Parabeln n-ter Ordnung**.
Für gerade Exponenten n sind die Graphen achsensymmetrisch zur y-Achse.
Für ungerade Exponenten n sind die Graphen punktsymmetrisch zu $(0\,|\,0)$.

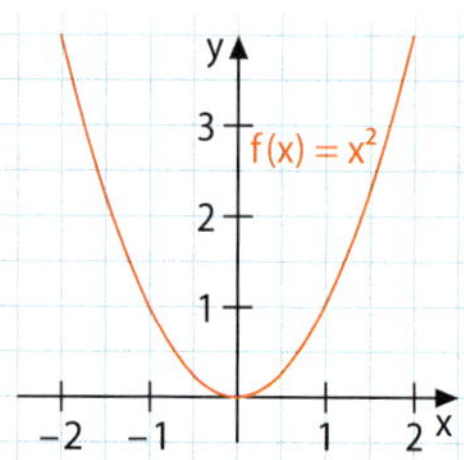

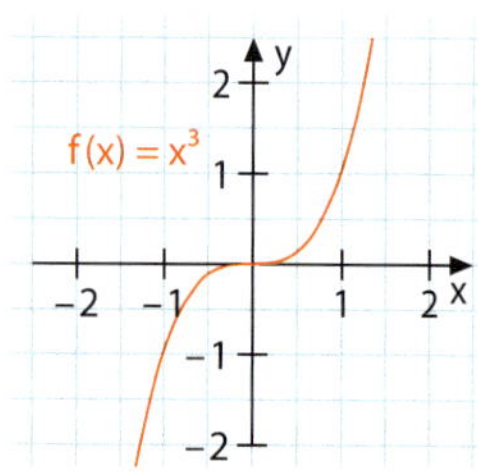

Potenzfunktion mit negativem ganzzahligem Exponenten

Eine Potenzfunktion f der Form $f(x) = x^{-n}$ ($n \in \mathbb{N}\setminus\{0\}$) ist in $x = 0$ nicht definiert. Der Graph hat an dieser Stelle eine senkrechte Asymptote. Für $x \to \pm\infty$ nähert er sich der waagerechten Asymptote $y = 0$. Den Graphen bezeichnet man als **Hyperbel**.

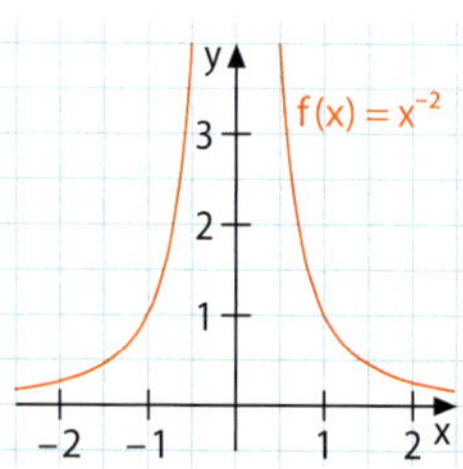

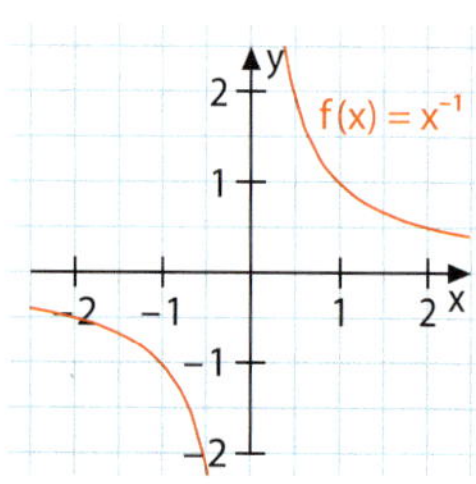

Wurzelfunktionen

Eine Funktion f mit $f(x) = \sqrt[n]{x}$, $n \in \mathbb{N} \setminus \{0\}$ ist nur für $x \geq 0$ definiert. Man spricht von einer **Wurzelfunktion**.

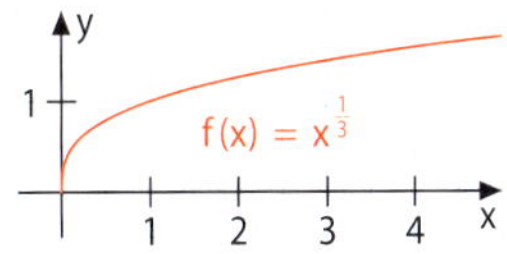

Exponentialfunktionen

Eine Funktion f der Form $f(x) = b^x$ ($b \in \mathbb{R}^+ \setminus \{1\}$; $x \in \mathbb{R}$) nennt man **Exponentialfunktion** mit **Wachstumsfaktor** b:

- $b > 1$: **exponentielle Zunahme**
- $0 < b < 1$: **exponentielle Abnahme**

Die allgemeine Form für eine Exponentialfunktion f lautet:
$f(x) = a \cdot b^{x-d} + c$ ($b \in \mathbb{R}^+ \setminus \{1\}$; $a, c, d, x \in \mathbb{R}$).
Durch den Parameter …

- a ($a \neq 0$) wird der Graph der Funktion gestaucht oder gestreckt bzw. an der y-Achse gespiegelt.
- c wird der Funktionsgraph entlang der y-Achse verschoben.
- d wird der Graph der Funktion entlang der x-Achse verschoben.

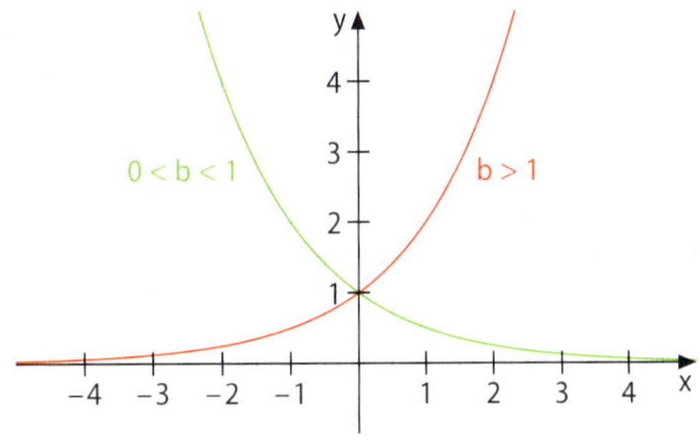

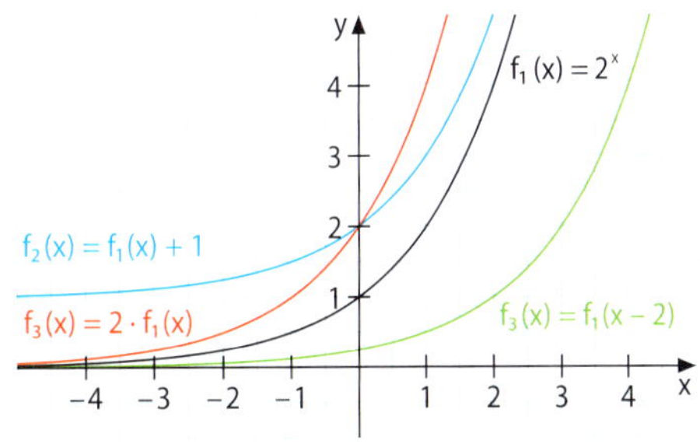

Wachstum

Beim **linearen Wachstum** 1 nimmt der Bestand in gleichen Zeiträumen um den gleichen Summanden zu.
Beim **exponentiellen Wachstum** 2 wird der Bestand in gleichen Zeiträumen mit demselben Faktor multipliziert.

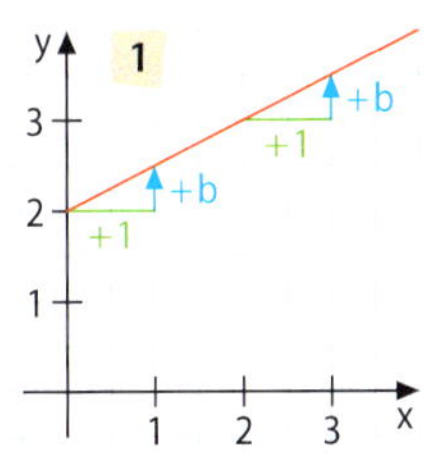

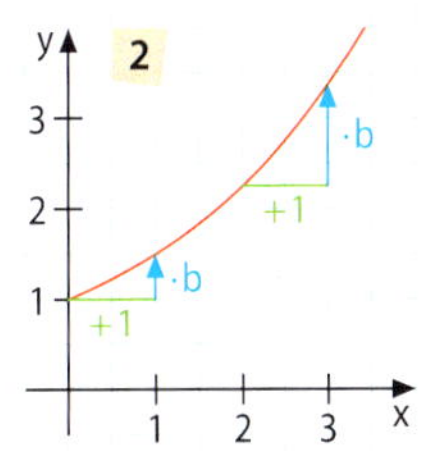

Daten und Zufall

Diagramme

Diagramme dienen der Veranschaulichung und dem Vergleich von Zahlen. Wichtige Diagramme sind das **Säulendiagramm**, das **Balkendiagramm** und das **Bilddiagramm**.

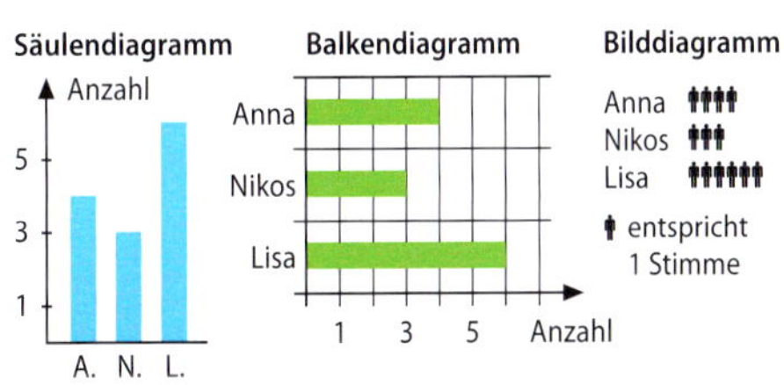

Relative Häufigkeit

Die **relative Häufigkeit h (E)** gibt den Anteil an, mit dem ein Ergebnis E in Bezug auf die Gesamtanzahl aller Ereignisse auftaucht.

$$h(E) = \frac{\text{absolute Häufigkeit H, mit der E vorkommt}}{\text{Gesamtanzahl aller Ergebnisse}}$$

Dimitri übt Elfmeterschießen. Er trifft elfmal, zwei Schüsse gehen an den Pfosten, vier werden gehalten, drei gehen vorbei.
Er traf also mit der relativen Häufigkeit

$$\frac{11}{11 + 2 + 4 + 3} = \frac{11}{20} = \frac{55}{100} = 55\,\%$$

Kreis- und Streifendiagramme

Relative Häufigkeiten kann man in einem **Kreisdiagramm** oder in einem **Streifendiagramm** darstellen.

Kreisdiagramm

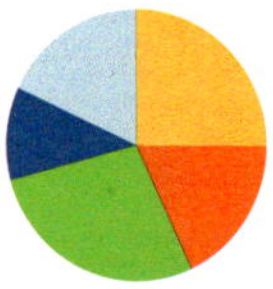

Streifendiagramm

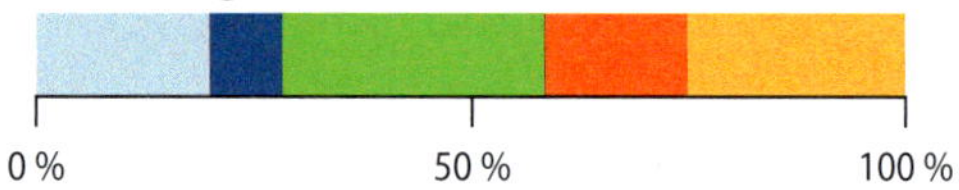

Angegeben ist, wie die Schüler der Klasse 6b in die Schule kommen.

	Zu Fuß	Rad	Bus	Bahn
	4	5	6	3
Relative Häufigkeit	$\frac{4}{18}$	$\frac{5}{18}$	$\frac{6}{18}$	$\frac{3}{18}$
Winkel im Kreisdiagramm	$4 \cdot 20° = 80°$	$5 \cdot 20° = 100°$	$6 \cdot 20° = 120°$	$3 \cdot 20° = 60°$

Darstellung im Kreisdiagramm:

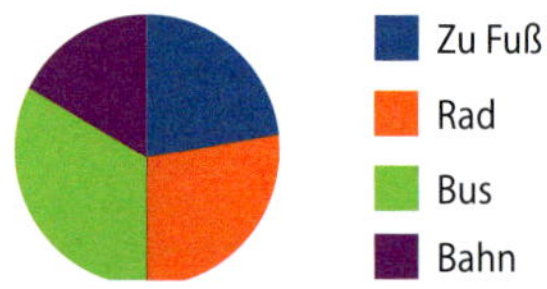

Arithmetisches Mittel

Man berechnet den „Durchschnitt“ als Mittelwert, indem man alle Einzelwerte addiert und durch die Anzahl der Werte teilt. Man bezeichnet ihn als **arithmetisches Mittel** ($\bar{x}$).

$$\bar{x} = \frac{\text{Summe aller Einzelwerte}}{\text{Anzahl der Einzelwerte}}$$

Tägliche Zeit für Hausaufgaben:

Mo	Di	Mi	Do	Fr
32 min	2 h	48 min	3 h	60 min

Durchschnitt pro Tag:
((32 + 120 + 48 + 180 + 60) : 5) min = 1 h 28 min.

Boxplots

Um einen Überblick über die Verteilung von Daten zu bekommen, bietet sich die Erstellung eines **Boxplots** an.
In der geordneten Datenreihe stellt der Median den Wert in der Mitte dar.
Die **Box** gibt an, in welchem Bereich die mittleren 50 % der Daten liegen.
Die **Antennen** geben an, in welchem Bereich die unteren bzw. oberen 25 % der Daten liegen.

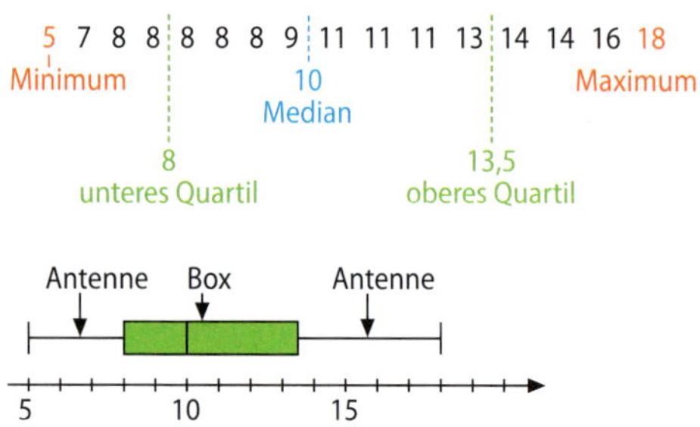

Zufallsexperiment

Für ein **Zufallsexperiment** gilt:

1 Die Durchführung erfolgt nach festen Regeln und ist beliebig oft wiederholbar.
2 Mindestens zwei Ausgänge sind möglich.
3 Der Ausgang ist nicht vorhersagbar.

Als **Ereignis** wird der **Teil aller möglichen Ausgänge** genannt, für die man sich genauer interessiert.
Ein Ereignis kann **unmöglich**, **möglich** oder **sicher** sein.

Mögliche Ausgänge beim Würfeln:
1, 2, 3, 4, 5, 6

Mögliche Ereignisse beim Würfeln:
- „Augenzahl gerade".
- „Augenzahl 6".
- „Augenzahl größer als 1".
- „Augenzahl kleiner als 4".

Zufallsexperimente beschreiben

Alle sich voneinander unterscheidenden möglichen Ergebnisse eines Zufallsexperiments bilden zusammen die **Ergebnismenge Ω**.
Jede Teilmenge der Ergebnismenge stellt ein Ereignis E dar.
Alle Ergebnisse, die nicht zu einem bestimmten Ereignis E gehören, bilden zusammen das **Gegenereignis $\bar{E}$**.

Ω = {Gelb; Rot}
Einige Ereignisse:
E_1 = {Gelb}; E_2 = {Rot}
E_3 = {Gelb; Rot}; E_4 = { }

E_3: **sicheres Ereignis**
E_4: **unmögliches Ereignis**
E_2 ist **Gegenereignis** von E_1

Das empirische Gesetz der großen Zahlen

Führt man ein Zufallsexperiment sehr oft durch, dann beobachtet man, dass sich die **relativen Häufigkeiten** bei wachsender Versuchszahl **stabilisieren**. Diese Tatsache wird auch als das empirische Gesetz der großen Zahlen bezeichnet.
Die stabilisierten relativen Häufigkeiten sind ein guter **Schätzwert für die Wahrscheinlichkeit**, mit der man die Ergebnisse eines Zufallsexperiments erwartet.

Eine 1-€-Münze wird mehrmals geworfen.

Anzahl der Würfe	H (W)	H (Z)	h (W)	h (Z)
10	7	3	70 %	30 %
100	42	58	42 %	58 %
1000	514	486	51 %	49 %
10 000	4955	5045	50 %	50 %

P (W) = 50 % = P (Z)

Laplace-Wahrscheinlichkeit

Bei einem Zufallsexperiment kann jedem **Ereignis** eine **Wahrscheinlichkeit** zugeordnet werden. Man schreibt kurz: **P (E)** „Wahrscheinlichkeit des Ereignisses E"

Bei einem **Laplace-Experiment** gilt:

$$P(E) = \frac{|E|}{|\Omega|} \quad \left(\frac{\text{„Günstige Ergebniss"}}{\text{„alle möglichen Ergebnisse"}}\right)$$

|E|: Anzahl der Ergebnisse des Ereignisses E
|Ω|: Anzahl der Ergebnisse der Ergebnismenge

Beachte: $0 \le P(E) \le 1$ $\quad P(E) + P(\bar{E}) = 1$

Mit welcher Wahrscheinlichkeit wird ein Vokal aus den abgebildeten Buchstaben gezogen?

Ω = {I; M; N; O; S} $\quad$ |Ω| = 5
E: „Der gezogene Buchstabe ist ein Vokal."
E = {I; O} $\quad$ |E| = 2
$P(E) = \frac{2}{5} = 0{,}4 = 40\,\%$

Mehrstufige Zufallsexperimente

Mehrstufige Zufallsexperimente können in einem **Baumdiagramm** übersichtlich dargestellt werden.
Zu jedem Ereignis gehört ein **Pfad**. Die Wahrscheinlichkeiten werden am zugehörigen Pfad notiert. Regeln für die Wahscheinlichkeiten zusammengesetzter Ereignisse:

1. Pfadregel: Die Wahrscheinlichkeiten entlang eines Pfades werden multipliziert.

2. Pfadregel: Wenn mehrere Pfade zu einem Ereignis gehören, addiert man die Wahrscheinlichkeiten der entsprechenden Pfade.

Zweimaliges Drehen eines Glücksrads:

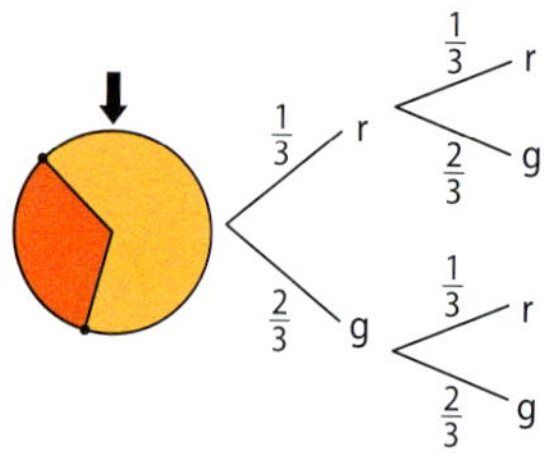

$P(rr) = \frac{1}{3} \cdot \frac{1}{3} = \frac{1}{9}$

$P(rg) = \frac{1}{3} \cdot \frac{2}{3} = \frac{2}{9}$

$P(gr) = \frac{2}{3} \cdot \frac{1}{3} = \frac{2}{9}$

$P(gg) = \frac{2}{3} \cdot \frac{2}{3} = \frac{4}{9}$

P(„gleiche Farbe“) $= \frac{1}{9} + \frac{4}{9} = \frac{5}{9} \approx 55{,}6\,\%$

Vierfeldertafel

In einer **Vierfeldertafel** werden sämtliche Kombinationsmöglichkeiten vom gleichzeitigen Eintreten zweier Ereignisse und ihrer Gegenereignisse dargestellt.
Betrachtet werden können sowohl absolute und relative Häufigkeiten, als auch Wahrscheinlichkeiten.

L: „Lehrer ist männlich.“
A: „Lehrer kommt mit dem Auto zur Schule.“

	A	$\overline{A}$	gesamt
L	34	17	51
$\overline{L}$	69	5	74
gesamt	103	22	125

Bedingte Wahrscheinlichkeit

Die Wahrscheinlichkeit für das Ereignis A unter der Bedingung B heißt **bedingte Wahrscheinlichkeit**. Darunter versteht man die Wahrscheinlichkeit, mit der das Ereignis A unter der Voraussetzung, dass B bereits eingetreten ist, eintritt. Es gilt:

$$P_B(A) = \frac{P(A \cap B)}{P(B)}$$

Ein Laplace-Würfel wird einmal geworfen.
A: „Die gewürfelte Zahl ist gerade.“
B: „Die gewürfelte Zahl ist kleiner oder gleich 3.“

$P(B) = \frac{3}{6} = \frac{1}{2}$

$P(A \cap B) = \frac{1}{6}$

$P_B(A) = \frac{P(A \cap B)}{P(B)} = \frac{\frac{1}{6}}{\frac{1}{2}} = \frac{1}{3}$

Stochastische Unabhängigkeit von Ereignissen

Zwei Ereignisse A und B sind stochastisch unabhängig, wenn das Eintreten von Ereignis A keinen Einfluss auf das Eintreten von Ereignis B hat, und umgekehrt:

$P_B(A) = P(A)$ und $P_A(B) = P(B)$

Somit: $P(A) \cdot P(B) = P(A \cap B)$

Eine Münze wird zweimal geworfen.
A: „Beim ersten Wurf liegt ‚Zahl‘ oben.“
B: „Beim zweiten Wurf liegt dieselbe Seite oben wie beim ersten Wurf.“

$P(B) = \frac{1}{2}$, $P(A) = \frac{1}{2} \Rightarrow P(A) \cdot P(B) = \frac{1}{4}$

$P(A \cap B) = \frac{1}{4}$

A und B sind stochastisch unabhängig.

Wahrscheinlichkeitsverteilung einer Zufallsgröße

Die **Wahrscheinlichkeitsverteilung einer Zufallsgröße X** kann in einer Tabelle oder in einem Säulendiagramm dargestellt werden.

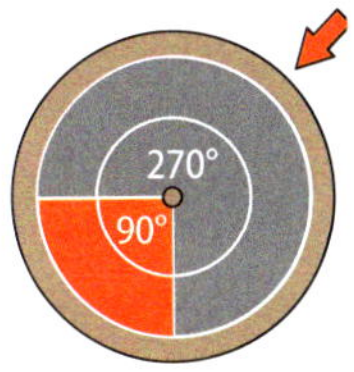

Dreimaliges Drehen des abgebildeten Glücksrads Glücksrads:
X: „Anzahl der roten Treffer"

x_i	0	1	2	3
$P(X = x_i)$	$0{,}75^3$	$3 \cdot 0{,}25 \cdot 0{,}75^2$	$3 \cdot 0{,}25^2 \cdot 0{,}75$	$0{,}25^3$

Erwartungswert

Der **Erwartungswert der Zufallsgröße X** ist der Mittelwert von X bei genügend großer Anzahl an Wiederholungen.

Ein fairer Würfel hat vier Seiten mit den Augenzahlen 1, 1, 2 und 3. Dieser Würfel wird einmal geworfen.
X: „gewürfelte Augenzahl"

$E(X) = 1 \cdot \frac{2}{4} + 2 \cdot \frac{1}{4} + 3 \cdot \frac{1}{4} = \frac{7}{4} = 1{,}75$

Startklar! – Seite 6

1 a) $(x-2)^2 = x^2 - 4x + 4$
b) $(x-1)\cdot(x+2) = x^2 + x - 2$
c) $2\cdot\left(x-\sqrt{2}\right)^2 - 2 = 2x^2 - 4\sqrt{2}\,x + 2$
d) $(x-1)\cdot(x-2)\cdot(x-3) = (x^2 - 3x + 2)\cdot(x-3)$
$= x^3 - 6x^2 + 11x - 6$

2 a) $x^2 - 6x + 9 = (x-3)^2$
b) $x^3 - 2x^2 + x = x\cdot(x^2 - 2x + 1) = x\cdot(x-1)^2$
c) $x^3 - 9x = x\cdot(x^2 - 9) = x\cdot(x-3)\cdot(x+3)$
d) $4x^3 + 12x^2 + 9x = x\cdot(4x^2 + 12x + 9) = x\cdot(2x+3)^2$

3 a) Bei der Funktion f_1 beschreibt $m = 2$ die positive Steigung des Graphen der Funktion. Weiterhin gilt $c = -3$, was eine Verschiebung der Geraden $y = 2x$ in y-Richtung bewirkt. Folglich schneidet der Graph der Funktion f_1 die y-Achse bei $y = -3$.
Bei der Funktion f_2 mit $f_2(x) = -2x + 3$ hat die zugehörige Gerade durch $m = -2$ eine negative Steigung und schneidet die y-Achse bei $y = 3$.
b) Bei der Funktion g_1 mit $g_1(x) = (x+3)^2 - 2$ gilt $d = -3$ und $e = -2$. Hier beschreibt d eine Verschiebung der Normalparabel entlang der x-Achse in negative Richtung (nach links) um 3 Einheiten, während e eine Verschiebung entlang der y-Achse in negative Richtung um 2 Einheiten beschreibt.
Bei der Funktion g_2 mit $g_2(x) = (x-3)^2 + 2$ gilt $d = 3$ und $e = 2$. Hier beschreibt d eine Verschiebung der Normalparabel in positive Richtung (nach rechts) um 3 Einheiten, während e eine Verschiebung auf der y-Achse in positive Richtung um 2 Einheiten beschreibt.
c) Der Parameter $|a|$ beschreibt die Streckung bzw. Stauchung des Funktionsgraphen.
Bei der Funktion h_1 wird der Graph der Funktion h mit $h(x) = x^4$ um den Faktor 3 gestreckt.
Weiter ist h_1 eine Potenzfunktion mit gerader Potenz $n = 4$. Ihr Graph verläuft also von „links oben" nach „rechts oben".
Bei der Funktion h_2 wird der Graph der Funktion h mit $h(x) = x^3$ um den Faktor 4 gestreckt und dazu wird der Graph durch das negative Vorzeichen an der x-Achse gespiegelt.
Da h_2 weiter eine Potenzfunktion mit ungerader Potenz $n = 3$ ist, verläuft der Graph also von „links oben" nach „rechts unten".
d) Der Parameter $|a|$ beschreibt die Streckung bzw. Stauchung des Funktionsgraphen. Der Parameter b ist der Wachstumsfaktor bzw. die Basis der Exponentialfunktion.
Bei der Funktion k_1 gilt $a = -2$. Der Graph der Funktion k mit $k(x) = 3^x$ wird also um den Faktor 2 gestreckt und an der x-Achse gespiegelt.
Der Wachstumsfaktor ist $b = 3$.
Bei der Funktion k_2 gilt $a = 3$. Der Graph der Funktion k mit $k(x) = 2^{-x}$ wird also um den Faktor 3 gestreckt. Der Wachstumsfaktor $b = \frac{1}{2}$ folgt aus der Umformung $2^{-x} = \frac{1}{2^x} = \left(\frac{1}{2}\right)^x$.

4 **1 – D**:
Aufgrund der geraden Potenz verläuft der Graph der Potenzfunktion von „links oben" nach „rechts oben". Gegenüber dem Funktionsgraphen von g mit $g(x) = x^4$ ist der abgebildete Graph gestreckt (um den Faktor 2), und um eine Einheit entlang der positiven y-Achse verschoben. Folglich hat die dargestellte Funktion keine Nullstelle.
2 – C:
Der Graph der Funktion f mit
$f(x) = x^2 + 2x + 1 = (x+1)^2$ entspricht einer Parabel und hat eine Nullstelle bei $x = -1$ (Verschiebung der Normalparabel um eine negative Einheit entlang der x-Achse).
3 – B:
Der Graph der Funktion f mit
$f(x) = x^2 - (x+1)^2 = -2x - 1$ entspricht einer Geraden mit Steigung -2 und y-Achsenabschnitt -1.
Es folgt eine Nullstelle in $x = -0{,}5$.
4 – A:
Der Graph der Funktion ist steigend und f besitzt eine Nullstelle in $x = 0$. Es handelt sich um den typischen Verlauf einer Exponentialfunktion.
Da wegen $b^0 = 1$ die Graphen aller Exponentialfunktionen durch $(0\,|\,1)$ gehen, der abgebildete Graph aber durch $(0\,|\,0)$, muss der Term b^x um eine Einheit nach unten verschoben sein (deshalb $2^x - 1$).

5 a) $f(x) = -3x + 2 = 0 \Leftrightarrow 3x = 2 \Leftrightarrow x_N = \frac{2}{3}$

b) $f(x) = x^2 - 2x - 3 = 0$

$\Leftrightarrow x_{N1} = \frac{2 + \sqrt{4 + 12}}{2} = 3; x_{N2} = \frac{2 - \sqrt{4 + 12}}{2} = -1$

Alternativ mit dem Satz von Vieta:

$x^2 - 2x - 3 = (x - 3)(x + 1)$

c) $f(x) = x \cdot (x^3 - 4x) = x^2 \cdot (x^2 - 4) = 0$

$\Leftrightarrow x_{N1} = -2; x_{N2} = 0; x_{N3} = 2$

d) $f(x) = x^3 + 5x^2 + 6x = x \cdot (x^2 + 5x + 6)$

$= x \cdot (x + 2) \cdot (x + 3) = 0$

$\Leftrightarrow x_{N1} = -3; x_{N2} = -2; x_{N3} = 0$

6 a) $f(x) = x^2 - 2x - 2 = (x - 1)^2 - 3$

Der Scheitelpunkt liegt bei $(1|-3)$.

Die Parabel ist nach oben geöffnet.

b) $f(x) = x^2 + 6x + 8 = (x + 3)^2 - 1$

Der Scheitelpunkt liegt bei $(-3|-1)$.

Die Parabel ist nach oben geöffnet.

c) $f(x) = x \cdot (x - 4) = x^2 - 4x = (x - 2)^2 - 4$

Der Scheitelpunkt liegt bei $(2|-4)$.

Die Parabel ist nach oben geöffnet.

d) $f(x) = -(x + 4) \cdot (x - 4) = -x^2 + 16$

Der Scheitelpunkt liegt bei $(0|16)$.

Die Parabel ist nach unten geöffnet.

Am Ziel! – Seite 38 und 39

1 a) $f(x) = x \cdot (x + 2) \cdot (x + 6) = x^3 + 8x^2 + 12x$

- einfache Nullstellen bei $x_{N1} = 0; x_{N2} = -2; x_{N3} = -6$
- Vorzeichenwechsel an jeder Nullstelle
- n ungerade, $a_n > 0$, d.h. der Graph verläuft von links unten nach rechts oben

b) $f(x) = (x + 1)^2 = x^2 + 2x + 1$

- doppelte Nullstelle bei $x_N = -1$
- nach oben geöffnete Parabel mit Scheitel $(-1|0)$
- schneidet die y-Achse bei $y = 1$
- $n = 2$, $a_n > 0$, d.h. der Graph verläuft von links oben nach rechts oben

c) $f(x) = x^3 - 3x + 2$

- einfache Nullstelle bei $x_{N1} = -2$; doppelte Nullstelle bei $x_{N2} = 1$
- Schnittpunkt mit der y-Achse bei $y = 2$
- $n = 3$, $a_n > 0$, d.h. der Graph verläuft von links unten nach rechts oben

Skizze zu a), b) und c):

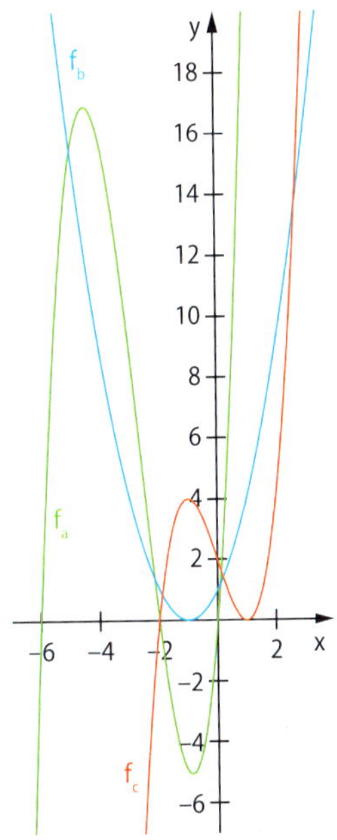

2 a) $f(x) = (x^2 + 1)^2$

achsensymmetrisch zur y-Achse; keine Nullstellen; nach oben geöffneter Graph; Funktion vom Grad 4; verläuft von links oben nach rechts oben

b) $f(x) = 2x \cdot (x + 2)^2$

einfache Nullstelle $x_{N1} = 0$; doppelte Nullstelle $x_{N2} = -2$; Funktion vom Grad 3; verläuft von links unten nach rechts oben; Schnittpunkt mit der y-Achse bei $y = 0$

c) $f(x) = -(x - 1)^2 \cdot (x + 1)^2$

doppelte Nullstellen bei $x_{N1} = 1$ und $x_{N2} = -1$; Schnittpunkt mit der y-Achse bei $y = -1$; Funktion vom Grad 4; verläuft von links unten nach rechts unten

3 a) $f(x) = 2x^3 - 3x^2 + x = x \cdot (2x^2 - 3x + 1) = 0$

$\Leftrightarrow x_{N1} = 0; x_{N2} = \frac{3 + \sqrt{9 - 8}}{4} = 1;$

$x_{N3} = \frac{3 - \sqrt{9 - 8}}{4} = 0{,}5$

b) $f(x) = x^6 - 9 = (x^3 - 3) \cdot (x^3 + 3) = 0$

$\Leftrightarrow x_{N1} = \sqrt[3]{3}; x_{N2} = -\sqrt[3]{3}$

c) $f(x) = (2x^3 - 2x) \cdot x = 2x^2 \cdot (x^2 - 1) = 0$

$\Leftrightarrow x_{N1} = 0; x_{N2} = 1; x_{N3} = -1$

Skizze zu a) und c):

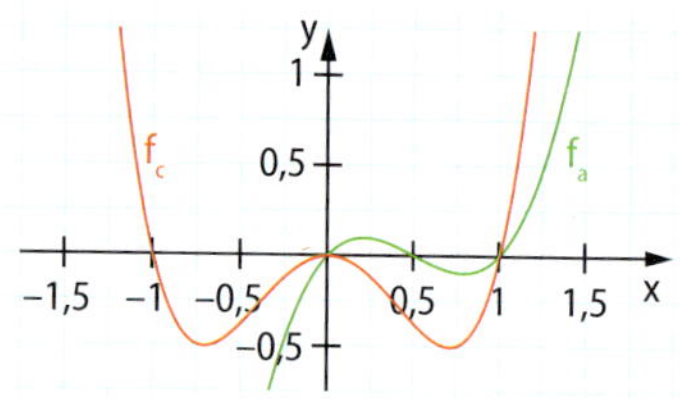

Skizze zu b):

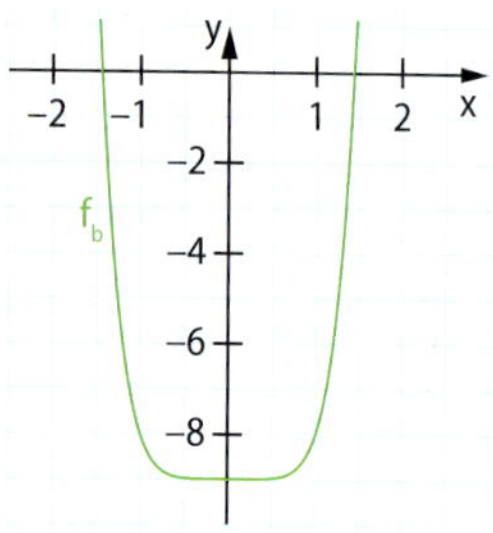

4 a) einfache Nullstelle bei $x_{N1} = 2$;
doppelte Nullstelle bei $x_{N2} = -1$

b) einfache Nullstelle bei $x_{N1} = 0$;
doppelte Nullstelle bei $x_{N2} = -2$

c) einfache Nullstelle bei $x_{N1} = 2$;
doppelte Nullstelle bei $x_{N2} = -2$

5 a) $f(-x) = (-x)^6 + 2 \cdot (-x)^2 - 1 = x^6 + 2x^2 - 1 = f(x)$

b) Die ganzrationale Funktion ist achsensymmetrisch zur y-Achse, da sie nur gerade Exponenten besitzt. Allgemein:
$f(-x) = ((-x)^2 + 1) \cdot ((-x)^2 - 1)$
$= (x^2 + 1)(x^2 - 1) = f(x)$

c) Es liegt keine der beiden Symmetrien vor, da die ganzrationale Funktion in ihrer ausmultiplizierten Form sowohl gerade als auch ungerade Exponenten besitzt. Allgemein:
$f(-x) = (-x - 1)(-x + 2)(-x - 3)$
$= (x + 1)(-x + 2)(x + 3)$,
also $f(-x) \neq f(x)$ und $f(-x) \neq -f(x)$

6 a) n ungerade, $a_n < 0$: Der Graph verläuft von links oben nach rechts unten.
- $f(x) \to \infty$ für $x \to -\infty$
- $f(x) \to -\infty$ für $x \to \infty$

b) n gerade, $a_n > 0$: Der Graph verläuft von links oben nach rechts oben.
- $f(x) \to \infty$ für $x \to -\infty$
- $f(x) \to \infty$ für $x \to \infty$

c) n ungerade, $a_n > 0$: Der Graph verläuft von links unten nach rechts oben.
- $f(x) \to -\infty$ für $x \to -\infty$
- $f(x) \to \infty$ für $x \to \infty$

d) n gerade, $a_n < 0$: Der Graph verläuft von links unten nach rechts unten.
- $f(x) \to -\infty$ für $x \to -\infty$
- $f(x) \to -\infty$ für $x \to \infty$

e) n gerade, $a_n > 0$: Der Graph verläuft von links oben nach rechts oben.
- $f(x) \to \infty$ für $x \to -\infty$
- $f(x) \to \infty$ für $x \to \infty$

7 a)
- alle Termglieder auf eine Seite bringen:
  $x^3 + x^2 + x = 0$
- x ausklammern: $x \cdot (x^2 + x + 1) = 0$
- Satz vom Nullprodukt: $x_{N1} = 0$ ist die einzige Nullstelle, da die Diskriminante von $x^2 + x + 1$ negativ ist.

b)
- alle Termglieder auf eine Seite bringen:
  $x^2 + 2x - 1 = 0$
- Lösungsformel: $x_{N1} = \frac{-2 + \sqrt{4+4}}{2} = -1 + \sqrt{2}$;
  $x_{N2} = \frac{-2 - \sqrt{4+4}}{2} = -1 - \sqrt{2}$

c)
- alle Termglieder auf eine Seite: $x^4 + x^2 - 2 = 0$
- Substitution $x^2 = t \Rightarrow t^2 + t - 2 = 0$
  $\Leftrightarrow t_{N1} = \frac{-1 + \sqrt{1+8}}{2} = 1$;
  $t_{N2} = \frac{-1 - \sqrt{1+8}}{2} = -2$
- Resubstitution: $x_{N1} = 1$; $x_{N2} = -1$

Graphische Lösung: Bestimmen der Nullstellen der jeweiligen Graphen, die aus der linken Seite der umgestellten Gleichung resultieren.

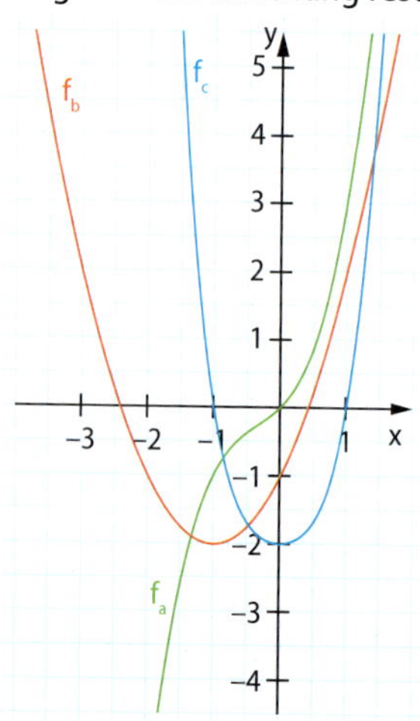

8 **3 – A**:

Die Funktionsgleichung hat nur gerade Exponenten. Der Graph A ist als einziger der abgebildetetn Graphen achsensymetrisch zur y-Achse.

2 – C:

Die Funktion hat eine Nullstelle in $x_N = 0$ und der zugehörige Graph ist punktsymmetrisch zum Ursprung.

1 – B:

Der Graph der Funktion ist punktsymmetrisch zum Urspung und schneidet die y-Achse bei $y = -5$.

9 Mögliche Funktionsgleichungen:

$f(x) = -\frac{7}{4}x^3 - 4x^2 - \frac{5}{4}x + 1$

$h(x) = -x + 2$

$g(x) = x^3 - 2x$

$p(x) = (x - 2)^2 + 1$

Aufgaben für Lernpartner

A Die Aussage ist falsch. Eine ganzrationale Funktion dritten Grades kann maximal drei Nullstellen haben. Beispiel:
$f(x) = \frac{3}{2}x^3$ hat genau eine Nullstelle bei $x_N = 0$.
Diese Nullstelle ist eine dreifache Nullstelle.

B Die Aussage ist richtig für die Achsensymmetrie zur y-Achse und die Punktsymmetrie zum Ursprung. Für beliebige Funktionen gibt es das Kriterium $f(x) = f(-x)$ für Achsensymmetrie zur y-Achse und $f(-x) = -f(x)$ für Punktsymmetrie zum Ursprung.

C Die Aussage ist nur für ganzrationale Funktionen korrekt. Für allgemeine Funktionen (z. B. Exponentialfunktionen, gebrochenrationale Funktionen, …) benötigt man die allgemeinen Kriterien.

D Die Aussage ist falsch. Es gibt auch andere Verfahren, wie den Satz von Vieta oder Ausklammern.

E Die Aussage ist falsch. Es gilt:
$f(x) = (x^2 + 2x + 1)^2 = ((x + 1)^2)^2 = (x + 1)^4$ besitzt die vierfache Nullstelle $x_N = -1$.

F Die Aussage ist falsch. Mehrfache Nullstellen können die x-Achse berühren (Potenz des entsprechenden Linearfaktors ist gerade) oder schneiden (Potenz des entsprechenden Linearfaktors ist ungerade).

G Die Aussage ist falsch. Mithilfe der ersten binomischen Formel kann man die Umformung $x^2 + 4x + 4 = (x + 2)^2$ vornehmen. Die Lösung der Gleichung kann so direkt abgelesen werden.

H Die Aussage ist richtig. Eine graphische Lösung kann einen Wert immer nur im Rahmen einer gewissen Genauigkeit angeben.

I Die Aussage ist richtig, denn der Term auf der rechten Seite passt zu einer linearen Funktion und der der linken Seite zu einer quadratischen.

J Die Aussage ist falsch. Man kann die Gleichung zu $2x^2 \cdot (x^2 + 8x + 16) = 2x^2 \cdot (x + 4)^2 = 0$ umformen. Mithilfe des Satzes vom Nullprodukt können die Lösungen direkt abgelesen werden.

K Die Aussage ist falsch. Es handelt sich um eine Funktion sechsten Grades, denn $x^3 \cdot (x^3 - x) = x^6 - x^4$.

L Die Aussage ist falsch. Eine Funktion vierten Grades kann auch von links unten nach rechts unten verläufen. Dies hängt davon ob, ob a_n positiv oder negativ ist.

M Die Aussage ist falsch. Wegen $(-1)^3 =$ ist $-\sqrt[3]{|-1|} = -1$ eine Lösung der Gleichung.

N Die Aussage ist richtig. Potenzfunktionen sind also Spezialfälle von ganzrationalen Funktionen.

Startklar! – Seite 40

1 a)

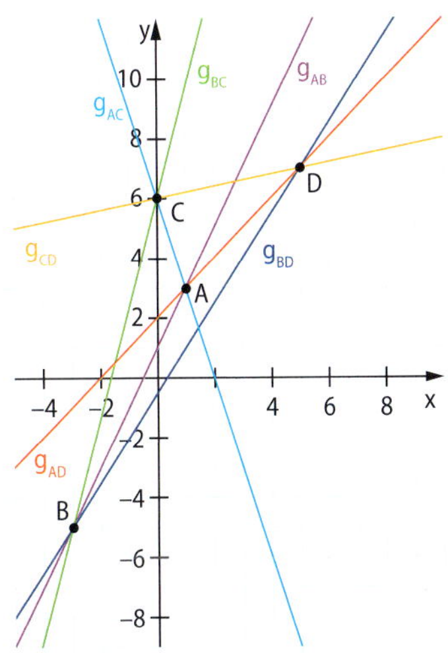

b) g_{AB}: $m = \frac{3-(-5)}{1-(-3)} = \frac{8}{4} = 2$

g_{BC}: $m = \frac{6-(-5)}{0-(-3)} = \frac{11}{3} = 3\frac{2}{3}$

g_{BD}: $m = \frac{7-(-5)}{5-(-3)} = \frac{12}{8} = 1{,}5$

g_{AC}: $m = \frac{3-6}{1-0} = \frac{-3}{1} = -3$

g_{CD}: $m = \frac{7-6}{5-0} = \frac{1}{5} = 0{,}2$

g_{AD}: $m = \frac{7-3}{5-1} = \frac{4}{4} = 1$

c) Die Steigung einer Geraden berechnet sich mithilfe zweier Punkte als Quotient der Differenz der y-Werte durch die Differenz der x-Werte.

2 a) A (1 | 4), B (3 | 3)
$m = \frac{3-4}{3-1} = \frac{-1}{2} = -0{,}5$; $4 = -0{,}5 \cdot 1 + t \Rightarrow t = 4{,}5$;
g: $y = -0{,}5x + 4{,}5$

b) $\tan(\alpha) = -0{,}5 \Rightarrow \alpha = -26{,}56°$

3 a) $f(1) = -5$; $f(2) = 0$; $f(3) = 11$; $f(-1) = 3$; $f(0) = -4$
A und E liegen oberhalb, C und D unterhalb und B auf dem Graphen

b) $f(1) = 8$; $f(2) = 16$; $f(3) = 32$; $f(-1) = 2$; $f(0) = 4$
A, B, C und D liegen unterhalb, E auf dem Graphen

c) $f(1) = \frac{4}{3}$; $f(2) = \frac{5}{4}$; $f(3) = \frac{6}{5}$; $f(-1) = 2$; $f(0) = \frac{3}{2}$
A und E liegen oberhalb, B, C und D liegen unterhalb des Graphen

d) $f(1) = 2$; $f(2) = 8{,}5$; $f(3) = 14$; $f(-1) = -2$; $0 \notin D$
A liegt oberhalb, B, C und D liegen unterhalb des Graphen, an der Stelle x=0 ist die Funktion f nicht definiert.

e) $f(1) = -11$; $f(2) = -14$; $f(3) = -17$; $f(-1) = -5$; $f(0) = -8$
A, B, C und E liegen oberhalb, D auf dem Graphen

f) $f(1) = 0$; $f(2) = 6$; $f(3) = 28$; $f(-1) = 12$; $f(0) = 4$
A liegt oberhalb, B, C und D unterhalb, E auf dem Graphen

Man setzt die x-Koordinate des zu untersuchenden Punktes in den Funktionsterm ein. Ist der Funktionswert größer als die y-Koordinate des Punktes, so liegt der Punkt unterhalb der Graphen, ist der Funktionswert kleiner als die y-Koordinate, so liegt der Punkt oberhalb des Graphen, stimmen beide Werte überein, so liegt der Punkt auf dem Graphen.

4 a) $g(x_A) = 4x_A + 8 = 0 \quad \Rightarrow x_A = -2$

b) $g(-2) = 7 \cdot (-2) + 14 = 0 \quad \Rightarrow y_A = 0$

c) $g(0) = 16 \cdot 0 - 3 = -3 \neq 0 \quad \Rightarrow y_A = -3$

5 A (2 | 20) B (0,5 | 1,25) C (0 | 0)
D ($\sqrt{5}$ | 25) und D ($-\sqrt{5}$ | 25)

6 a) $g(x_0) = 2x_0 = 0 \quad \Rightarrow x_0 = 0$

b) $g(x_0) = -3x_0 + 6 = 0 \quad \Rightarrow x_0 = 2$

c) $g(x_0) = 0{,}5x_0 - 7 = 0 \quad \Rightarrow x_0 = 14$

Am Ziel! – Seite 70 und 71

1 Die mittlere Änderungsrate (Differenzenquotient) gibt die durchschnittliche Steigung des Graphen einer Funktion zwischen zwei Punkten an. Die beiden Punkte legen die sogenannte Sekante fest.

2 $N(t) = 2000 \cdot 2^t$; $N(0) = 2000$; $N(1) = 4000$; $N(2) = 8000$; $N(3) = 16\,000$

1. Stunde: $m_1 = \frac{4000-2000}{1-0} = 2000$

2. Stunde: $m_2 = \frac{8000-4000}{2-1} = 4000$

3. Stunde: $m_3 = \frac{16\,000-8000}{3-2} = 8000$

Die mittlere Änderungsrate verdoppelt sich jede Stunde.

3 $f'(x) = 3 \cdot 2x + 5 = 6x + 5$
$g'(x) = -4x^{-5} + 2 = -\frac{4}{x^5} + 2$
$h'(x) = 5x^4 - 4x^3 - 3x^2 + 2x$
$k'(x) = 20x^{19} - 5$

4 a) $f'(x) = x^2 + 2x - 8 = 0$;
$x_{1,2} = \frac{-2 \pm 6}{2}$, d. h. $x_1 = 2$; $x_2 = -4$;
$P_1(2 \mid -8\frac{1}{3})$; $P_2(-4 \mid 27\frac{2}{3})$

b) $f'(x) = x^4 - 2x^2 + 1 = (x^2 - 1)^2 = 0$;
$x^2 = 1$, d. h. $x_1 = 1$; $x_2 = -1$
$P_1(1 \mid 2\frac{8}{15})$; $P_2(-1 \mid 1\frac{7}{15})$

5 $f'(x) = 1{,}5x^2 - 2 = 4$, d. h. $x_1 = 2$; $x_2 = -2$
$f(2) = -1$; $f(-2) = -1$
t_1: $y = 4x - 9$; t_2: $y = 4x + 7$
Die Schnittwinkel sind identisch und es gilt:
$\tan(\alpha) = 4 \Rightarrow \alpha = 75{,}96°$

6 a) $f'(x) = -2x^{-2}$; $f'(-2) = -0{,}5$; $f(-2) = 2$;
$2 = -0{,}5 \cdot 2 + t \Rightarrow t = 3$
$t: y = -0{,}5x + 3$

b) $f'(x) = 3x^2 + 4x + 1$; $f'(-2) = 5$; $f(-2) = -6$;
$-6 = 5 \cdot (-2) + t \Rightarrow t = 4$
$t: y = 5x + 4$

7 a) $f(x) = 2x^2 + x + c$

b) $g(x) = -5x + c$

c) $h(x) = x^{-1} + \frac{1}{2}x^{-2} + c$

d) $k(x) = \frac{1}{12}x^4 + \frac{2}{3}x^3 + c$

Wenn man die Ableitungsregel für Potenzfunktionen umgekehrt, so muss man den Exponenten um 1 erhöhen und den Kehrbruch des neuen Exponenten als Vorfaktor übernehmen. Konstante Zahlen kann man beliebig dazuaddieren.

8 $f \rightarrow C$, da der Graph von f in der Nullstelle von C eine waagrechte Tangente besitzt.

$g \rightarrow B$, weil der Graph von g im Bereich von $-\infty$ bis 1 eine positive Steigung hat, diese dann bei 1 null wird und von 1 bis $+\infty$ negativ ist.

$h \rightarrow A$, weil die Steigung einer linearen Funktion konstant ist, in dem Fall ist sie 2.

9

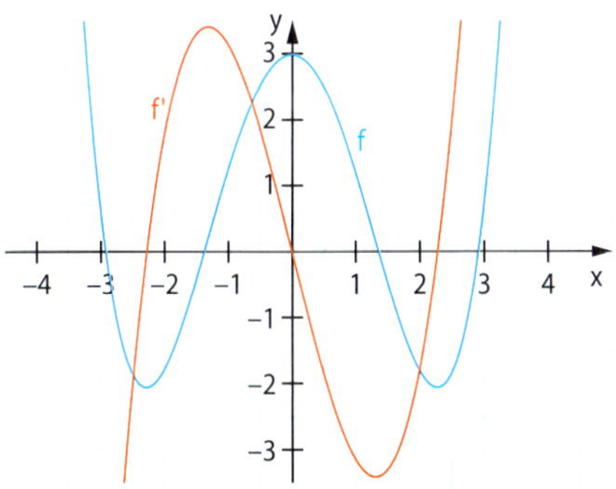

An Stellen, an denen der Graph eine waagrechte Tangente aufweist, schneidet der Graph der Ableitungsfunktion die x-Achse. Eine fallende Tangente an den Graphen bedeutet, dass die Ableitung negativ ist. Eine steigende Tangente an den Graphen bedeutet, dass die Ableitung positiv ist. Durch das näherungsweise Anlegen von Tangenten und Bestimmen der zugehörigen Steigungen können Näherungswerte zum Skizzieren des Graphen der ersten Ableitung gewonnen werden.

Aufgaben für Lernpartner

A Die Aussage ist richtig, da die mittlere Änderungsrate die Steigung der zugehörigen Sekante angibt.

B Die Aussage ist falsch. Die mittlere Änderungsrate gibt die Steigung der linearen Funktion, die durch die gegebenen Punkte bestimmt ist, an. Der Funktionsgraph selbst muss aber nicht linear verlaufen (vgl. Grafik).

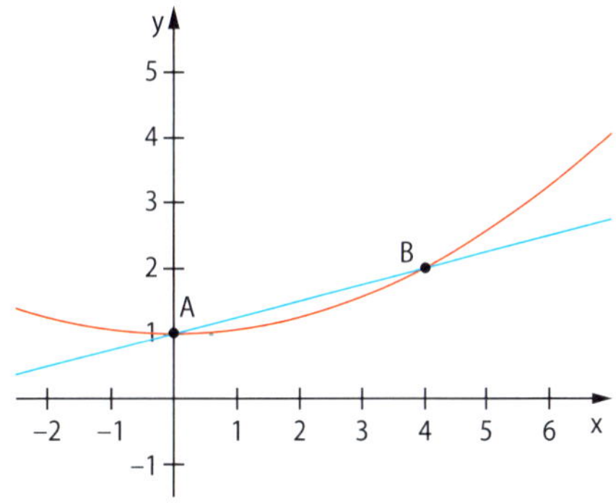

C Die Aussage ist richtig. Zum Beispiel ist für die Normalparabel die mittlere Änderungsrate zwischen −1 und 1 gleich null: $m = \frac{1-1}{1-(-1)} = 0$.

D Die Aussage ist falsch. Wenn die momentane Änderungsrate an jeder Stelle 0 ist, dann ist die Funktion konstant.

E Die Aussage ist richtig. Dies gilt z. B. für eine lineare Funktion mit positiver Steigung.

F Die Aussage ist falsch. Konstante Summanden fallen beim Ableiten weg.

G Die Aussage ist falsch. Zwei Tangenten an verschiedenen Punkten des Graphen können auch parallel verlaufen (vgl. Grafik).

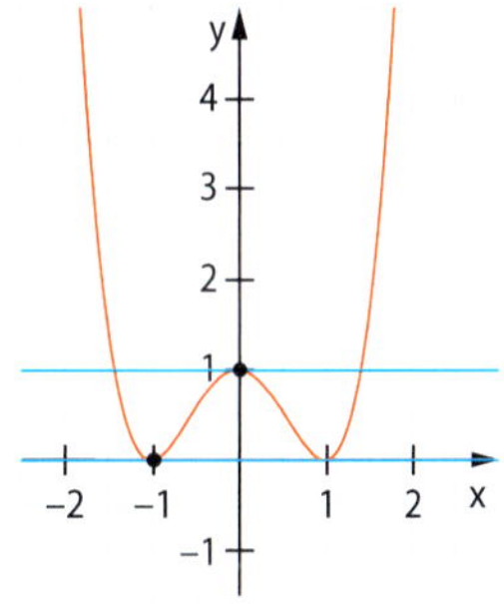

H Die Aussage ist richtig (Stufenwinkel).

I Die Aussage ist falsch, denn es gilt: $m \cdot n = -1$.

J Die Aussage ist falsch. Die drei Nullstellen von f sagen nichts über die zugehörigen Werte der Ableitungsfunktion aus. An den beiden Stellen mit waagrechter Tangente erkennt man, dass die Ableitung an zwei Stellen den Wert 0 annimmt.

K Die Aussage ist falsch. Der durchschnittliche Kraftstoffverbrauch würde durch die Sekante dargestellt werden. Die Ableitungsfunktion gibt den momentanen Kraftstoffverbrauch an.

L Die Aussage ist richtig, da die erste Ableitung die momentane Änderungsrate angibt.

Startklar! – Seite 72

1

Eigenschaften	p_1 (grün)	p_2 (rot)
Scheitelpunkt	S(−1 | 0)	S(−1,5 | 4,5)
Definitionsmenge	$D = \mathbb{R}$	$D = \mathbb{R}$
Wertemenge	$W = \{y \mid y \geq 0\}$	$W = \{y \mid y \leq 4{,}5\}$
Achsenschnittpunkte	N(−1 | 0) P(0 | 0,5)	N_1(−3 | 0) N_2(0 | 0) P(0 | 0)
Symmetrieachse	$x = -1$	$x = -1{,}5$

Eigenschaften	p_3 (schwarz)	p_4 (blau)
Scheitelpunkt	S(0 | 4)	S(3 | −4)
Definitionsmenge	$D = \mathbb{R}$	$D = \mathbb{R}$
Wertemenge	$W = \{y \mid y \leq 4\}$	$W = \{y \mid y \geq -4\}$
Achsenschnittpunkte	N_1(−2 | 0) N_2(2 | 0) P(0 | 4)	N_1(1 | 0) N_2(5 | 0) P(0 | 5)
Symmetrieachse	$x = 0$	$x = 3$

2

1 $D = -68$ $\quad D < 0 \Rightarrow$ keine Lösung
$L = \{\}$

2 $D = 58$ $\quad D > 0 \Rightarrow$ zwei Lösungen
$L = \{-8{,}81; -1{,}19\}$

3 $D = 1296$ $\quad D > 0 \Rightarrow$ zwei Lösungen
$L = \{-7; 5\}$

4 $D = 76{,}5625$ $\quad D > 0 \Rightarrow$ zwei Lösungen
$L = \{-1; 1{,}5\}$

5 $D = 313\,600$ $\quad D > 0 \Rightarrow$ zwei Lösungen
$L = \{-4{,}3; 1{,}3\}$

6 $D = 500$ $\quad D > 0 \Rightarrow$ zwei Lösungen
$L = \{-\sqrt{5}; \sqrt{5}\}$
bzw. $L = \{-2{,}24; 2{,}24\}$

3 Es sind verschiedene Lösungen möglich.

a) $p: y = -x^2$; $\quad g: y = 0{,}5x + 3$
b) $p: y = x^2$; $\quad g: y = 4$
c) $p: y = (x + 1)^2 + 2$; $\quad g: x = 2$
d) $p: y = (x - 3)^2$; $\quad g: y = x - 3$

4 Umstellen der Gleichung ergibt: $x^2 - 1{,}5x - 4{,}5 = 0$.
Graphische Lösung: Ablesen der Nullstellen der Parabel.

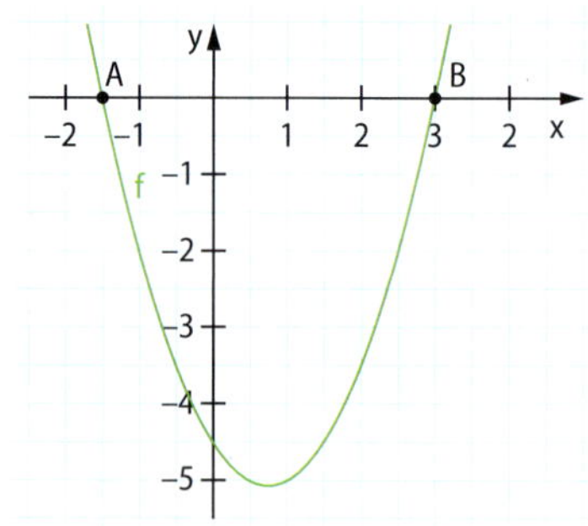

Rechnerische Lösung:

$$x_{1/2} = \frac{1{,}5 \pm \sqrt{2{,}25 + 18}}{2} = \frac{1{,}5 \pm 4{,}5}{2} = 0{,}75 \pm 2{,}25$$
$$\Rightarrow x_1 = -1{,}5; x_2 = 3$$

5 **a)**

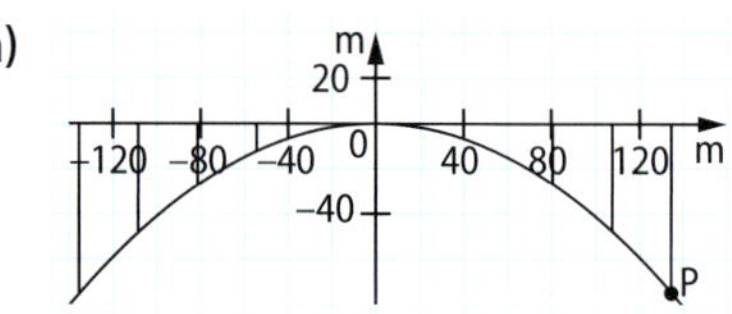

b) Der Bogen ist insgesamt 270 m breit und 75 m hoch. In der Skizze ist der Scheitelpunkt der nach unten geöffneten Parabel bei (0 | 0).
Somit ist $y = ax^2$.
P (135 | –75) eingesetzt ergibt: $-75 = a \cdot 135^2$
$\Rightarrow\ a = -\frac{1}{243}$ $\qquad y = -\frac{1}{243}x^2$

c) Da die Parabel symmetrisch ist, genügt es, die Höhe von fünf der zehn Pfeilern zu berechnen:
1. Pfeiler:
$x = 27 \qquad y = -\frac{1}{243} \cdot 27^2 = -3 \qquad h = 3\,m$
2. Pfeiler:
$x = 54 \qquad y = -\frac{1}{243} \cdot 54^2 = -12 \qquad h = 12\,m$
3. Pfeiler:
$x = 81 \qquad y = -\frac{1}{243} \cdot 81^2 = -27 \qquad h = 27\,m$
4. Pfeiler:
$x = 108 \qquad y = -\frac{1}{243} \cdot 108^2 = -48 \qquad h = 48\,m$
Den 5. Pfeiler kann man ablesen oder berechnen.
$x = 135 \qquad y = -\frac{1}{243} \cdot 135^2 = -75 \qquad h = 75\,m$

Am Ziel! – Seite 106 und 107

1 **a)** Es sind individuelle Lösungen möglich. Die abgelesenen Werte können mit den berechneten Werten aus Teilaufgabe c) verglichen werden.

b) 1 – B
2 – C
3 – A

c) **1** $f(x) = 0{,}3 \cdot (x + 2) \cdot (x - 1)^2 + 1$
$f'(x) = 0{,}9x^2 - 0{,}9 = 0 \Leftrightarrow x_1 = -1;\ x_2 = 1$
Das Vorzeichenwechselkriterium ist erfüllt.
Aus Monotonie folgt:
Hochpunkt H (–1 | 2,2), Tiefpunkt T (1 | 1)
$f''(x) = 1{,}8x = 0 \Leftrightarrow x = 0$
Das Vorzeichenwechselkriterium ist erfüllt.
Wendepunkt W (0 | 1,6)

2 $f(x) = x^4 - 2x^3 - 1$
$f'(x) = 4x^3 - 6x^2$
$f''(x) = 12x^2 - 12x$
Aus f' (x) = 0 und dem Vorzeichenwechselkriterium für f' folgt: Tiefpunkt T (1,5 | –2,7).
Aus f'' (x) = 0 und dem Vorzeichenwechselkriterium für f'' folgt: Wendepunkt W (1 | –2).
Aus f'' (x) = 0 und dem Monotonieverhalten folgt: Sattelpunkt S (0 | –1).

3 $f(x) = 0{,}2x^5 - x^3 + 2x$
$f'(x) = x^4 - 3x^2 + 2$
$f''(x) = 4x^3 - 6x$
Aus f' (x) = 0 und dem Vorzeichenwechselkriterium für f' folgt:
Hochpunkte: $H_1\left(-\sqrt{2}\,|\,-0{,}8\sqrt{2}\right)$; $H_2(1\,|\,1{,}2)$
Tiefpunkte: $T_1(-1\,|\,-1{,}2)$; $T_2\left(\sqrt{2}\,|\,0{,}8\sqrt{2}\right)$
Aus f'' (x) = 0 und dem Vorzeichenwechselkriterium für f'' folgen die Wendepunkte:
$W_1(-1{,}22\,|\,-1{,}16)$; $W_2(0\,|\,0)$; $W_3(1{,}22\,|\,1{,}16)$

2 **a)** $f(x) = x^3 - 3x^2 - 3x$; $f'(x) = 3x^2 - 6x - 3$;
$f'(x) = 0$: $\quad x^2 - 2x - 1 = 0$;
$x_{1,2} = \frac{2 \pm \sqrt{8}}{2} = 1 \pm \sqrt{2}$;
für $x \to +\infty$ gilt $f(x) \to +\infty$;
für $x \to -\infty$ gilt $f(x) \to -\infty$;
$x \in\ ]-\infty; 1 - \sqrt{2}$: $f'(x) > 0$;
$x \in\ ]1 - \sqrt{2}; 1 + \sqrt{2}[$: $f'(x) > 0$;
$x \in\ ]1 + \sqrt{2}; \infty[$: $f'(x) > 0$:
$f(x_1) = f\left(1 + \sqrt{2}\right) = -5 - 4\sqrt{2} \approx -10{,}66$ ist ein lokales Minimum der Funktion f;
$f(x_2) = f\left(1 - \sqrt{2}\right) = -5 + 4\sqrt{2} \approx 0{,}66$ ist ein lokales Maximum von f; die Funktion f besitzt kein globales Extremum.

b) $f(x) = 2x^4 - 8x^2$; $f'(x) = 8x^3 - 16x = 8x(x^2 - 2)$;
$f'(x) = 0$: $x_1 = 0$; $x_2 = \sqrt{2}$; $x_3 = -\sqrt{2}$;
für $x \to \pm\infty$ gilt $f(x) \to +\infty$;
für $-\infty < x < -\sqrt{2}$ und für $0 < x < \sqrt{2}$ ist $f'(x) < 0$;
für $-\sqrt{2} < x < 0$ und für $\sqrt{2} < x < \infty$ ist $f'(x) > 0$:
$f(x_1) = f(0) = 0$ ist ein lokales Maximum der Funktion f;
an den Extremstellen $x_2 = \sqrt{2}$ und $x_3 = -\sqrt{2}$ weist die Funktion f ihr lokales und globales Minimum $f(x_2) = -8 = f(x_3)$ auf.

c)
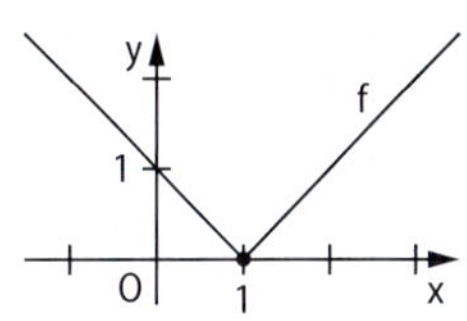

Aus $f(x) = |x - 1|$ für $x \in \mathbb{R}$ ergibt sich
$$f(x) = \begin{cases} 1 - x \text{ für } -\infty < x < 1 \\ x - 1 \text{ für } 1 \leq x < \infty \end{cases};$$
x = 1 ist die einzige Extremstelle der Funktion f;
f besitzt das lokale und globale Minimum f (1) = 0, aber kein Maximum.

3 a) $f(x) = x^3 - 6x^2 + 9x = x(x^2 - 6x + 9) = x(x-3)^2$

Ableitungen:

$f'(x) = 3x^2 - 12x + 9 = 3(x^2 - 4x + 3)$

$= 3(x-1)(x-3);$

$f''(x) = 6x - 12 = 6(x-2);$

$f'''(x) = 6$

x-Achsenpunkte:

$f(x) = 0$: $x_1 = 0$; $x_2 = 3$; $N_1(0|0) = O$; $N_2(3|0)$

y-Achsenpunkt:

$x = 0$: $f(0) = 0$; $N_1(0|0) = O$

Extrempunkte:

$f'(x) = 0$: $x_3 = 1$; $x_2 = 3$; $f(1) = 4$; $f(3) = 0$;

$f''(1) = 6 \cdot (-1) = -6 < 0$:

Der Punkt H (1 | 4) ist Hochpunkt.

$f''(3) = 6 \cdot 1 = 6 > 0$:

Der Punkt T (3 | 0) ist Tiefpunkt. Beide Extrempunkte sind lokale Extrempunkte. Es gibt keine globalen Extrempunkte.

Wendepunkte:

$f''(x) = 0$: $x_4 = 2$; $f(2) = 2$; $f'''(2) = 6 \neq 0$:

Der Punkt W (2 | 2) ist Wendepunkt.

b)

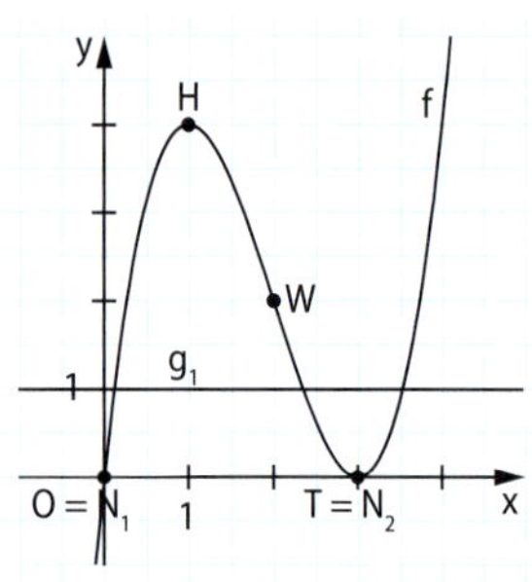

c) **1** wahr **2** wahr
3 falsch **4** wahr

4 a) $f(x) = \frac{1}{6}(x^3 - 12x^2 + 36x);$

$f'(x) = \frac{1}{6}(3x^2 - 24x + 36) = \frac{1}{2}(x^2 - 8x + 12);$

$f''(x) = \frac{1}{2}(2x - 8) = x - 4;$

$f'''(x) = 1$

Extrempunkte:

$f'(x) = 0$: $\frac{1}{2}(x^2 - 8x + 12) = 0; \quad | \cdot 2$

$x^2 - 8x + 12 = 0;$

$(x-2)(x-6) = 0;$

$x_1 = 2$; $f(2) = 5\frac{1}{3}$; $x_2 = 6$; $f(6) = 0$;

$f''(2) = 2 - 4 = -2 < 0$: Hochpunkt $E_1(2|5\frac{1}{3})$;

$f''(6) = 6 - 4 = 2 > 0$: Tiefpunkt $E_2(6|0)$

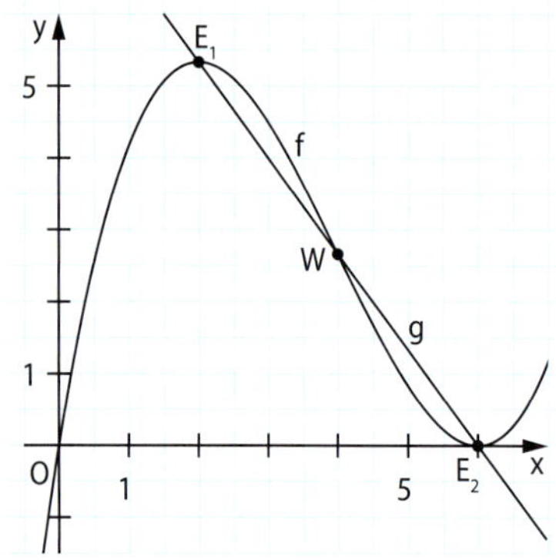

b) Wendepunkt:

$f''(x) = 0$: $x = 4$; $f(4) = 2\frac{2}{3}$;

$f'''(4) = 1 \neq 0$: Wendepunkt $W\left(4|2\frac{2}{3}\right)$

Geradengleichung:

$E_1E_2 = g$: $m_g = \frac{5\frac{1}{3} - 0}{2 - 6} = \frac{\frac{16}{3}}{-4} = -\frac{4}{3};$

$g: y = -\frac{4}{3}x + t;$

$E_2 \in g: 0 = -\frac{4}{3} \cdot 6 + t; t = 8; y = -\frac{4}{3}x + 8$

$g(4) = -\frac{4}{3} \cdot 4 + 8 = -\frac{16}{3} + 8 = 2\frac{2}{3};$

c) $A(a) = \frac{1}{2} \cdot a \cdot f(a) = \frac{1}{2} \cdot a \cdot \frac{a}{6}(a^2 - 12a + 36) =$

$= \frac{1}{12}(a^4 - 12a^3 + 36a^2);$

$A'(a) = \frac{1}{12}(4a^3 - 36a^2 + 72a) = \frac{1}{3}(a^3 - 9a^2 + 18a);$

$A''(a) = \frac{1}{3}(3a^2 - 18a + 18) = a^2 - 6a + 6;$

$A'(a) = 0$: $a(a^2 - 9a + 18) = a(a-3)(a-6) = 0;$

$a_1 = 0 \notin]0; 6[$: keine Lösung;

$a_2 = 3 \notin]0; 6[$: $A(3) = 6\frac{3}{4}$; $A''(3) = -3 < 0$;

$a_3 = 6 \notin]0; 6[$: keine Lösung

Für a = 3 wird der Flächeninhalt des Dreiecks OLA maximal: $A_{max} = 6\frac{3}{4}$.

Aufgaben für Lernpartner

A Die Aussage ist falsch. Als Nullstelle bezeichnet man die Stelle, in der der Graph die x-Achse schneidet.

B Die Aussage ist falsch. Der Monotoniesatz lässt sich (unabhänig ob steigend oder fallend) im Falle der strengen Monotonie nicht umkehren.

C Die Aussage ist richtig.

D Die Aussage ist richtig.

E Die Aussage ist falsch. Die Ableitung f' muss in dieser Stelle ihr Vorzeichen wechseln.

F Die Aussage ist richtig. Man betrachte dazu eine konstante Funktion.

G Die Aussage ist richtig.

H Die Aussage ist richtig.

I Die Aussage ist richtig.

J Die Aussage ist falsch. Für den Schnittpunkt mit der y-Achse gilt $x = 0$.

K Die Aussage ist falsch. Nebenbedingungen fließen in die Zielfunktion mit ein.

L Die Aussage ist falsch. Ein globaler Tiefpunkt ist immer auch ein lokaler Tiefpunkt.

M Die Aussage ist falsch. Die Funktion f ist streng monoton steigend. Die Umkehrung des Monotoniesatzes gilt nicht im Falle der strengen Monotonie.

N Die Aussage ist richtig.

O Die Aussage ist richtig. Es muss zusätzliche das Vorzeichenwechselkriterium angewandt werden.

P Die Aussage ist falsch.

Q Die Aussage ist richtig.

Startklar! – Seite 108

1 a) $f(x) = 2 \cdot (x + 1)^2 - 3$

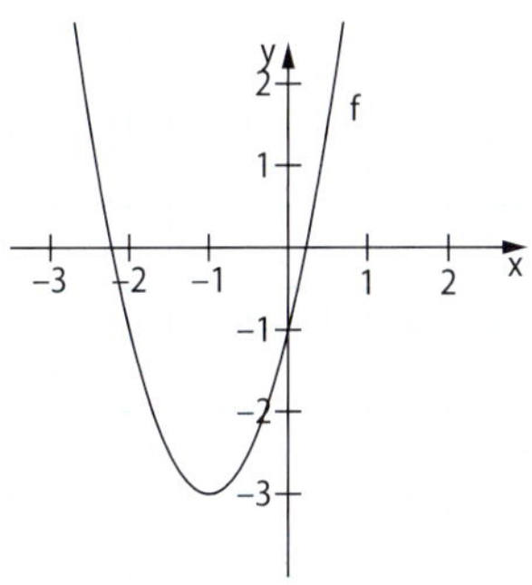

b) $f(x) = -(x - 4)^2 - 2$

Die an der y-Achse gespiegelte Normalparabel ist um 4 Einheiten nach rechts und um 2 Einheiten nach unten verschoben.

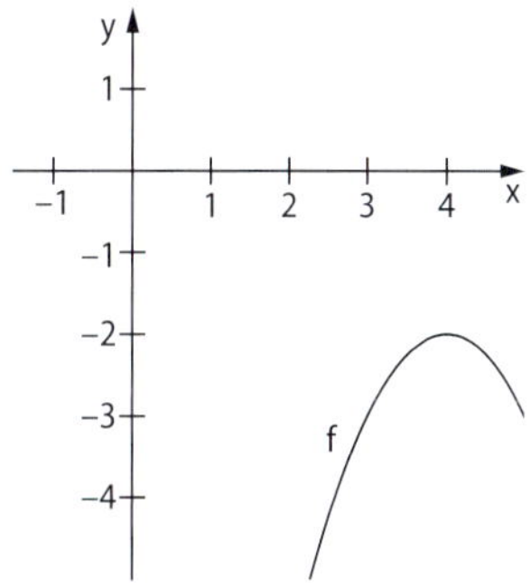

c) $f(x) = -1{,}5 \cdot (x - 2)^2 + 3$

Die an der y-Achse gespiegelte und um den Faktor 1,5 gestreckte Normalparabel ist um 2 Einheiten nach rechts und um 3 Einheiten nach oben verschoben.

2 a) $f(x) = x^2 + 1$

$a = 1$; $S\,(0\,|\,1)$

Die Normalparabel ist um 1 Einheit nach oben verschoben.

b) $f(x) = -(x + 2)^2 + 4$

Die an der y-Achse gespiegelte Normalparabel ist um 2 Einheiten nach links und um 4 Einheiten nach oben verschoben.

c) Die Normalparabel ist um 3 Einheiten nach links verschoben und mit dem Faktor 2 gestreckt.

$f(x) = 2 \cdot (x + 3)^2$

d) Die an der y-Achse gespiegelte und um den Faktor 0,5 gestauchte Normalparabel ist um 1 Einheit nach rechts und um 2 Einheiten nach oben verschoben.

$f(x) = -0{,}5 \cdot (x - 1)^2 + 2$

3 a) $\sin(\alpha) = \frac{g}{f}$ $\quad\cos(\alpha) = \frac{h}{f}$ $\quad\tan(\alpha) = \frac{g}{h}$

$\sin(\beta) = \frac{h}{f}$ $\quad\cos(\beta) = \frac{g}{f}$ $\quad\tan(\beta) = \frac{h}{g}$

b) $\sin(\gamma) = \frac{p}{o}$ $\quad\cos(\gamma) = \frac{n}{o}$ $\quad\tan(\gamma) = \frac{p}{n}$

$\sin(\delta) = \frac{n}{o}$ $\quad\cos(\delta) = \frac{p}{o}$ $\quad\tan(\delta) = \frac{n}{p}$

c) $\sin(\alpha) = \frac{x}{z}$ $\quad\cos(\alpha) = \frac{y}{z}$ $\quad\tan(\alpha) = \frac{x}{y}$

$\sin(\gamma) = \frac{y}{z}$ $\quad\cos(\gamma) = \frac{x}{z}$ $\quad\tan(\gamma) = \frac{y}{x}$

Am Ziel! – Seiten 138 und 139

1 **a)** α Gradmaß, x Bogenmaß (gerundet)

α	–275°	–265°	–235°	–155°	–25°	55°
x	–4,80	–4,63	–4,10	–2,71	–0,44	0,96
α	85°	95°	125°	205°	335°	415°
x	1,48	1,66	2,18	3,58	5,85	7,24

b) sin (–235°) = sin (55°) = sin (125°) = sin (415°)
sin (–275°) = sin (–265°) = sin (85°) = sin (95°)
sin (–155°) = sin (–25°) = sin (205°) = sin (335°)

2 Für die Darstellung am Einheitskreis werden Winkel im Gradmaß zwischen 0° und 360° betrachtet.

a)

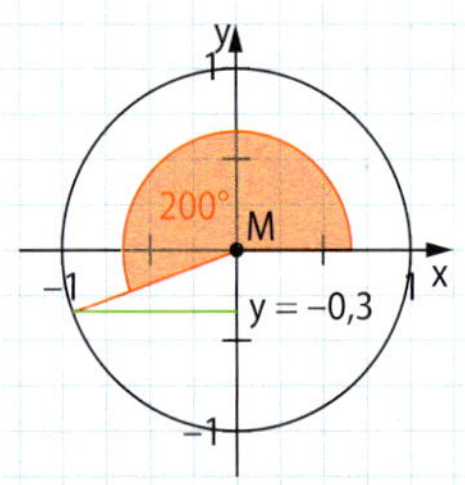

sin (200°) = –0,342

b)

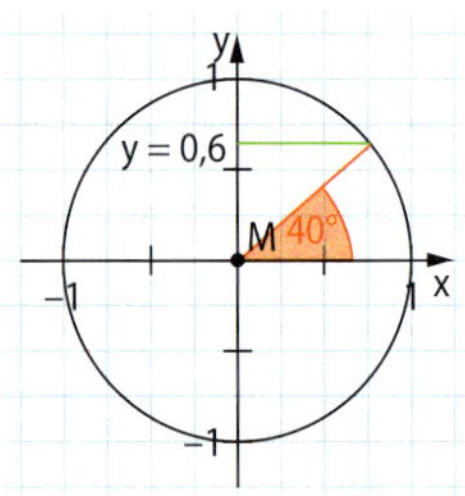

$\sin\left(\frac{2}{9}\pi\right) = \sin(40°) = 0{,}643$

c)

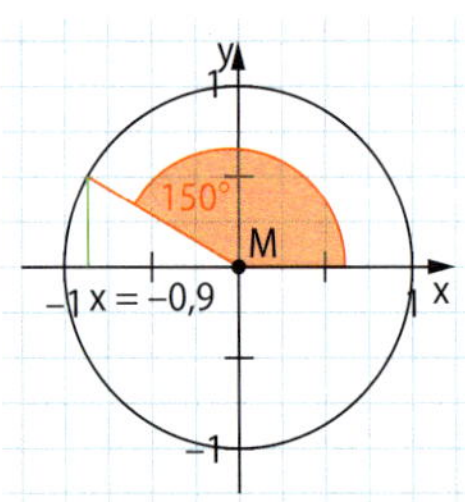

$\cos\left(\frac{5}{6}\pi\right) = \cos(150°) = -0{,}866$

d)

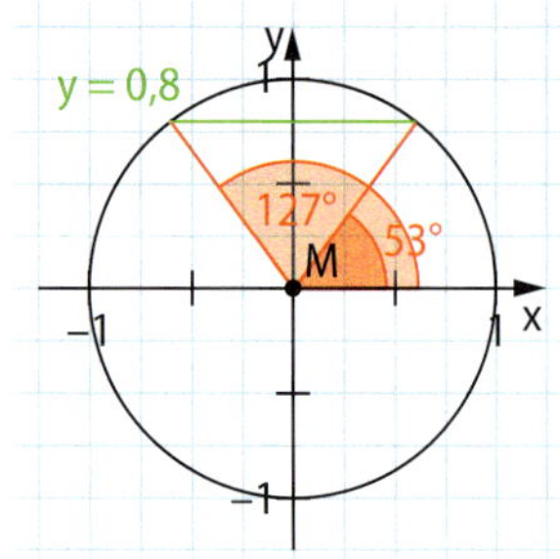

sin (53°) = sin (127°) = 0,8

e)

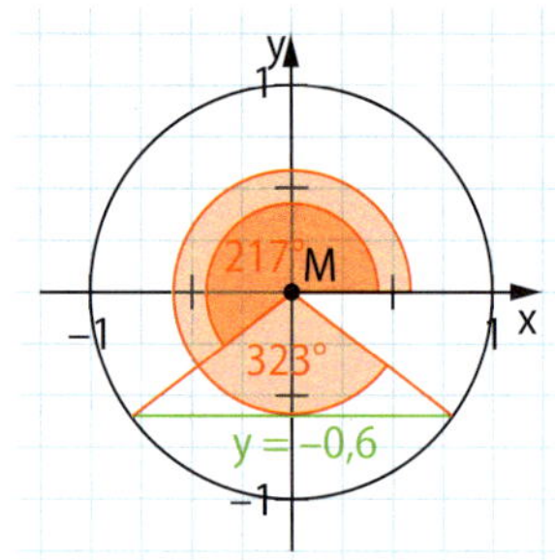

sin (217°) = sin (323°) = –0,6

f)

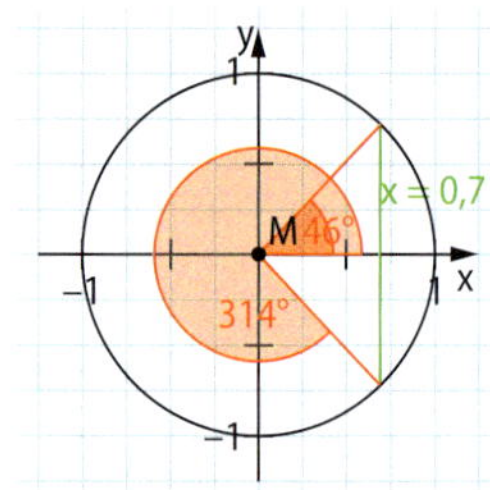

cos (46°) = cos (314°) = 0,7

3
a) $x_1 = 1{,}10$ $x_2 = 2{,}04$
b) $x_1 = 0{,}44$ $x_2 = 2{,}70$
c) $x_1 = 3{,}23$ $x_2 = 6{,}20$
d) $x_1 = 4{,}29$ $x_2 = 5{,}13$
e) $x_1 = 0{,}83$ $x_2 = 5{,}45$
f) $x_1 = 3{,}05$ $x_2 = 3{,}23$

4 Man kann beispielhaft einige Werte ausrechnen:
$\sin\left(-\frac{\pi}{6}\right) = -\sin\left(\frac{\pi}{6}\right)$ $\quad \sin\left(-\frac{\pi}{3}\right) = -\sin\left(\frac{\pi}{3}\right)$

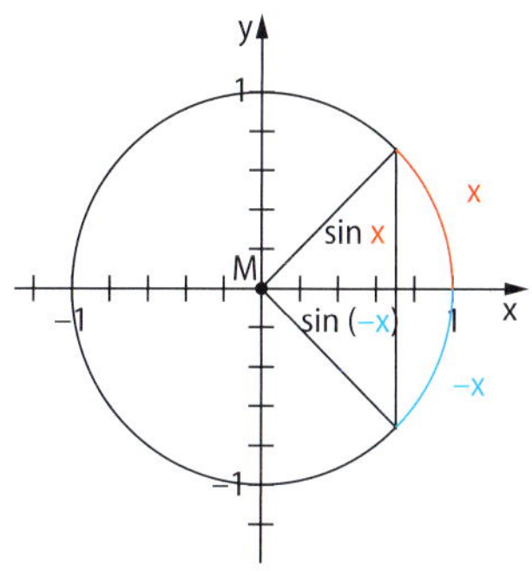

Der Zeichnung am Einheitskreis kann man entnehmen:
Die Werte für sin (x) und sin (– x) sind betragsmäßig gleich groß, haben aber unterschiedliche Vorzeichen. Also gilt: $\sin(-x) = -\sin(x)$

5

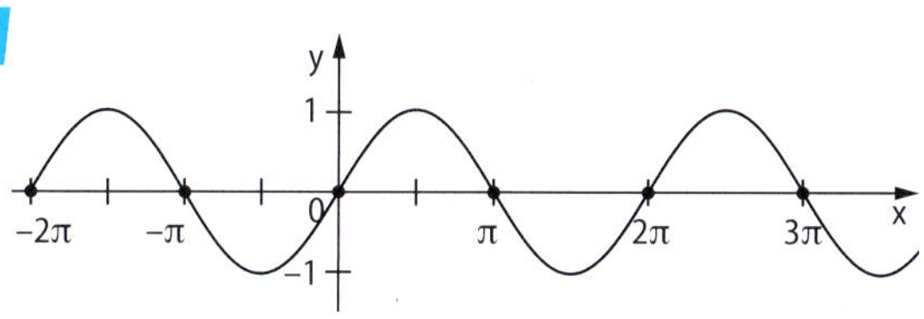

Die Nullstellen von $f(x) = \sin(x)$ sind:
$-2\pi;\ -\pi;\ 0;\ \pi;\ 2\pi;\ 3\pi;\ 4\pi$

6 Periodenlänge 2

7 Lösungsmöglichkeiten:
Bei einer Sinusfunktion mit der Gleichung …

a) $f(x) = a \cdot \sin(x)$ beschreibt der Faktor $|a|$ die Amplitude, also den im Vergleich zu $y = \sin(x)$ größeren oder kleineren „Ausschlag" des Funktionsgraphen.

b) $f(x) = \sin(b \cdot x)$ beschreibt der Faktor b, wie die Periode im Vergleich zu $y = \sin(x)$ verändert ist.

c) $f(x) = \sin(x) + c$ beschreibt der Wert c die Verschiebung des Funktionsgraphen entlang der y-Achse im Vergleich zu $y = \sin(x)$.

d) $f(x) = \sin(x - d)$ beschreibt der Wert d die Verschiebung des Funktionsgraphen entlang der x-Achse im Vergleich zu $y = \sin(x)$.

8

$f(x) = 2 \cdot \sin(x)$	$W = [-2; 2]$	Periodenlänge 2π
$g(x) = \sin\left(\frac{x}{2}\right)$	$W = [-1; 1]$	Periodenlänge 4π
$h(x) = \sin(x - 2)$	$W = [-1; 1]$	Periodenlänge 2π
$p(x) = \sin(x) - 2$	$W = [-3; -1]$	Periodenlänge 2π
$q(x) = \sin(2 \cdot x)$	$W = [-1; 1]$	Periodenlänge π

9 Lösungsmöglichkeit:
$f(x) = -75 \cdot \cos\left(\frac{\pi}{15} \cdot x\right) + 90$
Der Faktor $\frac{\pi}{15}$ in $f(x) = -75 \cdot \cos\left(\frac{\pi}{15} \cdot x\right) + 90$ bewirkt eine Veränderung der Periodenlänge auf 30 (30 min = Dauer für eine Umdrehung).
Der Faktor –75 in $f(x) = -75 \cdot \cos\left(\frac{\pi}{15} \cdot x\right) + 90$ bewirkt eine Spiegelung des Graphen an der x-Achse und eine Veränderung der Amplitude auf 150 (150 m = Durchmesser des Rads).
Der Wert 90 in $f(x) = -75 \cdot \cos\left(\frac{\pi}{15} \cdot x\right) + 90$ bewirkt die Verschiebung des Graphen entlang der y-Achse um 90 (90 m, da 15 m über dem Boden und 75 m bis zum Mittelpunkt des Rads).

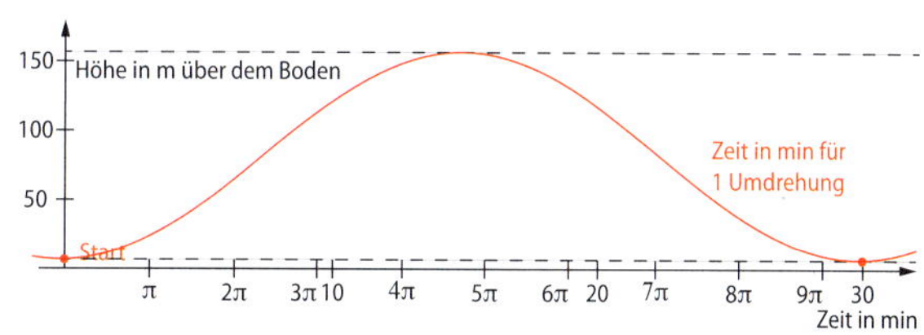

10 **a)**

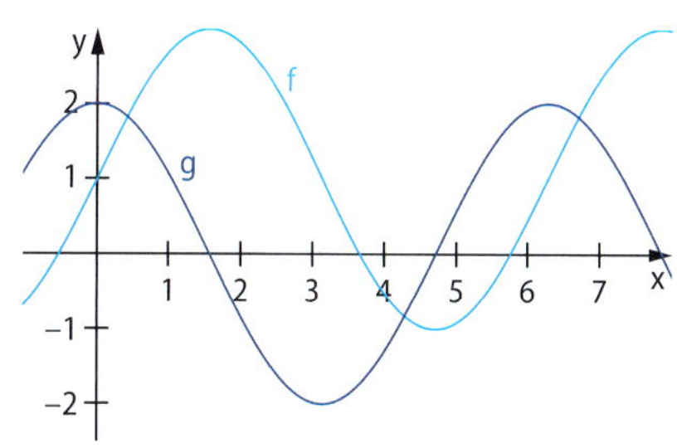

b) Durch graphisches Ableiten erhält man näherungsweise die Ableitungsfunktionen f' und g'.

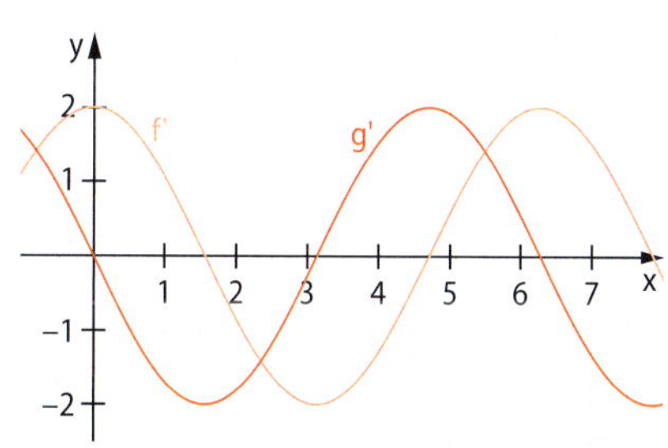

c) $f'(x) = 2 \cdot \cos(x)$
$g'(x) = -2 \cdot \sin(x)$

Aufgaben für Lernpartner

A Die Aussage ist richtig. Gradmaß und Bogenmaß lassen sich eindeutig ineinander umrechnen.

B Die Aussage ist falsch. Die Periodenlänge der Sinusfunktion beträgt 2π. Entsprechend wiederholen sich die Sinuswerte am Einheitskreis erst nach einem ganzen Kreisdurchgang.

C Die Aussage ist richtig. Ihre Periodenlänge ist 2π.

D Die Aussage ist falsch. Will man den Graphen der Kosinusfunktion aus dem Graphen der Sinusfunktion erhalten, so muss man diesen um $\frac{\pi}{2}$ „nach links", also in negative x-Richtung, verschieben.

E Die Aussage ist richtig. Als Gleichung ausgedrückt bedeutet das: $\cos(-x) = \cos(x)$.

F Die Aussage ist falsch. Die Periodenlänge ist bei beiden Funktionen gleich, nämlich 2π. Durch den Faktor 2 ändert sich lediglich die Amplitude.

G Die Aussage ist falsch.
Die Funktion $f(x) = 2 \cdot \sin x + 0{,}5$ hat den Wertebereich $W = [-1{,}5; 2{,}5]$.

H Die Aussage ist richtig. Beide haben die Periodenlänge 2π.

I Die Aussage ist falsch. Die Ableitung von f mit $f(x) = \cos(x)$ ist $f'(x) = -\sin(x)$.

J Die Aussage ist richtig.

K Die Aussage ist richtig.

L Die Aussage ist richtig, da die Kosinusfunktion durch Verschiebung in die Sinusfunktion überführt werden kann.

M Die Aussage ist falsch. Die Ableitung der Sinusfunktion ist die Kosinusfunktion und damit achsensymmetrisch.

N Die Aussage ist richtig.

O Die Aussage ist richtig. Aus dem Parameter b lässt sich die Länge der Periode p bestimmen: $p = \frac{2\pi}{|b|}$

P Die Aussage ist falsch. Je nach Wahl des Koordinatensystems ergibt sich ein anderer Funktionsterm.

Startklar! – Seite 140

1 a) g_{AB}: $m = \frac{-5-3}{-2-2} = \frac{-8}{-4} = 2$; $-5 = 2 \cdot (-2) + t$
$\Rightarrow t = -1 \Rightarrow g: y = 2x - 1$

h_{AC}: $m = \frac{6-3}{1-2} = \frac{3}{-1} = -3$; $6 = -3 \cdot 1 + t$
$\Rightarrow t = 9 \Rightarrow h: y = -3x + 9$

k_{AD}: $m = \frac{7-3}{6-2} = \frac{4}{4} = 1$; $7 = 1 \cdot 6 + t$
$\Rightarrow t = 1 \Rightarrow k: y = x + 1$

l_{BC}: $m = \frac{6-(-5)}{1-(-2)} = \frac{11}{3} = 3\frac{2}{3}$; $6 = 3\frac{2}{3} \cdot 1 + t$
$\Rightarrow t = 2\frac{1}{3} \Rightarrow l: y = 3\frac{2}{3}x + 2\frac{1}{3}$

m_{BD}: $m = \frac{7-(-5)}{6-(-2)} = \frac{12}{8} = 1{,}5$; $7 = 1{,}5 \cdot 6 + t$
$\Rightarrow t = -2 \Rightarrow m: y = 1{,}5x - 2$

n_{CD}: $m = \frac{7-6}{6-1} = \frac{1}{5}$; $7 = \frac{1}{5} \cdot 6 + t$
$\Rightarrow t = 5{,}8 \Rightarrow n: y = \frac{1}{5}x + 5{,}8$

b)

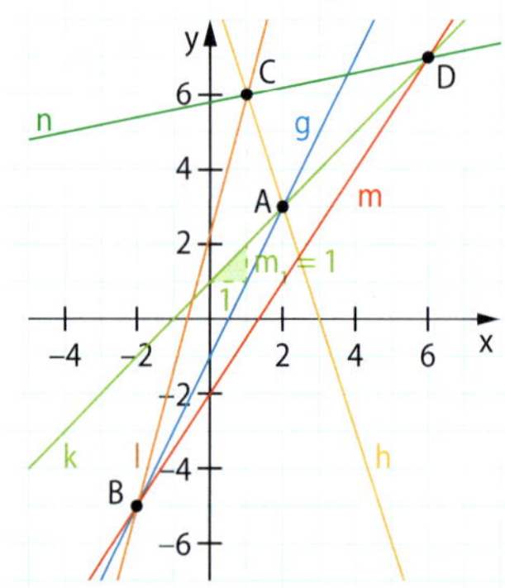

c) Man berechnet man die Steigung m als Quotienten aus den Differenzen der y- und x-Werte.

d) $g(5) = 9$; $h(5) = -6$; $k(5) = 6$; $l(5) = 20\frac{2}{3}$;
$m(5) = 5{,}5$; $n(5) = 6{,}8$
Da keiner der Funktionswerte gleich 4 ist, liegt der Punkt F auf keinem der Graphen.

e) o_{GH}: $y = 3$; p_{GI}: $x = 4$ (keine Funktion!)

2 Dreieck AED: $d^2 + b^2 = c^2$
Dreieck ABE: $c^2 + (x + y)^2 = a^2$
Dreieck EFC: $x^2 + g^2 = e^2$
Dreieck BCF: $g^2 + y^2 = b^2$
Dreieck BCE: $b^2 + e^2 = (x + y)^2$

3 a) $d = \sqrt{(3\,\text{cm})^2 + (4\,\text{cm})^2 + (5\,\text{cm})^2}$

$= \sqrt{50\,\text{cm}^2} = 5\sqrt{2}\,\text{cm}$

b) $d = \sqrt{a^2 + b^2 + c^2}$

4 a)

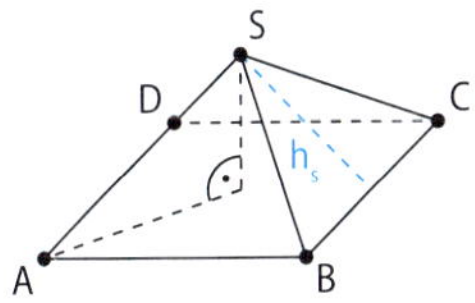

b) $V = \frac{1}{3} G \cdot h = \frac{1}{3} \cdot (6\,\text{cm})^2 \cdot 3\,\text{cm} = 36\,\text{cm}^3$

Für $\overline{AS}$ gilt: $\overline{AS}^2 = \left(3\sqrt{2}\,\text{cm}\right)^2 + (3\,\text{cm})^2 = 27\,\text{cm}^2$

$\Rightarrow \overline{AS} = 3\sqrt{3}\,\text{cm}$

Im Seitendreieck gilt: $\overline{AS}^2 = (3\,\text{cm})^2 + h_s^2$

$\Rightarrow h_s = 3\sqrt{2}\,\text{cm}$

$\Rightarrow O = (6\,\text{cm})^2 + 4 \cdot \frac{1}{2} \cdot 6\,\text{cm} \cdot 3\sqrt{2}\,\text{cm} =$

$= 36\,\text{cm}^2 + 36\sqrt{2}\,\text{cm}^2 \approx 86{,}9\,\text{cm}^2$

5 a) I $3x - y = -7$

II $-4x - 2y = 6$

$(-2) \cdot \text{I} + \text{II}: \quad -10x = 20$

$x = -2; y = 1$

Graphisch: zwei Geraden, die sich in $(-2\,|\,1)$ schneiden

b) I $\frac{1}{2}x + 2y = 3$

II $4x + 16y = 5$

$(-8) \cdot \text{I} + \text{II}: \quad 0 = -19,$

d.h. das Gleichungssystem ist nicht lösbar

Graphisch: zwei parallele, aber nicht identische Geraden

c) I $-x - y = 3$

II $2x + 2y = -6$

$2 \cdot \text{I} + \text{II}: \quad 0 = 0,$

d.h. das Gleichungssystem hat unendlich viele Lösungen

Graphisch: eine Gerade, die von zwei Gleichungen beschrieben wird

Am Ziel – Seite 176 und 177

1

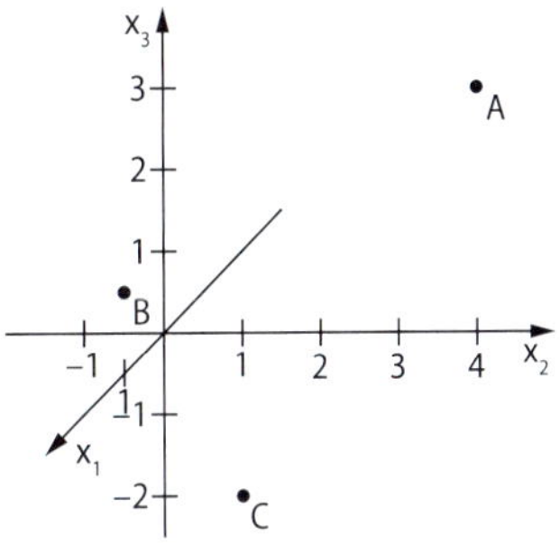

$\overrightarrow{m_{AB}} = \frac{1}{2}(\vec{a} + \vec{b}) = \begin{pmatrix} 2{,}5 \\ 3 \\ 3 \end{pmatrix}$; $M_{AB}\,(2{,}5\,|\,3\,|\,3)$

$\overrightarrow{m_{BC}} = \frac{1}{2}(\vec{b} + \vec{c}) = \begin{pmatrix} 3{,}5 \\ 2 \\ 1 \end{pmatrix}$; $M_{BC}\,(3{,}5\,|\,2\,|\,1)$

2 a)

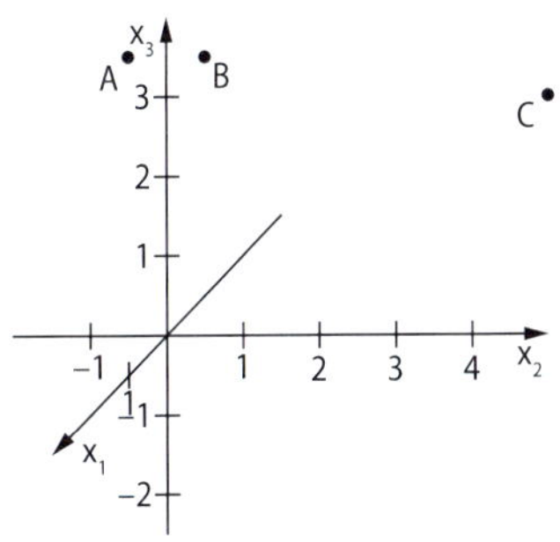

b) $\overline{AB} = \left|\overrightarrow{AB}\right| = \left|\begin{pmatrix} 4 \\ 3 \\ 2 \end{pmatrix}\right| = \sqrt{4^2 + 3^2 + 2^2} = \sqrt{29}$

$\overline{AC} = \left|\overrightarrow{AC}\right| = \left|\begin{pmatrix} -1 \\ 5 \\ -1 \end{pmatrix}\right| = \sqrt{(-1)^2 + 5^2 + (-1)^2} = \sqrt{27}$

$\overline{BC} = \left|\overrightarrow{BC}\right| = \left|\begin{pmatrix} -5 \\ 2 \\ -3 \end{pmatrix}\right| = \sqrt{(-5)^2 + 2^2 + (-3)^2} = \sqrt{38}$

$U \approx 16{,}75$

c) Es gilt: $\overrightarrow{AB} = \overrightarrow{DC} \Rightarrow \vec{b} - \vec{a} = \vec{c} - \vec{d}$

$\Rightarrow \vec{d} = \vec{a} - \vec{b} + \vec{c} = \begin{pmatrix} -4 \\ 2 \\ 1 \end{pmatrix}$; $D\,(-4\,|\,2\,|\,1)$

d) Der gesuchte Punkt ist der Mittelpunkt der Diagonalen, also gilt:

$\vec{m} = \frac{1}{2}(\vec{a} + \vec{c}) = \begin{pmatrix} 0{,}5 \\ 2{,}5 \\ 3{,}5 \end{pmatrix}$; $M\,(0{,}5\,|\,2{,}5\,|\,3{,}5)$

3 Zu prüfen ist, ob es eine reelle Zahl r gibt, so dass alle Komponenten des zweiten Vektors das r-fache der entsprechenden Komponenten des ersten Vektors sind.

4 kollinear: $\begin{pmatrix} 4 \\ 6 \\ -8 \end{pmatrix}; \begin{pmatrix} -6 \\ -9 \\ 12 \end{pmatrix}$ nicht-kollinear: $\begin{pmatrix} 2 \\ 3 \\ -5 \end{pmatrix}; \begin{pmatrix} 1 \\ 1 \\ 1 \end{pmatrix}$

5 Wenn man den Fuß des Vektors $\vec{b}$ an die Spitze des Vektors $\vec{a}$ heftet, erhält man den Vektor $\vec{c}$ als Pfeil, der vom Fuß des Vektors $\vec{a}$ zur Spitze des Vektors $\vec{b}$ zeigt.

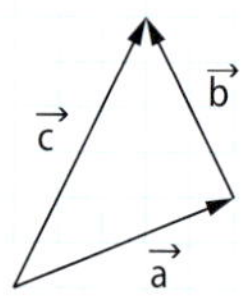

6 z. B. $\begin{pmatrix} 7 \\ 0 \\ 0 \end{pmatrix}; \begin{pmatrix} 0 \\ -7 \\ 0 \end{pmatrix}; \begin{pmatrix} 0 \\ 0 \\ 7 \end{pmatrix}; \begin{pmatrix} 5 \\ 4 \\ \sqrt{8} \end{pmatrix}$

7 $|\vec{u}| = \sqrt{50} = 5\sqrt{2}$

gesuchte Vektoren: $\overrightarrow{v_{1,2}} = \pm\frac{4}{5\sqrt{2}}\vec{u} = \pm\frac{2}{5}\sqrt{2}\,\vec{u}$

$\vec{v_1} = \begin{pmatrix} 2\sqrt{2} \\ \frac{8}{5}\sqrt{2} \\ \frac{6}{5}\sqrt{2} \end{pmatrix}; \vec{v_2} = -\vec{v_1}$

8 a) $|\vec{v}| = \sqrt{34 + k^2} = 8; k^2 = 30;$

$\Rightarrow k = \pm\sqrt{30}$

b) $|\vec{v}| = \sqrt{8^2 + (k-2)^2 + 1^2} = 8$

$\Rightarrow \sqrt{65 + (k-2)^2} = 8$

nicht lösbar, denn $65 > 64 = 8^2$

c) $|\vec{v}| = \sqrt{3k^2 - 12k + 14} = 8;$

$3k^2 - 12k - 50 = 0;$

$k_{1,2} = \frac{12 \pm \sqrt{12^2 + 4 \cdot 3 \cdot 50}}{6} = 2 \pm \frac{\sqrt{744}}{6}$

$k_1 = 2 + \frac{\sqrt{186}}{3}; k_2 = 2 - \frac{\sqrt{186}}{3}$

9 Man wählt einen Punkt als Aufpunkt und nimmt als Richtungsvektor den Verbindungsvektor der beiden Punkte.

10 a) $g: \vec{x} = \begin{pmatrix} 5 \\ 4 \\ -2 \end{pmatrix} + r \cdot \begin{pmatrix} 1 \\ 0 \\ 4 \end{pmatrix}; r \in \mathbb{R},$

g verläuft parallel zur x_1-x_3-Ebene

b) $g: \vec{x} = \begin{pmatrix} 0 \\ 4 \\ -1 \end{pmatrix} + r \cdot \begin{pmatrix} 8 \\ 1 \\ 0 \end{pmatrix}; r \in \mathbb{R},$

g verläuft parallel zur x_1-x_2-Ebene

c) $g: \vec{x} = \begin{pmatrix} 0 \\ 0 \\ 2 \end{pmatrix} + r \cdot \begin{pmatrix} 1 \\ 3 \\ 0 \end{pmatrix}; r \in \mathbb{R},$

g schneidet die x_3-Achse und verläuft senkrecht zu ihr und parallel zur x_1-x_2-Ebene

11 a)

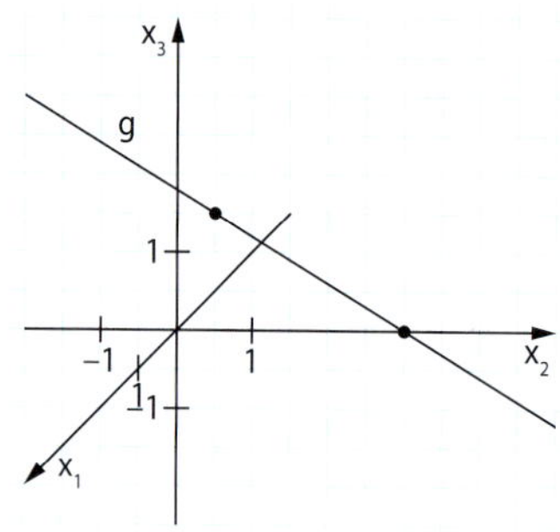

b) $S_{12}: x_3 = 0 \Rightarrow r = 2 \Rightarrow S_{12}\,(3|7|0)$

$S_{13}: x_2 = 0 \Rightarrow r = -\frac{1}{3} \Rightarrow S_{13}\left(\frac{2}{3}|0|2\frac{1}{3}\right)$

$S_{23}: x_1 = 0 \Rightarrow r = -1 \Rightarrow S_{23}\,(0|-2|3)$

c) $U = 6\sqrt{11}$

12 a) Die Richtungsvektoren sind nicht kollinear. g und h sind deshalb entweder windschief oder schneiden sich in genau einem Schnittpunkt.

Lösen des linearen Gleichungssystems:

I $3 = -5 + 2s \Rightarrow s = 4$

II $1 + 4r = 5 + 3s$

III $2 + r = 8 - 0{,}5s$

$s = 4$ in II: $4r = 16 \Rightarrow r = 4$

Probe in III: $2 + 4 = 6 = 8 - 2$

Schnittpunkt S (3 | 17 | 6)

b) A liegt auf g (Aufpunkt). Da sich g und h genau einmal schneiden und dieser Schnittpunkt nicht A ist, liegt A nicht auf h.

c) z. B. $w: \vec{x} = \begin{pmatrix} -6 \\ 5 \\ 8 \end{pmatrix} + r \cdot \begin{pmatrix} 2 \\ 3 \\ -0{,}5 \end{pmatrix}; r \in \mathbb{R}$

13 Schnittpunkt von g und h:

I $2 + r = s$
II $1 + r = -4 + 2s$
III $4 + r = -4 + 3s$
$s = 3;\ r = 1$
$S_1\,(3\,|\,2\,|\,5)$

Schnittpunkt von g und k:

I $2 + r = 1 - t$
II $1 + r = 4 - 5t$
III $4 + r = 11 - 9t$
$r = -2;\ t = 1$
$S_2\,(0\,|\,-1\,|\,2)$

Schnittpunkt von h und k:

I $s = 1 - t$
II $-4 + 2s = 4 - 5t$
III $-4 + 3s = 11 - 9t$
$s = -1;\ t = 2$
$S_3\,(-1\,|\,-6\,|\,-7)$

$\overrightarrow{S_1S_2} = \begin{pmatrix} -3 \\ -3 \\ -3 \end{pmatrix};\ \overrightarrow{S_1S_3} = \begin{pmatrix} -4 \\ -8 \\ -12 \end{pmatrix};\ \overrightarrow{S_2S_3} = \begin{pmatrix} -1 \\ -5 \\ -9 \end{pmatrix}$ sind paarweise nicht kollinear, also bilden die Punkte ein Dreieck.

Aufgaben für Lernpartner

A Die Aussage ist richtig.

B Die Aussage ist richtig. Aufgrund der Projektion des dreidimensionalen Raums in die zweidimensionale Ebene treffen Punkte, die eigentlich nicht aufeinander liegen, auf den gleichen Projektionspunkt.

C Die Aussage ist richtig, da der Vektor mit jeder beliebigen reellen Zahl multipliziert werden kann.

D Die Aussage ist richtig.

E Die Aussage ist richtig.

F Die Aussage ist richtig.

G Die Aussage ist richtig.

H Die Aussage ist richtig, denn $|2 \cdot \vec{v}| = 2|\vec{v}|$

I Die Aussage ist falsch z. B. $|\vec{0}| = 0 < \sqrt{3} = \left|\begin{pmatrix} -1 \\ -1 \\ -1 \end{pmatrix}\right|$

J Die Aussage ist falsch. Zum einen kann der Richtungsvektor durch jeden kollinearen Vektor ersetzt werden kann. Außerdem kann auch jeder Geradenpunkt als Aufpunkt verwendet werden.

K Die Aussage ist richtig. Es ist ein beliebiger Punkt auf der Geraden wählbar.

L Die Aussage ist falsch, denn die Geraden könnten auch identisch sein

M Die Aussage ist falsch, denn die Geraden könnten auch windschief sein.

N Die Aussage ist richtig.

O Die Aussage ist falsch. In der Zeichenebene gibt es nur drei Fälle (identisch, parallel, ein Schnittpunkt).

P Die Aussage ist falsch. Es gilt: $\vec{m} = \frac{1}{2}(\vec{a} + \vec{b})$.

Q Die Aussage ist falsch. Eine geradlinige Bewegung mit konstanter Geschwindigkeit kann durch die Gleichung modelliert werden.

Startklar! – Seite 178

1 a)

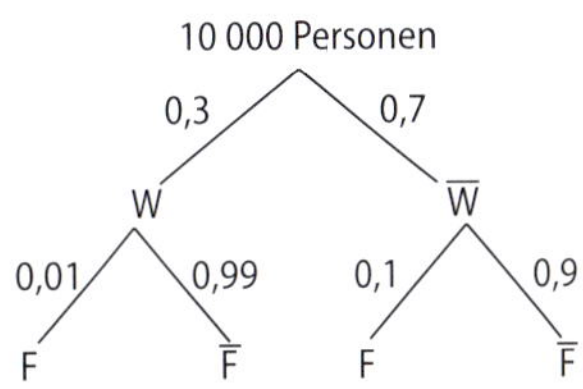

	F	$\overline{F}$	
W	30	2 970	3 000
$\overline{W}$	720	6 280	7 000
	750	9 250	10 000

b) $P(M) = P(F) + P(W) - P(F \cap W) = \frac{750}{10\,000} + \frac{3000}{10\,000} - \frac{30}{10\,000} = 0{,}378 = 37{,}8\,\%$

c) $P_{\overline{W}}(F) = \frac{720}{7000} \approx 0{,}1$

2 a)

x_i	1	2
$P(X = x_i)$	$\frac{2}{5} = 0{,}4 = 40\,\%$	$\frac{3}{5} \cdot \frac{2}{4} = \frac{3}{10} = 30\,\%$
x_i	**3**	**4**
$P(X = x_i)$	$\frac{3}{5} \cdot \frac{2}{4} \cdot \frac{2}{3} = \frac{1}{5} = 20\,\%$	$\frac{3}{5} \cdot \frac{2}{4} \cdot \frac{1}{3} = \frac{1}{10} = 10\,\%$

b) P („X beträgt höchstens 2")
$= P(X = 1) + P(X = 2) = 40\,\% + 30\,\% = 70\,\%$
Die Wahrscheinlichkeit, dass der Nachwächter den Schlüssel spätestens mit dem zweiten Versuch findet, beträgt 70 %.

c) $E(X) = 1 \cdot 0{,}4 + 2 \cdot 0{,}3 + 3 \cdot 0{,}2 + 4 \cdot 0{,}1 = 2$
Der Erwartungswert entspricht dem Mittelwert einer Zufallsgröße bei einer großen Anzahl an Wiederholungen. Der Nachtwächter benötigt im Mittel zwei Versuche um den passenden Schlüssel zu finden.

3 a) $E(X) = -3p_1 + 2p_2 + 3 \cdot 0{,}1 + 4 \cdot 0{,}2$
$= -3p_1 + 2p_2 + 1{,}1$
$= -3 \cdot (1 - p_2 - 0{,}3) + 2p_2 + 1{,}1$
$= -1 + 5p_2 \geq -1$
Dabei wurde $p_1 = 1 - p_2 - 0{,}3$ und $p_2 \geq 0$ verwendet.

b) Alle Wahrscheinlichkeiten aufaddiert müssen 1 ergeben:
$p_1 + p_2 + 0{,}1 + 0{,}2 = 1$ (I)
Weiterhin gilt:
$E(X) = -3p_1 + 2p_2 + 3 \cdot 0{,}1 + 4 \cdot 0{,}2 = 0$ (II)
Aus (I) folgt: $p_2 = 0{,}7 - p_1$
Einsetzen in (II): $-3p_1 + 2 \cdot (0{,}7 - p_1) = -1{,}1$
Daraus folgt: $p_1 = 0{,}5$; $p_2 = 0{,}2$

Am Ziel! – Seite 212 und 213

1 a) Das Experiment kann als Bernoulli-Kette modelliert werden mit $p = 0{,}8$ und $n = 8$.

b) Das Ziehen von Losen kann nicht als Bernoulli-Kette modelliert werden. Zieht man ein Los aus der Lostrommel, ändert sich die Gewinnwahrscheinlichkeit beim nächsten Zug. Bei einer sehr großen Anzahl an Losen, könnte man das Ziehen von Losen näherungsweise als Bernoulli-Kette modellieren.

c) Das Würfeln kann als Bernoulli-Kette modelliert werden mit $p = \frac{1}{3}$ und $n = 4$.

2 a) Es gibt $\frac{8 \cdot 7}{2} = 28$ Spiele.

b) Es gibt $\binom{20}{3} = \frac{20!}{3!(20-3)!} = 1\,140$ Möglichkeiten.

c) Es gibt $\binom{10}{4} = \frac{10!}{4!(10-4)!} = 210$ Möglichkeiten.

3 a) Es gibt $\binom{4}{3} = 4$ Möglichkeiten die drei Teilnehmer unter den vier stark übergewichtigen Teilnehmern auszuwählen. Somit folgt:
$\binom{4}{3} \cdot 0{,}75^3 \cdot 0{,}25 = 4 \cdot 0{,}75^3 \cdot 0{,}25$.

b) $P = \left[\binom{4}{3} \cdot 0{,}75^3 \cdot 0{,}25^1\right] \cdot \left[\binom{2}{2} \cdot 0{,}6^2 \cdot 0{,}4^0\right] +$
$+ \left[\binom{4}{4} \cdot 0{,}75^4 \cdot 0{,}25^0\right] \cdot \left[\binom{2}{1} \cdot 0{,}6^1 \cdot 0{,}4^1\right] +$
$+ \left[\binom{4}{4} \cdot 0{,}75^4 \cdot 0{,}25^0\right] \cdot \left[\binom{2}{2} \cdot 0{,}6^2 \cdot 0{,}4^0\right]$
$= 4 \cdot 0{,}75^3 \cdot 0{,}25 \cdot 0{,}6^2 + 0{,}75^4 \cdot 2 \cdot 0{,}6 \cdot 0{,}4$
$+ 0{,}75^4 \cdot 0{,}6^2 \approx 0{,}42 = 42\,\%$

4 a) **1** $P(X = 5) = \binom{12}{5} \cdot 0{,}4^5 \cdot (1 - 0{,}4)^7 \approx 0{,}23$
2 $P(X \leq 3) = P(X = 1) + P(X = 2) + P(X = 3)$
$\approx 0{,}22$
3 $P(X > 6) = 1 - P(X \leq 6) \approx 0{,}16$
4 $P(4 \leq X < 8) = P(X \leq 7) - P(X \leq 3)$
$= P(X = 4) + P(X = 5) + P(X = 6) + P(X = 7)$
$\approx 0{,}72$

b) Erwartungswert: $E(X) = 12 \cdot 0{,}4 = 4{,}8$
Standardabweichung:
$\sigma(X) = \sqrt{12 \cdot 0{,}4 \cdot 0{,}6} \approx 1{,}7$

c) $P(|X - E(X)| < \sigma)$
$= P(X = 4) + P(X = 5) + P(X = 6) \approx 0{,}62 = 62\,\%$

d)
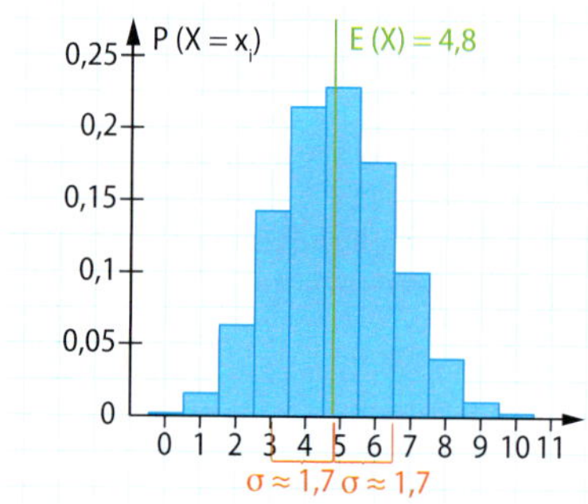

5 a) $P(X = 15) = \binom{100}{15} \cdot 0{,}15^{15} \cdot 0{,}85^{85} \approx 0{,}11 = 11\,\%$

b) $n = 100$; $p = 0{,}15$; $E(X) = 100 \cdot 0{,}15 = 15$
$P(X \in [9; 21]) \approx 0{,}93$
$P(X \in [10; 20]) \approx 0{,}88$
$P(X \in [11; 19]) \approx 0{,}79$
Das gesuchte Intervall ist [10; 20].

c) P („mindestens ein Chip fehlerhaft") $\geq 0{,}99$
$\Leftrightarrow$ 1 – P(„kein Chip fehlerhaft") $\geq 0{,}99$
$\Leftrightarrow (1 - 0{,}15)^n \leq 0{,}01$
$\Rightarrow 0{,}85^n \leq 0{,}01$
$\Rightarrow n \cdot \log(0{,}85) \leq \log(0{,}01)$
$\Rightarrow n \geq \frac{\log(0{,}01)}{\log(0{,}85)} \approx 28{,}34$
Es müssen mindestens 29 Chips entnommen werden.

6 P („mindestens zwei Hauptgewinne“) $\geq 0{,}05$

$\Leftrightarrow 1 - P($„ein Hauptgewinn oder keiner“$) \geq 0{,}05$

$\Leftrightarrow 0{,}96^n + n \cdot 0{,}04 \cdot 0{,}96^{n-1} \leq 0{,}95$

Durch ausprobieren findet man $n \geq 10$.

Aufgaben für Lernpartner

A Die Aussage ist richtig.

B Die Aussage ist richtig.

C Die Aussage ist falsch. Das gleichzeitige Würfeln von drei Würfeln entspricht dem Hintereinander-Würfeln der drei Würfel und kann somit als Bernoulli-Kette modelliert werden.

D Die Aussage ist richtig.

E Die Aussage ist richtig.

F Die Aussage ist falsch. Die gesuchte Anzahl an Pfaden beträgt $\binom{n}{k}$.

G Die Aussage ist richtig.

H Die Aussage ist falsch. Man müsste die Anzahl mit 6! multiplizieren.

I Die Aussage ist falsch. Die Wahrscheinlichkeit beträgt $\binom{7}{3} \cdot 0{,}2^3 \cdot 0{,}8^7$.

J Die Aussage ist falsch.
Die Wahrscheinlichkeit beim achtmaligen Münzwurf viermal Kopf zu werfen beträgt $\binom{8}{4} \cdot 0{,}5^4 \cdot 0{,}5^4 \approx 0{,}27$.
Die Wahrscheinlichkeit, dass unter den ersten vier und unter den letzten vier Würfen je zweimal Kopf vorkommt beträgt $\left(\binom{4}{2} \cdot 0{,}5^2 \cdot 0{,}5^2\right)^2 \approx 0{,}14$.

K Die Aussage ist falsch. Es können $n + 1$ Werte angenommen werden.

L Die Aussage ist richtig, falls der Erwartungswert ganzzahlig ist. Andernfalls liegt der wahrscheinlichste Wert in der Nähe des Erwartungswerts. Bei allgemeinen Zufallsvariablen muss dies nicht der Fall sein.

M Die Aussage ist richtig.

N Die Aussage ist richtig.

$\mathbb{N}$	Menge der natürlichen Zahlen
$\mathbb{Z}$	Menge der ganzen Zahlen
$\mathbb{Q}$	Menge der rationalen Zahlen
$\mathbb{R}$	Menge der reellen Zahlen
$=$	gleich
$\approx$	ungefähr gleich
$>$	größer als
$\geq$	größer oder gleich
$<$	kleiner als
$\leq$	kleiner oder gleich
$\widehat{=}$	entspricht
$+$	plus
$-$	minus
$\cdot$	mal, multipliziert mit
$:$	geteilt durch, dividiert durch
a^n	Potenz: „a hoch n"
$\frac{a}{b}$	Bruch mit Zähler a und Nenner b
$\sqrt{a}$	Quadratwurzel aus a
$\sqrt[3]{a}$	Kubikwurzel aus a
%	Prozent
‰	Promille
$\lvert a \rvert$	Betrag der Zahl a
P, A, …	Punkte
$P(x \mid y)$	Punkt P mit den Koordinaten x und y
g, h, …	Geraden, Halbgeraden (Strahlen)
PQ	Gerade durch die Punkte P und Q
$\overline{PQ}$	Strecke mit den Endpunkten P und Q, auch Länge der Strecke
d (P; g)	Abstand des Punkts P von der Geraden g
d	Durchmesser des Kreises
r	Radius des Kreises
k (M; r)	Kreis und Mittelpunkt M und Radius r
$\sphericalangle$ BAC	Winkel mit dem Scheitel A, dem 1. Schenkel [AB und dem 2. Schenkel [AC
w_α	Winkelhalbierende des Winkels α
U	Länge des Umfangs
A	Flächeninhalt
O	Oberflächeninhalt
V	Volumen, Rauminhalt
$\perp$	orthogonal (senkrecht) auf
$\parallel$	parallel zu
H (E)	absolute Häufigkeit des Ereignisses E
h (E)	relative Häufigkeit des Ereignisses E
P (E)	Wahrscheinlichkeit des Ereignisses E
$P_B(A)$	Bedingte Wahrscheinlichkeit von A unter der Bedingung B
$\bar{E}$	Gegenereignis des Ereignisses E
$\bar{x}$	arithmetisches Mittel
$\mapsto$	ist zugeordnet

Viola Adam, Luckenwalde – S. 3, 41; AdobeStock / Arochau – S. 182; - / AVAVA – S. 111; - / Delphotostock – S. 132; - / Andreas Gruhl – S. 43; akg-images – S. 105; Alamy Stock Photo / Granger Historical Picture Archive – S. 182; - / John Davidson Photos – S. 132; - / speedpix – S. 42; - / World History Archive – 49; Bridgeman Images – S. 75; dpa Picture-Alliance / Costa, Leemage – S. 75; Fotolia / Eray – S. 143; - / grafikarin – S. 180; - / Snezana Skundric – S. 181; Getty Images Plus / Digital Vision – Cover; - / iStockphoto, akiyoko – S. 208; - / iStockphoto, U.J. Alexander – S. 192; - / iStockphoto, CQYoung – S. 200; - / iStockphoto, Detailfoto – S. 204; - / iStockphoto, Dimidrolius – S. 166; - / iStockphoto, ELENAPHOTOS – S. 5, 141; - / iStockphoto, Denes Farkas – S. 164; - / iStockphoto, Ryan Fletcher – S. 143; - / iStockphoto, wojciech gajda – S. 200; - / iStockphoto, Oliver Hoffmann – S. 187; - / iStockphoto, IPG Gutenberg UKLTD – S. 208; - / iStockphoto, JackBuu – S. 37; - / iStockphoto, JM_Image_Factory – S. 142; - / iStockphoto, Iurii Konoval – S. 184; - / iStockphoto, krblokhin – S. 192; - / iStockphoto, kudou – S. 47; - / iStockphoto, Ligorko – S. 5, 179; - / iStockphoto, matt_benoit – S. 181; - / iStockphoto, michelangeloop – S. 169; - / iStockphoto, Миша Лаута – S. 178; - / iStockphoto, monkeybusinessimages – S. 201; - / iStockphoto, Олег Зайкин – S. 186; - / iStockphoto, PalochkinAleksei – S. 195; - / iStockphoto, Phuchit – S. 201; - / iStockphoto, ptasha – S. 180; - / iStockphoto, QUAYSIDE – S. 209; - / Istockphoto, show999 – S. 164; - / iStockphoto, spxmp – S. 200; - / iStockphoto, underworld111 – S. 4, 73; - / iStockphoto, VitalyEdush – S. 3, 7; - / iStockphoto, Wavebreakmedia – S. 165; - / iStockphoto, wenht – S. 144; - / istockphoto, william87 – S. 4, 109; - / iStockphoto, z1b – S. 188; - / Photodisc, Jayme Thornton – S. 197; - / PHOTOS.com, Jupiterimages – S. 185; - / Stockbyte – S. 128; - / Zero Creatives – S. 112; iStockphoto / pixhook – S. 180; Mauritius Images / Alamy Stock Photo, Ian Dagnall Computing – S. 74; - / Alamy Stock Photo, Photo12 – S. 75; - / Alamy Stock Photo / Pictorial Press Ltd. – S. 74; pixabay / 12019 – S. 90; - / Klaus Hausmann – S. 42; www.wikimedia.org – S. 174.